中国科学技术大学研究生教育创新计划项目经费支持

研究生系列教材
数 学

# 高等工程数学

# ADVANCED ENGINEERING MATHEMATICS

## 第2版

张韵华 汪琥庭 张明波 宋立功 编著

中国科学技术大学出版社

## 内容简介

本书是作者基于自己在中国科学技术大学多年的教学经验，针对硕士研究生特别是工程硕士“高等工程数学”课程的特点编写而成的，由“线性代数(矩阵分析)”“数值计算”和“概率论与数理统计”3篇共16章内容组成.各章之间相互关联又具有一定的独立性，全书力求做到构思新颖、深入浅出、简明易懂、结构清晰、重点突出、富有新意.内容主要包括矩阵的基本运算、线性空间和线性变换、欧氏空间和二次型，线性方程组数值解、插值与最佳平方逼近、数值积分和数值微分、常微分方程数值解、统计数据的处理与表示方法、概率分布及其应用、参数估计及其应用、假设检验及其应用、回归分析及其应用等.用2种计算机软件来计算和处理上述3篇的主要内容是本书的特点与亮点.

本书可用作硕士研究生数学课程的教材或参考书，也可作为相关教师和工程技术人员的参考资料.

**图书在版编目(CIP)数据**

高等工程数学/张韵华等编著. —2版. —合肥：中国科学技术大学出版社，2023.2
中国科学技术大学一流规划教材
ISBN 978-7-312-05440-2

Ⅰ. 高…　Ⅱ. 张…　Ⅲ. 工程数学　Ⅳ. TB11

中国版本图书馆CIP数据核字(2022)第183948号

**高等工程数学**
GAODENG GONGCHENG SHUXUE

**出版**　中国科学技术大学出版社
安徽省合肥市金寨路96号，230026
http://press.ustc.edu.cn
http://zgkxjsdxcbs.tmall.com
**印刷**　安徽国文彩印有限公司
**发行**　中国科学技术大学出版社
**开本**　787 mm×1092 mm　1/16
**印张**　20.5
**字数**　524千
**版次**　2016年10月第1版　2023年2月第2版
**印次**　2023年2月第2次印刷
**定价**　66.00元

# 第2版前言

《高等工程数学》第1版出版六年以来已被一些高校在教学中采用，感谢所有使用过本教材的教师和研究生！多年来，本教材一直是中国科学技术大学纳米科学技术学院研究生"高等工程数学"课程的指定教材.

"基础宽厚实，专业精新活"，一直是中国科学技术大学教学和培养学生的传统特点.众所周知，中国科学技术大学特别重视本科生的数理基础，在研究生培养阶段中仍然一如既往地重视研究生的数理基础.

非常感谢中国科学技术大学纳米科学技术学院历来非常重视研究生的数学基础课教学，在有限的研究生课时中安排了充足的数学基础课课时.纳米科学技术学院的研究生来自不同学校和不同专业，他们的数学基础参差不齐，例如，所学线性代数课时从16学时到80学时不等.通过本课程的学习，约95%的学生一次性达到了课程的教学要求.在历年的课程教学中我们也得到了纳米科学技术学院研究生在学习过程中的各种建议与反馈，教学相长，有些反馈意见已经被吸收到本次的教材修订中.

第2版教材保持了原教材的体系，并对第1版教材做了勘误，修正了少量细节，特别是在第2版中对教材各章的习题给出了参考答案，其中对计算题给出了简明计算步骤或答案，对证明题给出了解题思路或关键步骤.

感谢中国科学技术大学研究生院、数学科学学院和纳米科学技术学院对本书出版的鼓励与支持！感谢中国科学技术大学出版社对本书出版的悉心指导与支持！

作　者

2022年8月于中国科学技术大学

# 前　　言

教育部为了加速培养国家急需的高素质工程技术和工程管理人才，增强我国企业实力和市场竞争力，近年来作出了硕士研究生主要面向应用领域的决定，并推出了“全日制专业型硕士”作为一种全新的研究生招生培养形式，从2010年开始逐渐减少学术型硕士，减少的名额用以增加全日制专业型硕士，最终实现专业型硕士与学术型硕士的比例为7：3的目标．学术型硕士简称科学硕士或工学硕士；专业型硕士简称工程硕士．

多年来高等工程数学是硕士研究生一门重要的公共数学基础课程，是拓宽学生的数学视野、提高工程硕士的科学素养和培养创新人才科学基础的支撑课程．国内高等院校已普遍开设了高等工程数学课程，由于其涉及专业面广，各专业在内容取舍上各有侧重和各具特色，因此，各高等院校和研究院所开设的高等工程数学课程的内容并不统一，但主体内容都包括线性代数（矩阵分析）、数值计算方法、数理统计、组合数学和运筹学等，多数以矩阵分析和数理统计为重点内容．

根据工程硕士研究生的特点，面向工程硕士的高等工程数学课程要突出实用性和针对性，要求学生数学概念清楚，熟练掌握基本运算，看懂简单定理的推导过程，了解重要定理的推导过程，掌握数学问题的应用背景．本书通过多列举联系实际应用的案例与用计算机解题的实例，以适应不同数学基础的学生．

要求学生掌握用某种符号计算软件做线性代数、计算方法和数理统计的计算类型题目，不要让学生过于注重解题技巧，而是让学生把主要精力花在分析问题和应用计算机解决数学中的实际问题上，以达到事半功倍的效果．这是我们探索改革这门基础课程的教学内容与编写本书的主要目的．

由于大多数学生在大学阶段学过工科类的线性代数和数理统计，因此本书的教学定位于线性代数和数理统计的提高和应用，掌握数值计算的基本思想和方法．

对于线性代数部分，我们要求学生梳理和巩固在大学期间所学的线性代数的基本内容，熟练掌握矩阵的基本运算，熟练掌握线性相关（线性无关）和方程组解的结构等内容，掌握线性变换和变换矩阵的计算；了解若尔当（Jordan）标准形的意义；重视、了解有关数学概念的几何背景．

对于数值计算方法部分，我们要求学生掌握计算线性方程组数值解、插值和拟合的基本计算、常微分方程数值解，掌握逼近和迭代等数学思想和常用方法，以获取近似计算技术．

对于概率统计部分，我们要求学生掌握统计基本概念、概率分布及其应用、参数估计、假设检验、回归分析的基本概念及其应用等.

由于不同专业的硕士研究生的数学基础并不相同，本课程学时安排也不相同."高等工程数学"中安排必学内容和选学内容.用星号标出的内容供选择或者自学之用.作为选学部分，介绍用符号计算软件 Mathematica 演示各部分内容的例题，激发学生学习数学的兴趣，让他们感觉到掌握了计算机计算软件的有关知识，再来解很多数学题特别是计算量大的数学题并不是很困难，难点在于从实际问题中提取数学模型和数学问题，让他们体验到用计算机软件解决数学问题快捷高效.在讲授线性代数和计算方法内容时可用 Mathematica，Maple，MATLAB 等软件，在讲授概率统计内容时可用 Excel 和 Mathematica 等软件，努力让学生感到能听懂、能学会、能掌握、能应用.

本书是我们在中国科学技术大学工程学院、纳米学院、公共事务管理学院等院系开设近 10 年"高等工程数学"课程的讲义基础上整理而成的.

本书在编写时参考了多种教材和文献，在此谨向这些参考文献的作者表示衷心的感谢.中国科学技术大学研究生院与中国科学技术大学出版社对编写和出版本书给予了大力支持与帮助，在此表示衷心的感谢!

限于作者水平和时间仓促，书中定有疏漏与不当之处，欢迎使用本书的读者不吝指正.

作　者

2016 年 8 月于中国科学技术大学

# 目　　录

# 第 2 篇　数值计算

# 第3篇　概率论与数理统计

# 第1篇

# 线性代数（矩阵分析）

# 第 1 章　矩阵和向量

## 1.1　矩阵和向量的定义

**定义 1.1**　由 $m\times n$ 个数 $a_{ij}$ 排成的 $m$ 行、$n$ 列的数表称为 $m$ 行、$n$ 列**矩阵**. 数表通常加方括号或圆括号,记作

$$\boldsymbol{A}=\begin{pmatrix} a_{11} & a_{12} & \cdots & a_{1n} \\ a_{21} & a_{22} & \cdots & a_{2n} \\ \vdots & \vdots & & \vdots \\ a_{m1} & a_{m2} & \cdots & a_{mn} \end{pmatrix},\quad 或\quad \boldsymbol{A}=(a_{ij})_{m\times n}$$

表中的 $a_{ij}(i=1,2,\cdots,m;j=1,2,\cdots,n)$称为矩阵 $\boldsymbol{A}$ 的元素,它是位于第 $i$ 行、第 $j$ 列的元素,按先行后列的顺序表示元素的下标,当行标和列标相同时称为对角元素,例如 $a_{22}$.

常用英文黑斜体大写字母表示矩阵. 矩阵元素可以是整数、实数、复数或多项式,还可以是一般的函数及矩阵. 在本书中,$\mathbf{R}$ 表示全体实数,$F$ 表示全体实数或复数,在实数域上的 $m\times n$ 矩阵的全体记作 $\mathbf{R}^{m\times n}$,在复数域上的 $m\times n$ 矩阵的全体记作 $F^{m\times n}$.

**定义 1.2**　只有一行元素的矩阵 $\boldsymbol{\alpha}=(a_1,a_2,\cdots,a_n)$为**行矩阵**,也称**行向量**. 只有一列元素的矩阵 $\boldsymbol{\beta}=\begin{pmatrix} b_1 \\ b_2 \\ \vdots \\ b_n \end{pmatrix}$为**列矩阵**,也称**列向量**.

在解析几何中,我们说向量是“有大小、有方向的量”,与在线性代数中的向量定义不完全相同. 在线性代数中向量定义为“$n$ 个元素的有序排列”,$n$ 维向量可以看成三维几何向量坐标形式的推广. 由 $n$ 个实数排成的向量称为 $n$ 维实向量,我们把含 $n$ 个元素的向量全体所构成的集合记为 $\mathbf{R}^n$. 特别地,$\mathbf{R}^3$ 即为解析几何中的三维几何空间.

以下是一些常见的矩阵:

**$n$ 阶方阵**　行数和列数均为 $n$ 的矩阵.

**对角矩阵**　除对角元素以外其他元素都为零的方阵,即

$$\begin{pmatrix} d_1 & & \\ & \ddots & \\ & & d_n \end{pmatrix}_{n\times n}$$

也记作

$$\mathrm{diag}(d_1,\cdots,d_n)$$

**单位矩阵** 对角元素全是 1 的对角方阵

$$\begin{pmatrix} 1 & & \\ & \ddots & \\ & & 1 \end{pmatrix}_{n\times n}$$

称为 $n$ 阶单位矩阵，记作 $\boldsymbol{I}_n$ 或 $\boldsymbol{E}_n$.

**零矩阵** 所有元素全为 0 的矩阵，记为 $\boldsymbol{O}_{m\times n}$ 或 $\boldsymbol{0}$.

**数量矩阵** 对角元素全是 $a$ 而其他元素都是 0 的方阵，记作 $a\boldsymbol{I}$.

**三角矩阵** 对角线下方元素全为零的方阵，称为上三角阵；对角线上方元素全为零的方阵，称为下三角阵. 上三角阵和下三角阵统称为三角阵. 例如：

$$\boldsymbol{L}=\begin{pmatrix} a_{11} & a_{12} & \cdots & a_{1n} \\ & a_{22} & \cdots & a_{2n} \\ & & \ddots & \vdots \\ & & & a_{nn} \end{pmatrix},\quad \boldsymbol{U}=\begin{pmatrix} a_{11} & & & \\ a_{21} & a_{22} & & \\ \vdots & \vdots & \ddots & \\ a_{n1} & a_{n2} & \cdots & a_{nn} \end{pmatrix}$$

**对称矩阵、反对称矩阵** 设 $\boldsymbol{A}=(a_{ij})_{n\times n}$ 为 $n$ 阶方阵. 若对任意的 $i,j$ 都有 $a_{ij}=a_{ji}$，则称 $\boldsymbol{A}$ 为对称矩阵；若 $a_{ij}=-a_{ji}$，则称 $\boldsymbol{A}$ 为反对称矩阵.

**例 1.1** 考察线性方程组

$$\begin{cases} x_1+x_2+x_3=3 \\ 2x_1+5x_2+3x_3=-7 \\ x_1+2x_2+2x_3=2 \end{cases}$$

其系数矩阵为 $\boldsymbol{A}=\begin{pmatrix} 1 & 1 & 1 \\ 2 & 5 & 3 \\ 1 & 2 & 2 \end{pmatrix}$，增广矩阵为 $(\boldsymbol{A},\boldsymbol{b})=\begin{pmatrix} 1 & 1 & 1 & 3 \\ 2 & 5 & 3 & -7 \\ 1 & 2 & 2 & 2 \end{pmatrix}$.

**例 1.2** 设

$$\boldsymbol{A}=\begin{pmatrix} 1 & 2 & 0 & 0 \\ 3 & 4 & 0 & 0 \\ 0 & 0 & 5 & 6 \\ 0 & 0 & 7 & 8 \end{pmatrix}$$

用行向量组、列向量组表示矩阵 $\boldsymbol{A}$.

**解** 记矩阵 $\boldsymbol{A}$ 的每行元素为 $\boldsymbol{A}_1,\boldsymbol{A}_2,\boldsymbol{A}_3,\boldsymbol{A}_4$，每列元素为 $\widetilde{\boldsymbol{A}}_1,\widetilde{\boldsymbol{A}}_2,\widetilde{\boldsymbol{A}}_3,\widetilde{\boldsymbol{A}}_4$，则

$$\boldsymbol{A}=\begin{pmatrix} \boldsymbol{A}_1 \\ \boldsymbol{A}_2 \\ \boldsymbol{A}_3 \\ \boldsymbol{A}_4 \end{pmatrix} \quad 或 \quad \boldsymbol{A}=(\widetilde{\boldsymbol{A}}_1,\widetilde{\boldsymbol{A}}_2,\widetilde{\boldsymbol{A}}_3,\widetilde{\boldsymbol{A}}_4)$$

其中

$$\boldsymbol{A}_1=(1,2,0,0),\quad \boldsymbol{A}_2=(3,4,0,0)$$
$$\boldsymbol{A}_3=(0,0,5,6),\quad \boldsymbol{A}_4=(0,0,7,8)$$

$$\widetilde{\boldsymbol{A}}_1=\begin{pmatrix}1\\3\\0\\0\end{pmatrix},\quad \widetilde{\boldsymbol{A}}_2=\begin{pmatrix}2\\4\\0\\0\end{pmatrix},\quad \widetilde{\boldsymbol{A}}_3=\begin{pmatrix}0\\0\\5\\7\end{pmatrix},\quad \widetilde{\boldsymbol{A}}_4=\begin{pmatrix}0\\0\\6\\8\end{pmatrix}$$

# 1.2　矩阵的基本运算

## 1.2.1　矩阵的加法和数乘

**定义 1.3**　设 $\boldsymbol{A}=(a_{ij})_{m\times n}$，$\boldsymbol{B}=(b_{ij})_{m\times n}$是两个$m\times n$ 矩阵，则称

$$\boldsymbol{C}=(c_{ij})_{m\times n}=(a_{ij}+b_{ij})_{m\times n}$$

为矩阵 $\boldsymbol{A}$ 与 $\boldsymbol{B}$ 的和，记为 $\boldsymbol{C}=\boldsymbol{A}+\boldsymbol{B}$，即若

$$\boldsymbol{A}=\begin{pmatrix}a_{11}&a_{12}&\cdots&a_{1n}\\a_{21}&a_{22}&\cdots&a_{2n}\\\vdots&\vdots&&\vdots\\a_{m1}&a_{m2}&\cdots&a_{mn}\end{pmatrix},\quad \boldsymbol{B}=\begin{pmatrix}b_{11}&b_{12}&\cdots&b_{1n}\\b_{21}&b_{22}&\cdots&b_{2n}\\\vdots&\vdots&&\vdots\\b_{m1}&b_{m2}&\cdots&b_{mn}\end{pmatrix}$$

则

$$\boldsymbol{A}+\boldsymbol{B}=\begin{pmatrix}a_{11}+b_{11}&a_{12}+b_{12}&\cdots&a_{1n}+b_{1n}\\a_{21}+b_{21}&a_{22}+b_{22}&\cdots&a_{2n}+b_{2n}\\\vdots&\vdots&&\vdots\\a_{m1}+b_{m1}&a_{m2}+b_{m2}&\cdots&a_{mn}+b_{mn}\end{pmatrix}$$

在矩阵的加法中，两个同阶矩阵对应元素相加.类似地，定义负矩阵和矩阵的减法：

$$-\boldsymbol{A}=(-a_{ij})_{m\times n}$$

$$\boldsymbol{C}=\boldsymbol{A}-\boldsymbol{B}=\boldsymbol{A}+(-\boldsymbol{B})=(a_{ij}-b_{ij})_{m\times n}$$

**定义 1.4**　设 $\boldsymbol{A}=(a_{ij})_{m\times n}\in\mathbf{R}^{m\times n}$，$k\in\mathbf{R}$. $k$ 与 $\boldsymbol{A}$ 的数乘定义为 $k$ 与 $\boldsymbol{A}$ 的每个元素相乘：

$$k\boldsymbol{A}=k\begin{pmatrix}a_{11}&a_{12}&\cdots&a_{1n}\\a_{21}&a_{22}&\cdots&a_{2n}\\\vdots&\vdots&&\vdots\\a_{m1}&a_{m2}&\cdots&a_{mn}\end{pmatrix}=\begin{pmatrix}ka_{11}&ka_{12}&\cdots&ka_{1n}\\ka_{21}&ka_{22}&\cdots&ka_{2n}\\\vdots&\vdots&&\vdots\\ka_{m1}&ka_{m2}&\cdots&ka_{mn}\end{pmatrix}$$

矩阵的加法和数乘满足下列运算性质：

(1) **加法交换律**　$\boldsymbol{A}+\boldsymbol{B}=\boldsymbol{B}+\boldsymbol{A}$；

(2) **加法结合律**　$(\boldsymbol{A}+\boldsymbol{B})+\boldsymbol{C}=\boldsymbol{A}+(\boldsymbol{B}+\boldsymbol{C})$；

(3) **有零矩阵**　$\boldsymbol{A}+\boldsymbol{0}=\boldsymbol{0}+\boldsymbol{A}=\boldsymbol{A}$；

(4) **有负矩阵**　$\boldsymbol{A}+(-\boldsymbol{A})=(-\boldsymbol{A})+\boldsymbol{A}=\boldsymbol{0}$；

(5) **数乘结合律**　$k(l\boldsymbol{A})=(kl)\boldsymbol{A}$；

(6) **数乘分配律** $k(\boldsymbol{A}+\boldsymbol{B})=k\boldsymbol{A}+k\boldsymbol{B},(k+l)\boldsymbol{A}=k\boldsymbol{A}+l\boldsymbol{A}$;

(7) **有数乘单位元** $1\boldsymbol{A}=\boldsymbol{A}$.

### 1.2.2 矩阵乘法

**例 1.3** 矩阵乘法背景.

已知

$$\begin{cases} z_1 = f_1(y_1,y_2) = y_1+2y_2, \\ z_2 = f_2(y_1,y_2) = 3y_1+4y_2, \end{cases} \quad \begin{cases} y_1 = g_1(x_1,x_2) = 5x_1+7x_2 \\ y_2 = g_2(x_1,x_2) = 6x_1+8x_2 \end{cases}$$

计算 $\begin{cases} z_1=h_1(x_1,x_2), \\ z_2=h_2(x_1,x_2). \end{cases}$

**解** (1) 用复合函数代入计算:

$$\begin{aligned} z_1 &= y_1+2y_2 = 1(5x_1+7x_2)+2(6x_1+8x_2) \\ &= (1\cdot5+2\cdot6)x_1+(1\cdot7+2\cdot8)x_2 = 17x_1+23x_2 \\ z_2 &= 3y_1+4y_2 = 3(5x_1+7x_2)+4(6x_1+8x_2) \\ &= (3\cdot5+4\cdot6)x_1+(3\cdot7+4\cdot8)x_2 = 39x_1+53x_2 \end{aligned}$$

(2) 用矩阵乘法:

$$\begin{bmatrix} z_1 \\ z_2 \end{bmatrix} = \begin{pmatrix} 1 & 2 \\ 3 & 4 \end{pmatrix} \begin{bmatrix} y_1 \\ y_2 \end{bmatrix}, \quad \boldsymbol{Z} = \boldsymbol{AY}$$

$$\begin{bmatrix} y_1 \\ y_2 \end{bmatrix} = \begin{pmatrix} 5 & 7 \\ 6 & 8 \end{pmatrix} \begin{bmatrix} x_1 \\ x_2 \end{bmatrix}, \quad \boldsymbol{Y} = \boldsymbol{BX}$$

$$\begin{bmatrix} z_1 \\ z_2 \end{bmatrix} = \begin{pmatrix} 1 & 2 \\ 3 & 4 \end{pmatrix} \begin{pmatrix} 5 & 7 \\ 6 & 8 \end{pmatrix} \begin{bmatrix} x_1 \\ x_2 \end{bmatrix} = \begin{bmatrix} (1,2)\begin{pmatrix} 5 \\ 6 \end{pmatrix} & (1,2)\begin{pmatrix} 7 \\ 8 \end{pmatrix} \\ (3,4)\begin{pmatrix} 5 \\ 6 \end{pmatrix} & (3,4)\begin{pmatrix} 7 \\ 8 \end{pmatrix} \end{bmatrix} \begin{bmatrix} x_1 \\ x_2 \end{bmatrix}$$

$$= \begin{pmatrix} 17 & 23 \\ 39 & 53 \end{pmatrix} \begin{bmatrix} x_1 \\ x_2 \end{bmatrix} = \begin{bmatrix} 17x_1+23x_2 \\ 39x_1+53x_2 \end{bmatrix}$$

$$\boldsymbol{Z} = \boldsymbol{AY} = (\boldsymbol{AB})\boldsymbol{X}, \quad \boldsymbol{AB} = \begin{pmatrix} 17 & 23 \\ 39 & 53 \end{pmatrix}$$

**思考题** 假设例 1.3 中,

$$\begin{cases} y_1 = g_1(x_1,x_2,x_3) = 5x_1+7x_2+9x_3 \\ y_2 = g_2(x_1,x_2,x_3) = 6x_1+8x_2+10x_3 \end{cases}$$

试计算 $\begin{cases} z_1=h_1(x_1,x_2,x_3), \\ z_2=h_2(x_1,x_2,x_3). \end{cases}$

**定义 1.5** 给定一个 $m\times n$ 矩阵 $\boldsymbol{A}$ 和一个 $n\times l$ 矩阵 $\boldsymbol{B}$:

$$\boldsymbol{A} = \begin{bmatrix} a_{11} & a_{12} & \cdots & a_{1n} \\ \vdots & \vdots & & \vdots \\ a_{i1} & a_{i2} & \cdots & a_{in} \\ \vdots & \vdots & & \vdots \\ a_{m1} & a_{m2} & \cdots & a_{mn} \end{bmatrix}, \quad \boldsymbol{B} = \begin{bmatrix} b_{11} & \cdots & b_{1j} & \cdots & b_{1l} \\ b_{21} & \cdots & b_{2j} & \cdots & b_{2l} \\ \vdots & & \vdots & & \vdots \\ b_{n1} & \cdots & b_{nj} & \cdots & b_{nl} \end{bmatrix}$$

矩阵 $\boldsymbol{A}$ 和 $\boldsymbol{B}$ 的乘法定义为

$$\boldsymbol{C}_{m\times l} = \boldsymbol{A}_{m\times n}\boldsymbol{B}_{n\times l} = (c_{ij})_{m\times l} = \left(\sum_{k=1}^{n} a_{ik}b_{kj}\right)_{m\times l}$$

若 $\boldsymbol{A}$ 以行向量表示，$\boldsymbol{B}$ 以列向量表示，则有

$$\boldsymbol{A}_{m\times n}\boldsymbol{B}_{n\times l} = \begin{pmatrix} \boldsymbol{A}_1 \\ \boldsymbol{A}_2 \\ \vdots \\ \boldsymbol{A}_m \end{pmatrix}(\boldsymbol{B}_1,\boldsymbol{B}_2,\cdots,\boldsymbol{B}_l) = \begin{pmatrix} \boldsymbol{A}_1\boldsymbol{B}_1 & \boldsymbol{A}_1\boldsymbol{B}_2 & \cdots & \boldsymbol{A}_1\boldsymbol{B}_l \\ \boldsymbol{A}_2\boldsymbol{B}_1 & \boldsymbol{A}_2\boldsymbol{B}_2 & \cdots & \boldsymbol{A}_2\boldsymbol{B}_l \\ \vdots & \vdots & & \vdots \\ \boldsymbol{A}_m\boldsymbol{B}_1 & \boldsymbol{A}_m\boldsymbol{B}_2 & \cdots & \boldsymbol{A}_m\boldsymbol{B}_l \end{pmatrix}$$

$$c_{ij} = \boldsymbol{A}_i\boldsymbol{B}_j = (a_{i1},a_{i2},\cdots,a_{in})\begin{pmatrix} b_{1j} \\ b_{2j} \\ \vdots \\ b_{nj} \end{pmatrix} = \sum_{k=1}^{n} a_{ik}b_{kj}$$

$c_{ij}$是$\boldsymbol{A}$ 的第$i$ 行与$\boldsymbol{B}$ 的第$j$ 列对应元素的代数和，隐含要求 $\boldsymbol{A}$ 的列数与$\boldsymbol{B}$ 的行数必须相等.

矩阵乘法满足下列运算性质：

(1) **结合律**　$(\boldsymbol{A}_{m\times n}\boldsymbol{B}_{n\times t})\boldsymbol{C}_{t\times s} = \boldsymbol{A}_{m\times n}(\boldsymbol{B}_{n\times t}\boldsymbol{C}_{t\times s})$；

(2) **分配律**

$$\boldsymbol{A}_{m\times n}(\boldsymbol{B}_{n\times l} + \boldsymbol{C}_{n\times l}) = \boldsymbol{A}_{m\times n}\boldsymbol{B}_{n\times l} + \boldsymbol{A}_{m\times n}\boldsymbol{C}_{n\times l}$$

$$(\boldsymbol{B}_{m\times n} + \boldsymbol{C}_{m\times n})\boldsymbol{A}_{n\times l} = \boldsymbol{B}_{m\times n}\boldsymbol{A}_{n\times l} + \boldsymbol{C}_{m\times n}\boldsymbol{A}_{n\times l}$$

(3) **有乘法单位元**　$\boldsymbol{IA} = \boldsymbol{AI} = \boldsymbol{A}$；

(4) 设 $k\in\mathbf{R}$，则

$$k(\boldsymbol{A}_{m\times n}\boldsymbol{B}_{n\times l}) = (k\boldsymbol{A}_{m\times n})\boldsymbol{B}_{n\times l} = \boldsymbol{A}_{m\times n}(k\boldsymbol{B}_{n\times l})$$

**例 1.4**　设 $\boldsymbol{\alpha} = (a_1,a_2,a_3)$，$\boldsymbol{\beta} = \begin{pmatrix} b_1 \\ b_2 \\ b_3 \end{pmatrix}$. 计算 $\boldsymbol{\alpha\beta}$，$\boldsymbol{\beta\alpha}$.

**解**

$$\boldsymbol{\alpha\beta} = (a_1,a_2,a_3)\begin{pmatrix} b_1 \\ b_2 \\ b_3 \end{pmatrix} = a_1b_1 + a_2b_2 + a_3b_3$$

$$\boldsymbol{\beta\alpha} = \begin{pmatrix} b_1 \\ b_2 \\ b_3 \end{pmatrix}(a_1,a_2,a_3) = \begin{pmatrix} a_1b_1 & a_2b_1 & a_3b_1 \\ a_1b_2 & a_2b_2 & a_3b_2 \\ a_1b_3 & a_2b_3 & a_3b_3 \end{pmatrix}$$

初学者要注意，在矩阵乘法运算中没有交换律和消去律. 例如，由 $\boldsymbol{AB} = \boldsymbol{AC}$，$\boldsymbol{A}\neq\boldsymbol{0}$，不能直接推出 $\boldsymbol{B} = \boldsymbol{C}$；由 $\boldsymbol{AB} = \boldsymbol{0}$，也不能直接推出 $\boldsymbol{A} = \boldsymbol{0}$或 $\boldsymbol{B} = \boldsymbol{0}$. 学过 2.5 节的内容后，就会分析这些矩阵的关系了.

### 1.2.3　矩阵转置

**定义 1.6**　将矩阵 $\boldsymbol{A} = (a_{ij})_{m\times n}$的行依次变为列，得到的矩阵称为 $\boldsymbol{A}$ 的转置，记为 $\boldsymbol{A}^{\mathrm{T}}$：

$$
\boldsymbol{A}^{\mathrm{T}}=\begin{pmatrix} a_{11} & a_{21} & \cdots & a_{m1} \\ a_{12} & a_{22} & \cdots & a_{m2} \\ \vdots & \vdots & & \vdots \\ a_{1n} & a_{2n} & \cdots & a_{mn} \end{pmatrix}
$$

矩阵转置具有下列运算性质:

(1) $(\boldsymbol{A}^{\mathrm{T}})^{\mathrm{T}}=\boldsymbol{A}$;

(2) 设 $\boldsymbol{A},\boldsymbol{B}\in\mathbf{R}^{m\times n}$,则$(\boldsymbol{A}+\boldsymbol{B})^{\mathrm{T}}=\boldsymbol{A}^{\mathrm{T}}+\boldsymbol{B}^{\mathrm{T}}$;

(3) 设 $\lambda\in\mathbf{R},\boldsymbol{A}\in\mathbf{R}^{m\times n}$,则$(\lambda\boldsymbol{A})^{\mathrm{T}}=\lambda\boldsymbol{A}^{\mathrm{T}}$;

(4) 设 $\boldsymbol{A}\in\mathbf{R}^{m\times n},\boldsymbol{B}\in\mathbf{R}^{n\times l}$,则$(\boldsymbol{AB})^{\mathrm{T}}=\boldsymbol{B}^{\mathrm{T}}\boldsymbol{A}^{\mathrm{T}}$.

**例 1.5** 按行、按列分块表示矩阵 $\boldsymbol{A}=(a_{ij})_{m\times n}$的转置矩阵.

$$
\boldsymbol{A}=\begin{pmatrix} a_{11} & a_{12} & \cdots & a_{1n} \\ a_{21} & a_{22} & \cdots & a_{2n} \\ \vdots & \vdots & & \vdots \\ a_{m1} & a_{m2} & \cdots & a_{mn} \end{pmatrix}=\begin{pmatrix} \boldsymbol{\alpha}_1 \\ \boldsymbol{\alpha}_2 \\ \vdots \\ \boldsymbol{\alpha}_m \end{pmatrix}=(\boldsymbol{\beta}_1,\boldsymbol{\beta}_2,\cdots,\boldsymbol{\beta}_n)
$$

$$
\boldsymbol{A}^{\mathrm{T}}=\begin{pmatrix} a_{11} & a_{21} & \cdots & a_{m1} \\ a_{12} & a_{22} & \cdots & a_{m2} \\ \vdots & \vdots & & \vdots \\ a_{1n} & a_{2n} & \cdots & a_{mn} \end{pmatrix}=(\boldsymbol{\alpha}_1^{\mathrm{T}},\boldsymbol{\alpha}_2^{\mathrm{T}},\cdots,\boldsymbol{\alpha}_m^{\mathrm{T}})=\begin{pmatrix} \boldsymbol{\beta}_1^{\mathrm{T}} \\ \boldsymbol{\beta}_2^{\mathrm{T}} \\ \vdots \\ \boldsymbol{\beta}_n^{\mathrm{T}} \end{pmatrix}
$$

**定义 1.7** $n$ 阶方阵$\boldsymbol{A}$ 自左上角到右下角这一条对角线称为$\boldsymbol{A}$ 的**主对角线**.主对角线上的 $n$ 个对角元素的和$a_{11}+a_{22}+\cdots+a_{nn}$称为$\boldsymbol{A}$ 的**迹**,记作 $\mathrm{tr}(\boldsymbol{A})$.

矩阵迹的运算性质如下:

(1) $\mathrm{tr}(\boldsymbol{A}+\boldsymbol{B})=\mathrm{tr}(\boldsymbol{A})+\mathrm{tr}(\boldsymbol{B})$;

(2) $\mathrm{tr}(\lambda\boldsymbol{A})=\lambda\mathrm{tr}(\boldsymbol{A})$;

(3) $\mathrm{tr}(\boldsymbol{A}^{\mathrm{T}})=\mathrm{tr}(\boldsymbol{A})$;

(4) $\mathrm{tr}(\boldsymbol{AB})=\mathrm{tr}(\boldsymbol{BA})$.

## 1.3 初等变换和初等矩阵

### 1.3.1 高斯(Gauss)消元法

**例 1.6** 用高斯消元法求解线性方程组

$$
\begin{cases} x_1+x_2+x_3=3 & (\mathrm{r}_1) \\ 2x_1+5x_2+3x_3=-7 & (\mathrm{r}_2) \\ x_1+2x_2+2x_3=2 & (\mathrm{r}_3) \end{cases}
$$

**解** (1) 由 $\mathrm{r}_2-2\mathrm{r}_1\to\mathrm{r}_2,\mathrm{r}_3-\mathrm{r}_1\to\mathrm{r}_3$,得

$$\begin{cases} x_1 + x_2 + x_3 = 3 & (\mathrm{r}_1) \\ 3x_2 + x_3 = -13 & (\mathrm{r}_2) \\ x_2 + x_3 = -1 & (\mathrm{r}_3) \end{cases}$$

用方程组的矩阵表示消元过程：

$$(\boldsymbol{A},\boldsymbol{b}) = \begin{pmatrix} 1 & 1 & 1 & 3 \\ 2 & 5 & 3 & -7 \\ 1 & 2 & 2 & 2 \end{pmatrix} \xrightarrow{(1)} \begin{pmatrix} 1 & 1 & 1 & 3 \\ 0 & 3 & 1 & -13 \\ 0 & 1 & 1 & -1 \end{pmatrix}$$

(2) 由 $\mathrm{r}_2 - 3\mathrm{r}_3 \to \mathrm{r}_2$，得

$$\begin{cases} x_1 + x_2 + x_3 = 3 & (\mathrm{r}_1) \\ -2x_3 = -10 & (\mathrm{r}_2) \\ x_2 + x_3 = -1 & (\mathrm{r}_3) \end{cases}$$

用方程组的矩阵表示消元过程：

$$\begin{pmatrix} 1 & 1 & 1 & 3 \\ 0 & 3 & 1 & -13 \\ 0 & 1 & 1 & -1 \end{pmatrix} \xrightarrow{(2)} \begin{pmatrix} 1 & 1 & 1 & 3 \\ 0 & 0 & -2 & -10 \\ 0 & 1 & 1 & -1 \end{pmatrix}$$

(3) 由 $\mathrm{r}_2 \leftrightarrow \mathrm{r}_3$，得

$$\begin{cases} x_1 + x_2 + x_3 = 3 & (\mathrm{r}_1) \\ x_2 + x_3 = -1 & (\mathrm{r}_2) \\ -2x_3 = -10 & (\mathrm{r}_3) \end{cases}$$

回代求解，得到方程组的解为 $x_3 = 5, x_2 = -6, x_1 = 4$.

在求解方程过程中，未知量用 $x_1, x_2, x_3$ 还是用 $t_1, t_2, t_3$ 表示都无关紧要，方程组和常数项的系数决定方程组是否有解，用矩阵表示高斯消元过程简洁明了：

$$(\boldsymbol{A},\boldsymbol{b}) = \begin{pmatrix} 1 & 1 & 1 & 3 \\ 2 & 5 & 3 & -7 \\ 1 & 2 & 2 & 2 \end{pmatrix} \xrightarrow{(1)} \begin{pmatrix} 1 & 1 & 1 & 3 \\ 0 & 3 & 1 & -13 \\ 0 & 1 & 1 & -1 \end{pmatrix} \xrightarrow{(2)} \begin{pmatrix} 1 & 1 & 1 & 3 \\ 0 & 0 & -2 & -10 \\ 0 & 1 & 1 & -1 \end{pmatrix}$$

$$\xrightarrow{(3)} \begin{pmatrix} 1 & 1 & 1 & 3 \\ 0 & 1 & 1 & -1 \\ 0 & 0 & -2 & -10 \end{pmatrix} \xrightarrow[\mathrm{r}_2 - \mathrm{r}_3 \to \mathrm{r}_2]{\mathrm{r}_3/(-2) \to \mathrm{r}_3} \begin{pmatrix} 1 & 1 & 1 & 3 \\ 0 & 1 & 0 & -6 \\ 0 & 0 & 1 & 5 \end{pmatrix}$$

$$\xrightarrow{\mathrm{r}_1 - \mathrm{r}_2 - \mathrm{r}_3 \to \mathrm{r}_1} \begin{pmatrix} 1 & 0 & 0 & 4 \\ 0 & 1 & 0 & -6 \\ 0 & 0 & 1 & 5 \end{pmatrix}$$

将系数矩阵化简为上三角阵后，也可以继续做初等变换，直接得到方程组的解. 将系数矩阵化为单位阵解方程称为高斯-若尔当消元法.

在上述过程中，我们用到解方程组的下列三种初等变换：

(1) 交换两个方程；

(2) 某个方程乘一个非零常数；

(3) 某个方程乘一非零常数加到另一个方程.

三个初等变换对线性方程组作用后得到的线性方程组仍然是同解方程组. 因此不会产

生增根.一般地,$n$ 个未知量的 $m$ 个线性方程

$$\begin{cases} a_{11}x_1 + a_{12}x_2 + \cdots + a_{1n}x_n = b_1 \\ a_{21}x_1 + a_{22}x_2 + \cdots + a_{2n}x_n = b_2 \\ \cdots \\ a_{m1}x_1 + a_{m2}x_2 + \cdots + a_{mn}x_n = b_m \end{cases} \quad (a_{ij}, b_i \text{ 为常数})$$

写成矩阵的分量形式

$$\begin{pmatrix} a_{11} & a_{12} & \cdots & a_{1n} \\ a_{21} & a_{22} & \cdots & a_{2n} \\ \vdots & \vdots & & \vdots \\ a_{m1} & a_{m2} & \cdots & a_{mn} \end{pmatrix} \begin{pmatrix} x_1 \\ x_2 \\ \vdots \\ x_n \end{pmatrix} = \begin{pmatrix} b_1 \\ b_2 \\ \vdots \\ b_m \end{pmatrix}$$

进而有简洁的矩阵形式 $\boldsymbol{Ax}=\boldsymbol{b}$,其中 $\boldsymbol{A}$ 为方程组的系数矩阵.

求解方程组过程即对增广矩阵$(\boldsymbol{A},\boldsymbol{b})$做初等变换化简为上三角阵的过程.

### 1.3.2 初等矩阵

单位矩阵经过一次初等变换得到的矩阵称为**初等矩阵**.三种初等变换对应三种初等矩阵 $\boldsymbol{S}_{ij}, \boldsymbol{D}_i(\lambda), \boldsymbol{T}_{ij}(\lambda)$.

交换单位矩阵的第 $i$ 行和第 $j$ 行(或交换第 $i$ 列和第 $j$ 列):

$$\boldsymbol{S}_{ij} = \begin{pmatrix} 1 & & & & & & \\ & \ddots & & & & & \\ & & 0 & & 1 & & \\ & & & \ddots & & & \\ & & 1 & & 0 & & \\ & & & & & \ddots & \\ & & & & & & 1 \end{pmatrix} \begin{matrix} \\ \\ i \\ \\ j \\ \\ \\ \end{matrix}$$

用非零常数 $\lambda$ 乘单位矩阵的第 $i$ 行:

$$\boldsymbol{D}_i(\lambda) = \begin{pmatrix} 1 & & & & & & \\ & \ddots & & & & & \\ & & 1 & & & & \\ & & & \lambda & & & \\ & & & & 1 & & \\ & & & & & \ddots & \\ & & & & & & 1 \end{pmatrix} \begin{matrix} \\ \\ \\ i \\ \\ \\ \\ \end{matrix}$$

这也是用非零常数 $\lambda$ 乘单位矩阵的第 $i$ 列的初等变换.

将单位矩阵第 $j$ 行的 $\lambda$ 倍加到第 $i$ 行 $(i<j)$:

$$
T_{ij}(\lambda)=\begin{pmatrix}
1 & & & & & & \\
 & \ddots & & & & & \\
 & & 1 & & \lambda & & \\
 & & & \ddots & & & \\
 & & & & 1 & & \\
 & & & & & \ddots & \\
 & & & & & & 1
\end{pmatrix}\begin{matrix} \\ \\ i \\ \\ j \\ \\ \\ \end{matrix}
$$

这也是将单位矩阵第 $i$ 列的 $\lambda$ 倍加到第 $j$ 列的初等变换.

**定理 1.1**　对矩阵做初等行变换,其作用是在矩阵的左边乘上一个初等矩阵;对矩阵做初等列变换,其作用是在矩阵的右边乘上一个相应的初等方阵.(口诀:左行右列.)

**证明**　初等矩阵左(右)乘时将矩阵 $\boldsymbol{A}$ 用行(列)向量组表示.设

$$
\boldsymbol{A}=\begin{pmatrix}\boldsymbol{\alpha}_1\\ \boldsymbol{\alpha}_2\\ \vdots\\ \boldsymbol{\alpha}_m\end{pmatrix}=(\boldsymbol{\beta}_1,\boldsymbol{\beta}_2,\cdots,\boldsymbol{\beta}_n)
$$

则:

(1) 交换矩阵 $\boldsymbol{A}$ 的第 $i$ 行和第 $j$ 行:

$$
\boldsymbol{S}_{ij}\boldsymbol{A}=\begin{pmatrix}
1 & & & & & & \\
 & \ddots & & & & & \\
 & & 0 & & 1 & & \\
 & & & \ddots & & & \\
 & & 1 & & 0 & & \\
 & & & & & \ddots & \\
 & & & & & & 1
\end{pmatrix}\begin{pmatrix}\boldsymbol{\alpha}_1\\ \vdots\\ \boldsymbol{\alpha}_i\\ \vdots\\ \boldsymbol{\alpha}_j\\ \vdots\\ \boldsymbol{\alpha}_m\end{pmatrix}=\begin{pmatrix}\boldsymbol{\alpha}_1\\ \vdots\\ \boldsymbol{\alpha}_j\\ \vdots\\ \boldsymbol{\alpha}_i\\ \vdots\\ \boldsymbol{\alpha}_m\end{pmatrix}
$$

(2) 交换矩阵 $\boldsymbol{A}$ 的第 $i$ 列和第 $j$ 列:

$$
\begin{aligned}
\boldsymbol{A}\boldsymbol{S}_{ij}&=(\boldsymbol{\beta}_1,\cdots,\boldsymbol{\beta}_i,\cdots,\boldsymbol{\beta}_j,\cdots,\boldsymbol{\beta}_n)\begin{pmatrix}
1 & & & & & & \\
 & \ddots & & & & & \\
 & & 0 & & 1 & & \\
 & & & \ddots & & & \\
 & & 1 & & 0 & & \\
 & & & & & \ddots & \\
 & & & & & & 1
\end{pmatrix}\\
&=(\boldsymbol{\beta}_1,\cdots,\boldsymbol{\beta}_j,\cdots,\boldsymbol{\beta}_i,\cdots,\boldsymbol{\beta}_n)
\end{aligned}
$$

(3) 将矩阵 $\boldsymbol{A}$ 第 $j$ 行的 $\lambda$ 倍加到第 $i$ 行:

$$T_{ij}(\lambda)A=\begin{pmatrix}1&&&&&&\\&\ddots&&&&&\\&&1&&\lambda&&\\&&&\ddots&&&\\&&&&1&&\\&&&&&\ddots&\\&&&&&&1\end{pmatrix}\begin{pmatrix}\boldsymbol{\alpha}_1\\\vdots\\\boldsymbol{\alpha}_i\\\vdots\\\boldsymbol{\alpha}_j\\\vdots\\\boldsymbol{\alpha}_m\end{pmatrix}=\begin{pmatrix}\boldsymbol{\alpha}_1\\\vdots\\\boldsymbol{\alpha}_i+\lambda\boldsymbol{\alpha}_j\\\vdots\\\boldsymbol{\alpha}_j\\\vdots\\\boldsymbol{\alpha}_m\end{pmatrix}$$

(4) 将矩阵 $A$ 的第 $i$ 列的 $\lambda$ 倍加到第 $j$ 列：

$$AT_{ij}(\lambda)=(\boldsymbol{\beta}_1,\cdots,\boldsymbol{\beta}_i,\cdots,\boldsymbol{\beta}_j,\cdots,\boldsymbol{\beta}_n)\begin{pmatrix}1&&&&&&\\&\ddots&&&&&\\&&1&&\lambda&&\\&&&\ddots&&&\\&&&&1&&\\&&&&&\ddots&\\&&&&&&1\end{pmatrix}$$

$$=(\boldsymbol{\beta}_1,\cdots,\boldsymbol{\beta}_i,\cdots,\lambda\boldsymbol{\beta}_i+\boldsymbol{\beta}_j,\cdots,\boldsymbol{\beta}_n)$$

**例 1.7** 计算

$$M=\begin{pmatrix}1&0&0\\0&1&0\\1&0&1\end{pmatrix}^{2013}\begin{pmatrix}a_1&a_2&a_3\\b_1&b_2&b_3\\c_1&c_2&c_3\end{pmatrix}\begin{pmatrix}0&0&1\\0&1&0\\1&0&0\end{pmatrix}^{2013}$$

**解** 由

$$\begin{pmatrix}1&0&0\\0&1&0\\1&0&1\end{pmatrix}^{2013}=\begin{pmatrix}1&0&0\\0&1&0\\2\,013&0&1\end{pmatrix},\quad\begin{pmatrix}0&0&1\\0&1&0\\1&0&0\end{pmatrix}^{2013}=\begin{pmatrix}0&0&1\\0&1&0\\1&0&0\end{pmatrix}$$

可得

$$M=\begin{pmatrix}a_1&a_2&a_3\\b_1&b_2&b_3\\2\,013a_1+c_1&2\,013a_2+c_2&2\,013a_3+c_3\end{pmatrix}\begin{pmatrix}0&0&1\\0&1&0\\1&0&0\end{pmatrix}$$

$$=\begin{pmatrix}a_3&a_2&a_1\\b_3&b_2&b_1\\2\,013a_3+c_3&2\,013a_2+c_2&2\,013a_1+c_1\end{pmatrix}$$

### 1.3.3 矩阵求逆

**定义 1.8** 对于方阵 $A$，如果存在同阶方阵 $B$，使得 $AB=BA=I$，则称 $A$ 是**可逆**(非奇异)的，称 $B$ 是 $A$ 的**逆矩阵**，记为 $A^{-1}$.

设 $B$ 和 $C$ 都是 $A$ 的逆矩阵，则 $B=BI=B(AC)=(BA)C=IC=C$. 故如果 $A$ 可逆，那么其逆矩阵必唯一.

**例 1.8** 设

$$A=\begin{pmatrix}1&0&0\\0&1&0\end{pmatrix},\quad B=\begin{pmatrix}1&0\\0&1\\11&22\end{pmatrix}$$

虽然 $AB=I_2$，但 $A$ 和 $B$ 都不是可逆矩阵，因为 $A$ 和 $B$ 都不是方阵.

怎样计算逆矩阵？由逆矩阵的定义 $A\cdot A^{-1}=I$，设 $A^{-1}=X=(X_1,X_2,\cdots,X_n)$. 令 $A=(a_{ij})$，$A^{-1}=(x_{ij})$，有

$$\begin{pmatrix}a_{11}&a_{12}&\cdots&a_{1n}\\a_{21}&a_{22}&\cdots&a_{2n}\\\vdots&\vdots&&\vdots\\a_{n1}&a_{n2}&\cdots&a_{nn}\end{pmatrix}\begin{pmatrix}x_{11}&x_{12}&\cdots&x_{1n}\\x_{21}&x_{22}&\cdots&x_{2n}\\\vdots&\vdots&&\vdots\\x_{n1}&x_{n2}&\cdots&x_{nn}\end{pmatrix}=\begin{pmatrix}1&0&\cdots&0\\0&1&\cdots&0\\\vdots&\vdots&&\vdots\\0&0&\cdots&1\end{pmatrix}$$

化为求解 $n$ 个方程组

$$\begin{pmatrix}a_{11}&a_{12}&\cdots&a_{1n}\\a_{21}&a_{22}&\cdots&a_{2n}\\\vdots&\vdots&&\vdots\\a_{n1}&a_{n2}&\cdots&a_{nn}\end{pmatrix}\begin{pmatrix}x_{1j}\\x_{2j}\\\vdots\\x_{nj}\end{pmatrix}=\begin{pmatrix}0\\\vdots\\1\\\vdots\\0\end{pmatrix}=e_j,\quad j=1,2,\cdots,n$$

其中 $e_j$ 是第 $j$ 个分量为 1、其余分量为 0 的 $n$ 维向量.

将这 $n$ 个方程组记为 $AX_j=e_j(1\leqslant j\leqslant n)$，则有

$$AA^{-1}=AX=(AX_1,AX_2,\cdots,AX_n)=(e_1,e_2,\cdots,e_n)=I$$

故计算 $A^{-1}\Leftrightarrow$计算 $X_j(j=1,2,\cdots,n)\Leftrightarrow$解方程 $AX_j=e_j$. 这 $n$ 个方程的系数矩阵都是 $A$，可以合并用高斯消元法求解 $X_j(j=1,2,\cdots,n)$. 即

$$(A,I)=(A,e_1,e_2,\cdots,e_n)\xrightarrow{①}\begin{pmatrix}c_{11}&c_{12}&\cdots&c_{1n}&y_{11}&y_{12}&\cdots&y_{1n}\\&c_{22}&\cdots&c_{2n}&y_{21}&y_{22}&\cdots&y_{2n}\\&&\ddots&\vdots&\vdots&\vdots&&\vdots\\&&&c_{nn}&y_{n1}&y_{n2}&\cdots&y_{nn}\end{pmatrix}$$

$$\xrightarrow{②}\begin{pmatrix}1&0&\cdots&0&x_{11}&x_{12}&\cdots&x_{1n}\\0&1&\cdots&0&x_{21}&x_{22}&\cdots&x_{2n}\\\vdots&\vdots&&\vdots&\vdots&\vdots&&\vdots\\0&0&\cdots&1&x_{n1}&x_{n2}&\cdots&x_{nn}\end{pmatrix}=(I,A^{-1})$$

其中

① 用初等行变换把系数矩阵化为上三角阵（高斯消元法）；

② 用初等行变换把系数矩阵化为单位阵（高斯-若尔当消元法）.

每做一次初等行变换，相当于左乘一个初等矩阵 $P_j$，即

$$P_s\cdots P_2P_1(A,I)=(I,P_s\cdots P_2P_1)$$

从而得到

$$(P_s\cdots P_2P_1)A=I\quad\Rightarrow\quad A^{-1}=P_s\cdots P_2P_1$$

**例 1.9**　设

$$A=\begin{pmatrix}1&1&1\\1&2&3\\1&3&4\end{pmatrix}$$

计算 $\boldsymbol{A}^{-1}$.

**解** 由

$$(\boldsymbol{A},\boldsymbol{I})=\begin{pmatrix}1&1&1&1&0&0\\1&2&3&0&1&0\\1&3&4&0&0&1\end{pmatrix}\xrightarrow[r_2-r_1]{r_3-r_2}\begin{pmatrix}1&1&1&1&0&0\\0&1&2&-1&1&0\\0&1&1&0&-1&1\end{pmatrix}$$

$$\xrightarrow[r_2-r_3]{r_1-r_3}\begin{pmatrix}1&0&0&1&1&-1\\0&0&1&-1&2&-1\\0&1&1&0&-1&1\end{pmatrix}\xrightarrow{r_3-r_2}\begin{pmatrix}1&0&0&1&1&-1\\0&0&1&-1&2&-1\\0&1&0&1&-3&2\end{pmatrix}$$

$$\xrightarrow{r_2\leftrightarrow r_3}\begin{pmatrix}1&0&0&1&1&-1\\0&1&0&1&-3&2\\0&0&1&-1&2&-1\end{pmatrix}$$

得

$$\boldsymbol{A}^{-1}=\begin{pmatrix}1&1&-1\\1&-3&2\\-1&2&-1\end{pmatrix}$$

# 1.4 方阵的行列式

## 1.4.1 二阶和三阶行列式

行列式是方阵的一个属性,它将 $n$ 阶方阵映射到一个数.

对于二阶方阵 $\boldsymbol{A}=\begin{pmatrix}a_{11}&a_{12}\\a_{21}&a_{22}\end{pmatrix}$,定义 $\det(\boldsymbol{A})=\begin{vmatrix}a_{11}&a_{12}\\a_{21}&a_{22}\end{vmatrix}=a_{11}a_{22}-a_{12}a_{21}$;

对于三阶方阵 $\boldsymbol{A}=\begin{pmatrix}a_{11}&a_{12}&a_{13}\\a_{21}&a_{22}&a_{23}\\a_{31}&a_{32}&a_{33}\end{pmatrix}$,定义

$$\det(\boldsymbol{A})=a_{11}\begin{vmatrix}a_{22}&a_{23}\\a_{32}&a_{33}\end{vmatrix}-a_{12}\begin{vmatrix}a_{21}&a_{23}\\a_{31}&a_{33}\end{vmatrix}+a_{13}\begin{vmatrix}a_{21}&a_{22}\\a_{31}&a_{32}\end{vmatrix}$$

或

$$\det(\boldsymbol{A})=a_{11}a_{22}a_{33}+a_{21}a_{32}a_{13}+a_{31}a_{12}a_{23}\\-a_{13}a_{22}a_{31}-a_{23}a_{32}a_{11}-a_{12}a_{21}a_{33}$$

可以观察到二阶和三阶行列式是取自不同行和不同列元素的代数和.二阶行列式也可以看成 $\mathbf{R}^2$ 中两个向量的函数,三阶行列式也可以看成 $\mathbf{R}^3$ 中三个向量的函数.

在解析几何中已证明,给定二维向量空间的自然基,设向量 $\boldsymbol{\alpha},\boldsymbol{\beta}$ 的坐标分别为 $(a_1,a_2)$ 和 $(b_1,b_2)$,则由向量 $\boldsymbol{\alpha},\boldsymbol{\beta}$ 张成的平行四边形的有向面积为 $a_1b_2-a_2b_1$;给定三维空间中的自然基,设向量 $\boldsymbol{\alpha},\boldsymbol{\beta},\boldsymbol{\gamma}$ 的坐标分别为 $(a_1,a_2,a_3)$,$(b_1,b_2,b_3)$ 和 $(c_1,c_2,c_3)$,则由向量 $\boldsymbol{\alpha}$,

$\boldsymbol{\beta},\boldsymbol{\gamma}$ 张成的平行六面体的有向体积为

$$(a_2b_3-a_3b_2)c_1+(a_3b_1-a_1b_3)c_2+(a_1b_2-a_2b_1)c_3$$

在二阶行列式中，$\boldsymbol{A}$ 的两个列向量确定的平行四边形的有向面积为 $\det(\boldsymbol{A})$；在三阶行列式中，$\boldsymbol{A}$ 的三个列向量确定的平行六面体的有向体积为 $\det(\boldsymbol{A})$. 一般地，$n$ 阶行列式 $\det(\boldsymbol{A})$ 可看作 $\boldsymbol{A}$ 的 $n$ 个列向量张成的平行多面体的有向体积.

### 1.4.2　行列式的定义

**定义 1.9**　设 $\tau(j_1,j_2,\cdots,j_n)$ 表示排列 $(j_1,j_2,\cdots,j_n)$ 的逆序数，则

$$\det(\boldsymbol{A})=\sum_{(j_1,j_2,\cdots,j_n)\in S_n}(-1)^{\tau(j_1,j_2,\cdots,j_n)}a_{1j_1}a_{2j_2}\cdots a_{nj_n}$$

定义 1.9 是行列式的传统定义，定义 1.9 中要用到逆序数. 下面的定义 1.11 作为行列式的定义，可以取代定义 1.9.

**定义 1.10**　设 $M_{ij}$ 表示删除 $\boldsymbol{A}$ 的第 $i$ 行与第 $j$ 列后得到的 $n-1$ 阶方阵的行列式：

$$M_{ij}=\begin{vmatrix} a_{11} & \cdots & a_{1,j-1} & a_{1,j+1} & \cdots & a_{1n} \\ \vdots & & \vdots & \vdots & & \vdots \\ a_{i-1,1} & \cdots & a_{i-1,j-1} & a_{i-1,j+1} & \cdots & a_{i-1,n} \\ a_{i+1,1} & \cdots & a_{i+1,j-1} & a_{i+1,j+1} & \cdots & a_{i+1,n} \\ \vdots & & \vdots & \vdots & & \vdots \\ a_{n1} & \cdots & a_{n,j-1} & a_{n,j+1} & \cdots & a_{nn} \end{vmatrix}$$

$M_{ij}$ 称为 $a_{ij}$ 的**余子式**. 记 $A_{ij}=(-1)^{i+j}M_{ij}$，称为 $a_{ij}$ 的**代数余子式**.

**定义 1.11**　设 $n\geqslant 2$. 定义

$$\det(\boldsymbol{A})=a_{11}A_{11}+a_{12}A_{12}+\cdots+a_{1n}A_{1n}=\sum_{j=1}^{n}a_{1j}A_{1j}$$

或

$$\begin{aligned}\det(\boldsymbol{A})&=a_{11}M_{11}-a_{12}M_{12}+\cdots+(-1)^{n+1}a_{1n}M_{1n}\\&=\sum_{i=1}^{n}(-1)^{1+j}a_{1j}M_{1j}\end{aligned}$$

定义 1.11 利用递归给出了 $n$ 阶行列式按第一行展开的定义. 由于行列式的行和列的地位是平等的，同样可以按第一列展开作为行列式的定义；同理，按行列式的其他任意行(列)展开都可以作为行列式的定义.

**命题 1.1**　行列式可按任意行(列)展开.

行列式按第 $i$ 行展开，有 $\det(\boldsymbol{A})=\sum\limits_{k=1}^{n}a_{ik}A_{ik}$；

行列式按第 $j$ 列展开，有 $\det(\boldsymbol{A})=\sum\limits_{k=1}^{n}a_{kj}A_{kj}$.

证明略，只需将第 $i$ 行先后与第 $i-1,i-2,\cdots,1$ 行交换，再展开即可. 本命题也称为展开定理.

行列式按任意行或任意列展开既可作为行列式的定义，也是计算行列式的常用方法.

### 1.4.3 行列式的计算

**1. 行列式的计算性质**

设 $\boldsymbol{A}$ 是 $n$ 阶方阵,行列式计算的性质如下:

(1) $\det(\boldsymbol{A})=\det(\boldsymbol{A}^{\mathrm{T}})$.

(2) $\boldsymbol{A}$ 的某一行乘以某个数加到另一行上,行列式的值不变.

(3) 交换 $\boldsymbol{A}$ 的两列(行)得到矩阵 $\boldsymbol{B}$,则 $\det(\boldsymbol{B})=-\det(\boldsymbol{A})$.

**推论** 如果 $\boldsymbol{A}$ 的某两行(列)相等,则 $\det(\boldsymbol{A})=0$.

(4) $\boldsymbol{A}$ 的某一行(列)乘以数 $k$ 得到矩阵 $\boldsymbol{B}$,则 $\det(\boldsymbol{B})=k\det(\boldsymbol{A})$:

$$k\det(\boldsymbol{A})=\begin{vmatrix} a_{11} & \cdots & a_{1j} & \cdots & a_{1n} \\ \vdots & & \vdots & & \vdots \\ ka_{i1} & \cdots & ka_{ij} & \cdots & ka_{in} \\ \vdots & & \vdots & & \vdots \\ a_{n1} & \cdots & a_{nj} & \cdots & a_{nn} \end{vmatrix}=\begin{vmatrix} a_{11} & \cdots & ka_{1j} & \cdots & a_{1n} \\ \vdots & & \vdots & & \vdots \\ a_{i1} & \cdots & ka_{ij} & \cdots & a_{in} \\ \vdots & & \vdots & & \vdots \\ a_{n1} & \cdots & ka_{nj} & \cdots & a_{nn} \end{vmatrix}$$

(5) 若 $\boldsymbol{A}$ 的某列(行)为两列(行)之和,则 $\det(\boldsymbol{A})$ 为两个相应的行列式之和.

对任意行向量 $\boldsymbol{\alpha}_1,\boldsymbol{\alpha}_2,\cdots,\boldsymbol{\alpha}_n,\boldsymbol{\alpha}$,

$$\det\begin{pmatrix} \boldsymbol{\alpha}_1 \\ \vdots \\ \boldsymbol{\alpha}_i+\boldsymbol{\alpha} \\ \vdots \\ \boldsymbol{\alpha}_n \end{pmatrix}=\det\begin{pmatrix} \boldsymbol{\alpha}_1 \\ \vdots \\ \boldsymbol{\alpha}_i \\ \vdots \\ \boldsymbol{\alpha}_n \end{pmatrix}+\det\begin{pmatrix} \boldsymbol{\alpha}_1 \\ \vdots \\ \boldsymbol{\alpha} \\ \vdots \\ \boldsymbol{\alpha}_n \end{pmatrix}$$

用列向量表示矩阵 $\boldsymbol{A}=(\boldsymbol{\beta}_1,\cdots,\boldsymbol{\beta}_j+\boldsymbol{\beta},\cdots,\boldsymbol{\beta}_n)$,$k\in\mathbf{R}$,则

$$\begin{aligned}&\det(\boldsymbol{\beta}_1,\boldsymbol{\beta}_2,\cdots,\boldsymbol{\beta}_j+\boldsymbol{\beta},\cdots,\boldsymbol{\beta}_n)\\ &=\det(\boldsymbol{\beta}_1,\boldsymbol{\beta}_2,\cdots,\boldsymbol{\beta}_j,\cdots,\boldsymbol{\beta}_n)+\det(\boldsymbol{\beta}_1,\boldsymbol{\beta}_2,\cdots,\boldsymbol{\beta},\cdots,\boldsymbol{\beta}_n)\end{aligned}$$

且有

$$\det(\boldsymbol{\alpha}_1,\cdots,\lambda\boldsymbol{\alpha}_i+\mu\boldsymbol{\beta}_i,\cdots,\boldsymbol{\alpha}_n)=\lambda\det(\boldsymbol{\alpha}_1,\cdots,\boldsymbol{\alpha}_i,\cdots,\boldsymbol{\alpha}_n)+\mu\det(\boldsymbol{\alpha}_1,\cdots,\boldsymbol{\beta}_i,\cdots,\boldsymbol{\alpha}_n)$$

除了利用行列式的性质计算行列式,常用的计算行列式的方法还有:

(1) 初等变换,可将矩阵化为上(下)三角阵;

(2) $\det(\boldsymbol{AB})=\det(\boldsymbol{A})\cdot\det(\boldsymbol{B})$;

(3) 展开定理;

(4) 递推公式.

**例 1.10** 计算

$$D=\begin{vmatrix} a_{11} & & & \\ a_{21} & a_{22} & & \\ \vdots & \vdots & \ddots & \\ a_{n1} & a_{n2} & \cdots & a_{nn} \end{vmatrix}$$

**解** 逐行展开计算下三角行列式:

$$D = a_{11}\begin{vmatrix} a_{22} & & & \\ a_{32} & a_{33} & & \\ \vdots & \vdots & \ddots & \\ a_{n2} & a_{n3} & \cdots & a_{nn} \end{vmatrix} = a_{11}a_{22}\begin{vmatrix} a_{33} & & \\ \vdots & \ddots & \\ a_{n3} & \cdots & a_{nn} \end{vmatrix}$$

$$= \cdots = a_{11}a_{22}\cdots a_{nn} = \prod_{k=1}^{n} a_{kk}$$

**例 1.11**　计算 $2n$ 阶行列式

$$D_{2n} = \begin{vmatrix} a_1 & & & & & & & c_1 \\ & a_2 & & & & & c_2 & \\ & & \ddots & & & \iddots & & \\ & & & a_n & c_n & & & \\ & & & d_n & b_n & & & \\ & & \iddots & & & \ddots & & \\ & d_2 & & & & & b_2 & \\ d_1 & & & & & & & b_1 \end{vmatrix}$$

**解**　先将第 $2n$ 行逐行向上交换移到第 2 行，将第 $2n$ 列逐列向左交换移到第 2 列；然后将第 $2n$ 行逐行向上移到第 4 行，将第 $2n$ 列逐列向左移到第 4 列：

$$D_{2n} = \begin{vmatrix} a_1 & c_1 & & & & & & \\ d_1 & b_1 & & & & & & \\ & & a_2 & & & & & c_2 \\ & & & \ddots & & & & \\ & & & & a_n & c_n & & \\ & & & & d_n & b_n & & \\ & & & & & & \ddots & \\ & & d_2 & & & & & b_2 \end{vmatrix} = \begin{vmatrix} a_1 & c_1 & & & & & \\ d_1 & b_1 & & & & & \\ & & a_2 & c_2 & & & \\ & & d_2 & b_2 & & & \\ & & & & a_3 & & c_3 \\ & & & & & \ddots & \\ & & & & d_3 & & b_3 \end{vmatrix}$$

得到

$$D_{2n} = (a_n b_n - c_n d_n) D_{2n-2} = \cdots = \prod_{i=1}^{n} (a_i b_i - c_i d_i)$$

本题也可以按第一行展开计算行列式的值.

**2. 范德蒙德(Vandermonde)行列式**

形如

$$\det(\boldsymbol{A}) = \begin{vmatrix} 1 & 1 & \cdots & 1 \\ a_1 & a_2 & \cdots & a_n \\ \vdots & \vdots & & \vdots \\ a_1^{n-1} & a_2^{n-1} & \cdots & a_n^{n-1} \end{vmatrix} = \prod_{1 \leqslant i < j \leqslant n} (a_j - a_i)$$

的行列式称为范德蒙德行列式.

**例 1.12** 计算 4 阶范德蒙德行列式

**解** $$\det(\boldsymbol{A})=\begin{vmatrix}1&1&1&1\\a_1&a_2&a_3&a_4\\a_1^2&a_2^2&a_3^2&a_4^2\\a_1^3&a_2^3&a_3^3&a_4^3\end{vmatrix}$$

$$\xlongequal{r_4-a_1r_3\to r_4}\begin{vmatrix}1&1&1&1\\a_1&a_2&a_3&a_4\\a_1^2&a_2^2&a_3^2&a_4^2\\0&a_2^3-a_1a_2^2&a_3^3-a_1a_3^2&a_4^3-a_1a_4^2\end{vmatrix}$$

$$\xlongequal[r_2-a_1r_1\to r_2]{r_3-a_1r_2\to r_3}\begin{vmatrix}1&1&1&1\\0&a_2-a_1&a_3-a_1&a_4-a_1\\0&a_2^2-a_1a_2&a_3^2-a_1a_3&a_4^2-a_1a_4\\0&a_2^2(a_2-a_1)&a_3^2(a_3-a_1)&a_4^2(a_4-a_1)\end{vmatrix}$$

$$=(a_2-a_1)(a_3-a_1)(a_4-a_1)\begin{vmatrix}1&1&1\\a_2&a_3&a_4\\a_2^2&a_3^2&a_4^2\end{vmatrix}$$

$$\xlongequal[r_2-a_2r_1\to r_2]{r_3-a_2r_2\to r_3}\prod_{j=2}^{4}(a_j-a_1)\begin{vmatrix}1&1&1\\0&a_3-a_2&a_4-a_2\\0&a_3^2-a_2a_3&a_4^2-a_2a_4\end{vmatrix}$$

$$=\cdots=\prod_{1\leqslant i<j\leqslant 4}(a_j-a_i).$$

**3. 伴随矩阵**

设 $\boldsymbol{A}$ 是 $n$ 阶方阵. $\boldsymbol{A}$ 的行列式的所有代数余子式按下列方式排成的 $n$ 阶方阵称为 $\boldsymbol{A}$ 的伴随矩阵,记为 $\boldsymbol{A}^*$:

$$\boldsymbol{A}^*=\begin{pmatrix}A_{11}&A_{21}&\cdots&A_{n1}\\A_{12}&A_{22}&\cdots&A_{n2}\\\vdots&\vdots&&\vdots\\A_{1n}&A_{2n}&\cdots&A_{nn}\end{pmatrix}$$

要特别注意 $\boldsymbol{A}$ 的伴随矩阵的列指标与 $\boldsymbol{A}$ 的行指标一致. 可以验证:

$$\boldsymbol{A}\boldsymbol{A}^*=\begin{pmatrix}a_{11}&a_{12}&\cdots&a_{1n}\\a_{21}&a_{22}&\cdots&a_{2n}\\\vdots&\vdots&&\vdots\\a_{n1}&a_{n2}&\cdots&a_{nn}\end{pmatrix}\begin{pmatrix}A_{11}&A_{21}&\cdots&A_{n1}\\A_{12}&A_{22}&\cdots&A_{n2}\\\vdots&\vdots&&\vdots\\A_{1n}&A_{2n}&\cdots&A_{nn}\end{pmatrix}$$

$$=\begin{pmatrix}\det(\boldsymbol{A})&0&\cdots&0\\0&\det(\boldsymbol{A})&\cdots&0\\\vdots&\vdots&&\vdots\\0&0&\cdots&\det(\boldsymbol{A})\end{pmatrix}=\boldsymbol{A}^*\boldsymbol{A}$$

从而得到 $\boldsymbol{A}\boldsymbol{A}^*=\boldsymbol{A}^*\boldsymbol{A}=\det(\boldsymbol{A})\boldsymbol{I}_n$. 验证中用到

$$\sum_{j=1}^{n}a_{ij}A_{kj}=\begin{cases}\det(\boldsymbol{A}), & i=k,\\0, & i\neq k,\end{cases}\quad \sum_{i=1}^{n}a_{ij}A_{ik}=\begin{cases}\det(\boldsymbol{A}), & j=k\\0, & j\neq k\end{cases}$$

例如：当 $n=3$ 时，

$$\begin{vmatrix} a_{11} & a_{12} & a_{13} \\ a_{21} & a_{22} & a_{23} \\ a_{31} & a_{32} & a_{33} \end{vmatrix} = a_{11}\begin{vmatrix} a_{22} & a_{23} \\ a_{32} & a_{33} \end{vmatrix} - a_{12}\begin{vmatrix} a_{21} & a_{23} \\ a_{31} & a_{33} \end{vmatrix} + a_{13}\begin{vmatrix} a_{21} & a_{22} \\ a_{31} & a_{32} \end{vmatrix}$$

$$= a_{11}A_{11} + a_{12}A_{12} + a_{13}A_{13} = \det(\boldsymbol{A})$$

$$\begin{vmatrix} a_{11} & a_{12} & a_{13} \\ a_{11} & a_{12} & a_{13} \\ a_{31} & a_{32} & a_{33} \end{vmatrix} = a_{11}\begin{vmatrix} a_{12} & a_{13} \\ a_{32} & a_{33} \end{vmatrix} - a_{12}\begin{vmatrix} a_{11} & a_{13} \\ a_{31} & a_{33} \end{vmatrix} + a_{13}\begin{vmatrix} a_{11} & a_{12} \\ a_{31} & a_{32} \end{vmatrix}$$

$$= a_{11}A_{21} + a_{12}A_{22} + a_{13}A_{23} = 0$$

### 1.4.4　克拉默(Cramer)法则

**定理 1.2**(克拉默法则)　若线性方程组

$$\begin{cases} a_{11}x_1 + a_{12}x_2 + \cdots + a_{1n}x_n = b_1 \\ a_{21}x_1 + a_{22}x_2 + \cdots + a_{2n}x_n = b_2 \\ \cdots \\ a_{n1}x_1 + a_{n2}x_2 + \cdots + a_{nn}x_n = b_n \end{cases} \tag{1.1}$$

的系数矩阵行列式

$$D = \begin{vmatrix} a_{11} & a_{12} & \cdots & a_{1n} \\ a_{21} & a_{22} & \cdots & a_{2n} \\ \vdots & \vdots & & \vdots \\ a_{n1} & a_{n2} & \cdots & a_{nn} \end{vmatrix} \neq 0$$

那么线性方程组(1.1)有且仅有唯一解：

$$x_1 = \frac{D_1}{D}, \quad x_2 = \frac{D_2}{D}, \quad \cdots, \quad x_n = \frac{D_n}{D}$$

其中 $D_j$ 是把行列式 $D$ 的第 $j$ 列换成方程组的常数列 $(b_1, b_2, \cdots, b_n)^{\mathrm{T}}$ 所组成的行列式.

**证明**　设

$$\boldsymbol{A} = (\boldsymbol{A}_1, \boldsymbol{A}_1, \cdots, \boldsymbol{A}_n), \quad D = \det(\boldsymbol{A}) = \det(\boldsymbol{A}_1, \boldsymbol{A}_1, \cdots, \boldsymbol{A}_n)$$

则 $x_1\boldsymbol{A}_1 + \cdots + x_i\boldsymbol{A}_i + \cdots + x_n\boldsymbol{A}_n = \boldsymbol{b}$. 由

$$\begin{aligned} D_i &= \det(\boldsymbol{A}_1, \cdots, \boldsymbol{A}_{i-1}, \boldsymbol{b}, \boldsymbol{A}_{i+1}, \cdots, \boldsymbol{A}_n) \\ &= \det(\boldsymbol{A}_1, \cdots, \boldsymbol{A}_{i-1}, x_1\boldsymbol{A}_1 + \cdots + x_i\boldsymbol{A}_i + \cdots + x_n\boldsymbol{A}_n, \boldsymbol{A}_{i+1}, \cdots, \boldsymbol{A}_n) \\ &= \det(\boldsymbol{A}_1, \cdots, \boldsymbol{A}_{i-1}, x_i\boldsymbol{A}_i, \boldsymbol{A}_{i+1}, \cdots, \boldsymbol{A}_n) \\ &= x_i\det(\boldsymbol{A}_1, \cdots, \boldsymbol{A}_{i-1}, \boldsymbol{A}_i, \boldsymbol{A}_{i+1}, \cdots, \boldsymbol{A}_n) \\ &= x_i\det(\boldsymbol{A}) = x_iD \end{aligned}$$

得 $x_i = \dfrac{D_i}{D}$ $(i=1,2,\cdots,n)$.

**推论**　如果齐次方程组 $\boldsymbol{Ax}=\boldsymbol{0}$ 的系数矩阵行列式不为零，那么 $\boldsymbol{Ax}=\boldsymbol{0}$ 只有零解.

## 1.5 矩阵分块运算

同一个矩阵可以有不同的分块方式,对矩阵进行恰当的分块可以使运算简化.

矩阵的分块运算有如下性质:

(1) 设 $\boldsymbol{A}=(\boldsymbol{A}_{ij})_{r\times s}$,$\boldsymbol{B}=(\boldsymbol{B}_{ij})_{r\times s}$,则

$$\boldsymbol{A}+\boldsymbol{B}=(\boldsymbol{A}_{ij}+\boldsymbol{B}_{ij})_{r\times s},\quad \lambda\boldsymbol{A}=(\lambda\boldsymbol{A}_{ij})_{r\times s}$$

(2) 设 $\boldsymbol{A}=(\boldsymbol{A}_{ij})_{r\times s}$,$\boldsymbol{B}=(\boldsymbol{B}_{ij})_{s\times t}$,则 $\boldsymbol{AB}=(\boldsymbol{C}_{ij})_{r\times t}$,其中 $\boldsymbol{C}_{ij}=\sum\limits_{k=1}^{s}\boldsymbol{A}_{ik}\boldsymbol{B}_{kj}$;

(3) 设 $\boldsymbol{A}=(\boldsymbol{A}_{ij})_{r\times s}$,则 $\boldsymbol{A}^{\mathrm{T}}=(\boldsymbol{A}_{ji}^{\mathrm{T}})_{s\times r}$;

(4) 设 $\boldsymbol{A}=(\boldsymbol{A}_{ij})_{r\times r}$ 且每个 $\boldsymbol{A}_{ii}$ 都是方阵,则 $\mathrm{tr}(\boldsymbol{A})=\sum\limits_{i=1}^{r}\mathrm{tr}(\boldsymbol{A}_{ii})$.

其中矩阵 $\boldsymbol{A}$,$\boldsymbol{B}$ 的分块方式使上述运算有意义.

常用的矩阵分块运算如下:

设 $\boldsymbol{A}=\begin{pmatrix}\boldsymbol{A}_1 & \boldsymbol{A}_2\\ \boldsymbol{A}_3 & \boldsymbol{A}_4\end{pmatrix}$,$\boldsymbol{B}=\begin{pmatrix}\boldsymbol{B}_1 & \boldsymbol{B}_2\\ \boldsymbol{B}_3 & \boldsymbol{B}_4\end{pmatrix}$,则有

$$\boldsymbol{A}+\boldsymbol{B}=\begin{pmatrix}\boldsymbol{A}_1+\boldsymbol{B}_1 & \boldsymbol{A}_2+\boldsymbol{B}_2\\ \boldsymbol{A}_3+\boldsymbol{B}_3 & \boldsymbol{A}_4+\boldsymbol{B}_4\end{pmatrix},\quad k\boldsymbol{A}=\begin{pmatrix}k\boldsymbol{A}_1 & k\boldsymbol{A}_2\\ k\boldsymbol{A}_3 & k\boldsymbol{A}_4\end{pmatrix}$$

$$\boldsymbol{AB}=\begin{pmatrix}\boldsymbol{A}_1\boldsymbol{B}_1+\boldsymbol{A}_2\boldsymbol{B}_3 & \boldsymbol{A}_1\boldsymbol{B}_2+\boldsymbol{A}_2\boldsymbol{B}_4\\ \boldsymbol{A}_3\boldsymbol{B}_1+\boldsymbol{A}_4\boldsymbol{B}_3 & \boldsymbol{A}_3\boldsymbol{B}_2+\boldsymbol{A}_4\boldsymbol{B}_4\end{pmatrix},\quad \boldsymbol{A}^{\mathrm{T}}=\begin{pmatrix}\boldsymbol{A}_1^{\mathrm{T}} & \boldsymbol{A}_3^{\mathrm{T}}\\ \boldsymbol{A}_2^{\mathrm{T}} & \boldsymbol{A}_4^{\mathrm{T}}\end{pmatrix}$$

当 $\boldsymbol{A}_3=\boldsymbol{0}$ 时,

$$|\boldsymbol{A}|=\begin{vmatrix}\boldsymbol{A}_1 & \boldsymbol{A}_2\\ \boldsymbol{0} & \boldsymbol{A}_4\end{vmatrix}=\det(\boldsymbol{A}_1)\det(\boldsymbol{A}_4),\quad \mathrm{tr}(\boldsymbol{A})=\mathrm{tr}(\boldsymbol{A}_1)+\mathrm{tr}(\boldsymbol{A}_4)\quad (\boldsymbol{A}_1,\boldsymbol{A}_4\text{ 为方阵})$$

**例 1.13** 设 $\boldsymbol{A}$ 为 $m\times n$ 矩阵,$\boldsymbol{B}$ 为 $n\times m$ 矩阵,证明:

$$\det(\boldsymbol{I}_m-\boldsymbol{AB})=\det(\boldsymbol{I}_n-\boldsymbol{BA})$$

**证明** 对分块矩阵做初等变换:

$$\begin{pmatrix}\boldsymbol{I}_m & \boldsymbol{0}\\ -\boldsymbol{B} & \boldsymbol{I}_n\end{pmatrix}\begin{pmatrix}\boldsymbol{I}_m & \boldsymbol{A}_{m\times n}\\ \boldsymbol{B}_{n\times m} & \boldsymbol{I}_n\end{pmatrix}=\begin{pmatrix}\boldsymbol{I} & \boldsymbol{A}\\ \boldsymbol{0} & \boldsymbol{I}_n-\boldsymbol{BA}\end{pmatrix}$$

$$\begin{pmatrix}\boldsymbol{I}_m & \boldsymbol{A}_{m\times n}\\ \boldsymbol{B}_{n\times m} & \boldsymbol{I}_n\end{pmatrix}\begin{pmatrix}\boldsymbol{I} & \boldsymbol{0}\\ -\boldsymbol{B} & \boldsymbol{I}\end{pmatrix}=\begin{pmatrix}\boldsymbol{I}_m-\boldsymbol{AB} & \boldsymbol{A}\\ \boldsymbol{0} & \boldsymbol{I}\end{pmatrix}$$

对两式的两边取行列式,得

$$\det(\boldsymbol{I}_n-\boldsymbol{BA})=\det(\boldsymbol{I}_m-\boldsymbol{AB})$$

**例 1.14** 计算行列式

$$\begin{vmatrix}1+a_1b_1 & a_1b_2 & \cdots & a_1b_n\\ a_2b_1 & 1+a_2b_2 & \cdots & a_2b_n\\ \vdots & \vdots & & \vdots\\ a_nb_1 & a_nb_2 & \cdots & 1+a_nb_n\end{vmatrix}$$

**解**　令 $\boldsymbol{B}=-(b_1,b_2,\cdots,b_n)^{\mathrm{T}},\boldsymbol{A}=(a_1,a_2,\cdots,a_n)$. 由例 1.13 的结论,知

$$\det(\boldsymbol{I}_n-\boldsymbol{BA})=\det(1-\boldsymbol{AB})=1+(a_1b_1+a_2b_2+\cdots+a_nb_n)$$

**例 1.15**　设 $\boldsymbol{A},\boldsymbol{B},\boldsymbol{C},\boldsymbol{D}$ 都是 $n$ 阶矩阵, $|\boldsymbol{A}|\neq 0$, 且 $\boldsymbol{AC}=\boldsymbol{CA}$. 证明:

$$\begin{vmatrix}\boldsymbol{A} & \boldsymbol{B}\\ \boldsymbol{C} & \boldsymbol{D}\end{vmatrix}=|\boldsymbol{AD}-\boldsymbol{CB}|$$

**分析**　$-\boldsymbol{CA}^{-1}$乘第 1 行加到第 2 行, 对 $\boldsymbol{C}$ 打洞.

**证明**　由分析知

$$\begin{pmatrix}\boldsymbol{I}_n & \boldsymbol{0}\\ -\boldsymbol{CA}^{-1} & \boldsymbol{I}_n\end{pmatrix}\begin{pmatrix}\boldsymbol{A} & \boldsymbol{B}\\ \boldsymbol{C} & \boldsymbol{D}\end{pmatrix}=\begin{pmatrix}\boldsymbol{A} & \boldsymbol{B}\\ \boldsymbol{0} & \boldsymbol{D}-\boldsymbol{CA}^{-1}\boldsymbol{B}\end{pmatrix}$$

两边取行列式, 有

$$\begin{aligned}\begin{vmatrix}\boldsymbol{A} & \boldsymbol{B}\\ \boldsymbol{C} & \boldsymbol{D}\end{vmatrix}&=|\boldsymbol{A}||\boldsymbol{D}-\boldsymbol{CA}^{-1}\boldsymbol{B}|=|\boldsymbol{AD}-\boldsymbol{ACA}^{-1}\boldsymbol{B}|\\&=|\boldsymbol{AD}-\boldsymbol{CAA}^{-1}\boldsymbol{B}|=|\boldsymbol{AD}-\boldsymbol{CB}|\end{aligned}$$

**例 1.16**　设

$$\boldsymbol{A}=\begin{pmatrix}0 & 0 & 0 & \cdots & 0 & a_n\\ a_1 & 0 & 0 & \cdots & 0 & 0\\ 0 & a_2 & 0 & \cdots & 0 & 0\\ \vdots & \vdots & \vdots & & \vdots & \vdots\\ 0 & 0 & 0 & \cdots & a_{n-1} & 0\end{pmatrix}$$

其中 $a_i\neq 0(i=1,2,\cdots,n)$. 求 $\boldsymbol{A}^{-1}$.

**解**　由

$$(\boldsymbol{A},\boldsymbol{I})=\begin{pmatrix}\boldsymbol{0} & a_n & 1 & \boldsymbol{0}\\ \boldsymbol{D}_{n-1} & \boldsymbol{0} & 0 & \boldsymbol{I}_{n-1}\end{pmatrix}\rightarrow\begin{pmatrix}\boldsymbol{D}_{n-1} & \boldsymbol{0} & \boldsymbol{0} & \boldsymbol{I}_{n-1}\\ \boldsymbol{0} & a_n & 1 & \boldsymbol{0}\end{pmatrix}$$

$$\rightarrow\begin{pmatrix}\boldsymbol{I}_{n-1} & \boldsymbol{0} & \boldsymbol{0} & \boldsymbol{D}_{n-1}^{-1}\\ \boldsymbol{0} & 1 & \dfrac{1}{a_n} & \boldsymbol{0}\end{pmatrix}$$

得

$$\boldsymbol{A}^{-1}=\begin{pmatrix}0 & 1/a_1 & 0 & \cdots & 0\\ 0 & 0 & 1/a_2 & \cdots & 0\\ 0 & 0 & 0 & \ddots & \vdots\\ \vdots & \vdots & \vdots & \ddots & 1/a_{n-1}\\ 1/a_n & 0 & 0 & \cdots & 0\end{pmatrix}$$

# 附录 1　Mathematica 中矩阵的定义和运算

(1) 向量和矩阵的定义

`Array[f,n]`　　　向量{f[1],f[2],⋯ ,f[n]}.

Array[f,n,t]　　向量{f[t],f[t+1],…,f[t+n-1]}.

Array[f,{m,n}]　定义m行、n列矩阵,矩阵元素为f[i,j].

Table[f[i],{i,a,b,d}]

定义向量,其中a为循环初值,b为循环终值上界,d为循环步长.当a或d缺省时,其值为1.

Table[f[i,j],{i,m},{j,n}]　定义m行n列矩阵.

**例1**

```
In[1]:= Array[a,5,0]
Out[1]= {a[0],a[1],a[2],a[3],a[4]}

In[2]:= B= Array[b,{3,3}]
Out[2]= {b[1,1],b[1,2],b[1,3]},{b[2,1],b[2,2],b[2,3]},
        {b[3,1],b[3,2],b[3,3]}

In[3]:= Table[Random[],{3}]
Out[3]= {0.0139491,0.49432,0.682465}

In[4]:= Table[10i+ j,{i,3},{j,3}]
Out[4]= {{11,12,13},{21,22,23},{31,32,33}}

In[5]:= b[1,2]= 122;B[[2,1]]= 211;B[[1]](*B[[1]]表示B的第一行*)
Out[6]= {b[1,1],122,b[1,3]}

In[7]:= B[[All,1]](*表示B的第一列*)
Out[7]= {b[1,1],211,b[3,1]}
```

(2) 矩阵的基本运算

| | |
|---|---|
| x±y | 矩阵、向量的加法(减法). |
| x^n | 矩阵或向量每个元素的方幂. |
| x.y | 矩阵乘法或向量的内积. |
| Cross[x,y] | 向量的外积(叉乘). |
| MatrixPower[A,n] | 方阵A的n次幂. |
| Transpose[A] | 矩阵A的转置. |
| ConjugateTranspose[A] | 复矩阵A的共轭转置. |

(3) 行列式和逆矩阵

| | |
|---|---|
| Det[A] | 计算方阵A的行列式. |
| Inverse[A] | 计算方阵A的逆矩阵. |

**例2**

```
In[1]:= A= {{1,1,1},{2,3,2},{3,3,4}}
Out[1]= {{1,1,1},{2,3,2},{3,3,4}}

In[2]:= Det[A]
Out[2]= 1

In[3]:= Inverse[A]
Out[3]= {{6,-1,-1},{-2,1,0},{-3,0,1}}
```

# 习　题　1

1. 计算：

(1) $(x_1,x_2,\cdots,x_m)\begin{pmatrix} a_{11} & a_{12} & \cdots & a_{1n} \\ a_{21} & a_{22} & \cdots & a_{2n} \\ \vdots & \vdots & & \vdots \\ a_{m1} & a_{m2} & \cdots & a_{mn} \end{pmatrix}\begin{pmatrix} y_1 \\ y_2 \\ \vdots \\ y_n \end{pmatrix}$；

(2) $\begin{pmatrix} \cos\theta & \sin\theta \\ -\sin\theta & \cos\theta \end{pmatrix}^k$（$k$ 为正整数）.

2. 证明：不存在 $n$ 阶实方阵 $\boldsymbol{A},\boldsymbol{B}$ 满足 $\boldsymbol{AB}-\boldsymbol{BA}=\boldsymbol{I}_n$.

3. 计算下列矩阵的逆矩阵：

(1) $\boldsymbol{A}=\begin{pmatrix} 2 & 1 & 0 \\ 1 & 2 & 1 \\ 1 & 1 & 2 \end{pmatrix}$；

(2) $\boldsymbol{B}=\begin{pmatrix} 0 & b_1 & 0 & \cdots & 0 & 0 \\ 0 & 0 & b_2 & \cdots & 0 & 0 \\ \vdots & \vdots & \vdots & & \vdots & \vdots \\ 0 & 0 & 0 & \cdots & 0 & b_{n-1} \\ b_n & 0 & 0 & \cdots & 0 & 0 \end{pmatrix}$，$b_i\neq 0\ (i=1,2,\cdots,n)$.

4. 设方阵 $\boldsymbol{A}$ 的逆矩阵

$$\boldsymbol{A}^{-1}=\begin{pmatrix} 1 & 1 & 1 \\ 1 & 2 & 1 \\ 1 & 1 & 3 \end{pmatrix}$$

计算伴随矩阵 $\boldsymbol{A}^*$.

5. 设方阵 $\boldsymbol{A}$ 的伴随矩阵

$$\boldsymbol{A}^*=\begin{pmatrix} 0 & 0 & 0 & 1 \\ 0 & 0 & 2 & 0 \\ 0 & 3 & 0 & 0 \\ 4 & 0 & 0 & 0 \end{pmatrix}$$

求 $\boldsymbol{A}$.

6. 设 $\boldsymbol{A},\boldsymbol{B}$ 是 $n$ 阶方阵，$\lambda\in\mathbf{R}$. 证明：

(1) $(\lambda\boldsymbol{A})^*=\lambda^{n-1}\boldsymbol{A}^*$；　　(2) $\det(\boldsymbol{A}^*)=(\det(\boldsymbol{A}))^{n-1}$.

7. 设 $\boldsymbol{A}$ 为 $n$ 阶方阵. 证明：

(1) 当 $\boldsymbol{A}$ 可逆时，$(\boldsymbol{A}^{-1})^{\mathrm{T}}=(\boldsymbol{A}^{\mathrm{T}})^{-1}$，$(\boldsymbol{A}^{-1})^*=(\boldsymbol{A}^*)^{-1}$；

(2) $(\boldsymbol{A}^*)^{\mathrm{T}}=(\boldsymbol{A}^{\mathrm{T}})^*$.

8. 设 $\boldsymbol{A}$ 为 3 阶矩阵，$|\boldsymbol{A}|=3$，$\boldsymbol{A}^*$ 为 $\boldsymbol{A}$ 的伴随矩阵. 设交换 $\boldsymbol{A}$ 的第一行与第二行得到的矩阵为 $\boldsymbol{B}$，试计算 $|\boldsymbol{BA}^*|$.

9*. 设 $\boldsymbol{A},\boldsymbol{B}$ 为 3 阶矩阵，且 $|\boldsymbol{A}|=3$，$|\boldsymbol{B}|=2$，$|\boldsymbol{A}^{-1}+\boldsymbol{B}|=2$. 计算 $\det(\boldsymbol{A}+\boldsymbol{B}^{-1})$.

10. 设 $\boldsymbol{A}$ 为 3 阶方阵，$|\boldsymbol{A}|=3$. 计算 $\det(5\boldsymbol{A}^{-1}-2\boldsymbol{A}^{*})$.

11. 计算行列式：

(1) 设 3 阶方阵按列分块为

$$\boldsymbol{A}=(\boldsymbol{\beta}_1,\boldsymbol{\beta}_2,\boldsymbol{\beta}_3),\quad \boldsymbol{B}=(\boldsymbol{\beta}_1+2\boldsymbol{\beta}_2,3\boldsymbol{\beta}_2+4\boldsymbol{\beta}_3,\boldsymbol{\beta}_3),\quad \det(\boldsymbol{A})=5$$

则 $\det(\boldsymbol{B})=$ ________.

(2) 设 $\boldsymbol{A},\boldsymbol{B}$ 是 3 阶方阵. 已知 $|\boldsymbol{A}|=-1$，$|\boldsymbol{B}|=3$，则 $\begin{vmatrix}2\boldsymbol{A} & \boldsymbol{A}\\ \boldsymbol{0} & -\boldsymbol{B}\end{vmatrix}=$ ________.

(3) 设 $\boldsymbol{A}$ 为 $m$ 阶方阵，$\boldsymbol{B}$ 为 $n$ 阶方阵，且 $|\boldsymbol{A}|=a$，$|\boldsymbol{B}|=b$，$\boldsymbol{C}=\begin{pmatrix}\boldsymbol{0} & \boldsymbol{A}\\ \boldsymbol{B} & \boldsymbol{0}\end{pmatrix}$，则 $|\boldsymbol{C}|=$ ______.

12. 设 $\boldsymbol{A},\boldsymbol{B}$ 为 $n$ 阶方阵，且 $\boldsymbol{I}-\boldsymbol{AB}$ 可逆. 证明：$\boldsymbol{I}-\boldsymbol{BA}$ 也可逆.

13. 设 $\boldsymbol{A}=\begin{pmatrix}\lambda & 1 & 0\\ 0 & \lambda & 1\\ 0 & 0 & \lambda\end{pmatrix}$. 计算 $\boldsymbol{A}^n(n\geqslant 2)$.

14. 已知 $\boldsymbol{A}=\boldsymbol{P}\cdot\boldsymbol{Q}$，其中 $\boldsymbol{P}=(1,2,1)^{\mathrm{T}}$，$\boldsymbol{Q}=(2,-1,2)$. 求 $\boldsymbol{A}^{100}$.

15. 设 $\boldsymbol{A}=\begin{pmatrix}0 & 0 & 1\\ 0 & 2 & 0\\ 0 & 0 & 1\end{pmatrix}$. 求 $(\boldsymbol{A}+3\boldsymbol{I}_3)^{-1}\cdot(\boldsymbol{A}^2-9\boldsymbol{I}_3)$.

16. 设 $\boldsymbol{A}\in\mathbb{R}^{n\times n}$ 可逆，$\boldsymbol{\alpha}\in\mathbb{R}^{n\times 1}$，$b$ 为常数. 证明：$\boldsymbol{P}=\begin{pmatrix}\boldsymbol{A} & \boldsymbol{\alpha}\\ \boldsymbol{\alpha}^{\mathrm{T}} & b\end{pmatrix}$ 可逆的充要条件是 $\boldsymbol{\alpha}^{\mathrm{T}}\boldsymbol{A}^{-1}\boldsymbol{\alpha}\neq b$.

# 第 2 章　线 性 空 间

## 2.1　向量的相关性

### 2.1.1　线性组合和线性表示

**定义 2.1**　给定一组向量 $\boldsymbol{\alpha}_1,\boldsymbol{\alpha}_2,\cdots,\boldsymbol{\alpha}_m\in\mathbf{R}^n$ 及一组数 $k_1,k_2,\cdots,k_m\in\mathbf{R}$,称向量

$$\boldsymbol{\alpha}=k_1\boldsymbol{\alpha}_1+k_2\boldsymbol{\alpha}_2+\cdots+k_m\boldsymbol{\alpha}_m$$

为向量组 $\boldsymbol{\alpha}_1,\boldsymbol{\alpha}_2,\cdots,\boldsymbol{\alpha}_m$ 的一个**线性组合**,$k_1,k_2,\cdots,k_m$ 为**组合系数**.

如果 $\boldsymbol{\alpha}$ 可以写成 $\boldsymbol{\alpha}_1,\boldsymbol{\alpha}_2,\cdots,\boldsymbol{\alpha}_m$ 的线性组合,则称 $\boldsymbol{\alpha}$ 可以用 $\boldsymbol{\alpha}_1,\boldsymbol{\alpha}_2,\cdots,\boldsymbol{\alpha}_m$ 线性表示.

从定义看,线性组合和线性表示都是很直白的定义,但随着线性代数内容的展开,它的作用逐步显山露水.

**例 2.1**　设

$$\boldsymbol{\alpha}_1=\begin{pmatrix}1\\2\\3\end{pmatrix},\quad \boldsymbol{\alpha}_2=\begin{pmatrix}1\\3\\4\end{pmatrix},\quad \boldsymbol{\alpha}_3=\begin{pmatrix}2\\5\\7\end{pmatrix},\quad \boldsymbol{\beta}=\begin{pmatrix}5\\11\\u\end{pmatrix}$$

问 $u$ 为何值时,$\boldsymbol{\beta}$ 可由 $\boldsymbol{\alpha}_1,\boldsymbol{\alpha}_2,\boldsymbol{\alpha}_3$ 线性表示?

**解**　设 $x_1\boldsymbol{\alpha}_1+x_2\boldsymbol{\alpha}_2+x_3\boldsymbol{\alpha}_3=\boldsymbol{\beta}$,组合系数 $x_1,x_2,x_3$ 是方程组

$$(\boldsymbol{\alpha}_1,\boldsymbol{\alpha}_2,\boldsymbol{\alpha}_3)\begin{pmatrix}x_1\\x_2\\x_3\end{pmatrix}=\boldsymbol{\beta}$$

的解,则

$$\begin{pmatrix}1&1&2&5\\2&3&5&11\\3&4&7&u\end{pmatrix}\rightarrow\begin{pmatrix}1&1&2&5\\0&1&1&1\\0&1&1&u-15\end{pmatrix}\rightarrow\begin{pmatrix}1&1&2&5\\0&1&1&1\\0&0&0&u-16\end{pmatrix}$$

当 $u\neq16$ 时,方程组无解,即 $\boldsymbol{\beta}$ 不能表示为 $\boldsymbol{\alpha}_1,\boldsymbol{\alpha}_2,\boldsymbol{\alpha}_3$ 的组合;

当 $u=16$ 时,有 $x_2=1-x_3$, $x_1=5-x_2-2x_3=4-x_3$. 取 $x_3=-1$,即得 $\boldsymbol{\beta}$ 的一个组合 $\boldsymbol{\beta}=5\boldsymbol{\alpha}_1+2\boldsymbol{\alpha}_2-\boldsymbol{\alpha}_3$.

一般地,若线性方程组 $\boldsymbol{Ax}=\boldsymbol{b}$ 有解 $\boldsymbol{x}=(x_1,x_2,\cdots,x_n)^{\mathrm{T}}$,记 $\boldsymbol{A}=(\boldsymbol{\alpha}_1,\boldsymbol{\alpha}_2,\cdots,\boldsymbol{\alpha}_n)$,则

$$\boldsymbol{b}=x_1\boldsymbol{\alpha}_1+x_2\boldsymbol{\alpha}_2+\cdots+x_n\boldsymbol{\alpha}_n$$

即线性方程组的常数项 $\boldsymbol{b}$ 可由 $\boldsymbol{\alpha}_1,\boldsymbol{\alpha}_2,\cdots,\boldsymbol{\alpha}_n$ 线性表示,或者说,$\boldsymbol{b}$ 是 $\boldsymbol{\alpha}_1,\boldsymbol{\alpha}_2,\cdots,\boldsymbol{\alpha}_n$ 的线性组

合,组合系数是 $\boldsymbol{x}=(x_1,x_2,\cdots,x_n)^{\mathrm{T}}$.

**定义 2.2** 设有向量组Ⅰ:$\boldsymbol{\alpha}_1,\boldsymbol{\alpha}_2,\cdots,\boldsymbol{\alpha}_r$;Ⅱ:$\boldsymbol{\beta}_1,\boldsymbol{\beta}_2,\cdots,\boldsymbol{\beta}_s$.如果向量组Ⅰ中的每个向量 $\boldsymbol{\alpha}_i(i=1,2,\cdots,r)$都能由Ⅱ中的向量线性表示,则称向量组Ⅰ能由向量组Ⅱ线性表示;如果向量组Ⅰ能由向量组Ⅱ线性表示,向量组Ⅱ也能由向量组Ⅰ线性表示,则称向量组Ⅰ与向量组Ⅱ**等价**.

向量组之间的等价关系具有下列性质:

(1) **反身性** 每一向量组与它自身等价;

(2) **对称性** 如果向量组Ⅰ与向量组Ⅱ等价,则向量组Ⅱ与向量组Ⅰ等价;

(3) **传递性** 如果向量组Ⅰ与向量组Ⅱ等价,向量组Ⅱ与向量组Ⅲ等价,则向量组Ⅰ与向量组Ⅲ等价.

### 2.1.2 线性相关与线性无关

**定义 2.3** 设 $\boldsymbol{\alpha}_1,\boldsymbol{\alpha}_2,\cdots,\boldsymbol{\alpha}_s\in\mathbf{R}^n$.如果存在不全为零的数 $k_1,k_2,\cdots,k_s$,使得

$$k_1\boldsymbol{\alpha}_1+k_2\boldsymbol{\alpha}_2+\cdots+k_s\boldsymbol{\alpha}_s=\mathbf{0}$$

则称 $\boldsymbol{\alpha}_1,\boldsymbol{\alpha}_2,\cdots,\boldsymbol{\alpha}_s$ **线性相关**,否则称**线性无关**.

设 $\boldsymbol{a}=\begin{pmatrix}1\\0\end{pmatrix},\boldsymbol{b}=\begin{pmatrix}0\\1\end{pmatrix},\boldsymbol{u}=\begin{pmatrix}1\\2\end{pmatrix},\boldsymbol{v}=\begin{pmatrix}2\\4\end{pmatrix}$,则向量 $\boldsymbol{a},\boldsymbol{b}$ 线性无关,向量 $\boldsymbol{u},\boldsymbol{v}$ 线性相关.

**定理 2.1** 如果齐次方程组 $\boldsymbol{Ax}=\mathbf{0}$有非零解,那么 $\boldsymbol{A}$ 的列向量线性相关.

**分析** 设 $\boldsymbol{A}=(\boldsymbol{A}_1,\boldsymbol{A}_2,\cdots,\boldsymbol{A}_n)$,$\boldsymbol{x}=(x_1,x_2,\cdots,x_n)^{\mathrm{T}}$.则

$$\boldsymbol{Ax}=\mathbf{0}\quad\Leftrightarrow\quad x_1\boldsymbol{A}_1+x_2\boldsymbol{A}_2+\cdots+x_n\boldsymbol{A}_n=\mathbf{0}$$

$\boldsymbol{Ax}=\mathbf{0}$有非零解$\Leftrightarrow x_1,x_2,\cdots,x_n$ 不全为零$\Leftrightarrow\boldsymbol{A}_1,\boldsymbol{A}_2,\cdots,\boldsymbol{A}_n$ 线性相关.

**推论** 如果齐次方程组 $\boldsymbol{Ax}=\mathbf{0}$ 只有零解,那么 $\boldsymbol{A}$ 的列向量线性无关.

**定理 2.2** 设 $\boldsymbol{\alpha}_1,\boldsymbol{\alpha}_2,\cdots,\boldsymbol{\alpha}_s\in\mathbf{R}^n(s\geqslant 2)$.如果其中某个向量能用其他向量线性表示,即存在 $\boldsymbol{\alpha}_i$ 及 $k_j\in\mathbf{R}(j\neq i)$,有 $\boldsymbol{\alpha}_i=\sum\limits_{j\neq i}k_j\boldsymbol{\alpha}_j$,则 $\boldsymbol{\alpha}_1,\boldsymbol{\alpha}_2,\cdots,\boldsymbol{\alpha}_s$ 线性相关.

如何判断一个向量 $\boldsymbol{\alpha}$ 的相关性?按定义分析,若线性相关,则存在 $k\neq 0$,并有 $k\boldsymbol{\alpha}=\mathbf{0}$.当 $\boldsymbol{\alpha}\neq 0$ 时,$k=0$;当 $\boldsymbol{\alpha}=\mathbf{0}$ 时,$k$ 为任意实数.故有结论:$\boldsymbol{\alpha}$ 是非零向量时线性无关,$\boldsymbol{\alpha}$ 是零向量时线性相关.

在解析几何中,两个向量线性相关当且仅当这两个向量共线;三个向量线性相关当且仅当这三个向量共面.

**命题 2.1** (1) 如果两个向量成比例,则这两个向量线性相关;

(2) 若向量组 $\boldsymbol{\alpha}_1,\boldsymbol{\alpha}_2,\cdots,\boldsymbol{\alpha}_s$ 中含有零向量,则 $\boldsymbol{\alpha}_1,\boldsymbol{\alpha}_2,\cdots,\boldsymbol{\alpha}_s$ 线性相关;

(3) 若向量组 $\boldsymbol{\alpha}_1,\boldsymbol{\alpha}_2,\cdots,\boldsymbol{\alpha}_s$ 的部分向量线性相关,则 $\boldsymbol{\alpha}_1,\boldsymbol{\alpha}_2,\cdots,\boldsymbol{\alpha}_s$ 线性相关.

**定理 2.3** 若向量 $\boldsymbol{\alpha}_1,\boldsymbol{\alpha}_2,\cdots,\boldsymbol{\alpha}_s$ 线性无关,而 $\boldsymbol{\alpha}_1,\boldsymbol{\alpha}_2,\cdots,\boldsymbol{\alpha}_s,\boldsymbol{\beta}$ 线性相关,则 $\boldsymbol{\beta}$ 一定能由 $\boldsymbol{\alpha}_1,\boldsymbol{\alpha}_2,\cdots,\boldsymbol{\alpha}_s$ 线性表示,且表示的方式是唯一的.

**证明** (1) 设 $\boldsymbol{\alpha}_1,\boldsymbol{\alpha}_2,\cdots,\boldsymbol{\alpha}_s,\boldsymbol{\beta}$ 线性相关,即存在不全为零的数 $k_1,k_2,\cdots,k_s,k$,有

$$k_1\boldsymbol{\alpha}_1+k_2\boldsymbol{\alpha}_2+\cdots+k_s\boldsymbol{\alpha}_s+k\boldsymbol{\beta}=\mathbf{0}\tag{2.1}$$

如果 $k=0$,则 $k_1\boldsymbol{\alpha}_1+k_2\boldsymbol{\alpha}_2+\cdots+k_s\boldsymbol{\alpha}_s=\mathbf{0}$.由 $\boldsymbol{\alpha}_1,\boldsymbol{\alpha}_2,\cdots,\boldsymbol{\alpha}_s$ 线性无关,知 $k_1,k_2,\cdots,k_s$ 全为0,这与 $k_1,k_2,\cdots,k_s,k$ 不全为0矛盾.故必有 $k\neq 0$.由式(2.1),得到

$$\boldsymbol{\beta}=\left(-\frac{k_1}{k}\right)\boldsymbol{\alpha}_1+\left(-\frac{k_2}{k}\right)\boldsymbol{\alpha}_2+\cdots+\left(-\frac{k_s}{k}\right)\boldsymbol{\alpha}_s$$

即 $\boldsymbol{\beta}$ 可由 $\boldsymbol{\alpha}_1,\boldsymbol{\alpha}_2,\cdots,\boldsymbol{\alpha}_s$ 线性表示.

(2) 设 $\boldsymbol{\beta}$ 有两组线性表示：

$$\boldsymbol{\beta}=k_1\boldsymbol{\alpha}_1+k_2\boldsymbol{\alpha}_2+\cdots+k_s\boldsymbol{\alpha}_s$$
$$\boldsymbol{\beta}=t_1\boldsymbol{\alpha}_1+t_2\boldsymbol{\alpha}_2+\cdots+t_s\boldsymbol{\alpha}_s$$

两式相减,得

$$(k_1-t_1)\boldsymbol{\alpha}_1+(k_2-t_2)\boldsymbol{\alpha}_2+\cdots+(k_s-t_s)\boldsymbol{\alpha}_s=\mathbf{0}$$

由 $\boldsymbol{\alpha}_1,\boldsymbol{\alpha}_2,\cdots,\boldsymbol{\alpha}_s$ 线性无关,得 $k_i-t_i=0$,从而 $k_i=t_i(i=1,2,\cdots,s)$,即表示方式是唯一的.

**定理 2.4** 若向量组Ⅰ:$\boldsymbol{\alpha}_1,\boldsymbol{\alpha}_2,\cdots,\boldsymbol{\alpha}_s$ 可由向量组Ⅱ:$\boldsymbol{\beta}_1,\boldsymbol{\beta}_2,\cdots,\boldsymbol{\beta}_t$ 线性表示,且 $s>t$,则向量组Ⅰ线性相关.

**证明** 由于向量组Ⅰ可由向量组Ⅱ线性表示,故有不全为零的 $k_{ij}(i=1,2,\cdots,t;j=1,2,\cdots,s)$,使得

$$\begin{cases}\boldsymbol{\alpha}_1=k_{11}\boldsymbol{\beta}_1+k_{21}\boldsymbol{\beta}_2+\cdots+k_{t1}\boldsymbol{\beta}_t\\ \boldsymbol{\alpha}_2=k_{12}\boldsymbol{\beta}_1+k_{22}\boldsymbol{\beta}_2+\cdots+k_{t2}\boldsymbol{\beta}_t\\ \cdots\\ \boldsymbol{\alpha}_s=k_{1s}\boldsymbol{\beta}_1+k_{2s}\boldsymbol{\beta}_2+\cdots+k_{ts}\boldsymbol{\beta}_t\end{cases}\tag{2.2}$$

分析是否存在不全为零的 $x_1,x_2,\cdots,x_s$,使得 $x_1\boldsymbol{\alpha}_1+x_2\boldsymbol{\alpha}_2+\cdots+x_s\boldsymbol{\alpha}_s=\mathbf{0}$.

$$\begin{aligned}&x_1\boldsymbol{\alpha}_1+x_2\boldsymbol{\alpha}_2+\cdots+x_s\boldsymbol{\alpha}_s\\ &\quad=x_1(k_{11}\boldsymbol{\beta}_1+k_{21}\boldsymbol{\beta}_2+\cdots+k_{t1}\boldsymbol{\beta}_t)+x_2(k_{12}\boldsymbol{\beta}_1+k_{22}\boldsymbol{\beta}_2+\cdots+k_{t2}\boldsymbol{\beta}_t)\\ &\qquad+\cdots+x_s(k_{1s}\boldsymbol{\beta}_1+k_{2s}\boldsymbol{\beta}_2+\cdots+k_{ts}\boldsymbol{\beta}_t)\\ &\quad=(k_{11}x_1+k_{12}x_2+\cdots+k_{1s}x_s)\boldsymbol{\beta}_1+(k_{21}x_1+k_{22}x_2+\cdots+k_{2s}x_s)\boldsymbol{\beta}_2\\ &\qquad+\cdots+(k_{t1}x_1+k_{t2}x_2+\cdots+k_{ts}x_s)\boldsymbol{\beta}_t\\ &\quad=\mathbf{0}\end{aligned}\tag{2.3}$$

令

$$\begin{cases}k_{11}x_1+k_{12}x_2+\cdots+k_{1s}x_s=0\\ k_{21}x_1+k_{22}x_2+\cdots+k_{2s}x_s=0\\ \cdots\\ k_{t1}x_1+k_{t2}x_2+\cdots+k_{ts}x_s=0\end{cases}\tag{2.4}$$

由于 $s>t$,故齐次方程组(2.4)有非零解 $(x_1,x_2,\cdots,x_s)^{\mathrm{T}}$,从而存在不全为零的 $x_1,x_2,\cdots,x_s$,使得 $x_1\boldsymbol{\alpha}_1+x_2\boldsymbol{\alpha}_2+\cdots+x_s\boldsymbol{\alpha}_s=\mathbf{0}$. 因此,$\boldsymbol{\alpha}_1,\boldsymbol{\alpha}_2,\cdots,\boldsymbol{\alpha}_s$ 线性相关.

**例 2.2** 设

$$\boldsymbol{\alpha}_1=\begin{pmatrix}1\\1\end{pmatrix},\ \boldsymbol{\alpha}_2=\begin{pmatrix}2\\3\end{pmatrix},\ \boldsymbol{\alpha}_3=\begin{pmatrix}-7\\-9\end{pmatrix};\quad \boldsymbol{\beta}_1=\begin{pmatrix}1\\0\end{pmatrix},\ \boldsymbol{\beta}_2=\begin{pmatrix}0\\1\end{pmatrix}$$

验证 $\boldsymbol{\alpha}_1,\boldsymbol{\alpha}_2,\boldsymbol{\alpha}_3$ 可由 $\boldsymbol{\beta}_1,\boldsymbol{\beta}_2$ 线性表示,从而 $\boldsymbol{\alpha}_1,\boldsymbol{\alpha}_2,\boldsymbol{\alpha}_3$ 线性相关.

**解** 设 $x_1,x_2,x_3\in\mathbf{R}$. 由

$$\begin{aligned}x_1\boldsymbol{\alpha}_1+x_2\boldsymbol{\alpha}_2+x_3\boldsymbol{\alpha}_3&=x_1(\boldsymbol{\beta}_1+\boldsymbol{\beta}_2)+x_2(2\boldsymbol{\beta}_1+3\boldsymbol{\beta}_2)+x_3(-7\boldsymbol{\beta}_1-9\boldsymbol{\beta}_2)\\ &=(x_1+2x_2-7x_3)\boldsymbol{\beta}_1+(x_1+3x_2-9x_3)\boldsymbol{\beta}_2\end{aligned}$$

得到$\begin{cases} x_1 + 2x_2 - 7x_3 = 0 \\ x_1 + 3x_2 - 9x_3 = 0 \end{cases}$.求解方程组：

$$\begin{pmatrix} 1 & 2 & -7 \\ 1 & 3 & -9 \end{pmatrix} \to \begin{pmatrix} 1 & 2 & -7 \\ 0 & 1 & -2 \end{pmatrix}$$

取 $x_3 = 1$,得 $x_2 = 2, x_1 = 3$.易验证

$$3\boldsymbol{\alpha}_1 + 2\boldsymbol{\alpha}_2 + \boldsymbol{\alpha}_3 = 3\begin{pmatrix} 1 \\ 1 \end{pmatrix} + 2\begin{pmatrix} 2 \\ 3 \end{pmatrix} + \begin{pmatrix} -7 \\ -9 \end{pmatrix} = \mathbf{0}$$

例 2.2 不是证明 $\boldsymbol{\alpha}_1, \boldsymbol{\alpha}_2, \boldsymbol{\alpha}_3$ 线性相关最简单的方法,它只是演示了定理 2.4 的证明过程.

**推论 1** 若向量组 $\boldsymbol{\alpha}_1, \boldsymbol{\alpha}_2, \cdots, \boldsymbol{\alpha}_s$ 线性无关,且可由向量组 $\boldsymbol{\beta}_1, \boldsymbol{\beta}_2, \cdots, \boldsymbol{\beta}_t$ 线性表示,则 $s \leqslant t$.

**推论 2** 若向量组 $\boldsymbol{\alpha}_1, \boldsymbol{\alpha}_2, \cdots, \boldsymbol{\alpha}_s$ 和$\boldsymbol{\beta}_1, \boldsymbol{\beta}_2, \cdots, \boldsymbol{\beta}_t$ 均线性无关,且这两个向量组等价,则 $s = t$.

**例 2.3** 设向量组

$$\text{Ⅰ}: \boldsymbol{\alpha}_1 = \begin{pmatrix} a_{11} \\ a_{21} \\ \vdots \\ a_{r1} \end{pmatrix}, \quad \boldsymbol{\alpha}_2 = \begin{pmatrix} a_{12} \\ a_{22} \\ \vdots \\ a_{r2} \end{pmatrix}, \quad \cdots, \quad \boldsymbol{\alpha}_m = \begin{pmatrix} a_{1m} \\ a_{2m} \\ \vdots \\ a_{rm} \end{pmatrix}$$

$$\text{Ⅱ}: \boldsymbol{\beta}_1 = \begin{pmatrix} a_{11} \\ \vdots \\ a_{r1} \\ \vdots \\ a_{n1} \end{pmatrix}, \quad \boldsymbol{\beta}_2 = \begin{pmatrix} a_{12} \\ \vdots \\ a_{r2} \\ \vdots \\ a_{n2} \end{pmatrix}, \quad \cdots, \quad \boldsymbol{\beta}_m = \begin{pmatrix} a_{1m} \\ \vdots \\ a_{rm} \\ \vdots \\ a_{nm} \end{pmatrix}$$

则：

(1) 当向量组Ⅰ线性无关时,向量组Ⅱ也线性无关；

(2) 当向量组Ⅱ线性相关时,向量组Ⅰ也线性相关.

**证明** (1)的证明略,下面证明(2).

(2) 设向量组Ⅱ线性相关,而向量组Ⅰ线性无关,则存在不全为零的 $k_1, k_2, \cdots, k_m$,使得 $k_1\boldsymbol{\beta}_1 + k_2\boldsymbol{\beta}_2 + \cdots + k_m\boldsymbol{\beta}_m = \mathbf{0}$,于是方程组

$$\begin{pmatrix} a_{11} & a_{12} & \cdots & a_{1n} \\ \vdots & \vdots & & \vdots \\ a_{r1} & a_{r2} & \cdots & a_{rn} \\ \vdots & \vdots & & \vdots \\ a_{n1} & a_{n2} & \cdots & a_{nm} \end{pmatrix} \begin{pmatrix} k_1 \\ \vdots \\ k_r \\ \vdots \\ k_m \end{pmatrix} = \begin{pmatrix} 0 \\ \vdots \\ 0 \\ \vdots \\ 0 \end{pmatrix} \tag{2.5}$$

有非零解 $k_1, k_2, \cdots, k_m$.但 $k_1, k_2, \cdots, k_m$ 也是前 $r$ 个方程的非零解,即有 $k_1\boldsymbol{\alpha}_1 + k_2\boldsymbol{\alpha}_2 + \cdots + k_m\boldsymbol{\alpha}_m = \mathbf{0}$,这与向量组Ⅰ线性无关矛盾.因此向量组Ⅰ线性相关.

# 2.2 秩

## 2.2.1 向量组的秩

秩是刻画一个向量组线性相关程度的量.若 $\boldsymbol{\alpha}_1,\boldsymbol{\alpha}_2,\cdots,\boldsymbol{\alpha}_s$ 全为零向量,则定义这个向量组的秩为零.

**定义 2.4** 向量组的一个部分组称为一个**极大(线性)无关组**,如果这个部分组本身是线性无关的,并且这个向量组中任意添加一个向量(如果还有的话)后为线性相关向量组.

极大无关组与原向量组等价,而等价的无关组向量个数必相等,故有下述向量组秩的定义.

**定义 2.5** 向量组的极大无关组所含向量的个数,称为向量组的**秩**.

向量组 $\boldsymbol{\alpha}_1,\boldsymbol{\alpha}_2,\cdots,\boldsymbol{\alpha}_s$ 的秩,记作 $\operatorname{rank}(\boldsymbol{\alpha}_1,\boldsymbol{\alpha}_2,\cdots,\boldsymbol{\alpha}_s)$ 或 $\operatorname{r}(\boldsymbol{\alpha}_1,\boldsymbol{\alpha}_2,\cdots,\boldsymbol{\alpha}_s)$.

**例 2.4** 设向量组

$$\boldsymbol{\alpha}_1=\begin{pmatrix}1\\0\end{pmatrix},\quad \boldsymbol{\alpha}_2=\begin{pmatrix}0\\1\end{pmatrix},\quad \boldsymbol{\alpha}_3=\begin{pmatrix}1\\2\end{pmatrix},\quad \boldsymbol{\alpha}_4=\begin{pmatrix}2\\1\end{pmatrix}$$

它的极大无关组有:$\{\boldsymbol{\alpha}_1,\boldsymbol{\alpha}_2\},\{\boldsymbol{\alpha}_1,\boldsymbol{\alpha}_3\},\{\boldsymbol{\alpha}_1,\boldsymbol{\alpha}_4\},\{\boldsymbol{\alpha}_2,\boldsymbol{\alpha}_3\},\{\boldsymbol{\alpha}_2,\boldsymbol{\alpha}_4\},\{\boldsymbol{\alpha}_3,\boldsymbol{\alpha}_4\}$,得

$$\operatorname{rank}(\boldsymbol{\alpha}_1,\boldsymbol{\alpha}_2,\boldsymbol{\alpha}_3,\boldsymbol{\alpha}_4)=2$$

可以看到在一个向量组中极大无关组不唯一,而秩是确定的不变量.

**定理 2.5** 等价向量组的秩相等.

## 2.2.2 矩阵的秩

在一个 $m\times n$ 矩阵 $\boldsymbol{A}$ 中任意取定 $k$ 行和 $k$ 列,位于这些行和列的交点上的 $k^2$ 个元素按原来的次序组成一个 $k$ 阶子块,这个子块的行列式称为 $\boldsymbol{A}$ 的一个 $k$ 阶子式.显然 $k\leqslant\min(m,n)$.

**定义 2.6** 矩阵 $\boldsymbol{A}$ 的非零子式的最高阶数 $r$ 称为矩阵 $\boldsymbol{A}$ 的**秩**,记为 $\operatorname{rank}(\boldsymbol{A})=r$ 或 $\operatorname{r}(\boldsymbol{A})=r$.

矩阵 $\boldsymbol{A}$ 的秩等于 $r$ 的充分必要条件是 $\boldsymbol{A}$ 中至少有一个 $r$ 阶子式不等于零,而所有 $r+1$ 阶子式(如果存在的话)全为零.

**定理 2.6** 设 $\boldsymbol{A}\in\mathbf{R}^{m\times n}$,则 $\boldsymbol{A}$ 的列向量组的秩 $=$ $\boldsymbol{A}$ 的行向量组的秩 $=\operatorname{rank}(\boldsymbol{A})$.

**定理 2.7** 初等变换不改变矩阵的秩.

矩阵的行向量组与经过初等行变换后的向量组可以相互线性表示,它们是等价的,所以有相同的秩.因此,矩阵的行初等变换不改变矩阵的秩.同理,对矩阵进行列初等变换也不改变矩阵的秩.利用定理 2.6 和定理 2.7,可把计算矩阵的秩或向量组的秩,转换为把矩阵经过行初等变换化简为阶梯形矩阵的计算,从阶梯形矩阵可以一目了然地看到行向量组的极大线性无关组和最高阶非零子式.

**例 2.5** 计算向量组 $\boldsymbol{\alpha}_1=(1,1,1,1)$,$\boldsymbol{\alpha}_2=(1,-1,1,2)$,$\boldsymbol{\alpha}_3=(1,1,2,2)$,$\boldsymbol{\alpha}_4=(1,-1,2,3)$的秩.

**解** 计算得

$$\begin{pmatrix}1 & 1 & 1 & 1\\ 1 & -1 & 1 & 2\\ 1 & 1 & 2 & 2\\ 1 & -1 & 2 & 3\end{pmatrix}\begin{matrix}\boldsymbol{\alpha}_1\\ \boldsymbol{\alpha}_2\\ \boldsymbol{\alpha}_3\\ \boldsymbol{\alpha}_4\end{matrix} \to \begin{pmatrix}1 & 1 & 1 & 1\\ 1 & -1 & 1 & 2\\ 0 & 0 & 1 & 1\\ 0 & 0 & 1 & 1\end{pmatrix}\begin{matrix}\boldsymbol{\alpha}_1\\ \boldsymbol{\alpha}_2\\ \boldsymbol{\alpha}_3-\boldsymbol{\alpha}_1\\ \boldsymbol{\alpha}_4-\boldsymbol{\alpha}_2\end{matrix}$$

$$\to \begin{pmatrix}1 & 1 & 1 & 1\\ 0 & -2 & 0 & 1\\ 0 & 0 & 1 & 1\\ 0 & 0 & 0 & 0\end{pmatrix}\begin{matrix}\boldsymbol{\beta}_1=\boldsymbol{\alpha}_1\\ \boldsymbol{\beta}_2=\boldsymbol{\alpha}_2-\boldsymbol{\alpha}_1\\ \boldsymbol{\beta}_3=\boldsymbol{\alpha}_3-\boldsymbol{\alpha}_1\\ \boldsymbol{\beta}_4=\boldsymbol{\alpha}_4-\boldsymbol{\alpha}_2-\boldsymbol{\alpha}_3+\boldsymbol{\alpha}_1\end{matrix}$$

计算行向量组的秩:$\boldsymbol{\beta}_1,\boldsymbol{\beta}_2,\boldsymbol{\beta}_3$ 线性无关,即 $\operatorname{rank}(\boldsymbol{\alpha}_1,\boldsymbol{\alpha}_2,\boldsymbol{\alpha}_3,\boldsymbol{\alpha}_4)=3$.

计算矩阵的秩:由于

$$\begin{vmatrix}1 & 1 & 1\\ 0 & -2 & 0\\ 0 & 0 & 1\end{vmatrix}=-2\neq 0$$

所以 $\operatorname{rank}(\boldsymbol{A})=3$.

**注** $\boldsymbol{\alpha}_4-\boldsymbol{\alpha}_2-\boldsymbol{\alpha}_3+\boldsymbol{\alpha}_1=\boldsymbol{0}$ 表明 $\boldsymbol{\alpha}_4$ 是 $\boldsymbol{\alpha}_1,\boldsymbol{\alpha}_2,\boldsymbol{\alpha}_3$ 的线性组合.

矩阵运算中秩具有下列性质:

(1) 设 $k\in\mathbf{R}$,若 $k\neq 0$,则 $\operatorname{rank}(k\boldsymbol{A})=\operatorname{rank}(\boldsymbol{A})$;

(2) $\operatorname{rank}(\boldsymbol{A}^{\mathrm{T}})=\operatorname{rank}(\boldsymbol{A})$;

(3) 设 $\boldsymbol{A},\boldsymbol{B}\in\mathbf{R}^{m\times n}$,$\operatorname{rank}(\boldsymbol{A}+\boldsymbol{B})\leqslant\operatorname{rank}(\boldsymbol{A})+\operatorname{rank}(\boldsymbol{B})$;

(4) 设 $\boldsymbol{A}\in\mathbf{R}^{m\times n}$,$\boldsymbol{B}\in\mathbf{R}^{n\times l}$,则 $\operatorname{rank}(\boldsymbol{AB})\leqslant\min(\operatorname{rank}(\boldsymbol{A}),\operatorname{rank}(\boldsymbol{B}))$

**证明** (1)和(2)显然成立.

(3) 注意到 $\boldsymbol{A}+\boldsymbol{B}$ 的列向量可以被 $\boldsymbol{A}$ 和 $\boldsymbol{B}$ 的所有列向量线性表出,于是 $\boldsymbol{A}+\boldsymbol{B}$ 的秩小于或等于 $\boldsymbol{A},\boldsymbol{B}$ 所有列向量所组成的向量组的秩,进而小于或等于 $\boldsymbol{A},\boldsymbol{B}$ 秩的和. 于是结论成立.

(4) 由矩阵乘法的定义,有

$$\boldsymbol{AB}=(\boldsymbol{A}_1,\boldsymbol{A}_2,\cdots,\boldsymbol{A}_n)\begin{pmatrix}b_{11} & b_{12} & \cdots & b_{1l}\\ b_{21} & b_{22} & \cdots & b_{2l}\\ \vdots & \vdots & & \vdots\\ b_{n1} & b_{n1} & \cdots & b_{nl}\end{pmatrix}$$

$$=\left(\sum_{k=1}^{n}\boldsymbol{A}_k b_{k1},\sum_{k=1}^{n}\boldsymbol{A}_k b_{k2},\cdots,\sum_{k=1}^{n}\boldsymbol{A}_k b_{kl}\right)$$

$\boldsymbol{AB}$ 的第 $j$ 列向量可表示为 $\sum_{k=1}^{n}\boldsymbol{A}_k b_{kj}\ (j=1,2,\cdots,l)$,故 $\boldsymbol{AB}$ 的每一个列向量都可以写成 $\boldsymbol{A}$ 的列向量组的线性组合. 又矩阵列向量组的秩 = 矩阵行向量组的秩 = 矩阵的秩,故 $\operatorname{rank}(\boldsymbol{AB})\leqslant\operatorname{rank}(\boldsymbol{A})$.

同理可证,$\boldsymbol{AB}$ 的每一个行向量都可以写成 $B$ 的行向量组的线性组合,所以 $\operatorname{rank}(\boldsymbol{AB})\leqslant\operatorname{rank}(\boldsymbol{B})$. 于是 $\operatorname{rank}(\boldsymbol{AB})\leqslant\min(\operatorname{rank}(\boldsymbol{A}),\operatorname{rank}(\boldsymbol{B}))$.

### 2.2.3　相抵标准形

**定义 2.7**　如果矩阵 $\boldsymbol{A}$ 可以经过若干次初等变换变成 $\boldsymbol{B}$，则称 $\boldsymbol{A}$ 与 $\boldsymbol{B}$ 是**相抵**的，记作 $A\simeq B$.

**定理 2.8**　设 $\boldsymbol{A}\in\mathbf{R}^{m\times n}$，则存在可逆方阵 $\boldsymbol{P}\in\mathbf{R}^{m\times m}$ 和 $\boldsymbol{Q}\in\mathbf{R}^{n\times n}$，使得

$$\boldsymbol{PAQ}=\begin{pmatrix}\boldsymbol{I}_r & \boldsymbol{0}\\ \boldsymbol{0} & \boldsymbol{0}\end{pmatrix}$$

其中 $r$ 为矩阵 $\boldsymbol{A}$ 的秩，$\begin{pmatrix}\boldsymbol{I}_r & \boldsymbol{0}\\ \boldsymbol{0} & \boldsymbol{0}\end{pmatrix}$ 称为 $\boldsymbol{A}$ 的**相抵标准形**.

相抵关系具有以下性质，它是一个**等价关系**：

(1) **反身性**　$\boldsymbol{A}$ 与自身相抵，即 $A\simeq A$；

(2) **对称性**　如果 $\boldsymbol{A}$ 与 $\boldsymbol{B}$ 相抵，则 $\boldsymbol{B}$ 与 $\boldsymbol{A}$ 相抵，即若 $A\simeq B$，则 $B\simeq A$；

(3) **传递性**　如果 $\boldsymbol{A}$ 与 $\boldsymbol{B}$ 相抵，$\boldsymbol{B}$ 与 $\boldsymbol{C}$ 相抵，则 $\boldsymbol{A}$ 与 $\boldsymbol{C}$ 相抵，即若 $A\simeq B$，$B\simeq C$，则 $A\simeq C$.

**定理 2.9**　设 $\boldsymbol{A}$，$\boldsymbol{B}$ 为 $m\times n$ 矩阵，$\boldsymbol{A}$ 与 $\boldsymbol{B}$ 相抵$\Leftrightarrow\operatorname{rank}(\boldsymbol{A})=\operatorname{rank}(\boldsymbol{B})$.

## 2.3　线 性 空 间

### 2.3.1　线性空间的定义

设 $V$ 是一个非空集合，$F$ 是一个数域. 对 $V$ 中的元素定义了加法和数乘两种运算：

(1) **加法**　对 $V$ 中的任意两个元素 $\boldsymbol{\alpha}$，$\boldsymbol{\beta}$，$V$ 中存在唯一的一个元素 $\boldsymbol{\gamma}$ 与之对应，

$$\boldsymbol{\alpha}+\boldsymbol{\beta}=\boldsymbol{\gamma}$$

(2) **数乘**　对任意常数 $\lambda\in F$ 及向量 $\boldsymbol{\alpha}\in V$，$V$ 中存在唯一的一个元素 $\boldsymbol{\gamma}$ 与之对应，

$$\lambda\boldsymbol{\alpha}=\boldsymbol{\gamma}$$

加法与数乘运算满足下列运算性质：

对任意 $\boldsymbol{\alpha},\boldsymbol{\beta},\boldsymbol{\gamma}\in V$，$\lambda,\mu\in F$，

(1) $\boldsymbol{\alpha}+\boldsymbol{\beta}=\boldsymbol{\beta}+\boldsymbol{\alpha}$.

(2) $(\boldsymbol{\alpha}+\boldsymbol{\beta})+\boldsymbol{\gamma}=\boldsymbol{\alpha}+(\boldsymbol{\beta}+\boldsymbol{\gamma})$.

(3) 存在元素 $\boldsymbol{\theta}\in V$，使得 $\boldsymbol{\alpha}+\boldsymbol{\theta}=\boldsymbol{\theta}+\boldsymbol{\alpha}$，$\boldsymbol{\theta}$ 称为零元素. 在不致混淆的情况下，一般抽象空间中的零元素也常简记为 $\boldsymbol{0}$.

(4) 对任意 $\boldsymbol{\alpha}\in V$，存在 $\boldsymbol{\beta}\in V$，使得 $\boldsymbol{\alpha}+\boldsymbol{\beta}=\boldsymbol{\beta}+\boldsymbol{\alpha}=\boldsymbol{0}$. $\boldsymbol{\beta}$ 称为 $\boldsymbol{\alpha}$ 的负元素，简记为 $-\boldsymbol{\alpha}$，并且定义 $\boldsymbol{\beta}-\boldsymbol{\alpha}=\boldsymbol{\beta}+(-\boldsymbol{\alpha})$.

(5) $\lambda(\boldsymbol{\alpha}+\boldsymbol{\beta})=\lambda\boldsymbol{\alpha}+\lambda\boldsymbol{\beta}$.

(6) $(\lambda+\mu)\boldsymbol{\alpha}=\lambda\boldsymbol{\alpha}+\mu\boldsymbol{\alpha}$.

(7) $\lambda(\mu\boldsymbol{\alpha})=(\lambda\mu)\boldsymbol{\alpha}$.

(8) $1\boldsymbol{\alpha}=\boldsymbol{\alpha}$.

则称 $V$ 是数域$F$ 上的**线性空间**,简记为 $V(F)$或 $V$.线性空间 $V$ 中的元素称为**向量**.线性空间要求对线性运算是封闭的.线性运算的加法含有零向量和负元素并满足交换律和结合律;线性运算的数乘满足分配律和结合律.

**例 2.6** 数组空间 $F^n$ 按数组向量的加法与数乘构成线性空间.

**例 2.7** 所有次数不超过 $n$ 的全体多项式 $P_n(x)$,按多项式的加法与数乘构成线性空间.

**例 2.8** 数域 $F$ 上所有 $m\times n$ 矩阵的全体 $F^{m\times n}$,按照矩阵的加法与数乘构成线性空间.

**例 2.9** $V$ 是$F^n$ 中与某个非零向量不平行的所有向量全体, $V$ 在通常的向量加法与数乘定义下不构成线性空间.

### 2.3.2 线性子空间

**定义 2.8** 设 $V$ 是数域$F$ 上的线性空间,$W$ 是$V$ 的非空子集,满足:

(1) 对任意 $\boldsymbol{\alpha},\boldsymbol{\beta}\in W$,有 $\boldsymbol{\alpha}+\boldsymbol{\beta}\in W$;

(2) 对任意 $\lambda\in F,\boldsymbol{\alpha}\in W$,有 $\lambda\boldsymbol{\alpha}\in W$.

则称 $W$ 是$V$ 的**子空间**.

**例 2.10** 设 $V$ 是数域$F$ 上的线性空间,$\boldsymbol{\alpha},\boldsymbol{\beta}\in V,\boldsymbol{\beta}\neq\mathbf{0}$,则 $W=\{k\boldsymbol{\alpha}\mid k\in F\}$是 $V$ 的子空间,而 $W=\{k\boldsymbol{\alpha}+\boldsymbol{\beta}\mid k\in F\}$不是 $V$ 的子空间.

**例 2.11** 记

$$\mathrm{Im}(\boldsymbol{A})=\{\boldsymbol{A}\boldsymbol{x}\mid \boldsymbol{x}\in\mathbf{R}^n\},\quad \mathrm{Ker}(\boldsymbol{A})=\{\boldsymbol{x}\mid \boldsymbol{A}\boldsymbol{x}=\mathbf{0},\boldsymbol{x}\in\mathbf{R}^n\}$$

分别称 $\mathrm{Im}(\boldsymbol{A})$和 $\mathrm{Ker}(\boldsymbol{A})$为 $\boldsymbol{A}$ 的**像**与**核**,并有

$$\dim(\mathrm{Im}(\boldsymbol{A}))+\dim(\mathrm{Ker}(\boldsymbol{A}))=n$$

像和核都构成线性空间 $\mathbf{R}^n$ 的子空间.

## 2.4 维、基、坐标

### 2.4.1 维、基、坐标的定义

**定义 2.9** 如果线性空间 $V$ 中有$n$ 个线性无关的向量,而任意 $n+1$ 个向量是线性相关的,则称 $V$ 为 **$n$ 维线性空间**.

**定义 2.10** $n$ 维线性空间 $\mathbf{R}^n$ 的一组向量$\boldsymbol{\alpha}_1,\boldsymbol{\alpha}_2,\cdots,\boldsymbol{\alpha}_n$ 称为 $\mathbf{R}^n$ 的一组基,如果满足:

(1) $\boldsymbol{\alpha}_1,\boldsymbol{\alpha}_2,\cdots,\boldsymbol{\alpha}_n$ 线性无关;

(2) $\mathbf{R}^n$ 中任一向量$\boldsymbol{\alpha}$ 可以由$\boldsymbol{\alpha}_1,\boldsymbol{\alpha}_2,\cdots,\boldsymbol{\alpha}_n$ 线性表示.

$n$ 维线性空间 $V$ 中 $n$ 个线性无关的向量 $\boldsymbol{\alpha}_1,\boldsymbol{\alpha}_2,\cdots,\boldsymbol{\alpha}_n$ 为 $V$ 的一组基，它也是 $V$ 中无穷多个向量的一个极大(线性)无关组. 在二维空间中，一组不共线的两个向量是线性无关的，且任一向量是它们的线性组合，所以任意一组不共线的两个向量都可作为二维空间的一组基. 同理，在三维空间中，任意一组不共面的三个向量都可作为三维空间的一组基.

设线性空间 $V$ 的维数为 $n$，$\boldsymbol{\alpha}_1,\boldsymbol{\alpha}_2,\cdots,\boldsymbol{\alpha}_n$ 是 $V$ 的一组基，$\boldsymbol{\xi}$ 是 $V$ 中的任一向量，则 $\boldsymbol{\alpha}_1,\boldsymbol{\alpha}_2,\cdots,\boldsymbol{\alpha}_n,\boldsymbol{\xi}$ 线性相关，$\boldsymbol{\xi}$ 可由 $\boldsymbol{\alpha}_1,\boldsymbol{\alpha}_2,\cdots,\boldsymbol{\alpha}_n$ 线性表示：

$$\boldsymbol{\xi} = k_1\boldsymbol{\alpha}_1 + k_2\boldsymbol{\alpha}_2 + \cdots + k_n\boldsymbol{\alpha}_n$$

且表示方式唯一. 数组$(k_1,k_2,\cdots,k_n)$称为向量 $\boldsymbol{\xi}$ 在基 $\boldsymbol{\alpha}_1,\boldsymbol{\alpha}_2,\cdots,\boldsymbol{\alpha}_n$ 下的**坐标**.

### 2.4.2 基变换与坐标变换

设 $V$ 是 $n$ 维线性空间，$\boldsymbol{\alpha}_1,\boldsymbol{\alpha}_2,\cdots,\boldsymbol{\alpha}_n$ 和 $\boldsymbol{\beta}_1,\boldsymbol{\beta}_2,\cdots,\boldsymbol{\beta}_n$ 是 $V$ 的两组基；$\boldsymbol{\xi}$ 是 $V$ 中的任一向量，$\boldsymbol{\xi}$ 在两组基下的坐标分别为$(x_1,x_2,\cdots,x_n)$和$(y_1,y_2,\cdots,y_n)$，即

$$\boldsymbol{\xi} = x_1\boldsymbol{\alpha}_1 + x_2\boldsymbol{\alpha}_2 + \cdots + x_n\boldsymbol{\alpha}_n, \quad \boldsymbol{\xi} = y_1\boldsymbol{\beta}_1 + y_2\boldsymbol{\beta}_2 + \cdots + y_n\boldsymbol{\beta}_n$$

那么这两组基之间有什么关系？向量 $\boldsymbol{\xi}$ 在这两组基下的坐标之间有什么联系？

因为 $\boldsymbol{\alpha}_1,\boldsymbol{\alpha}_2,\cdots,\boldsymbol{\alpha}_n$ 是 $V$ 的基，所以 $\boldsymbol{\beta}_1,\boldsymbol{\beta}_2,\cdots,\boldsymbol{\beta}_n$ 可由 $\boldsymbol{\alpha}_1,\boldsymbol{\alpha}_2,\cdots,\boldsymbol{\alpha}_n$ 线性表示. 设

$$\begin{cases} \boldsymbol{\beta}_1 = t_{11}\boldsymbol{\alpha}_1 + t_{21}\boldsymbol{\alpha}_2 + \cdots + t_{n1}\boldsymbol{\alpha}_n \\ \boldsymbol{\beta}_2 = t_{12}\boldsymbol{\alpha}_1 + t_{22}\boldsymbol{\alpha}_2 + \cdots + t_{n2}\boldsymbol{\alpha}_n \\ \cdots \\ \boldsymbol{\beta}_n = t_{1n}\boldsymbol{\alpha}_1 + t_{2n}\boldsymbol{\alpha}_2 + \cdots + t_{nn}\boldsymbol{\alpha}_n \end{cases}$$

即

$$\boldsymbol{\beta}_j = (\boldsymbol{\alpha}_1,\boldsymbol{\alpha}_2,\cdots,\boldsymbol{\alpha}_n)\begin{pmatrix} t_{1j} \\ t_{2j} \\ \vdots \\ t_{nj} \end{pmatrix}, \quad j = 1,2,\cdots,n$$

$$(\boldsymbol{\beta}_1,\boldsymbol{\beta}_2,\cdots,\boldsymbol{\beta}_n) = (\boldsymbol{\alpha}_1,\boldsymbol{\alpha}_2,\cdots,\boldsymbol{\alpha}_n)\begin{pmatrix} t_{11} & t_{12} & \cdots & t_{1n} \\ t_{21} & t_{22} & \cdots & t_{2n} \\ \vdots & \vdots & & \vdots \\ t_{n1} & t_{n2} & \cdots & t_{nn} \end{pmatrix}$$

令

$$\boldsymbol{T} = \begin{pmatrix} t_{11} & t_{12} & \cdots & t_{1n} \\ t_{21} & t_{22} & \cdots & t_{2n} \\ \vdots & \vdots & & \vdots \\ t_{n1} & t_{n2} & \cdots & t_{nn} \end{pmatrix}$$

则

$$(\boldsymbol{\beta}_1,\boldsymbol{\beta}_2,\cdots,\boldsymbol{\beta}_n) = (\boldsymbol{\alpha}_1,\boldsymbol{\alpha}_2,\cdots,\boldsymbol{\alpha}_n)\boldsymbol{T} \tag{2.6}$$

矩阵 $\boldsymbol{T}$ 称为由基 $\boldsymbol{\alpha}_1,\boldsymbol{\alpha}_2,\cdots,\boldsymbol{\alpha}_n$ 到基 $\boldsymbol{\beta}_1,\boldsymbol{\beta}_2,\cdots,\boldsymbol{\beta}_n$ 的**过渡矩阵**. 过渡矩阵 $\boldsymbol{T}$ 的第 $j$ 列就是 $\boldsymbol{\beta}_j$ 在 $\boldsymbol{\alpha}_1,\boldsymbol{\alpha}_2,\cdots,\boldsymbol{\alpha}_n$ 下的坐标.

式(2.6)是形式上的写法. 若 $\boldsymbol{\beta}_1,\boldsymbol{\beta}_2,\cdots,\boldsymbol{\beta}_n$ 是 $n$ 维向量，则由于 $\boldsymbol{\beta}_1,\boldsymbol{\beta}_2,\cdots,\boldsymbol{\beta}_n$ 线性无关，

故$|\boldsymbol{T}|\neq 0$，于是 $\boldsymbol{T}$ 可逆，即过渡矩阵是可逆矩阵.

设 $\boldsymbol{\xi}$ 在两组基下的坐标分别为 $(x_1,x_2,\cdots,x_n)$ 和 $(y_1,y_2,\cdots,y_n)$，

$$\boldsymbol{\xi}=x_1\boldsymbol{\alpha}_1+x_2\boldsymbol{\alpha}_2+\cdots+x_n\boldsymbol{\alpha}_n=y_1\boldsymbol{\beta}_1+y_2\boldsymbol{\beta}_2+\cdots+y_n\boldsymbol{\beta}_n$$

则有

$$\boldsymbol{\xi}=(\boldsymbol{\alpha}_1,\boldsymbol{\alpha}_2,\cdots,\boldsymbol{\alpha}_n)\begin{pmatrix}x_1\\x_2\\\vdots\\x_n\end{pmatrix}\tag{2.7}$$

$$\boldsymbol{\xi}=(\boldsymbol{\beta}_1,\boldsymbol{\beta}_2,\cdots,\boldsymbol{\beta}_n)\begin{pmatrix}y_1\\y_2\\\vdots\\y_n\end{pmatrix}=(\boldsymbol{\alpha}_1,\boldsymbol{\alpha}_2,\cdots,\boldsymbol{\alpha}_n)\boldsymbol{T}\begin{pmatrix}y_1\\y_2\\\vdots\\y_n\end{pmatrix}\tag{2.8}$$

比较式(2.7)与式(2.8)，由 $\boldsymbol{\xi}$ 在同一组基下坐标的唯一性，得到

$$\boldsymbol{T}\begin{pmatrix}y_1\\y_2\\\vdots\\y_n\end{pmatrix}=\begin{pmatrix}x_1\\x_2\\\vdots\\x_n\end{pmatrix},\quad \boldsymbol{T}^{-1}\begin{pmatrix}x_1\\x_2\\\vdots\\x_n\end{pmatrix}=\begin{pmatrix}y_1\\y_2\\\vdots\\y_n\end{pmatrix}\tag{2.9}$$

式(2.9)称为 $V$ 中向量在不同基之下的坐标变换公式，记为

$$(\boldsymbol{\beta}_1,\boldsymbol{\beta}_2,\cdots,\boldsymbol{\beta}_n)=(\boldsymbol{\alpha}_1,\boldsymbol{\alpha}_2,\cdots,\boldsymbol{\alpha}_n)\boldsymbol{T}$$

$$\boldsymbol{TY}=\boldsymbol{X},\quad \boldsymbol{T}^{-1}\boldsymbol{X}=\boldsymbol{Y}$$

**例 2.12** 在 $n$ 维向量空间 $\mathbf{R}^n$ 中，$\boldsymbol{e}_1,\boldsymbol{e}_2,\cdots,\boldsymbol{e}_n$（也称自然基）和 $\boldsymbol{d}_1,\boldsymbol{d}_2,\cdots,\boldsymbol{d}_n$ 是两组基：

$$\boldsymbol{e}_1=\begin{pmatrix}1\\0\\\vdots\\0\end{pmatrix},\boldsymbol{e}_2=\begin{pmatrix}0\\1\\\vdots\\0\end{pmatrix},\cdots,\boldsymbol{e}_n=\begin{pmatrix}0\\0\\\vdots\\1\end{pmatrix};\quad \boldsymbol{d}_1=\begin{pmatrix}1\\0\\\vdots\\0\end{pmatrix},\boldsymbol{d}_2=\begin{pmatrix}1\\1\\\vdots\\0\end{pmatrix},\cdots,\boldsymbol{d}_n=\begin{pmatrix}1\\1\\\vdots\\1\end{pmatrix}$$

$\boldsymbol{\xi}=(a_1,a_2,\cdots,a_n)^{\mathrm{T}}\in\mathbf{R}^n$. 求 $\boldsymbol{\xi}$ 在基 $\boldsymbol{d}_1,\boldsymbol{d}_2,\cdots,\boldsymbol{d}_n$ 下的坐标.

**解** 由题意知

$$\boldsymbol{d}_j=\boldsymbol{e}_1+\boldsymbol{e}_2+\cdots+\boldsymbol{e}_j,\quad j=1,2,\cdots,n$$

$$(\boldsymbol{d}_1,\boldsymbol{d}_2,\cdots,\boldsymbol{d}_n)=(\boldsymbol{e}_1,\boldsymbol{e}_2,\cdots,\boldsymbol{e}_n)\begin{pmatrix}1&1&\cdots&1\\0&1&\cdots&1\\\vdots&\vdots&&\vdots\\0&0&\cdots&1\end{pmatrix}$$

$\boldsymbol{e}_1,\boldsymbol{e}_2,\cdots,\boldsymbol{e}_n$ 到 $\boldsymbol{d}_1,\boldsymbol{d}_2,\cdots,\boldsymbol{d}_n$ 的过渡矩阵

$$\boldsymbol{T}=\begin{pmatrix}1&1&\cdots&1\\0&1&\cdots&1\\\vdots&\vdots&&\vdots\\0&0&\cdots&1\end{pmatrix},\quad \boldsymbol{T}^{-1}=\begin{pmatrix}1&-1&0&\cdots&0&0\\0&1&-1&\cdots&0&0\\0&0&1&\cdots&0&0\\\vdots&\vdots&\vdots&&\vdots&\vdots\\0&0&0&\cdots&0&1\end{pmatrix}$$

$\boldsymbol{\xi}$ 在基 $\boldsymbol{e}_1,\boldsymbol{e}_2,\cdots,\boldsymbol{e}_n$ 下的坐标为 $(a_1,a_2,\cdots,a_n)$. 由坐标变换公式，设 $\boldsymbol{\xi}$ 在基 $\boldsymbol{d}_1,\boldsymbol{d}_2,\cdots,$

$\boldsymbol{d}_n$ 下的坐标为$(b_1,b_2,\cdots,b_n)$,则

$$\begin{pmatrix} b_1 \\ b_2 \\ \vdots \\ b_n \end{pmatrix} = \boldsymbol{T}^{-1}\begin{pmatrix} a_1 \\ a_2 \\ \vdots \\ a_n \end{pmatrix} = \begin{pmatrix} 1 & -1 & 0 & \cdots & 0 & 0 \\ 0 & 1 & -1 & \cdots & 0 & 0 \\ 0 & 0 & 1 & \cdots & 0 & 0 \\ \vdots & \vdots & \vdots & & \vdots & \vdots \\ 0 & 0 & 0 & \cdots & 1 & -1 \\ 0 & 0 & 0 & \cdots & 0 & 1 \end{pmatrix}\begin{pmatrix} a_1 \\ a_2 \\ \vdots \\ a_n \end{pmatrix} = \begin{pmatrix} a_1 - a_2 \\ a_2 - a_3 \\ \vdots \\ a_n \end{pmatrix}$$

故 $\boldsymbol{\xi}$ 在基 $\boldsymbol{d}_1,\boldsymbol{d}_2,\cdots,\boldsymbol{d}_n$ 下的坐标为$(a_1-a_2,\cdots,a_{n-1}-a_n,a_n)$.

## 2.5 线性方程组的解

**定理 2.10** 设 $\boldsymbol{A}\in\mathbf{R}^{m\times n}$ 为 $m\times n$ 矩阵,$\boldsymbol{b}\in\mathbf{R}^m$ 为 $m$ 维列向量.则线性方程组 $\boldsymbol{Ax}=\boldsymbol{b}$ 有解的充要条件是 $\mathrm{rank}(\boldsymbol{A})=\mathrm{rank}(\boldsymbol{A},\boldsymbol{b})$.

线性方程组有唯一解的充要条件是 $\mathrm{rank}(\boldsymbol{A})=\mathrm{rank}(\boldsymbol{A},\boldsymbol{b})=n$.

**证明** 设矩阵 $\boldsymbol{A}$ 的列为 $\boldsymbol{A}=(\boldsymbol{\alpha}_1,\boldsymbol{\alpha}_2,\cdots,\boldsymbol{\alpha}_n)$, $\boldsymbol{x}=(x_1,x_2,\cdots,x_n)^{\mathrm{T}}$,则线性方程组 $\boldsymbol{Ax}=\boldsymbol{b}$ 表示为

$$x_1\boldsymbol{\alpha}_1+x_2\boldsymbol{\alpha}_2+\cdots+x_n\boldsymbol{\alpha}_n=\boldsymbol{b}$$

所以

线性方程组有解 $\Leftrightarrow$ $\boldsymbol{b}$ 可被$\boldsymbol{\alpha}_1,\boldsymbol{\alpha}_2,\cdots,\boldsymbol{\alpha}_n$ 线性表示

$\Leftrightarrow$ $\mathrm{rank}(\boldsymbol{\alpha}_1,\boldsymbol{\alpha}_2,\cdots,\boldsymbol{\alpha}_n)=\mathrm{rank}(\boldsymbol{\alpha}_1,\boldsymbol{\alpha}_2,\cdots,\boldsymbol{\alpha}_n,\boldsymbol{b})$

$\Leftrightarrow$ $\mathrm{rank}(\boldsymbol{A})=\mathrm{rank}(\boldsymbol{A},\boldsymbol{b})$

设线性方程组有唯一解,则

$\boldsymbol{b}$ 被$\boldsymbol{\alpha}_1,\boldsymbol{\alpha}_2,\cdots,\boldsymbol{\alpha}_n$ 唯一线性表示 $\Leftrightarrow$ $\boldsymbol{\alpha}_1,\boldsymbol{\alpha}_2,\cdots,\boldsymbol{\alpha}_n$ 线性无关

$\Leftrightarrow$ $\mathrm{rank}(\boldsymbol{A})=\mathrm{rank}(\boldsymbol{A},\boldsymbol{b})=n$

**例 2.13** 求解方程组

$$\begin{cases} x_1-2x_2+x_3=1 \\ x_1-x_2+x_3=3 \\ 3x_1+3x_2+3x_3=5 \end{cases}$$

**解** 由

$$(\boldsymbol{A},\boldsymbol{b})=\begin{pmatrix} 1 & -2 & 1 & 1 \\ 1 & -1 & 1 & 3 \\ 3 & 3 & 3 & 5 \end{pmatrix}\to\begin{pmatrix} 1 & -2 & 1 & 1 \\ 0 & 1 & 0 & 2 \\ 0 & 9 & 0 & 2 \end{pmatrix}\to\begin{pmatrix} 1 & -2 & 1 & 1 \\ 0 & 1 & 0 & 2 \\ 0 & 0 & 0 & -16 \end{pmatrix}$$

知 $\mathrm{rank}(\boldsymbol{A})=2\neq\mathrm{rank}(\boldsymbol{A},\boldsymbol{b})=3$,故原方程无解.

事实上,这三个平面两两相交,没有交点,即方程组无解,如图 2.1 所示.

**定理 2.11** (1) 齐次线性方程组 $\boldsymbol{Ax}=\boldsymbol{0}$ 有非零解$\Leftrightarrow\mathrm{rank}(\boldsymbol{A})<n$;

(2) 齐次线性方程组 $\boldsymbol{Ax}=\boldsymbol{0}$ 只有零解$\Leftrightarrow\mathrm{rank}(\boldsymbol{A})=n$.

齐次线性方程组解的性质如下:

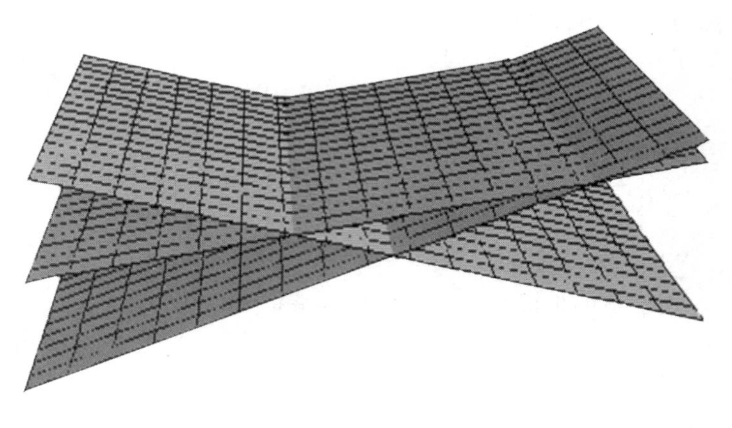

图 2.1

(1) 若 $\boldsymbol{\eta}_1,\boldsymbol{\eta}_2$ 是齐次线性方程组 $\boldsymbol{Ax}=\boldsymbol{0}$ 的解,那么 $\boldsymbol{\eta}_1+\boldsymbol{\eta}_2$ 也是 $\boldsymbol{Ax}=\boldsymbol{0}$ 的解;

(2) 若 $\boldsymbol{\eta}$ 是齐次线性方程组 $\boldsymbol{Ax}=\boldsymbol{0}$ 的解,则对任意实数 $k$,$k\boldsymbol{\eta}$ 也是 $\boldsymbol{Ax}=\boldsymbol{0}$的解.

**验证**

$$\boldsymbol{A}(\boldsymbol{\eta}_1+\boldsymbol{\eta}_2)=\boldsymbol{A\eta}_1+\boldsymbol{A\eta}_2=\boldsymbol{0}+\boldsymbol{0}=\boldsymbol{0}$$
$$\boldsymbol{A}(k\boldsymbol{\eta})=k\boldsymbol{A\eta}=k\boldsymbol{0}=\boldsymbol{0}$$

$\boldsymbol{Ax}=\boldsymbol{0}$ 的全体解向量构成 $\mathbf{R}^n$ 的一个子空间,称为 $\boldsymbol{Ax}=\boldsymbol{0}$ 的解空间.解空间的一组基称为齐次方程组的基础解系.

**定理 2.12** 若齐次线性方程组 $\boldsymbol{A}_{m\times n}x=\boldsymbol{0}$ 有非零解,设 $\operatorname{rank}(\boldsymbol{A})=r$,则其基础解系所含向量的个数为 $n-r$.

**证明** 设 $\operatorname{rank}(\boldsymbol{A})=r$,则齐次线性方程组

$$\begin{cases} a_{11}x_1+a_{12}x_2+\cdots+a_{1n}x_n=0\\ a_{21}x_1+a_{22}x_2+\cdots+a_{2n}x_n=0\\ \cdots\\ a_{m1}x_1+a_{m2}x_2+\cdots+a_{mn}x_n=0\end{cases}$$

经过行初等变换可化简为同解的阶梯形方程

$$\begin{cases} c_{11}x_1+c_{12}x_2+\cdots+c_{1r}x_r+\cdots+c_{1n}x_n=0\\ \qquad c_{22}x_2+\cdots+c_{2r}x_r+\cdots+c_{2n}x_n=0\\ \qquad\qquad\cdots\\ \qquad\qquad c_{rr}x_r+\cdots+c_{rn}x_n=0\end{cases}\tag{2.10}$$

其中 $c_{ii}\neq0$ $(i=1,2,\cdots,r)$.

当 $r=n$ 时,方程组 $\boldsymbol{Ax}=\boldsymbol{0}$ 只有零解.当 $r<n$ 时,将方程(2.10)改写为

$$\begin{cases} c_{11}x_1+c_{12}x_2+\cdots+c_{1r}x_r=-c_{1,r+1}x_{r+1}-\cdots-c_{1n}x_n\\ \qquad c_{22}x_2+\cdots+c_{2r}x_r=-c_{2,r+1}x_{r+1}-\cdots-c_{2n}x_n\\ \qquad\qquad\cdots\\ \qquad\qquad c_{rr}x_r=-c_{r,r+1}x_{r+1}-\cdots-c_{r,n}x_n\end{cases}\tag{2.11}$$

其中 $x_1,x_2,\cdots,x_r$ 是方程(2.11)的未知量,$x_{r+1},x_{r+2},\cdots,x_n$ 为自由变量,其系数行列式 $c_{11}c_{22}\cdots c_{rr}\neq0$.由克拉默法则,由 $n-r$ 个自由变量 $x_{r+1},x_{r+2},\cdots,x_n$ 的任一组值都能确定方程(2.11)的唯一解,即 $\boldsymbol{Ax}=\boldsymbol{0}$ 的解.

对$(x_{r+1},x_{r+2},\cdots,x_n)^{\mathrm{T}}$,分别取

$$\begin{pmatrix}1\\0\\\vdots\\0\end{pmatrix},\quad \begin{pmatrix}0\\1\\\vdots\\0\end{pmatrix},\quad \cdots,\quad \begin{pmatrix}0\\0\\\vdots\\1\end{pmatrix} \tag{2.12}$$

代入方程(2.11),解出$x_1,x_2,\cdots,x_r$,得到$\boldsymbol{Ax}=\boldsymbol{0}$的解为

$$\boldsymbol{\eta}_1=\begin{pmatrix}d_{11}\\\vdots\\d_{r1}\\1\\0\\\vdots\\0\end{pmatrix},\quad \boldsymbol{\eta}_2=\begin{pmatrix}d_{12}\\\vdots\\d_{r2}\\0\\1\\\vdots\\0\end{pmatrix},\quad \cdots,\quad \boldsymbol{\eta}_{n-r}=\begin{pmatrix}d_{1,n-r}\\\vdots\\d_{r,n-r}\\0\\0\\\vdots\\1\end{pmatrix} \tag{2.13}$$

显然,向量组(2.12)线性无关.由例2.3知,向量组(2.13)也线性无关.又设$\boldsymbol{\beta}=(t_1,t_2,\cdots,t_n)^{\mathrm{T}}$是$\boldsymbol{Ax}=\boldsymbol{0}$的任一解.令$\boldsymbol{\gamma}=t_{r+1}\boldsymbol{\eta}_1+t_{r+2}\boldsymbol{\eta}_2+\cdots+t_n\boldsymbol{\eta}_{n-r}-\boldsymbol{\beta}$,则$\boldsymbol{\gamma}$的第$r+1,r+2,\cdots,n$个分量的值为零,代入方程(2.11),得到$x_i=0(i=1,2,\cdots,r)$.

$$\boldsymbol{\gamma}=\boldsymbol{0}\ \Rightarrow\ \boldsymbol{\beta}=t_{r+1}\boldsymbol{\eta}_1+t_{r+2}\boldsymbol{\eta}_2+\cdots+t_n\boldsymbol{\eta}_{n-r}$$

即$\boldsymbol{Ax}=\boldsymbol{0}$的任一解都可由$\boldsymbol{\eta}_1,\boldsymbol{\eta}_2,\cdots,\boldsymbol{\eta}_{n-r}$线性表示.

齐次线性方程组$\boldsymbol{A}_{m\times n}\boldsymbol{x}=\boldsymbol{0}$称为非齐次线性方程组$\boldsymbol{A}_{m\times n}\boldsymbol{x}=\boldsymbol{b}$的**导出组**.

非齐次线性方程组解的性质如下:

(1) 设$\boldsymbol{\xi}_1,\boldsymbol{\xi}_2$是$\boldsymbol{A}_{m\times n}\boldsymbol{x}=\boldsymbol{b}$的任意两个解,那么$\boldsymbol{\xi}=\boldsymbol{\xi}_1-\boldsymbol{\xi}_2$是导出组$\boldsymbol{Ax}=\boldsymbol{0}$的解;

(2) 方程组$\boldsymbol{A}_{m\times n}x=\boldsymbol{b}$的任一解$\boldsymbol{\xi}_0$加上$\boldsymbol{Ax}=0$的所有解$\boldsymbol{\eta}$,是$\boldsymbol{A}_{m\times n}\boldsymbol{x}=\boldsymbol{b}$的所有解.

**验证** (1) $\boldsymbol{A\xi}=\boldsymbol{A}(\boldsymbol{\xi}_1-\boldsymbol{\xi}_2)=\boldsymbol{A\xi}_1-\boldsymbol{A\xi}_2=\boldsymbol{b}-\boldsymbol{b}=\boldsymbol{0}$.

(2) $\boldsymbol{A}(\boldsymbol{\xi}_0+\boldsymbol{\eta})=\boldsymbol{A\xi}_0+\boldsymbol{A\eta}=\boldsymbol{b}-\boldsymbol{0}=\boldsymbol{b}$.

设$\boldsymbol{\xi}$是$\boldsymbol{A}_{m\times n}\boldsymbol{x}=\boldsymbol{b}$的任一解,则有$\boldsymbol{A}(\boldsymbol{\xi}-\boldsymbol{\xi}_0)=\boldsymbol{A\xi}-\boldsymbol{A\xi}_0=\boldsymbol{b}-\boldsymbol{b}=\boldsymbol{0}$.

令$\boldsymbol{\eta}=\boldsymbol{\xi}-\boldsymbol{\xi}_0$,则$\boldsymbol{\eta}$是$\boldsymbol{Ax}=\boldsymbol{0}$的解,即$\boldsymbol{\xi}=\boldsymbol{\xi}_0+\boldsymbol{\eta}$.

**定理2.13** 设非齐次线性方程组$\boldsymbol{A}_{m\times n}\boldsymbol{x}=\boldsymbol{b}$有解,$\mathrm{rank}(\boldsymbol{A})=\mathrm{rank}(\boldsymbol{A},\boldsymbol{b})=r$,$\boldsymbol{\eta}_1,\boldsymbol{\eta}_2,\cdots,\boldsymbol{\eta}_{n-r}$是$\boldsymbol{Ax}=\boldsymbol{0}$的基础解系,$\boldsymbol{\xi}_0$是$\boldsymbol{A}_{m\times n}\boldsymbol{x}=\boldsymbol{b}$的某个特解,则方程组的通解为$\boldsymbol{x}=\boldsymbol{\xi}_0+k_1\boldsymbol{\eta}_1+k_2\boldsymbol{\eta}_2+\cdots+k_{n-r}\boldsymbol{\eta}_{n-r}$,其中$k_1,k_2,\cdots,k_{n-r}$为任意实数.

**例2.14** 解齐次方程组

$$\begin{cases}x_1+2x_2-3x_3-4x_4=0\\-x_1-3x_2+x_3+2x_4=0\\x_1+x_2-5x_3-6x_4=0\end{cases}$$

**解** 对增广矩阵做初等行变换:

$$\boldsymbol{A}=\begin{pmatrix}1&2&-3&-4\\-1&-3&1&2\\1&1&-5&-6\end{pmatrix}\xrightarrow[\mathrm{r}_3-\mathrm{r}_1]{\mathrm{r}_1+\mathrm{r}_2}\begin{pmatrix}1&2&-3&-4\\0&-1&-2&-2\\0&-1&-2&-2\end{pmatrix}$$

$$\rightarrow\begin{pmatrix}1&2&-3&-4\\0&1&2&2\\0&0&0&0\end{pmatrix}$$

得到同解方程

$$\begin{cases} x_1 + 2x_2 - 3x_3 - 4x_4 = 0 \\ \qquad x_2 + 2x_3 + 2x_4 = 0 \end{cases} \Rightarrow \begin{cases} x_1 + 2x_2 = 3x_3 + 4x_4 \\ \qquad x_2 = -2x_3 - 2x_4 \end{cases}$$

令 $x_3=1,x_4=0$,得 $x_2=-2,x_1=7$;

令 $x_3=0,x_4=1$,得 $x_2=-2,x_1=8$.

综上,方程组的通解为

$$\boldsymbol{x} = k_1\begin{pmatrix} 7 \\ -2 \\ 1 \\ 0 \end{pmatrix} + k_2\begin{pmatrix} 8 \\ -2 \\ 0 \\ 1 \end{pmatrix}$$

其中 $k_1,k_2$ 是任意实数.

**例 2.15** 求方程组

$$\begin{cases} x_1 + 2x_2 - 3x_3 - 4x_4 = 1 \\ -x_1 - 3x_2 + x_3 + 2x_4 = 2 \\ x_1 + x_2 - 5x_3 - 6x_4 = 4 \end{cases}$$

的通解.

**解** 对增广矩阵做初等变换:

$$(\boldsymbol{A},\boldsymbol{b}) = \begin{pmatrix} 1 & 2 & -3 & -4 & 1 \\ -1 & -3 & 1 & 2 & 2 \\ 1 & 1 & -5 & -6 & 4 \end{pmatrix} \xrightarrow[\mathrm{r}_3 - \mathrm{r}_1]{\mathrm{r}_1 + \mathrm{r}_2} \begin{pmatrix} 1 & 2 & -3 & -4 & 1 \\ 0 & -1 & -2 & -2 & 3 \\ 0 & -1 & -2 & -2 & 3 \end{pmatrix}$$

得到同解方程

$$\begin{cases} x_1 + 2x_2 - 3x_3 - 4x_4 = 1 \\ \qquad x_2 + 2x_3 + 2x_4 = -3 \end{cases}$$

取 $x_3=x_4=0$,解出 $x_2=-3,x_1=7$,特解 $\boldsymbol{\beta}_0=(7,-3,0,0)^{\mathrm{T}}$.

综上,方程组的通解为

$$\boldsymbol{x} = \begin{pmatrix} 7 \\ -3 \\ 0 \\ 0 \end{pmatrix} + k_1\begin{pmatrix} 7 \\ -2 \\ 1 \\ 0 \end{pmatrix} + k_2\begin{pmatrix} 8 \\ -2 \\ 0 \\ 1 \end{pmatrix}$$

其中 $k_1,k_2$ 是任意实数.

# 附录 2 用 Mathematica 求解线性方程组

| | |
|---|---|
| `MatrixRank[A]` | 给出矩阵或向量组的秩. |
| `RowReduce[A]` | 用初等变换把矩阵化为阶梯形矩阵. |
| `NullSpace[A]` | 求齐次方程组 AX=0 的基础解系. |
| `LinearSolve[A,B]` | 求方程组 AX=B 的一个特解 X. |

**例**　再做例 2.15.

```
In[1]:= RowReduce[{{1,2,- 3,- 4,1},{- 1,- 3,1,2,2},
{1,1,- 5,- 6,4}}]//MatrixForm
Out[1]//MathrixForm=
```

$$\begin{pmatrix} 1 & 0 & -7 & -8 & 7 \\ 0 & 1 & 2 & 2 & -3 \\ 0 & 0 & 0 & 0 & 0 \end{pmatrix}$$

```
In[2]:= A= {{1,2,- 3,- 4},{- 1,- 3,1,2},{1,1,- 5,- 6}};
        MatrixRank[A]
Out[3]= 2

In[4]:= NullSpace[A]
Out[4]= {{8,- 2,0,1},{7,- 2,1,0}}

In[5]:= b= {1,2,4};
        LinearSolve[A,b]
Out[6]= {7,- 3,0,0}
```

# 习　题　2

1. 判断下列向量组是否线性相关,并计算向量组的秩:

(1) $\boldsymbol{\alpha}_1=\begin{pmatrix}1\\3\\2\end{pmatrix}$,$\boldsymbol{\alpha}_2=\begin{pmatrix}3\\2\\1\end{pmatrix}$,$\boldsymbol{\alpha}_3=\begin{pmatrix}1\\2\\3\end{pmatrix}$;

(2) $\boldsymbol{\alpha}_1=(3,1,3,5)$,$\boldsymbol{\alpha}_2=(2,7,2,3)$,$\boldsymbol{\alpha}_3=(1,13,1,1)$.

2. 设 $\boldsymbol{\alpha}_1,\boldsymbol{\alpha}_2,\boldsymbol{\alpha}_3$ 线性无关. 证明:$\boldsymbol{\beta}_1=\boldsymbol{\alpha}_1,\boldsymbol{\beta}_2=\boldsymbol{\alpha}_1+\boldsymbol{\alpha}_2,\boldsymbol{\beta}_3=\boldsymbol{\alpha}_1+\boldsymbol{\alpha}_2+\boldsymbol{\alpha}_3$ 也线性无关.

3. 在线性空间 $\mathbf{R}^4$ 中,求基

$$\boldsymbol{\alpha}_1=\begin{pmatrix}0\\0\\1\\0\end{pmatrix},\quad \boldsymbol{\alpha}_2=\begin{pmatrix}0\\0\\0\\1\end{pmatrix},\quad \boldsymbol{\alpha}_3=\begin{pmatrix}1\\0\\0\\0\end{pmatrix},\quad \boldsymbol{\alpha}_4=\begin{pmatrix}0\\1\\0\\0\end{pmatrix}$$

到基

$$\boldsymbol{\beta}_1=\begin{pmatrix}1\\1\\1\\1\end{pmatrix},\quad \boldsymbol{\beta}_2=\begin{pmatrix}1\\1\\-1\\-1\end{pmatrix},\quad \boldsymbol{\beta}_3=\begin{pmatrix}1\\-1\\1\\-1\end{pmatrix},\quad \boldsymbol{\beta}_4=\begin{pmatrix}1\\-1\\-1\\1\end{pmatrix}$$

的过渡矩阵.

4. 在线性空间 $M_2(\mathbf{R})$中,设

$$\boldsymbol{\alpha}_1=\begin{pmatrix}1&0\\0&0\end{pmatrix},\quad \boldsymbol{\alpha}_2=\begin{pmatrix}1&1\\0&0\end{pmatrix},\quad \boldsymbol{\alpha}_3=\begin{pmatrix}1&1\\1&0\end{pmatrix},\quad \boldsymbol{\alpha}_4=\begin{pmatrix}1&1\\1&1\end{pmatrix}$$

和

$$\boldsymbol{\beta}_1=\begin{pmatrix}0&1\\1&1\end{pmatrix},\quad \boldsymbol{\beta}_2=\begin{pmatrix}1&0\\1&1\end{pmatrix},\quad \boldsymbol{\beta}_3=\begin{pmatrix}1&1\\0&1\end{pmatrix},\quad \boldsymbol{\beta}_4=\begin{pmatrix}1&1\\1&0\end{pmatrix}$$

分别为 $M_2(\mathbf{R})$的两组基.

(1) 求 $\boldsymbol{\alpha}_1,\boldsymbol{\alpha}_2,\boldsymbol{\alpha}_3,\boldsymbol{\alpha}_4$ 到 $\boldsymbol{\beta}_1,\boldsymbol{\beta}_2,\boldsymbol{\beta}_3,\boldsymbol{\beta}_4$ 的过渡矩阵 $\boldsymbol{T}$;

(2) 设 $\boldsymbol{A}\in M_2(\mathbf{R})$在 $\boldsymbol{\beta}_1,\boldsymbol{\beta}_2,\boldsymbol{\beta}_3,\boldsymbol{\beta}_4$ 下的坐标为$(1,-2,3,0)^{\mathrm{T}}$,求 $\boldsymbol{A}$ 在$\boldsymbol{\alpha}_1,\boldsymbol{\alpha}_2,\boldsymbol{\alpha}_3,\boldsymbol{\alpha}_4$ 下的坐标.

5. 求以下方程组的通解:

$$\begin{cases}x_1+x_2-x_3-2x_4=3\\x_1-x_2+3x_3-4x_4=-1\\-x_1+3x_2-7x_3+10x_4=5\end{cases}$$

6. 已知线性方程组

$$\begin{cases}x_1+x_2+x_3+x_4+x_5=a\\3x_1+2x_2+x_3+x_4-3x_5=0\\x_2+2x_3+2x_4+6x_5=b\\5x_1+4x_2+3x_3+3x_4-x_5=2\end{cases}$$

(1) 当 $a,b$ 为何值时,方程组有解?

(2) 当方程组有解时,求出对应的齐次方程组的一组基础解系.

(3) 当方程组有解时,求出方程组的全部解.

7. 设非齐次线性方程组 $\boldsymbol{A}_{m\times n}\boldsymbol{x}=\boldsymbol{b}(\boldsymbol{b}\neq\boldsymbol{0})$有解,$\operatorname{rank}(\boldsymbol{A})=r$,$\boldsymbol{\eta}_1,\boldsymbol{\eta}_2,\cdots,\boldsymbol{\eta}_{n-r}$是$\boldsymbol{Ax}=\boldsymbol{0}$ 的基础解系,$\boldsymbol{\beta}$ 是$\boldsymbol{A}_{m\times n}\boldsymbol{x}=\boldsymbol{b}$ 的某个解.证明:向量组 $\boldsymbol{\beta},\boldsymbol{\eta}_1,\boldsymbol{\eta}_2,\cdots,\boldsymbol{\eta}_{n-r}$线性无关.

8. 证明:$\operatorname{rank}(\boldsymbol{A}^{\mathrm{T}}\boldsymbol{A})=\operatorname{rank}(\boldsymbol{A})$.

9. 设 $\boldsymbol{A}$ 是$n$ 阶方阵,$\boldsymbol{\eta}$ 是$n$ 维列向量.若存在正整数 $k$ 使得 $A^k\boldsymbol{\eta}=\boldsymbol{0}$,但 $\boldsymbol{A}^{k-1}\boldsymbol{\eta}\neq\boldsymbol{0}$,证明:向量组 $\boldsymbol{\eta},\boldsymbol{A\eta},\cdots,\boldsymbol{A}^{k-1}\boldsymbol{\eta}$ 线性无关.

# 第3章　线性变换

## 3.1　线性变换及其运算

### 3.1.1　线性变换的定义和性质

**例 3.1**(图形的伸缩变换)　对坐标平面上的单位圆$\{(x,y)\mid x^2+y^2=1\}$做如下的伸缩变换：

$$u = 3x,\quad v = 2y$$

上述变换将单位圆沿 $x$ 轴方向放大3倍,沿 $y$ 轴方向放大2倍,得到一个如图3.1所示的椭圆,其方程为

$$\frac{u^2}{9}+\frac{v^2}{4}=1$$

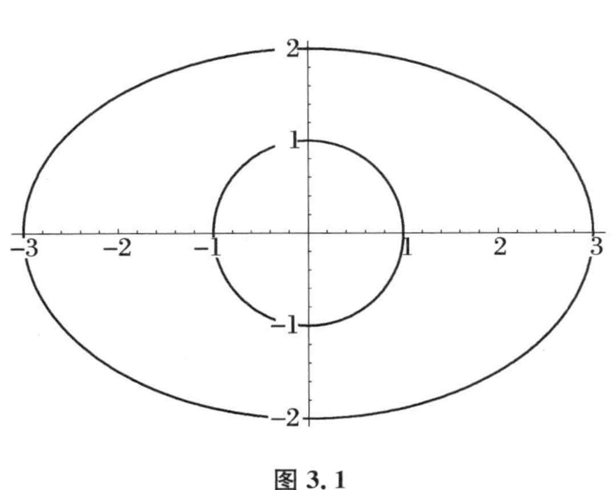


**图 3.1**

上述变换只对图形沿数轴方向进行了伸缩,没有改变图形的基本形状.这是一个线性变换.

**例 3.2**　对坐标平面上的单位圆$\{(x,y)\mid x^2+y^2=1\}$,令 $u^5=x^2$,$v^5=y^2$,则得到的图形如图3.2所示.这不是线性变换.

**定义 3.1**　设 $V$ 为数域$F$ 上的线性空间,$\mathscr{A}$是 $V$ 到 $V$ 的一个映射.若对任意的 $\boldsymbol{\alpha},\boldsymbol{\beta}\in V$,$k\in F$,都有

(1) $\mathscr{A}(\boldsymbol{\alpha}+\boldsymbol{\beta})=\mathscr{A}(\boldsymbol{\alpha})+\mathscr{A}(\boldsymbol{\beta})$;

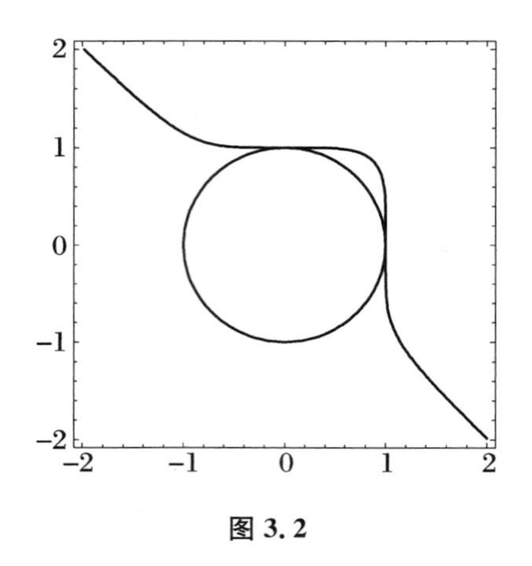


图 3.2

(2) $\mathscr{A}(k\boldsymbol{\alpha})=k\mathscr{A}(\boldsymbol{\alpha})$,

则称 $\mathscr{A}$ 是线性空间 $V$ 上的线性变换.

由线性变换的定义,可以看到线性变换保持向量的加法和数乘的线性性质.一般用 $\mathscr{A}$,$\mathscr{B}$ 表示线性变换,用 $\mathscr{A}(\boldsymbol{\alpha})$或 $\mathscr{A}\boldsymbol{\alpha}$ 表示$\boldsymbol{\alpha}$ 在 $\mathscr{A}$ 下的像.按照线性变换的定义,考察下列线性变换的例子.

**例 3.3** 设 $k\in F$,$\boldsymbol{\alpha}\in V$,数乘变换 $\mathscr{K}$:$\boldsymbol{\alpha}\rightarrow k\boldsymbol{\alpha}$ 是线性变换.

当 $k=0$ 时,$\mathscr{K}$ 是零变换;

当 $k=1$ 时,$\mathscr{K}$ 是恒等变换(即把每个向量映为自身的变换).

**例 3.4** 设

$$\boldsymbol{A}=\begin{pmatrix} a_{11} & \cdots & a_{1n} \\ \vdots & & \vdots \\ a_{n1} & \cdots & a_{nn} \end{pmatrix},\quad \forall\,\boldsymbol{\xi}=\begin{pmatrix} x_1 \\ \vdots \\ x_n \end{pmatrix}\in\mathbf{R}^n$$

令 $\mathscr{A}$:$\boldsymbol{\xi}\rightarrow\boldsymbol{A\xi}$,则 $\mathscr{A}$ 是线性变换.

**分析** 由于

$$\mathscr{A}(\boldsymbol{\xi}+\boldsymbol{\eta})=\boldsymbol{A}(\boldsymbol{\xi}+\boldsymbol{\eta})=\boldsymbol{A\xi}+\boldsymbol{A\eta}=\mathscr{A}\boldsymbol{\xi}+\mathscr{A}\boldsymbol{\eta}$$

$$\mathscr{A}(k\boldsymbol{\xi})=\boldsymbol{A}(k\boldsymbol{\xi})=k\boldsymbol{A\xi}=k(\mathscr{A}\boldsymbol{\xi})$$

所以 $\mathscr{A}$ 是 $\mathbf{R}^n$ 上的线性变换.

**例 3.5** 设 $P_n(x)$是次数不超过 $n$ 的多项式全体,$\mathscr{A}$ 为微分算子:

$$\mathscr{A}(p(x))=\frac{\mathrm{d}}{\mathrm{d}x}p(x)$$

由求导法则知 $\mathscr{A}$ 是线性变换.

**例 3.6** 用 $C[a,b]$表示闭区间$[a,b]$上所有实值连续函数构成的集合,它是 $\mathbf{R}$ 上的线性空间.定义映射 $\mathscr{A}$:$C[a,b]\rightarrow C[a,b]$,对每个 $f\in C[a,b]$,

$$\mathscr{A}f(x)=\int_a^b K(x,t)f(t)\mathrm{d}t$$

其中 $K(x,t)$是给定的 $[a,b]\times[a,b]$上的实值连续函数.由积分的性质知 $\mathscr{A}$ 为线性变换.

线性变换的简单性质如下:

设 $\mathscr{A}$ 是线性空间 $V$ 上的一个线性变换,则

(1) $\mathscr{A}(\boldsymbol{0})=\boldsymbol{0}$,即零向量的像是零向量;

$$\mathscr{A}(\mathbf{0})=\mathscr{A}(0\boldsymbol{\alpha})=0\mathscr{A}(\boldsymbol{\alpha})=\mathbf{0}$$

(2) $\mathscr{A}(-\boldsymbol{\alpha})=-\mathscr{A}\boldsymbol{\alpha}$,即负向量的像是像的负向量:

$$\mathscr{A}(-\boldsymbol{\alpha})=\mathscr{A}((-1)\boldsymbol{\alpha})=(-1)\mathscr{A}(\boldsymbol{\alpha})=-\mathscr{A}(\boldsymbol{\alpha})$$

(3) 若 $\boldsymbol{\beta}=k_1\boldsymbol{\alpha}_1+k_2\boldsymbol{\alpha}_2+\cdots+k_r\boldsymbol{\alpha}_r$,则

$$\mathscr{A}(\boldsymbol{\beta})=k_1\mathscr{A}(\boldsymbol{\alpha}_1)+k_2\mathscr{A}(\boldsymbol{\alpha}_2)+\cdots+k_r\mathscr{A}(\boldsymbol{\alpha}_r)$$

即线性变换保持线性组合不变.

特别地,若 $k_1\boldsymbol{\alpha}_1+k_2\boldsymbol{\alpha}_2+\cdots+k_r\boldsymbol{\alpha}_r=\mathbf{0}$,则

$$k_1\mathscr{A}(\boldsymbol{\alpha}_1)+k_2\mathscr{A}(\boldsymbol{\alpha}_2)+\cdots+k_r\mathscr{A}(\boldsymbol{\alpha}_r)=\mathbf{0}$$

(4) 若 $\boldsymbol{\alpha}_1,\boldsymbol{\alpha}_2,\cdots,\boldsymbol{\alpha}_n$ 线性相关,则 $\mathscr{A}\boldsymbol{\alpha}_1,\mathscr{A}\boldsymbol{\alpha}_2,\cdots,\mathscr{A}\boldsymbol{\alpha}_n$ 也线性相关.

(4)的逆命题不成立.例如,设 $\boldsymbol{\alpha}_1,\boldsymbol{\alpha}_2,\cdots,\boldsymbol{\alpha}_n$ 线性无关,零变换将 $\boldsymbol{\alpha}_1,\boldsymbol{\alpha}_2,\cdots,\boldsymbol{\alpha}_n$ 变为零向量,从而线性相关.

### 3.1.2 线性变换的运算

设 $V$ 是数域 $F$ 上的线性空间,记 $L(V)$ 为向量空间 $V$ 上全体线性变换的集合.

**1. 线性变换的加法**

设 $\mathscr{A},\mathscr{B}\in L(V)$,定义线性变换的和 $\mathscr{A}+\mathscr{B}$ 为

$$(\mathscr{A}+\mathscr{B})\boldsymbol{\alpha}=\mathscr{A}(\boldsymbol{\alpha})+\mathscr{B}(\boldsymbol{\alpha})\quad(\forall\,\boldsymbol{\alpha}\in V)$$

首先,$\mathscr{A}+\mathscr{B}$ 是 $V$ 到自身的一个映射,即是 $V$ 上的一个变换;其次,

$$\begin{aligned}(\mathscr{A}+\mathscr{B})(\boldsymbol{\alpha}+\boldsymbol{\beta})&=\mathscr{A}(\boldsymbol{\alpha}+\boldsymbol{\beta})+\mathscr{B}(\boldsymbol{\alpha}+\boldsymbol{\beta})=\mathscr{A}(\boldsymbol{\alpha})+\mathscr{A}(\boldsymbol{\beta})+\mathscr{B}(\boldsymbol{\alpha})+\mathscr{B}(\boldsymbol{\beta})\\&=(\mathscr{A}(\boldsymbol{\alpha})+\mathscr{B}(\boldsymbol{\alpha}))+(\mathscr{A}(\boldsymbol{\beta})+\mathscr{B}(\boldsymbol{\beta}))\\&=(\mathscr{A}+\mathscr{B})(\boldsymbol{\alpha})+(\mathscr{A}+\mathscr{B})(\boldsymbol{\beta})\end{aligned}$$

$$\begin{aligned}(\mathscr{A}+\mathscr{B})(k\boldsymbol{\alpha})&=\mathscr{A}(k\boldsymbol{\alpha})+\mathscr{B}(k\boldsymbol{\alpha})=k\mathscr{A}(\boldsymbol{\alpha})+k(\mathscr{B}(\boldsymbol{\alpha}))\\&=k(\mathscr{A}(\boldsymbol{\alpha})+\mathscr{B}(\boldsymbol{\alpha}))=k(\mathscr{A}+\mathscr{B})(\boldsymbol{\alpha})\end{aligned}$$

故 $\mathscr{A}+\mathscr{B}$ 是 $V$ 上的线性变换,即线性变换的和仍是一个线性变换.

**2. 线性变换的乘法**

设 $\mathscr{A},\mathscr{B}\in L(V)$,$\alpha\in V$.定义线性变换 $\mathscr{A}$ 和 $\mathscr{B}$ 的乘积 $\mathscr{A}\mathscr{B}$ 为

$$(\mathscr{A}\mathscr{B})(\boldsymbol{\alpha})=\mathscr{A}(\mathscr{B}(\boldsymbol{\alpha}))\quad(\forall\,\boldsymbol{\alpha}\in V)$$

设 $\forall\,\boldsymbol{\alpha},\boldsymbol{\beta}\in V$,$k\in F$,则

$$\begin{aligned}\mathscr{A}\mathscr{B}(\boldsymbol{\alpha}+\boldsymbol{\beta})&=\mathscr{A}(\mathscr{B}(\boldsymbol{\alpha}+\boldsymbol{\beta}))=\mathscr{A}(\mathscr{B}(\boldsymbol{\alpha})+\mathscr{B}(\boldsymbol{\beta}))=\mathscr{A}(\mathscr{B}(\boldsymbol{\alpha}))+\mathscr{A}(\mathscr{B}(\boldsymbol{\beta}))\\&=(\mathscr{A}\mathscr{B})(\boldsymbol{\alpha})+(\mathscr{A}\mathscr{B})(\boldsymbol{\beta})\end{aligned}$$

$$\mathscr{A}\mathscr{B}(k\boldsymbol{\alpha})=\mathscr{A}(\mathscr{B}(k\boldsymbol{\alpha}))=\mathscr{A}(k(\mathscr{B}(\boldsymbol{\alpha}))=k(\mathscr{A}(\mathscr{B}(\boldsymbol{\alpha})))=k(\mathscr{A}\mathscr{B})(\boldsymbol{\alpha})$$

故 $\mathscr{A}\mathscr{B}$ 是 $V$ 上的线性变换,即线性变换的乘积仍是线性变换.

因为映射的乘法适合结合律,故线性变换的乘法也适合.从而线性变换乘积的运算性质包括结合律而没有交换律.

**3. 数与线性变换的乘积**

设 $\mathscr{A}\in L(V)$,$k\in F$,定义数与线性变换的数量乘法为

$$k\mathscr{A}=\mathscr{K}\mathscr{A}$$

这里 $\mathscr{K}\in L(V)$为 $V$ 上的数乘变换(即 $\mathscr{K}(\boldsymbol{\alpha})=k\boldsymbol{\alpha}$),即对 $\forall\,\boldsymbol{\alpha}\in V$,$(k\mathscr{A})(\boldsymbol{\alpha})=k\mathscr{A}(\boldsymbol{\alpha})$.

因为两个线性变换的乘积还是线性变换,数乘显然也是线性变换,故数与线性变换的乘

积仍是线性变换.

由于线性变换的加法和数乘定义的变换仍然是线性变换,线性空间 $V$ 上的所有线性变换构成$F$ 上的一个线性空间,记为 $L(V)$.

**4. 线性变换的逆**

设 $\mathscr{A}$是 $V$ 上的一个变换.如果存在 $V$ 的一个变换 $\mathscr{B}$,使 $\mathscr{A}\mathscr{B}=\mathscr{B}\mathscr{A}=T$($T$ 为恒等变换),则称 $\mathscr{B}$ 为 $\mathscr{A}$ 的一个逆变换,记为 $\mathscr{A}^{-1}$.

如果线性变换 $\mathscr{A}$ 可逆,则 $\mathscr{A}^{-1}$也是线性变换,这是因为

$$\begin{aligned}\mathscr{A}^{-1}(\boldsymbol{\alpha}+\boldsymbol{\beta}) &= \mathscr{A}^{-1}(\mathscr{A}\mathscr{A}^{-1}(\boldsymbol{\alpha})+(\mathscr{A}\mathscr{A}^{-1})(\boldsymbol{\beta})) = \mathscr{A}^{-1}(\mathscr{A}(\mathscr{A}^{-1}(\boldsymbol{\alpha}))+\mathscr{A}(\mathscr{A}^{-1})(\boldsymbol{\beta}))\\ &= \mathscr{A}^{-1}(\mathscr{A}(\mathscr{A}^{-1}(\boldsymbol{\alpha})+\mathscr{A}^{-1}(\boldsymbol{\beta}))) = (\mathscr{A}^{-1}\mathscr{A})(\mathscr{A}^{-1}(\boldsymbol{\alpha})+\mathscr{A}^{-1}(\boldsymbol{\beta}))\\ &= \mathscr{A}^{-1}(\boldsymbol{\alpha})+\mathscr{A}^{-1}(\boldsymbol{\beta})\end{aligned}$$

$$\begin{aligned}\mathscr{A}^{-1}(k\boldsymbol{\alpha}) &= \mathscr{A}^{-1}(k(\mathscr{A}\mathscr{A}^{-1}(\boldsymbol{\alpha})) = \mathscr{A}^{-1}(k(\mathscr{A}(\mathscr{A}^{-1}(\boldsymbol{\alpha}))))\\ &= \mathscr{A}^{-1}(\mathscr{A}(k\mathscr{A}^{-1}(\boldsymbol{\alpha}))) = (\mathscr{A}^{-1}\mathscr{A})(k\mathscr{A}^{-1}(\boldsymbol{\alpha}))\\ &= k\mathscr{A}^{-1}(\boldsymbol{\alpha})\end{aligned}$$

## 3.2 线性变换的矩阵

### 3.2.1 线性变换的矩阵

设 $\mathscr{A}$ 是 $V$ 上的线性变换,$\boldsymbol{\alpha}_1,\boldsymbol{\alpha}_2,\cdots,\boldsymbol{\alpha}_n$ 是 $V$ 的一组基,有 $\mathscr{A}(\boldsymbol{\alpha}_j)\in V(j=1,2,\cdots,n)$. $\mathscr{A}(\boldsymbol{\alpha}_j)(j=1,2,\cdots,n)$可由基 $\boldsymbol{\alpha}_1,\boldsymbol{\alpha}_2,\cdots,\boldsymbol{\alpha}_n$ 线性表示:

$$\begin{cases}\mathscr{A}(\boldsymbol{\alpha}_1) = a_{11}\boldsymbol{\alpha}_1 + a_{21}\boldsymbol{\alpha}_2 + \cdots + a_{n1}\boldsymbol{\alpha}_n\\ \mathscr{A}(\boldsymbol{\alpha}_2) = a_{12}\boldsymbol{\alpha}_1 + a_{22}\boldsymbol{\alpha}_2 + \cdots + a_{n2}\boldsymbol{\alpha}_n\\ \cdots\\ \mathscr{A}(\boldsymbol{\alpha}_n) = a_{1n}\boldsymbol{\alpha}_1 + a_{2n}\boldsymbol{\alpha}_2 + \cdots + a_{nn}\boldsymbol{\alpha}_n\end{cases}$$

即

$$\mathscr{A}(\boldsymbol{\alpha}_j) = (\boldsymbol{\alpha}_1,\boldsymbol{\alpha}_2,\cdots,\boldsymbol{\alpha}_n)\begin{pmatrix}a_{1j}\\ a_{2j}\\ \vdots\\ a_{nj}\end{pmatrix},\quad j=1,2,\cdots,n$$

$$(\mathscr{A}(\boldsymbol{\alpha}_1),\mathscr{A}(\boldsymbol{\alpha}_2),\cdots,\mathscr{A}(\boldsymbol{\alpha}_n)) = (\boldsymbol{\alpha}_1,\boldsymbol{\alpha}_2,\cdots,\boldsymbol{\alpha}_n)\begin{pmatrix}a_{11} & a_{12} & \cdots & a_{1n}\\ a_{21} & a_{22} & \cdots & a_{1n}\\ \vdots & \vdots & & \vdots\\ a_{n1} & a_{n2} & \cdots & a_{nn}\end{pmatrix}$$

记矩阵

$$\boldsymbol{A}=\begin{pmatrix} a_{11} & a_{12} & \cdots & a_{1n} \\ a_{21} & a_{22} & \cdots & a_{1n} \\ \vdots & \vdots & & \vdots \\ a_{n1} & a_{n2} & \cdots & a_{nn} \end{pmatrix}$$

称 $\boldsymbol{A}$ 为线性变换 $\mathscr{A}$ 在基 $\boldsymbol{\alpha}_1,\boldsymbol{\alpha}_2,\cdots,\boldsymbol{\alpha}_n$ 下的矩阵.

矩阵 $\boldsymbol{A}$ 由线性变换 $\mathscr{A}$ 和基 $\boldsymbol{\alpha}_1,\boldsymbol{\alpha}_2,\cdots,\boldsymbol{\alpha}_n$ 唯一确定. 矩阵 $\boldsymbol{A}$ 的第 $j$ 列是 $\mathscr{A}(\boldsymbol{\alpha}_j)$ 在基 $\boldsymbol{\alpha}_1,\boldsymbol{\alpha}_2,\cdots,\boldsymbol{\alpha}_n$ 下的坐标. 引入形式记号:

$$\mathscr{A}(\boldsymbol{\alpha}_1,\boldsymbol{\alpha}_2,\cdots,\boldsymbol{\alpha}_n)=(\mathscr{A}(\boldsymbol{\alpha}_1),\mathscr{A}(\boldsymbol{\alpha}_2),\cdots,\mathscr{A}(\boldsymbol{\alpha}_n))$$

则有

$$\mathscr{A}(\boldsymbol{\alpha}_1,\boldsymbol{\alpha}_2,\cdots,\boldsymbol{\alpha}_n)=(\boldsymbol{\alpha}_1,\boldsymbol{\alpha}_2,\cdots,\boldsymbol{\alpha}_n)\boldsymbol{A}$$

下面列举一些线性变换在相应基下的矩阵.

**例 3.7**　在例 3.1 中, 对单位圆 $\{(x,y)\mid x^2+y^2=1\}$ 做伸缩变换 $\mathscr{A}: u=3x, v=2y$. 求 $\mathscr{A}$ 在自然基下的矩阵.

**解**　由于

$$\mathscr{A}(\boldsymbol{e}_1)=\begin{pmatrix}3\\0\end{pmatrix},\mathscr{A}(\boldsymbol{e}_2)=\begin{pmatrix}0\\2\end{pmatrix}\quad\Rightarrow\quad\mathscr{A}(\boldsymbol{e}_1,\boldsymbol{e}_2)=(\boldsymbol{e}_1,\boldsymbol{e}_2)\begin{pmatrix}3&0\\0&2\end{pmatrix}$$

故 $\boldsymbol{A}=\begin{pmatrix}3&0\\0&2\end{pmatrix}$.

**例 3.8**　设 $\mathscr{A}: F^n\to F^n$ 为线性变换, $\mathscr{A}\boldsymbol{x}=\boldsymbol{A}\boldsymbol{x}$, 其中 $\boldsymbol{x}\in F^n$, $\boldsymbol{A}=(a_{ij})$ 为一个给定的 $n$ 阶方阵. 求 $\mathscr{A}$ 在自然基下的矩阵.

**解**　设 $\mathscr{A}$ 在自然基 $\boldsymbol{e}_1,\boldsymbol{e}_2,\cdots,\boldsymbol{e}_n$ 下的矩阵为 $\tilde{\boldsymbol{A}}$. 由 $\mathscr{A}$ 的定义, 知

$$\mathscr{A}(\boldsymbol{e}_1)=\begin{pmatrix} a_{11} & a_{12} & \cdots & a_{1n} \\ a_{21} & a_{22} & \cdots & a_{2n} \\ \vdots & \vdots & & \vdots \\ a_{n1} & a_{n2} & \cdots & a_{nn} \end{pmatrix}\begin{pmatrix}1\\0\\\vdots\\0\end{pmatrix}=\begin{pmatrix}a_{11}\\a_{21}\\\vdots\\a_{n1}\end{pmatrix}$$

因此 $\tilde{\boldsymbol{A}}$ 的第一列与 $\boldsymbol{A}$ 的第一列相同.

同理,

$$\mathscr{A}(\boldsymbol{e}_j)=\begin{pmatrix} a_{11} & \cdots & a_{1j} & \cdots & a_{1n} \\ a_{21} & \cdots & a_{2j} & \cdots & a_{2n} \\ \vdots & & \vdots & & \vdots \\ a_{n1} & \cdots & a_{nj} & \cdots & a_{nn} \end{pmatrix}\begin{pmatrix}0\\\vdots\\1\\\vdots\\0\end{pmatrix}=\begin{pmatrix}a_{1j}\\a_{2j}\\\vdots\\a_{nj}\end{pmatrix},\quad j=2,3,\cdots,n$$

所以, $\tilde{\boldsymbol{A}}$ 和 $\boldsymbol{A}$ 的第 $j$ 列也相同, 即 $\tilde{\boldsymbol{A}}=\boldsymbol{A}$, $\mathscr{A}$ 在自然基下的矩阵为 $\boldsymbol{A}$.

**例 3.9**　在例 3.5 中, $P_n(x)$ 是次数不超过 $n$ 的多项式全体,

$$\mathscr{A}(p(x))=\frac{\mathrm{d}}{\mathrm{d}x}p(x).$$

求 $\mathscr{A}$ 在基 $1,x,\cdots,x^n$ 下的矩阵 $\boldsymbol{A}$.

**解**　由于

$$\mathscr{A}(1)=0,\quad\mathscr{A}(x)=1,\quad\cdots$$

$$\mathscr{A}(x^k) = kx^{k-1} = 0\cdot 1 + 0\cdot x + \cdots + k\cdot x^{k-1} + \cdots + 0\cdot x^n$$

所以

$$\mathscr{A}(1,x,\cdots,x^n) = (1,x,\cdots,x^n)\begin{pmatrix} 0 & 1 & & & \\ & 0 & 2 & & \\ & & 0 & \ddots & \\ & & & \ddots & n \\ & & & & 0 \end{pmatrix}$$

由此得

$$\boldsymbol{A} = \begin{pmatrix} 0 & 1 & & & \\ & 0 & 2 & & \\ & & 0 & \ddots & \\ & & & \ddots & n \\ & & & & 0 \end{pmatrix}$$

**例 3.10** 设线性变换 $\mathscr{A}$ 在基 $\boldsymbol{\alpha}_1,\boldsymbol{\alpha}_2$ 下的矩阵是 $\boldsymbol{A}=\begin{pmatrix} 1 & 2 \\ 3 & 4 \end{pmatrix}$.求 $\mathscr{A}$ 在基 $\boldsymbol{\alpha}_2,\boldsymbol{\alpha}_1$ 下的矩阵 $\boldsymbol{B}$.

**解** 由

$$\mathscr{A}(\boldsymbol{\alpha}_1) = (\boldsymbol{\alpha}_1,\boldsymbol{\alpha}_2)\begin{pmatrix} 1 \\ 3 \end{pmatrix} = 3\boldsymbol{\alpha}_2 + \boldsymbol{\alpha}_1,\quad \mathscr{A}(\boldsymbol{\alpha}_2) = (\boldsymbol{\alpha}_1,\boldsymbol{\alpha}_2)\begin{pmatrix} 2 \\ 4 \end{pmatrix} = 4\boldsymbol{\alpha}_2 + 2\boldsymbol{\alpha}_1$$

得到

$$\mathscr{A}(\boldsymbol{\alpha}_2,\boldsymbol{\alpha}_1) = (\boldsymbol{\alpha}_2,\boldsymbol{\alpha}_1)\begin{pmatrix} 4 & 3 \\ 2 & 1 \end{pmatrix} \Rightarrow \boldsymbol{B} = \begin{pmatrix} 4 & 3 \\ 2 & 1 \end{pmatrix}$$

**例 3.11** 线性变换 $\mathscr{A}$ 将 $\boldsymbol{\alpha}_1=(2,3,5)$,$\boldsymbol{\alpha}_2=(0,1,2)$,$\boldsymbol{\alpha}_3=(1,0,0)$ 分别映为 $\boldsymbol{\beta}_1=(1,2,0)$,$\boldsymbol{\beta}_2=(2,4,-1)$,$\boldsymbol{\beta}_3=(3,0,5)$.求 $\mathscr{A}$ 在基 $\boldsymbol{\alpha}_1,\boldsymbol{\alpha}_2,\boldsymbol{\alpha}_3$ 下的矩阵.

**解** 设 $\mathscr{A}(\boldsymbol{\alpha}_1)=\boldsymbol{\beta}_1=k_1\boldsymbol{\alpha}_1+k_2\boldsymbol{\alpha}_2+k_3\boldsymbol{\alpha}_3$,则

$$k_1(2,3,5)+k_2(0,1,2)+k_3(1,0,0) = (1,2,0)$$

即

$$\begin{cases} 2k_1 + k_3 = 1 \\ 3k_1 + k_2 = 2 \\ 5k_1 + 2k_2 = 0 \end{cases}$$

解得

$$\begin{pmatrix} k_1 \\ k_2 \\ k_3 \end{pmatrix} = \begin{pmatrix} 4 \\ -10 \\ -7 \end{pmatrix}$$

由此得到

$$\mathscr{A}(\boldsymbol{\alpha}_1) = (\boldsymbol{\alpha}_1,\boldsymbol{\alpha}_2,\boldsymbol{\alpha}_3)\begin{pmatrix} 4 \\ -10 \\ -7 \end{pmatrix}$$

同理,解出

$$\mathscr{A}(\boldsymbol{\alpha}_2) = (\boldsymbol{\alpha}_1,\boldsymbol{\alpha}_2,\boldsymbol{\alpha}_3)\begin{pmatrix} 9 \\ -23 \\ -16 \end{pmatrix}, \quad \mathscr{A}(\boldsymbol{\alpha}_3) = (\boldsymbol{\alpha}_1,\boldsymbol{\alpha}_2,\boldsymbol{\alpha}_3)\begin{pmatrix} -5 \\ 15 \\ 13 \end{pmatrix}$$

综上,可得

$$\boldsymbol{A} = \begin{pmatrix} 4 & 9 & -5 \\ -10 & -23 & 15 \\ -7 & -16 & 13 \end{pmatrix}$$

**例 3.12** 设线性空间 $V = F^{2\times 2}$,$\mathscr{A}$是 $V$ 上的线性变换,$\mathscr{A}(\boldsymbol{M}) = \boldsymbol{AM}(\forall \boldsymbol{M}\in V)$. 其中 $\boldsymbol{A} = \begin{pmatrix} a & b \\ c & d \end{pmatrix}$. 求线性变换 $\mathscr{A}$ 在自然基

$$\boldsymbol{e}_1 = \begin{pmatrix} 1 & 0 \\ 0 & 0 \end{pmatrix}, \quad \boldsymbol{e}_2 = \begin{pmatrix} 0 & 1 \\ 0 & 0 \end{pmatrix}, \quad \boldsymbol{e}_3 = \begin{pmatrix} 0 & 0 \\ 1 & 0 \end{pmatrix}, \quad \boldsymbol{e}_4 = \begin{pmatrix} 0 & 0 \\ 0 & 1 \end{pmatrix}$$

下的矩阵.

**解** 由

$$\mathscr{A}(\boldsymbol{e}_1) = \begin{pmatrix} a & b \\ c & d \end{pmatrix}\begin{pmatrix} 1 & 0 \\ 0 & 0 \end{pmatrix} = \begin{pmatrix} a & 0 \\ c & 0 \end{pmatrix} = a\boldsymbol{e}_1 + 0\boldsymbol{e}_2 + c\boldsymbol{e}_3 + 0\boldsymbol{e}_4$$

$$\mathscr{A}(\boldsymbol{e}_4) = \begin{pmatrix} a & b \\ c & d \end{pmatrix}\begin{pmatrix} 0 & 0 \\ 0 & 1 \end{pmatrix} = \begin{pmatrix} 0 & b \\ 0 & d \end{pmatrix} = 0\boldsymbol{e}_1 + b\boldsymbol{e}_2 + 0\boldsymbol{e}_3 + d\boldsymbol{e}_4$$

知矩阵 $\widetilde{\boldsymbol{A}}$ 的第一列为$(a,0,c,0)^{\mathrm{T}}$,第四列为$(0,b,0,d)^{\mathrm{T}}$. 类似可求得 $\widetilde{\boldsymbol{A}}$ 的其他列,从而得到

$$\widetilde{\boldsymbol{A}} = \begin{pmatrix} a & 0 & b & 0 \\ 0 & a & 0 & b \\ c & 0 & d & 0 \\ 0 & c & 0 & d \end{pmatrix}$$

设 $V$ 是$F$ 上的$n$ 维线性空间,$\mathscr{A}$是 $V$ 上的线性变换,$\boldsymbol{\alpha}_1,\boldsymbol{\alpha}_2,\cdots,\boldsymbol{\alpha}_n$ 是$V$ 的一组基,则 $V$ 中任一向量$\boldsymbol{x}$ 的像由基的像 $\mathscr{A}(\boldsymbol{\alpha}_1),\mathscr{A}(\boldsymbol{\alpha}_2),\cdots,\mathscr{A}(\boldsymbol{\alpha}_n)$完全确定:

设 $\boldsymbol{x} = k_1\boldsymbol{\alpha}_1 + k_2\boldsymbol{\alpha}_2 + \cdots + k_n\boldsymbol{\alpha}_n$,则

$$\mathscr{A}(\boldsymbol{x}) = k_1\mathscr{A}(\boldsymbol{\alpha}_1) + k_2\mathscr{A}(\boldsymbol{\alpha}_2) + \cdots + k_n\mathscr{A}(\boldsymbol{\alpha}_n)$$

用代数理论中的矩阵工具做运算,通常比用几何理论中的变换运算简单.

**定理 3.1** 设线性变换 $\mathscr{A}$在基 $\boldsymbol{\alpha}_1,\boldsymbol{\alpha}_2,\cdots,\boldsymbol{\alpha}_n$ 下的矩阵为 $\boldsymbol{A}$. 设 $\boldsymbol{x},\boldsymbol{y}\in V$ 且$\boldsymbol{y} = \mathscr{A}(\boldsymbol{x})$. 若 $\boldsymbol{x},\boldsymbol{y}$ 在基$\boldsymbol{\alpha}_1,\boldsymbol{\alpha}_2,\cdots,\boldsymbol{\alpha}_n$ 下的坐标分别为$\boldsymbol{X},\boldsymbol{Y}$,则 $\boldsymbol{Y} = \boldsymbol{AX}$.

**证明** 设 $\boldsymbol{X} = (x_1,x_2,\cdots,x_n)^{\mathrm{T}}$, $\boldsymbol{Y} = (y_1,y_2,\cdots,y_n)^{\mathrm{T}}$,则有

$$\begin{aligned} \boldsymbol{x} &= x_1\boldsymbol{\alpha}_1 + x_2\boldsymbol{\alpha}_2 + \cdots + x_n\boldsymbol{\alpha}_n = (\boldsymbol{\alpha}_1,\boldsymbol{\alpha}_2,\cdots,\boldsymbol{\alpha}_n)\boldsymbol{X} \\ \boldsymbol{y} &= y_1\boldsymbol{\alpha}_1 + y_2\boldsymbol{\alpha}_2 + \cdots + y_n\boldsymbol{\alpha}_n = (\boldsymbol{\alpha}_1,\boldsymbol{\alpha}_2,\cdots,\boldsymbol{\alpha}_n)\boldsymbol{Y} \end{aligned} \tag{3.1}$$

且有

$$\begin{aligned} \boldsymbol{y} = \mathscr{A}(\boldsymbol{x}) &= \mathscr{A}(x_1\boldsymbol{\alpha}_1 + x_2\boldsymbol{\alpha}_2 + \cdots + x_2\boldsymbol{\alpha}_n) \\ &= x_1\mathscr{A}(\boldsymbol{\alpha}_1) + x_2\mathscr{A}(\boldsymbol{\alpha}_2) + \cdots + x_2\mathscr{A}(\boldsymbol{\alpha}_n) \\ &= (\mathscr{A}(\boldsymbol{\alpha}_1),\mathscr{A}(\boldsymbol{\alpha}_2),\cdots,\mathscr{A}(\boldsymbol{\alpha}_n))\boldsymbol{X} = ((\boldsymbol{\alpha}_1,\boldsymbol{\alpha}_2,\cdots,\boldsymbol{\alpha}_n)\boldsymbol{A})\boldsymbol{X} \\ &= (\boldsymbol{\alpha}_1,\boldsymbol{\alpha}_2,\cdots,\boldsymbol{\alpha}_n)(\boldsymbol{AX}) \end{aligned} \tag{3.2}$$

由于一个向量在一组基下的坐标是唯一的,比较式(3.1)和式(3.2),得到 $\boldsymbol{Y} = \boldsymbol{AX}$.

**例 3.13** 设 $\mathscr{A}$ 是线性变换,$\boldsymbol{\alpha}_1,\boldsymbol{\alpha}_2,\boldsymbol{\alpha}_3\in\mathbf{R}^3$ 是一组基,且

$$\mathscr{A}(\boldsymbol{\alpha}_1)=\boldsymbol{\alpha}_2,\quad \mathscr{A}(\boldsymbol{\alpha}_2)=\boldsymbol{\alpha}_3,\quad \mathscr{A}(\boldsymbol{\alpha}_3)=\boldsymbol{\alpha}_1$$

若 $\boldsymbol{\alpha}$ 的坐标是$(3,-1,2)^{\mathrm{T}}$,求 $\mathscr{A}(\boldsymbol{\alpha})$的坐标.

**解** 由线性变换的定义,

$$\mathscr{A}(\boldsymbol{\alpha}_1,\boldsymbol{\alpha}_2,\boldsymbol{\alpha}_3)=(\boldsymbol{\alpha}_1,\boldsymbol{\alpha}_2,\boldsymbol{\alpha}_3)\begin{pmatrix}0&0&1\\1&0&0\\0&1&0\end{pmatrix}$$

得到

$$\boldsymbol{Y}=\boldsymbol{AX}=\begin{pmatrix}0&0&1\\1&0&0\\0&1&0\end{pmatrix}\begin{pmatrix}3\\-1\\2\end{pmatrix}=\begin{pmatrix}2\\3\\-1\end{pmatrix}$$

### 3.2.2 线性变换与矩阵的关系

**定理 3.2** 给出任意一个线性变换 $\mathscr{A}\in L(V)$,在一组基下都有唯一的一个方阵 $\boldsymbol{A}\in F^{n\times n}$ 与之对应.

$L(V)$与 $F^{n\times n}$之间建立了一个映射关系.这种映射是否是一一对应?

**定理 3.3** 设 $\boldsymbol{\alpha}_1,\boldsymbol{\alpha}_2,\cdots,\boldsymbol{\alpha}_n$ 是 $V$ 的一组基,$\boldsymbol{A}=(a_{ij})$是任意一个方阵,则有且仅有一个线性变换 $\mathscr{A}\in L(V)$,使

$$\mathscr{A}(\boldsymbol{\alpha}_1,\boldsymbol{\alpha}_2,\cdots,\boldsymbol{\alpha}_n)=(\boldsymbol{\alpha}_1,\boldsymbol{\alpha}_2,\cdots,\boldsymbol{\alpha}_n)\boldsymbol{A}$$

取定线性空间 $V$ 的一组基后,每个线性变换都有一个 $n$ 阶矩阵与之对应;而任给一个 $n$ 阶矩阵,都可以构造唯一的线性变换,使得它在给定基下的矩阵就是该矩阵(定理 3.2).因此,线性变换 $L(V)$与 $n$ 阶矩阵是一一对应的.这样,对 $F$ 上任意$n$ 维线性空间 $V$ 的线性变换的研究,就转换为对 $F^{n\times n}$上$n$ 阶方阵相应问题的研究.

有了 $L(V)$与 $F^{n\times n}$的一一对应关系,线性变换的运算就转换为矩阵的运算:

(1) 线性变换的和对应于矩阵的和;

(2) 线性变换的乘积对应于矩阵的乘积;

(3) 线性变换的数量乘积对应于矩阵的数量乘积;

(4) 可逆线性变换与可逆矩阵对应,即逆变换对应于逆矩阵.

**例 3.14** 已知 $\boldsymbol{\alpha}_1=\begin{pmatrix}1\\-1\end{pmatrix}$,$\boldsymbol{\alpha}_2=\begin{pmatrix}3\\2\end{pmatrix}$是 $\mathbf{R}^2$ 的一组基.求线性变换 $\mathscr{A}$,使得 $\mathscr{A}$ 在这组基下的矩阵是$\begin{pmatrix}1&3\\2&4\end{pmatrix}$.

**解** 由

$$\mathscr{A}(\boldsymbol{\alpha}_1,\boldsymbol{\alpha}_2)=(\boldsymbol{\alpha}_1,\boldsymbol{\alpha}_2)\begin{pmatrix}1&3\\2&4\end{pmatrix}=\begin{pmatrix}7&15\\3&5\end{pmatrix}$$

有

$$\mathscr{A}(\boldsymbol{\alpha}_1)=\boldsymbol{\beta}_1=\boldsymbol{\alpha}_1+2\boldsymbol{\alpha}_2=\begin{pmatrix}1\\-1\end{pmatrix}+2\begin{pmatrix}3\\2\end{pmatrix}=\begin{pmatrix}7\\3\end{pmatrix}$$

$$\mathscr{A}(\boldsymbol{\alpha}_2) = \boldsymbol{\beta}_2 = 3\boldsymbol{\alpha}_1 + 4\boldsymbol{\alpha}_2 = 3\begin{pmatrix} 1 \\ -1 \end{pmatrix} + 4\begin{pmatrix} 3 \\ 2 \end{pmatrix} = \begin{pmatrix} 15 \\ 5 \end{pmatrix}$$

对 $\forall\ \boldsymbol{x} = k_1\begin{pmatrix} 1 \\ -1 \end{pmatrix} + k_2\begin{pmatrix} 3 \\ 2 \end{pmatrix} \in \mathbf{R}^2$，应有

$$\mathscr{A}(\boldsymbol{x}) = k_1\mathscr{A}(\boldsymbol{\alpha}_1) + k_2\mathscr{A}(\boldsymbol{\alpha}_2) = \begin{pmatrix} 7 & 15 \\ 3 & 5 \end{pmatrix}\begin{pmatrix} k_1 \\ k_2 \end{pmatrix}$$

## 3.3 矩阵的相似

**定理 3.4** 在线性空间 $V$ 中，设线性变换 $\mathscr{A}$ 在两组基 $\boldsymbol{\alpha}_1, \boldsymbol{\alpha}_2, \cdots, \boldsymbol{\alpha}_n$ 和 $\boldsymbol{\beta}_1, \boldsymbol{\beta}_2, \cdots, \boldsymbol{\beta}_n$ 下的矩阵分别为 $\boldsymbol{A}$ 和 $\boldsymbol{B}$，从基 $\boldsymbol{\alpha}_1, \boldsymbol{\alpha}_2, \cdots, \boldsymbol{\alpha}_n$ 到基 $\boldsymbol{\beta}_1, \boldsymbol{\beta}_2, \cdots, \boldsymbol{\beta}_n$ 的过渡矩阵为 $\boldsymbol{T}$，则 $\boldsymbol{B} = \boldsymbol{T}^{-1}\boldsymbol{A}\boldsymbol{T}$.

**证明** 已知

$$\begin{gathered}(\mathscr{A}\boldsymbol{\alpha}_1, \mathscr{A}\boldsymbol{\alpha}_2, \cdots, \mathscr{A}\boldsymbol{\alpha}_n) = (\boldsymbol{\alpha}_1, \boldsymbol{\alpha}_2, \cdots, \boldsymbol{\alpha}_n)\boldsymbol{A} \\ (\mathscr{A}\boldsymbol{\beta}_1, \mathscr{A}\boldsymbol{\beta}_2, \cdots, \mathscr{A}\boldsymbol{\beta}_n) = (\boldsymbol{\beta}_1, \boldsymbol{\beta}_2, \cdots, \boldsymbol{\beta}_n)\boldsymbol{B} \\ (\boldsymbol{\beta}_1, \boldsymbol{\beta}_2, \cdots, \boldsymbol{\beta}_n) = (\boldsymbol{\alpha}_1, \boldsymbol{\alpha}_2, \cdots, \boldsymbol{\alpha}_n)\boldsymbol{T}\end{gathered} \tag{3.3}$$

于是

$$\begin{aligned}(\mathscr{A}\boldsymbol{\beta}_1, \mathscr{A}\boldsymbol{\beta}_2, \cdots, \mathscr{A}\boldsymbol{\beta}_n) &= \mathscr{A}(\boldsymbol{\beta}_1, \boldsymbol{\beta}_2, \cdots, \boldsymbol{\beta}_n) = \mathscr{A}((\boldsymbol{\alpha}_1, \boldsymbol{\alpha}_2, \cdots, \boldsymbol{\alpha}_n)\boldsymbol{T}) \\ &= (\boldsymbol{\alpha}_1, \boldsymbol{\alpha}_2, \cdots, \boldsymbol{\alpha}_n)\boldsymbol{A}\boldsymbol{T} = (\boldsymbol{\beta}_1, \boldsymbol{\beta}_2, \cdots, \boldsymbol{\beta}_n)\boldsymbol{T}^{-1}\boldsymbol{A}\boldsymbol{T}\end{aligned} \tag{3.4}$$

因线性变换 $\mathscr{A}$ 在一组基下的矩阵是唯一的，比较式(3.3)和式(3.4)，得到

$$\boldsymbol{B} = \boldsymbol{T}^{-1}\boldsymbol{A}\boldsymbol{T}$$

这个定理给出了同一个线性变换 $\mathscr{A}$ 在不同基下矩阵之间的关系.这种关系引出了线性代数中矩阵相似的重要概念.

**定义 3.2** 设 $\boldsymbol{A}, \boldsymbol{B} \in F^{n\times n}$.如果存在一个可逆矩阵 $\boldsymbol{T} \in F^{n\times n}$，使 $\boldsymbol{B} = \boldsymbol{T}^{-1}\boldsymbol{A}\boldsymbol{T}$，则称 $\boldsymbol{A}$ 与 $\boldsymbol{B}$ 是**相似的**，记为 $\boldsymbol{A} \sim \boldsymbol{B}$.

由 $\boldsymbol{B} = \boldsymbol{T}^{-1}\boldsymbol{A}\boldsymbol{T}$，得到 $\operatorname{rank}(\boldsymbol{A}) = \operatorname{rank}(\boldsymbol{B})$，$\det(\boldsymbol{A}) = \det(\boldsymbol{B})$，即两个相似的矩阵的秩和行列式都是相等的.在下一节里将给出相似矩阵更多的相似不变量.

矩阵相似的关系如下：

(1) **反身性** $\boldsymbol{A} \sim \boldsymbol{A}$；

(2) **对称性** 若 $\boldsymbol{A} \sim \boldsymbol{B}$，则 $\boldsymbol{B} \sim \boldsymbol{A}$；

(3) **传递性** 若 $\boldsymbol{A} \sim \boldsymbol{B}, \boldsymbol{B} \sim \boldsymbol{C}$，则 $\boldsymbol{A} \sim \boldsymbol{C}$.

矩阵相似也是等价关系.有了矩阵相似的概念之后，可以看到同一个线性变换在两组基下的矩阵是相似的.反之，如果两个矩阵相似，那么它们可以看作同一个线性变换分别在两组基下的矩阵.

# 3.4 特征值与特征向量

## 3.4.1 特征值与特征向量的定义

我们知道通过初等变换可以找到矩阵的相抵标准形,相抵标准形是众多的相抵矩阵中具有最简单形式的矩阵.那么相似的矩阵是否有标准形?怎样计算相似标准形?

如果 $\boldsymbol{A}$ 相似于对角阵,设 $\boldsymbol{T}=(\boldsymbol{v}_1,\boldsymbol{v}_2,\cdots,\boldsymbol{v}_n)$,$\boldsymbol{\Lambda}=\mathrm{diag}(\lambda_1,\lambda_2,\cdots,\lambda_n)$,则

$$\boldsymbol{T}^{-1}\boldsymbol{A}\boldsymbol{T}=\boldsymbol{\Lambda}\quad\Rightarrow\quad\boldsymbol{A}\boldsymbol{T}=\boldsymbol{\Lambda}\boldsymbol{T}\quad\Rightarrow\quad\boldsymbol{A}\boldsymbol{v}_i=\lambda_i\boldsymbol{v}_i(i=1,2,\cdots,n)$$

**定义 3.3** 设 $\boldsymbol{A}$ 是数域 $F$ 上的 $n$ 阶方阵.如果存在 $\lambda\in F$ 及非零向量 $\boldsymbol{v}$,使得 $\boldsymbol{A}\boldsymbol{v}=\lambda\boldsymbol{v}$,则称 $\lambda$ 为 $\boldsymbol{A}$ 的一个**特征值**,称 $\boldsymbol{v}$ 为 $\boldsymbol{A}$ 的属于 $\lambda$ 的一个**特征向量**.

**例 3.15** 图示特征值与特征向量(图 3.3).$\boldsymbol{A}=\begin{pmatrix}0&1\\1&1\end{pmatrix}$,$\boldsymbol{x}$ 取单位圆上的向量,$\boldsymbol{A}\boldsymbol{x}$ 以 $\boldsymbol{x}$ 的端点为起点,观察什么样的 $\boldsymbol{x}$ 满足 $\boldsymbol{A}\boldsymbol{x}$ 与 $\boldsymbol{x}$ 共线,即 $\boldsymbol{A}\boldsymbol{x}=\lambda\boldsymbol{x}$.

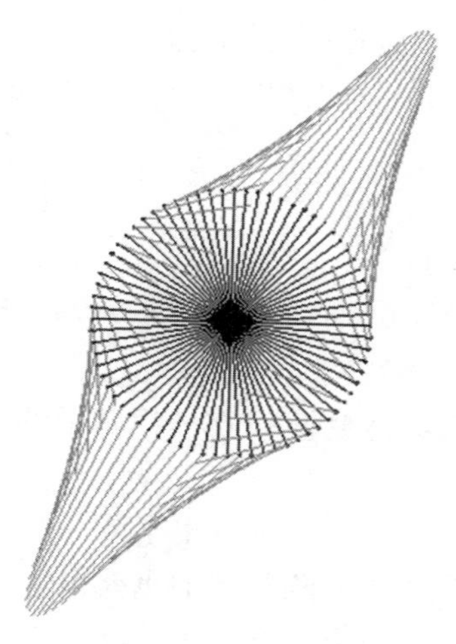

图 3.3

**注** 当 $\lambda$ 是实数时,才能看到满足 $\boldsymbol{A}\boldsymbol{x}=\lambda\boldsymbol{x}$ 的 $\boldsymbol{x}$.

**命题 3.1** 特征向量的性质如下:

(1) 一个特征向量只属于一个特征值.

设 $\boldsymbol{A}\boldsymbol{v}=\lambda_1\boldsymbol{v}$,$\boldsymbol{A}\boldsymbol{v}=\lambda_2\boldsymbol{v}$,则

$$\lambda_1\boldsymbol{v}=\lambda_2\boldsymbol{v},\quad(\lambda_1-\lambda_2)\cdot\boldsymbol{v}=\boldsymbol{0}$$

因特征向量 $\boldsymbol{v}\neq\boldsymbol{0}$,所以 $\lambda_1-\lambda_2=0$,于是 $\lambda_1=\lambda_2$.

(2) 属于同一个特征值的特征向量不唯一.

设 $\boldsymbol{A}\boldsymbol{v}_1=\lambda\boldsymbol{v}_1$,$\boldsymbol{A}\boldsymbol{v}_2=\lambda\boldsymbol{v}_2$,$\boldsymbol{v}_1$,$\boldsymbol{v}_2\neq\boldsymbol{0}$,$k\neq0$,则

$$\begin{aligned}\boldsymbol{A}(\boldsymbol{v}_1+\boldsymbol{v}_2)&=\boldsymbol{A}\boldsymbol{v}_1+\boldsymbol{A}\boldsymbol{v}_2=\lambda\boldsymbol{v}_1+\lambda\boldsymbol{v}_2\\&=\lambda(\boldsymbol{v}_1+\boldsymbol{v}_2)\end{aligned}$$

$$\boldsymbol{A}(k\boldsymbol{v}_1)=k(\boldsymbol{A}\boldsymbol{v}_1)=k\lambda\boldsymbol{v}_1=\lambda(k\boldsymbol{v}_1)$$

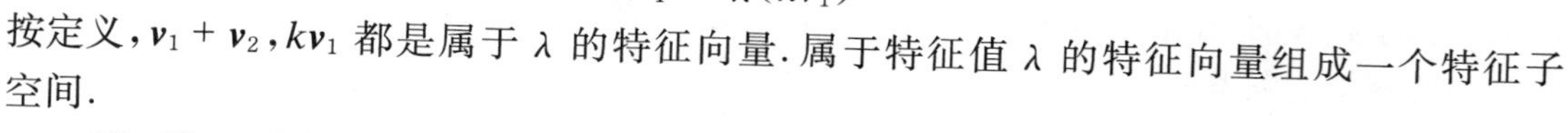

按定义,$\boldsymbol{v}_1+\boldsymbol{v}_2$,$k\boldsymbol{v}_1$ 都是属于 $\lambda$ 的特征向量.属于特征值 $\lambda$ 的特征向量组成一个特征子空间.

(3) 属于不同特征值的特征向量线性无关.

**证明** 对特征向量的个数 $k$ 用数学归纳法.

当 $k=1$ 时,由于 $\boldsymbol{\alpha}_1\neq\boldsymbol{0}$,显然 $\boldsymbol{\alpha}_1$ 线性无关.

假设对于 $k-1$ 命题成立,现证对于 $k$ 命题成立.

设 $\lambda_1,\lambda_2,\cdots,\lambda_k$ 为 $\boldsymbol{A}$ 的 $k$ 个互不相同的特征值,$\boldsymbol{\alpha}_1,\boldsymbol{\alpha}_2,\cdots,\boldsymbol{\alpha}_k$ 为对应的特征向量.设

$$t_1\boldsymbol{\alpha}_1+t_2\boldsymbol{\alpha}_2+\cdots+t_k\boldsymbol{\alpha}_k=\boldsymbol{0},\quad t_i\in F,i=1,2,\cdots,k\tag{3.5}$$

用 $\boldsymbol{A}$ 左乘以式(3.5),得

$$t_1\lambda_1\boldsymbol{\alpha}_1+t_2\lambda_2\boldsymbol{\alpha}_2+\cdots+t_k\lambda_k\boldsymbol{\alpha}_k=\boldsymbol{0}\tag{3.6}$$

再用 $\lambda_k$ 乘式(3.5),得

$$t_1\lambda_k\boldsymbol{\alpha}_1+t_2\lambda_k\boldsymbol{\alpha}_2+\cdots+t_k\lambda_k\boldsymbol{\alpha}_k=\boldsymbol{0} \tag{3.7}$$

式(3.7)减式(3.6),得

$$t_1(\lambda_k-\lambda_1)\boldsymbol{\alpha}_1+t_2(\lambda_k-\lambda_2)\boldsymbol{\alpha}_2+\cdots+t_{k-1}(\lambda_k-\lambda_{k-1})\boldsymbol{\alpha}_{k-1}=\boldsymbol{0}$$

据归纳假设,$\boldsymbol{\alpha}_1,\boldsymbol{\alpha}_2,\cdots,\boldsymbol{\alpha}_{k-1}$ 线性无关,所以

$$t_i(\lambda_k-\lambda_i)=0,\quad i=1,2,\cdots,k-1$$

因为 $\lambda_1,\lambda_2,\cdots,\lambda_k$ 互不相同,故 $t_i=0(i=1,2,\cdots,k-1)$. 于是式(3.5)变为

$$t_k\boldsymbol{\alpha}_k=\boldsymbol{0}$$

但由于 $\boldsymbol{\alpha}_k\neq\boldsymbol{0}$,所以 $t_k=0$,即 $t_i=0(i=1,2,\cdots,k)$. 因此 $\boldsymbol{\alpha}_1,\boldsymbol{\alpha}_2,\cdots,\boldsymbol{\alpha}_k$ 线性无关.

### 3.4.2 特征值与特征向量的计算

矩阵 $\boldsymbol{A}$ 的特征值与特征向量由 $\boldsymbol{AX}=\lambda\boldsymbol{X}$ 定义,怎样计算特征值与特征向量?

**分析** 设 $\boldsymbol{AX}=\lambda\boldsymbol{X}$,则 $(\lambda\boldsymbol{I}-\boldsymbol{A})\boldsymbol{X}=\boldsymbol{0}$,即特征向量 $\boldsymbol{X}$ 满足齐次方程组

$$\begin{pmatrix}\lambda-a_{11} & -a_{12} & \cdots & -a_{1n}\\ -a_{21} & \lambda-a_{22} & \cdots & -a_{2n}\\ \vdots & \vdots & & \vdots\\ -a_{n1} & -a_{n2} & \cdots & \lambda-a_{nn}\end{pmatrix}\begin{pmatrix}x_1\\x_2\\\vdots\\x_n\end{pmatrix}=\begin{pmatrix}0\\0\\\vdots\\0\end{pmatrix} \tag{3.8}$$

又特征向量 $\boldsymbol{X}\neq\boldsymbol{0}$,因而齐次方程组(3.8)有非零解⇔系数矩阵的行列式为零. 即

$$p_{\boldsymbol{A}}(\lambda)=\det(\lambda\boldsymbol{I}-\boldsymbol{A})=\begin{vmatrix}\lambda-a_{11} & -a_{12} & \cdots & -a_{1n}\\ -a_{21} & \lambda-a_{22} & \cdots & -a_{2n}\\ \vdots & \vdots & & \vdots\\ -a_{n1} & -a_{n2} & \cdots & \lambda-a_{nn}\end{vmatrix}=0$$

$p_{\boldsymbol{A}}(\lambda)=\lambda^n+a_1\lambda^{n-1}+\cdots+a_{n-1}\lambda+a_n=0$ 是关于 $\lambda$ 的 $n$ 次多项式,多项式 $p_{\boldsymbol{A}}(\lambda)$ 的 $n$ 个根为矩阵 $\boldsymbol{A}$ 的特征值.

**定义 3.4** 设 $\boldsymbol{A}$ 是复数域上的一个 $n$ 阶矩阵,$\lambda$ 是 $\boldsymbol{A}$ 的特征值. 矩阵 $\lambda\boldsymbol{I}-\boldsymbol{A}$ 的行列式

$$\det(\lambda\boldsymbol{I}-\boldsymbol{A})=\begin{vmatrix}\lambda-a_{11} & -a_{12} & \cdots & -a_{1n}\\ -a_{21} & \lambda-a_{22} & \cdots & -a_{2n}\\ \vdots & \vdots & & \vdots\\ -a_{n1} & -a_{n2} & \cdots & \lambda-a_{nn}\end{vmatrix}$$

称为矩阵 $\boldsymbol{A}$ 的**特征多项式**.

由于 $(\lambda\boldsymbol{I}-\boldsymbol{A})\boldsymbol{X}=\boldsymbol{0}$ 且特征向量非零,故由特征多项式 $\det(\lambda\boldsymbol{I}-\boldsymbol{A})=0$,计算出矩阵 $\boldsymbol{A}$ 的特征值 $\lambda$,再对 $(\lambda\boldsymbol{I}-\boldsymbol{A})\boldsymbol{X}=\boldsymbol{0}$ 计算相应的特征向量.

计算矩阵特征值和特征向量的步骤如下:

(1) 计算 $\boldsymbol{A}$ 的特征多项式 $\det(\lambda\boldsymbol{I}-\boldsymbol{A})$ 在复数域中的全部根,即 $\boldsymbol{A}$ 的全部特征值 $\lambda_k$;

(2) 把特征值 $\lambda_k(k=1,2,\cdots,s;s\leqslant n)$ 逐个地代入方程组 $(\lambda\boldsymbol{I}-\boldsymbol{A})\boldsymbol{X}=\boldsymbol{0}$,解出对应的方程组 $(\lambda_k\boldsymbol{I}-\boldsymbol{A})\boldsymbol{X}=\boldsymbol{0}$ 的基础解系,即得到属于特征值 $\lambda_k$ 的一组线性无关的特征向量.

**例 3.16** 设

$$\boldsymbol{A}=\begin{pmatrix}3 & 1 & 3\\ 1 & 3 & 3\\ -1 & -1 & -1\end{pmatrix}$$

计算矩阵 $\boldsymbol{A}$ 的全部特征值与特征向量.

**解**

$$|\lambda \boldsymbol{I}-\boldsymbol{A}|=\begin{vmatrix}\lambda-3 & -1 & -3\\ -1 & \lambda-3 & -3\\ 1 & 1 & \lambda+1\end{vmatrix}=(\lambda-1)(\lambda-2)^2$$

$\boldsymbol{A}$ 的特征值为 $\lambda_1=1,\lambda_2=\lambda_3=2$(二重).

把特征值 $\lambda_1=1$ 代入齐次方程组 $(\lambda\boldsymbol{I}-\boldsymbol{A})\boldsymbol{X}=\boldsymbol{0}$,得

$$\begin{cases}-2x_1-x_2-3x_3=0\\ -x_1-2x_2-3x_3=0\\ x_1+x_2+2x_3=0\end{cases}$$

解出 $(\boldsymbol{I}-\boldsymbol{A})\boldsymbol{X}=\boldsymbol{0}$ 的基础解系:$\boldsymbol{T}_1=(-1,-1,1)^{\mathrm{T}}$. 于是属于特征值 1 的全部特征向量为 $k_1\boldsymbol{T}_1(k_1\neq 0)$.

再把 $\lambda_2=2$ 代入齐次方程组 $(\lambda\boldsymbol{I}-\boldsymbol{A})\boldsymbol{X}=\boldsymbol{0}$,得

$$\begin{cases}-x_1-x_2-3x_3=0\\ -x_1-x_2-3x_3=0\\ x_1+x_2+3x_3=0\end{cases}$$

解得基础解系:$\boldsymbol{T}_2=(-1,1,0)^{\mathrm{T}}$, $\boldsymbol{T}_3=(-3,0,1)^{\mathrm{T}}$. 属于特征值 2 的全部特征向量为 $k_2\boldsymbol{T}_2+k_3\boldsymbol{T}_3(k_2,k_3\in F$ 为任意不全为零的常数).

由特征向量的性质知 $\boldsymbol{T}_1,\boldsymbol{T}_2,\boldsymbol{T}_3$ 线性无关. 矩阵 $\boldsymbol{A}$ 所对应的线性变换,在自然基下的矩阵为 $\boldsymbol{A}$,在基 $\boldsymbol{T}_1,\boldsymbol{T}_2,\boldsymbol{T}_3$ 下为对角阵 diag(1,2,2).

### 3.4.3 特征多项式的性质

设矩阵 $\boldsymbol{A}$ 的特征多项式 $p_{\boldsymbol{A}}(\lambda)=|\lambda\boldsymbol{I}-\boldsymbol{A}|$ 在复数域中的 $n$ 个根为 $\lambda_1,\lambda_2,\cdots,\lambda_n$.

$$p_{\boldsymbol{A}}(\lambda)=\begin{vmatrix}\lambda-a_{11} & -a_{12} & \cdots & -a_{1n}\\ -a_{21} & \lambda-a_{22} & \cdots & -a_{2n}\\ \vdots & \vdots & & \vdots\\ -a_{n1} & -a_{n2} & \cdots & \lambda-a_{nn}\end{vmatrix}=(\lambda-\lambda_1)(\lambda-\lambda_2)\cdots(\lambda-\lambda_n)$$

$$=c_n\lambda^n+c_{n-1}\lambda^{n-1}+\cdots+c_1\lambda+c_0$$

观察主对角线上的元素的连乘积 $(\lambda-a_{11})(\lambda-a_{22})\cdots(\lambda-a_{nn})$,展开式中其余各项至多包含 $n-2$ 个主对角线上的元素,$\lambda$ 的次数最多是 $n-2$. 所以 $\lambda$ 的 $n$ 次和 $n-1$ 次项只能在 $(\lambda-a_{11})(\lambda-a_{22})\cdots(\lambda-a_{nn})$ 中出现,从而 $c_n=1$, $c_{n-1}=a_{11}+a_{22}+\cdots+a_{nn}$. 在特征多项式中令 $\lambda=0$,得常数项 $p_{\boldsymbol{A}}(0)=c_0=|-\boldsymbol{A}|=(-1)^n\lambda_1\lambda_2\cdots\lambda_n$. 从而得到

$$|\lambda\boldsymbol{I}-\boldsymbol{A}|=\lambda^n-(a_{11}+a_{22}+\cdots+a_{nn})\lambda^{n-1}+\cdots+(-1)^n|\boldsymbol{A}|$$

并推出

$$\lambda_1+\lambda_2+\cdots+\lambda_n=a_{11}+a_{22}+\cdots+a_{nn}$$

$$\lambda_1\lambda_2\cdots\lambda_n=|\boldsymbol{A}|$$

即矩阵 $\boldsymbol{A}$ 的特征多项式在复数域中的全部根的和等于 $\boldsymbol{A}$ 的迹,而全部特征根的积等于 $\boldsymbol{A}$ 的行列式.

**例 3.17** 设 $\boldsymbol{A}$ 是3阶方阵.展开 $\boldsymbol{A}$ 的特征多项式:

$$|\lambda\boldsymbol{I}-\boldsymbol{A}|=\lambda^3-(a_{11}+a_{22}+a_{33})\lambda^2+\left(\begin{vmatrix}a_{11}&a_{12}\\a_{21}&a_{22}\end{vmatrix}+\begin{vmatrix}a_{22}&a_{23}\\a_{32}&a_{33}\end{vmatrix}+\begin{vmatrix}a_{11}&a_{13}\\a_{31}&a_{33}\end{vmatrix}\right)\lambda-|\boldsymbol{A}|$$

**命题 3.2** 相似的矩阵具有相同的特征多项式.

**证明** 设 $\boldsymbol{A}\sim\boldsymbol{B}$,即存在可逆阵 $\boldsymbol{T}$,有 $\boldsymbol{B}=\boldsymbol{T}^{-1}\boldsymbol{A}\boldsymbol{T}$,则

$$\begin{aligned}p_{\boldsymbol{B}}(\lambda)&=\det(\lambda\boldsymbol{I}-\boldsymbol{B})=\det(\lambda\boldsymbol{I}-\boldsymbol{T}^{-1}\boldsymbol{A}\boldsymbol{T})\\&=\det(\boldsymbol{T}^{-1}(\lambda\boldsymbol{I}-\boldsymbol{A})T)=\det(\boldsymbol{T}^{-1})\det(\lambda\boldsymbol{I}-\boldsymbol{A})\det(\boldsymbol{T})\\&=\det(\lambda\boldsymbol{I}-\boldsymbol{A})=p_{\boldsymbol{A}}(\lambda)\end{aligned}$$

相似的矩阵具有相同的特征多项式,从而具有相同的特征值;反之不一定.

例如:$\boldsymbol{A}=\begin{pmatrix}2&1\\0&2\end{pmatrix}$,$\boldsymbol{B}=\begin{pmatrix}2&0\\0&2\end{pmatrix}$,$p_{\boldsymbol{A}}(\lambda)=p_{\boldsymbol{B}}(\lambda)$,但是矩阵 $\boldsymbol{A}$ 和矩阵 $\boldsymbol{B}$ 不相似.

**命题 3.3**(相似矩阵的常见相似不变量) 设 $\boldsymbol{A}\sim\boldsymbol{B}$,则矩阵 $\boldsymbol{A}$ 和 $\boldsymbol{B}$

(1) 具有相同的特征多项式 $p_{\boldsymbol{A}}(\lambda)=p_{\boldsymbol{B}}(\lambda)$,故具有相同的特征值(反之未必);

(2) 具有相同的行列式,$\det(\boldsymbol{A})=\det(\boldsymbol{B})$;

(3) 具有相同的秩,$\operatorname{rank}(\boldsymbol{A})=\operatorname{rank}(\boldsymbol{B})$;

(4) 具有相同的迹,$\operatorname{tr}(\boldsymbol{A})=\operatorname{tr}(\boldsymbol{B})$.

**例 3.18** 设 $n$ 阶方阵 $\boldsymbol{A}$ 的 $n$ 个特征值分别为 $\lambda_1,\lambda_2,\cdots,\lambda_n$.

求 $\boldsymbol{I}+\boldsymbol{A}$ 的特征值和 $\det(\boldsymbol{I}+\boldsymbol{A})$.

**解** 由 $|\lambda\boldsymbol{I}-\boldsymbol{A}|=\prod\limits_{i=1}^{n}(\lambda-\lambda_i)$,而

$$|\lambda\boldsymbol{I}-(\boldsymbol{I}+\boldsymbol{A})|=|(\lambda-1)\boldsymbol{I}-\boldsymbol{A}|=\prod_{i=1}^{n}(\lambda-1-\lambda_i)=\prod_{i=1}^{n}(\lambda-(1+\lambda_i))$$

$\boldsymbol{I}+\boldsymbol{A}$ 的 $n$ 个特征值为 $1+\lambda_1,1+\lambda_2,\cdots,1+\lambda_n$,得到

$$\det(\boldsymbol{I}+\boldsymbol{A})=\prod_{i=1}^{n}(1+\lambda_i)$$

## 3.5 矩阵的相似对角化

### 3.5.1 矩阵可对角化的条件

**定理 3.5** $n$ 阶方阵 $\boldsymbol{A}$ 相似于对角阵的充要条件是,$\boldsymbol{A}$ 有 $n$ 个线性无关的特征向量.

**证明** 必要性.设存在可逆方阵 $\boldsymbol{T}$,使得

$$\boldsymbol{T}^{-1}\boldsymbol{A}\boldsymbol{T}=\operatorname{diag}(\lambda_1,\lambda_2,\cdots,\lambda_n)$$

记 $\boldsymbol{T}=(\boldsymbol{T}_1,\boldsymbol{T}_2,\cdots,\boldsymbol{T}_n)$,其中 $\boldsymbol{T}_i\in F^n(i=1,2,\cdots,n)$为矩阵 $\boldsymbol{T}$ 的第 $i$ 列,则

$$(AT_1, AT_2, \cdots, AT_n) = (T_1, T_2, \cdots, T_n)\begin{pmatrix}\lambda_1 & & & \\ & \lambda_2 & & \\ & & \ddots & \\ & & & \lambda_n\end{pmatrix}$$

$$= (\lambda_1 T_1, \lambda_2 T_2, \cdots, \lambda_n T_n)$$

因此,$AT_i = \lambda_i T_i (i = 1,2,\cdots,n)$,即 $T_1, T_2, \cdots, T_n$ 为 $A$ 的 $n$ 个特征向量. 由于这 $n$ 个向量构成的矩阵 $T$ 是可逆的,故它们是线性无关的.

充分性. 设 $A$ 有 $n$ 个线性无关的特征向量 $T_1, T_2, \cdots, T_n$,分别为属于特征值 $\lambda_1, \lambda_2, \cdots, \lambda_n$ 的特征向量. 令 $T = (T_1, T_2, \cdots, T_n)$,则 $T$ 为可逆方阵,并且

$$AT = A(T_1, T_2, \cdots, T_n) = (\lambda_1 T_1, \lambda_2 T_2, \cdots, \lambda_n T_n)$$
$$= (T_1, T_2, \cdots, T_n)\mathrm{diag}(\lambda_1, \lambda_2, \cdots, \lambda_n)$$

即 $T^{-1}AT = \mathrm{diag}(\lambda_1, \lambda_2, \cdots, \lambda_n)$. 证毕.

若矩阵 $A$ 相似于对角阵,则该对角阵的 $n$ 个主对角线元素恰为 $A$ 的 $n$ 个特征值. 因此,如果不计主对角线上元素的先后次序,则该对角阵是唯一的.

**推论** 如果矩阵 $A$ 的 $n$ 个特征值互不相同,则 $A$ 相似于对角阵.

因为属于不同特征值的特征向量线性无关,所以对应 $n$ 个不同特征值的 $A$ 就有 $n$ 个线性无关的特征向量. 这是 $A$ 相似于对角阵的充分条件.

$A$ 有 $n$ 个特征值和 $A$ 有 $n$ 个线性无关的特征向量是否有内在联系? 引进特征值的代数重数与几何重数定义后,将清楚地描述 $A$ 有 $n$ 个线性无关的特征向量的充要条件.

**定义 3.5** 设 $p_A(\lambda) = |\lambda I - A| = (\lambda - \lambda_1)^{n_1}(\lambda - \lambda_2)^{n_2}\cdots(\lambda - \lambda_s)^{n_s}$,其中 $\lambda_1, \lambda_2, \cdots, \lambda_s$ 为方阵 $A$ 的互不相同的特征值. $n_1 + n_2 + \cdots + n_s = n$, $s \leqslant n$. 称 $n_i$ 称为 $\lambda_i$ 的**代数重数**;而 $\lambda_i$ 所对应的线性齐次方程 $(\lambda_i I - A)x = 0$ 的解空间维数 $m_i$,即特征向量 $V_{\lambda_i,1}, V_{\lambda_i,2}, \cdots, V_{\lambda_i,m_i}$ 的个数 $m_i$ 称为特征值 $\lambda_i$ 的**几何重数**.

**定理 3.6** 复方阵 $A$ 可对角化的充要条件是,$A$ 的每个特征值的代数重数等于它的几何重数.

**例 3.19** 设

$$A = \begin{pmatrix} 2 & 1 & 0 \\ -1 & 1 & 1 \\ -1 & 0 & 3 \end{pmatrix}$$

$A$ 是否可对角化?

**解** 由

$$|\lambda I - A| = A = \begin{pmatrix} \lambda - 2 & -1 & 0 \\ 1 & \lambda - 1 & -1 \\ 1 & 6 & \lambda - 3 \end{pmatrix} = (\lambda - 2)^3$$

得 $\lambda_1 = \lambda_2 = \lambda_3 = 2$. 由 $(2I - A)X = 0$,得 $x_1 = (1,0,1)^{\mathrm{T}}$,只找到一个线性无关的特征向量. 故特征值 $\lambda = 2$ 的代数重数为 3,几何重数为 1. 从而 $A$ 不可对角化.

**定理 3.7** 任一 $n$ 阶复方阵 $A$ 都相似于一个上三角矩阵.

**证明** 对 $n$ 用数学归纳法. 当 $n = 1$ 时,显然成立. 假设对 $n - 1$ 结论成立,即对任意 $n - 1$ 阶方阵 $A_1$,存在可逆方阵 $T_1$,使得 $T_1^{-1}A_1T_1$ 为上三角矩阵.

对 $n$ 阶方阵 $A$,设 $\lambda_1$ 是 $A$ 的一个特征值,$\boldsymbol{\alpha}_1$ 是属于 $\lambda_1$ 的一个特征向量. 将 $\boldsymbol{\alpha}_1$ 扩充成

$\mathbf{C}^n$ 的一组基:$\boldsymbol{\alpha}_1,\boldsymbol{\alpha}_2,\cdots,\boldsymbol{\alpha}_n$. 令 $\boldsymbol{T}=(\boldsymbol{\alpha}_1,\boldsymbol{\alpha}_2,\cdots,\boldsymbol{\alpha}_n)$,则 $\boldsymbol{T}$ 为 $n$ 阶可逆矩阵.

由 $\boldsymbol{A}\boldsymbol{\alpha}_1=\lambda_1\boldsymbol{\alpha}_1$,知

$$\boldsymbol{AT}=\boldsymbol{A}(\boldsymbol{\alpha}_1,\boldsymbol{\alpha}_2,\cdots,\boldsymbol{\alpha}_n)=(\boldsymbol{\alpha}_1,\boldsymbol{\alpha}_2,\cdots,\boldsymbol{\alpha}_n)\begin{pmatrix}\lambda_1 & *\\ \boldsymbol{0} & \boldsymbol{A}_1\end{pmatrix}$$

于是 $\boldsymbol{T}^{-1}\boldsymbol{AT}=\begin{pmatrix}\lambda_1 & *\\ \boldsymbol{0} & \boldsymbol{A}_1\end{pmatrix}$,其中 $\boldsymbol{A}_1$ 是一个 $n-1$ 阶方阵. 由归纳假设,存在 $n-1$ 阶可逆方阵 $\boldsymbol{T}_1$,使得 $\boldsymbol{T}_1^{-1}\boldsymbol{A}_1\boldsymbol{T}_1$ 为上三角矩阵. 令 $\boldsymbol{S}=\boldsymbol{T}\begin{pmatrix}1 & \boldsymbol{0}\\ \boldsymbol{0} & \boldsymbol{T}_1\end{pmatrix}$,则

$$\boldsymbol{S}^{-1}\boldsymbol{AS}=\begin{pmatrix}1 & \boldsymbol{0}\\ \boldsymbol{0} & \boldsymbol{T}_1^{-1}\end{pmatrix}(\boldsymbol{T}^{-1}\boldsymbol{AT})\begin{pmatrix}1 & \boldsymbol{0}\\ \boldsymbol{0} & T_1\end{pmatrix}=\begin{pmatrix}1 & \boldsymbol{0}\\ \boldsymbol{0} & \boldsymbol{T}_1^{-1}\end{pmatrix}\begin{pmatrix}\lambda_1 & *\\ 0 & \boldsymbol{A}_1\end{pmatrix}\begin{pmatrix}1 & \boldsymbol{0}\\ \boldsymbol{0} & T_1\end{pmatrix}$$

$$=\begin{pmatrix}\lambda_1 & *\\ \boldsymbol{0} & \boldsymbol{T}_1^{-1}\boldsymbol{AT}\end{pmatrix}=\begin{pmatrix}\lambda_1 & c_{12} & \cdots & c_{1n}\\ & \lambda_2 & \cdots & c_{2n}\\ & & \ddots & \vdots\\ & & & \lambda_n\end{pmatrix}$$

由于 $\boldsymbol{T}_1^{-1}\boldsymbol{AT}_1$ 为上三角矩阵,故 $\boldsymbol{S}^{-1}\boldsymbol{AS}$ 也为上三角矩阵. 易见,上三角矩阵的主对角线上的元素都是矩阵的特征值. 又因相似矩阵具有相同的特征值,故矩阵 $\boldsymbol{A}$ 和上三角矩阵的特征值相同. 即上三角矩阵的主对角线上的元素都是 $\boldsymbol{A}$ 的特征值.

**例 3.20** 求与矩阵

$$\boldsymbol{A}=\begin{pmatrix}2 & 1 & 0\\ -1 & 1 & 1\\ -1 & 0 & 3\end{pmatrix}$$

相似的上三角矩阵.

**解** 由例 3.19,$|\lambda\boldsymbol{I}-\boldsymbol{A}|=(\lambda-2)^3$,$\lambda_1=\lambda_2=\lambda_3=2$.

代入 $(2\boldsymbol{I}-\boldsymbol{A})\boldsymbol{x}=\boldsymbol{0}$,得 $\boldsymbol{x}_1=(1,0,1)^{\mathrm{T}}$. 取 $\boldsymbol{T}_1=\begin{pmatrix}1 & 0 & 0\\ 0 & 1 & 0\\ 1 & 0 & 1\end{pmatrix}$,得

$$\boldsymbol{T}_1^{-1}=\begin{pmatrix}1 & 0 & 0\\ 0 & 1 & 0\\ -1 & 0 & 1\end{pmatrix},\quad \boldsymbol{T}_1^{-1}\boldsymbol{AT}_1=\begin{pmatrix}2 & 1 & 0\\ 0 & 1 & 1\\ 0 & -1 & 3\end{pmatrix}$$

设 $\boldsymbol{B}=\begin{pmatrix}1 & 1\\ -1 & 3\end{pmatrix}$,则其特征值为 2,特征向量为 $\begin{pmatrix}1\\ 1\end{pmatrix}$. 取 $\boldsymbol{Q}=\begin{pmatrix}1 & 0\\ 1 & 1\end{pmatrix}$,则

$$\boldsymbol{Q}^{-1}=\begin{pmatrix}1 & 0\\ -1 & 1\end{pmatrix},\quad \boldsymbol{Q}^{-1}\boldsymbol{BQ}=\begin{pmatrix}2 & 1\\ 0 & 2\end{pmatrix}$$

取 $\boldsymbol{T}_2=\begin{pmatrix}1 & \boldsymbol{0}\\ \boldsymbol{0} & \boldsymbol{Q}\end{pmatrix}=\begin{pmatrix}1 & 0 & 0\\ 0 & 1 & 0\\ 0 & 1 & 1\end{pmatrix}$,则 $\boldsymbol{T}_2^{-1}=\begin{pmatrix}1 & \boldsymbol{0}\\ \boldsymbol{0} & \boldsymbol{Q}^{-1}\end{pmatrix}=\begin{pmatrix}1 & 0 & 0\\ 0 & 1 & 0\\ 0 & -1 & 1\end{pmatrix}$.

令

$$\boldsymbol{T}=\boldsymbol{T}_1\boldsymbol{T}_2=\begin{pmatrix}1 & 0 & 0\\ 0 & 1 & 0\\ 1 & 0 & 1\end{pmatrix}\begin{pmatrix}1 & 0 & 0\\ 0 & 1 & 0\\ 0 & 1 & 1\end{pmatrix}=\begin{pmatrix}1 & 0 & 0\\ 0 & 1 & 0\\ 1 & 1 & 1\end{pmatrix},\quad \boldsymbol{T}^{-1}=\begin{pmatrix}1 & 0 & 0\\ 0 & 1 & 0\\ -1 & -1 & 1\end{pmatrix}$$

则

$$T_2^{-1}T_1^{-1}AT_1T_2 = T^{-1}AT = \begin{pmatrix} 2 & 1 & 0 \\ 0 & 2 & 1 \\ 0 & 0 & 2 \end{pmatrix}$$

### 3.5.2* 若尔当(Jordan)标准形简介

我们知道,并不是所有方阵都可对角化.在定理 3.7 中证明了,任一 $n$ 阶复方阵都相似于一个上三角矩阵.在本小节中给出方阵的相似标准形.

**定义 3.6** 设 $\lambda$ 是任意复数,$m$ 是任意正整数,形如

$$\begin{pmatrix} \lambda & 1 & 0 & \cdots & 0 \\ & \lambda & 1 & \ddots & \vdots \\ & & \ddots & \ddots & 0 \\ & & & \lambda & 1 \\ & & & & \lambda \end{pmatrix}_{m\times m}$$

的 $m$ 阶方阵称为**若尔当块**,记作 $J_m(\lambda)$,其中 $m$ 表示它的阶数,$\lambda$ 是它的对角线元素,也是它的特征值.因此,$J_m(\lambda)$也称为特征值为 $\lambda$ 的 $m$ 阶若尔当块.

如果一个方阵是准对角阵,并且每个对角块都是若尔当块,则称为若尔当标准形或若尔当形矩阵.一个若尔当形矩阵的某些若尔当块可能具有相同的特征值.

**定理 3.8** 复数域上的任何方阵 $A$ 都与若尔当标准形相似,它的每个若尔当块的特征值都是 $A$ 的特征值.若不计若尔当块的排列顺序,则若尔当标准形是唯一的.

由上面的定理知,每个复矩阵都相似于唯一的一个若尔当形矩阵.若尔当形矩阵可以作为相似等价类的标准形.对角矩阵是一种特殊的若尔当标准形.

**例 3.21** 设

$$A = \begin{pmatrix} 3 & -2 & 1 \\ 2 & -2 & 2 \\ 3 & -6 & 5 \end{pmatrix}$$

求 $A$ 的若尔当标准形.

**解** 由

$$|\lambda I - A| = \begin{vmatrix} \lambda-3 & 2 & -1 \\ -2 & \lambda+2 & -2 \\ -3 & 6 & \lambda-5 \end{vmatrix} = (\lambda-2)^3$$

得 $\lambda_1=\lambda_2=\lambda_3=2$.由$(2I-A)X=0$,得 $X_1=(-1,0,1)^{\mathrm{T}}$,$X_2=(2,1,0)^{\mathrm{T}}$,故 $A$ 的若尔当标准形为

$$J = \begin{pmatrix} 2 & 1 & 0 \\ 0 & 2 & 0 \\ 0 & 0 & 2 \end{pmatrix}$$

例 3.19 中 $A$ 的若尔当标准形为

$$J = \begin{pmatrix} 2 & 1 & 0 \\ 0 & 2 & 1 \\ 0 & 0 & 2 \end{pmatrix}$$

# 附录3 用Mathematica计算矩阵的特征值和特征向量

(1) CharacteristicPolynomial[A,x]
给出方阵A的以x为变量的特征多项式det(A−xI).

(2) Eigenvalues[A]　　列出方阵A的特征值表.
　Eigenvalues[A,k]　　给出方阵A的第k个特征值.

(3) Eigenvectors[A]　　列出方阵A的特征向量列表.
　Eigenvectors[A,k]　　列出方阵A的第k个特征向量.

(4) Eigensystem[A]　　列出方阵A的特征值和特征向量表.

(5) JordanDecomposition[A]　给出矩阵A的若尔当分解.

**例**

```
In[1]:= A= {{3,1,3},{1,3,3},{- 1,- 1,- 1}}  (*例 3.16* )
Out[1]= {{3,1,3},{1,3,3},{- 1,- 1,- 1}}

In[2]:= CharacteristicPolynomial[A,x]
Out[2]= 4- 8x+ 5x^2- x^3

In[3]:= Eigenvalues[A]
Out[3]= {2,2,1}

In[4]:= Eigenvetors[A]
Out[4]= {{- 3,0,1},{- 1,1,0},{- 1,- 1,1}}

In[5]:= Eigensystem[A]
Out[5]= {{2,2,1},{{- 3,0,1},{- 1,1,0},{- 1,- 1,1}}}

In[6]:= B= {{2,1,0},{- 1,1,1},{- 1,0,3}}  {* 例 3.19* }
Out[6]:= {{2,1,0},{- 1,1,1},{- 1,0,3}}

In[7]:= {T,J}= JordanDecomposition[B]

Out[7]= {{{1,- 1,0},{0,1,- 1},{1,0,0}},{{2,1,0},{0,2,1},{0,0,2}}}

In[8]:= MatrixForm[Inverse[T].B.T]  (* J= T^-1BT* )
Out[8]//MatrixForm=
```

$$\begin{pmatrix} 2 & 1 & 0 \\ 0 & 2 & 1 \\ 0 & 0 & 2 \end{pmatrix}$$

# 习 题 3

1. 判断下面所定义的变换，哪些是线性变换，哪些不是线性变换：

(1) 在 $\mathbf{R}^2$ 中，$\mathscr{A}(a,b)=(a+b,a^2)$；

(2) 在复平面上，设 $\boldsymbol{x}=r\mathrm{e}^{\mathrm{i}\theta}$，$\mathscr{A}(\boldsymbol{x})=\mathrm{e}^{\mathrm{i}\varphi}\cdot r\mathrm{e}^{\mathrm{i}\theta}$，$\mathscr{A}$ 是把向量 $\boldsymbol{x}$ 绕原点旋转 $\varphi$ 的变换；

(3) 取定 $\boldsymbol{A},\boldsymbol{B}\in F^{n\times n}$，对每个 $\boldsymbol{X}\in F^{n\times n}$，$\mathscr{A}(\boldsymbol{X})=\boldsymbol{AX}-\boldsymbol{XB}$.

2. 求下列线性变换在所指定的基下的矩阵：

(1) 设 $\boldsymbol{x}=r\mathrm{e}^{\mathrm{i}\theta}$，$\mathscr{A}(\boldsymbol{x})=\mathrm{e}^{\mathrm{i}\varphi}\cdot r\mathrm{e}^{\mathrm{i}\theta}$，取基 $\boldsymbol{\alpha}_1=1$，$\boldsymbol{\alpha}_2=\mathrm{i}$；

(2) 在自然基下，$\mathbf{R}^3$ 中的投影变换 $\mathscr{A}(\boldsymbol{\alpha}_1,\boldsymbol{\alpha}_2,\boldsymbol{\alpha}_3)=(\boldsymbol{\alpha}_1,\boldsymbol{\alpha}_2,\mathbf{0})$；

(3) 在自然基下，$\mathbf{R}^3$ 中的变换 $\mathscr{A}(\boldsymbol{\alpha}_1,\boldsymbol{\alpha}_2,\boldsymbol{\alpha}_3)=(\boldsymbol{\alpha}_2,\boldsymbol{\alpha}_1,\boldsymbol{\alpha}_3)$.

3. 设 $\mathbf{R}^3$ 中的线性变换 $\mathscr{A}$ 将 $\boldsymbol{\alpha}_1=(0,0,1)^{\mathrm{T}}$，$\boldsymbol{\alpha}_2=(0,1,1)^{\mathrm{T}}$，$\boldsymbol{\alpha}_3=(1,1,1)^{\mathrm{T}}$ 变换到 $\boldsymbol{\beta}_1=(2,3,5)^{\mathrm{T}}$，$\boldsymbol{\beta}_2=(1,0,0)^{\mathrm{T}}$，$\boldsymbol{\beta}_3=(0,1,-1)^{\mathrm{T}}$. 求 $\mathscr{A}$ 在自然基和 $\boldsymbol{\alpha}_1,\boldsymbol{\alpha}_2,\boldsymbol{\alpha}_3$ 下的矩阵.

4. 求下列矩阵的全部特征值和特征向量：

(1) $\begin{pmatrix} 0 & a \\ -a & 0 \end{pmatrix}$；

(2) $\begin{pmatrix} \cos\theta & -\sin\theta \\ \sin\theta & \cos\theta \end{pmatrix}$，$\theta\in(0,\pi)$；

(3) $\boldsymbol{A}=\begin{pmatrix} 1 & 2 & 2 \\ 2 & 1 & 2 \\ 2 & 2 & 1 \end{pmatrix}$.

5. 设

$$\boldsymbol{A}=\begin{pmatrix} 1 & 2 & 2 \\ 2 & 1 & 2 \\ 2 & 2 & 1 \end{pmatrix}$$

计算 $\boldsymbol{A}^{100}$.

6*. 设 $\boldsymbol{A},\boldsymbol{B}$ 均为 $n$ 阶方阵，$\boldsymbol{A}$ 有 $n$ 个互异的特征值，且 $\boldsymbol{AB}=\boldsymbol{BA}$. 证明：$\boldsymbol{B}$ 相似于对角阵.

7*. 设 $\boldsymbol{A}$ 为 $n$ 阶实矩阵，$\boldsymbol{A}^2=k\boldsymbol{A}$. 证明：$\boldsymbol{A}$ 可相似对角化.

8. 求与矩阵

$$\boldsymbol{A}=\begin{pmatrix} 2 & 1 & 0 \\ -1 & 1 & 1 \\ -1 & 0 & 3 \end{pmatrix}$$

相似的上三角矩阵.

# 第 4 章　欧氏空间和二次型

## 4.1　内积和欧氏空间

### 4.1.1　内积的定义

在 2 维和 3 维空间中，我们用向量的内积(或称点积)来计算向量的长度和夹角.

设 $\boldsymbol{\alpha}=(a_1,a_2,a_3)$，$\boldsymbol{\beta}=(b_1,b_2,b_3)$，定义内积：

$$\boldsymbol{\alpha}\cdot\boldsymbol{\beta}=|\boldsymbol{\alpha}||\boldsymbol{\beta}|\cos\langle\boldsymbol{\alpha},\boldsymbol{\beta}\rangle$$

内积的坐标表示为 $(\boldsymbol{\alpha},\boldsymbol{\beta})=a_1b_1+a_2b_2+a_3b_3$.

为了定义线性空间中向量的长度、角度等几何属性，先要引进内积的定义.

**定义 4.1**　设 $V$ 是实数域 $\mathbf{R}$ 上的一个线性空间. 如果在 $V$ 上定义了一个二元实函数 $(\boldsymbol{\alpha},\boldsymbol{\beta})$，$\forall\,\boldsymbol{\alpha},\boldsymbol{\beta},\boldsymbol{\gamma}\in V$，$k\in\mathbf{R}$，并满足

(1) **正定性**　$(\boldsymbol{\alpha},\boldsymbol{\alpha})\geqslant 0$，当且仅当 $\boldsymbol{\alpha}=\mathbf{0}$ 时 $(\boldsymbol{\alpha},\boldsymbol{\alpha})=0$；

(2) **对称性**　$(\boldsymbol{\alpha},\boldsymbol{\beta})=(\boldsymbol{\beta},\boldsymbol{\alpha})$；

(3) **线性性**　$(k\boldsymbol{\alpha},\boldsymbol{\beta})=k(\boldsymbol{\alpha},\boldsymbol{\beta})$，$(\boldsymbol{\alpha}+\boldsymbol{\beta},\boldsymbol{\gamma})=(\boldsymbol{\alpha},\boldsymbol{\gamma})+(\boldsymbol{\beta},\boldsymbol{\gamma})$.

则称函数 $(\boldsymbol{\alpha},\boldsymbol{\beta})$ 为向量 $\boldsymbol{\alpha}$ 和 $\boldsymbol{\beta}$ 的内积. 在实数域 $\mathbf{R}$ 上定义了内积的线性空间 $V$ 称为欧几里得(Euclid)空间，简称欧氏空间，记为 $E(\mathbf{R})$.

内积的基本性质如下：

(1) $(\mathbf{0},\boldsymbol{\beta})=0$；

(2) $(\boldsymbol{\alpha},k\boldsymbol{\beta})=k(\boldsymbol{\alpha},\boldsymbol{\beta})$；

(3) $(\boldsymbol{\alpha},\boldsymbol{\beta}+\boldsymbol{\gamma})=(\boldsymbol{\alpha},\boldsymbol{\beta})+(\boldsymbol{\alpha},\boldsymbol{\gamma})$；

(4) $\left(\sum\limits_{i=1}^{r}u_i\boldsymbol{\alpha}_i,\sum\limits_{j=1}^{s}v_j\boldsymbol{\beta}_j\right)=\sum\limits_{i=1}^{r}\sum\limits_{j=1}^{s}u_iv_j(\boldsymbol{\alpha}_i,\boldsymbol{\beta}_j)$.

**证明**　(1) $(\mathbf{0},\boldsymbol{\beta})=(0\boldsymbol{\alpha},\boldsymbol{\beta})=0(\boldsymbol{\alpha},\boldsymbol{\beta})=0$.

(2) $(\boldsymbol{\alpha},k\boldsymbol{\beta})=(k\boldsymbol{\beta},\boldsymbol{\alpha})=k(\boldsymbol{\beta},\boldsymbol{\alpha})=k(\boldsymbol{\alpha},\boldsymbol{\beta})$.

(3) $(\boldsymbol{\alpha},\boldsymbol{\beta}+\boldsymbol{\gamma})=(\boldsymbol{\beta}+\boldsymbol{\gamma},\boldsymbol{\alpha})=(\boldsymbol{\beta},\boldsymbol{\alpha})+(\boldsymbol{\gamma},\boldsymbol{\alpha})=(\boldsymbol{\alpha},\boldsymbol{\beta})+(\boldsymbol{\alpha},\boldsymbol{\gamma})$.

(4)
$$\begin{aligned}\left(\sum_{i=1}^{r}u_i\boldsymbol{\alpha}_i,\sum_{j=1}^{s}v_j\boldsymbol{\beta}_j\right)&=\left(u_1\boldsymbol{\alpha}_1,\sum_{j=1}^{s}v_j\boldsymbol{\beta}_j\right)+\left(u_2\boldsymbol{\alpha}_2,\sum_{j=1}^{s}v_j\boldsymbol{\beta}_j\right)+\cdots+\left(u_r\boldsymbol{\alpha}_r,\sum_{j=1}^{s}v_j\boldsymbol{\beta}_j\right)\\&=\sum_{i=1}^{r}u_i\sum_{j=1}^{s}v_j(\boldsymbol{\alpha}_i,\boldsymbol{\beta}_j)=\sum_{i=1}^{r}\sum_{j=1}^{s}u_iv_j(\boldsymbol{\alpha}_i,\boldsymbol{\beta}_j).\end{aligned}$$

(4)是(2)和(3)的推广.

**例 4.1** 对于实数域上任何一个 $n$ 维线性空间 $V$，取定 $V$ 的一组基 $\boldsymbol{\alpha}_1,\boldsymbol{\alpha}_2,\cdots,\boldsymbol{\alpha}_n$. 对向量 $\boldsymbol{\alpha}=a_1\boldsymbol{\alpha}_1+a_2\boldsymbol{\alpha}_2+\cdots+a_n\boldsymbol{\alpha}_n$，$\boldsymbol{\beta}=b_1\boldsymbol{\alpha}_1+b_2\boldsymbol{\alpha}_2+\cdots+b_n\boldsymbol{\alpha}_n$，定义标准内积

$$(\boldsymbol{\alpha},\boldsymbol{\beta})=a_1b_1+a_2b_2+\cdots+a_nb_n=\boldsymbol{\alpha}^{\mathrm{T}}\boldsymbol{\beta}$$

在标准内积定义中，默认基向量是相互垂直的，即

$$(\boldsymbol{\alpha}_i,\boldsymbol{\alpha}_j)=\delta_{ij},\quad i,j=1,2,\cdots,n$$

**例 4.2** 设 $\boldsymbol{\alpha},\boldsymbol{\beta}\in\mathbf{R}^2$.

定义 1：

$$(\boldsymbol{\alpha},\boldsymbol{\beta})=\boldsymbol{\alpha}^{\mathrm{T}}\begin{pmatrix}1&2\\2&5\end{pmatrix}\boldsymbol{\beta}$$

定义 2：

$$(\boldsymbol{\alpha},\boldsymbol{\beta})=\boldsymbol{\alpha}^{\mathrm{T}}\begin{pmatrix}1&4\\4&7\end{pmatrix}\boldsymbol{\beta}$$

可以验证定义 1 满足内积的定义.

定义 2 不满足内积的定义：若取 $\boldsymbol{\alpha}=\begin{pmatrix}-3\\1\end{pmatrix}$，则

$$(\boldsymbol{\alpha},\boldsymbol{\alpha})=(-3,1)\begin{pmatrix}1&4\\4&7\end{pmatrix}\begin{pmatrix}-3\\1\end{pmatrix}=-8$$

不满足正定性.（要知其所以然，学了正定矩阵后再回来看.）

**例 4.3** 设 $C[a,b]$ 是闭区间 $[a,b]$ 上实连续函数的全体，它是实数域上无限维的线性空间. 对于 $\forall f,g\in C[a,b]$，定义函数的内积

$$(f,g)=\int_a^b f(x)g(x)\mathrm{d}x$$

容易验证，它满足内积的定义.

$$\|f\|^2=(f,f)=\int_a^b f^2(x)\mathrm{d}x$$

### 4.1.2 欧氏空间的性质

有了向量内积的定义，就可以定义向量的长度和两个向量的（形式）夹角.

**定义 4.2** 非负实数 $\sqrt{(\boldsymbol{\alpha},\boldsymbol{\alpha})}$ 称为**向量 $\boldsymbol{\alpha}$ 的长度**，记为 $\|\boldsymbol{\alpha}\|$ 或 $|\boldsymbol{\alpha}|$. 并称长度为 1 的向量为**单位向量**.

易见，$\|k\boldsymbol{\alpha}\|=|k|\,\|\boldsymbol{\alpha}\|$.

**定理 4.1**（柯西-施瓦茨(Cauchy-Schwarz)不等式） 设 $V$ 是欧氏空间，则对 $V$ 中的任意两个向量 $\boldsymbol{\alpha}$ 和 $\boldsymbol{\beta}$，有 $|(\boldsymbol{\alpha},\boldsymbol{\beta})|\leqslant\|\boldsymbol{\alpha}\|\,\|\boldsymbol{\beta}\|$，且等号成立的充要条件是 $\boldsymbol{\alpha}$ 和 $\boldsymbol{\beta}$ 线性相关.

**证明** 设向量 $\boldsymbol{\alpha},\boldsymbol{\beta}$ 线性无关，即对任意实数 $\lambda$，$\lambda\boldsymbol{\alpha}+\boldsymbol{\beta}\neq\mathbf{0}$，从而有

$$0<(\lambda\boldsymbol{\alpha}+\boldsymbol{\beta},\lambda\boldsymbol{\alpha}+\boldsymbol{\beta})=(\boldsymbol{\alpha},\boldsymbol{\alpha})\lambda^2+2(\boldsymbol{\alpha},\boldsymbol{\beta})\lambda+(\boldsymbol{\beta},\boldsymbol{\beta})$$

上式右端是 $\lambda$ 的二次多项式，其值非负，故其判别式满足

$$4(\boldsymbol{\alpha},\boldsymbol{\beta})^2-4(\boldsymbol{\alpha},\boldsymbol{\alpha})(\boldsymbol{\beta},\boldsymbol{\beta})<0$$

由此得 $|(\boldsymbol{\alpha},\boldsymbol{\beta})|<\|\boldsymbol{\alpha}\|\,\|\boldsymbol{\beta}\|$.

当向量 $\boldsymbol{\alpha},\boldsymbol{\beta}$ 线性相关时，存在实数 $\lambda$，有 $\boldsymbol{\beta}=\lambda\boldsymbol{\alpha}$，则

$$\|\boldsymbol{\alpha}\|\ \|\boldsymbol{\beta}\| = \|\boldsymbol{\alpha}\|\ \|\lambda\boldsymbol{\alpha}\| = |\lambda|\ \|\boldsymbol{\alpha}\|\ \|\boldsymbol{\alpha}\| = |\lambda|\,|(\boldsymbol{\alpha},\boldsymbol{\alpha})|$$
$$|(\boldsymbol{\alpha},\boldsymbol{\beta})| = |(\boldsymbol{\alpha},\lambda\boldsymbol{\alpha})| = |\lambda|\,|(\boldsymbol{\alpha},\boldsymbol{\alpha})|$$

由此得到$|(\boldsymbol{\alpha},\boldsymbol{\beta})| = \|\boldsymbol{\alpha}\|\ \|\boldsymbol{\beta}\|$. 从而对任意向量 $\boldsymbol{\alpha},\boldsymbol{\beta}$，有 $|(\boldsymbol{\alpha},\boldsymbol{\beta})|\leqslant\|\boldsymbol{\alpha}\|\ \|\boldsymbol{\beta}\|$，且有

$$-1\leqslant\frac{(\boldsymbol{\alpha},\boldsymbol{\beta})}{\|\boldsymbol{\alpha}\|\ \|\boldsymbol{\beta}\|}\leqslant 1$$

对于函数的内积$(f,g)=\int_a^b f(x)g(x)\mathrm{d}x$，对应的柯西-施瓦茨不等式为

$$\left|\int_a^b f(x)g(x)\mathrm{d}x\right|\leqslant\sqrt{\int_a^b f^2(x)\mathrm{d}x}\sqrt{\int_a^b g^2(x)\mathrm{d}x}$$

**定义 4.3**　设 $\boldsymbol{\alpha},\boldsymbol{\beta}\in E(\mathbf{R})$，向量 $\boldsymbol{\alpha}$ 和 $\boldsymbol{\beta}$ 的**夹角**$\langle\boldsymbol{\alpha},\boldsymbol{\beta}\rangle$定义为

$$\langle\boldsymbol{\alpha},\boldsymbol{\beta}\rangle = \arccos\frac{(\boldsymbol{\alpha},\boldsymbol{\beta})}{|\boldsymbol{\alpha}\|\boldsymbol{\beta}|},\quad 0\leqslant\langle\boldsymbol{\alpha},\boldsymbol{\beta}\rangle\leqslant\pi$$

**定义 4.4**　设 $\boldsymbol{\alpha},\boldsymbol{\beta}\in E(\mathbf{R})$. 如果$(\boldsymbol{\alpha},\boldsymbol{\beta})=0$，则称 $\boldsymbol{\alpha}$ 与 $\boldsymbol{\beta}$ **正交**(或互相垂直)，记为 $\boldsymbol{\alpha}\perp\boldsymbol{\beta}$.

称欧氏空间 $V$ 中一组两两正交的非零向量为正交向量组(简称为正交组). 约定：单独一个非零向量也称为一个正交向量组. 正交向量组一定是线性无关的.

**定义 4.5**　设 $\boldsymbol{\alpha}_1,\boldsymbol{\alpha}_2,\cdots,\boldsymbol{\alpha}_n$ 是 $V$ 的一组基，如果它们两两正交，即$(\boldsymbol{\alpha}_i,\boldsymbol{\alpha}_j)=0(i\neq j)$，那么称 $\boldsymbol{\alpha}_1,\boldsymbol{\alpha}_2,\cdots,\boldsymbol{\alpha}_n$ 是一组**正交基**. 进而，如果每个 $\boldsymbol{\alpha}_i$ 都是单位向量，则称 $\boldsymbol{\alpha}_1,\boldsymbol{\alpha}_2,\cdots,\boldsymbol{\alpha}_n$ 是一组**标准正交基**.

**定义 4.6**　设 $\boldsymbol{\alpha},\boldsymbol{\beta},\boldsymbol{\gamma}\in V$，则 $\|\boldsymbol{\alpha}-\boldsymbol{\beta}\|$ 称为 $\boldsymbol{\alpha}$ 与 $\boldsymbol{\beta}$ 之间的**距离**，记为 $d(\boldsymbol{\alpha},\boldsymbol{\beta})$.

距离具有下列性质：

(1) $d(\boldsymbol{\alpha},\boldsymbol{\beta})=d(\boldsymbol{\beta},\boldsymbol{\alpha})$；

(2) $d(\boldsymbol{\alpha},\boldsymbol{\beta})\geqslant 0$，且 $d(\boldsymbol{\alpha},\boldsymbol{\beta})=0\Leftrightarrow\boldsymbol{\alpha}=\boldsymbol{\beta}$；

(3) $d(\boldsymbol{\alpha},\boldsymbol{\beta})\leqslant d(\boldsymbol{\alpha},\boldsymbol{\gamma})+d(\boldsymbol{\gamma},\boldsymbol{\beta})$；

其中(3)称为三角不等式，等价于 $\|\boldsymbol{\alpha}+\boldsymbol{\beta}\|\leqslant\|\boldsymbol{\alpha}\|+\|\boldsymbol{\beta}\|$. 其证明如下：

$$\begin{aligned}\|\boldsymbol{\alpha}+\boldsymbol{\beta}\| &= \sqrt{(\boldsymbol{\alpha}+\boldsymbol{\beta},\boldsymbol{\alpha}+\boldsymbol{\beta})} = \sqrt{(\boldsymbol{\alpha},\boldsymbol{\alpha})+2(\boldsymbol{\alpha},\boldsymbol{\beta})+(\boldsymbol{\beta},\boldsymbol{\beta})}\\ &\leqslant\sqrt{\|\boldsymbol{\alpha}\|^2+2\|\boldsymbol{\alpha}\|\boldsymbol{\beta}\|+\|\boldsymbol{\beta}\|^2}\\ &= \sqrt{(\|\boldsymbol{\alpha}\|+\|\boldsymbol{\beta}\|)^2} = \|\boldsymbol{\alpha}\|+\|\boldsymbol{\beta}\|\end{aligned}$$

**例 4.4**　设 $\boldsymbol{\alpha},\boldsymbol{\beta}\in V$，$\boldsymbol{\varepsilon}_1,\boldsymbol{\varepsilon}_2,\cdots,\boldsymbol{\varepsilon}_n$ 是 $V$ 的一组基，且

$$\boldsymbol{\alpha} = x_1\boldsymbol{\varepsilon}_1+x_2\boldsymbol{\varepsilon}_2+\cdots+x_n\boldsymbol{\varepsilon}_n = (\boldsymbol{\varepsilon}_1,\boldsymbol{\varepsilon}_2,\cdots,\boldsymbol{\varepsilon}_n)\boldsymbol{X}$$
$$\boldsymbol{\beta} = y_1\boldsymbol{\varepsilon}_1+y_2\boldsymbol{\varepsilon}_2+\cdots+y_n\boldsymbol{\varepsilon}_n = (\boldsymbol{\varepsilon}_1,\boldsymbol{\varepsilon}_2,\cdots,\boldsymbol{\varepsilon}_n)\boldsymbol{Y}$$

则向量 $\boldsymbol{\alpha},\boldsymbol{\beta}$ 的内积为

$$\begin{aligned}(\boldsymbol{\alpha},\boldsymbol{\beta}) &= (x_1\boldsymbol{\varepsilon}_1+x_2\boldsymbol{\varepsilon}_2+\cdots+x_n\boldsymbol{\varepsilon}_n,\ y_1\boldsymbol{\varepsilon}_1+y_2\boldsymbol{\varepsilon}_2+\cdots+y_n\boldsymbol{\varepsilon}_n)\\ &= \left(\sum_{i=1}^n x_i\boldsymbol{\varepsilon}_i,\sum_{j=1}^n y_j\boldsymbol{\varepsilon}_j\right) = \sum_{i=1}^n\sum_{j=1}^n x_iy_j(\boldsymbol{\varepsilon}_i,\boldsymbol{\varepsilon}_j)\\ &= (x_1,x_2,\cdots,x_n)\begin{pmatrix}(\boldsymbol{\varepsilon}_1,\boldsymbol{\varepsilon}_1) & (\boldsymbol{\varepsilon}_1,\boldsymbol{\varepsilon}_2) & \cdots & (\boldsymbol{\varepsilon}_1,\boldsymbol{\varepsilon}_n)\\ (\boldsymbol{\varepsilon}_2,\boldsymbol{\varepsilon}_1) & (\boldsymbol{\varepsilon}_2,\boldsymbol{\varepsilon}_2) & \cdots & (\boldsymbol{\varepsilon}_2,\boldsymbol{\varepsilon}_n)\\ \vdots & \vdots & & \vdots\\ (\boldsymbol{\varepsilon}_n,\boldsymbol{\varepsilon}_1) & (\boldsymbol{\varepsilon}_n,\boldsymbol{\varepsilon}_2) & \cdots & (\boldsymbol{\varepsilon}_n,\boldsymbol{\varepsilon}_n)\end{pmatrix}\begin{pmatrix}y_1\\ y_2\\ \vdots\\ y_n\end{pmatrix}\\ &= \boldsymbol{X}^{\mathrm{T}}\boldsymbol{D}\boldsymbol{Y}\end{aligned}$$

可以看到欧氏空间中基向量和内积之间的表示关系. 在标准正交基下，$\boldsymbol{D}=\boldsymbol{I}$.

**定义 4.7** 设 $\boldsymbol{\varepsilon}_1,\boldsymbol{\varepsilon}_2,\cdots,\boldsymbol{\varepsilon}_n$ 是 $n$ 维欧氏空间 $V$ 的一组基,矩阵

$$\boldsymbol{D}=\begin{pmatrix}(\boldsymbol{\varepsilon}_1,\boldsymbol{\varepsilon}_1) & (\boldsymbol{\varepsilon}_1,\boldsymbol{\varepsilon}_2) & \cdots & (\boldsymbol{\varepsilon}_1,\boldsymbol{\varepsilon}_n)\\ (\boldsymbol{\varepsilon}_2,\boldsymbol{\varepsilon}_1) & (\boldsymbol{\varepsilon}_2,\boldsymbol{\varepsilon}_2) & \cdots & (\boldsymbol{\varepsilon}_2,\boldsymbol{\varepsilon}_n)\\ \vdots & \vdots & & \vdots\\ (\boldsymbol{\varepsilon}_n,\boldsymbol{\varepsilon}_1) & (\boldsymbol{\varepsilon}_n,\boldsymbol{\varepsilon}_2) & \cdots & (\boldsymbol{\varepsilon}_n,\boldsymbol{\varepsilon}_n)\end{pmatrix}$$

称为内积在基 $\boldsymbol{\varepsilon}_1,\boldsymbol{\varepsilon}_2,\cdots,\boldsymbol{\varepsilon}_n$ 下的**度量矩阵**.

### 4.1.3 正交投影

给定 $\mathbf{R}^2$ 中的两个非零向量 $\boldsymbol{u}$ 和 $\boldsymbol{v}$.如何将向量 $\boldsymbol{v}$ 分解成两个向量之和,其中一个是向量 $\boldsymbol{u}$ 的倍数,另一个向量 $\tilde{\boldsymbol{w}}$ 与 $\boldsymbol{u}$ 正交? 设 $\boldsymbol{v}=t\boldsymbol{u}+\tilde{\boldsymbol{w}}$,则

$$(\boldsymbol{u},\tilde{\boldsymbol{w}})=(\boldsymbol{u},\boldsymbol{v}-t\boldsymbol{u})=(\boldsymbol{u},\boldsymbol{v})-t(\boldsymbol{u},\boldsymbol{u})=0$$

得到

$$t=\frac{(\boldsymbol{u},\boldsymbol{v})}{(\boldsymbol{u},\boldsymbol{u})},\quad \tilde{\boldsymbol{w}}=\boldsymbol{v}-\frac{(\boldsymbol{u},\boldsymbol{v})}{(\boldsymbol{u},\boldsymbol{u})}\boldsymbol{u}$$

向量 $\tilde{\boldsymbol{u}}=\dfrac{(\boldsymbol{u},\boldsymbol{v})}{(\boldsymbol{u},\boldsymbol{u})}\boldsymbol{u}$ 称为 $\boldsymbol{v}$ 在 $\boldsymbol{u}$ 上的正交投影向量,向量 $\tilde{\boldsymbol{w}}$ 与 $\boldsymbol{u}$ 正交.

**定义 4.8** 设 $\boldsymbol{u}$ 和 $\boldsymbol{v}$ 是非零向量,向量 $\boldsymbol{v}$ 在向量 $\boldsymbol{u}$ 上的投影记作

$$\mathrm{Proj}_{\boldsymbol{u}}\boldsymbol{v}=\frac{(\boldsymbol{v},\boldsymbol{u})}{(\boldsymbol{u},\boldsymbol{u})}\boldsymbol{u}=(\boldsymbol{v},\boldsymbol{u}^0)\boldsymbol{u}^0$$

其中 $\boldsymbol{u}^0=\dfrac{\boldsymbol{u}}{\|\boldsymbol{u}\|}$是 $\boldsymbol{u}$ 的单位化向量.

同理,$\boldsymbol{v}$ 在 $\boldsymbol{w}$ 上的正交投影是 $\tilde{\boldsymbol{w}}$,表示为 $\tilde{\boldsymbol{w}}=\dfrac{(\boldsymbol{w},\boldsymbol{v})}{(\boldsymbol{w},\boldsymbol{w})}\boldsymbol{w}$,则

$$\boldsymbol{v}=\frac{(\boldsymbol{v},\boldsymbol{u})}{(\boldsymbol{u},\boldsymbol{u})}\boldsymbol{u}+\frac{(\boldsymbol{v},\boldsymbol{w})}{(\boldsymbol{w},\boldsymbol{w})}\boldsymbol{w}$$

**定理 4.2** 设$\{\boldsymbol{\alpha}_1,\boldsymbol{\alpha}_2,\cdots,\boldsymbol{\alpha}_m\}$是 $\mathbf{R}^n$ 的子空间 $W$ 的一组正交基,对任意 $\boldsymbol{\beta}\in W$,有 $\boldsymbol{\beta}=k_1\boldsymbol{\alpha}_1+k_2\boldsymbol{\alpha}_2+\cdots+k_m\boldsymbol{\alpha}_m$,其中 $k_j=\dfrac{(\boldsymbol{\beta},\boldsymbol{\alpha}_j)}{(\boldsymbol{\alpha}_j,\boldsymbol{\alpha}_j)}(j=1,2,\cdots,m)$.

### 4.1.4 施密特(Schmidt)正交化

在 $\mathbf{R}^3$ 中,我们熟悉的自然基 $\boldsymbol{e}_1,\boldsymbol{e}_2,\boldsymbol{e}_3$ 是一组标准正交基.在 $\mathbf{R}^n$ 中,我们可以用任意一组基构造一组标准正交基.

**定理 4.3** 给定 $\mathbf{R}^n$ 的子空间 $W$ 的一组基$\{\boldsymbol{\alpha}_1,\boldsymbol{\alpha}_2,\cdots,\boldsymbol{\alpha}_m\}$,定义

$$\begin{aligned}\boldsymbol{\beta}_1&=\boldsymbol{\alpha}_1\\ \boldsymbol{\beta}_2&=\boldsymbol{\alpha}_2-\frac{(\boldsymbol{\alpha}_2,\boldsymbol{\beta}_1)}{(\boldsymbol{\beta}_1,\boldsymbol{\beta}_1)}\boldsymbol{\beta}_1\\ \boldsymbol{\beta}_3&=\boldsymbol{\alpha}_3-\frac{(\boldsymbol{\alpha}_3,\boldsymbol{\beta}_1)}{(\boldsymbol{\beta}_1,\boldsymbol{\beta}_1)}\boldsymbol{\beta}_1-\frac{(\boldsymbol{\alpha}_3,\boldsymbol{\beta}_2)}{(\boldsymbol{\beta}_2,\boldsymbol{\beta}_2)}\boldsymbol{\beta}_2\\ &\cdots\end{aligned}$$

$$\boldsymbol{\beta}_m=\boldsymbol{\alpha}_m-\frac{(\boldsymbol{\alpha}_m,\boldsymbol{\beta}_1)}{(\boldsymbol{\beta}_1,\boldsymbol{\beta}_1)}\boldsymbol{\beta}_1-\frac{(\boldsymbol{\alpha}_m,\boldsymbol{\beta}_2)}{(\boldsymbol{\beta}_2,\boldsymbol{\beta}_2)}\boldsymbol{\beta}_2-\cdots-\frac{(\boldsymbol{\alpha}_m,\boldsymbol{\beta}_{m-1})}{(\boldsymbol{\beta}_{m-1},\boldsymbol{\beta}_{m-1})}\boldsymbol{\beta}_{m-1}$$

则$\{\boldsymbol{\beta}_1,\boldsymbol{\beta}_2,\cdots,\boldsymbol{\beta}_m\}$是 $W$ 的一组正交基.

**证明**　取 $\boldsymbol{\beta}_1=\boldsymbol{\alpha}_1$,令 $\boldsymbol{\beta}_2=\boldsymbol{\alpha}_2+k_1\boldsymbol{\beta}_1$,其中 $k_1$ 是待定系数,向量组 $\boldsymbol{\alpha}_1,\boldsymbol{\alpha}_2$ 与 $\boldsymbol{\beta}_1,\boldsymbol{\beta}_2$ 等价.要使 $\boldsymbol{\beta}_2\perp\boldsymbol{\beta}_1$,应有

$$(\boldsymbol{\beta}_2,\boldsymbol{\beta}_1)=(\boldsymbol{\alpha}_2+k_1\boldsymbol{\beta}_1,\boldsymbol{\beta}_1)=(\boldsymbol{\alpha}_2,\boldsymbol{\beta}_1)+k_1(\boldsymbol{\beta}_1,\boldsymbol{\beta}_1)=0$$

由此得 $k_1=-\frac{(\boldsymbol{\alpha}_2,\boldsymbol{\beta}_1)}{(\boldsymbol{\beta}_1,\boldsymbol{\beta}_1)}$.当 $\boldsymbol{\beta}_2=\boldsymbol{\alpha}_2-\frac{(\boldsymbol{\alpha}_2,\boldsymbol{\beta}_1)}{(\boldsymbol{\beta}_1,\boldsymbol{\beta}_1)}\boldsymbol{\beta}_1$ 时,有 $\boldsymbol{\beta}_2\perp\boldsymbol{\beta}_1$,且 $\boldsymbol{\beta}_1,\boldsymbol{\beta}_2$ 为 $V$ 的一个正交组.归纳假设 $\boldsymbol{\beta}_1,\boldsymbol{\beta}_2,\cdots,\boldsymbol{\beta}_{m-1}$是 $V$ 的$m-1$个向量的正交组.

设 $\boldsymbol{\beta}_m=\boldsymbol{\alpha}_m+k_1\boldsymbol{\beta}_1+k_2\boldsymbol{\beta}_2+\cdots+k_{m-1}\boldsymbol{\beta}_{m-1}$,其中 $k_j$ 是待定系数.

令 $(\boldsymbol{\beta}_m,\boldsymbol{\beta}_j)=0(j\leqslant m-1)$,则有

$$\begin{aligned}(\boldsymbol{\beta}_m,\boldsymbol{\beta}_j)&=(\boldsymbol{\alpha}_m,\boldsymbol{\beta}_j)+k_1(\boldsymbol{\beta}_1,\boldsymbol{\beta}_j)+k_2(\boldsymbol{\beta}_2,\boldsymbol{\beta}_j)+\cdots\\&\quad+k_j(\boldsymbol{\beta}_j,\boldsymbol{\beta}_j)+\cdots+k_{m-1}(\boldsymbol{\beta}_{m-1},\boldsymbol{\beta}_j)\\&=(\boldsymbol{\alpha}_m,\boldsymbol{\beta}_j)+k_j(\boldsymbol{\beta}_j,\boldsymbol{\beta}_j)=0\end{aligned}$$

于是 $k_j=-\frac{(\boldsymbol{\alpha}_m,\boldsymbol{\beta}_j)}{(\boldsymbol{\beta}_j,\boldsymbol{\beta}_j)}(j=1,2,\cdots,m-1)$.故有

$$\boldsymbol{\beta}_m=\boldsymbol{\alpha}_m-\frac{(\boldsymbol{\alpha}_m,\boldsymbol{\beta}_1)}{(\boldsymbol{\beta}_1,\boldsymbol{\beta}_1)}\boldsymbol{\beta}_1-\frac{(\boldsymbol{\alpha}_m,\boldsymbol{\beta}_2)}{(\boldsymbol{\beta}_2,\boldsymbol{\beta}_2)}\boldsymbol{\beta}_2-\cdots-\frac{(\boldsymbol{\alpha}_m,\boldsymbol{\beta}_{m-1})}{(\boldsymbol{\beta}_{m-1},\boldsymbol{\beta}_{m-1})}\boldsymbol{\beta}_{m-1}$$

此时,$\boldsymbol{\beta}_1,\boldsymbol{\beta}_2,\cdots,\boldsymbol{\beta}_m$ 构成 $W$ 的一组正交基.

如果 $m=n$,对$\{\boldsymbol{\beta}_1,\boldsymbol{\beta}_2,\cdots,\boldsymbol{\beta}_n\}$单位化:令 $\boldsymbol{\gamma}_i=\frac{1}{\|\boldsymbol{\beta}_i\|}\boldsymbol{\beta}_i(i=1,2,\cdots,n)$,则 $\boldsymbol{\gamma}_1,\boldsymbol{\gamma}_2,\cdots,\boldsymbol{\gamma}_n$ 就是 $V$ 的一组标准正交基.

定理证明的过程是构造正交基的过程,也称施密特(Schmidt)正交化过程.它的几何意义是,用 $\boldsymbol{\alpha}_k$ 减去$\boldsymbol{\alpha}_k$ 在$\boldsymbol{\beta}_j(j=1,2,\cdots,k-1)$上的正交投影,得到新正交组$\{\boldsymbol{\beta}_1,\boldsymbol{\beta}_2,\cdots,\boldsymbol{\beta}_k\}$.

定理证明的过程中用到了向量组的等价,即$\{\boldsymbol{\alpha}_1,\boldsymbol{\alpha}_2,\cdots,\boldsymbol{\alpha}_k\}$与$\{\boldsymbol{\beta}_1,\boldsymbol{\beta}_2,\cdots,\boldsymbol{\beta}_k\}$等价,以及正交组 $\boldsymbol{\beta}_j(j=1,2,\cdots,k)$相互正交.

可以验证,对连续函数空间 $C[-\pi,\pi]$,$\{1,x,x^2,\cdots,x^n,\cdots\}$不是正交基,而三角函数系$\{1,\cos x,\sin x,\cos 2x,\sin 2x,\cdots,\cos nx,\sin nx\cdots\}$,在前述函数空间的内积之下是两两正交的,是 $C[-\pi,\pi]$的一组正交组.

**例 4.5**　将向量组 $\boldsymbol{\alpha}_1=(1,2,2)^{\mathrm{T}},\boldsymbol{\alpha}_2=(2,1,1)^{\mathrm{T}},\boldsymbol{\alpha}_3=(1,1,2)^{\mathrm{T}}$ 化为标准正交基.

**解**　由施密特正交化方法,

$$\boldsymbol{\beta}_1=\boldsymbol{\alpha}_1=(1,2,2)^{\mathrm{T}}$$

$$\boldsymbol{\beta}_2=\boldsymbol{\alpha}_2-\frac{(\boldsymbol{\alpha}_2,\boldsymbol{\beta}_1)}{(\boldsymbol{\beta}_1,\boldsymbol{\beta}_1)}\boldsymbol{\beta}_1=\begin{pmatrix}2\\1\\1\end{pmatrix}-\frac{6}{9}\begin{pmatrix}1\\2\\2\end{pmatrix}=\begin{pmatrix}4/3\\-1/3\\-1/3\end{pmatrix}$$

$$\begin{aligned}\boldsymbol{\beta}_3&=\boldsymbol{\alpha}_3-\frac{(\boldsymbol{\alpha}_3,\boldsymbol{\beta}_1)}{(\boldsymbol{\beta}_1,\boldsymbol{\beta}_1)}\boldsymbol{\beta}_1-\frac{(\boldsymbol{\alpha}_3,\boldsymbol{\beta}_2)}{(\boldsymbol{\beta}_2,\boldsymbol{\beta}_2)}\boldsymbol{\beta}_2\\&=\begin{pmatrix}1\\1\\2\end{pmatrix}-\frac{7}{9}\begin{pmatrix}1\\2\\2\end{pmatrix}-\frac{1/3}{2}\begin{pmatrix}4/3\\-1/3\\-1/3\end{pmatrix}=\begin{pmatrix}0\\-1/2\\1/2\end{pmatrix}\end{aligned}$$

单位化得

$$\boldsymbol{\gamma}_1 = \begin{pmatrix} \frac{1}{3} \\ \frac{2}{3} \\ \frac{2}{3} \end{pmatrix}, \quad \boldsymbol{\gamma}_2 = \begin{pmatrix} \frac{2\sqrt{2}}{3} \\ -\frac{1}{3\sqrt{2}} \\ -\frac{1}{3\sqrt{2}} \end{pmatrix}, \quad \boldsymbol{\gamma}_3 = \begin{pmatrix} 0 \\ -\frac{1}{\sqrt{2}} \\ \frac{1}{\sqrt{2}} \end{pmatrix}$$

由

$$\boldsymbol{\alpha}_1 = \boldsymbol{\beta}_1, \quad \boldsymbol{\alpha}_2 = \frac{(\boldsymbol{\alpha}_2, \boldsymbol{\beta}_1)}{(\boldsymbol{\beta}_1, \boldsymbol{\beta}_1)}\boldsymbol{\beta}_1 + \boldsymbol{\beta}_2, \quad \boldsymbol{\alpha}_3 = \frac{(\boldsymbol{\alpha}_3, \boldsymbol{\beta}_1)}{(\boldsymbol{\beta}_1, \boldsymbol{\beta}_1)}\boldsymbol{\beta}_1 + \frac{(\boldsymbol{\alpha}_3, \boldsymbol{\beta}_2)}{(\boldsymbol{\beta}_2, \boldsymbol{\beta}_2)}\boldsymbol{\beta}_2 + \boldsymbol{\beta}_3$$

有

$$(\boldsymbol{\alpha}_1, \boldsymbol{\alpha}_2, \boldsymbol{\alpha}_3) = (\boldsymbol{\beta}_1, \boldsymbol{\beta}_2, \boldsymbol{\beta}_3) \begin{pmatrix} 1 & \frac{(\boldsymbol{\alpha}_2, \boldsymbol{\beta}_1)}{(\boldsymbol{\beta}_1, \boldsymbol{\beta}_1)} & \frac{(\boldsymbol{\alpha}_3, \boldsymbol{\beta}_1)}{(\boldsymbol{\beta}_1, \boldsymbol{\beta}_1)} \\ & 1 & \frac{(\boldsymbol{\alpha}_3, \boldsymbol{\beta}_2)}{(\boldsymbol{\beta}_2, \boldsymbol{\beta}_2)} \\ & & 1 \end{pmatrix}$$

$$= (\boldsymbol{\gamma}_1, \boldsymbol{\gamma}_2, \boldsymbol{\gamma}_3) \begin{pmatrix} \|\boldsymbol{\beta}_1\| & & \\ & \|\boldsymbol{\beta}_2\| & \\ & & \|\boldsymbol{\beta}_3\| \end{pmatrix} \begin{pmatrix} 1 & \frac{(\boldsymbol{\alpha}_2, \boldsymbol{\beta}_1)}{(\boldsymbol{\beta}_1, \boldsymbol{\beta}_1)} & \frac{(\boldsymbol{\alpha}_3, \boldsymbol{\beta}_1)}{(\boldsymbol{\beta}_1, \boldsymbol{\beta}_1)} \\ & 1 & \frac{(\boldsymbol{\alpha}_3, \boldsymbol{\beta}_2)}{(\boldsymbol{\beta}_2, \boldsymbol{\beta}_2)} \\ & & 1 \end{pmatrix}$$

$$= (\boldsymbol{\gamma}_1, \boldsymbol{\gamma}_2, \boldsymbol{\gamma}_3) \begin{pmatrix} \|\boldsymbol{\beta}_1\| & \frac{(\boldsymbol{\alpha}_2, \boldsymbol{\beta}_1)}{\sqrt{(\boldsymbol{\beta}_1, \boldsymbol{\beta}_1)}} & \frac{(\boldsymbol{\alpha}_3, \boldsymbol{\beta}_1)}{\sqrt{(\boldsymbol{\beta}_1, \boldsymbol{\beta}_1)}} \\ & \|\boldsymbol{\beta}_2\| & \frac{(\boldsymbol{\alpha}_3, \boldsymbol{\beta}_2)}{\sqrt{(\boldsymbol{\beta}_2, \boldsymbol{\beta}_2)}} \\ & & \|\boldsymbol{\beta}_3\| \end{pmatrix} = \boldsymbol{QR}$$

即有矩阵分解 $\boldsymbol{A} = \boldsymbol{QR}$,其中 $\boldsymbol{Q}$ 是正交矩阵,$\boldsymbol{R}$ 是上三角矩阵,

$$\boldsymbol{R} = \begin{pmatrix} 3 & 2 & \frac{7}{3} \\ 0 & \sqrt{2} & \frac{1}{3\sqrt{2}} \\ 0 & 0 & \frac{1}{\sqrt{2}} \end{pmatrix}$$

## 4.2 正交变换和对称变换

正交变换和对称变换是与内积密切相关的线性变换,具有鲜明的几何性质,是内积空间上两个重要的线性变换.正交变换保持向量的内积不变,对称变换保持向量内积的对称性.

### 4.2.1 正交变换

**定义 4.9** 设 $V$ 是 $n$ 维欧氏空间，$\mathscr{A}$ 是 $V$ 上的一个线性变换. 如果 $\mathscr{A}$ 保持向量的内积不变，即对于 $\forall\ \alpha,\beta\in V$，都有

$$(\mathscr{A}\boldsymbol{\alpha},\mathscr{A}\boldsymbol{\beta}) = (\boldsymbol{\alpha},\boldsymbol{\beta})$$

则称 $\mathscr{A}$ 是 $V$ 上的**正交变换**.

**定理 4.4** 设 $V$ 是 $n$ 维欧氏空间，$\mathscr{A}$ 是 $V$ 上的一个线性变换，则 $\mathscr{A}$ 为正交变换当且仅当下列两个条件之一成立：

(1) $\mathscr{A}$ 保持任意向量的模长不变；

(2) $\mathscr{A}$ 将标准正交基变为标准正交基.

**证明** (1) 设 $\mathscr{A}$ 是正交变换，则 $(\mathscr{A}\boldsymbol{\alpha},\mathscr{A}\boldsymbol{\alpha})=(\boldsymbol{\alpha},\boldsymbol{\alpha})$，即

$$\|\mathscr{A}\boldsymbol{\alpha}\| = \|\boldsymbol{\alpha}\|$$

设 $\mathscr{A}$ 保持任何向量的模不变，则对任意两个向量 $\boldsymbol{\alpha},\boldsymbol{\beta}\in V$，有

$$(\mathscr{A}(\boldsymbol{\alpha}+\boldsymbol{\beta}),\mathscr{A}(\boldsymbol{\alpha}+\boldsymbol{\beta})) = (\boldsymbol{\alpha}+\boldsymbol{\beta},\boldsymbol{\alpha}+\boldsymbol{\beta})$$

按线性变换的定义，

$$(\mathscr{A}\boldsymbol{\alpha},\mathscr{A}\boldsymbol{\alpha}) + 2(\mathscr{A}\boldsymbol{\alpha},\mathscr{A}\boldsymbol{\beta}) + (\mathscr{A}\boldsymbol{\beta},\mathscr{A}\boldsymbol{\beta}) = (\boldsymbol{\alpha},\boldsymbol{\alpha}) + 2(\boldsymbol{\alpha},\boldsymbol{\beta}) + (\boldsymbol{\beta},\boldsymbol{\beta})$$

由

$$(\mathscr{A}\boldsymbol{\alpha},\mathscr{A}\boldsymbol{\alpha}) = (\boldsymbol{\alpha},\boldsymbol{\alpha}),\quad (\mathscr{A}\boldsymbol{\beta},\mathscr{A}\boldsymbol{\beta}) = (\boldsymbol{\beta},\boldsymbol{\beta})$$

得

$$(\mathscr{A}\boldsymbol{\alpha},\mathscr{A}\boldsymbol{\beta}) = (\boldsymbol{\alpha},\boldsymbol{\beta})$$

因此，$\mathscr{A}$ 保持向量的内积不变，故 $\mathscr{A}$ 是正交变换.

(2) 如果 $\mathscr{A}$ 是正交变换，设 $\boldsymbol{e}_1,\boldsymbol{e}_2,\cdots,\boldsymbol{e}_n$ 是 $V$ 的一组标准正交基，则

$$(\mathscr{A}\boldsymbol{e}_i,\mathscr{A}\boldsymbol{e}_j) = (\boldsymbol{e}_i,\boldsymbol{e}_j) = \delta_{ij},\quad i,j = 1,2,\cdots,n$$

上式说明 $\mathscr{A}\boldsymbol{e}_1,\mathscr{A}\boldsymbol{e}_2,\cdots,\mathscr{A}\boldsymbol{e}_n$ 构成一组标准正交基.

反之，如果变换 $\mathscr{A}$ 把标准正交基 $\boldsymbol{e}_1,\boldsymbol{e}_2,\cdots,\boldsymbol{e}_n$ 变成标准正交基 $\mathscr{A}\boldsymbol{e}_1,\mathscr{A}\boldsymbol{e}_2,\cdots,\mathscr{A}\boldsymbol{e}_n$，则对 $V$ 中任意两个向量 $\boldsymbol{\alpha} = \sum_{i=1}^{n} a_i\boldsymbol{e}_i$ 和 $\boldsymbol{\beta} = \sum_{j=1}^{n} b_j\boldsymbol{e}_j$，有

$$\begin{aligned}(\mathscr{A}\boldsymbol{\alpha},\mathscr{A}\boldsymbol{\beta}) &= \left(\mathscr{A}\left(\sum_{i=1}^{n} a_i\boldsymbol{e}_i\right),\mathscr{A}\left(\sum_{j=1}^{n} b_j\boldsymbol{e}_j\right)\right) = \left(\sum_{i=1}^{n} a_i\mathscr{A}\boldsymbol{e}_i,\sum_{j=1}^{n} b_j\mathscr{A}\boldsymbol{e}_j\right)\\ &= \sum_{i=1}^{n}\sum_{j=1}^{n} a_ib_j(\mathscr{A}\boldsymbol{e}_i,\mathscr{A}\boldsymbol{e}_j) = \sum_{i=1}^{n}\sum_{j=1}^{n} a_ib_j\delta_{ij} = \sum_{i=1}^{n} a_ib_i\\ &= (\boldsymbol{\alpha},\boldsymbol{\beta})\end{aligned}$$

即 $\mathscr{A}$ 是正交变换.

在欧氏空间中，恒等变换是正交变换；旋转和反射变换保持向量的长度及向量间的夹角不变，也是正交变换；两个正交变换的复合仍然是正交变换；正交变换一定可逆，其逆变换还是正交变换.

### 4.2.2 正交矩阵

**定义 4.10** 如果实数域上的方阵 $\boldsymbol{A}$ 满足

$$A^{\mathrm{T}}A = I \quad 或 \quad A^{-1} = A^{\mathrm{T}}$$

则称方阵 $A$ 为**正交矩阵**.

**定理 4.5** 在欧氏空间中,$\mathscr{A}$是正交变换的充要条件是,$\mathscr{A}$在标准正交基下的矩阵 $A$ 是正交矩阵.

正交矩阵的性质如下:

(1) 若 $A$ 是 $n$ 阶正交矩阵,则 $A$ 的 $n$ 个列(行)向量为 $\mathbf{R}^n$ 中的标准正交基;

(2) 两个同阶正交矩阵的乘积仍是正交矩阵;

(3) 正交矩阵的逆也是正交矩阵;

(4) 正交矩阵的行列式为 1 或 $-1$;

(5) 正交矩阵的特征值的模为 1,如果 $\lambda$ 是正交矩阵 $A$ 的实特征值,则 $\lambda=1$ 或 $-1$.

如果 $\mathscr{A}$ 在标准正交基下矩阵的行列式为 1,则称 $\mathscr{A}$ 为**第一类正交变换**.它将右手坐标系变换为右手坐标系.如果 $\mathscr{A}$ 在标准正交基下矩阵的行列式为 $-1$,则称 $\mathscr{A}$ 为**第二类正交变换**.例如,旋转变换是第一类变换,反射变换是第二类变换.

### 4.2.3 对称变换

**定义 4.11** 设 $V$ 是 $n$ 维欧氏空间,$\mathscr{A}$是 $V$ 上的一个线性变换,$\forall \boldsymbol{\alpha},\boldsymbol{\beta}\in V$.如果 $\mathscr{A}$满足

$$(\mathscr{A}\boldsymbol{\alpha},\boldsymbol{\beta}) = (\boldsymbol{\alpha},\mathscr{A}\boldsymbol{\beta})$$

则称 $\mathscr{A}$ 是 $V$ 上的**对称变换**.

**定理 4.6** 设 $\mathscr{A}$ 是欧氏空间上的线性变换,则 $\mathscr{A}$ 是对称变换的充要条件是,$\mathscr{A}$ 在任何一组标准正交基下的矩阵 $A$ 是实对称方阵.

**证明** 设 $\boldsymbol{e}_1,\boldsymbol{e}_2,\cdots,\boldsymbol{e}_n$ 是 $V$ 的标准正交基,$A=(a_{ij})$是对称变换 $\mathscr{A}$ 在这组基下的矩阵,即

$$(\mathscr{A}\boldsymbol{e}_1,\mathscr{A}\boldsymbol{e}_2,\cdots,\mathscr{A}\boldsymbol{e}_n) = (\boldsymbol{e}_1,\boldsymbol{e}_2,\cdots,\boldsymbol{e}_n)A$$

其中

$$\mathscr{A}\boldsymbol{e}_j = a_{1j}\boldsymbol{e}_1 + a_{2j}\boldsymbol{e}_2 + \cdots + a_{nj}\boldsymbol{e}_n = \sum_{k=1}^{n} a_{kj}\boldsymbol{e}_k$$

计算

$$(\boldsymbol{e}_i,\mathscr{A}\boldsymbol{e}_j) = \left(\boldsymbol{e}_i,\sum_{k=1}^{n} a_{kj}\boldsymbol{e}_k\right) = \sum_{k=1}^{n} a_{kj}(\boldsymbol{e}_i,\boldsymbol{e}_k) = a_{ij}$$

$$(\mathscr{A}\boldsymbol{e}_i,\boldsymbol{e}_j) = \left(\sum_{k=1}^{n} a_{ki}\boldsymbol{e}_k,\boldsymbol{e}_j\right) = \sum_{k=1}^{n} a_{ki}(\boldsymbol{e}_k,\boldsymbol{e}_j) = a_{ji}$$

由对称变换的定义,得到 $a_{ij}=a_{ji}$,所以 $A$ 是对称矩阵.

反之,如果 $\mathscr{A}$ 在标准正交基下的矩阵 $A=(a_{ij})$满足 $a_{ij}=a_{ji}$,则

$$(\boldsymbol{e}_i,\mathscr{A}\boldsymbol{e}_j) = (\mathscr{A}\boldsymbol{e}_i,\boldsymbol{e}_j)$$

因此,对于任意两个向量

$$\boldsymbol{\alpha} = \sum_{i=1}^{n} a_i\boldsymbol{e}_i,\quad \boldsymbol{\beta} = \sum_{j=1}^{n} b_j\boldsymbol{e}_j$$

有

$$(\boldsymbol{\alpha},\mathscr{A}\boldsymbol{\beta}) = \sum_{i=1}^{n}\sum_{j=1}^{n} a_i b_j(\boldsymbol{e}_i,\mathscr{A}\boldsymbol{e}_j) = \sum_{i=1}^{n}\sum_{j=1}^{n} a_i b_j(\mathscr{A}\boldsymbol{e}_i,\boldsymbol{e}_j) = (\mathscr{A}\boldsymbol{\alpha},\boldsymbol{\beta})$$

即 $\mathscr{A}$ 是对称变换.

### 4.2.4　对称矩阵

**定理 4.7**　(1) 实对称矩阵的特征值都是实数;

(2) 实对称阵 $\boldsymbol{A}$ 的属于不同特征值的特征向量必正交.

**证明**　(1) 设 $\lambda$ 是实对称阵 $\boldsymbol{A}$ 的一个特征值, $\boldsymbol{v}$ 是相应的特征向量, 即 $\boldsymbol{Av}=\lambda\boldsymbol{v}$. 取共轭得 $\bar{\boldsymbol{A}}\bar{\boldsymbol{v}}=\bar{\lambda}\bar{\boldsymbol{v}}$.

由等式 $\bar{\boldsymbol{v}}^{\mathrm{T}}(\boldsymbol{Av})=\bar{\boldsymbol{v}}^{\mathrm{T}}\boldsymbol{A}^{\mathrm{T}}\boldsymbol{v}=(\boldsymbol{A}\bar{\boldsymbol{v}})^{\mathrm{T}}\boldsymbol{v}=(\bar{\boldsymbol{A}}\bar{\boldsymbol{v}})^{\mathrm{T}}\boldsymbol{v}$, 有

$$\lambda\bar{\boldsymbol{v}}^{\mathrm{T}}\boldsymbol{v}=\bar{\lambda}\bar{\boldsymbol{v}}^{\mathrm{T}}\boldsymbol{v},\quad (\lambda-\bar{\lambda})\bar{\boldsymbol{v}}^{\mathrm{T}}\boldsymbol{v}=0$$

因为 $\boldsymbol{v}\neq\boldsymbol{0}$, 所以 $\bar{\boldsymbol{v}}^{\mathrm{T}}\boldsymbol{v}\neq0$, 从而 $\lambda=\bar{\lambda}$, $\lambda$ 是一个实数.

(2) 设 $\lambda_1\neq\lambda_2$, $\boldsymbol{Ax}_1=\lambda_1\boldsymbol{x}_1$, $\boldsymbol{Ax}_2=\lambda_2\boldsymbol{x}_2$, 则

$$(\boldsymbol{Ax}_1,\boldsymbol{x}_2)=(\boldsymbol{x}_1,\boldsymbol{Ax}_2)\quad\Rightarrow\quad\lambda_1(\boldsymbol{x}_1,\boldsymbol{x}_2)=\lambda_2(\boldsymbol{x}_1,\boldsymbol{x}_2)$$

所以

$$(\lambda_1-\lambda_2)(\boldsymbol{x}_1,\boldsymbol{x}_2)=0$$

由 $\lambda_1\neq\lambda_2$, 知 $(\boldsymbol{x}_1,\boldsymbol{x}_2)=0$, 从而 $\boldsymbol{x}_1$ 与 $\boldsymbol{x}_2$ 正交.

**定理 4.8**　对于任意 $n$ 阶实对称阵 $\boldsymbol{A}$, 存在一个 $n$ 阶正交阵 $\boldsymbol{T}$, 使得 $\boldsymbol{T}^{-1}\boldsymbol{AT}$ 为对角阵.

**证明***　对 $V$ 的维数 $n$ 用归纳法. 当 $n=1$ 时, 结论显然成立.

实对称矩阵 $\boldsymbol{A}$ 的特征值全为实数, 设 $\lambda_1$ 是 $\boldsymbol{A}$ 的一个特征值, $\boldsymbol{\alpha}_1$ 是 $\boldsymbol{A}$ 的属于 $\lambda_1$ 的一个单位化特征向量. 将 $\boldsymbol{\alpha}_1$ 扩充成 $F^n$ 的一组标准正交基 $\boldsymbol{\alpha}_1,\boldsymbol{\alpha}_2,\cdots,\boldsymbol{\alpha}_n$. 则 $\boldsymbol{T}_n=(\boldsymbol{\alpha}_1,\boldsymbol{\alpha}_2,\cdots,\boldsymbol{\alpha}_n)$ 是一个正交矩阵, 且有

$$\boldsymbol{T}_n^{-1}\boldsymbol{AT}_n=(\boldsymbol{\alpha}_1,\boldsymbol{\alpha}_2,\cdots,\boldsymbol{\alpha}_n)^{\mathrm{T}}(\lambda_1\boldsymbol{\alpha}_1,\boldsymbol{A\alpha}_2,\cdots,\boldsymbol{A\alpha}_n)=\begin{bmatrix}\lambda_1 & \boldsymbol{0}\\ \boldsymbol{0} & \boldsymbol{A}_{n-1}\end{bmatrix}$$

(注: $(\boldsymbol{\alpha}_1,\boldsymbol{\alpha}_2,\cdots,\boldsymbol{\alpha}_n)^{\mathrm{T}}$ 的第一行与 $(\lambda_1\boldsymbol{\alpha}_1,\boldsymbol{A\alpha}_2,\cdots,\boldsymbol{A\alpha}_n)$ 的第二列对应元素乘积之和正好是 $\boldsymbol{\alpha}_1$ 与 $\boldsymbol{A\alpha}_2$ 的内积, 而 $(\boldsymbol{\alpha}_1,\boldsymbol{A\alpha}_2)=(\boldsymbol{A\alpha}_1,\boldsymbol{\alpha}_2)=(\lambda_1\boldsymbol{\alpha}_1,\boldsymbol{\alpha}_2)=\lambda_1(\boldsymbol{\alpha}_1,\boldsymbol{\alpha}_2)=0$, 因为 $\boldsymbol{\alpha}_1$ 与 $\boldsymbol{\alpha}_2$ 正交, 其他类似.)

因为 $\boldsymbol{T}_n^{-1}\boldsymbol{AT}_n$ 是对称矩阵, 因此, $\begin{bmatrix}\lambda_1 & \boldsymbol{0}\\ \boldsymbol{0} & \boldsymbol{A}_{n-1}\end{bmatrix}$ 也是对称矩阵, 由归纳假定, 存在 $n-1$ 阶正交矩阵 $\boldsymbol{T}_{n-1}$, 使得

$$\boldsymbol{T}_{n-1}^{-1}\boldsymbol{A}_{n-1}\boldsymbol{T}_{n-1}=\begin{bmatrix}\lambda_2 & & & \\ & \lambda_3 & & \\ & & \ddots & \\ & & & \lambda_n\end{bmatrix}$$

令 $\boldsymbol{T}=\boldsymbol{T}_n\begin{pmatrix}1 & \boldsymbol{0}\\ \boldsymbol{0} & \boldsymbol{T}_{n-1}\end{pmatrix}$, 则 $\boldsymbol{T}$ 仍然是正交矩阵, 且

$$\begin{aligned}\boldsymbol{T}^{-1}\boldsymbol{AT}&=\begin{pmatrix}1 & \boldsymbol{0}\\ \boldsymbol{0} & \boldsymbol{T}_{n-1}\end{pmatrix}^{-1}\boldsymbol{T}_n^{-1}\boldsymbol{AT}_n\begin{pmatrix}1 & \boldsymbol{0}\\ \boldsymbol{0} & \boldsymbol{T}_{n-1}\end{pmatrix}\\ &=\begin{pmatrix}1 & \boldsymbol{0}\\ \boldsymbol{0} & \boldsymbol{T}_{n-1}\end{pmatrix}^{-1}\begin{bmatrix}\lambda_1 & \boldsymbol{0}\\ \boldsymbol{0} & \boldsymbol{A}_{n-1}\end{bmatrix}\begin{pmatrix}1 & \boldsymbol{0}\\ \boldsymbol{0} & \boldsymbol{T}_{n-1}\end{pmatrix}\end{aligned}$$

$$= \begin{pmatrix} \lambda_1 & \mathbf{0} \\ \mathbf{0} & \boldsymbol{T}_{n-1}^{-1}\boldsymbol{A}_{n-1}\boldsymbol{T}_{n-1} \end{pmatrix} = \begin{pmatrix} \lambda_1 & & & \\ & \lambda_2 & & \\ & & \ddots & \\ & & & \lambda_n \end{pmatrix}$$

**例 4.6** 设 $\boldsymbol{A} = \begin{pmatrix} 0 & 1 & 1 \\ 1 & 0 & 1 \\ 1 & 1 & 0 \end{pmatrix}$.求正交阵 $\boldsymbol{S}$,使 $\boldsymbol{S}^{-1}\boldsymbol{AS} = \boldsymbol{S}^{\mathrm{T}}\boldsymbol{AS}$ 为对角阵.

**解** 矩阵 $\boldsymbol{A}$ 的特征多项式为

$$p_{\boldsymbol{A}}(\lambda) = |\lambda \boldsymbol{I} - \boldsymbol{A}| = \begin{vmatrix} \lambda & -1 & -1 \\ -1 & \lambda & -1 \\ -1 & -1 & \lambda \end{vmatrix} = (\lambda - 2)(\lambda + 1)^2 = 0$$

$\boldsymbol{A}$ 的特征值为 $\lambda_1 = 2, \lambda_2 = \lambda_3 = -1$.

对于 $\lambda_1 = 2$,求解齐次方程组 $(5\boldsymbol{I} - \boldsymbol{A})\boldsymbol{x} = \mathbf{0}$,得到特征向量 $(1,1,1)^{\mathrm{T}}$,再对特征向量单位化:$\boldsymbol{x}_1 = \frac{1}{\sqrt{3}}(1,1,1)^{\mathrm{T}}$.

对于 $\lambda_2 = \lambda_3 = -1$,求解齐次方程组 $(-\boldsymbol{I} - \boldsymbol{A})\boldsymbol{x} = \mathbf{0}$,得特征向量 $(-1,0,1)^{\mathrm{T}}$,$(-1,1,0)^{\mathrm{T}}$.经标准正交化得 $\boldsymbol{x}_2 = \frac{1}{\sqrt{2}}(-1,0,1)^{\mathrm{T}}$,$\boldsymbol{x}_3 = \frac{1}{\sqrt{6}}(-1,2,-1)^{\mathrm{T}}$.

综上,$\boldsymbol{S}$ 为一个正交矩阵,

$$\boldsymbol{S} = \begin{pmatrix} \frac{1}{\sqrt{3}} & -\frac{1}{\sqrt{2}} & -\frac{1}{\sqrt{6}} \\ \frac{1}{\sqrt{3}} & 0 & \frac{2}{\sqrt{6}} \\ \frac{1}{\sqrt{3}} & \frac{1}{\sqrt{2}} & -\frac{1}{\sqrt{6}} \end{pmatrix}$$

且有 $\boldsymbol{S}^{-1}\boldsymbol{AS} = \mathrm{diag}(2,-1,-1)$.

欧氏空间是定义了内积的实数域上的线性空间,酉空间是定义了内积的复数域上的线性空间.实数域上的对称变换和对称矩阵对应复数域上的厄米(Hermite)变换与厄米矩阵,实数域上的正交变换和正交矩阵对应复数域上的酉变换与酉矩阵.感兴趣的读者请参阅有关教材.

## 4.3 二次型的矩阵表示

在实数域上,含 $n$ 个变元 $x_1, x_2, \cdots, x_n$ 的二次型 $Q(x_1, x_2, \cdots, x_n)$ 是一个齐次二次多项式,它是定义在 $\mathbf{R}^n$ 上的一个函数.

$$Q(x_1,x_2,\cdots,x_n)=\sum_{i=1}^{n}\sum_{j=1}^{n}a_{ij}x_ix_j=(x_1,x_2,\cdots,x_n)\begin{pmatrix}a_{11}&a_{12}&\cdots&a_{1n}\\a_{21}&a_{22}&\cdots&a_{2n}\\\vdots&\vdots&&\vdots\\a_{n1}&a_{n2}&\cdots&a_{nn}\end{pmatrix}\begin{pmatrix}x_1\\x_2\\\vdots\\x_n\end{pmatrix}$$

约定 $a_{ji}=a_{ij}(i,j=1,2,\cdots,n)$，则

$$Q(x_1,x_2,\cdots,x_n)=\boldsymbol{X}^{\mathrm{T}}\boldsymbol{A}\boldsymbol{X} \tag{4.1}$$

其中 $\boldsymbol{A}$ 为 $n$ 阶实对称方阵，$\boldsymbol{X}$ 为 $n$ 维列向量

$$\boldsymbol{A}=\begin{pmatrix}a_{11}&a_{12}&\cdots&a_{1n}\\a_{21}&a_{22}&\cdots&a_{2n}\\\vdots&\vdots&&\vdots\\a_{n1}&a_{n2}&\cdots&a_{nn}\end{pmatrix},\quad \boldsymbol{X}=\begin{pmatrix}x_1\\x_2\\\vdots\\x_n\end{pmatrix}$$

称实对称矩阵 $\boldsymbol{A}$ 为二次型 $Q(x_1,x_2,\cdots,x_n)$ 的矩阵，$\boldsymbol{X}^{\mathrm{T}}\boldsymbol{A}\boldsymbol{X}$ 为二次型的矩阵表示. $\boldsymbol{A}$ 的秩称为**二次型的秩**.

由于约定 $a_{ij}=a_{ji}$，所以二次型的矩阵都是对称的.

**例 4.7**　写出二次型 $Q(x_1,x_2)=2x_1^2+4x_1x_2+5x_2^2$ 的矩阵及其矩阵表示.

**解**　易知

$$Q(x_1,x_2)=2x_1^2+4x_1x_2+5x_2^2=(x_1,x_2)\begin{pmatrix}2&2\\2&5\end{pmatrix}\begin{pmatrix}x_1\\x_2\end{pmatrix}=\boldsymbol{X}^{\mathrm{T}}\boldsymbol{A}\boldsymbol{X}$$

即为该二次型的矩阵表示，二次型的矩阵为 $\begin{pmatrix}2&2\\2&5\end{pmatrix}$.

**注**　在例 4.7 中，虽然 $Q(x_1,x_2)$ 也可表示为

$$Q(x_1,x_2)=2x_1^2+4x_1x_2+5x_2^2=(x_1,x_2)\begin{pmatrix}2&1\\3&5\end{pmatrix}\begin{pmatrix}x_1\\x_2\end{pmatrix}=\boldsymbol{X}^{\mathrm{T}}\boldsymbol{B}\boldsymbol{X}$$

但 $\boldsymbol{B}$ 不是对称矩阵，故 $\boldsymbol{X}^{\mathrm{T}}\boldsymbol{B}\boldsymbol{X}$ 不是二次型的矩阵表示.

**定义 4.12**　设 $\boldsymbol{A}$，$\boldsymbol{B}$ 是数域 $F$ 上的两个 $n$ 阶矩阵. 如果存在可逆矩阵 $\boldsymbol{P}$ 满足 $\boldsymbol{B}=\boldsymbol{P}^{\mathrm{T}}\boldsymbol{A}\boldsymbol{P}$，则称 $\boldsymbol{A}$，$\boldsymbol{B}$ 是相合的，或者说 $\boldsymbol{B}$ 相合于 $\boldsymbol{A}$，记作 $\boldsymbol{B}\cong\boldsymbol{A}$.

矩阵的相合关系是一种等价关系，具有以下性质：

(1) **反身性**　$\boldsymbol{A}$ 与自身相合，$\boldsymbol{A}=\boldsymbol{I}^{\mathrm{T}}\boldsymbol{A}\boldsymbol{I}$，即 $\boldsymbol{A}\cong\boldsymbol{A}$.

(2) **对称性**　如果 $\boldsymbol{B}$ 相合于 $\boldsymbol{A}$，则 $\boldsymbol{A}$ 相合于 $\boldsymbol{B}$，即若 $\boldsymbol{A}\cong\boldsymbol{B}$，则 $\boldsymbol{B}\cong\boldsymbol{A}$.

(3) **传递性**　如果 $\boldsymbol{C}$ 相合于 $\boldsymbol{B}$，$\boldsymbol{B}$ 相合于 $\boldsymbol{A}$，则 $\boldsymbol{C}$ 相合于 $\boldsymbol{A}$，即若 $\boldsymbol{C}\cong\boldsymbol{B}$，$\boldsymbol{B}\cong\boldsymbol{A}$，则 $\boldsymbol{C}\cong\boldsymbol{A}$.

**注**　如果 $\boldsymbol{C}=\boldsymbol{Q}^{\mathrm{T}}\boldsymbol{B}\boldsymbol{Q}$，$\boldsymbol{B}=\boldsymbol{P}^{\mathrm{T}}\boldsymbol{A}\boldsymbol{P}$，则 $\boldsymbol{C}=(\boldsymbol{P}\boldsymbol{Q})^{\mathrm{T}}\boldsymbol{A}(\boldsymbol{P}\boldsymbol{Q})$.

# 4.4 二次型的标准形

## 4.4.1 正交相合方法

**定义 4.13** 若二次型 $Q(x_1,x_2,\cdots,x_n)$经过线性交换 $\boldsymbol{X}=\boldsymbol{PY}$ 化成的关于 $y_1,y_2,\cdots,y_n$ 的二次型 $Q(\boldsymbol{X})|_{\boldsymbol{X}=\boldsymbol{PY}}$ 只含平方项,则称之为 $Q(x_1,x_2,\cdots,x_n)$的一个标准形.

二次型的标准形中的非零项的项数称为二次型的秩,它也是对应二次型矩阵 $\boldsymbol{A}$ 的秩.

化二次型为标准形的方法也称为相合对角化方法,包括正交相合法、配方法和初等变换法.正交相合方法也称主轴化方法.

设 $\boldsymbol{A}$ 是 $n$ 阶实对称方阵,在 4.3 节已证明,存在正交阵 $\boldsymbol{T}$ 使得 $\boldsymbol{T}^{-1}\boldsymbol{AT}$ 为对角阵.对于正交阵 $\boldsymbol{T}$,$\boldsymbol{T}^{-1}=\boldsymbol{T}^{\mathrm{T}}$,因此 $\boldsymbol{A}$ 正交相合于对角阵.

**定理 4.9** 给定实二次型 $Q(x_1,x_2,\cdots,x_n)=\boldsymbol{X}^{\mathrm{T}}\boldsymbol{AX}$,则存在正交变换 $\boldsymbol{X}=\boldsymbol{PY}$ 将 $Q(x_1,x_2,\cdots,x_n)$化为二次型的标准形

$$\widetilde{Q}(y_1,y_2,\cdots,y_n)=\boldsymbol{Y}^{\mathrm{T}}\boldsymbol{PY}=\lambda_1y_1^2+\lambda_2y_2^2+\cdots+\lambda_ny_n^2$$

其中 $\lambda_1,\lambda_2,\cdots,\lambda_n$ 为矩阵$\boldsymbol{A}$ 的特征值.

**例 4.8** 用正交相合法将二次型 $Q(x_1,x_2)=2x_1^2-4x_1x_2+5x_2^2$ 化为标准形.

**解** 二次型矩阵 $\boldsymbol{A}=\begin{pmatrix}2&-2\\-2&5\end{pmatrix}$,其特征方程为

$$|\lambda\boldsymbol{I}-\boldsymbol{A}|=(\lambda-1)(\lambda-6)=0$$

特征根与相应的特征向量为

$$\lambda_1=1,(\boldsymbol{I}-\boldsymbol{A})\boldsymbol{v}_1=0,\begin{pmatrix}-1&2\\2&-4\end{pmatrix}\boldsymbol{v}_1=\boldsymbol{0},\boldsymbol{v}_1=\begin{pmatrix}2\\1\end{pmatrix},\boldsymbol{P}_1=\frac{1}{\sqrt{5}}\begin{pmatrix}2\\1\end{pmatrix}$$

$$\lambda_2=6,(6\boldsymbol{I}-\boldsymbol{A})\boldsymbol{v}_2=0,\begin{pmatrix}4&2\\2&1\end{pmatrix}\boldsymbol{v}_2=\boldsymbol{0},\boldsymbol{v}_2=\begin{pmatrix}-1\\2\end{pmatrix},\boldsymbol{P}_2=\frac{1}{\sqrt{5}}\begin{pmatrix}-1\\2\end{pmatrix}$$

令 $\boldsymbol{P}=(\boldsymbol{P}_1,\boldsymbol{P}_2)=\frac{1}{\sqrt{5}}\begin{pmatrix}2&-1\\1&2\end{pmatrix}$,则 $\boldsymbol{P}^{\mathrm{T}}\boldsymbol{AP}=\begin{pmatrix}1&0\\0&6\end{pmatrix}$.

在自然基下二次型 $Q(x_1,x_2)=2x_1^2-4x_1x_2+5x_2^2$ 含有交叉项 $-4x_1x_2$,它表示一个倾斜的椭圆(图 4.1);而在 $\boldsymbol{P}_1,\boldsymbol{P}_2$ 这组基下,二次型 $Q(y_1,y_2)=y_1^2+6y_2^2$,是一个标准的椭圆方程.

利用正交变换的方法对角化,是一种理论化的方法.其特点是计算步骤规范,变换矩阵为正交矩阵,保持了度量不变,其局限性是计算量大(要解多个方程组),计算难度大(要计算特征多项式的根).

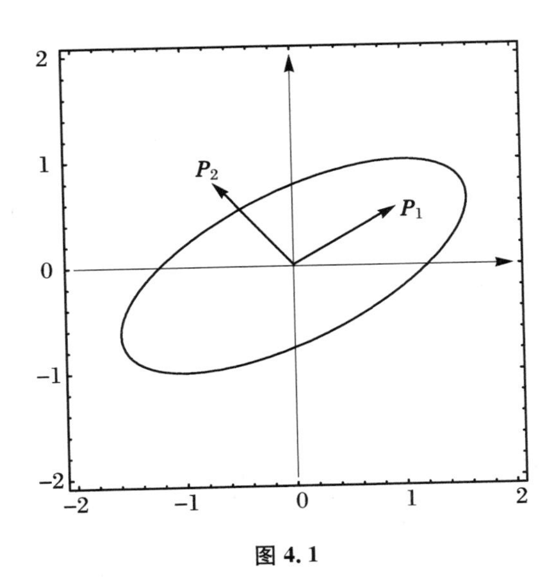


图 4.1

### 4.4.2 配方法

用配方法消去二次型的交叉项，$n$ 个变元最多做 $n-1$ 次配方.

**例 4.9** 用配方法化二次型 $Q(x_1,x_2)=2x_1^2+4x_1x_2+4x_2^2$ 为标准形.

**解** (1) $Q(x_1,x_2)=2(x_1^2+2x_1x_2+x_2^2)+2x_2^2=2(x_1+x_2)^2+2x_2^2$.

令 $\begin{cases} y_1=x_1+x_2, \\ y_2=x_2, \end{cases}$ 则 $\begin{cases} x_1=y_1-y_2, \\ x_2=y_2, \end{cases}$ 即 $\boldsymbol{X}=\boldsymbol{PY}=\begin{pmatrix} 1 & -1 \\ 0 & 1 \end{pmatrix}\boldsymbol{Y}$，从而有

$$Q(x_1,x_2)\big|_{\boldsymbol{X}=\boldsymbol{PY}}=2y_1^2+2y_2^2$$

(2) $Q(x_1,x_2)=x_1^2+(x_1^2+4x_1x_2+4x_2^2)=x_1^2+(x_1+2x_2)^2$.

令 $\begin{cases} z_1=x_1, \\ z_2=x_1+2x_2, \end{cases}$ 则 $\begin{cases} x_1=z_1, \\ x_2=-\dfrac{z_1}{2}+\dfrac{z_2}{2}, \end{cases}$ 即 $\boldsymbol{X}=\boldsymbol{TZ}=\begin{pmatrix} 1 & 0 \\ -\dfrac{1}{2} & \dfrac{1}{2} \end{pmatrix}\boldsymbol{Z}$，从而有

$$Q(x_1,x_2)\big|_{\boldsymbol{X}=\boldsymbol{TZ}}=z_1^2+z_2^2$$

可以看到二次型的标准形不唯一.

**定理 4.10** 实二次型 $Q(x_1,x_2,\cdots,x_n)=\sum\limits_{i=1}^{n}\sum\limits_{j=1}^{n}a_{ij}x_ix_j$ 均可通过配方法找到可逆变换 $\boldsymbol{X}=\boldsymbol{PY}$，将二次型化为标准形

$$Q(x_1,x_2,\cdots,x_n)\big|_{\boldsymbol{X}=\boldsymbol{PY}}=\mu_1y_1^2+\mu_2y_2^2+\cdots+\mu_ny_n^2$$

**例 4.10** 将二次型 $Q(x_1,x_2,x_3)=2x_1x_2+2x_2x_3+2x_1x_3$ 化为标准形.

**解** 令 $\begin{cases} x_1=y_1-y_2, \\ x_2=y_1+y_2, \\ x_3=y_3, \end{cases}$ 则 $\boldsymbol{P}_1=\begin{pmatrix} 1 & -1 & 0 \\ 1 & 1 & 0 \\ 0 & 0 & 1 \end{pmatrix}$. 做线性变换 $\boldsymbol{X}=\boldsymbol{P}_1\boldsymbol{Y}$，得

$$Q(\boldsymbol{X})\big|_{\boldsymbol{X}=\boldsymbol{P}_1\boldsymbol{Y}}=2y_1^2-2y_2^2+4y_1y_3$$

再配方：

$$Q(\boldsymbol{X})\big|_{\boldsymbol{X}=\boldsymbol{P}_1\boldsymbol{Y}}=2(y_1^2+2y_1y_3+y_3^2)-2y_2^2-2y_3^2$$

$$= 2(y_1 + y_3)^2 - 2y_2^2 - 2y_3^2$$

令$\begin{cases} z_1 = y_1 + y_3, \\ z_2 = y_2, \\ z_3 = y_3, \end{cases}$ 则$\begin{cases} y_1 = z_1 - z_3, \\ y_2 = z_2, \\ y_3 = z_3, \end{cases}$

$$\boldsymbol{P}_2 = \begin{pmatrix} 1 & -1 & 0 \\ 0 & 1 & 0 \\ 0 & 0 & 1 \end{pmatrix}$$

做线性变换 $\boldsymbol{Y} = \boldsymbol{P}_2\boldsymbol{Z}$,得

$$Q(\boldsymbol{X})|_{\boldsymbol{X}=\boldsymbol{PZ}} = 2z_1^2 - 2z_2^2 - 2z_3^2$$

其中

$$\boldsymbol{P} = \boldsymbol{P}_1\boldsymbol{P}_2 = \begin{pmatrix} 1 & -1 & 0 \\ 1 & 1 & 0 \\ 0 & 0 & 1 \end{pmatrix}\begin{pmatrix} 1 & 0 & -1 \\ 0 & 1 & 0 \\ 0 & 0 & 1 \end{pmatrix} = \begin{pmatrix} 1 & -1 & -1 \\ 1 & 1 & -1 \\ 0 & 0 & 1 \end{pmatrix}$$

### 4.4.3 初等变换法

前面我们用正交变换或配方法做非退化的线性变换 $\boldsymbol{X} = \boldsymbol{PY}$,所得新二次型的矩阵与原二次型矩阵是合同的.如果 $\boldsymbol{P}$ 选作初等变换矩阵,则每做一次初等变换就化简一个非对角线元素,用矩阵的语言,可以叙述为:

**定理 4.11** 每一个实二次型都可以通过初等变换化为标准形,即对每一个实对称矩阵 $\boldsymbol{A}$,都存在初等矩阵 $\boldsymbol{P}_1, \boldsymbol{P}_2, \cdots, \boldsymbol{P}_r$,使得 $\boldsymbol{A}$ 相合于实对角矩阵

$$\boldsymbol{P}_r^{\mathrm{T}}\boldsymbol{P}_{r-1}^{\mathrm{T}}\cdots\boldsymbol{P}_1^{\mathrm{T}}\boldsymbol{A}\boldsymbol{P}_1\boldsymbol{P}_2\cdots\boldsymbol{P}_r = \operatorname{diag}(\mu_1, \mu_2, \cdots, \mu_n)$$

**证明** 当 $n=1$ 时,结论成立.假设对于 $n-1$ 阶对称矩阵,定理成立,即对任意对称矩阵 $\boldsymbol{A}_{n-1} \in \mathbf{R}^{(n-1)\times(n-1)}$ 存在可逆方阵 $\boldsymbol{S}_2$,使得 $\boldsymbol{S}_2^{\mathrm{T}}\boldsymbol{A}_{n-1}\boldsymbol{S}_2 = \boldsymbol{\Lambda}$ 为对角阵.

对 $n$ 阶对称矩阵 $\boldsymbol{A} = (a_{ij})_{n\times n}$,分如下情形讨论:

(1) 设 $a_{11} \neq 0$.先做"把第 1 列乘 $-a_{i1}a_{11}^{-1}$ 加到第 $i$ 列"的初等变换 $\boldsymbol{P}_{1i}$,再做"把第 1 行乘 $-a_{i1}a_{11}^{-1}$ 加到第 $i$ 行"的初等变换 $\boldsymbol{P}_{1i}^{\mathrm{T}}(i=2,3,\cdots,n)$,即

$$\boldsymbol{P}_{1n}^{\mathrm{T}}\cdots\boldsymbol{P}_{12}^{\mathrm{T}}\boldsymbol{A}\boldsymbol{P}_{12}\cdots\boldsymbol{P}_{1n} = \boldsymbol{P}_1^{\mathrm{T}}\boldsymbol{A}\boldsymbol{P}_1 = \begin{pmatrix} a_{11} & \boldsymbol{0} \\ \boldsymbol{0} & \boldsymbol{A}_{n-1} \end{pmatrix}$$

其中

$$\boldsymbol{P}_{1i} = \begin{pmatrix} 1 & 0 & \cdots & -a_{i1}a_{11}^{-1} & \cdots & 0 \\ 0 & 1 & \cdots & 0 & \cdots & 0 \\ \vdots & \vdots & & \vdots & & \vdots \\ 0 & 0 & \cdots & 1 & \cdots & 0 \\ \vdots & \vdots & & \vdots & & \vdots \\ 0 & 0 & \cdots & 0 & \cdots & 1 \end{pmatrix}$$

$\boldsymbol{A}_{n-1}$ 是一个 $n-1$ 阶实对称矩阵.令

$$\boldsymbol{P}_1 = \boldsymbol{P}_{12}\boldsymbol{P}_{13}\cdots\boldsymbol{P}_{1n} = \begin{pmatrix} 1 & -a_{12}a_{11}^{-1} & \cdots & -a_{1n}a_{11}^{-1} \\ 0 & 1 & \cdots & 0 \\ \vdots & \vdots & & \vdots \\ 0 & 0 & \cdots & 1 \end{pmatrix}$$

又由归纳假设，存在可逆方阵 $\boldsymbol{P}_2$ 使得 $\boldsymbol{P}_2^{\mathrm{T}}\boldsymbol{A}_{n-1}\boldsymbol{P}_2=\boldsymbol{\Lambda}$ 为对角阵．令

$$\boldsymbol{P}=\boldsymbol{P}_1\begin{pmatrix}1 & \\ & \boldsymbol{P}_2\end{pmatrix}$$

则 $\boldsymbol{P}^{\mathrm{T}}\boldsymbol{A}\boldsymbol{P}=\begin{pmatrix}a_{11} & \boldsymbol{0}\\ \boldsymbol{0} & \boldsymbol{\Lambda}\end{pmatrix}$．

当 $a_{11}=0$ 时，如果有一个 $a_{ii}\neq 0(i=2,3,\cdots,n)$，则只要把 $\boldsymbol{A}$ 的第 1 行与第 $i$ 行互换，再把第 1 列和第 $i$ 列互换，就成第一种情形．

(2) 如果 $a_{ii}=0(i=1,2,\cdots,n)$，设 $a_{k1}\neq 0$，将第 $k$ 列加到第 1 列，第 $k$ 行加到第 1 行，即

$$\boldsymbol{P}_{k1}=\begin{pmatrix}1 & 0 & \cdots & 0 & \cdots & 0\\ 0 & 1 & \cdots & 0 & \cdots & 0\\ \vdots & \vdots & & \vdots & & \vdots\\ 1 & 0 & \cdots & 1 & \cdots & 0\\ \vdots & \vdots & & \vdots & & \vdots\\ 0 & 0 & \cdots & 0 & \cdots & 1\end{pmatrix}k$$

则 $\boldsymbol{P}_{1k}^{\mathrm{T}}\boldsymbol{A}\boldsymbol{P}_{1k}=\widetilde{\boldsymbol{A}}$，$\widetilde{\boldsymbol{A}}$ 中 $\widetilde{a}_{11}\neq 0$，转换为情形(1)．

为了计算变换矩阵 $\boldsymbol{P}$，要将每次所做的变换保留下来．

**方法 1**　对矩阵施行一个初等行变换，再对矩阵做一次相应的列变换，以保证每次变换后得到的矩阵和原矩阵相合．将单位阵放在待变换矩阵 $\boldsymbol{A}$ 的右边．当把 $\boldsymbol{A}$ 变换为对角阵时，$\boldsymbol{I}$ 相应地变换成 $\boldsymbol{P}^{\mathrm{T}}$．具体过程如下：

$$\begin{aligned}(\boldsymbol{A},\boldsymbol{I})&\rightarrow(\boldsymbol{P}_1^{\mathrm{T}}\boldsymbol{A},\boldsymbol{P}_1^{\mathrm{T}})\rightarrow(\boldsymbol{P}_1^{\mathrm{T}}\boldsymbol{A}\boldsymbol{P}_1,\boldsymbol{P}_1^{\mathrm{T}})\\ &\rightarrow(\boldsymbol{P}_2^{\mathrm{T}}\boldsymbol{P}_1^{\mathrm{T}}\boldsymbol{A}\boldsymbol{P}_1,\boldsymbol{P}_2^{\mathrm{T}}\boldsymbol{P}_1^{\mathrm{T}})\rightarrow(\boldsymbol{P}_2^{\mathrm{T}}\boldsymbol{P}_1^{\mathrm{T}}\boldsymbol{A}\boldsymbol{P}_1\boldsymbol{P}_2,\boldsymbol{P}_2^{\mathrm{T}}\boldsymbol{P}_1^{\mathrm{T}})\rightarrow\cdots\\ &\rightarrow(\boldsymbol{P}_r^{\mathrm{T}}\boldsymbol{P}_{r-1}^{\mathrm{T}}\cdots\boldsymbol{P}_1^{\mathrm{T}}\boldsymbol{A}\boldsymbol{P}_1\boldsymbol{P}_2\cdots\boldsymbol{P}_{r-1},\boldsymbol{P}_r^{\mathrm{T}}\boldsymbol{P}_{r-1}^{\mathrm{T}}\cdots\boldsymbol{P}_1^{\mathrm{T}})\\ &\rightarrow(\boldsymbol{P}_r^{\mathrm{T}}\boldsymbol{P}_{r-1}^{\mathrm{T}}\cdots\boldsymbol{P}_1^{\mathrm{T}}\boldsymbol{A}\boldsymbol{P}_1\boldsymbol{P}_2\cdots\boldsymbol{P}_r,\boldsymbol{P}_r^{\mathrm{T}}\boldsymbol{P}_{r-1}^{\mathrm{T}}\cdots\boldsymbol{P}_1^{\mathrm{T}})\\ &\rightarrow(\mathrm{diag}(\mu_1,\mu_2,\cdots,\mu_n),\boldsymbol{P}_r^{\mathrm{T}}\boldsymbol{P}_{r-1}^{\mathrm{T}}\cdots\boldsymbol{P}_1^{\mathrm{T}})=(\boldsymbol{\Lambda},\boldsymbol{P}^{\mathrm{T}})\end{aligned}$$

**方法 2**　对矩阵施行一个初等列变换，再对矩阵做一次相应的行变换．将单位阵放在待变换矩阵 $\boldsymbol{A}$ 的下面．当把 $\boldsymbol{A}$ 变换为对角阵时，$\boldsymbol{I}$ 相应地变换成 $\boldsymbol{P}$．具体过程如下：

$$\begin{pmatrix}\boldsymbol{A}\\ \boldsymbol{I}\end{pmatrix}\rightarrow\begin{pmatrix}\boldsymbol{A}\boldsymbol{P}_1\\ \boldsymbol{P}_1\end{pmatrix}\rightarrow\begin{pmatrix}\boldsymbol{P}_1^{\mathrm{T}}\boldsymbol{A}\boldsymbol{P}_1\\ \boldsymbol{P}_1\end{pmatrix}\rightarrow\cdots\xrightarrow[\boldsymbol{P}_1\boldsymbol{P}_2\cdots\boldsymbol{P}_m]{\boldsymbol{P}_m^{\mathrm{T}}\cdots\boldsymbol{P}_2^{\mathrm{T}}\boldsymbol{P}_1^{\mathrm{T}}\boldsymbol{A}\boldsymbol{P}_1\boldsymbol{P}_2\cdots\boldsymbol{P}_m}\begin{pmatrix}\boldsymbol{\Lambda}\\ \boldsymbol{P}\end{pmatrix}.$$

**例 4.11**　用初等变换化二次型 $Q(x_1,x_2,x_3)=2x_1x_2-6x_2x_3+2x_1x_3$ 为标准形．

**解**

$$(\boldsymbol{A},\boldsymbol{I})=\begin{pmatrix}0 & 1 & 1 & 1 & 0 & 0\\ 1 & 0 & -3 & 0 & 1 & 0\\ 1 & -3 & 0 & 0 & 0 & 1\end{pmatrix}\xrightarrow{\mathrm{r}_1+\mathrm{r}_2}\begin{pmatrix}1 & 1 & -2 & 1 & 1 & 0\\ 1 & 0 & -3 & 0 & 1 & 0\\ 1 & -3 & 0 & 0 & 0 & 1\end{pmatrix}$$

$$\xrightarrow{\mathrm{c}_1+\mathrm{c}_2}\begin{pmatrix}2 & 1 & -2 & 1 & 1 & 0\\ 1 & 0 & -3 & 0 & 1 & 0\\ -2 & -3 & 0 & 0 & 0 & 1\end{pmatrix}\xrightarrow{2\mathrm{r}_2}\begin{pmatrix}2 & 1 & -2 & 1 & 1 & 0\\ 2 & 0 & -6 & 0 & 2 & 0\\ -2 & -3 & 0 & 0 & 0 & 1\end{pmatrix}$$

$$\xrightarrow{2\mathrm{c}_2}\begin{pmatrix}2 & 2 & -2 & 1 & 1 & 0\\ 2 & 0 & -6 & 0 & 2 & 0\\ -2 & -6 & 0 & 0 & 0 & 1\end{pmatrix}\xrightarrow{\mathrm{r}_2-\mathrm{r}_1,\mathrm{r}_3+\mathrm{r}_1}\begin{pmatrix}2 & 2 & -2 & 1 & 1 & 0\\ 0 & -2 & -4 & -1 & 1 & 0\\ 0 & -4 & -2 & 1 & 1 & 1\end{pmatrix}$$

$$\xrightarrow{c_2-c_1,c_3+c_1}\begin{pmatrix}2&0&0&1&1&0\\0&-2&-4&-1&1&0\\0&-4&-2&1&1&1\end{pmatrix}\xrightarrow{r_3-2r_2}\begin{pmatrix}2&0&0&1&1&0\\0&-2&-4&-1&1&0\\0&0&6&3&-1&1\end{pmatrix}$$

$$\xrightarrow{c_3-2c_2}\begin{pmatrix}2&0&0&1&1&0\\0&-2&0&-1&1&0\\0&0&6&3&-1&1\end{pmatrix}=(\boldsymbol{D},\boldsymbol{P}^{\mathrm{T}})$$

令 $\boldsymbol{P}=\begin{pmatrix}1&-1&3\\1&1&-1\\0&0&1\end{pmatrix}$,则 $Q(x_1,x_2,x_3)|_{\boldsymbol{X}=\boldsymbol{PY}}=2y_1^2-2y_2^2+6y_3^2$.

# 4.5 相合不变量

二次型的标准形不是唯一的,它与所做的非退化线性变换有关.经非退化的线性变换后的二次型矩阵变成一个与之相合的(或称合同的)矩阵.因此,在一个二次型的标准形中,系数不为零的平方项的个数是唯一确定的,它等于二次型矩阵 $\boldsymbol{A}$ 的秩,与所做的非退化线性变换无关.

**例 4.12** 在例 4.9 中已用配方法把二次型 $Q(x_1,x_2)=2x_1^2+4x_1x_2+4x_2^2$ 化为

标准形 1:$Q(x_1,x_2)|_{\boldsymbol{X}=\boldsymbol{PY}}=2y_1^2+2y_2^2$,其中

$$\boldsymbol{P}=\begin{pmatrix}1&-1\\0&1\end{pmatrix}$$

标准形 2:$Q(x_1,x_2)|_{\boldsymbol{X}=\boldsymbol{TZ}}=z_1^2+z_2^2$,其中

$$\boldsymbol{T}=\begin{pmatrix}\frac{1}{\sqrt{2}}&-\frac{1}{\sqrt{2}}\\0&\frac{1}{\sqrt{2}}\end{pmatrix}$$

在标准形 1 中,再令

$$\boldsymbol{P}_2=\begin{pmatrix}\frac{1}{\sqrt{2}}&0\\0&\frac{1}{\sqrt{2}}\end{pmatrix}$$

则

$$\boldsymbol{P}_2^{\mathrm{T}}\boldsymbol{PAPP}_2=\boldsymbol{P}_2^{\mathrm{T}}\begin{pmatrix}2&0\\0&2\end{pmatrix}\boldsymbol{P}_2=\begin{pmatrix}1&0\\0&1\end{pmatrix}$$

$$Q(x_1,x_2)|_{\boldsymbol{X}=\boldsymbol{PY}}=2y_1^2+2y_2^2|_{\boldsymbol{Y}=\boldsymbol{P}_2\boldsymbol{U}}=u_1^2+u_2^2$$

标准形 2 称为实二次型的规范形.二次型的标准形不唯一,而二次型的规范形是唯一的.

**定理 4.12** 设 $\boldsymbol{A}$ 是一个 $n$ 阶实对称矩阵,则存在可逆矩阵 $\boldsymbol{P}$,使得

$$P^{\mathrm{T}}AP = \begin{pmatrix} I_r & & \\ & -I_s & \\ & & 0 \end{pmatrix},\quad \mathrm{rank}(A) = r+s \leqslant n$$

其中 $r$ 是标准形中正项的项数，$s$ 是负项的项数. 上式右边的对角矩阵称为矩阵 $A$ 的**规范形**.

从二次型来看，给定实二次型 $Q(x_1,x_2,\cdots,x_n)$，存在可逆方阵 $P$ 使得

$$Q(x_1,x_2,\cdots,x_n)\mid_{X=PY} = y_1^2+\cdots+y_r^2-y_{r+1}^2-\cdots-y_{r+s}^2$$

它就是二次型 $Q(x_1,x_2,\cdots,x_n)$ 的规范形.

**证明**　对称矩阵可以对角化，即存在可逆矩阵 $P_1$ 使得 $P_1^{\mathrm{T}}AP_1$ 是对角矩阵. 将对角矩阵中的对角元分成三类：正的、负的和 0. 不妨设

$$P_1^{\mathrm{T}}AP_1 = \mathrm{diag}(\mu_1,\cdots,\mu_r,-\mu_{r+1},\cdots,-\mu_{r+s},0,\cdots,0)$$

这里 $\mu_i>0(i=1,2,\cdots,r+s)$，否则可通过初等相合变换将对角线上的元素调整至上述情形. 令

$$P_2 = \mathrm{diag}\left(\frac{1}{\sqrt{\mu_1}},\cdots,\frac{1}{\sqrt{\mu_r}},\frac{1}{\sqrt{\mu_{r+1}}},\cdots,\frac{1}{\sqrt{\mu_{r+s}}},1,\cdots,1\right)$$

则 $P=P_1P_2$，满足

$$P^{\mathrm{T}}AP = (P_1P_2)^{\mathrm{T}}AP_1P_2 = P_2^{\mathrm{T}}(P_1^{\mathrm{T}}AP_1)P_2 = \begin{pmatrix} I_r & & \\ & -I_s & \\ & & 0 \end{pmatrix}$$

由于相合变换是非退化变换，因此不改变矩阵 $A$ 的秩，即实对称矩阵（二次型）的秩是相合变换下的不变量，必有 $\mathrm{rank}(A)=r+s$.

在实二次型的规范形中，正平方项的个数 $r$ 称为这个二次型的**正惯性指数**；负平方项的个数 $s$ 称为**负惯性指数**；它们的差 $r-s$ 称为该二次型的**符号差**.

下面我们要证明：正项数和负项数也是相合意义下的不变量.

**定理 4.13**　实二次型 $Q(x_1,x_2,\cdots,x_n)$ 的规范形中正项数 $r$ 和负项数 $s$ 是由二次型唯一确定的（或者说是由实对称矩阵 $A$ 唯一确定的）.

**证明***　设有两种不同的可逆变换 $X=P_1Y$ 和 $X=P_2Y$，化二次型为下列两种规范形：

$$Q(x_1,x_2,\cdots,x_n)\mid_{X=P_1Y} = y_1^2+\cdots+y_r^2-y_{r+1}^2-\cdots-y_{r+s}^2$$

$$Q(x_1,x_2,\cdots,x_n)\mid_{X=P_2Z} = z_1^2+\cdots+z_p^2-z_{p+1}^2-\cdots-z_{p+q}^2$$

其中 $r+s=p+q=\mathrm{rank}(A)$. 假设 $r\neq p$，不妨设 $r<p$.

记 $P_1^{-1}=(b_{ij})_{n\times n}$，$P_2^{-1}=(c_{ij})_{n\times n}$. 则有

$$\begin{cases} y_1 = b_{11}x_1+b_{12}x_2+\cdots+b_{1n}x_n = 0 \\ \cdots \\ y_r = b_{r1}x_1+b_{r2}x_2+\cdots+b_{rn}x_n = 0 \\ z_{p+1} = c_{p+1,1}x_1+c_{p+1,2}x_2+\cdots+c_{p+1,n}x_n = 0 \\ \cdots \\ z_n = c_{n1}x_1+c_{n2}x_2+\cdots+c_{nn}x_n = 0 \end{cases}$$

取 $P_1^{-1}X=Y$ 的前 $r$ 个方程和 $P_2^{-1}X=Z$ 的后 $n-p$ 个方程，组成关于变量 $x_1,x_2,\cdots,x_n$ 的一个齐次线性方程组.

方程组中方程的个数是 $r+(n-p)=n-(p-r)<n$，因此有非零解 $x_1,x_2,\cdots,x_n$. 这

个解对应着

$$\boldsymbol{Y} = \boldsymbol{P}_1^{-1}\boldsymbol{X} = (0,\cdots,0,y_{r+1},\cdots,y_n)^{\mathrm{T}},\quad \boldsymbol{Z} = \boldsymbol{P}_2^{-1}\boldsymbol{X} = (z_1,\cdots,z_p,0,\cdots,0)^{\mathrm{T}}$$

显然，$y_{r+1},\cdots,y_{r+s},\cdots,y_n$ 不全为零，$z_1,z_2,\cdots,z_p$ 也不全为零，于是有

$$Q(x_1,x_2,\cdots,x_n)\big|_{\boldsymbol{X}=\boldsymbol{P}_1\boldsymbol{Y}} = -y_{r+1}^2 - \cdots - y_{r+s}^2 \leqslant 0$$

$$Q(x_1,x_2,\cdots,x_n)\big|_{\boldsymbol{X}=\boldsymbol{P}_2\boldsymbol{Z}} = z_1^2 + \cdots + z_p^2 > 0$$

上面两个式子是相互矛盾的. 因此 $r = p$，从而有 $s = q$.

也称本定理为**惯性定理**.

在相合意义下，只有秩与正惯性指数相等的二次型(实对称矩阵)才是相合的，它们等价于同一个规范形. 二次型的负惯性指数由秩与正惯性指数唯一确定.

**推论** 两个实对称矩阵相合的充要条件是它们具有相同的秩和正惯性指数.

## 4.6 正定二次型

很多工程技术中的数学模型是正定二次型，在求解(大型)线性方程组研究中有专门讨论求解系数矩阵为正定矩阵的内容.

**定义 4.14** 设 $Q(x_1,x_2,\cdots,x_n)$ 是一个实二次型. 如果对于任意一组不全为零的实数 $c_1,c_2,\cdots,c_n$ 都有 $Q(c_1,c_2,\cdots,c_n)>0$，则称 $Q(x_1,x_2,\cdots,x_n)$ 为**正定二次型**.

类似地，有

(1) $\forall \boldsymbol{X} = (c_1,\cdots,c_n)^{\mathrm{T}} \neq \boldsymbol{0}$，有 $Q(c_1,\cdots,c_n) \geqslant 0$，则称 $Q$ 为半正定的；

(2) $\forall \boldsymbol{X} = (c_1,\cdots,c_n)^{\mathrm{T}} \neq \boldsymbol{0}$，有 $Q(c_1,\cdots,c_n) < 0$，则称 $Q$ 为负定的；

(3) $\forall \boldsymbol{X} = (c_1,\cdots,c_n)^{\mathrm{T}} \neq \boldsymbol{0}$，有 $Q(c_1,\cdots,c_n) \leqslant 0$，则称 $Q$ 为半负定的；

(4) 如果 $Q$ 既不是半正定又不是半负定的，则称 $Q$ 是不定二次型.

**定义 4.15** 如果二次型 $Q(\boldsymbol{X}) = \boldsymbol{X}^{\mathrm{T}}\boldsymbol{A}\boldsymbol{X}$ 是正定的，则二次型对应的实对称矩阵 $\boldsymbol{A}$ 称为**正定矩阵**.

正定矩阵的性质如下：

(1) $\boldsymbol{A}$ 是正定矩阵 $\Leftrightarrow \boldsymbol{A}$ 与单位阵合同；

(2) $\boldsymbol{A}$ 的正惯性指数为 $n$；

(3) 正定矩阵 $\boldsymbol{A}$ 的行列式 $|\boldsymbol{A}|>0$.

**证明*** (1) $\boldsymbol{A}$ 正定 $\Leftrightarrow f = \boldsymbol{X}^{\mathrm{T}}\boldsymbol{A}\boldsymbol{X}$ 正定 $\Leftrightarrow p = n \Leftrightarrow f$ 的规范形的矩阵是 $\boldsymbol{I} \Leftrightarrow \boldsymbol{A}$ 与 $\boldsymbol{I}$ 合同.

(2) $\boldsymbol{A}$ 正定 $\Leftrightarrow \boldsymbol{A}$ 与 $\boldsymbol{I}$ 合同 $\Leftrightarrow \boldsymbol{A} = \boldsymbol{P}^{\mathrm{T}}\boldsymbol{I}_n\boldsymbol{P}$.

(3) 设 $\boldsymbol{A} = \boldsymbol{P}^{\mathrm{T}}\boldsymbol{P}$，则 $\det(\boldsymbol{A}) = |\boldsymbol{P}|^2 > 0$.

非退化线性变换保持实二次型的正定性不变.

二次型与特征值的关系如下：

设 $\boldsymbol{A}$ 为实对称矩阵，则二次型 $\boldsymbol{X}^{\mathrm{T}}\boldsymbol{A}\boldsymbol{X}$

(1) 是正定的，当且仅当 $\boldsymbol{A}$ 的特征值都是正的；

(2) 是负定的，当且仅当 $\boldsymbol{A}$ 的特征值都是负的；

(3) 是不定的，当且仅当 $\boldsymbol{A}$ 的特征值有正的也有负的.

**定义 4.16**　设

$$A=\begin{pmatrix} a_{11} & a_{12} & \cdots & a_{1n} \\ a_{21} & a_{22} & \cdots & a_{2n} \\ \vdots & \vdots & & \vdots \\ a_{n1} & a_{n2} & \cdots & a_{nn} \end{pmatrix}$$

则

$$P_1=|a_{11}|=a_{11},\ P_2=\begin{vmatrix} a_{11} & a_{12} \\ a_{21} & a_{22} \end{vmatrix},\ \cdots,\ P_i=\begin{vmatrix} a_{11} & \cdots & a_{1i} \\ \vdots & & \vdots \\ a_{i1} & \cdots & a_{ii} \end{vmatrix},\ \cdots,\ P_n=|A|$$

称为矩阵 $A$ 的 $n$ 个**顺序主子式**.

**定理 4.14**　实二次型 $Q(x_1,x_2,\cdots,x_n)=\sum_{i=1}^{n}\sum_{j=1}^{n}a_{ij}x_ix_j=X^{\mathrm T}AX$ 是正定的充要条件是 $A$ 的所有顺序主子式全大于零.

**证明***　必要性. 设二次型 $Q(x_1,x_2,\cdots,x_n)$ 是正定的,对应的对称矩阵 $A$ 的 $\det(A)>0$.

令 $x_{k+1}=x_{k+2}=\cdots=x_n=0$,则

$$Q_k(x_1,\cdots,x_k)=Q(x_1,\cdots,x_k,0,\cdots,0)=\sum_{i=1}^{k}\sum_{j=1}^{k}a_{ij}x_ix_j$$

是一个 $k$ 变元的二次型. 对于任意不全为零的 $x_1,x_2,\cdots,x_k$,有

$$Q_k(x_1,x_2,\cdots,x_k)>0$$

所以 $Q_k(x_1,x_2,\cdots,x_k)$ 是一个正定的二次型,其对应的矩阵的行列式大于零,这个矩阵的行列式正是 $A$ 的第 $k$ 阶顺序主子式.

充分性. 对实对称矩阵的阶数 $n$ 做归纳. 当 $n=1$ 时,结论显然成立. 假设对 $n-1$ 充分性成立,对 $n$ 阶对称矩阵 $A$ 做如下分块:

$$A=\begin{pmatrix} A_{n-1} & C \\ C^{\mathrm T} & a_{nn} \end{pmatrix}$$

其中 $C=(a_{1n},a_{2n},\cdots,a_{n-1,n})$. 由于 $A_{n-1}$ 的各阶顺序主子式都大于零,由归纳假设知 $A_{n-1}$ 是正定的. 因此存在可逆矩阵 $P_{n-1}$,使得 $P_{n-1}^{\mathrm T}A_{n-1}P_{n-1}=I_{n-1}$. 令

$$R=\begin{pmatrix} I_{n-1} & -A_{n-1}^{-1}C \\ 0 & 1 \end{pmatrix}\begin{pmatrix} P_{n-1} & 0 \\ 0 & 1 \end{pmatrix}=\begin{pmatrix} P_{n-1} & -A_{n-1}^{-1}C \\ 0 & 1 \end{pmatrix}$$

则 $R$ 可逆,且

$$R^{\mathrm T}AR=\begin{pmatrix} P_{n-1}^{\mathrm T} & 0 \\ -C^{\mathrm T}A_{n-1}^{-1} & 1 \end{pmatrix}\begin{pmatrix} A_{n-1} & C \\ C^{\mathrm T} & a_{nn} \end{pmatrix}\begin{pmatrix} P_{n-1} & -A_{n-1}^{-1}C \\ 0 & 1 \end{pmatrix}$$

$$=\begin{pmatrix} I_{n-1} & 0 \\ 0 & a_{nn}-C^{\mathrm T}A_{n-1}^{-1}C \end{pmatrix}$$

记 $a=a_{nn}-C^{\mathrm T}A_{n-1}^{-1}C$,在上式两边取行列式,得 $\det(A)\det^2(R)=a$. 由 $\det(A)>0$ 知 $a>0$. 令

$$P=R\begin{pmatrix} I_{n-1} & 0 \\ 0 & \dfrac{1}{\sqrt{a}} \end{pmatrix}$$

得到

$$P^{\mathrm{T}}AP = I_n$$

即 $\boldsymbol{A}$ 相合于单位矩阵 $\boldsymbol{I}$,所以 $\boldsymbol{A}$ 是正定矩阵.

上述定理中关于顺序主子式大于零的必要性条件,实际上可以换成"对任意的主子式大于零".这是因为二次型 $Q(x_1,x_2,\cdots,x_n)$ 是否正定与变元的次序无关,即如果 $Q(x_1,x_2,\cdots,x_n)$ 是正定的,则 $Q(x_{\sigma(1)},x_{\sigma(2)},\cdots,x_{\sigma(n)})$ 也是正定的.两者之间可通过行列调换的相合变换.这里 $(\sigma(1),\sigma(2),\cdots,\sigma(n))$ 是 $(1,2,\cdots,n)$ 的任意一个排列.注意到后者的顺序主子式即是前者的任意主子式.

注意,即使二次型 $Q(x_1,x_2,\cdots,x_k)$ 的矩阵的各阶顺序主子式大于或等于零,$Q$ 也未必是半正定的.例如

$$Q(x_1,x_2) = -x_2^2 = (x_1,x_2)\begin{pmatrix}0 & 0\\ 0 & -1\end{pmatrix}\begin{pmatrix}x_1\\ x_2\end{pmatrix}$$

顺序主子式都为零,取 $(x_1,x_2)=(0,1)$,$Q(0,1)=-1<0$,所以 $Q$ 不是半正定的.

**例 4.13** 计算 $Q(x_1,x_2,x_3)=5x_1^2+4x_2^2+3x_3^2$,在约束条件 $\boldsymbol{X}^{\mathrm{T}}\boldsymbol{X}=1$ 下的最大值和最小值.

**解** 由于

$$Q(x_1,x_2,x_3) = 5x_1^2+4x_2^2+3x_3^2 \leqslant 5(x_1^2+x_2^2+x_3^2)\,|_{X^{\mathrm{T}}X=1} = 5$$

$$Q(x_1,x_2,x_3) = 5x_1^2+4x_2^2+3x_3^2 \geqslant 3(x_1^2+x_2^2+x_3^2)\,|_{X^{\mathrm{T}}X=1} = 3$$

且等号能取到,所以

$$\max Q(x_1,x_2,x_3)=5,\quad \min Q(x_1,x_2,x_3)=3$$

事实上,对于任意正定二次型 $Q(x_1,x_2,\cdots,x_n)$,由正交变换法知,存在正交阵 $\boldsymbol{P}$,使得 $Q(\boldsymbol{X})\,|_{X=PY}=\lambda_1 y_1^2+\cdots+\lambda_n y_n^2$,其中 $\lambda_1,\lambda_2,\cdots,\lambda_n$ 为二次型 $Q$ 的矩阵的所有特征值,而 $\boldsymbol{X}^{\mathrm{T}}\boldsymbol{X}=1\Leftrightarrow \boldsymbol{Y}^{\mathrm{T}}\boldsymbol{Y}=1$,可知正定二次型 $Q(x_1,x_2,\cdots,x_n)$ 在条件 $\boldsymbol{X}^{\mathrm{T}}\boldsymbol{X}=1$ 下的最大、最小值分别为矩阵的最大、最小特征值.

## 附录 4 用 Mathematica 做正交投影和标准正交化

| | |
|---|---|
| `Projection[u,v]` | 给出向量 u 在向量 v 上的投影. |
| `Normalize[v]` | 将向量 v 单位化. |
| `Orthogonalize[A]` | 对矩阵 A 的行向量做标准正交化. |
| `PositiveDefiniteMatrixQ[A]` | 判断 A 是否为正定矩阵. |

**例**

```
In[1]:= Projection[{0,1,0},{1,1,1}]
```

Out[1]= $\left\{\frac{1}{3},\frac{1}{3},\frac{1}{3}\right\}$

```
In[2]:= Normalize[%]
```

Out[2]= $\left\{\frac{1}{\sqrt{3}},\frac{1}{\sqrt{3}},\frac{1}{\sqrt{3}}\right\}$

```
In[3]:= a1= {1,2,2};a2= {2,1,1};a3= {1,1,2}
In[4]:= Orthogonalize[{a1,a2,a3}]
```

Out[4]= $\left\{\left\{\frac{1}{3},\frac{2}{3},\frac{2}{3}\right\},\left\{\frac{2\sqrt{2}}{3},-\frac{1}{3\sqrt{2}},-\frac{1}{3\sqrt{2}}\right\},\left\{0,-\frac{1}{\sqrt{2}},-\frac{1}{\sqrt{2}}\right\}\right\}$

```
In[5]:= PositiveDefiniteMatrixQ[{3,2,1},{2,4,5},{1,5,6}]
Out[5]= False
```

# 习　题　4

1. 设 $\boldsymbol{\alpha}_1,\boldsymbol{\alpha}_2,\cdots,\boldsymbol{\alpha}_m$ 是欧氏空间 $V$ 的一组非零正交向量组. 证明:$\boldsymbol{\alpha}_1,\boldsymbol{\alpha}_2,\cdots,\boldsymbol{\alpha}_m$ 线性无关.

2. 用施密特正交化方法构造标准正交向量组:

(1) $\boldsymbol{\alpha}_1=(0,0,1)$, $\boldsymbol{\alpha}_2=(1,0,1)$, $\boldsymbol{\alpha}_3=(1,1,1)$;

(2) $\boldsymbol{\alpha}_1=\begin{pmatrix}1\\0\\1\end{pmatrix}$, $\boldsymbol{\alpha}_2=\begin{pmatrix}1\\2\\5\end{pmatrix}$, $\boldsymbol{\alpha}_3=\begin{pmatrix}5\\2\\1\end{pmatrix}$.

3. 设 $\boldsymbol{\alpha}$ 是一个单位向量. 证明:$\boldsymbol{Q}=\boldsymbol{I}-2\boldsymbol{\alpha}\boldsymbol{\alpha}^{\mathrm{T}}$ 是一个正交矩阵. 当 $\boldsymbol{\alpha}=\frac{1}{\sqrt{3}}(1,1,1)^{\mathrm{T}}$ 时,求出 $\boldsymbol{Q}$.

4. 设 $\boldsymbol{A}$ 是一个 $n$ 阶对称方阵,且对任一个 $n$ 维向量 $\boldsymbol{X}$,有 $\boldsymbol{X}^{\mathrm{T}}\boldsymbol{A}\boldsymbol{X}=0$. 证明:$\boldsymbol{A}=\boldsymbol{0}$.

5. 求正交变换,使下列实二次型化为标准形:

(1) $Q(x_1,x_2,x_3)=2x_1x_2-2x_2x_3-2x_1x_3$;

(2) $Q(x_1,x_2,x_3,x_4)=2x_1x_2-2x_3x_4$.

6. 用配方法将 $Q(x_1,x_2,x_3)=x_1^2-2x_3^2+3x_1x_2$ 化为标准形,并求相应的可逆线性变换.

7. 用初等变换法将 $Q(x_1,x_2,x_3)=2x_1x_2-2x_2x_3-2x_1x_3$ 化成标准形,并求相应的可逆线性变换.

8. 判断下列二次型是否是正定二次型:

(1) $Q(x_1,x_2,x_3)=x_1^2+3x_3^2+2x_1x_2-2x_2x_3-2x_1x_3$;

(2) $Q(x_1,x_2,x_3)=3x_1^2+4x_2^2+5x_3^2+2x_1x_2-2x_2x_3-2x_1x_3$.

# 第5章 矩阵和向量范数

## 5.1 向量范数

### 5.1.1 向量范数的定义

在一维空间中，实轴上任意两点 $a$，$b$ 的距离用两点差的绝对值 $|a-b|$ 表示. 绝对值是一种度量的定义形式.

范数是在广义长度意义下，对函数、向量和矩阵的一种度量定义. 任何对象的范数值都是一个非负实数. 使用范数可以测量两个函数、向量或矩阵之间的距离. 向量范数是度量向量长度的一种定义形式. 范数有多种定义形式，只要满足定义 5.1 即可定义一个范数.

**定义 5.1** 对任一向量 $\boldsymbol{X}\in\mathbf{R}^n$，按照一个规则确定一个非负实数与它对应，记该实数为 $\|\boldsymbol{X}\|$. 若 $\|\boldsymbol{X}\|$ 满足下面三个性质：

(1) 任取 $\boldsymbol{X}\in\mathbf{R}^n$，$\|\boldsymbol{X}\|\geqslant\mathbf{0}$，当且仅当 $\boldsymbol{X}=\mathbf{0}$ 时，$\|\boldsymbol{X}\|=0$（非负性）；

(2) 任取 $\boldsymbol{X}\in\mathbf{R}^n$，$\alpha\in\mathbf{R}$，$\|\alpha\boldsymbol{X}\|=|\alpha|\,\|\boldsymbol{X}\|$（齐次性）；

(3) 任取 $\boldsymbol{X},\boldsymbol{Y}\in\mathbf{R}^n$，$\|\boldsymbol{X}+\boldsymbol{Y}\|\leqslant\|\boldsymbol{X}\|+\|\boldsymbol{Y}\|$（三角不等式），

那么称实数 $\|\boldsymbol{X}\|$ 为向量 $\boldsymbol{X}$ 的范数.

**定义 5.2** 向量 $\boldsymbol{X}=(x_1,x_2,\cdots,x_n)^{\mathrm{T}}$ 的 $L_p$ 范数（赫尔德（Hölder）范数）定义为

$$\|\boldsymbol{X}\|_p=\left(\sum_{i=1}^{n}|x_i|^p\right)^{1/p},\quad 1\leqslant p\leqslant+\infty \tag{5.1}$$

经常使用的三种 $L_p$ 范数是：

1 范数（曼哈顿（Manhattan）范数）

$$\|\boldsymbol{X}\|_1=\sum_{i=1}^{n}|x_i|=|x_1|+|x_2|+\cdots+|x_n|$$

2 范数（欧几里得范数）

$$\|\boldsymbol{X}\|_2=\sqrt{\sum_{i=1}^{n}x_i^2}=\sqrt{x_1^2+x_2^2+\cdots+x_n^2}$$

或写成 $\|\boldsymbol{X}\|_2=\sqrt{(\boldsymbol{X},\boldsymbol{X})}$.

$\infty$ 范数

$$\|\boldsymbol{X}\|_\infty=\max(|x_1|,|x_2|,\cdots,|x_n|)=\max_{1\leqslant i\leqslant n}|x_i|$$

**注** $\|\boldsymbol{X}\|_\infty=\lim\limits_{p\to\infty}(|x_1|^p+|x_2|^p+\cdots+|x_n|^p)^{1/p}$

$$= \max_{1\leqslant i\leqslant n}|x_i|\lim_{p\to\infty}\left(\frac{|x_1|^p}{\max\limits_{1\leqslant i\leqslant n}|x_i|^p}+\frac{|x_2|^p}{\max\limits_{1\leqslant i\leqslant n}|x_i|^p}+\cdots+\frac{|x_n|^p}{\max\limits_{1\leqslant i\leqslant n}|x_i|^p}\right)^{1/p}$$

$$= \max_{1\leqslant i\leqslant n}|x_i|$$

**例 5.1**　计算向量 $\boldsymbol{X}=(1,3,a)^{\mathrm{T}}$ 的 1 范数、2 范数和 ∞ 范数.

$$\|\boldsymbol{X}\|_1 = 1+3+|a| = 4+|a|$$

$$\|\boldsymbol{X}\|_2 = (1^2+3^2+a^2)^{1/2} = \sqrt{10+a^2}$$

$$\|\boldsymbol{X}\|_\infty = \max(1,3,|a|) = \max(3,|a|)$$

**例 5.2**　设 $\boldsymbol{A}$ 是一个正定矩阵,对任何向量 $\boldsymbol{X}\in\mathbf{R}^n$,定义函数 $\|\boldsymbol{X}\|_{\boldsymbol{A}}=\sqrt{\boldsymbol{X}^{\mathrm{T}}\boldsymbol{A}\boldsymbol{X}}$,也满足向量范数定义.

**例 5.3**　当 $0<p<1$ 时,$\|\boldsymbol{X}\|_p=\left(\sum\limits_{i=1}^{n}|x_i|^p\right)^{1/p}$ 不是向量范数.

**证明**　取 $\boldsymbol{\alpha}=(1,0,\cdots,0)^{\mathrm{T}},\boldsymbol{\beta}=(0,\cdots,0,1)^{\mathrm{T}}$,则

$$\|\boldsymbol{\alpha}\|_p=1,\quad \|\boldsymbol{\beta}\|_p=1,\quad \|\boldsymbol{\alpha}\|_p+\|\boldsymbol{\beta}\|_p=2$$

$$\|\boldsymbol{\alpha}+\boldsymbol{\beta}\|_p=2^{1/p}>2$$

$$\|\boldsymbol{\alpha}+\boldsymbol{\beta}\|_p>\|\boldsymbol{\alpha}\|_p+\|\boldsymbol{\beta}\|_p$$

所以当 $0<p<1$ 时,$\|\boldsymbol{X}\|_p$ 不是向量范数.

### 5.1.2　不同向量范数的关系

对于同一向量,在不同的范数定义下可得到不同的范数值.定理 5.1 给出有限维线性空间 $\mathbf{R}^n$ 中任意向量范数都是等价的.

**定理 5.1**　若 $R_1(\boldsymbol{X}),R_2(\boldsymbol{X})$ 是 $\mathbf{R}^n$ 上两种不同的范数,则必存在 $0<m<M<\infty$,使 $\forall\,\boldsymbol{X}\in\mathbf{R}^n$,均有

$$m\boldsymbol{R}_2(\boldsymbol{X})\leqslant \boldsymbol{R}_1(\boldsymbol{X})\leqslant M\boldsymbol{R}_2(\boldsymbol{X}) \tag{5.2}$$

或

$$m\leqslant\frac{\boldsymbol{R}_1(\boldsymbol{X})}{\boldsymbol{R}_2(\boldsymbol{X})}\leqslant M,\quad \boldsymbol{X}\neq\boldsymbol{0}$$

可以验证,对于向量的 1,2 和 ∞ 范数有下列等价关系:

$$\|\boldsymbol{X}\|_\infty\leqslant\|\boldsymbol{X}\|_1\leqslant n\|\boldsymbol{X}\|_\infty$$

$$\frac{1}{\sqrt{n}}\|\boldsymbol{X}\|_1\leqslant\|\boldsymbol{X}\|_2\leqslant\|\boldsymbol{X}\|_1$$

$$\frac{1}{\sqrt{n}}\|\boldsymbol{X}\|_2\leqslant\|\boldsymbol{X}\|_\infty\leqslant\|\boldsymbol{X}\|_2$$

### 5.1.3　向量的极限

向量范数的定义给了度量向量距离的标准,由此可定义向量的极限和收敛概念.

设 $\boldsymbol{X}^{(m)}(m=1,2,\cdots)$ 为 $\mathbf{R}^n$ 上的向量序列.如果存在向量 $\boldsymbol{\alpha}\in\mathbf{R}^n$ 使得 $\lim\limits_{m\to\infty}\|\boldsymbol{X}^{(m)}-\boldsymbol{\alpha}\|=0$,则称向量列 $\{\boldsymbol{X}^{(m)}\}$ 是收敛的,$\boldsymbol{\alpha}$ 称为该向量序列的极限.

由向量范数的等价性,可知向量序列是否收敛与选取哪种范数无关.向量序列

$\boldsymbol{X}^{(m)}=(x_1^{(m)},x_2^{(m)},\cdots,x_n^{(m)})^{\mathrm{T}}$ 收敛的充要条件为其序列的每个分量都收敛，即 $\lim\limits_{m\to\infty}x_i^{(m)}$ 存在.若 $\lim\limits_{m\to\infty}x_i^{(m)}=x_i$，则 $\boldsymbol{X}=(x_1,x_2,\cdots,x_n)^{\mathrm{T}}$ 就是向量序列 $\boldsymbol{X}^{(m)}(m=1,2,\cdots)$ 的极限.在数值计算中，当迭代的向量序列中相邻两个向量的误差 $\|\boldsymbol{X}^{(k+1)}-\boldsymbol{X}^{(k)}\|$ 小于给定精度时，视 $\boldsymbol{X}^{(k+1)}$ 为极限向量 $\boldsymbol{X}^*$.

# 5.2 矩阵范数

## 5.2.1 矩阵范数的定义

设 $\boldsymbol{A}\in\mathbf{R}^{n\times n}$，记方阵 $\boldsymbol{A}$ 的范数为 $\|\boldsymbol{A}\|$，矩阵范数满足下列性质：

(1) $\|\boldsymbol{A}\|\geqslant 0$，当且仅当 $\boldsymbol{A}=\boldsymbol{0}$ 时，$\|\boldsymbol{A}\|=0$(非负性)；

(2) 设 $\boldsymbol{A}\in\mathbf{R}^{n\times n}$，$\forall\lambda\in\mathbf{R}$，$\|\lambda\boldsymbol{A}\|=|\lambda|\,\|\boldsymbol{A}\|$(齐次性)；

(3) 设 $\boldsymbol{A},\boldsymbol{B}$ 为同阶方阵，$\|\boldsymbol{A}+\boldsymbol{B}\|\leqslant\|\boldsymbol{A}\|+\|\boldsymbol{B}\|$(三角不等式)；

(4) 设 $\boldsymbol{A},\boldsymbol{B}$ 为同阶矩阵，$\|\boldsymbol{AB}\|\leqslant\|\boldsymbol{A}\|\,\|\boldsymbol{B}\|$(相容性).

只要满足(1)～(4)就可以定义一个矩阵范数.

矩阵范数可用向量范数诱导定义.设 $\boldsymbol{A}\in\mathbf{R}^{n\times n}$，

$$\|\boldsymbol{A}\|=\sup_{\substack{\boldsymbol{X}\in\mathbf{R}^n\\ \boldsymbol{X}\neq\boldsymbol{0}}}\frac{\|\boldsymbol{AX}\|}{\|\boldsymbol{X}\|}\tag{5.3}$$

下面简化矩阵范数的定义式(5.3).

设 $\|\tilde{\boldsymbol{X}}\|=1$ 且 $\boldsymbol{X}=t\tilde{\boldsymbol{X}}$，则

$$\begin{aligned}\|\boldsymbol{A}\|&=\sup_{\substack{\boldsymbol{X}\in\mathbf{R}^n\\ \boldsymbol{X}\neq\boldsymbol{0}}}\frac{\|\boldsymbol{AX}\|}{\|\boldsymbol{X}\|}=\sup_{\substack{\tilde{\boldsymbol{X}}\in\mathbf{R}^n\\ \|\tilde{\boldsymbol{X}}\|=1}}\frac{\|\boldsymbol{A}t\tilde{\boldsymbol{X}}\|}{\|t\tilde{\boldsymbol{X}}\|}=\sup_{\substack{\tilde{\boldsymbol{X}}\in\mathbf{R}^n\\ \|\tilde{\boldsymbol{X}}\|=1}}\frac{\|\boldsymbol{A}\tilde{\boldsymbol{X}}\|}{\|\tilde{\boldsymbol{X}}\|}\\&=\sup_{\substack{\tilde{\boldsymbol{X}}\in\mathbf{R}^n\\ \|\tilde{\boldsymbol{X}}\|=1}}\|\boldsymbol{A}\tilde{\boldsymbol{X}}\|=\sup_{\substack{\boldsymbol{X}\in\mathbf{R}^n\\ \|\boldsymbol{X}\|=1}}\|\boldsymbol{AX}\|\end{aligned}$$

即 $\|\boldsymbol{A}\|=\sup\limits_{\substack{\boldsymbol{X}\in\mathbf{R}^n\\ \|\boldsymbol{X}\|=1}}\|\boldsymbol{AX}\|$.

**定理 5.2** 设 $\|\cdot\|$ 是 $\mathbf{R}^n$ 上的一个向量范数，则由

$$\|\boldsymbol{A}\|=\max_{\|\boldsymbol{X}\|=1}\|\boldsymbol{AX}\|,\quad \boldsymbol{A}\in\mathbf{R}^{n\times n}\tag{5.4}$$

定义的实值函数 $\|\boldsymbol{A}\|$ 是一个矩阵范数.

这类范数称为诱导范数或从属范数.直观上，它是矩阵对向量的最大拉伸.

## 5.2.2 常用的矩阵范数

对应于向量的三种范数，诱导的三种矩阵范数形式为

$$\|A\|_1 = \max_{1\leqslant j\leqslant n}\sum_{i=1}^{n}|a_{ij}| \quad （列和范数）$$

$$\|A\|_\infty = \max_{1\leqslant i\leqslant n}\sum_{j=1}^{n}|a_{ij}| \quad （行和范数）$$

$$\|A\|_2 = \sqrt{\lambda_1} \quad （谱范数）$$

其中 $\lambda_1 = \max\limits_{1\leqslant i\leqslant n}|\lambda_i|$，$\lambda_i$ 是 $A^{\mathrm{T}}A$ 的特征值.

**证明*** 矩阵的诱导范数是 $\mathbf{R}^n$ 上满足 $\|X\| = 1$ 的向量范数 $\|AX\|$ 的上确界，那么，找到这个上确界也就找到了矩阵的范数. 由范数的齐次性，只需对 $\|X\| = 1$ 进行讨论.

(1) 任取 $X\in\mathbf{R}^n$，设 $\|X\|_1 = 1$，则

$$\begin{aligned}\|AX\|_1 &= \sum_{i=1}^{n}|(AX)_i| = \sum_{i=1}^{n}\left|\sum_{j=1}^{n}a_{ij}x_j\right| \leqslant \sum_{i=1}^{n}\sum_{j=1}^{n}|a_{ij}||x_j| \\ &= \sum_{j=1}^{n}\left(\sum_{i=1}^{n}|a_{ij}|\right)|x_j| \leqslant \left(\max_{1\leqslant j\leqslant n}\sum_{i=1}^{n}|a_{ij}|\right)\sum_{j=1}^{n}|x_j| = \max_{1\leqslant j\leqslant n}\sum_{i=1}^{n}|a_{ij}|\end{aligned}$$

即

$$\|A\|_1 \leqslant \max_{1\leqslant j\leqslant n}\sum_{i=1}^{n}|a_{ij}|$$

设极大值在第 $k$ 列达到，即 $\max\limits_{1\leqslant j\leqslant n}\sum\limits_{i=1}^{n}|a_{ij}| = \sum\limits_{i=1}^{n}|a_{ik}|$.

取 $X = e = (0,\cdots,0,1,0,\cdots,0)^{\mathrm{T}}$，$e$ 除第 $k$ 个分量为 1 外，其余分量均为 0. 于是有

$$\|Ae\|_1 = \|(a_{1k},a_{2k},\cdots,a_{nk})^{\mathrm{T}}\|_1 = \sum_{i=1}^{n}|a_{ik}| = \max_{1\leqslant j\leqslant n}\sum_{i=1}^{n}|a_{ij}|$$

由于 $\|e\|_1 = 1$，故 $\|A\|_1 \geqslant \sum\limits_{i=1}^{n}|a_{ik}| = \max\limits_{1\leqslant j\leqslant n}\sum\limits_{i=1}^{n}|a_{ij}|$. 因此有

$$\|A\|_1 = \max_{1\leqslant j\leqslant n}\sum_{i=1}^{n}|a_{ij}|$$

(2) 任取 $X$，$\|X\|_\infty = 1$，则

$$\begin{aligned}\|AX\|_\infty &= \max_{1\leqslant i\leqslant n}|(AX)_i| = \max_{1\leqslant i\leqslant n}\left|\sum_{j=1}^{n}a_{ij}x_j\right| \\ &\leqslant \max_{1\leqslant i\leqslant n}\sum_{j=1}^{n}|a_{ij}||x_j| \leqslant \max_{1\leqslant i\leqslant n}\sum_{j=1}^{n}|a_{ij}|\end{aligned}$$

即

$$\|A\|_\infty \leqslant \max_{1\leqslant i\leqslant n}\sum_{j=1}^{n}|a_{ij}|$$

另一方面，设极大值在第 $k$ 行达到，取

$$X = e = (\mathrm{sign}a_{k1},\mathrm{sign}a_{k2},\cdots,\mathrm{sign}a_{kn})^{\mathrm{T}}$$

这里

$$\mathrm{sign}a = \begin{cases}1, & a\geqslant 0\\ -1, & a<0\end{cases}$$

于是 $\|Ae\|_\infty = \sum\limits_{j=1}^{n}|a_{kj}|$. 故

$$\|A\|_\infty = \max_{1\leqslant i\leqslant n}\sum_{j=1}^{n}|a_{ij}|$$

(3) $\boldsymbol{A}^{\mathrm{T}}\boldsymbol{A}$ 为对称的非负矩阵，具有非负特征值，并具有 $n$ 个相互正交的单位特征向量. 设 $\boldsymbol{A}^{\mathrm{T}}A$ 的特征值为 $\lambda_1\geqslant\lambda_2\geqslant\cdots\geqslant\lambda_n\geqslant 0$，相应的特征向量为 $\boldsymbol{u}_1,\boldsymbol{u}_2,\cdots,\boldsymbol{u}_n$，其中 $\boldsymbol{u}_i$ 为相互正交的单位向量.

设 $\boldsymbol{X}=x_1\boldsymbol{u}_1+x_2\boldsymbol{u}_2+\cdots+x_n\boldsymbol{u}_n$，并且 $\|\boldsymbol{X}\|_2=1$，即 $\sum\limits_{i=1}^{n}x_i^2=1$. 则

$$\boldsymbol{A}^{\mathrm{T}}\boldsymbol{AX}=\lambda_1x_1u_1+\lambda_2x_2u_2+\cdots+\lambda_nx_nu_n$$

$$\|\boldsymbol{AX}\|_2^2=(\boldsymbol{AX},\boldsymbol{AX})=(\boldsymbol{A}^{\mathrm{T}}\boldsymbol{AX},\boldsymbol{X})=\sum_{i=1}^{n}\lambda_ix_i^2\leqslant\lambda_1\sum_{i=1}^{n}x_i^2=\lambda_1$$

即对任意 $\|\boldsymbol{X}\|_2=1$，均有 $\|\boldsymbol{AX}\|_2\leqslant\sqrt{\lambda_1}$. 故 $\|\boldsymbol{A}\|_2\leqslant\sqrt{\lambda_1}=(\rho(\boldsymbol{A}^{\mathrm{T}}\boldsymbol{A}))^{1/2}$. 取 $\boldsymbol{X}=\boldsymbol{u}_1$，则有

$$\|\boldsymbol{AX}\|_2=\sup_{\|\boldsymbol{X}\|=1}\|\boldsymbol{AX}\|_2=\sqrt{\lambda_1}$$

于是有 $\|\boldsymbol{A}\|_2=\sqrt{\lambda_1}=(\rho(\boldsymbol{A}^{\mathrm{T}}\boldsymbol{A}))^{1/2}$.

如果 $\boldsymbol{A}$ 是对称矩阵，那么 $\boldsymbol{A}^{\mathrm{T}}\boldsymbol{A}=\boldsymbol{AA}$，设 $\boldsymbol{A}$ 的特征值是 $t_i(i=1,2,\cdots,n)$，则有

$$\|\boldsymbol{A}\|_2=\max_{1\leqslant i\leqslant n}\sqrt{\lambda_i}=\max_{1\leqslant i\leqslant n}|t_i|$$

按式(5.3)定义的矩阵范数满足矩阵范数中所需的各种条件，称它为从属于该向量范数的矩阵范数. 由式(5.3)，对一切非零向量 $\boldsymbol{X}$，有

$$\|\boldsymbol{AX}\|\leqslant\|\boldsymbol{A}\|\,\|\boldsymbol{X}\| \tag{5.5}$$

使得式(5.5)成立的矩阵与向量范数称为相容性. 根据定义，对任一种从属范数有 $\|\boldsymbol{I}\|=1$，即单位矩阵的范数是1.

还要介绍一种向量范数，称为弗罗贝尼乌斯(Frobenius)范数，用 $\|\boldsymbol{A}\|_{\mathrm{F}}$ 表示，其定义为

$$\|\boldsymbol{A}\|_{\mathrm{F}}=\left(\sum_{i=1}^{n}\sum_{j=1}^{n}|a_{ij}|^2\right)^{1/2}$$

因为弗罗贝尼乌斯范数易于计算，在实用中是一种十分有用的范数. 但它不能从属于任何一种向量范数，因为 $\|\boldsymbol{I}\|_{\mathrm{F}}=n^{1/2}$.

与向量范数的等价性质类似，不同定义的矩阵范数之间也是等价的.

**例 5.4** 设 $\boldsymbol{A}=\begin{pmatrix}-1 & 3\\ 5 & 7\end{pmatrix}$. 分别求 $\|\boldsymbol{A}\|_1$，$\|\boldsymbol{A}\|_\infty$，$\|\boldsymbol{A}\|_2$，$\|\boldsymbol{A}\|_{\mathrm{F}}$.

**解** 计算得

$$\|\boldsymbol{A}\|_1=\max(|-1|+5,3+7)=10$$

$$\|\boldsymbol{A}\|_\infty=\max(|-1|+3,5+7)=12$$

$$\boldsymbol{A}^{\mathrm{T}}\boldsymbol{A}=\begin{pmatrix}-1 & 5\\ 3 & 7\end{pmatrix}\begin{pmatrix}-1 & 3\\ 5 & 7\end{pmatrix}=\begin{pmatrix}26 & 32\\ 32 & 58\end{pmatrix}$$

$\boldsymbol{A}^{\mathrm{T}}\boldsymbol{A}$ 的特征值为 $\lambda_1=77.7771$，$\lambda_2=6.2229$，从而

$$\|\boldsymbol{A}\|_2=\sqrt{77.7771}\approx 8.8191$$

$$\|\boldsymbol{A}\|_{\mathrm{F}}=\sqrt{1+9+25+49}=\sqrt{84}\approx 9.1652$$

### 5.2.3 谱半径与收敛矩阵

若 $\lambda$ 是矩阵 $\boldsymbol{A}$ 的特征值，$\boldsymbol{X}$ 为其特征向量，$\boldsymbol{AX}=\lambda\boldsymbol{X}$，对任一相容的矩阵与向量范数，

$$|\lambda|\ \|X\| = \|\lambda X\| = \|AX\| \leqslant \|A\|\ \|X\|$$

所以

$$|\lambda| \leqslant \|A\| \tag{5.6}$$

即矩阵特征值的模不大于矩阵的任一诱导范数.

**定义 5.3**　$\rho(A)=\max\limits_{i}\{|\lambda_i|\}$,其中 $\lambda_1,\lambda_2,\cdots,\lambda_n$ 为 $A$ 的特征值,$\rho(A)$称为 $A$ 的**谱半径**.

由矩阵谱半径的定义,可得到矩阵范数的另一重要性质:$\rho(A)\leqslant\|A\|$.

**定义 5.4**　设 $A^{(k)}(k=1,2,\cdots)$为 $\mathbf{R}^{n\times n}$ 上的矩阵序列.若存在 $A\in\mathbf{R}^{n\times n}$,使得

$$\lim_{k\to\infty}\|A^{(k)}-A\|=0$$

则称序列 $A^{(k)}(k=1,2,\cdots)$是收敛的,并称 $A$ 为序列$A^{(k)}(k=1,2,\cdots)$的极限.

由矩阵范数的等价性,矩阵序列 $A^{(k)}(k=1,2,\cdots)$的收敛性与矩阵范数的定义形式无关.

**定义 5.5**　当$\lim\limits_{k\to\infty}A^k=\mathbf{0}$时,称 $A$ 为**收敛矩阵**.

**定理 5.3**　$\lim\limits_{k\to\infty}A^k=\mathbf{0}$ 的充要条件是 $\rho(A)<1$.

**推论**　$\lim\limits_{k\to\infty}A^k=\mathbf{0}$ 的充分条件是存在一个范数$\|\cdot\|$,使得 $\|A\|<1$.

**证明**　由于$\|A^k\|\leqslant\|A^{k-1}\|\ \|A\|\leqslant\|A^{k-2}\|\ \|A\|^2\leqslant\cdots\leqslant\|A\|^k$,所以

$$\|A\|<1 \ \Rightarrow\ \|A\|^k\to 0 \ \Rightarrow\ \|A^k\|\to 0$$

由范数的性质得$\lim\limits_{k\to\infty}A^k=\mathbf{0}$.

## 5.3　矩阵的条件数

在解方程组时,我们总是假定系数矩阵 $A$ 和常数项 $b$ 是准确的,而在实际问题中,系数矩阵 $A$ 和常数项 $b$ 往往是由于前面的近似计算得到的,元素的误差是不可避免的.这些误差会对方程组 $Ax=b$ 的解 $x$ 有多大的影响?矩阵的条件数给出一种粗略的衡量尺度.

**定义 5.6**　若 $A$ 非奇异,则称 $\mathrm{Cond}_p(A)=\|A\|_p\ \|A^{-1}\|_p$ 为 $A$ 的**条件数**.其中$\|\cdot\|_p$ 表示矩阵的某种诱导范数.

$\mathrm{Cond}(A)\geqslant1$,当 $A$ 为正交矩阵时,$\mathrm{Cond}(A)=1$.

**注**　$\mathrm{Cond}(A)=\|A^{-1}\|\ \|A\|\geqslant\|A^{-1}A\|=\|I\|=1$.

用矩阵 $A$ 及其逆矩阵$A^{-1}$的范数的乘积表示矩阵的条件数.由于矩阵范数的定义不同,所以其条件数也不相同,但是由于矩阵范数的等价性,故在不同范数下条件数也是等价的.

对于线性方程组 $Ax=b$,若常数项 $b$ 有小扰动 $\delta b$,设 $A(x+\delta x)=b+\delta b$,$\delta x$ 受到 $\delta b$ 的影响表示为

$$\frac{\|\delta x\|}{\|x\|}\leqslant \mathrm{Cond}(A)\frac{\|\delta b\|}{\|b\|} \tag{5.7}$$

**分析**　由于

$$A\cdot\delta x=\delta b,\quad \delta x=A^{-1}\delta b,\quad \|\delta x\|\leqslant\|A^{-1}\|\,\|\delta b\|$$

$$Ax=b,\quad \|b\|\leqslant\|A\|\,\|x\|,\quad \|x\|\geqslant\frac{\|b\|}{\|A\|}$$

所以

$$\frac{\|\delta x\|}{\|x\|}\leqslant\|A^{-1}\|\,\|A\|\frac{\|\delta b\|}{\|b\|}=\mathrm{Cond}(A)\frac{\|\delta b\|}{\|b\|}$$

若系数矩阵有小扰动 $\delta A$，则方程组的解也有扰动 $\delta x$，于是 $(A+\delta A)(x+\delta x)=b$，$\delta x$ 受到 $\delta A$ 的影响表示为

$$\frac{\|\delta x\|}{\|x\|}\leqslant\frac{\mathrm{Cond}(A)\dfrac{\|\delta A\|}{\|A\|}}{1-\mathrm{Cond}(A)\dfrac{\|\delta A\|}{\|A\|}}\tag{5.8}$$

**定理 5.4** 设 $A\in\mathbf{R}^{n\times n}$，$b\in\mathbf{R}^n$，$Ax=b$，$A$ 非奇异，$\delta A$ 和 $\delta b$ 分别是 $A$ 和 $b$ 的扰动，$\|A^{-1}\|\,\|\delta A\|<1$，则

$$\frac{\|\delta x\|}{\|x\|}\leqslant\frac{\mathrm{Cond}(A)}{1-\mathrm{Cond}(A)\cdot\dfrac{\|\delta A\|}{\|A\|}}\left(\frac{\|\delta A\|}{\|A\|}+\frac{\|\delta b\|}{\|b\|}\right)\tag{5.9}$$

矩阵条件数的大小是衡量矩阵“好”或“坏”的标志.因此，称 Cond($A$)大的矩阵为“坏矩阵”或“病态矩阵”，对于 Cond($A$)大的矩阵，小的误差可能会引起解的失真.一般说来，若 $A$ 的最大特征值与最小特征值模的比值较大，矩阵就会呈病态.特别地，当 det($A$)很小时，$A$ 总是病态的.

**例 5.5** 考察方程组

$$\begin{cases}1.0002x_1+0.9998x_2=2\\0.9998x_1+1.0002x_2=2\end{cases}$$

**解** 方程组的准确解为 $x=(x_1,x_2)^{\mathrm T}=(1,1)^{\mathrm T}$.对常数项 $b$ 引入小扰动 $\delta b=(0.001,-0.001)^{\mathrm T}$，则

$$\begin{pmatrix}1.0002&0.9998\\0.9998&1.0002\end{pmatrix}\begin{bmatrix}x_1\\x_2\end{bmatrix}=\begin{pmatrix}2.001\\1.999\end{pmatrix},\quad \begin{bmatrix}x_1+\delta x_1\\x_2+\delta x_2\end{bmatrix}=\begin{pmatrix}3.5\\-1.5\end{pmatrix}$$

$$A^{-1}=\begin{pmatrix}1250.25&-1249.75\\-1249.75&1250.25\end{pmatrix}$$

故 $\mathrm{Cond}_\infty(A)=2\times2500=5000$.由于

$$\frac{\|\delta x\|_\infty}{\|x\|_\infty}=2.5,\quad \frac{\|\delta b\|_\infty}{\|b\|_\infty}=0.0005$$

解的相对误差是右端项相对误差的 2 500 倍.

从几何上看，这两个方程是平面上的两条直线，求方程组的解即求两条直线的交点，条件数大表明这两条直线接近平行，求解中对误差敏感.

对常数项 $b$ 引入小扰动 $\delta b=(0.0001,-0.0001)^{\mathrm T}$，则

$$\begin{pmatrix}1.0002&0.9998\\0.9998&1.0002\end{pmatrix}\begin{bmatrix}x_1\\x_2\end{bmatrix}=\begin{pmatrix}2.0001\\1.9999\end{pmatrix},\quad \begin{bmatrix}x_1+\delta x_1\\x_2+\delta x_2\end{bmatrix}=\begin{pmatrix}1.25\\0.75\end{pmatrix}$$

对常数项 $b$ 引入小扰动 $\delta b=(0.00001,-0.00001)^{\mathrm T}$，则

$$\begin{pmatrix}1.0002&0.9998\\0.9998&1.0002\end{pmatrix}\begin{bmatrix}x_1\\x_2\end{bmatrix}=\begin{pmatrix}2.00001\\1.99999\end{pmatrix},\quad \begin{bmatrix}x_1+\delta x_1\\x_2+\delta x_2\end{bmatrix}=\begin{pmatrix}1.025\\0.975\end{pmatrix}$$

# 附录 5　用 Mathematica 计算矩阵和向量范数

(1) Norm[A,p],Norm[v,p]

计算矩阵 A 或向量 v 的范数,p= 1,2,…,Infinity,缺省值 2

```
In[1]:=  {1,2,3,- 7};A= {{5,1},{3,4}}
Out[1]= {{5,1},{3,4}}
                                                  (*计算向量 v 的 1 范数*)
In[2]:=  Norm[v,1]
Out[2]=  1.3
                                                  (*计算向量 v 的 2 范数*)
In[3]:=  Norm[v]
```

Out[3]= $3\sqrt{7}$

```
                                                  (*计算向量 v 的∞范数*)
In[4]:=  Norm[v,Infinity]
Out[4]=  7
                                                  (*计算向量 v 的 p 范数*)
In[5]:=  Norm[v,p]
```

Out[5]= $(1+2^p+3^p+7^p)^{\frac{1}{p}}$

```
                                                  (*计算矩阵 A 的 1 范数*)
In[6]:= Norm[A,1]
Out[6]= 8
                                                  (*计算矩阵 A 的 2 范数*)
In[7]:= Norm[A]
```

Out[7]= $\sqrt{\frac{17}{2}(3+\sqrt{5})}$

```
                                                  (*计算矩阵 A 的∞范数*)
In[8]:=  Norm[A,Infinity]
Out[8]=  7
                                        (*计算矩阵 A 的 Frobenius 范数*)
In[9]:= Norm[A,"Frobenius"]
```

Out[9]= $\sqrt{51}$

```
In[10]:= B{{a,b},{c,d}}
Out[10]= {{a,b},{c,d}}
In[11]:= Norm[B,"Frobenius"]
```

Out[11]= $\sqrt{\text{Abs}[a]^2+\text{Abs}[b]^2+\text{Abs}[c]^2+\text{Abs}[d]^2}$

(2) 计算矩阵的条件数

```
In[12]:= t= Norm[A]Norm[Inverse[N[A]]]]
Out[12]= 2.61803
```

(3) 画出向量的 1 范数、2 范数、4 范数和∞范数的单位“圆”

```
In[13]:= Table[RegionPlot[Norm[{x,y},p]≤,{x,- 1.5,1.5},
```

```
{y,-1.5,1.5},FrameTicks→None],{p,{1,2,4,Infinity}}]
```

Out[13]= 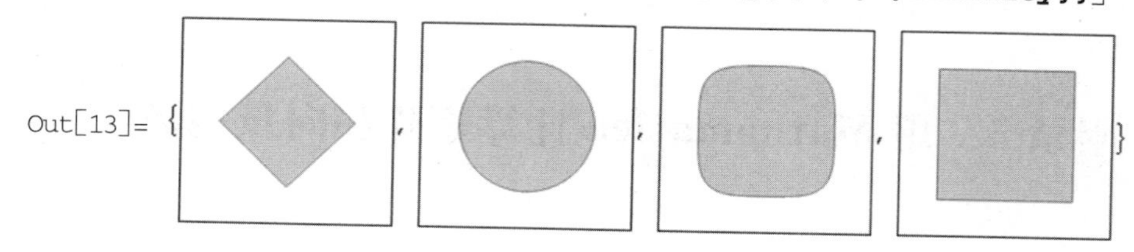

# 习 题 5

1. 计算下列向量的 $1,2,\infty$ 范数：

(1) $\boldsymbol{X}=\begin{pmatrix}1\\3\\-5\end{pmatrix}$；　(2) $\boldsymbol{X}=\begin{pmatrix}u\\v\\w\end{pmatrix}$；　(3) $\boldsymbol{X}=\begin{pmatrix}1\\v\\-5\end{pmatrix}$.

2. 计算下列矩阵的 $1,\infty$ 范数：

(1) $\boldsymbol{A}=\begin{pmatrix}u & v\\ s & t\end{pmatrix}$；　(2) $\boldsymbol{A}=\begin{pmatrix}0.1 & 0.2 & 0.5\\ 0.2 & 0.1 & -0.4\\ -0.5 & 0.4 & 0.1\end{pmatrix}$.

3. 计算下列矩阵的 2 范数：

(1) $\boldsymbol{A}=\begin{pmatrix}7 & 2\\ 2 & 7\end{pmatrix}$；　(2) $\boldsymbol{A}=\begin{pmatrix}2 & 7\\ 7 & 2\end{pmatrix}$.

4. 设 $\boldsymbol{X}=(x_1,x_2,x_3)^{\mathrm{T}}$. 判断下列定义是否可以定义向量范数：

(1) $\|\boldsymbol{X}\|=|x_1|+2|x_2|+3|x_3|$；　(2) $\|\boldsymbol{X}\|=|x_1|+2|x_3|$.

5. 设 $\boldsymbol{X}=(x_1,x_2)^{\mathrm{T}}$. 判断下列定义是否可以定义向量范数：

(1) $\|\boldsymbol{X}\|=\boldsymbol{X}^{\mathrm{T}}\begin{pmatrix}\cos\theta & \sin\theta\\ -\sin\theta & \cos\theta\end{pmatrix}\boldsymbol{X}\ (0<\theta<\pi/2)$；　(2) $\|\boldsymbol{X}\|=\boldsymbol{X}^{\mathrm{T}}\begin{pmatrix}2 & 7\\ 7 & 2\end{pmatrix}\boldsymbol{X}$.

6. 计算下列矩阵的谱半径和在 $1,2,\infty$ 范数下的条件数 $\mathrm{Cond}_p(\boldsymbol{A})$：

(1) $\boldsymbol{A}=\begin{pmatrix}2 & 1\\ 3 & 4\end{pmatrix}$；　(2) $\boldsymbol{A}=\begin{pmatrix}1 & 0 & 1\\ 0 & 1 & 1\\ 1 & 1 & 0\end{pmatrix}$.

# 第2篇

# 数值计算

# 引　言

在高等数学中我们寻求定积分、矩阵特征值等数学问题的准确解(解析解).在找不到解析解的情况下,只能转向数学问题的近似解.例如,定积分$\int_0^1 \sin x^2 \mathrm{d}x$中被积函数$\sin x^2$的原函数不是初等函数;计算大于5阶方阵的全部特征值时,特征方程为高于5次的代数方程,没有求根公式.

数值计算方法,是一种研究并求解数学问题的数值近似解方法,简称计算方法,求解计算时常要用计算机作为计算工具.它是科学计算的重要组成部分.它的计算对象是那些在理论上有解而无解析公式,或者虽有解析公式却面临无法承受的巨大计算量的问题.例如,解一个有100个未知量的线性方程组,虽然理论上可由克拉默法则直接得出解,但其计算量是如此之大,即便使用如今最快的计算机在可以预见的时间内也得不到最后的结果;相反,如果使用高斯消元或迭代法,上千阶规模的线性方程组,利用一般的个人微型计算机求解,也只需要几秒钟的时间.

在科学研究和工程技术中都要用到各种计算方法.例如,在航空航天、地质勘探、汽车制造、桥梁设计、天气预报和汉字字样设计中都有计算方法的踪影.

计算方法是一门理论性和实践性都很强的学科,计算方法既有数学类课程中理论上的抽象性和严谨性,又有实用性和实验性的技术特征."计算方法"的先前课程是"微积分""线性代数""常微分方程"和一门计算机语言.要注重学习计算方法中的逼近和迭代等数学思想和常用手法,获取近似计算的能力,并能触类旁通地应用到各个领域中.

**1. 绝对误差与绝对误差限**

近似计算必然产生误差,误差表示精确值与近似值的距离.

**定义1**　设$x$为精确值(或准确值),$x^*$是$x$的一个近似值,称$e=x^*-x$为近似值$x^*$的**绝对误差或误差**.

**定义2**　如果精确值$x$与近似值$x^*$的误差的绝对值不超过某正数$\varepsilon$,即

$$|e|=|x^*-x|\leqslant \varepsilon$$

则称$\varepsilon$为近似值$x^*$的**绝对误差限或误差限**.

**例**　对于数123.455 9,123.455 5,23.456 1,123.456 4,经四舍五入小数点后保留3位小数的近似值都是$x^*=123.456$,它们的误差限是

$$|e|=|x^*-x|\leqslant 10^{-4}\times 5=\frac{1}{2}\times 10^{-3}$$

若$x^*=0.012\,345\,6$为某准确值四舍五入后得到的近似值,则它的误差限是

$$|e|=|x^*-x|\leqslant 10^{-8}\times 5=\frac{1}{2}\times 10^{-7}$$

**2. 相对误差与相对误差限**

**定义3**　设$x$为精确值(或准确值),$x^*$是$x$的一个近似值.称$e_r=\dfrac{e}{x}=\dfrac{x^*-x}{x}$为近似

值 $x^*$ 的**相对误差**.

在实际计算中,有时得不到精确值 $x$.当 $e$ 较小时 $x$ 可用近似值 $x^*$ 代替,即

$$e_r = \frac{e}{x^*} = \frac{x^* - x}{x^*}$$

相对误差 $e_r$ 的值可正可负,与绝对误差一样不易计算,常用相对误差限控制相对误差的范围.

**定义 4** 如果有正数 $\varepsilon_r$ 使得 $e_r = \left|\frac{e}{x}\right| \leqslant \varepsilon_r$,则称 $\varepsilon_r$ 为 $x$ 的**相对误差限**.

**3. 误差来源**

产生误差的因素很多,主要有:

(1) 原始误差 由客观存在的模型抽象到物理模型产生的误差,包括模型误差和原始数据误差.

(2) 截断误差 用有限项近似无限项时,由截取函数的部分项产生的误差称为截断误差.例如,$\mathrm{e}^x = 1 + x + \frac{x^2}{2} + \cdots + \frac{x^k}{k!} + \cdots = \sum_{n=0}^{\infty} \frac{x^n}{n!}$,在计算中用

$$\mathrm{e}^x = \sum_{n=0}^{N} \frac{x^n}{n!} \approx \sum_{n=0}^{\infty} \frac{x^n}{n!}$$

(3) 舍入误差 在数值计算中,通常都按有限位进行运算.例如,按照四舍五入的原则,$2/3 = 0.666\,667$ 或 $2/3 = 0.667$.由舍入产生的误差称为舍入误差.

通常在实际计算中的数据是近似值,它们由观察、估计或一些计算而得到,这些数在计算机中表示后也会带来进一步的误差,即舍入误差的积累和传播.关于舍入误差的传播似乎没有统一的理论,通常舍入误差的界是以通例分析为基础而建立的.

**4. 有效位数**

**定义 5** 当 $x$ 的误差限不超过某一位的半个单位,则这一位到第一个非零位的位数称为 $x$ 的**有效位数**.

例如,近似值 $x = 12.34$ 作为 12.341 的近似值有 4 位有效数字,3.141 5 和 3.141 6 作为 $\pi$ 的近似值分别有 4 位和 5 位有效位数.

**5. 约束误差**

对同一问题选择不同的数值计算方法,可能得到不同的计算结果.在计算方法中,除了给出方法的数值计算公式,还要讨论计算公式的收敛性、稳定性和截断误差的特性.选择收敛性要求低、稳定性好的方法是约束误差扩张最重要的措施.例如,样条插值函数比高次多项式的效果好得多,是构造插值函数的首选方法.

数值在计算机中存放的位数称为字长.有限位的字长是带来舍入误差和抑制数值计算精度的根源.对同一种方法,在字长大的计算机上的计算效果要比在字长小的计算机上优越.

在计算机上,用同一种数值计算方法对数据选用不同的数值类型,有时会直接影响到计算效果.例如,对病态的线性方程组,采用单精度数据使用消元方法,其数据解大大失真,而用双精度数据有时却可得到满意的数值解.

# 第6章 线性方程组数值解

中国古代数学的研究中心是求解方程和方程组.在数值计算的工程应用中,求解线性代数方程具有核心的作用.在石油勘探、天气预报等问题中常常出现成千上万阶的方程组,于是产生了各种形式方程组数值求解法的需求.研究大型方程组的求解是目前计算数学中的一个重要方向.在线性代数中我们研究线性代数方程组是否有解、解的结构和解的表示,在数值计算中研究怎样快速而准确地求解方程组,尤其是大型方程组的解.

解方程组的方法可归纳为直接解法和迭代解法.从理论上来说,直接法经过有限次四则运算,假定每一步运算过程中都没有舍入误差,那么最后得到方程组的解就是精确解.但是,在计算过程中,完全杜绝舍入误差是不可能的,只能控制和约束舍入误差的增长和危害,这样由直接法得到的解也不一定是绝对精确的.

迭代法是将方程组的解看作某种极限过程中向量极限的值.在用迭代算法时,我们不可能将极限过程算到无限,只能将迭代进行有限多次,得到满足一定精度的方程组的近似解.

在数值计算的历史上,直接解法和迭代解法交替生辉.一种解法的兴旺与计算机的硬件环境和问题规模是密切相关的.一般来说,对同等规模的线性方程组,直接法对计算机的要求高于迭代法.对于中等规模(方程组数 $n<200$)的线性方程组,由于直接法的准确性和可靠性,常用直接法求解.对于高阶方程组和稀疏方程组(非零元素较少),常用迭代法求解.

## 6.1 高斯(Gauss)列主元消元

### 6.1.1 高斯消元法

高斯消元法是我们熟悉的古老、简单而有效的解方程组的方法.

在初等数学中解二元方程组

$$\begin{cases} x_1 - x_2 = 1 & (1) \\ 3x_1 + 2x_2 = 8 & (2) \end{cases}$$

的步骤如下:方程(1)乘以 $-3$ 加到式(2),得到方程组(3):

$$\begin{cases} x_1 - x_2 = 1 \\ \qquad 5x_2 = 5 \end{cases} \tag{3}$$

上述方程组是原方程组的等价方程组. 由方程(3),得 $x_2=1$,再回代到方程(1)得 $x_1=2$. 这就是用高斯消元法解方程组的消元和回代过程.

在解方程组中用到以下三种初等变换:

(1) 对换某两个方程的次序;

(2) 对其中某个方程的两边同乘一个不为零的数;

(3) 把某一个方程两边同乘一个常数后加到另一个方程的两边.

**例 6.1** 求解上三角形方程组

$$\begin{cases} u_{11}x_1+u_{12}x_2+\cdots+u_{1n}x_n=b_1 \\ \qquad\quad\; u_{22}x_2+\cdots+u_{2n}x_n=b_2 \\ \qquad\qquad\qquad\qquad\qquad\quad \cdots \\ \qquad\qquad\qquad\qquad u_{nn}x_n=b_n \end{cases} \tag{6.1}$$

**解** 由第 $n$ 个方程 $u_{nn}x_n=b_n$,得 $x_n=b_n/u_{nn}$.

设解出 $x_n,x_{n-1},\cdots,x_{i+1}$ 的值并代入第 $i$ 个方程

$$u_{ii}x_i+u_{i,i+1}x_{i+1}+\cdots+u_{in}x_n=b_i$$

解得通式

$$x_i=\frac{b_i-\sum\limits_{j=i+1}^{n}u_{ij}x_j}{u_{ii}},\quad i=n,n-1,\cdots,2,1$$

计算 $x_i$ 需要 $n-i+1$ 次乘法或除法运算. 对早期的计算机而言,加法相对乘法容易得多,可以忽略不计. 因此,求解过程中的运算量(或称时间复杂度)为

$$\sum_{i=n}^{1}(n-i+1)=\sum_{j=1}^{n}j=\frac{n(n+1)}{2}=O(n^2) \tag{6.2}$$

高斯消元法就是通过对方程组做初等变换,把一般形式的方程组化简为等价的上(下)三角形或对角形方程组. 我们以 $n=4$ 的情形为例演示高斯消元过程.

方程组 $\boldsymbol{AX}=\boldsymbol{b}$,其增广矩阵为

$$(\boldsymbol{A},\boldsymbol{b})=\begin{pmatrix} a_{11} & a_{12} & a_{13} & a_{14} & b_1 \\ a_{21} & a_{22} & a_{23} & a_{24} & b_2 \\ a_{31} & a_{32} & a_{33} & a_{34} & b_3 \\ a_{41} & a_{42} & a_{43} & a_{44} & b_4 \end{pmatrix},\quad \boldsymbol{A}=\begin{pmatrix} \boldsymbol{A}_1 \\ \boldsymbol{A}_2 \\ \boldsymbol{A}_3 \\ \boldsymbol{A}_4 \end{pmatrix}$$

当 $k=1$ 时,设 $a_{11}\neq 0$. 将第一行乘以 $-a_{21}/a_{11}$ 加到第二行上,将第一行乘以 $-a_{31}/a_{11}$ 加到第三行上,将第一行乘以 $-a_{41}/a_{11}$ 加到第四行上,即对 $i=2,3,4$,

$$-\frac{a_{i1}}{a_{11}}\boldsymbol{A}_1+\boldsymbol{A}_i\to\boldsymbol{A}_i,\quad -\frac{a_{i1}}{a_{11}}b_1+b_i\to b_i$$

得到

$$\boldsymbol{A}^{(1)}=\begin{pmatrix} a_{11} & a_{12} & a_{13} & a_{14} & b_1 \\ 0 & a_{22}^{(1)} & a_{23}^{(1)} & a_{33}^{(1)} & b_2^{(1)} \\ 0 & a_{32}^{(1)} & a_{33}^{(1)} & a_{34}^{(1)} & b_3^{(1)} \\ 0 & a_{42}^{(1)} & a_{43}^{(1)} & a_{44}^{(1)} & b_4^{(1)} \end{pmatrix},\quad \boldsymbol{A}^{(1)}\boldsymbol{X}=\boldsymbol{b}^{(1)}$$

当 $k=2$ 时,设 $a_{22}^{(1)}\neq 0$,将第二行分别乘以 $-a_{32}^{(1)}/a_{22}^{(1)}$ 和 $-a_{42}^{(1)}/a_{22}^{(1)}$ 加到第三行和第四行上,即对 $i=3,4$,

$$-\frac{a_{i2}}{a_{22}}\boldsymbol{A}_2+\boldsymbol{A}_i\rightarrow\boldsymbol{A}_i,\quad -\frac{a_{i2}}{a_{22}}b_2+b_i\rightarrow b_i$$

得到

$$\boldsymbol{A}^{(2)}=\begin{pmatrix} a_{11} & a_{12} & a_{13} & a_{14} & b_1 \\ 0 & a_{22}^{(1)} & a_{23}^{(1)} & a_{24}^{(1)} & b_2^{(1)} \\ 0 & 0 & a_{33}^{(2)} & a_{34}^{(2)} & b_3^{(2)} \\ 0 & 0 & a_{43}^{(2)} & a_{44}^{(2)} & b_4^{(2)} \end{pmatrix},\quad \boldsymbol{A}^{(2)}\boldsymbol{X}=\boldsymbol{b}^{(2)}$$

当 $k=3$ 时，设 $a_{33}^{(2)}\neq 0$. 将第三行乘以 $-a_{43}^{(2)}/a_{33}^{(2)}$ 加到第四行上，即对 $i=4$，

$$-\frac{a_{i3}}{a_{33}}\boldsymbol{A}_3+\boldsymbol{A}_i\rightarrow\boldsymbol{A}_i,\quad -\frac{a_{i3}}{a_{33}}b_3+b_i\rightarrow b_i$$

得到

$$(\boldsymbol{A}^{(3)},\boldsymbol{b}^{(3)})=(\boldsymbol{U},\tilde{\boldsymbol{b}})\begin{pmatrix} a_{11} & a_{12} & a_{13} & a_{14} & b_1 \\ 0 & a_{22}^{(1)} & a_{23}^{(1)} & a_{24}^{(1)} & b_2^{(1)} \\ 0 & 0 & a_{33}^{(2)} & a_{34}^{(2)} & b_3^{(2)} \\ 0 & 0 & 0 & a_{44}^{(3)} & b_4^{(3)} \end{pmatrix}$$

$\boldsymbol{U}$ 已是上三角阵，于是得到了与原方程等价的上三角形式的方程组 $\boldsymbol{U}\boldsymbol{X}=\tilde{\boldsymbol{b}}$：

$$\begin{cases} a_{11}x_1+a_{12}x_2+a_{13}x_3+a_{14}x_4=b_1 \\ \qquad a_{22}^{(1)}x_2+a_{23}^{(1)}x_3+a_{24}^{(1)}x_4=b_2^{(1)} \\ \qquad\qquad a_{33}^{(2)}x_3+a_{34}^{(2)}x_4=b_3^{(2)} \\ \qquad\qquad\qquad a_{44}^{(3)}x_4=b_4^{(3)} \end{cases}\tag{6.3}$$

对方程组(6.3)依次回代解出 $x_4,x_3,x_2,x_1$.

得到矩阵 $\boldsymbol{A}$ 的行列式的值为矩阵 $\boldsymbol{U}$ 的对角元素的乘积，即

$$\det(\boldsymbol{A})=a_{11}a_{22}^{(1)}a_{33}^{(2)}a_{44}^{(3)}$$

这正是在计算机上计算方阵 $\boldsymbol{A}$ 的行列式的常规方法.

在以上叙述中，对行的初等变换 $\boldsymbol{A}_i-\frac{a_{ik}}{a_{kk}}\boldsymbol{A}_k\rightarrow\boldsymbol{A}_i$ 细化为元素的计算：

$$a_{ij}^{(k)}=a_{ij}^{(k-1)}-\frac{a_{ik}^{(k-1)}}{a_{kk}^{(k-1)}}a_{kj}^{(k-1)},\quad j=k+1,k+2,\cdots,4$$

用上标$(k)$是为了帮助理解在消元过程系数矩阵元素的变换过程. 由于在消元过程中，将 $a_{ij}^{(k)}$ 仍放在 $a_{ij}^{(k-1)}$ 元素的位置上，在下列算法中将略去 $a_{ij}^{(k)}$ 的上标.

要将上列解方程步骤推广到 $n$ 阶方程组，只需将对控制量“4”的操作改成对控制量 $n$ 的操作即可.

for $k=1$ to $n-1$

　　for $i=k+1$ to $n$

　　　　for $j=k+1$ to $n$

$$a_{ij}=a_{ij}-\frac{a_{ik}}{a_{kk}}a_{kj}$$

$$b_i=b_i-\frac{a_{ik}}{a_{kk}}b_k$$

经过以上消元，我们已得到与 $\boldsymbol{A}\boldsymbol{X}=\boldsymbol{b}$ 等价的方程组 $\boldsymbol{U}\boldsymbol{X}=\tilde{\boldsymbol{b}}$，其中 $\boldsymbol{U}$ 已是一个上三角

矩阵.记矩阵 $\boldsymbol{U}$ 的元素为 $u_{ij}$，$\tilde{\boldsymbol{b}}$ 的元素为 $b_i$，回代求解得

$$x_i = \frac{b_i - \sum_{j=i+1}^{n} u_{ij}x_j}{u_{ii}}, \quad i = n, n-1, \cdots, 1$$

整个消元过程的乘法和除法的运算量为

$$\sum_{k=1}^{n-1}(n-k)(n-k+1) + \sum_{k=1}^{n-1}(n-k)$$

回代过程的乘法和除法的运算量为 $\frac{n(n+1)}{2}$，故高斯消元法的运算量为

$$\frac{n^3}{3} + n^2 - \frac{1}{3}n = O(n^3) \tag{6.4}$$

### 6.1.2 列主元消元法

在上面的消元法中，未知量是按照在方程组中的自然顺序消去的，称为顺序消元法.

在消元过程中假定对角元素 $a_{kk}^{(k-1)} \neq 0$，消元步骤才能顺利进行，高斯顺序消元法可行的充要条件为 $\boldsymbol{A}$ 的各阶顺序主子式不为零.但只要 $\det(\boldsymbol{A}) \neq 0$，方程组 $\boldsymbol{AX} = \boldsymbol{b}$ 就有解.故顺序高斯消元法本身具有局限性.

另一方面，即使高斯消元法可行，但如果 $|a_{kk}^{(k-1)}|$ 很小，在运算中用它作为除数的分母，也会导致其他元素舍入误差数量级的扩大.

**例 6.2** 方程组

$$\begin{cases} 0.000\,3x_1 + 3.000\,0x_2 = 2.000\,1 & (1) \\ 1.000\,0x_1 + 1.000\,0x_2 = 1.000\,0 & (2) \end{cases}$$

的精确解为 $x_1 = 1/3$，$x_2 = 2/3$.

**解** 情况 1 如果在高斯消元法计算中保留 4 位小数.方程(1)×(−1)/0.000 3 + 方程(2)，得

$$\begin{cases} 0.000\,3x_1 + 3.000\,0x_2 = 2.000\,1 \\ 9\,999.0x_2 = 6\,666.0 \end{cases}$$

解得 $x_2 = 0.666\,7$，代入方程(1)，得 $x_1 = 0$.由此得到的解完全失真.

情况 2 先交换两个方程的顺序，得到等价方程组

$$\begin{cases} 1.000\,0x_1 + 1.000\,0x_2 = 1.000\,0 \\ 0.000\,3x_1 + 3.000\,0x_2 = 2.000\,1 \end{cases}$$

再经高斯消元后，有

$$\begin{cases} 1.000\,0x_1 + 1.000\,0x_2 = 1.000\,0 \\ 2.999\,7x_2 = 1.999\,8 \end{cases}$$

解得 $x_2 = 0.666\,7$，$x_1 = 0.333\,3$.

情况 3 如果不调换方程组的次序，取 6 位有效数字计算原方程组的解，则得到

$$x_2 = 0.666\,667, \quad x_1 = 0.33$$

情况 4 取 9 位有效数字计算原方程组的解，得到

$$x_2 = 0.666\,667, \quad x_1 = 0.333\,333$$

由此可看到有效数字的作用.

在情况 2 中调换方程组的次序的原则是使得在运算中做分母的数的绝对值尽量大，以减少舍入误差的影响. 如果在一列中选取模最大的元素，将其调到主干方程位置再做消元，则称为**列主元消元法**.

用列主元消元法可以克服高斯消元法的额外限制，只要方程组有解，列主元消元法就能畅通无阻地顺利求解，它在消元法中有效地抑制了舍入误差的增长，同时又提高了解的精确度.

具体地，第一步在第一列元素中选出绝对值最大的元素 $\max\limits_{1\leqslant i\leqslant n}|a_{i1}|=|a_{m1}|$，交换第一个和第 $m$ 个方程，即交换第一行和第 $m$ 行的所有元素，再做初等变换把 $a_{21},a_{31},\cdots,a_{n1}$ 化简为零的操作.

对于每个 $k(k=1,2,\cdots,n-1)$，在实现消元前，选出 $\{|a_{kk}^{(k-1)}|,|a_{k+1,k}^{(k-1)}|,\cdots,|a_{nk}^{(k-1)}|\}$ 中绝对值最大的元素 $a_{m,k}^{(k-1)}$，交换第 $k$ 行和第 $m$ 行后，再做消元操作，这就是列主元消元法的操作步骤. 由于 $\det(\boldsymbol{A})\neq 0$，可证 $\{a_{kk}^{(k-1)},a_{k+1,k}^{(k-1)},\cdots,a_{nk}^{(k-1)}\}$ 中至少有一个元素不为零，因此，列主元消元法总是可行的. 列主元消元法与高斯消元法相比，只增加了选列主元和交换两行元素（两个方程）的过程.

如果对于第 $k$ 步，从 $k$ 行至 $n$ 行和从 $k$ 列至 $n$ 列中选取模最大的 $|a_{ij}|$，记 $|a_{uv}^{(k-1)}|=\max\limits_{k\leqslant i,j\leqslant n}|a_{ij}^{(k-1)}|$，对换第 $k$ 行和第 $u$ 行，并对换第 $k$ 列和第 $v$ 列，再进行消元，这就是全主元消元法. 在交换第 $k$ 列和第 $v$ 列时，还要记录下 $v$ 的序号，以便恢复未知量 $x_k$ 和 $x_v$ 的位置.

高斯消元法将系数矩阵化为上三角阵，再进行回代求解；高斯-若尔当（Gauss-Jordan）消元法是对上三角阵继续做初等变换化为对角阵，再进行求解：

$$\begin{pmatrix} a_{11} & a_{12} & a_{13} & a_{14} & b_1 \\ & a_{22}^{(1)} & a_{23}^{(1)} & a_{24}^{(1)} & b_2^{(1)} \\ & & a_{33}^{(2)} & a_{34}^{(2)} & b_3^{(2)} \\ & & & a_{44}^{(3)} & b_4^{(3)} \end{pmatrix} \to \begin{pmatrix} a_{11} & 0 & 0 & 0 & b_1^{(6)} \\ & a_{22}^{(1)} & 0 & 0 & b_2^{(5)} \\ & & a_{33}^{(2)} & 0 & b_3^{(4)} \\ & & & a_{44}^{(3)} & b_4^{(3)} \end{pmatrix}$$

那么 $x_i=b_i/a_{ii}(i=1,2,\cdots,n)$.

用初等变换把系数矩阵化为对角矩阵的方法称为高斯-若尔当消元法.

**例 6.3**　解方程组与计算逆矩阵.

在线性代数中，设 $\boldsymbol{A}$ 可逆，计算 $\boldsymbol{A}$ 的逆矩阵. 通常对 $(\boldsymbol{A},\boldsymbol{I})$ 做行的初等变换，在将 $\boldsymbol{A}$ 化成 $\boldsymbol{I}$ 的过程中得到 $(\boldsymbol{I},\boldsymbol{A}^{-1})$.

令 $\boldsymbol{A}=(a_{ij})$，$\boldsymbol{A}^{-1}=(x_{ij})$，化为 $n$ 个方程组的求解：

$$\begin{pmatrix} a_{11} & a_{12} & \cdots & a_{1n} \\ a_{21} & a_{22} & \cdots & a_{2n} \\ \vdots & \vdots & & \vdots \\ a_{n1} & a_{n2} & \cdots & a_{nn} \end{pmatrix}\begin{pmatrix} x_{1j} \\ x_{2j} \\ \vdots \\ x_{nj} \end{pmatrix}=\begin{pmatrix} 0 \\ \vdots \\ 1 \\ \vdots \\ 0 \end{pmatrix}=\boldsymbol{e}_j,\quad j=1,2,\cdots,n$$

其中 $\boldsymbol{e}_j$ 是第 $j$ 个分量为 1、其余分量为 0 的 $n$ 维向量，或记为 $\boldsymbol{A}\boldsymbol{x}_j=\boldsymbol{e}_j(j=1,2,\cdots,n)$.

用直接法或迭代法算出 $\boldsymbol{x}_j(j=1,2,\cdots,n)$，也就完成了逆矩阵 $\boldsymbol{A}^{-1}$ 的计算.

如果依次对 $(\boldsymbol{A},\boldsymbol{e}_1)$，$(\boldsymbol{A},\boldsymbol{e}_2)$，$\cdots$，$(\boldsymbol{A},\boldsymbol{e}_n)$ 做高斯-若尔当消元，组合起来即

$$(\boldsymbol{A},\boldsymbol{e}_1,\boldsymbol{e}_2,\cdots,\boldsymbol{e}_n)=(\boldsymbol{A},\boldsymbol{I})$$

这正是在线性代数中用初等变换计算逆矩阵的方法. 可以认为用初等变换求逆矩阵源自方程组求解. 在数值计算中，常常将计算逆矩阵的问题转化为解线性方程组的问题.

## 6.2 直接分解法

在高斯消元法中,每一次消元步骤即对方程组做一次初等行变换.从矩阵乘法的角度看,每做一次初等行变换相当于用一个初等矩阵左乘系数矩阵 $\boldsymbol{A}$ 和常数项 $\boldsymbol{b}$.

仍以 $n=4$ 的情形为例.进行第一步消元时,$k=1$,记 $l_{i1}=-a_{i1}/a_{11}(i=2,3,4)$.容易验证

$$\begin{pmatrix}1&0&0&0\\0&1&0&0\\0&0&1&0\\l_{41}&0&0&1\end{pmatrix}\begin{pmatrix}1&0&0&0\\0&1&0&0\\l_{31}&0&1&0\\0&0&0&1\end{pmatrix}\begin{pmatrix}1&0&0&0\\l_{21}&1&0&0\\0&0&1&0\\0&0&0&1\end{pmatrix}\begin{pmatrix}a_{11}&a_{12}&a_{13}&a_{14}\\a_{21}&a_{22}&a_{23}&a_{24}\\a_{31}&a_{32}&a_{33}&a_{34}\\a_{41}&a_{42}&a_{43}&a_{44}\end{pmatrix}$$

$$=\begin{pmatrix}1&0&0&0\\l_{21}&1&0&0\\l_{31}&0&1&0\\l_{41}&0&0&1\end{pmatrix}\begin{pmatrix}a_{11}&a_{12}&a_{13}&a_{14}\\a_{21}&a_{22}&a_{23}&a_{24}\\a_{31}&a_{32}&a_{33}&a_{34}\\a_{41}&a_{42}&a_{43}&a_{44}\end{pmatrix}=\boldsymbol{T}_1\boldsymbol{A}=\begin{pmatrix}a_{11}&a_{12}&a_{13}&a_{14}\\0&a_{22}^{(1)}&a_{23}^{(1)}&a_{24}^{(1)}\\0&a_{32}^{(1)}&a_{33}^{(1)}&a_{34}^{(1)}\\0&a_{42}^{(1)}&a_{43}^{(1)}&a_{44}^{(1)}\end{pmatrix}$$

$\boldsymbol{T}_1\boldsymbol{A}\boldsymbol{x}=\boldsymbol{T}_1\boldsymbol{b}$,记 $\boldsymbol{T}_1\boldsymbol{A}=\boldsymbol{A}^{(1)}$,即 $\boldsymbol{A}^{(1)}\boldsymbol{x}=\boldsymbol{b}^{(1)}$,其中

$$\boldsymbol{T}_1\boldsymbol{b}=\boldsymbol{b}^{(1)}=\begin{pmatrix}b_1\\b_2^{(1)}\\b_3^{(1)}\\b_4^{(1)}\end{pmatrix}$$

同理,记 $l_{i2}=-a_{i2}^{(1)}/a_{22}^{(1)}(i=3,4)$,则

$$\boldsymbol{T}_2\boldsymbol{A}^{(1)}=\begin{pmatrix}1&0&0&0\\0&1&0&0\\0&l_{32}&1&0\\0&l_{42}&0&1\end{pmatrix}\boldsymbol{A}^{(1)}=\begin{pmatrix}a_{11}&a_{12}&a_{13}&a_{14}\\&a_{22}^{(1)}&a_{23}^{(1)}&a_{24}^{(1)}\\&&a_{33}^{(2)}&a_{34}^{(2)}\\&&a_{43}^{(2)}&a_{44}^{(2)}\end{pmatrix}=\boldsymbol{A}^{(2)}$$

记 $\boldsymbol{T}_2\boldsymbol{A}^{(1)}=\boldsymbol{A}^{(2)}$,设 $l_{43}=-a_{43}^{(2)}/a_{33}^{(2)}$,则

$$\boldsymbol{T}_3\boldsymbol{A}^{(2)}=\begin{pmatrix}1&0&0&0\\0&1&0&0\\0&0&1&0\\0&0&l_{43}&1\end{pmatrix}\boldsymbol{A}^{(2)}=\begin{pmatrix}a_{11}&a_{12}&a_{13}&a_{14}\\&a_{22}^{(1)}&a_{23}^{(1)}&a_{24}^{(1)}\\&&a_{33}^{(2)}&a_{34}^{(2)}\\&&&a_{44}^{(3)}\end{pmatrix}=\boldsymbol{U}$$

$$\boldsymbol{T}_2\boldsymbol{b}^{(1)}=\boldsymbol{b}^{(2)}=\begin{pmatrix}b_1\\b_2^{(1)}\\b_3^{(2)}\\b_4^{(2)}\end{pmatrix},\quad\boldsymbol{T}_3\boldsymbol{b}^{(2)}=\boldsymbol{b}^{(3)}=\begin{pmatrix}b_1\\b_2^{(1)}\\b_3^{(2)}\\b_4^{(3)}\end{pmatrix}$$

所有的消元步骤表示为:$(\boldsymbol{A},\boldsymbol{b})$左乘一系列下三角初等矩阵.容易验证:这些下三角阵的乘积仍为下三角矩阵:

$$T = T_3 T_2 T_1 = \begin{pmatrix} 1 & 0 & 0 & 0 \\ l_{21} & 1 & 0 & 0 \\ l_{31} & l_{32} & 1 & 0 \\ l_{41} & l_{42} & l_{43} & 1 \end{pmatrix}$$

$$T_3 T_2 T_1 A = U$$

于是有

$$TA = U \quad \text{或} \quad A = T^{-1} U$$

其中 $T^{-1}$仍为下三角阵，其对角元素为1，称为单位下三角阵. 而 $U$ 已是上三角阵，记 $T^{-1} = L$，则有 $A = LU$.

以上表明，若消元过程可行，可以将 $A$ 分解为单位下三角 $L$ 与上三角阵 $U$ 的乘积. 由此派生出解方程组的直接分解法.

### 6.2.1　LU 分解

由高斯消元法得到启发，对 $A$ 消元的过程相当于将 $A$ 分解为一个上三角阵和一个下三角阵的过程. 直接分解法首先做出 $A$ 的分解 $A = LU$，则 $AX = b \Leftrightarrow LUX = b$. 令 $UX = Y$，由 $LY = b$ 解出 $Y$；再由 $UX = Y$ 解出 $X$. 这就是直接分解法求解的步骤.

将方阵 $A$ 分解为 $A = LU$. 当 $L$ 是下三角阵，$U$ 是单位上三角阵时，称为 Courant（柯朗）分解. 当 $L$ 是单位下三角阵，$U$ 是上三角阵时，称为 Doolittle（杜利特尔）分解；不选列主元的高斯顺序消元法的可行条件是方阵 $A$ 的各阶顺序主子式不为零，此时杜利特尔或柯朗分解是可行的，并且是唯一的.

类似于高斯列主元消元法，选列主元的 $LU$ 分解适用面更广.

**1. Courant 分解**

设矩阵 $A = LU$ 的柯朗分解形式为

$$\begin{pmatrix} a_{11} & a_{12} & \cdots & a_{1n} \\ a_{21} & a_{22} & \cdots & a_{2n} \\ \vdots & \vdots & & \vdots \\ a_{n1} & a_{n2} & \cdots & a_{nn} \end{pmatrix} = \begin{pmatrix} l_{11} & & & \\ l_{21} & l_{22} & & \\ \vdots & \vdots & \ddots & \\ l_{n1} & l_{n2} & \cdots & l_{nn} \end{pmatrix} \begin{pmatrix} 1 & u_{12} & \cdots & u_{1n} \\ & 1 & \cdots & u_{2n} \\ & & \ddots & \vdots \\ & & & 1 \end{pmatrix} \tag{6.5}$$

矩阵 $L$ 和 $U$ 共有 $n^2$ 个未知元素，按照逐个 $L$ 的列、$U$ 的行的顺序，对每个 $a_{ij}$ 列出 $A = LU$ 两边对应的矩阵乘法关系，由一个矩阵元素 $a_{ij}$ 关系式解出一个 $L$ 或 $U$ 的元素.

（1）计算 $L$ 的第一列元素 $l_{11}, l_{21}, \cdots, l_{n1}$.

列出 $A = LU$ 两边的第一列元素的关系式

$$a_{i1} = (l_{i1}, l_{i2}, \cdots, 0) \begin{pmatrix} 1 \\ 0 \\ \vdots \\ 0 \end{pmatrix} = l_{i1}$$

由此得到 $l_{i1} = a_{i1} (i = 1, 2, \cdots, n)$.

（2）计算 $U$ 的第一行元素 $u_{12}, u_{13}, \cdots, u_{1n}$.

$$a_{1j}=(l_{11},0,\cdots,0)\begin{pmatrix}u_{1j}\\u_{2j}\\\vdots\\0\end{pmatrix}=l_{11}u_{1j}$$

由此得到 $u_{1j}=a_{1j}/l_{11}(j=2,3,\cdots,n)$.

(3) 计算 $\boldsymbol{L}$ 的第二列元素,计算 $\boldsymbol{U}$ 的第二行元素.

设已计算出 $\boldsymbol{L}$ 的前 $k-1$ 列、$\boldsymbol{U}$ 的前 $k-1$ 行元素.

(4) 计算 $\boldsymbol{L}$ 的第 $k$ 列元素 $l_{k,k},l_{k+1,k},\cdots,l_{nk}$.

要计算 $l_{ik}$,列出并分析 $\boldsymbol{A}=\boldsymbol{LU}$ 中的 $a_{ik}$:

$$a_{ik}=\sum_{r=1}^{n}l_{ir}u_{rk}=(l_{i1},\cdots,l_{i,i-1},l_{ii},0,\cdots,0)\begin{pmatrix}u_{1k}\\\vdots\\1\\0\\\vdots\\0\end{pmatrix}$$

因为 $\boldsymbol{L}$ 是下三角阵,(行标)$i\geqslant k$(列标),

$$a_{ik}=\sum_{r=1}^{n}l_{ir}u_{rk}=\sum_{r=1}^{k}l_{ir}u_{rk}=\sum_{r=1}^{k-1}l_{ir}u_{rk}+l_{ik}$$

得到

$$l_{ik}=a_{ik}-\sum_{r=1}^{k-1}l_{ir}u_{rk},\quad i=k,k+1,\cdots,n \tag{6.6}$$

(5) 计算 $\boldsymbol{U}$ 的第 $k$ 行元素 $u_{k,k+1},u_{k,k+2},\cdots,u_{k,n}$,

$$a_{kj}=\sum_{r=1}^{n}l_{kr}u_{rj}=(l_{k1},l_{k2},\cdots,l_{k,k-1},l_{kk},0,\cdots,0)\begin{pmatrix}u_{1j}\\\vdots\\1\\0\\\vdots\\0\end{pmatrix}$$

因为 $\boldsymbol{U}$ 是上三角阵,(行标)$k\leqslant j$(列标),

$$a_{kj}=\sum_{r=1}^{n}l_{kr}u_{rj}=\sum_{r=1}^{k}l_{kr}u_{rj}=\sum_{r=1}^{k-1}l_{kr}u_{rj}+l_{kk}u_{kj}$$

得到

$$u_{kj}=\frac{a_{kj}-\sum_{r=1}^{k-1}l_{kr}u_{rj}}{l_{kk}},\quad j=k,k+1,\cdots,n \tag{6.7}$$

一直做到 $\boldsymbol{L}$ 的第 $n$ 列、$\boldsymbol{U}$ 的第 $n-1$ 行为止.

用 $\boldsymbol{LU}$ 直接分解法求解方程组所需要的计算量仍为 $\frac{1}{3}n^3+o(n^2)$,与高斯消元法的计算量基本相当.

可以看到在 $\boldsymbol{LU}$ 分解过程中,$\boldsymbol{A}$ 的每个元素只做一次计算.如果需要节省空间,可将 $\boldsymbol{U}$ 以及 $\boldsymbol{L}$ 的元素直接放在矩阵 $\boldsymbol{A}$ 相应元素的位置上.

对 $\boldsymbol{A}$ 进行 $\boldsymbol{LU}$ 分解时,并不涉及常数项 $\boldsymbol{b}$.因此,当需要解具有相同系数矩阵的一系列线性方程组时,使用直接分解法可以达到事半功倍的效果.

**Courant 分解算法**

第1步　定义和输入矩阵和向量.

第2步　for $k = 1$ to $n$

for $i = k$ to $n$

$$l_{ik} = a_{ik} - \sum_{r=1}^{k-1} l_{ir}u_{rk} \qquad \text{!计算 } \boldsymbol{L} \text{ 的第} k \text{ 列}$$

for $j = k+1$ to $n$

$$u_{kj} = \left(a_{kj} - \sum_{r=1}^{k-1} l_{kr}u_{rj}\right)/l_{kk} \qquad \text{!计算 } \boldsymbol{U} \text{ 的第} k \text{ 行}$$

第3步　for $i = 1$ to $n$

$$y_i = \left(b_i - \sum_{j=1}^{i-1} l_{ij}x_j\right)/l_{ii}$$

第4步　for $i = n$ to 1

$$x_i = y_i - \sum_{j=i+1}^{n} u_{ij}x_j$$

第5步　输出方程组的解 $x_i(i=1,2,\cdots,n)$.

**例 6.4**　用 Courant 分解求解方程组

$$\begin{pmatrix} 1 & 2 & 1 \\ -2 & -1 & -5 \\ 0 & -1 & 6 \end{pmatrix}\begin{pmatrix} x_1 \\ x_2 \\ x_3 \end{pmatrix} = \begin{pmatrix} 11 \\ -1 \\ -17 \end{pmatrix}$$

**解**　分解:

$$\begin{pmatrix} 1 & 2 & 1 \\ -2 & -1 & -5 \\ 0 & -1 & 6 \end{pmatrix} = \begin{pmatrix} l_{11} & 0 & 0 \\ l_{21} & l_{22} & 0 \\ l_{31} & l_{32} & l_{33} \end{pmatrix}\begin{pmatrix} 1 & u_{12} & u_{13} \\ 0 & 1 & u_{23} \\ 0 & 0 & 1 \end{pmatrix}$$

$k=1$,计算 $\boldsymbol{L}$ 的第一列:

$$l_{i1} = a_{i1}\quad (i=1,2,3),\qquad l_{11}=1,\quad l_{21}=-2,\quad l_{31}=0$$

计算 $\boldsymbol{U}$ 的第一行:

$$u_{12} = \frac{a_{12}}{l_{11}} = 2,\quad u_{13} = \frac{a_{13}}{l_{11}} = 1$$

$k=2$,计算 $\boldsymbol{L}$ 的第二列:

$$l_{22} = a_{22} - l_{21}u_{12} = 3$$
$$l_{32} = a_{32} - l_{31}u_{12} = -1$$

计算 $\boldsymbol{U}$ 的第二行:

$$u_{23} = \frac{a_{23} - l_{21}u_{13}}{l_{22}} = -1$$

$$k=3,\ a_{33} = (l_{31}, l_{32}, l_{33})\begin{pmatrix} u_{13} \\ u_{23} \\ 1 \end{pmatrix},\ l_{33} = a_{33} - l_{31}u_{13} - l_{32}u_{23} = 5.$$

综上,

$$L = \begin{pmatrix} 1 & 0 & 0 \\ -2 & 3 & 0 \\ 0 & -1 & 5 \end{pmatrix}, \quad U = \begin{pmatrix} 1 & 2 & 1 \\ 0 & 1 & -1 \\ 0 & 0 & 1 \end{pmatrix}$$

解方程：$LY = b$，$UX = Y$，

$$LY = \begin{pmatrix} 1 & 0 & 0 \\ -2 & 3 & 0 \\ 0 & -1 & 5 \end{pmatrix} Y = \begin{pmatrix} 11 \\ -1 \\ -17 \end{pmatrix} \Rightarrow Y = \begin{pmatrix} 11 \\ 7 \\ -2 \end{pmatrix}$$

$$UX = \begin{pmatrix} 1 & 2 & 1 \\ 0 & 1 & -1 \\ 0 & 0 & 1 \end{pmatrix} X = Y \Rightarrow X = \begin{pmatrix} 3 \\ 5 \\ -2 \end{pmatrix}$$

**2. Doolittle 分解**

杜利特尔分解将 $A$ 分解为单位下三角阵和上三角阵的乘积：

$$\begin{pmatrix} a_{11} & a_{12} & \cdots & a_{1n} \\ a_{21} & a_{22} & \cdots & a_{2n} \\ \vdots & \vdots & & \vdots \\ a_{n1} & a_{n2} & \cdots & a_{nn} \end{pmatrix} = \begin{pmatrix} 1 & & & \\ l_{21} & 1 & & \\ \vdots & \vdots & \ddots & \\ l_{n1} & l_{n2} & \cdots & 1 \end{pmatrix} \begin{pmatrix} u_{11} & u_{12} & \cdots & u_{1n} \\ & u_{22} & \cdots & u_{2n} \\ & & \ddots & \vdots \\ & & & u_{nn} \end{pmatrix} \tag{6.8}$$

按照 $U$ 的行、$L$ 的列的顺序，逐个计算 $U$ 的行、$L$ 的列的元素. 与柯朗分解类似，对每个 $a_{ij}$ 列出 $A = LU$ 两边对应元素的矩阵乘法关系.

Doolittle 分解步骤如下：

for $k = 1$ to $n$

  for $j = k$ to $n$

$$u_{kj} = a_{kj} - \sum_{r=1}^{k-1} l_{kr} u_{rj} \qquad \text{!计算 } U \text{ 的第 } k \text{ 行}$$

  for $i = k+1$ to $n$

$$l_{ik} = \left( a_{ik} - \sum_{r=1}^{k-1} l_{ir} u_{rk} \right) / u_{kk} \qquad \text{!计算 } L \text{ 的第 } k \text{ 列}$$

**例 6.5** 推导三对角阵 $A$ 的 $LU$ 分解公式，并求解方程组 $Ax = f$.

**解** 分解：

$$A = \begin{pmatrix} a_1 & b_1 & & & \\ c_2 & a_2 & b_2 & & \\ & \ddots & \ddots & \ddots & \\ & & c_{n-1} & a_{n-1} & b_{n-1} \\ & & & c_n & a_n \end{pmatrix} = \begin{pmatrix} u_1 & & & \\ w_2 & u_2 & & \\ & \ddots & \ddots & \\ & & w_n & u_n \end{pmatrix} \begin{pmatrix} 1 & v_1 & & \\ & 1 & \ddots & \\ & & \ddots & v_{n-1} \\ & & & 1 \end{pmatrix}$$

比较 $A = L \cdot U$ 两边的元素，可得到

$$w_i = c_i, \quad i = 2, 3, \cdots, n$$

$$u_1 = a_1, \quad v_1 = \frac{b_1}{u_1}$$

$$u_2 = a_2 - c_2 v_1, \quad v_2 = \frac{b_2}{u_2}$$

其中

$$c_i = (0,\cdots,0,w_i,u_i,0,\cdots,0)\begin{pmatrix}\vdots\\ v_{i-2}\\ 1\\ 0\\ \vdots\end{pmatrix} = w_i$$

$$a_i = (0,\cdots,0,c_i,u_i,0,\cdots,0)\begin{pmatrix}\vdots\\ v_{i-1}\\ 1\\ 0\\ \vdots\end{pmatrix} = c_iv_{i-1} + u_i$$

若规定 $c_1=0$,则可得到一般的计算公式:

$$\begin{cases} u_i = a_i - c_iv_{i-1}, \\ v_i = b_i/u_i, \end{cases} \quad i = 1,2,\cdots,n$$

令 $\boldsymbol{Ux}=\boldsymbol{y}$,则有 $\boldsymbol{Ly}=\boldsymbol{f}$. 于是

$$y_i = \frac{f_i - c_iy_{i-1}}{u_i}, \quad i = 1,2,\cdots,n$$

规定 $v_n=0$. 由 $\boldsymbol{Ux}=\boldsymbol{y}$ 可得到

$$x_i = y_i - v_ix_{i+1}, \quad i = n,n-1,\cdots,2,1$$

可以看到,每计算出一个 $u_i$,就可直接计算出 $y_i$. 这样就可以把求解 $y_i$ 的步骤并入 $\boldsymbol{LU}$ 分解中. 用两个一重循环完成三对角方程的求解.

若规定 $c_1=0$,追赶法计算公式为

for $i=1$ to $n$

$$\begin{cases} u_i = a_i - c_iv_{i-1} \\ v_i = b_i/u_i \\ y_i = (f_i - c_iy_{i-1})/u_i \end{cases}$$

$x_n = y_n$

for $k=n-1$ to 1

$x_k = y_k - v_kx_{k+1}$

### 6.2.2* 对称正定矩阵的 $LDL^{\mathrm{T}}$ 分解

很多工程技术问题会产生对称正定矩阵. 由线性代数中的定理,若 $\boldsymbol{A}$ 正定,它的各阶顺序主子式大于零,则存在下三角矩阵 $\boldsymbol{U}$,使 $\boldsymbol{A}=\boldsymbol{UU}^{\mathrm{T}}$,直接分解 $\boldsymbol{A}=\boldsymbol{UU}^{\mathrm{T}}$ 的求解方法,称为平方根法. 对于对称正定矩阵,常用 $\boldsymbol{LDL}^{\mathrm{T}}$ 分解求解方程组.

对 $\boldsymbol{A}$ 做杜利特尔分解 $\boldsymbol{A}=\boldsymbol{LU}$,

$$\boldsymbol{A} = \begin{pmatrix} 1 & & & \\ l_{21} & 1 & & \\ \vdots & \vdots & \ddots & \\ l_{n1} & l_{n2} & \cdots & 1 \end{pmatrix}\begin{pmatrix} u_{11} & u_{12} & \cdots & u_{1n} \\ & u_{22} & \cdots & u_{2n} \\ & & \ddots & \vdots \\ & & & u_{nn} \end{pmatrix} \quad \text{(提出矩阵 } \boldsymbol{U} \text{ 的对角元素)}$$

$$
= \begin{pmatrix} 1 & & & \\ l_{21} & 1 & & \\ \vdots & \vdots & \ddots & \\ l_{n1} & l_{n2} & \cdots & 1 \end{pmatrix} \begin{pmatrix} u_{11} & & & \\ & u_{22} & & \\ & & \ddots & \\ & & & u_{nn} \end{pmatrix} \begin{pmatrix} 1 & \bar{u}_{12} & \cdots & \bar{u}_{1n} \\ & 1 & \cdots & \bar{u}_{2n} \\ & & \ddots & \vdots \\ & & & 1 \end{pmatrix}
$$

由于 $\boldsymbol{A}$ 是对称正定的，故 $u_{ii}>0$.

令

$$
\boldsymbol{D} = \mathrm{diag}(u_{11}, u_{22}, \cdots, u_{nn}) = \mathrm{diag}(d_1, d_2, \cdots, d_n)
$$

由分解的唯一性得到

$$
\begin{pmatrix} 1 & \bar{u}_{12} & \cdots & \bar{u}_{1n} \\ & 1 & \cdots & \bar{u}_{2n} \\ & & \ddots & \vdots \\ & & & 1 \end{pmatrix} = \boldsymbol{L}^{\mathrm{T}}
$$

即 $\boldsymbol{A} = \boldsymbol{LDL}^{\mathrm{T}}$，$\boldsymbol{L}$ 是单位下三角阵.

$$
\boldsymbol{A} = \begin{pmatrix} 1 & & & \\ l_{21} & 1 & & \\ \vdots & \vdots & \ddots & \\ l_{n1} & l_{n2} & \cdots & 1 \end{pmatrix} \begin{pmatrix} d_1 & & & \\ & d_2 & & \\ & & \ddots & \\ & & & d_n \end{pmatrix} \begin{pmatrix} 1 & l_{12} & \cdots & l_{1n} \\ & 1 & \cdots & l_{2n} \\ & & \ddots & \vdots \\ & & & 1 \end{pmatrix}
$$

对矩阵 $\boldsymbol{A}$ 做杜利特尔或柯朗分解，共计算 $n^2$ 个矩阵元素；对称矩阵的 $\boldsymbol{LDL}^{\mathrm{T}}$ 分解，只需计算 $n(n+1)/2$ 个元素，减少了近一半的工作量. 借助于杜利特尔或柯朗分解计算公式，容易得到 $\boldsymbol{LDL}^{\mathrm{T}}$ 分解计算公式.

设 $\boldsymbol{A}$ 有杜利特尔分解形式：

$$
\boldsymbol{A} = \boldsymbol{L}(\boldsymbol{DL}^{\mathrm{T}}) = \boldsymbol{L}\tilde{\boldsymbol{U}} = \begin{pmatrix} 1 & & & \\ l_{21} & 1 & & \\ \vdots & \vdots & \ddots & \\ l_{n1} & l_{n2} & \cdots & 1 \end{pmatrix} \begin{pmatrix} d_1 & d_1 l_{12} & \cdots & d_1 l_{1n} \\ & d_2 & \cdots & d_2 l_{2n} \\ & & \ddots & \vdots \\ & & & d_n \end{pmatrix}
$$

其中 $\tilde{u}_{ij} = d_i l_{ij} = d_i l_{ji}$.

在分解中可套用杜利特尔分解公式，只要计算下三角矩阵 $\boldsymbol{L}$ 和 $\boldsymbol{D}$ 的对角元素 $d_k$. 计算中只需保存 $\boldsymbol{L}=(l_{ij})$的元素，$\boldsymbol{L}^{\mathrm{T}}$ 的 $i$ 行、$j$ 列的元素用 $\boldsymbol{L}$ 的 $l_{ji}$ 表示. 由于对称正定矩阵的各阶主子式大于零，直接调用杜利特尔或柯朗分解公式可完成 $\boldsymbol{LDL}^{\mathrm{T}}$ 分解计算.

$$
d_k = \tilde{u}_{kk} = a_{kk} - \sum_{r=1}^{k-1} l_{kr}\tilde{u}_{rk} = a_{kk} - \sum_{r=1}^{k-1} l_{kr} d_r l_{rk}
$$

$$
l_{ik} = \left(a_{ik} - \sum_{r=1}^{k-1} l_{ir}\tilde{u}_{rk}\right)/\tilde{u}_{kk} = \left(a_{ik} - \sum_{r=1}^{k-1} d_r l_{ri} l_{kr}\right)/d_k
$$

**$\boldsymbol{LDL}^{\mathrm{T}}$ 分解算法**

for $k=1,2,\cdots,n$

$$
d_k = a_{kk} - \sum_{r=1}^{k-1} d_r l_{kr}^2
$$

for $i=k+1$ to $n$

$$
l_{ik} = a_{ik} - \sum_{r=1}^{k-1} d_r l_{ir} l_{kr} / d_k
$$

从矩阵分解角度看，直接分解法与消去法本质上没有多大区别，但实际计算时它们各有所长．一般来说，如果仅用单字长进行计算，列主元消去法具有运算量较少、精度高的优点，故是常用的．但是，为了提高精度往往采取单字长数双倍内积的办法（即做向量内积计算时，采用双倍位加法，最终结果再舍入成单字长数），这时用直接分解法能获得较高的精度．

## 6.3 解线性方程组的迭代法

给定线性方程组 $\boldsymbol{AX}=\boldsymbol{y}$．设 $\boldsymbol{A}=\boldsymbol{N}-\boldsymbol{P}$（$\boldsymbol{N}$ 可逆），得到同解方程组

$$\boldsymbol{X}=\boldsymbol{N}^{-1}\boldsymbol{PX}+\boldsymbol{N}^{-1}\boldsymbol{y}$$

令 $\boldsymbol{M}=\boldsymbol{N}^{-1}\boldsymbol{P}$，$\boldsymbol{g}=\boldsymbol{N}^{-1}\boldsymbol{y}$，有 $\boldsymbol{X}=\boldsymbol{MX}+\boldsymbol{g}$，构造迭代关系式

$$\boldsymbol{X}^{(k+1)}=\boldsymbol{MX}^{(k)}+\boldsymbol{g}$$

称 $\boldsymbol{M}$ 为迭代矩阵．任取初始向量 $\boldsymbol{X}^{(0)}=(x_1^{(0)},x_2^{(0)},\cdots,x_n^{(0)})^{\mathrm{T}}$，代入迭代式中，得到迭代序列 $\boldsymbol{X}^{(1)},\boldsymbol{X}^{(2)},\cdots$．

若迭代序列收敛，设 $\{\boldsymbol{X}^{(k+1)}\}$ 的极限为 $\boldsymbol{X}^*$，对迭代式两边取极限，有

$$\lim_{k\to\infty}\boldsymbol{X}^{(k+1)}=\lim_{k\to\infty}(\boldsymbol{MX}^{(k)}+\boldsymbol{g})$$

即 $\boldsymbol{X}^*=\boldsymbol{MX}^*+\boldsymbol{g}$，$\boldsymbol{X}^*$ 是方程组 $\boldsymbol{AX}=\boldsymbol{y}$ 的解．若迭代序列收敛，收敛的向量即为方程组的解．迭代序列也可能发散，收敛与否取决于迭代矩阵的性质，与迭代初始值的选取无关．迭代法的优点是占用存储空间少，程序实现简单，尤其适用于高维稀疏矩阵；扰人之处是要面对迭代是否收敛和收敛速度问题．

可以证明迭代矩阵的谱半径 $\rho(\boldsymbol{M})=\max\limits_{1\leqslant i\leqslant n}|\lambda_i|<1$ 是迭代收敛的充要条件，其中 $\lambda_i$ 是矩阵 $\boldsymbol{M}$ 的特征根．

**分析** 若 $\boldsymbol{X}^*$ 为方程组 $\boldsymbol{AX}=\boldsymbol{y}$ 的解，则有 $\boldsymbol{X}^*=\boldsymbol{MX}^*+\boldsymbol{g}$．

由 $\boldsymbol{X}^{(k+1)}=\boldsymbol{MX}^{(k)}+\boldsymbol{g}$，可得到

$$\begin{aligned}\|\boldsymbol{X}^*-\boldsymbol{X}^{(k+1)}\|&=\|\boldsymbol{M}(\boldsymbol{X}^*-\boldsymbol{X}^{(k)})\|=\|\boldsymbol{M}^2(\boldsymbol{X}^*-\boldsymbol{X}^{(k-1)})\|\\&=\cdots=\|\boldsymbol{M}^{k+1}(\boldsymbol{X}^*-\boldsymbol{X}^{(0)})\|\\&\leqslant\|\boldsymbol{M}^{k+1}\|\,\|\boldsymbol{X}^*-\boldsymbol{X}^{(0)}\|\to 0\end{aligned}$$

由线性代数中的定理，$\lim\limits_{k\to\infty}\boldsymbol{M}^k=\boldsymbol{0}_{n\times n}$ 的充要条件为 $\rho(\boldsymbol{M})<1$．因此，称谱半径小于1的矩阵为收敛矩阵．计算矩阵的谱半径，需要计算该矩阵的全部特征值，通常是较为繁重的工作．有时可以通过计算矩阵的范数等方法简化判断收敛的工作．在5.2节中，若 $\|\boldsymbol{A}\|_p$ 为矩阵 $\boldsymbol{A}$ 的范数，则总有 $\|\boldsymbol{A}\|_p\geqslant\rho(\boldsymbol{A})$．因此，若 $\|\boldsymbol{A}\|_p<1$，则 $\boldsymbol{A}$ 必为收敛矩阵．计算矩阵的1范数和∞范数方法比较简单，其中

$$\|\boldsymbol{A}\|_1=\max_{1\leqslant j\leqslant n}\sum_{i=1}^{n}|a_{ij}|,\quad \|\boldsymbol{A}\|_\infty=\max_{1\leqslant i\leqslant n}\sum_{j=1}^{n}|a_{ij}|$$

于是，只要迭代矩阵 $\boldsymbol{M}$ 满足 $\|\boldsymbol{M}\|_1<1$ 或 $\|\boldsymbol{M}\|_\infty<1$，就可以判定由 $\boldsymbol{X}^{(k+1)}=\boldsymbol{MX}^{(k)}+\boldsymbol{g}$ 构造的迭代序列是收敛的．

要特别注意的是，当 $\|\boldsymbol{M}\|_1>1$ 或 $\|\boldsymbol{M}\|_\infty>1$ 时，不能判断迭代序列发散．范数小于1只是判断迭代矩阵收敛的充分条件，当迭代矩阵的某一种范数大于1，并不能确定迭代矩阵

是否为发散矩阵.例如,若

$$\boldsymbol{B}=\begin{pmatrix}0.9 & 0\\ 0.7 & 0.8\end{pmatrix}$$

则 $\|\boldsymbol{B}\|_{\infty}=1.5$,$\|\boldsymbol{B}\|_{1}=1.6$,而它的特征值是 0.9 和 0.8.$\rho(\boldsymbol{B})<1$,$\boldsymbol{B}$ 是收敛的.

在计算中,当相邻两次的迭代向量的误差的某种范数 $\|\boldsymbol{X}^{(k+1)}-\boldsymbol{X}^{(k)}\|_p$ 或 $\dfrac{\|\boldsymbol{X}^{(k+1)}-\boldsymbol{X}^{(k)}\|_p}{\|\boldsymbol{X}^{(k+1)}\|_p}$ 小于给定精度时,则停止迭代计算,视 $\boldsymbol{X}^{(k+1)}$ 为方程组 $\boldsymbol{AX}=\boldsymbol{y}$ 的近似解.

### 6.3.1 雅可比(Jacobi)迭代

**1. Jacobi 迭代计算公式**

设 $n$ 元线性方程组为

$$\begin{cases}a_{11}x_1+a_{12}x_2+\cdots+a_{1n}x_n=y_1\\ a_{21}x_1+a_{22}x_2+\cdots+a_{2n}x_n=y_2\\ \cdots\\ a_{n1}x_1+a_{n2}x_2+\cdots+a_{nn}x_n=y_n\end{cases}\tag{6.9}$$

写成矩阵形式为 $\boldsymbol{AX}=\boldsymbol{y}$.若 $a_{ii}\neq0(1\leqslant i\leqslant n)$,将方程组(6.9)中每个方程的 $a_{ii}x_i$ 留在方程的左边,其余各项都移到方程的右边;方程两边除以 $a_{ii}$,得到以下同解方程组:

$$\begin{cases}x_1=\dfrac{1}{a_{11}}(\qquad -a_{12}x_2-\cdots-a_{1n}x_n+y_1)\\ x_2=\dfrac{1}{a_{22}}(-a_{21}x_1\qquad -\cdots-a_{2n}x_n+y_2)\\ \cdots\\ x_n=\dfrac{1}{a_{nn}}(-a_{n1}x_1\cdots-a_{n,n-1}x_{n-1}\qquad +y_n)\end{cases}$$

记 $b_{ij}=-a_{ij}/a_{ii}$,$g_i=y_i/a_{ii}$,构造迭代格式:

$$\begin{cases}x_1^{(k+1)}=\qquad b_{12}x_2^{(k)}+b_{13}x_3^{(k)}+\cdots+b_{1n}x_n^{(k)}+g_1\\ x_2^{(k+1)}=b_{21}x_1^{(k)}\qquad +b_{23}x_3^{(k)}+\cdots+b_{2n}x_n^{(k)}+g_2\\ \cdots\\ x_n^{(k+1)}=b_{n1}x_1^{(k)}+b_{n2}x_2^{(k)}+\cdots+b_{n,n-1}x_{n-1}^{(k)}\qquad +g_n\end{cases}\tag{6.10}$$

或

$$\begin{pmatrix}x_1^{(k+1)}\\ x_2^{(k+1)}\\ \vdots\\ x_n^{(k+1)}\end{pmatrix}=\begin{pmatrix}0 & b_{12} & \cdots & b_{1n}\\ b_{21} & 0 & \cdots & b_{2n}\\ \vdots & \vdots & & \vdots\\ b_{n1} & b_{n2} & \cdots & 0\end{pmatrix}\begin{pmatrix}x_1^{(k)}\\ x_2^{(k)}\\ \vdots\\ x_n^{(k)}\end{pmatrix}+\begin{pmatrix}g_1\\ g_2\\ \vdots\\ g_n\end{pmatrix}$$

迭代计算式(6.10)称为简单迭代或 Jacobi 迭代.给定精度 $e$,任取初始向量 $\boldsymbol{X}^{(0)}$,由式(6.10)得到迭代向量序列 $\{\boldsymbol{X}^{(k)}\}(k=1,2,\cdots)$,直到 $\|\boldsymbol{X}^{(k+1)}-\boldsymbol{X}^{(k)}\|<e$ 时停止迭代.取 $\boldsymbol{X}^{(k+1)}$ 作为方程组 $\boldsymbol{AX}=\boldsymbol{y}$ 的解.

**2. Jacobi 迭代矩阵**

令 $\boldsymbol{D}=\mathrm{diag}(a_{11},a_{22},\cdots,a_{nn})$.由 $\boldsymbol{AX}=(\boldsymbol{D}+\boldsymbol{A}-\boldsymbol{D})\boldsymbol{X}=\boldsymbol{y}$,得到等价方程组

$$DX = (D - A)X + y$$
$$X^{(k+1)} = D^{-1}(D - A)X^{(k)} + D^{-1}y$$

记 $B = I - D^{-1}A$, $g = D^{-1}y$. 不难看出，$B$ 正是迭代式(6.10)的迭代矩阵，$g$ 是式(6.10)的常数向量. 于是式(6.10)可写成矩阵形式：

$$X^{(k+1)} = BX^{(k)} + g \tag{6.11}$$

其中

$$B = \begin{pmatrix} 0 & -a_{12}/a_{11} & \cdots & -a_{1n}/a_{11} \\ -a_{21}/a_{22} & 0 & \cdots & -a_{2n}/a_{22} \\ \vdots & \vdots & & \vdots \\ -a_{n1}/a_{nn} & -a_{n2}/a_{nn} & \cdots & 0 \end{pmatrix}, \quad g = \begin{pmatrix} y_1/a_{11} \\ y_2/a_{22} \\ \vdots \\ y_n/a_{nn} \end{pmatrix}$$

**例 6.6**　用 Jacobi 方法解方程组

$$\begin{cases} 5x_1 - x_2 - x_3 = -6 \\ 2x_1 + 5x_2 - x_3 = -3 \\ x_1 + 5x_2 + 10x_3 = 9 \end{cases}$$

**解**　方程组的迭代式为

$$\begin{cases} x_1^{(k+1)} = & & 0.2x_2^{(k)} & + 0.2x_3^{(k)} & - 1.2 \\ x_2^{(k+1)} = & -0.4x_1^{(k)} & & + 0.2x_3^{(k)} & - 0.6 \\ x_3^{(k+1)} = & -0.1x_1^{(k)} & - 0.5x_2^{(k)} & & + 0.9 \end{cases}$$

或

$$\begin{pmatrix} x_1^{(k+1)} \\ x_2^{(k+1)} \\ x_3^{(k+1)} \end{pmatrix} = \begin{pmatrix} 0 & 0.2 & 0.2 \\ -0.4 & 0 & 0.2 \\ -0.1 & -0.5 & 0 \end{pmatrix} \begin{pmatrix} x_1^{(k)} \\ x_2^{(k)} \\ x_3^{(k)} \end{pmatrix} + \begin{pmatrix} -1.2 \\ -0.6 \\ 0.9 \end{pmatrix}$$

因为 $\|B\|_1 = 0.7$，所以 Jacobi 迭代收敛. 取初始值 $X^{(0)} = (1,1,1)^{\mathrm{T}}$，计算结果如表 6.1 所示.

**表 6.1**

| $k$ | $x_1^{(k)}$ | $x_2^{(k)}$ | $x_3^{(k)}$ | $\|X^{(k)} - X^{(k-1)}\|_\infty$ |
|---|---|---|---|---|
| 0 | 1 | 1 | 1 | |
| 1 | −0.800 000 | −0.800 000 | 0.300 000 | 0.700 000 |
| 2 | −1.300 000 | −0.220 000 | 1.380 000 | 1.080 000 |
| 3 | −0.968 000 | 0.196 000 | 1.140 000 | 0.416 000 |
| 4 | −0.932 800 | 0.015 200 | 0.898 800 | 0.035 200 |
| 5 | −1.017 200 | −0.047 120 | 0.985 680 | 0.086 880 |
| 6 | −1.012 290 | 0.004 016 | 1.025 280 | 0.051 136 |
| 7 | −0.994 141 | 0.009 972 | 0.999 221 | 0.018 149 |

原方程组的准确解是{−1,0,1}.

### 3. Jacobi 迭代收敛条件

对于方程组 $AX = y$，构造 Jacobi 迭代式 $X^{(k+1)} = BX^{(k)} + g$. 当迭代矩阵 $B$ 的谱半径 $\rho$

$=\max\limits_{1\leqslant i\leqslant n}|\lambda_i|<1$ 时，迭代收敛，这是收敛的充要条件. 迭代矩阵的某范数 $\|\boldsymbol{B}\|<1$，是迭代收敛的充分条件.

当方程组的系数矩阵 $\boldsymbol{A}$ 具有某些特殊性质时，可直接判定由它生成的Jacobi迭代矩阵是收敛的.

**定理6.1** 若方程组 $\boldsymbol{AX}=\boldsymbol{y}$ 的系数矩阵 $\boldsymbol{A}$ 满足下列条件之一，则其Jacobi迭代收敛：

(1) $\boldsymbol{A}$ 为严格行对角优矩阵，即 $|a_{ii}|>\sum\limits_{j\neq i}|a_{ij}|\,(i=1,2,\cdots,n)$；

(2) $\boldsymbol{A}$ 为严格列对角优矩阵，即 $|a_{jj}|>\sum\limits_{i\neq j}|a_{ij}|\,(j=1,2,\cdots,n)$.

**证明** (1) Jacobi迭代矩阵 $\boldsymbol{B}=(b_{ij})$，其中 $b_{ij}=-a_{ij}/a_{ii}\,(j\neq i)$，$b_{ii}=0$. 由 $|a_{ii}|>\sum\limits_{j\neq i}|a_{ij}|$，有 $\sum\limits_{j\neq i}\dfrac{|a_{ij}|}{|a_{ii}|}<1\,(i=1,2,\cdots,n)$，从而

$$\|\boldsymbol{B}\|_\infty=\max_{1\leqslant i\leqslant n}\sum_{j=1}^{n}|b_{ij}|=\max_{1\leqslant i\leqslant n}\sum_{j\neq i}\frac{|a_{ij}|}{|a_{ii}|}<1$$

因此Jacobi迭代收敛.

类似地，当 $\boldsymbol{A}$ 为列对角优矩阵时，$\|\boldsymbol{B}\|_1<1$.

(2) 若 $\boldsymbol{A}$ 为列对角优矩阵，则 $\boldsymbol{A}^{\mathrm{T}}$ 为行对角优矩阵，系数矩阵 $\boldsymbol{A}^{\mathrm{T}}$ 构造的迭代矩阵 $\boldsymbol{C}=\boldsymbol{I}-\boldsymbol{D}^{-1}\boldsymbol{A}^{\mathrm{T}}$. 由于 $\boldsymbol{A}^{\mathrm{T}}$ 为行对角优矩阵，利用(1)的结论，有

$$\rho(\boldsymbol{I}-\boldsymbol{D}^{-1}\boldsymbol{A}^{\mathrm{T}})\leqslant\|\boldsymbol{C}\|_\infty=\|\boldsymbol{I}-\boldsymbol{D}^{-1}\boldsymbol{A}^{\mathrm{T}}\|_\infty<1$$

又由

$$\boldsymbol{I}-\boldsymbol{D}^{-1}\boldsymbol{A}^{\mathrm{T}}=\boldsymbol{D}^{-1}(\boldsymbol{I}-\boldsymbol{A}^{\mathrm{T}}\boldsymbol{D}^{-1})\boldsymbol{D}=\boldsymbol{D}^{-1}(\boldsymbol{I}-\boldsymbol{D}^{-1}\boldsymbol{A})^{\mathrm{T}}\boldsymbol{D}$$

知 $\boldsymbol{I}-\boldsymbol{D}^{-1}\boldsymbol{A}^{\mathrm{T}}$ 与 $\boldsymbol{I}-\boldsymbol{D}^{-1}\boldsymbol{A}$ 相似，$\rho(\boldsymbol{I}-\boldsymbol{D}^{-1}\boldsymbol{A}^{\mathrm{T}})=\rho(\boldsymbol{I}-\boldsymbol{D}^{-1}\boldsymbol{A})<1$.

故当 $\boldsymbol{A}$ 为列对角优矩阵时，Jacobi迭代收敛.

### 6.3.2 高斯-赛德尔(Gauss-Seidel)迭代

**1. Gauss-Seidel迭代公式**

在Jacobi迭代中，把 $(x_1^{(k)},x_2^{(k)},\cdots,x_n^{(k)})^{\mathrm{T}}$ 的值代入方程(6.10)中计算 $x_i^{(k+1)}\,(i=1,2,\cdots,n)$ 的值，$x_i^{(k+1)}$ 的计算公式是

$$x_i^{(k+1)}=\sum_{j=1}^{n}b_{ij}x_j^{(k)}+g_i=\sum_{j=1}^{i-1}b_{ij}x_j^{(k)}+\sum_{j=i+1}^{n}b_{ij}x_j^{(k)}+g_i$$

在计算 $x_i^{(k+1)}$ 之前，已经得到 $x_1^{(k+1)},\cdots,x_{i-1}^{(k+1)}$ 的值，不妨将已算出的分量直接代入迭代式中，及时使用最新计算出的分量值. 因此 $x_i^{(k+1)}$ 的计算公式可改为

$$x_i^{(k+1)}=\sum_{j=1}^{i-1}b_{ij}x_j^{(k+1)}+\sum_{j=i+1}^{n}b_{ij}x_j^{(k)}+g_i \tag{6.12}$$

即用向量 $(x_1^{(k)},x_2^{(k)},\cdots,x_n^{(k)})^{\mathrm{T}}$ 计算 $x_1^{(k+1)}$ 的值，用向量 $(x_1^{(k+1)},x_2^{(k)},\cdots,x_n^{(k)})^{\mathrm{T}}$ 计算 $x_2^{(k+1)}$ 的值，用向量 $(x_1^{(k+1)},\cdots,x_{i-1}^{(k+1)},x_i^{(k)},\cdots,x_n^{(k)})^{\mathrm{T}}$ 计算 $x_i^{(k+1)}$ 的值，式(6.12)称为Gauss-Seidel迭代.

对于方程组 $\boldsymbol{AX}=\boldsymbol{y}$，如果由它构造的Gauss-Seidel迭代和Jacobi迭代都收敛，那么多数情况下，Gauss-Seidel迭代比Jacobi迭代的收敛效果要好. 当然，情况并不总是如此.

构造方程组 $\boldsymbol{AX}=\boldsymbol{y}$ 的Gauss-Seidel迭代格式与Jacobi类似. 设 $a_{ii}\neq0\,(1\leqslant i\leqslant n)$，将

式(6.9)中每个方程组的 $a_{ii}x_i$ 留在方程的左边,其余各项都移到方程的右边;方程两边除以 $a_{ii}$,得到以下同解方程组:

$$\begin{cases} x_1 = \dfrac{1}{a_{11}}( \quad - a_{12}x_2 - \cdots - a_{1n}x_n + y_1) \\ x_2 = \dfrac{1}{a_{22}}( - a_{21}x_1 \quad - \cdots - a_{2n}x_n + y_2) \\ \cdots \\ x_n = \dfrac{1}{a_{nn}}( - a_{n1}x_1 - a_{n2}x_2 \quad \cdots - a_{n,n-1}x_{n-1} + y_n) \end{cases}$$

记 $b_{ij} = -a_{ij}/a_{ii}$,$g_i = y_i/a_{ii}$,对方程组对角线以上的 $x_i$ 取第 $k$ 步迭代的数值,对角线以下的 $x_i$ 取第 $k+1$ 步迭代的数值,构造 Gauss-Seidel 迭代格式:

$$\begin{cases} x_1^{(k+1)} = \quad b_{12}x_2^{(k)} + b_{13}x_3^{(k)} + \cdots + b_{1n}x_n^{(k)} + g_1 \\ x_2^{(k+1)} = b_{21}x_1^{(k+1)} \quad + b_{23}x_3^{(k)} + \cdots + b_{2n}x_n^{(k)} + g_2 \\ \cdots \\ x_n^{(k+1)} = b_{n1}x_1^{(k+1)} + b_{n1}x_2^{(k+1)} + \cdots + b_{n,n-1}x_{n-1}^{(k+1)} \quad + g_n \end{cases}$$

**2. Gauss-Seidel 迭代矩阵**

设

$$\begin{aligned} \boldsymbol{A} &= \boldsymbol{D} + \boldsymbol{L} + \boldsymbol{U} \\ &= \begin{pmatrix} a_{11} & & & \\ & a_{22} & & \\ & & \ddots & \\ & & & a_{nn} \end{pmatrix} + \begin{pmatrix} 0 & & & \\ a_{21} & 0 & & \\ \vdots & & \ddots & \\ a_{n1} & \cdots & a_{n,n-1} & 0 \end{pmatrix} + \begin{pmatrix} 0 & a_{12} & \cdots & a_{1n} \\ & 0 & & a_{2n} \\ & & \ddots & \vdots \\ & & & 0 \end{pmatrix} \end{aligned}$$

将方程写成等价的矩阵表达式:

$$\boldsymbol{AX} = (\boldsymbol{D} + \boldsymbol{L} + \boldsymbol{U})\boldsymbol{X} = (\boldsymbol{D} + \boldsymbol{L})\boldsymbol{X} + \boldsymbol{UX} = \boldsymbol{y}$$

$$(\boldsymbol{D} + \boldsymbol{L})\boldsymbol{X} = -\boldsymbol{UX} + \boldsymbol{y}$$

构造迭代格式:

$$(\boldsymbol{D} + \boldsymbol{L})\boldsymbol{X}^{(k+1)} = -\boldsymbol{UX}^{(k)} + \boldsymbol{y}$$

有

$$\boldsymbol{X}^{(k+1)} = -(\boldsymbol{D} + \boldsymbol{L})^{-1}\boldsymbol{UX}^{(k)} + (\boldsymbol{D} + \boldsymbol{L})^{-1}\boldsymbol{y} \tag{6.13}$$

则记 Gauss-Seidel 迭代为

$$\boldsymbol{X}^{(k+1)} = \boldsymbol{SX}^{(k)} + \boldsymbol{f}$$

其中 $\boldsymbol{S} = -(\boldsymbol{D}+\boldsymbol{L})^{-1}\boldsymbol{U}$,$\boldsymbol{f} = (\boldsymbol{D}+\boldsymbol{L})^{-1}\boldsymbol{y}$. 称 $\boldsymbol{S}$ 为 Gauss-Seidel 迭代矩阵.

**3. Gauss-Seidel 迭代收敛条件**

判断 Gauss-Seidel 迭代收敛与判断雅可比迭代收敛的方法类似. 一方面从 Gauss-Seidel 迭代矩阵 $\boldsymbol{S}$ 获取信息,当 $\rho(\boldsymbol{S})<1$ 或 $\boldsymbol{S}$ 的某种范数 $\|\boldsymbol{S}\|<1$ 时,迭代收敛;另一方面,有时可直接根据方程组系数矩阵的特点做出判断.

**定理 6.2**　若方程组系数矩阵为列或行严格对角优的,则 Gauss-Seidel 迭代收敛.

**定理 6.3**　若方程组系数矩阵为对称正定矩阵,则 Gauss-Seidel 迭代收敛.

**例 6.7**　用 Gauss-Seidel 迭代解下列方程组,并写出迭代矩阵:

$$\begin{cases} 5x_1 - x_2 - x_3 = -6 \\ 2x_1 + 5x_2 - x_3 = -3 \\ x_1 + 5x_2 + 10x_3 = 9 \end{cases}$$

**解** 方程组的迭代格式为

$$\begin{cases} x_1^{(k+1)} = 0.2x_2^{(k)} + 0.2x_3^{(k)} - 1.2 & (1) \\ x_2^{(k+1)} = -0.4x_1^{(k+1)} + 0.2x_3^{(k)} - 0.6 & (2) \\ x_3^{(k+1)} = -0.1x_1^{(k+1)} - 0.5x_2^{(k+1)} + 0.9 & (3) \end{cases}$$

取初始值 $\boldsymbol{X}^{(0)} = (1,1,1)$，则

$k=1$ 时，

$$x_1^{(1)} = 0.2 \cdot 1 + 0.2 \cdot 1 - 1.2 = -0.8$$
$$x_2^{(1)} = -0.4 \cdot (-0.8) + 0.2 \cdot 1 - 0.6 = -0.08$$
$$x_3^{(1)} = -0.1 \cdot (-0.8) - 0.5 \cdot (-0.08) + 0.9 = 1.02$$

$k=2$ 时，

$$x_1^{(2)} = 0.2 \cdot (-0.08) + 0.2 \cdot 1.02 - 1.2 = -1.012\,000$$
$$x_2^{(2)} = -0.4 \cdot (-1.01200) + 0.2 \cdot 1.02 - 0.6 = 0.008\,800$$
$$x_3^{(2)} = -0.1 \cdot (-1.01200) - 0.5 \cdot 0.008800 + 0.9 = 0.996\,800$$

计算结果如表 6.2 所示.

**表 6.2**

| $k$ | $x_1^{(k)}$ | $x_2^{(k)}$ | $x_3^{(k)}$ | $\Vert \boldsymbol{X}^{(k)} - \boldsymbol{X}^{(k-1)} \Vert_\infty$ |
|---|---|---|---|---|
| 0 | 1 | 1 | 1 | |
| 1 | −0.800 000 0 | −0.080 000 0 | 1.020 000 0 | 1.800 000 0 |
| 2 | −1.012 000 0 | 0.008 800 0 | 0.996 800 0 | 0.212 000 0 |
| 3 | −0.998 880 0 | −0.001 088 0 | 1.000 430 0 | 0.013 120 0 |
| 4 | −1.000 130 0 | 0.000 138 9 | 0.999 944 0 | 0.001 251 2 |

方程组的准确解是$\{-1,0,1\}$. 与例 6.6 中的 Jacobi 迭代比较，Gauss-Seidel 迭代收敛得更快.

将方程(1)代入方程(2)，将 $x_1^{(k+1)}$ 和 $x_2^{(k+1)}$ 代入方程(3)，得

$$\begin{aligned} x_2^{(k+1)} &= -0.4(0.2x_2^{(k)} + 0.2x_3^{(k)} - 1.2) + 0.2x_3^{(k)} - 0.6 \\ &= -0.08x_2^{(k)} + 0.12x_3^{(k)} - 0.12 \\ x_3^{(k+1)} &= -0.1(0.2x_2^{(k)} + 0.2x_3^{(k)} - 1.2) \\ &\quad -0.5(-0.08x_2^{(k)} + 0.12x_3^{(k)} - 0.12) + 0.9 \\ &= 0.02x_2^{(k)} - 0.08x_3^{(k)} + 1.08 \end{aligned}$$

则

$$\begin{pmatrix} x_1^{(k+1)} \\ x_2^{(k+1)} \\ x_3^{(k+1)} \end{pmatrix} = \begin{pmatrix} 0 & 0.2 & 0.2 \\ 0 & -0.08 & 0.12 \\ 0 & 0.02 & -0.08 \end{pmatrix} \begin{pmatrix} x_1^{(k)} \\ x_2^{(k)} \\ x_3^{(k)} \end{pmatrix} + \begin{pmatrix} -1.2 \\ -0.12 \\ 1.08 \end{pmatrix}$$

迭代矩阵

$$S=\begin{pmatrix}0 & 0.2 & 0.2\\ 0 & -0.08 & 0.12\\ 0 & 0.02 & -0.08\end{pmatrix},\quad \|S\|_\infty=0.4$$

从系数矩阵看，$A$ 是严格行对角优的；从迭代矩阵看，$\|S\|_\infty=0.4<1$. 故 Gauss-Seidel 迭代收敛.

### 6.3.3* 松弛迭代

**1. 松弛迭代格式**

方程组 $AX=y$ 的 Jacobi 迭代格式为 $X^{(k+1)}=BX^{(k)}+g$. 设 $B=\tilde{L}+\tilde{U}$，其中 $\tilde{L}$ 是下三角阵，$\tilde{U}$ 是上三角阵. 则 Gauss-Seidel 的迭代格式为

$$X^{(k+1)}=\tilde{L}X^{(k+1)}+\tilde{U}X^{(k)}+g$$

记 $\Delta X=X^{(k+1)}-X^{(k)}$，则有

$$X^{(k+1)}=X^{(k)}+\Delta X^{(k)}$$

$\Delta X^{(k)}$ 可视为 $X^{(k)}$ 的修正量，而 $X^{(k+1)}$ 恰由 $X^{(k)}$ 加上修正量 $\Delta X^{(k)}$ 而得. 如果将 $X^{(k+1)}$ 改为 $X^{(k)}$ 加上修正量 $\Delta X^{(k)}$ 乘一个因子 $\omega$，有可能收敛得更快.

$$X^{(k+1)}=X^{(k)}+\omega\Delta X^{(k)}$$
$$X^{(k+1)}=X^{(k)}+\omega(X^{(k+1)}-X^{(k)})$$
$$X^{(k+1)}=X^{(k)}+\omega(\tilde{L}X^{(k+1)}+\tilde{U}X^{(k)}+g-X^{(k)})$$

整理得

$$X^{(k+1)}=(1-\omega)X^{(k)}+\omega(\tilde{L}X^{(k+1)}+\tilde{U}X^{(k)}+g)\tag{6.14}$$

这里 $\omega$ 为修正因子，称为松弛因子，而式(6.14)称为松弛迭代.

迭代的分量形式为

$$\begin{cases}x_1^{(k+1)}=(1-\omega)x_1^{(k)}+\omega(b_{12}x_2^{(k)}+b_{13}x_3^{(k)}+\cdots+b_{1n}x_n^{(k)}+g_1)\\ x_2^{(k+1)}=(1-\omega)x_2^{(k)}+\omega(b_{21}x_1^{(k+1)}+b_{23}x_3^{(k)}\cdots+b_{2n}x_n^{(k)}+g_2)\\ \cdots\\ x_n^{(k+1)}=(1-\omega)x_n^{(k)}+\omega(b_{n1}x_1^{(k+1)}+b_{n2}x_2^{(k+1)}\cdots+b_{n,n-1}x_{n-1}^{(k+1)}+g_n)\end{cases}\tag{6.15}$$

称为松弛迭代的计算公式.

**2. 松弛迭代矩阵**

将式(6.14)中的 $X^{(k+1)}$ 与 $X^{(k)}$ 的项分别放在方程的两边：

$$(I-\omega\tilde{L})X^{(k+1)}=((1-\omega)I+\omega\tilde{U})X^{(k)}+\omega g$$

把 $\tilde{L}=-D^{-1}L,\tilde{U}=-D^{-1}U$ 代入上式，得

$$(I+\omega D^{-1}L)X^{(k+1)}=((1-\omega)I-\omega D^{-1}U)X^{(k)}+\omega g$$
$$X^{(k+1)}=(I+\omega D^{-1}L)^{-1}((1-\omega)I-\omega D^{-1}U)X^{(k)}+\omega(I+\omega D^{-1}L)^{-1}g$$

则松弛因子为 $\omega$ 时的迭代矩阵为

$$X^{(k+1)}=S_\omega X^{(k)}+f\tag{6.16}$$

其中

$$S_\omega=(I+\omega D^{-1}L)^{-1}((1-\omega)I-\omega D^{-1}U)$$

$$f = \omega (I + \omega D^{-1} L)^{-1} g$$

**3. 松弛迭代收敛的条件**

**定理 6.4** 松弛迭代收敛的必要条件是 $0<\omega<2$.

**定理 6.5** 若 $A$ 为正定矩阵,则当 $0<\omega<2$ 时,松弛迭代恒收敛.

上述定理给出了松弛迭代因子的范围.对于每个给定的方程组,确定 $\omega$ 究竟取多少为最佳,这是比较困难的问题,对某些特定的方程组,我们可以得到一些理论结果.

通常,把 $0<\omega<1$ 的迭代称为亚松弛迭代,而把 $1<\omega<2$ 的迭代称为超松弛迭代. $\omega=1$ 的迭代即为 Gauss-Seidel 迭代.

**例 6.8** 用松弛迭代方法解下面的方程组,取 $\omega=0.95$:

$$\begin{cases} 5x_1 - x_2 - x_3 = -6 \\ 2x_1 + 5x_2 - x_3 = -3 \\ x_1 + 5x_2 + 10x_3 = 9 \end{cases}$$

**解** 方程组的迭代格式为

$$\begin{cases} x_1^{(k+1)} = 0.05x_1^{(k)} + 0.95(0.2x_2^{(k)} + 0.2x_3^{(k)} - 1.2) \\ x_2^{(k+1)} = 0.05x_2^{(k)} + 0.95(-0.4x_1^{(k+1)} + 0.2x_3^{(k)} - 0.6) \\ x_3^{(k+1)} = 0.05x_3^{(k)} + 0.95(-0.1x_1^{(k+1)} - 0.5x_2^{k+1} + 0.9) \end{cases}$$

或

$$\begin{pmatrix} x_1^{(k+1)} \\ x_2^{(k+1)} \\ x_3^{(k+1)} \end{pmatrix} = \begin{pmatrix} 0.05 & 0.19 & 0.19 \\ -0.019 & -0.0222 & 0.1178 \\ 0.004275 & -0.007505 & -0.024005 \end{pmatrix} \begin{pmatrix} x_1^{(k)} \\ x_2^{(k)} \\ x_3^{(k)} \end{pmatrix} + \begin{pmatrix} -1.14 \\ -0.1368 \\ 1.02828 \end{pmatrix}$$

计算结果如表 6.3 所示.原方程组的准确解是{-1,0,1}.

**表 6.3**

| $k$ | $x_k^{(1)}$ | $x_k^{(2)}$ | $x_k^{(3)}$ | $\Vert X^{(k)} - X^{(k-1)} \Vert_\infty$ |
|---|---|---|---|---|
| 0 | 1 | 1 | 1 | |
| 1 | -0.71 | -0.060 2 | 1.001 045 | 1.71 |
| 2 | -0.996 74 | -0.004 050 5 | 1.001 666 | 0.286 74 |
| 3 | -1.000 29 | 0.000 224 3 | 1.000 004 3 | 0.004 274 7 |
| 4 | -0.999 971 06 | 0.000 001 04 | 0.999 996 97 | 0.000 318 87 |

与例 6.7 中的 Gauss-Seidel 迭代比较,当松弛因子选为 0.95 时,迭代收敛得更快.

# 附录 6 用 Mathematica 求解方程组和矩阵分解

(1) `LinearSolve[A,b]` 求解方程组 AX= b.

(2) `LUDecomposition[A]`

矩阵的 LU 分解,对方阵 A 返回{lu,p,c},A= P · L · U. L 是单位下三角阵,U 是上三角阵,L 和 U 由 lu 表示,L 和 U 分别放在 lu 的上、下三角阵中,置换方阵 P 由 p 表示,c 为 A 的条件数.

(3) CholeskyDecomposition[m]

Cholesky 分解生成一个上三角矩阵 u,ConjugateTranspose[u].u= m.

**例**

```
In[1]:= A= {{1,2,2},{5,2,2},{1,2,4}}
        {Lu,p,c}= LUDecomposition[A]
Out[2]= {{{1,2,2},{5,- 9,- 9},{1,0,2}},{1,2,3},1}

In[3]:= L= LUSparseArray[{i_,j_}/;j< i→1,{3,3}]+ IndentityMatrix[3]
Out[3]= {{1,0,0},{5,1,0},{1,0,1}}

In[4]:= U= LUSparseArray[{i_,j_}/;j⩾i→1,{3,3}]
Out[4]= {{1,2,2},{0,- 9,- 9},{0,0,2}}

In[5]:= {MatrixForm[L],MatrixForm[U]}
```

Out[5]= $\left\{\begin{pmatrix}1 & 0 & 0\\5 & 1 & 0\\1 & 0 & 1\end{pmatrix},\begin{pmatrix}1 & 2 & 2\\0 & -9 & -9\\0 & 0 & 2\end{pmatrix}\right\}$

```
In[6]:= L.U
Out[6]= {{1,2,2},{5,1,1},{1,2,4}}

In[7]:= (*验证例 6.7 的迭代矩阵*)
        d1= {{5,0,0},{2,5,0},{1,5,10}}
        u= - {{0,- 1,- 1},{0,0,- 1},{0,0,0}}

In[9]:= MatrixForm[Inverse[d1].u]
Out[9]//MatrixForm=
```

$$\begin{pmatrix}0. & 0.2 & 0.2\\0. & -0.08 & 0.12\\0. & 0.02 & -0.08\end{pmatrix}$$

```
In[10]:= (*直接求解例 6.7*)
         LinearSolve[A,{- 6,- 3,- 9}}
Out[10]= {- 1.,6.16791×10^-17,1.}

In[11]:= Chop[% ]
Out[10]= {- 1.,0,1.}
```

# 习　题　6

1. 给出解下三角方程组的算法:

$$\begin{cases} l_{11}x_1 & = b_1 \\ l_{21}x_1 + l_{22}x_2 & = b_2 \\ \cdots \\ l_{n1}x_1 + l_{n2}x_2 + \cdots + l_{nn}x_n & = b_n \end{cases}$$

2. 用 Doolittle 分解求解方程组：

$$\begin{pmatrix} 2 & 1 & 1 \\ 1 & 3 & 2 \\ 1 & 2 & 2 \end{pmatrix} \begin{pmatrix} x_1 \\ x_2 \\ x_3 \end{pmatrix} = \begin{pmatrix} 12 \\ 20 \\ 15 \end{pmatrix}$$

3. 用 Courant 分解求解下面的方程组：

$$\begin{pmatrix} 2 & 4 & 5 \\ 1 & 3 & 1 \\ 2 & 2 & 7 \end{pmatrix} \begin{pmatrix} x_1 \\ x_2 \\ x_3 \end{pmatrix} = \begin{pmatrix} 3 \\ -2 \\ 9 \end{pmatrix}, \quad \begin{pmatrix} 2 & 4 & 5 \\ 1 & 3 & 1 \\ 2 & 2 & 7 \end{pmatrix} \begin{pmatrix} x_1 \\ x_2 \\ x_3 \end{pmatrix} = \begin{pmatrix} 11 \\ 10 \\ 3 \end{pmatrix}$$

4. 用 Jacobi 方法解方程组：

$$\begin{cases} 2x_1 - x_2 + x_3 = -1 \\ 3x_1 + 3x_2 + 9x_3 = 0 \\ 3x_1 + 3x_2 + 5x_3 = 4 \end{cases}$$

(1) 请写出迭代格式；

(2) 请写出迭代矩阵；

(3) 讨论其迭代收敛性；

(4) 以 $\boldsymbol{x}^{(0)} = (0,0,0)^{\mathrm{T}}$ 为初值，计算 $\boldsymbol{x}^{(1)}, \boldsymbol{x}^{(2)}$.

5. 用 Gauss-Seidel 方法解方程组

$$\begin{cases} 5x_1 - 2x_2 - x_3 = 15 \\ x_1 + 5x_2 - x_3 = 20 \\ x_1 + 2x_2 + 10x_3 = 30 \end{cases}$$

(1) 请写出迭代格式；

(2) 请写出迭代矩阵；

(3) 讨论其迭代收敛性；

(4) 以 $\boldsymbol{x}^{(0)} = (0,0,0)^{\mathrm{T}}$ 为初值，计算 $\boldsymbol{x}^{(1)}, \boldsymbol{x}^{(2)}$.

6. 设有系数矩阵

$$\boldsymbol{A} = \begin{pmatrix} 1 & 2 & -2 \\ 1 & 1 & 1 \\ 2 & 2 & 1 \end{pmatrix} \quad 和 \quad \boldsymbol{B} = \begin{pmatrix} 2 & -1 & 1 \\ 1 & 1 & 1 \\ 1 & 1 & -2 \end{pmatrix}$$

证明：

(1) 对系数矩阵 $\boldsymbol{A}$，Jacobi 迭代收敛，而 Gauss-Seidel 迭代不收敛；

(2) 对系数矩阵 $\boldsymbol{B}$，Jacobi 迭代不收敛，而 Gauss-Seidel 迭代收敛.

# 第7章　插值与拟合

## 7.1　拉格朗日(Lagrange)插值多项式

在实际问题中,有时只能从未知函数 $f(x)$ 测试一些离散点上的值,构造近似函数 $f(x)$.

**定义 7.1**　设 $f(x)$ 是定义在区间 $[a,b]$ 上的函数,$a\leqslant x_0<x_1<\cdots<x_n\leqslant b$ 为 $[a,b]$ 上 $n+1$ 个互不相同的节点,$\Phi$ 为给定的某一函数类. 若 $\Phi$ 中有函数 $\varphi(x)$,满足

$$\varphi(x_i)=f(x_i),\quad i=0,1,\cdots,n$$

则称 $\varphi(x)$ 为 $f(x)$ 关于节点 $\{x_0,x_1,\cdots,x_n\}$ 在 $\Phi$ 中的插值函数. 称点 $\{x_0,x_1,\cdots,x_n\}$ 为插值节点,称 $(x_i,f(x_i))(i=0,1,\cdots,n)$ 为插值点,或插值型节点,称 $f(x)$ 为被插函数.

对近似插值函数 $\varphi(x)$ 的要求是过给定的插值点. 构造插值函数需要关心下列问题:插值函数是否存在和唯一? 如何表示插值函数? 如何估计被插函数 $f(x)$ 与插值函数 $\varphi(x)$ 的误差?

由于多项式结构简单,运算简便,常用多项式作为插值函数.

**例 7.1**　给定插值点 $(x_0,f(x_0))$,$(x_1,f(x_1))$,其中 $x_0\neq x_1$. 构造过这两点的线性插值函数.

**解**　在初等数学中,可用两点式、点斜式或截距式构造通过两点的直线. 设直线方程为 $L_1(x)=a_0+a_1x$,将 $(x_0,f(x_0))$,$(x_1,f(x_1))$ 分别代入直线方程 $L_1(x)$,得

$$\begin{cases}a_0+a_1x_0=f(x_0)\\a_0+a_1x_1=f(x_1)\end{cases}\tag{1}$$

当 $x_0\neq x_1$ 时,因为 $\begin{vmatrix}1 & x_0\\1 & x_1\end{vmatrix}\neq 0$,所以方程组(1)有解,直线 $a_0+a_1x$ 的解存在而且唯一.

在例 7.1 中用待定系数法构造过两个插值点的线性插值函数.

当 $x_0\neq x_1$ 时,若用两点式表示这条直线,则有

$$L_1(x)=\frac{x-x_1}{x_0-x_1}f(x_0)+\frac{x-x_0}{x_1-x_0}f(x_1)$$

记 $l_0(x)=\dfrac{x-x_1}{x_0-x_1}$,$l_1(x)=\dfrac{x-x_0}{x_1-x_0}$,称 $l_0(x)$,$l_1(x)$ 为插值基函数,并满足关系式:

$$l_i(x_j)=\delta_{ij}=\begin{cases}1, & i=j\\0, & i\neq j\end{cases}$$

则

$$L_1(x) = l_0(x)f(x_0) + l_1(x)f(x_1) = \sum_{i=0}^{1} l_i(x)f(x_i) \tag{7.1}$$

图 7.1 给出过插值点(1,5)和(2,6)的基函数 $l_0(x)$, $l_1(x)$ 以及基函数之和 $l_0(x) + l_1(x)$.

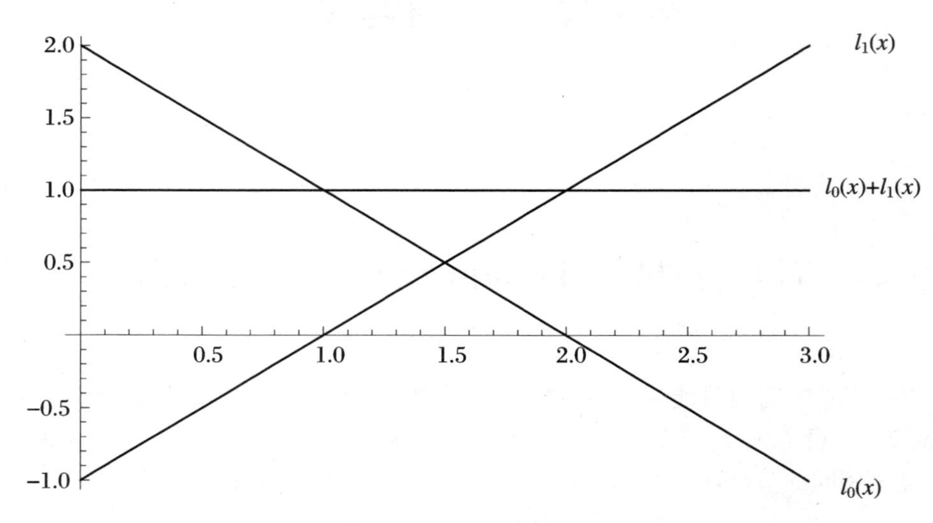


**图 7.1**

**例 7.2** 给定三个插值点$(x_i, f(x_i))(i=0,1,2)$,其中 $x_0, x_1, x_2$ 互不相等.试构造函数 $f(x)$的二次(抛物线)插值多项式.

**解** 用插值基函数的方法构造插值多项式.设

$$L_2(x) = l_0(x)f(x_0) + l_1(x)f(x_1) + l_2(x)f(x_2)$$

则

$$L_2(x_0) = f(x_0) \Rightarrow l_0(x_0) = 1, l_1(x_0) = 0, l_2(x_0) = 0$$
$$L_2(x_1) = f(x_1) \Rightarrow l_0(x_1) = 0, l_1(x_1) = 1, l_2(x_1) = 0$$
$$L_2(x_2) = f(x_2) \Rightarrow l_0(x_2) = 0, l_1(x_2) = 0, l_2(x_2) = 1$$

每个基函数 $l_i(x)$是一个二次函数,$x_1, x_2$ 是 $l_0(x)$的零点,因此可设

$$l_0(x) = A(x - x_1)(x - x_2)$$

由 $l_0(x_0)=1$,知 $A = \dfrac{1}{(x_0 - x_1)(x_0 - x_2)}$,得到

$$l_0(x) = \frac{(x - x_1)(x - x_2)}{(x_0 - x_1)(x_0 - x_2)}$$

同理,得 $l_1(x)$, $l_2(x)$.故二次插值多项式为

$$\begin{aligned} L_2(x) &= \frac{(x - x_1)(x - x_2)}{(x_0 - x_1)(x_0 - x_2)}f(x_0) + \frac{(x - x_0)(x - x_2)}{(x_1 - x_0)(x_1 - x_2)}f(x_1) \\ &\quad + \frac{(x - x_0)(x - x_1)}{(x_2 - x_0)(x_2 - x_1)}f(x_2) \\ &= \sum_{i=0}^{2} l_i(x)f(x_i) \end{aligned} \tag{7.2}$$

容易验证插值基函数满足

$$l_i(x_j) = \delta_{ij} = \begin{cases} 1, & i = j \\ 0, & i \neq j \end{cases}$$

插值作为函数逼近的一种方法,常用于函数的近似计算.若计算点落在插值点区间之内,则叫作内插,否则叫作外插.内插的效果一般优于外插.

**例 7.3**　给定 $\cos 11^\circ = 0.981\,627$,$\cos 12^\circ = 0.978\,148$,$\cos 13^\circ = 0.974\,37$.构造二次插值函数,并计算 $\cos 12^\circ 30'$.

**解**

$$L_2(x) = \frac{(x-12)(x-13)}{(11-12)(11-13)}0.981\,627 + \frac{(x-11)(x-13)}{(12-11)(12-13)}0.978\,148 + \frac{(x-11)(x-12)}{(13-11)(13-12)}0.974\,37$$

$$L_2(12.5) = 0.976\,296$$

### 7.1.1　拉格朗日插值多项式的存在性和唯一性

给定平面上两个互不相同的插值点 $(x_i, f(x_i))(i=0,1)$,则有且仅有一条通过这两个点的直线;给定平面上三个互不相同的插值点$(x_i, f(x_i))(i=0,1,2)$,则有且仅有一条通过这三个点的二次曲线;给定平面上 $n+1$ 个互不相同的插值点 $(x_i, f(x_i))(0 \leqslant i \leqslant n)$,是否有且仅有一条不高于 $n$ 次的插值多项式曲线通过这些点?如果存在,如何构造它?

$n$ 次多项式 $P_n(x) = a_0 + a_1 x + \cdots + a_n x^n$,由 $n+1$ 个系数$\{a_0, a_1, \cdots, a_n\}$决定.设曲线 $P_n(x)$通过给定平面上 $n+1$ 个互不相同的插值点$(x_i, f(x_i))$,则$P_n(x)$应满足 $P_n(x_i) = f(x_i)(i=0,1,2,\cdots,n)$.将$(x_i, f(x_i))(i=0,1,2,\cdots,n)$依次代入 $P_n(x)$,得到线性方程组:

$$\begin{cases} a_0 + a_1 x_0 + a_2 x_0^2 + \cdots + a_n x_0^n = f(x_0) \\ a_0 + a_1 x_1 + a_2 x_1^2 + \cdots + a_n x_1^n = f(x_1) \\ \cdots \\ a_0 + a_1 x_n + a_2 x_n^2 + \cdots + a_n x_n^n = f(x_n) \end{cases} \tag{7.3}$$

方程组的系数行列式是范德蒙德(Vandermonde)行列式

$$V(x_0, x_1, \cdots, x_n) = \begin{vmatrix} 1 & x_0 & x_0^2 & \cdots & x_0^n \\ 1 & x_1 & x_1^2 & \cdots & x_1^n \\ \vdots & \vdots & \vdots & & \vdots \\ 1 & x_n & x_n^2 & \cdots & x_n^n \end{vmatrix} = \prod_{0 \leqslant j < i \leqslant n} (x_i - x_j)$$

当 $x_i$ 互异时,$\prod\limits_{0 \leqslant j < i \leqslant n} (x_i - x_j) \neq 0$,故方程组(7.3)的解存在且唯一,插值多项式 $P_n(x)$ 存在且唯一.

### 7.1.2　拉格朗日插值和插值基函数

用待定系数法通过求解方程组得到 $P_n(x)$,它是在基$\{1, x, x^2, \cdots, x^n\}$下的插值多项式,因其计算量太大而不可取,仿照线性性以及二次插值多项式的拉格朗日形式,拉格朗日插值多项式是用基函数$\{l_0(x), l_1(x), \cdots, l_n(x)\}$的线性组合来表示的插值多项式.

对于 $n+1$ 个互不相同的插值节点$(x_i, f(x_i))(0 \leqslant i \leqslant n)$,由 $n$ 次插值多项式的唯一性,可对每个插值节点 $x_i$ 做出相应的 $n$ 次插值基函数.

设 $l_i(x_j)=0(j=0,1,\cdots,i-1,i+1,\cdots,n)$，即$\{x_0,x_1,\cdots,x_{i-1},x_{i+1},\cdots,x_n\}$是 $l_i(x)$ 的零点，因此可设

$$l_i(x) = a_i(x-x_0)(x-x_1)\cdots(x-x_{i-1})(x-x_{i+1})\cdots(x-x_n)$$

再由 $l_i(x_i)=1$，将 $x=x_i$ 代入 $l_i(x)$，得到

$$l_i(x_i) = a_i(x_i-x_0)(x_i-x_1)\cdots(x_i-x_{i-1})(x_i-x_{i+1})\cdots(x_i-x_n) = 1$$

所以

$$l_i(x) = \frac{(x-x_0)\cdots(x-x_{i-1})(x-x_{i+1})\cdots(x-x_n)}{(x_i-x_0)\cdots(x_i-x_{i-1})(x_i-x_{i+1})\cdots(x_i-x_n)} = \prod_{\substack{0\leqslant j\leqslant n\\ j\neq i}}\frac{x-x_j}{x_i-x_j} \tag{7.4}$$

记

$$L_n(x) = \sum_{i=0}^{n} l_i(x)f(x_i)$$

则 $L_n(x)$为一个至多 $n$ 次多项式且满足$L_n(x_i)=f(x_i)(0\leqslant i\leqslant n)$. 故 $L_n(x)$就是关于插值点$\{x_0,x_1,\cdots,x_n\}$的插值多项式. 这种插值形式称为拉格朗日插值多项式. $\{l_i(x)\}$称为关于节点$\{x_0,x_1,\cdots,x_n\}$的拉格朗日基函数.

**例 7.4** 用表 7.1 中的插值点数据，写出三次拉格朗日插值基函数 $l_0(x)$，$l_2(x)$.

**表 7.1**

| $x_i$ | $-1$ | $0$ | $1$ | $2$ |
|---|---|---|---|---|
| $f(x_i)$ | $-3$ | $-1$ | $1$ | $9$ |

**解** 由表 7.1 中的数据，得

$$l_0(x) = \frac{(x-x_1)(x-x_2)(x-x_3)}{(x_0-x_1)(x_0-x_2)(x_0-x_3)} = -\frac{1}{6}x(x-1)(x-2)$$

$$l_2(x) = \frac{(x-x_0)(x-x_1)(x-x_3)}{(x_2-x_0)(x_2-x_1)(x_2-x_3)} = -\frac{1}{2}(x+1)x(x-2)$$

### 7.1.3 $n$ 次插值多项式的误差

**定理 7.1** 设 $L_n(x)$是$[a,b]$上过$(x_i,f(x_i))(i=0,1,\cdots,n)$的 $n$ 次插值多项式，$x_i\in[a,b]$并互不相同. 当 $f\in C^{n+1}[a,b]$ 时，插值多项式的(截断)误差为

$$R_n(x) = \frac{f^{(n+1)}(\xi)}{(n+1)!}(x-x_0)(x-x_1)\cdots(x-x_n),\quad \xi\in[a,b] \tag{7.5}$$

**证明** 记 $R_n(x)=f(x)-L_n(x)$.

由于 $L_n(x_i)=f(x_i)(i=0,1,\cdots,n)$，$\{x_0,x_1,\cdots,x_n\}$是 $R_n(x)$的根，可设

$$R_n(x) = k(x)(x-x_0)(x-x_1)\cdots(x-x_n)$$

下面的目标是算出 $k(x)$. 为此，引入变量为 $t$ 的函数$\varphi(t)$，

$$\varphi(t) = f(t)-L_n(t)-k(x)(t-x_0)(t-x_1)\cdots(t-x_n) \tag{7.6}$$

令 $t=x_i$，得 $\varphi(x_i)=0(i=0,1,\cdots,n)$. 令 $t=x$，由定义，

$$\varphi(x) = f(x)-L_n(x)-k(x)(x-x_0)(x-x_1)\cdots(x-x_n) = 0$$

即 $\varphi(t)$至少有 $n+2$ 个零点. 由于 $f\in C^{n+1}[a,b]$，由罗尔(Rolle)定理，$\varphi'(t)$在相邻的两个零点之间至少有一个零点，故 $\varphi'(t)$至少有 $n+1$ 个零点. 同理，再对 $\varphi''(t)$应用罗尔定

理，即 $\varphi''(t)$ 至少有 $n$ 个零点，反复应用罗尔定理，得到 $\varphi^{(n+1)}(t)$ 至少有一个零点 $\xi$.

另一方面，对 $\varphi(t)$ 求 $n+1$ 阶导数，有

$$\varphi^{(n+1)}(t) = f^{(n+1)}(t) - k(x)(n+1)!$$

令 $t=\xi$，有

$$0 = \varphi^{(n+1)}(\xi) = f^{(n+1)}(\xi) - k(x)(n+1)!$$

则 $k(x)=\dfrac{f^{(n+1)}(\xi)}{(n+1)!}$，故

$$R_n(x) = \frac{f^{(n+1)}(\xi)}{(n+1)!}(x-x_0)(x-x_1)\cdots(x-x_n), \quad \xi \in [a,b]$$

由于 $\varphi^{(n+1)}(t)$ 的零点 $\xi$ 与 $\varphi(t)$ 的零点 $x, x_0, \cdots, x_n$ 有关，因而 $\xi$ 为 $x$ 的函数.

$R_n(x)$ 是插值多项式 $L_n(x)$ 的截断误差，也称插值余项.

若 $|f^{(n+1)}(x)| \leqslant M, x \in [a,b]$，则

$$|R_n(x)| \leqslant \frac{M}{(n+1)!}\prod_{i=0}^{n}|x-x_i|$$

由定理 7.1，线性插值的截断误差

$$R_1(x) = \frac{f^{(2)}(\xi)}{2!}(x-x_0)(x-x_1), \quad \xi \in [a,b] \tag{7.7}$$

二次插值的截断误差

$$R_2(x) = \frac{f^{(3)}(\xi)}{3!}(x-x_0)(x-x_1)(x-x_2), \quad \xi \in [a,b] \tag{7.8}$$

定理 7.1 给出了当被插函数充分光滑时的插值误差（或插值余项），但是，在实际计算中，并不知道 $f(x)$ 的具体表达式，找不到 $f^{(n+1)}(x)$ 的表示形式或近似的误差界. 在实际计算中，可对误差进行下面的事后估计.

给出 $n+2$ 个插值节点 $\{x_0, x_1, \cdots, x_{n+1}\}$. 任选其中的 $n+1$ 个插值节点，不妨取 $x_i(i=0,1,\cdots,n)$. 构造一个 $n$ 次插值多项式，记为 $L_n(x)$. 在 $n+2$ 个插值节点中另选 $n+1$ 个插值点，不妨取 $x_i(i=1,2,\cdots,n+1)$，构造一个 $n$ 次插值多项式，记为 $\widetilde{L}_n(x)$. 由定理 7.1，得到

$$f(x) - L_n(x) = \frac{f^{(n+1)}(\xi_1)}{(n+1)!}(x-x_0)(x-x_1)\cdots(x-x_n) \tag{7.9}$$

$$f(x) - \widetilde{L}_n(x) = \frac{f^{(n+1)}(\xi_2)}{(n+1)!}(x-x_1)(x-x_2)\cdots(x-x_{n+1}) \tag{7.10}$$

设 $f^{(n+1)}(x)$ 在插值区间内连续且变化不大，有 $f^{(n+1)}(\xi_1) \approx f^{(n+1)}(\xi_2)$，则

$$\frac{f(x)-L_n(x)}{f(x)-\widetilde{L}_n(x)} \approx \frac{x-x_0}{x-x_{n+1}}$$

从而可得

$$f(x) \approx \frac{x-x_{n+1}}{x_0-x_{n+1}}L_n(x) + \frac{x-x_0}{x_{n+1}-x_0}\widetilde{L}_n(x) \tag{7.11}$$

$$f(x) - L_n(x) \approx \frac{x-x_0}{x_0-x_{n+1}}(L_n(x) - \widetilde{L}_n(x)) \tag{7.12}$$

# 7.2 牛顿(Newton)插值多项式

拉格朗日插值多项式的优点是格式整齐和规范,它的缺点是没有承袭性质,当需要增加插值节点时,需要重新计算所有插值基函数 $l_i(x)$.本节给出具有承袭性质的牛顿插值多项式.在牛顿插值中需要用到差商计算.

## 7.2.1 差商及其计算

**1. 差商的定义**

称函数值的差 $f(x_1)-f(x_0)$ 与自变量的差 $x_1-x_0$ 之商的比值为 $f(x)$ 关于 $\{x_0,x_1\}$ 的一阶差商,并记为 $f[x_0,x_1]$,即

$$f[x_0,x_1]=\frac{f(x_1)-f(x_0)}{x_1-x_0}$$

而 $f[x_0,x_1,x_2]=\dfrac{f[x_1,x_2]-f[x_0,x_1]}{x_2-x_0}$ 为 $f(x)$ 关于点 $\{x_0,x_1,x_2\}$ 的二阶差商.

函数 $f(x)$ 关于 $x_0$ 的零阶差商即为函数在 $x_0$ 的函数值 $f[x_0]=f(x_0)$.

设 $\{x_0,x_1,\cdots,x_k\}$ 互不相同,定义 $f(x)$ 关于 $\{x_0,x_1,\cdots,x_k\}$ 的 $k$ 阶差商为

$$f[x_0,x_1,\cdots,x_k]=\frac{f[x_1,x_2,\cdots,x_k]-f[x_0,x_1,\cdots,x_{k-1}]}{x_k-x_0} \tag{7.13}$$

差商有很多性质,我们仅列举其中的两条.

**性质 1** $k$ 阶差商 $f[x_0,x_1,\cdots,x_k]$ 是函数值 $\{f(x_0),f(x_1),\cdots,f(x_k)\}$ 的线性组合:

$$f[x_0,x_1,\cdots,x_k]=\sum_{i=0}^{k}\frac{1}{(x_i-x_0)\cdots(x_i-x_{i-1})(x_i-x_{i+1})\cdots(x_i-x_k)}f(x_i)$$

用归纳法可以证明这一性质.

例如

$$\begin{aligned}f[x_0,x_1,x_2]&=\frac{f[x_1,x_2]-f[x_0,x_1]}{x_2-x_0}\\&=\frac{f(x_0)}{(x_0-x_1)(x_0-x_2)}+\frac{f(x_1)}{(x_1-x_0)(x_1-x_2)}+\frac{f(x_2)}{(x_2-x_0)(x_2-x_1)}\end{aligned}$$

**性质 2** 若 $\{i_0,i_1,\cdots,i_k\}$ 为 $\{0,1,\cdots,k\}$ 的任一排列,则

$$f[x_0,x_1,\cdots,x_k]=f[x_{i_0},x_{i_1},\cdots,x_{i_k}] \tag{7.14}$$

该性质表明差商的值只与节点有关而与节点的顺序无关,即差商对节点具有对称性,这一性质可由性质 1 直接推出.

**2. 差商的计算**

按照差商的定义,用两个 $k-1$ 阶差商计算 $k$ 阶差商,通常用差商表(表 7.2)计算和存放.由于差商关于节点具有对称性(式(7.13)),可以任意选择两个 $k-1$ 阶差商的值计算 $k$ 阶差商.例如

$$f[x_0,x_1,x_2]=\frac{f[x_1,x_2]-f[x_0,x_1]}{x_2-x_0}=\frac{f[x_0,x_2]-f[x_0,x_1]}{x_2-x_1}$$

**表 7.2　差商表**

| $i$ | $x_i$ | $f(x_i)$ | 1 阶差商 | 2 阶差商 | 3 阶差商 | …… | $n$ 阶差商 |
|---|---|---|---|---|---|---|---|
| 0 | $x_0$ | $f(x_0)$ | | | | | |
| 1 | $x_1$ | $f(x_1)$ | $f[x_0,x_1]$ | | | | |
| 2 | $x_2$ | $f(x_2)$ | $f[x_1,x_2]$ | $f[x_0,x_1,x_2]$ | | | |
| 3 | $x_3$ | $f(x_3)$ | $f[x_2,x_3]$ | $f[x_1,x_2,x_3]$ | $f[x_0,x_1,x_2,x_3]$ | | |
| ⋮ | ⋮ | ⋮ | ⋮ | ⋮ | ⋮ | | |
| $n$ | $x_n$ | $f(x_n)$ | $f[x_{n-1},x_n]$ | $f[x_{n-2},x_{n-1},x_n]$ | $f[x_{n-3},\cdots,x_n]$ | … | $f[x_0,x_1,\cdots,x_n]$ |

**例 7.5**　根据表 7.3，计算(−2，−11)，(−1，−3)，(0，−1)，(1,1)的 1～3 阶差商.

**表 7.3**

| $i$ | $x_i$ | $f(x_i)$ | $f[x_{i-1},x_i]$ | $f[x_{i-2},x_{i-1},x_i]$ | $f[x_{i-3},x_{i-2},x_{i-1},x_i]$ |
|---|---|---|---|---|---|
| 0 | −2 | −11 | | | |
| 1 | −1 | −3 | 8 | | |
| 2 | 0 | −1 | 2 | −3 | |
| 3 | 1 | 1 | 2 | 0 | 1 |

**解**　根据表 7.3 中的数据，有

$$f[-2,-1]=\frac{-3-(-11)}{-1-(-2)}=8$$

$$f[0,-1]=\frac{-1-(-3)}{0-(-1)}=2$$

$$f[0,1]=\frac{1-(-1)}{1-0}=2$$

$$f[-2,-1,0]=\frac{f[-1,0]-f[-2,-1]}{0-(-2)}=-3$$

$$f[-1,0,1]=\frac{f[0,1]-f[-1,0]}{1-(-1)}=0$$

$$f[-2,-1,0,1]=\frac{f[-1,0,1]-f[-2,-1,0]}{1-(-2)}=1$$

## 7.2.2　牛顿插值表达式

**例 7.6**　给定两个插值点$(x_0,f(x_0))$，$(x_1,f(x_1))$，$x_0\neq x_1$，构造牛顿线性插值函数.

**解**　用点斜式构造线性插值函数.

设 $N_1(x)=a_0+a_1(x-x_0)$，将 $x=x_0$，$x=x_1$ 代入 $N_1(x)$，得

$$N_1(x_0)=a_0=f(x_0)$$

$$N_1(x_1)=f(x_0)+a_1(x_1-x_0)=f(x_1)$$

$$a_1 = \frac{f(x_1) - f(x_0)}{x_1 - x_0} = f[x_0, x_1]$$

得到线性插值的牛顿形式：

$$N_1(x) = f(x_0) + f[x_0, x_1](x - x_0)$$

由插值的唯一性，线性插值的牛顿形式 $N_1(x)$ 与拉格朗日形式 $L_1(x)$ 为同一个多项式，仅表达形式不同而已.

**例 7.7** 给定 $(x_i, f(x_i))(i=0,1,2)$，设 $x_i$ 互不相同，构造二次牛顿插值多项式.

**解** 设二次牛顿插值多项式为

$$N_2(x) = a_0 + a_1(x - x_0) + a_2(x - x_0)(x - x_1)$$

由 $N_2(x_0) = f(x_0)$，$N_2(x_1) = f(x_1)$，知 $a_0 + a_1(x - x_0)$ 就是 $f(x)$ 关于 $x_0, x_1$ 的线性牛顿插值 $N_1(x)$，即

$$N_2(x) = N_1(x) + a_2(x - x_0)(x - x_1)$$

将 $x = x_2$ 代入上式，得

$$N_2(x_2) = f(x_0) + f[x_0, x_1](x_2 - x_0) + a_2(x_2 - x_0)(x_2 - x_1) = f(x_2)$$

整理得

$$a_2 = \left[\frac{f(x_2) - f(x_0)}{x_2 - x_0} - \frac{f(x_1) - f(x_0)}{x_1 - x_0}\right] / (x_2 - x_1) = f[x_0, x_1, x_2]$$

由此得到二次插值的牛顿形式：

$$N_2(x) = f(x_0) + f[x_0, x_1](x - x_0) + f[x_0, x_1, x_2](x - x_0)(x - x_1)$$

给定 $(x_i, f(x_i))(i = 0, 1, \cdots, n)$，其中 $x_i$ 互不相同，怎样构造 $n$ 次牛顿插值多项式？

由一阶差商的定义，$f[x, x_0] = \dfrac{f(x) - f(x_0)}{x - x_0}$，得到

$$f(x) = f(x_0) + (x - x_0) f[x, x_0]$$

类似地，由 2 阶差商至 $n+1$ 阶差商的定义，得到下列方程：

$$\begin{cases} f(x) = f(x_0) + (x - x_0) f[x, x_0] & (1) \\ f[x, x_0] = f[x_0, x_1] + (x - x_1) f[x, x_0, x_1] & (2) \\ f[x, x_0, x_1] = f[x_0, x_1, x_2] + (x - x_2) f[x, x_0, x_1, x_2] & (3) \\ \cdots & \\ f[x, x_0, x_1, \cdots, x_{n-1}] = f[x_0, x_1, \cdots, x_n] + (x - x_n) f[x, x_0, x_1, \cdots, x_n] & (n+1) \end{cases}$$

用 $x - x_0$ 乘式(2)，用 $(x - x_0)(x - x_1)$ 乘式(3)……用 $(x - x_0)\cdots(x - x_{n-1})$ 乘式$(n+1)$，再将所有等式相加，得到

$$\begin{aligned} f(x) = & f(x_0) + (x - x_0) f[x_0, x_1] + (x - x_0)(x - x_1) f[x_0, x_1, x_2] \\ & + \cdots + (x - x_0)(x - x_1)\cdots(x - x_{n-1}) f[x_0, x_1, \cdots, x_n] \\ & + (x - x_0)(x - x_1)\cdots(x - x_n) f[x, x_0, x_1, \cdots, x_n] \\ = & N(x) + R(x) \end{aligned}$$

其中

$$\begin{aligned} N(x) = & f(x_0) + (x - x_0) f[x_0, x_1] + \cdots \\ & + (x - x_0)(x - x_1)\cdots(x - x_{n-1}) f[x_0, x_1, \cdots, x_n] \end{aligned}$$

至多为 $n$ 次多项式，可以验证 $N(x_i) = f(x_i)(i = 1, 2, \cdots, n)$.

$$R(x) = f[x, x_0, x_1, \cdots, x_n] \prod_{i=0}^{n} (x - x_i)$$

为插值多项式的误差.

称 $N(x)$是过 $n+1$ 个插值点的 $n$ 阶牛顿插值多项式,有

$$N(x) = f[x_0] + \sum_{k=1}^{n} f[x_0, x_1, \cdots, x_k](x - x_0)(x - x_1)\cdots(x - x_{k-1})$$

由插值多项式的唯一性,知拉格朗日插值多项式 $L(x)$与牛顿插值多项式 $N(x)$是完全相同的,它们是同一插值多项式的不同表达形式而已,因此得到拉格朗日插值多项式的误差与牛顿插值多项式的误差也完全相等.故当 $f \in C^{n+1}[a,b]$时,

$$R(x) = \frac{f^{(n+1)}(\xi)}{(n+1)!}\prod_{i=0}^{n}(x - x_i) = f[x, x_0, \cdots, x_n]\prod_{i=0}^{n}(x - x_i)$$

则有

$$\frac{f^{(n+1)}(\xi)}{(n+1)!} = f[x, x_0, x_1, \cdots, x_n] \tag{7.15}$$

它给出了函数差商和函数导数之间的关系式.

记 $N_n(x) = \sum_{i=0}^{n} t_i(x) f[x_0, \cdots, x_i]$,其中

$$t_0 \equiv 1, \quad t_i(x) = (x - x_{i-1})t_{i-1}(x), \quad i = 1,2,\cdots,n$$

$$t_i(x) = (x - x_0)(x - x_1)\cdots(x - x_{i-1})$$

$$\begin{cases} t_i(x_j) = 0, & j < i \\ t_i(x_j) \neq 0, & j = i \end{cases}$$

可以看到拉格朗日插值多项式是基函数 $l_i(x)$的线性组合,牛顿插值多项式是基函数 $t_i(x)$的线性组合.

牛顿插值多项式的承袭性质表现在

$$N_k(x) = N_{k-1}(x) + t_k(x) f[x_0, x_1, \cdots, x_k]$$

对于 $k-1$ 阶牛顿插值多项式 $N_{k-1}(x)$,只需增加一项 $t_k(x) f[x_0, x_1, \cdots, x_k]$,即可得到 $k$ 阶牛顿插值多项式$N_k(x)$.

**例 7.8** 给定表 7.4 中插值节点的值,构造牛顿形式插值函数,计算 $N_3(0.9)$.

**表 7.4**

| $x_i$ | −2 | 0 | 1 | 2 |
|---|---|---|---|---|
| $f(x_i)$ | 17 | 1 | 2 | 19 |

**解** 取 $x_0 = -2, x_1 = 0, x_2 = 1, x_3 = 2$.

$$f[x_0, x_1] = -8, \quad f[x_0, x_1, x_2] = 3, \quad f[x_0, x_1, x_2, x_3] = 1.25$$

三阶牛顿插值多项式为

$$N_3(x) = 17 - 8(x + 2) + 3x(x + 2) + 1.25x(x + 2)(x - 1)$$

$$N_3(0.9) = 1.30375$$

## 7.3 厄米(Hermite)插值

在构造插值函数时,如果不仅要求插值多项式节点的函数值与被插函数的函数值相同,

还要求在节点处插值函数与被插函数的一阶导数或更高阶导数的值也相同,则这样的插值称为 Hermite 插值或密切插值.

常用 Hermite 插值描述如下:$f(x)$具有一阶连续导数,以及互不相同的插值点$\{x_0, x_1, \cdots, x_n\}$.若有至多为 $2n+1$ 次的多项式函数 $H_{2n+1}(x)$满足

$$H_{2n+1}(x_i) = f(x_i)$$
$$H'_{2n+1}(x_i) = f'(x_i), \quad i = 0,1,\cdots,n$$

则称 $H_{2n+1}(x)$为 $f(x)$关于节点 $x_0, x_1, \cdots, x_n$ 的 Hermite 插值多项式.

**例 7.9** 给定 $f(x_0)=y_0, f(x_1)=y_1, f'(x_0)=m_0, f'(x_1)=m_1, x_0 \neq x_1$.构造 Hermite 插值多项式.

**解** 用四个条件,至多可确定三次多项式.设满足插值条件的三次 Hermite 插值多项式为 $H_3(x)=a_0+a_1x+a_2x^2+a_3x^3$.将插值条件代入 $H_3(x)$,得到线性方程组

$$\begin{cases} a_0 + a_1x_0 + a_2x_0^2 + a_3x_0^3 = y_0 \\ a_0 + a_1x_1 + a_2x_1^2 + a_3x_1^3 = y_1 \\ a_1 + 2a_2x_0 + 3a_3x_0^2 = m_0 \\ a_1 + 2a_2x_1 + 3a_3x_1^2 = m_1 \end{cases}$$

方程组的系数行列式

$$\begin{vmatrix} 1 & x_0 & x_0^2 & x_0^3 \\ 1 & x_1 & x_1^2 & x_1^3 \\ 0 & 1 & 2x_0 & 3x_0^2 \\ 0 & 1 & 2x_1 & 3x_1^2 \end{vmatrix} = -(x_0-x_1)^4 \neq 0$$

方程组有解,可唯一解出$\{a_0, a_1, a_2, a_3\}$,即关于节点$\{x_0, x_1\}$的 Hermite 插值多项式存在且唯一.类似于构造拉格朗日插值多项式的方法,通过插值基函数做出 $H_3(x)$.

设 $H_3(x)=h_0(x)y_0+h_1(x)y_1+g_0(x)m_0+g_1(x)m_1$.

由插值条件知 $h_i(x), g_i(x)$满足

$$\begin{aligned} &h_0(x_0)=1, \quad h_1(x_0)=0, \quad g_0(x_0)=0, \quad g_1(x_0)=0 \\ &h_0(x_1)=0, \quad h_1(x_1)=1, \quad g_0(x_1)=0, \quad g_1(x_1)=0 \\ &h'_0(x_0)=0, \quad h'_1(x_0)=0, \quad g'_0(x_0)=1, \quad g'_1(x_0)=0 \\ &h'_0(x_1)=0, \quad h'_1(x_1)=0, \quad g'_0(x_1)=0, \quad g'_1(x_1)=1 \end{aligned}$$

由上述条件,$h_0(x)$至多为三次多项式,$x_1$ 是它的二重根,可设

$$h_0(x) = (\tilde{a}_0 + \tilde{b}_0x)(x-x_1)^2 = (a_0+b_0x)\left(\frac{x-x_1}{x_0-x_1}\right)^2 = (a_0+b_0x)l_0^2(x)$$

利用

$$h_0(x_0) = (a_0+b_0x_0)l_0^2(x_0) = (a_0+b_0x_0) = 1$$
$$h'_0(x_0) = b_0l_0^2(x) + (a_0+b_0x_0)2l_0(x_0)l'_0(x_0) = 0$$

解出

$$h_0(x) = (1-2(x-x_0)l'_0(x_0))l_0^2(x)$$
$$h_0(x) = \left(1-2\frac{x-x_0}{x_0-x_1}\right)\left(\frac{x-x_1}{x_0-x_1}\right)^2$$

同理可得

$$h_1(x) = \left(1 - 2\frac{x - x_1}{x_1 - x_0}\right)\left(\frac{x - x_0}{x_1 - x_0}\right)^2$$

由 $g_0(x_0)=0, g(x_1)=g'(x_1)=0$,可设 $g_0(x)=a(x-x_0)l_0^2(x)$. 由 $g_0'(x_0)=1$,有 $a=1$,可得

$$g_0(x)=(x-x_0)l_0^2(x)$$

同理,可得 $g_1(x)=(x-x_1)l_1^2(x)$.

以$\{x_0,x_1\}$为节点的 Hermite 插值多项式为

$$\begin{aligned} \mathrm{H}_3(x) &= h_0(x)f(x_0) + h_1(x)f(x_1) + g_0(x)f'(x_0) + g_1(x)f'(x_1) \\ &= \left(1 - 2\frac{x - x_0}{x_0 - x_1}\right)\left(\frac{x - x_1}{x_0 - x_1}\right)^2 f(x_0) + \left(1 - 2\frac{x - x_1}{x_1 - x_0}\right)\left(\frac{x - x_0}{x_1 - x_0}\right)^2 f(x_1) \\ &\quad + (x - x_0)\left(\frac{x - x_1}{x_0 - x_1}\right)^2 f'(x_0) + (x - x_1)\left(\frac{x - x_0}{x_1 - x_0}\right)^2 f'(x_1) \end{aligned} \tag{7.16}$$

当 $f\in C^4[a,b]$时,插值误差为

$$\begin{aligned} R(x) &= f(x) - \mathrm{H}_3(x) \\ &= \frac{f^{(4)}(\xi)}{4!}(x - x_0)^2(x - x_1)^2, \quad \xi \in [a,b] \end{aligned} \tag{7.17}$$

下面构造 $f(x)$的互不相同的$\{x_0,x_1,\cdots,x_n\}$的 $n+1$ 个节点的 $2n+1$ 次 Hermite 插值多项式. 设

$$\mathrm{H}_{2n+1}(x) = \sum_{i=0}^{n} h_i(x)f(x_i) + \sum_{i=0}^{n} g_i(x)f'(x_i)$$

这里$\{h_i(x),g_i(x)\}(i=0,1,\cdots,n)$分别为不高于 $2n+1$ 次的插值多项式,分别满足

$$\begin{cases} h_i(x_j) = \delta_{ij} \\ h_i'(x_j) = 0 \end{cases} \quad \text{及} \quad \begin{cases} g_i(x_j) = 0 \\ g_i'(x_j) = \delta_{ij} \end{cases}$$

计算可得

$$h_i(x) = (1 - 2(x - x_i)l_i'(x_i))l_i^2(x), \quad l_i'(x_i) = \sum_{j\neq i}\frac{1}{x_i - x_j}$$

$$h_i(x) = \left(1 - 2(x - x_i)\sum_{j\neq i}\frac{1}{x_i - x_j}\right)l_i^2(x)$$

$$g_i(x) = (x - x_i)l_i^2(x)$$

其中$\{l_i(x)\}$为关于节点 $x_i(i=0,1,\cdots,n)$的拉格朗日基函数.

当 $f\in C^{2n+2}[a,b]$时,误差为

$$\begin{aligned} R(x) &= f(x) - H_{2n+1}(x) \\ &= \frac{f^{(2n+2)}(\xi)}{(2n+2)!}(x - x_0)^2(x - x_1)^2\cdots(x - x_n)^2, \quad \xi \in [a,b] \end{aligned} \tag{7.18}$$

利用构造基函数方法做插值多项式,广泛地被应用在不同的插值条件中.

用牛顿插值也能构造 Hermite 插值.

给定$(x_i,f(x_i),f'(x_i))(i=0,1,\cdots,n,x_i$ 互不相同),定义序列 $z_0=z_1=x_0,z_2=z_3=x_1$,即

$$z_{2i} = z_{2i+1} = x_i, \quad i = 0,1,\cdots,n$$

计算一阶差商

$$f[z_{2i-1},z_{2i}] = \frac{f(z_{2i}) - f(z_{2i-1})}{z_{2i} - z_{2i-1}}$$

$$f[z_{2i}, z_{2i+1}] = f'(x_i), \quad i = 0,1,\cdots,n$$

在差商表中用$\{f'(x_0), f'(x_1), \cdots, f'(x_n)\}$代替$\{f[z_0, z_1], f[z_2, z_3], \cdots, f[z_{2n}, z_{2n+1}]\}$,其余差商公式不变,得到差商型 Hermite 插值公式:

$$H_{2n+1}(x) = f[z_0] + \sum_{k=1}^{2n+1} f[z_0, z_1, \cdots, z_k](x - z_0)(x - z_1)\cdots(x - z_{k-1}) \quad (7.19)$$

其中 $z_{2k} = z_{2k+1} = x_i, f[z_{2k}, z_{2k+1}] = f'(x_k)(k = 0,1,\cdots,n)$.

**例 7.10** 给定 $f(0.2) = -0.832, f(0.3) = -0.663, f'(0.2) = 1.72, f'(0.3) = 1.67$.构造 Hermite 插值多项式,并计算 $f(1.32)$.

**解** 先按表 7.5 计算差商,再构造 Hermite 插值多项式:

$$H_3(x) = f(z_0) + f[z_0, z_1](x - z_0) + f[z_0, z_1, z_2](x - z_0)(x - z_1) + f[z_0, z_1, z_2, z_3](x - z_0)(x - z_1)(x - z_2)$$

$$H_3(x) = -0.832 + 1.72(x - 0.2) - 0.3(x - 0.2)^2 + (x - 0.2)^2(x - 0.3)$$

$$f(1.32) \approx H_3(1.32) = 1.9976$$

**表 7.5**

| $z_i$ | $f(z_i)$ | $f[z_{i-1}, z_i]$ | $f[z_{i-2}, z_{i-1}, z_i]$ | |
|---|---|---|---|---|
| 0.2 | −0.832 | | | |
| 0.2 | −0.832 | 1.72 | | |
| 0.3 | −0.663 | 1.69 | −0.3 | |
| 0.3 | −0.663 | 1.67 | −0.2 | 1 |

# 7.4 三次样条函数

## 7.4.1 龙格(Runge)现象

在构造插值多项式时,根据误差表达式,多取插值点是否总比少取插值点的效果好呢?答案是不一定,要根据函数的性质而定.对有些函数来说,有时点取得越多,效果越不尽如人意.请看下面的例子.

**例 7.11** 给定函数 $f(x) = \dfrac{1}{1+25x^2}, x \in [-1,1]$.构造 10 次插值多项式 $L_{10}(x)$.对 $[-1,1]$ 做等距分割,取 $h = \dfrac{2}{10} = 0.2, x_i = -1 + 0.2i$,取插值点为

$$\left(x_i, \frac{1}{1 + 25x_i^2}\right), \quad i = 0,1,\cdots,10$$

$L_{10}(x)$如图 7.2 所示.从图中可看到,在零点附近,$L_{10}(x)$对 $f(x)$的逼近效果较好,在 $x = -0.90, -0.70, 0.70, 0.90$ 这些点的误差较大.

下面列出 $L_{10}(x)$ 和 $f(x)$ 的几个插值点的数值，如表 7.6 所示.

**表 7.6**

| $x$ | $-0.90$ | $-0.70$ | $-0.50$ | $-0.30$ |
|---|---|---|---|---|
| $f(x)$ | 1.578 72 | 0.075 47 | 0.137 93 | 0.307 69 |
| $L_{10}(x)$ | 0.047 06 | $-0.226\ 20$ | 0.253 76 | 0.235 35 |

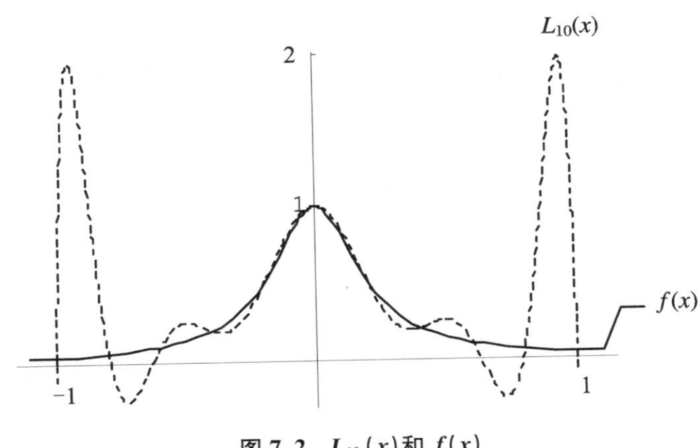


**图 7.2　$L_{10}(x)$ 和 $f(x)$**

这个例子是由龙格提出的，插值多项式在插值区间内发生剧烈振荡的现象称为龙格现象.

在插值过程中，误差由截断误差和舍入误差组成，式(7.5)中 $R_n(x)$ 给出的是截断误差，它是插值函数 $\varphi(x)$ 与原函数 $f(x)$ 的误差. 另外，由节点 $y_i$ 和计算过程中的舍入误差，这种误差在插值计算过程中可能被扩散或放大，这就是插值的稳定性问题. 而高次多项式的稳定性比较差. 龙格现象表明高次多项式的插值效果并不一定优于低次多项式插值的效果. 既然增加插值点并不能提高插值函数的逼近效果，那么采用分段插值效果如何？对给定区间 $[a,b]$ 做分割：

$$a = x_0 < x_1 < \cdots < x_n = b$$

在每个小区间 $[x_i, x_{i+1}]$ 上做 $f(x)$ 以 $x_i, x_{i+1}$ 为节点的线性插值，记这个插值函数为 $p(x) = p_i(x)$，则

$$p_i(x) = \frac{x - x_{i+1}}{x_i - x_{i+1}} f(x_i) + \frac{x - x_i}{x_{i+1} - x_i} f(x_{i+1}), \quad x_i \leqslant x \leqslant x_{i+1} \tag{7.20}$$

把每个小区间的线性插值函数连接起来，就得到了 $f(x)$ 的分段线性函数 $p(x)$，$p(x)$ 在 $[x_i, x_{i+1}]$ 上为一个不高于一次的多项式. 分段线性插值的函数值不会有太大的跳跃，缺点是在插值节点处不光滑.

### 7.4.2　三次样条函数简介

在制造船体和汽车外形等工艺中，传统的设计方法，首先由设计人员按外形要求，给出外形曲线的一组离散点值 $\{x_i, y_i\}(i = 0, 1, \cdots, n)$，施工人员准备好有弹性的样条，一般用竹条或有弹性的钢条和压铁，将压铁放在点 $\{x_i, y_i\}$ 的位置上，调整竹条的形状，使其自然

光顺，这时竹条表示一条插值曲线，我们称之为样条函数．从数学上看，这是一条分段三次多项式，在节点处具有一阶和二阶连续微商．样条函数的优点是它的光滑程度较高，保证了插值函数二阶导数的连续性，对于三阶导数的间断，人类的眼睛已难以辨认了．样条函数是一种隐式格式，最后需要解一个三对角形系数矩阵的方程组，它的工作量大于拉格朗日或牛顿多项式等显式插值方法．

**定义 7.2** 给定区间$[a,b]$上 $n+1$ 个节点 $a=x_0<x_1<\cdots<x_n=b$ 和这些点上的函数值$f(x_i)=y_i(i=0,1,\cdots,n)$．若 $S(x)$满足：

(1) $S(x_i)=y_i(i=0,1,\cdots,n)$；

(2) $S(x)$在每个小区间$[x_i,x_{i+1}]$上至多是一个三次多项式；

(3) $S(x)$在$[a,b]$上有连续的二阶导数，

则称 $S(x)$为 $f(x)$关于分点 $a=x_0<x_1<\cdots<x_n=b$ 的三次样条插值函数，称$\{x_0,x_1,\cdots,x_n\}$为样条节点．

要在每个子区间$[x_i,x_{i+1}]$上构造三次多项式 $S(x)=S_i(x)=a_ix^3+b_ix^2+c_ix+d_i$，$x\in[x_i,x_{i+1}]$，$i=0,1,\cdots,n-1$，共需要 $4n$ 个条件．由插值条件 $S(x_i)=y_i(i=0,1,\cdots,n)$提供了 $n+1$ 个条件；用每个内点的关系建立条件

$$
\begin{aligned}
S(x_i+0) &= S(x_i-0)\\
S'(x_i+0) &= S'(x_i-0)\\
S''(x_i+0) &= S''(x_i-0),\quad i=1,2,\cdots,n-1
\end{aligned}
$$

又得到 $3n-3$ 个条件；再附加 2 个边界条件，即可确定唯一的样条函数了．用待定系数法确定了样条函数的存在性和唯一性．在具体构造样条函数时，一般不使用计算量大的待定系数法．

引入记号 $M_i=S''(x_i)$，$m_i=S'(x_i)(i=0,1,\cdots,n)$．用节点处二阶导数表示样条插值函数时称为大 $M$ 关系式，用一阶导数表示样条插值函数时称为小 $m$ 关系式．下面给出构造三次样条插值的 $m$ 关系式的方法．

给定插值点$(x_i,y_i)(i=0,1,\cdots,n)$．先假定已知 $S'(x_i)=m_i$，在每个小区间$[x_i,x_{i+1}]$上做 Hermite 插值，那么在整个$[x_0,x_n]$上是分段的 Hermite 插值．在$[x_i,x_{i+1}]$上，$S(x)$的表达式为

$$
\begin{aligned}
S(x) = &\left(1-2\frac{x-x_i}{x_i-x_{i+1}}\right)\left(\frac{x-x_{i+1}}{x_i-x_{i+1}}\right)^2 y_i+(x-x_i)\left(\frac{x-x_{i+1}}{x_i-x_{i+1}}\right)^2 m_i\\
&+\left(1-2\frac{x-x_{i+1}}{x_{i+1}-x_i}\right)\left(\frac{x-x_i}{x_{i+1}-x_i}\right)^2 y_{i+1}+(x-x_{i+1})\left(\frac{x-x_i}{x_{i+1}-x_i}\right)^2 m_{i+1}
\end{aligned}
\tag{7.21}
$$

由 $S''(x_i+0)=S''(x_i-0)$，得到方程组

$$
S''_{i-1}(x_i)=S''_i(x_i),\quad i=1,2,\cdots,n-1
$$

整理后，得

$$
\begin{aligned}
&\lambda_i m_{i-1}+2m_i+\mu_i m_{i+1}=c_i\\
&\lambda_i=\frac{h_i}{h_i+h_{i-1}},\quad \mu_i=1-\lambda_i\\
&c_i=3(\lambda_i y[x_{i-1},x_i]+\mu_i y[x_i,x_{i+1}])
\end{aligned}
\tag{7.22}
$$

从而得到有 $n+1$ 个未知量的 $n-1$ 阶方程组，系数矩阵是对角占优的三对角带状矩阵．下面分三种情况讨论边界条件．

(1) 给定 $S'(x_0)=m_0, S'(x_n)=m_n$ 的值，此时 $n-1$ 阶方程组有 $n-1$ 个未知量 $m_i$；

(2) 给定 $M_0, M_n$ 的值，增加两个方程 $S_0''(x_0)=M_0, S_{n-1}''(x_n)=M_n$，组成$n+1$ 个未知量的 $n+1$ 阶的方程组．当 $M_0=0, M_n=0$ 时，称为自然边界条件；

(3) 设被插函数以 $x_n-x_0$ 为基本周期，增加一个方程 $S_0''(x_0)=S_{n-1}''(x_n)$，此时化为 $n$ 个变量的$n$ 阶方程组．

## 7.5 拟合曲线

通过观察或测量得到一组离散数据序列$(x_i, y_i)(i=1,2,\cdots,m)$，当所得数据比较准确时，可构造插值函数 $\varphi(x)$逼近客观存在的函数 $y(x)$，构造的原则是要求插值函数通过这些数据点，即 $\varphi(x_i)=y_i(i=1,2,\cdots,m)$．此时，序列 $\boldsymbol{Q}=(\varphi(x_1),\varphi(x_2),\cdots,\varphi(x_m))^{\mathrm{T}}$ 与 $\boldsymbol{Y}=(y_1,y_2,\cdots,y_m)^{\mathrm{T}}$ 是相等的．

如果数据序列$(x_i, y_i)(i=1,2,\cdots,m)$含有不可避免的误差（或称“噪声”），或者数据序列无法同时满足某特定函数，那么只能要求逼近函数 $\varphi(x)$最优地靠近样点，即向量 $\boldsymbol{Q}=(\varphi(x_1),\varphi(x_2),\cdots,\varphi(x_m))^{\mathrm{T}}$ 与 $\boldsymbol{Y}=(y_1,y_2,\cdots,y_m)^{\mathrm{T}}$ 的误差或距离最小．按 $\boldsymbol{Q}$ 与 $\boldsymbol{Y}$ 之间误差最小原则作为“最优”标准构造的近似函数，称为拟合函数．

插值和拟合是构造近似函数的两种方法．

向量 $\boldsymbol{Q}$ 与 $\boldsymbol{Y}$ 之间的误差（或称距离）有多种定义方式．例如，用各点误差绝对值的和表示：

$$R_1=\sum_{i=1}^{m}|\varphi(x_i)-y_i|$$

用各点误差按模的最大值表示（最佳一致逼近）：

$$R_\infty=\max_{1\leqslant i\leqslant n}|\varphi(x_i)-y_i|$$

用各点误差的平方和表示（最佳平方逼近）：

$$R=R_2=\sum_{i=1}^{m}(\varphi(x_i)-y_i)^2 \quad 或 \quad R=\|\boldsymbol{Q}(x)-\boldsymbol{Y}\|_2^2$$

由于最佳平方逼近误差的最小值容易实现而被广泛采用，按最佳平方逼近构造拟合曲线的方法称为最小二乘法．曲线拟合是最小二乘法的一个典型应用．本节主要讲述用最小二乘法构造拟合曲线的方法．

在运筹学、统计学、逼近论和控制论中，最小二乘法都是很重要的求解方法．例如，它是统计学中估计回归参数的最基本方法．在统计学中称最小二乘为回归．

关于最小二乘法的发明权，在数学史的研究中尚未定论．有材料表明高斯和勒让德(Legendre)分别独立地提出了这种方法．勒让德在 1805 年第一次公开发表关于最小二乘法的论文，这时高斯指出，他早在 1795 年之前就使用了这种方法．但数学史研究者只找到了高斯约在 1803 年之前使用这种方法的证据．

在实际问题中，怎样由测量的数据构造和确定“最贴近”的拟合曲线？关键在于选择适当的拟合曲线类型，常常根据专业知识和工作经验即可确定拟合曲线的类型；如果对拟合曲线一无所知，不妨先绘制数据的粗略图形，或许从中观测出拟合曲线的类型；更一般地，对数据进行多种曲线类型的拟合，并计算均方误差，用数学实验的方法找出在最小二乘法意义下误差最小的拟合函数.

### 7.5.1 线性拟合和二次拟合函数

**1. 线性拟合**

给定一组数据$(x_i,y_i)(i=1,2,\cdots,m)$，做拟合直线 $p(x)=a+bx$，最小二乘误差为

$$Q(a,b)=\sum_{i=1}^{m}(p(x_i)-y_i)^2=\sum_{i=1}^{m}(a+bx_i-y_i)^2 \tag{7.23}$$

利用微积分极值理论，当 $Q(a,b)$达到极小时，$a,b$ 应满足

$$\begin{cases}\dfrac{\partial Q(a,b)}{\partial a}=2\sum\limits_{i=1}^{m}(a+bx_i-y_i)=0\\ \dfrac{\partial Q(a,b)}{\partial b}=2\sum\limits_{i=1}^{m}(a+bx_i-y_i)x_i=0\end{cases}$$

整理得到拟合曲线满足的方程

$$\begin{cases}ma+\left(\sum\limits_{i=1}^{m}x_i\right)b=\sum\limits_{i=1}^{m}y_i\\ \left(\sum\limits_{i=1}^{m}x_i\right)a+\left(\sum\limits_{i=1}^{m}x_i^2\right)b=\sum\limits_{i=1}^{m}x_iy_i\end{cases}$$

或

$$\begin{bmatrix}m & \sum\limits_{i=1}^{m}x_i\\ \sum\limits_{i=1}^{m}x_i & \sum\limits_{i=1}^{m}x_i^2\end{bmatrix}\begin{pmatrix}a\\ b\end{pmatrix}=\begin{bmatrix}\sum\limits_{i=1}^{m}y_i\\ \sum\limits_{i=1}^{m}x_iy_i\end{bmatrix} \tag{7.24}$$

称式(7.24)为拟合曲线的法方程组.

**2. 二次拟合函数**

给定数据序列$(x_i,y_i)(i=1,2,\cdots,m)$，用二次多项式函数拟合这组数据.

设 $p(x)=a_0+a_1x+a_2x^2$，拟合函数与数据序列的最小二乘误差为

$$Q(a_0,a_1,a_2)=\sum_{i=1}^{m}(p(x_i)-y_i)^2=\sum_{i=1}^{m}(a_0+a_1x_i+a_2x_i^2-y_i)^2 \tag{7.25}$$

由多元函数的极值原理，$Q(a_0,a_1,a_2)$的极小值满足

$$\begin{cases}\dfrac{\partial Q}{\partial a_0}=2\sum\limits_{i=1}^{m}(a_0+a_1x_i+a_2x_i^2-y_i)=0\\ \dfrac{\partial Q}{\partial a_1}=2\sum\limits_{i=1}^{m}(a_0+a_1x_i+a_2x_i^2-y_i)x_i=0\\ \dfrac{\partial Q}{\partial a_2}=2\sum\limits_{i=1}^{m}(a_0+a_1x_i+a_2x_i^2-y_i)x_i^2=0\end{cases}$$

整理得二次多项式函数拟合的法方程组

$$\begin{pmatrix} m & \sum_{i=1}^{m} x_i & \sum_{i=1}^{m} x_i^2 \\ \sum_{i=1}^{m} x_i & \sum_{i=1}^{m} x_i^2 & \sum_{i=1}^{m} x_i^3 \\ \sum_{i=1}^{m} x_i^2 & \sum_{i=1}^{m} x_i^3 & \sum_{i=1}^{m} x_i^4 \end{pmatrix} \begin{pmatrix} a_0 \\ a_1 \\ a_2 \end{pmatrix} = \begin{pmatrix} \sum_{i=1}^{m} y_i \\ \sum_{i=1}^{m} x_i y_i \\ \sum_{i=1}^{m} x_i^2 y_i \end{pmatrix} \tag{7.26}$$

法方程组的系数矩阵是对称的.当 $n>5$ 时,法方程组的系数矩阵多数是病态的,在计算中要用双精度或一些特殊算法以保护解的准确性.

**例 7.12**　给定表 7.7 中的数据.用二次多项式函数拟合这组数据.

**表 7.7**

| $x_i$ | −3 | −2 | −1 | 0 | 1 | 2 | 3 |
|---|---|---|---|---|---|---|---|
| $y_i$ | 4 | 2 | 3 | 0 | −1 | −2 | −5 |

**解**　设 $y(x)=a_0+a_1x+a_2x^2$,可得表 7.8.

**表 7.8**

| | $x_i$ | $y_i$ | $x_iy_i$ | $x_i^2$ | $x_i^2y_i$ | $x_i^3$ | $x_i^4$ |
|---|---|---|---|---|---|---|---|
| | −3 | 4 | −12 | 9 | 36 | −27 | 81 |
| | −2 | 2 | −4 | 4 | 8 | −8 | 16 |
| | −1 | 3 | −3 | 1 | 3 | −1 | 1 |
| | 0 | 0 | 0 | 0 | 0 | 0 | 0 |
| | 1 | −1 | −1 | 1 | −1 | 1 | 1 |
| | 2 | −2 | −4 | 4 | −8 | 8 | 16 |
| | 3 | −5 | −15 | 9 | −45 | 27 | 81 |
| $\sum$ | 0 | 1 | −39 | 28 | −7 | 0 | 196 |

相应的法方程组为

$$\begin{cases} 7a_0 + 0a_1 + 28a_2 = 1 \\ 0a_0 + 28a_1 + 0a_2 = -39 \\ 28a_0 + 0a_1 + 196a_2 = -7 \end{cases}$$

解方程得

$$a_0 = 0.666\,67,\quad a_1 = -1.392\,86,\quad a_2 = -0.130\,95$$

故拟合函数为

$$y(x) = 0.666\,67 - 1.392\,86x - 0.130\,95x^2$$

拟合曲线(图 7.3)的误差为

$$\sum_{i=1}^{7} \delta_i^2 = \sum_{i=1}^{7} (y(x_i) - y_i)^2 = 3.095\,24$$

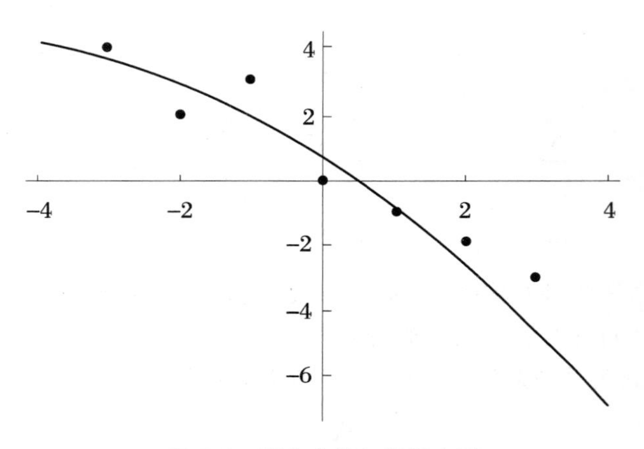


**图 7.3 拟合曲线与数据序列**

## 7.5.2 解矛盾方程组

在 7.5.1 小节中用最小二乘法构造拟合函数,本小节中用求解线性矛盾方程组的方法构造拟合函数.

给定数据序列$(x_i, y_i)(i=1,2,\cdots,m)$,做拟合直线 $p(x)=a_0+a_1x$.如果要直线$p(x)$过这些点,那么有 $p(x_i)=a_0+a_1x_i=y_i(i=1,2,\cdots,m)$,即

$$\begin{cases} a_0 + a_1x_1 = y_1 \\ a_0 + a_1x_2 = y_2 \\ \cdots \\ a_0 + a_1x_m = y_m \end{cases}$$

写成矩阵形式:

$$\begin{pmatrix} 1 & x_1 \\ 1 & x_3 \\ \vdots & \vdots \\ 1 & x_m \end{pmatrix} \begin{pmatrix} a_0 \\ a_1 \end{pmatrix} = \begin{pmatrix} y_1 \\ y_2 \\ \vdots \\ y_m \end{pmatrix}$$

方程组中有两个未知量的 $m(m\gg 2)$个方程.

一般地,将含有 $n$ 个未知量的$m$ 个方程的线性方程组

$$\begin{cases} a_{11}x_1 + a_{12}x_2 + \cdots + a_{1n}x_n = y_1 \\ a_{21}x_1 + a_{22}x_2 + \cdots + a_{2n}x_n = y_2 \\ \cdots \\ a_{m1}x_1 + a_{m2}x_2 + \cdots + a_{mn}x_n = y_m \end{cases}$$

写成矩阵形式 $\boldsymbol{Ax}=\boldsymbol{b}$,即

$$\begin{pmatrix} a_{11} & a_{12} & \cdots & a_{1n} \\ a_{21} & a_{22} & \cdots & a_{2n} \\ \vdots & \vdots & & \vdots \\ a_{m1} & a_{m2} & \cdots & a_{mn} \end{pmatrix} \begin{pmatrix} x_1 \\ x_2 \\ \vdots \\ x_n \end{pmatrix} = \begin{pmatrix} y_1 \\ y_2 \\ \vdots \\ y_m \end{pmatrix}$$

在线性代数中我们知道,若 $\mathrm{rank}(\boldsymbol{A},\boldsymbol{b})\neq\mathrm{rank}(\boldsymbol{A})$,则方程组 $\boldsymbol{Ax}=\boldsymbol{b}$ 无解.这时,方程组称

为矛盾方程组.在数值代数中,矛盾方程组的解是在误差$\min\|\boldsymbol{AX}-\boldsymbol{b}\|_2^2$极小意义下的解,也就是在最小二乘意义下矛盾方程的解.定理7.2将证明,方程组$\boldsymbol{A}^{\mathrm{T}}\boldsymbol{Ax}=\boldsymbol{A}^{\mathrm{T}}\boldsymbol{b}$的解就是矛盾方程组$\boldsymbol{Ax}=\boldsymbol{b}$在最小二乘意义下的解.称$\boldsymbol{A}^{\mathrm{T}}\boldsymbol{Ax}=\boldsymbol{A}^{\mathrm{T}}\boldsymbol{b}$为矛盾方程组的法方程.

例如,拟合直线$p(x)=a_0+a_1x$的矛盾方程组为$\boldsymbol{Ax}=\boldsymbol{b}$,$\mathrm{rank}(\boldsymbol{A},\boldsymbol{b})=3\neq\mathrm{rank}(\boldsymbol{A})=2$,计算

$$\begin{pmatrix}1 & 1 & \cdots & 1\\ x_1 & x_2 & \cdots & x_m\end{pmatrix}\begin{pmatrix}1 & x_1\\ 1 & x_2\\ \vdots & \vdots\\ 1 & x_m\end{pmatrix}\begin{pmatrix}a_0\\ a_1\end{pmatrix}=\begin{pmatrix}1 & 1 & \cdots & 1\\ x_1 & x_2 & \cdots & x_m\end{pmatrix}\begin{pmatrix}y_1\\ y_2\\ \vdots\\ y_m\end{pmatrix}$$

得到与前面式(7.24)相同的法方程组:

$$\begin{pmatrix}m & \sum_{i=1}^{m}x_i\\ \sum_{i=1}^{m}x_i & \sum_{i=1}^{m}x_i^2\end{pmatrix}\begin{pmatrix}a_0\\ a_1\end{pmatrix}=\begin{pmatrix}\sum_{i=1}^{m}y_i\\ \sum_{i=1}^{m}x_iy_i\end{pmatrix}$$

**定理7.2**　(1) $\boldsymbol{A}$为$m\times n$矩阵,$\boldsymbol{b}$为列向量,$\boldsymbol{A}^{\mathrm{T}}\boldsymbol{Ax}=\boldsymbol{A}^{\mathrm{T}}\boldsymbol{b}$称为矛盾方程$\boldsymbol{Ax}=\boldsymbol{b}$的法方程,法方程组恒有解.

(2) $\boldsymbol{x}$是$\min\|\boldsymbol{Ax}-\boldsymbol{b}\|_2^2$的解,当且仅当$\boldsymbol{x}$满足$\boldsymbol{A}^{\mathrm{T}}\boldsymbol{Ax}=\boldsymbol{A}^{\mathrm{T}}\boldsymbol{b}$,即$\boldsymbol{x}$是法方程组的解.

**证明**　(1) 由线性代数知识,有$\mathrm{rank}(\boldsymbol{A}^{\mathrm{T}}\boldsymbol{A})=\mathrm{rank}(\boldsymbol{A})$.又

$$\mathrm{rank}(\boldsymbol{A}^{\mathrm{T}}\boldsymbol{A},\boldsymbol{A}^{\mathrm{T}}\boldsymbol{b})=\mathrm{rank}\boldsymbol{A}^{\mathrm{T}}(\boldsymbol{A},\boldsymbol{b})\leqslant\min(\mathrm{rank}(\boldsymbol{A}^{\mathrm{T}}),\mathrm{rank}(\boldsymbol{A},\boldsymbol{b}))$$

故有$\mathrm{rank}(\boldsymbol{A}^{\mathrm{T}}\boldsymbol{A},\boldsymbol{A}^{\mathrm{T}}\boldsymbol{b})=\mathrm{rank}(\boldsymbol{A}^{\mathrm{T}})=\mathrm{rank}(\boldsymbol{A}^{\mathrm{T}}\boldsymbol{A})$.法方程组恒有解.

(2) 设$\boldsymbol{x}$是法方程组$\boldsymbol{A}^{\mathrm{T}}\boldsymbol{Ax}=\boldsymbol{A}^{\mathrm{T}}\boldsymbol{b}$的解.

任取$\boldsymbol{y}$,记$\boldsymbol{y}=\boldsymbol{x}+(\boldsymbol{y}-\boldsymbol{x})=\boldsymbol{x}+\boldsymbol{e}$,则

$$\begin{aligned}\|\boldsymbol{Ay}-\boldsymbol{b}\|_2^2&=(\boldsymbol{Ax}-\boldsymbol{b}+\boldsymbol{Ae},\boldsymbol{Ax}-\boldsymbol{b}+\boldsymbol{Ae})\\&=(\boldsymbol{Ax}-\boldsymbol{b},\boldsymbol{Ax}-\boldsymbol{b})+(\boldsymbol{Ax}-\boldsymbol{b},\boldsymbol{Ae})+(\boldsymbol{Ae},\boldsymbol{Ax}-\boldsymbol{b})+(\boldsymbol{Ae},\boldsymbol{Ae})\\&=\|\boldsymbol{Ax}-\boldsymbol{b}\|_2^2+\|\boldsymbol{Ae}\|_2^2+2\boldsymbol{e}^{\mathrm{T}}(\boldsymbol{A}^{\mathrm{T}}\boldsymbol{Ax}-\boldsymbol{A}^{\mathrm{T}}\boldsymbol{b})\\&=\|\boldsymbol{Ax}-\boldsymbol{b}\|_2^2+\|\boldsymbol{Ae}\|_2^2\geqslant\|\boldsymbol{Ax}-\boldsymbol{b}\|_2^2\end{aligned}$$

由于$\boldsymbol{y}$是任取的,故法方程组$\boldsymbol{A}^{\mathrm{T}}\boldsymbol{Ax}=\boldsymbol{A}^{\mathrm{T}}\boldsymbol{b}$的解为极小问题$\min\|\boldsymbol{Ax}-\boldsymbol{b}\|_2^2$的解.

**注**　通常$m\gg n$,在本章中约定$\mathrm{rank}(\boldsymbol{A})=n$,这时法方程组的解唯一,即矛盾方程组有唯一的最小二乘解;若$\mathrm{rank}(\boldsymbol{A})<n$,则法方程组有无数多组解,其求解方法可参考有关书籍.

对离散数据$(x_i,y_i)(i=1,2,\cdots,m)$,做$n$次多项式曲线拟合,即求解

$$Q(a_0,a_1,\cdots,a_n)=\sum_{i=1}^{m}(a_0+a_1x_i+\cdots+a_nx_i^n-y_i)^2$$

的极小问题.由定理7.2(2)知,求对离散数据$(x_i,y_i)(i=1,2,\cdots,m)$所做的$n$次拟合曲线$a_0+a_1x+\cdots+a_nx^n$,可通过解方程组$\boldsymbol{A}^{\mathrm{T}}\boldsymbol{A\alpha}=\boldsymbol{A}^{\mathrm{T}}\boldsymbol{Y}$求得.

**例7.13**　给出一组数据,见表7.9.用最小二乘法求形如$f(x)=a+bx^3$的经验公式.

**表7.9**

| $x_i$ | −2 | −1 | 0 | 1 | 2 |
|---|---|---|---|---|---|
| $y_i$ | −5.8 | 1.2 | 2.1 | 2.8 | 10.3 |

**解** 设曲线 $f(x)=a+bx^3$ 过所有的点 $(x_i,y_i)(1\leqslant i\leqslant 5)$，则可得关于 $a,b$ 的矛盾线性方程组 $\boldsymbol{A}\begin{pmatrix}a\\b\end{pmatrix}=\boldsymbol{y}$. 其中

$$\boldsymbol{A}=\begin{pmatrix}1 & (-2)^3\\1 & (-1)^3\\1 & 0^3\\1 & 1^3\\1 & 2^3\end{pmatrix},\quad \boldsymbol{y}=\begin{pmatrix}-5.8\\1.2\\2.1\\2.8\\10.3\end{pmatrix}$$

其法方程组为 $\boldsymbol{A}^{\mathrm{T}}\boldsymbol{A}\begin{pmatrix}a\\b\end{pmatrix}=\boldsymbol{A}^{\mathrm{T}}\boldsymbol{y}$. 计算可得

$$\boldsymbol{A}^{\mathrm{T}}\boldsymbol{A}=\begin{pmatrix}1 & 1 & 1 & 1 & 1\\x_1^3 & x_2^3 & x_3^3 & x_4^3 & x_5^3\end{pmatrix}\begin{pmatrix}1 & x_1^3\\1 & x_2^3\\1 & x_3^3\\1 & x_4^3\\1 & x_5^3\end{pmatrix}=\begin{pmatrix}5 & \sum\limits_{i=1}^{5}x_i^3\\\sum\limits_{i=1}^{5}x_i^3 & \sum\limits_{i=1}^{5}x_i^6\end{pmatrix}=\begin{pmatrix}5 & 0\\0 & 130\end{pmatrix}$$

$$\boldsymbol{A}^{\mathrm{T}}\boldsymbol{y}=\begin{pmatrix}1 & 1 & 1 & 1 & 1\\-8 & -1 & 0 & -1 & 8\end{pmatrix}\begin{pmatrix}-5.8\\1.2\\2.1\\2.8\\10.3\end{pmatrix}=\begin{pmatrix}10.6\\127.2\end{pmatrix}$$

故法方程组为

$$\begin{pmatrix}5 & 0\\0 & 130\end{pmatrix}\begin{pmatrix}a\\b\end{pmatrix}=\begin{pmatrix}10.6\\127.2\end{pmatrix}$$

解方程得到 $a=2.12,b=0.9785$. 拟合曲线为

$$f(x)=2.12+0.9785x^3$$

在实验科学中，经常会遇到形如 $a\mathrm{e}^{bx}$ 的曲线拟合，即对给出的一组离散序列 $(x_i,y_i)$ $(i=1,2,\cdots,m)$ 做拟合曲线 $y(x)=a\mathrm{e}^{bx}$. 不失一般性，设 $y_i>0$. 我们知道，函数集合 $\Phi=\{a\mathrm{e}^{bx}\mid a,b\in\mathbf{R}\}$ 并不构成线性空间，不易得到平方误差极小意义下的拟合曲线 $a\mathrm{e}^{bx}$，为此做变换 $z=\ln y$. 记 $z_i=\ln y_i(i=1,2,\cdots,m)$；做线性拟合，得到拟合曲线 $z=A+bx$，而 $y=\mathrm{e}^z=a\mathrm{e}^{bx}(A=\ln a)$ 可视为我们要求的拟合曲线.

**例 7.14** 求形如 $y(x)=a\mathrm{e}^{bx}$ 的经验函数，使它能够和表 7.10 中的数据相拟合.

**表 7.10**

| $x_i$ | 1.1 | 1.15 | 1.21 | 1.23 | 1.25 | 1.31 | 1.32 |
|---|---|---|---|---|---|---|---|
| $y_i$ | 5.615 | 5.962 | 6.407 | 6.563 | 6.723 | 7.224 | 7.312 |

**解** 化经验公式为线性形式，对经验公式的两边取自然对数

$$\ln y=\ln a+bx$$

由矛盾方程

$$\begin{cases} \ln a + bx_1 = \ln y_1 \\ \ln a + bx_2 = \ln y_2 \\ \cdots \\ \ln a + bx_7 = \ln y_7 \end{cases}$$

得到法方程组

$$\begin{bmatrix} m & \sum_{i=1}^{7} x_i \\ \sum_{i=1}^{7} x_i & \sum_{i=1}^{7} x_i^2 \end{bmatrix} \begin{pmatrix} \ln a \\ b \end{pmatrix} = \begin{bmatrix} \sum_{i=1}^{7} \ln y_i \\ \sum_{i=1}^{7} x_i \ln y_i \end{bmatrix}$$

$$\begin{pmatrix} 7 & 8.57 \\ 8.57 & 10.531 \end{pmatrix} \begin{pmatrix} \ln a \\ b \end{pmatrix} = \begin{pmatrix} 13.122 \\ 16.111 \end{pmatrix}$$

解方程得 $\ln a = 0.428, b = 1.181, a = e^{0.428} = 1.534$，得

$$y(x) = 1.534e^{1.181x}$$

拟合曲线的均方误差为

$$\sum_{i=1}^{7} \delta_i^2 = \sum_{i=1}^{7} (y(x_i) - y_i)^2 = 0.000\,925$$

类似的问题可以在其他类型的曲线拟合中出现.例如，对离散数据序列$(x_i, y_i)$ $(i = 1, 2, \cdots, m)$做双曲拟合 $y = \dfrac{1}{a + bx}$，可令 $z = \dfrac{1}{y}$，记 $z_i = \dfrac{1}{y_i}$ $(i = 1,2,\cdots,m)$；对离散数据序列$(x_i, z_i)$ $(i = 1,2,\cdots,m)$做线性拟合，得到 $z = a + bx$，而 $y = \dfrac{1}{z} = \dfrac{1}{a + bx}$即为所求的拟合曲线.需要指出的是，通过变换过程得到的拟合曲线已不是平方误差极小意义下的拟合曲线.

# 附录7 Mathematica中的插值和拟合函数

(1) InterpolatingPolynomial[data,var]

构造插值点数据为data、变量为var的插值多项式.

(2) ListLinePlot[data, InterpolationOrder→k]

绘制给定的数据点列data的k次插值多项式图形.

**例1** 给出函数表7.11，构造插值多项式并计算 $f(2.3)$.

**表7.11**

| $x$ | 1.0 | 2.0 | 3 | 4.0 | 4.5 | 5.0 |
|---|---|---|---|---|---|---|
| $f(x)$ | 6.0 | 4.0 | 7 | 1.0 | 9.0 | 3.0 |

```
In[1]:= data= {{1,6},{2,4},{3,7},{4,1},{4.5,9},{5,3}};
In[2]:= p[x_]= InterpolatingPolynomial[data,x]
Out[2]= 3+ (- 0.75+ (- 0.625+ (- 1.04167+ (- 0.27381- 3.13095(- 4.5+ x))
```

```
(- 2+ x))(- 3+ x))(- 1+ x))(- 5+ x)
```

```
In[3]:= ListLinePlot[data,Mesh→Full,InterpolationOrder→4]
```

Out[7]=

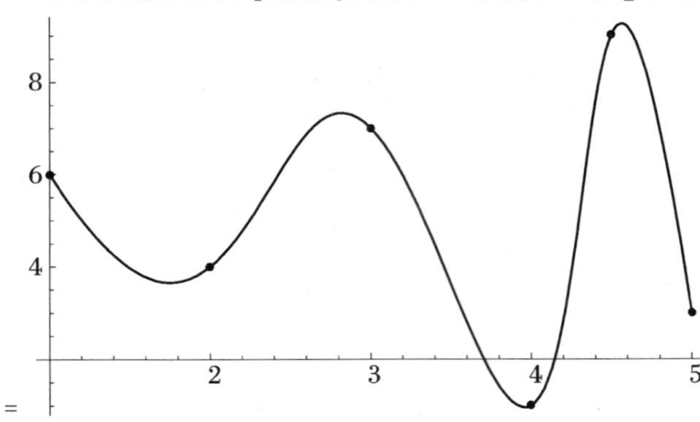


(3) Fit[data,funs,vars]

以 vars 为变量用数据 data,按基函数 funs 的形式构造拟合函数.

(4) FindFit[data,expr,pars,vars]

做出数据 data 对 expr 的最佳拟合,其中变量为 vars,参数为 pars.

**例** 2

```
In[1]:= data= {{1.36,14.09},{1.49,15.09},{1.73,16.84},
        {1.81,17.38},{1.95,18.44},{2.16,19.95}};

In[2]:= Fit[data,{1,x,x^2},x]
```

Out[2]= $3.78051+7.77224\,x-0.133012\,x^2$

```
In[3]:= model= a Exp[b t];
        fun= FindFit[data,model,{a,b},t]

Out[4]= {a→7.95481,b→0.429029}

In[5]:= model /.%
```

Out[5]= $7.95481e^{0.429029t}$

# 习　题　7

1. 做出关于下列插值点的三次拉格朗日插值多项式:

(1) $(-1, 3)$, $(0, -1/2)$, $(1/2, 0)$, $(1, 1)$;

(2) $(-1, 2)$, $(0, 0)$, $(2, 1)$, $(3, 3)$.

2. $f(x)=\sqrt{x}$在离散点处有$f(81)=9$,$f(100)=10$,$f(121)=11$.用插值方法计算 $\sqrt{105}$的近似值,并由误差公式给出误差界,同时与实际误差做比较.

3. 由表 7.12 做出差商表,写出牛顿插值公式,并计算 $f(1.2)$的近似值.

**表 7.12**

| $x$ | $-1.00$ | 2.00 | 3.00 | 4.00 |
|---|---|---|---|---|
| $f(x)$ | 3.00 | 5.00 | 7.00 | 5.00 |

4. 设 $f(x)=x^7-125x^5+237x^3-999$. 计算差商：

$$f[2^0,2^1],\quad f[2^0,2^1,2^2,2^3,2^4,2^5,2^6,2^7],\quad f[2^0,2^1,2^2,2^3,2^4,2^5,2^6,2^7,2^8]$$

5. 给定数据 $f(3)=5.00$, $f(5)=15.00$, $f'(5)=7.00$. 构造二次插值多项式，写出插值余项，并计算 $f(3.7)$ 的近似值.

6. 给定数据 $f(0)$, $f(1)$, $f(3)$, $f'(3)$. 构造三次插值多项式，并写出插值余项.

7. 给出表 7.13 中的数据. 试求满足表中数据和 $S'(-1)=5$, $S'(3)=29.00$ 的三次样条函数，并计算 $S(2)$ 的值.

**表 7.13**

| $x$ | $-1.00$ | 0.00 | 1.00 | 3.00 |
|---|---|---|---|---|
| $f(x)$ | 2.00 | 3.00 | 4.00 | 29.00 |

8. 给出表 7.14 中的数据. 分别用一次、二次多项式拟合这些数据，并给出最佳平方误差.

**表 7.14**

| $x_i$ | $-1.00$ | $-0.50$ | 0.00 | 0.25 | 0.75 |
|---|---|---|---|---|---|
| $y_i$ | 0.220 0 | 0.800 | 2.000 | 2.500 0 | 3.800 0 |

9. 按表 7.15 中的数据，用最小二乘法求形如 $y=a+bx^2$ 的经验公式.

**表 7.15**

| $x$ | $-3$ | $-2$ | $-1$ | 2 | 4 |
|---|---|---|---|---|---|
| $y$ | 14.3 | 8.3 | 4.7 | 8.3 | 22.7 |

10. 给出表 7.16 中的数据. 用最小二乘法求形如 $y=ae^{bx}$ 的经验公式.

**表 7.16**

| $x_i$ | $-0.70$ | $-0.50$ | 0.25 | 0.75 |
|---|---|---|---|---|
| $y_i$ | 0.99 | 1.21 | 2.57 | 4.23 |

11. 按最小二乘原理，求解下列矛盾方程组：

(1) $\begin{cases} x_1+2x_2=5 \\ 2x_1+x_2=6; \\ x_1+x_2=4 \end{cases}$　　(2) $\begin{cases} x_1-2x_2=1 \\ x_1+5x_2=13.1 \\ 2x_1+x_2=7.9 \\ x_1+x_2=5.1 \end{cases}$.

# 第8章　数值积分和数值微分

## 8.1　数值微分

### 8.1.1　差商与数值微分

当函数 $f(x)$以离散点列形式给出时，常用数值微分近似计算 $f(x)$的导数.在微积分中，一阶导数表示函数在某点上的瞬时变化率，它是平均变化率的极限；在物理中解释为物体运动的速率.在微积分中，用差商的极限定义导数；在数值计算中，用函数的差商来近似函数的导数是最简单的数值微分的方法.

下面是导数的三种定义形式：

$$f'(x)=\lim_{h\to 0}\frac{f(x+h)-f(x)}{h}=\lim_{h\to 0}\frac{f(x)-f(x-h)}{h}$$
$$=\lim_{h\to 0}\frac{f(x+h)-f(x-h)}{2h} \tag{8.1}$$

以下是三种对应的差商形式的数值微分公式以及相应的截断误差.

**1. 向前差商**

用向前差商近似导数，有

$$f'(x_0)\approx\frac{f(x_0+h)-f(x_0)}{h} \tag{8.2}$$

$x_0+h$ 的位置在 $x_0$ 的前面，因此称为向前差商.同理可有向后、中心差商的定义.由泰勒(Taylor)展开，有

$$f(x_0+h)=f(x_0)+hf'(x_0)+\frac{h^2}{2!}f''(\xi),\quad x_0\leqslant\xi\leqslant x_0+h$$

从而得到向前差商的截断误差阶

$$R(x)=f'(x_0)-\frac{f(x_0+h)-f(x_0)}{h}=-\frac{h}{2}f''(\xi)=O(h)$$

微积分中的极限定义 $f'(x_0)=\lim\limits_{h\to 0}\dfrac{f(x_0+h)-f(x_0)}{h}$，表示 $f(x)$在 $x=x_0$ 处切线的斜率，差商$\dfrac{f(x_0+h)-f(x_0)}{h}$表示割线的斜率.

差商的几何意义：用在 $x_0$ 处割线的斜率近似 $x_0$ 处切线的斜率.

**2. 向后差商**

用向后差商近似导数，有

$$f'(x_0) \approx \frac{f(x_0) - f(x_0 - h)}{h} \tag{8.3}$$

与计算向前差商的方法类似，由泰勒展开，得到向后差商的截断误差阶

$$R(x) = f'(x_0) - \frac{f(x_0) - f(x_0 - h)}{h} = O(h)$$

**3. 中心差商**

用中心差商近似导数，有

$$f'(x_0) \approx \frac{f(x_0 + h) - f(x_0 - h)}{2h} \tag{8.4}$$

对 $f(x_0 + h)$，$f(x_0 - h)$在 $x_0$ 处做泰勒展开，得

$$f(x_0 + h) = f(x_0) + hf'(x_0) + \frac{h^2}{2!}f''(x_0) + \frac{h^3}{3!}f'''(\xi_1)$$

$$f(x_0 - h) = f(x_0) - hf'(x_0) + \frac{h^2}{2!}f''(x_0) - \frac{h^3}{3!}f'''(\xi_2)$$

由以上两式，得

$$R(x) = f'(x_0) - \frac{f(x_0 + h) - f(x_0 - h)}{2h} = -\frac{h^2}{12}[f'''(\xi_1) + f'''(\xi_2)]$$

$$= -\frac{h^2}{6}f'''(\xi) = O(h^2), \quad x_0 - h \leqslant \xi \leqslant x_0 + h$$

**例 8.1**　按表 8.1 中的数据，计算 $f'(0.02)$，$f'(0.06)$，$f''(0.04)$.

**表 8.1**

| $x$ | 0.02 | 0.04 | 0.06 | 0.08 | 0.10 |
|---|---|---|---|---|---|
| $f(x)$ | 0.019 998 7 | 0.039 989 3 | 0.059 964 | 0.079 914 7 | 0.099 833 4 |

**解**

$$f'(0.02) \approx \frac{0.039\,989\,3 - 0.019\,998\,7}{0.04 - 0.02} = 0.999\,53$$

$$f'(0.06) \approx \frac{0.079\,914\,7 - 0.039\,989\,3}{0.08 - 0.04} = 0.998\,135$$

$$f''(0.04) \approx \frac{0.998\,135 - 0.999\,53}{0.08 - 0.04} = -0.034\,875$$

数值导数的误差由截断误差和舍入误差两部分组成.用差商近似导数产生的截断误差，由原始值 $y_i$ 的数值以及有限位运算近似产生的舍入误差决定.在差商计算中，从误差的逼近阶的角度看，$h$ 越小，则误差也越小；但是太小的 $h$ 会带来较大的舍入误差.怎样选择最佳步长，使截断误差与舍入误差之和最小？

如果想从计算导数的近似公式进行分析得到舍入误差的表达式，可以看到用误差的表达式确定步长，难度较大，可行性差.

通常用事后估计方法选取步长 $h$.例如，记 $D(h,x)$，$D(h/2,x)$分别为取步长为 $h$，$h/2$时 $f'(x)$的差商近似值，给定误差限 $\varepsilon$，当$|D(h,x) - D(h/2,x)| < \varepsilon$ 时，步长 $h$ 就是合适的步长.

### 8.1.2 插值型数值微分

给定$(x_i,f(x_i))(i=0,1,\cdots,n)$,以$(x_i,f(x_i))$为插值点构造插值多项式$L_n(x)$,用插值函数$L_n(x)$的导数近似函数$f(x)$的导数.

设$f(x)\approx L_n(x)=\sum_{i=0}^{n}l_i(x)f(x_i)$,则

$$f'(x)\approx L'_n(x)=\sum_{i=0}^{n}l'_i(x)f(x_i) \tag{8.5}$$

当$x=x_j$时,

$$f'(x_j)\approx L'_n(x_j)=\sum_{i=0}^{n}l'_i(x_j)f(x_i),\quad i=0,1,\cdots,n$$

误差项

$$R(x)=\frac{\mathrm{d}}{\mathrm{d}x}\left(\frac{f^{(n+1)}(\xi)}{(n+1)!}\prod_{i=0}^{n}(x-x_i)\right),\quad \xi\in[a,b]$$

$$R(x_j)=\prod_{\substack{i=0\\ i\neq j}}^{n}(x_j-x_i)\frac{f^{(n+1)}(\xi)}{(n+1)!}$$

**例 8.2** 给定$(x_i,f(x_i))(i=0,1,2)$,且有$x_2-x_1=x_1-x_0=h$.计算$f'(x_0),f'(x_1),f'(x_2)$.

**解** 构造过插值点$(x_i,f(x_i))(i=0,1,2)$的插值多项式

$$L_2(x)=\frac{(x-x_1)(x-x_2)}{2h^2}f(x_0)+\frac{(x-x_0)(x-x_2)}{-h^2}f(x_1)+\frac{(x-x_0)(x-x_1)}{2h^2}f(x_2)$$

$$\begin{aligned}f'(x)&=L'_2(x)\\&=\frac{f(x_0)}{2h^2}(x-x_1+x-x_2)-\frac{f(x_1)}{h^2}(x-x_0+x-x_2)+\frac{f(x_2)}{2h^2}(x-x_0+x-x_1)\end{aligned}$$

将$x=x_i$代入$f'(x)$,得三点公式:

$$f'(x_0)\approx\frac{1}{2h}(-3f(x_0)+4f(x_1)-f(x_2))$$

$$f'(x_1)\approx\frac{1}{2h}(-f(x_0)+f(x_2))$$

$$f'(x_2)\approx\frac{1}{2h}(f(x_0)-4f(x_1)+3f(x_2))$$

利用泰勒展开进行比较和分析,可得三点公式的截断误差是$O(h^2)$.

## 8.2 牛顿-科茨(Newton-Cote's)积分

在微积分中,用牛顿-莱布尼茨(Newton-Leibniz)公式计算连续函数$f(x)$的定积分:

$$\int_a^b f(x)\mathrm{d}x=F(b)-F(a)$$

当被积函数以点列的形式给出或当被积函数 $f(x)$ 的原函数 $F(x)$ 不能用初等函数表示时，例如，$\int_1^2 \sin x^2 \mathrm{d}x$，则无法用牛顿-莱布尼茨积分公式计算定积分.

在微积分中，定积分是黎曼(Riemann)和的极限，它是分割小区间趋于零时的极限，即

$$\int_a^b f(x)\mathrm{d}x = \lim_{\Delta x_i \to 0}\left(\sum_{i=0}^{n-1} f(x_i)\Delta x_i\right)$$

在数值积分公式中，还是依据定积分的黎曼和定义，用有限项的和近似上面的极限，用被积函数在积分区间上有限点函数值的线性组合形式表示近似积分值.记

$$I(f) = \int_a^b f(x)\mathrm{d}x,\quad I_n(f) = \sum_{i=0}^{n} \alpha_i f(x_i) \tag{8.6}$$

在本章中约定用 $I(f)$ 表示精确积分值，用 $I_n(f)$ 表示近似积分值，$x_i$ 称为求积节点，$\alpha_i$ 称为求积系数，确定 $I_n(f)$ 中积分系数 $\alpha_i$ 的过程就是构造数值积分公式的过程.

怎样判断数值积分公式的效果？代数精度是衡量数值积分公式优劣的重要标准之一.

设以 $\{x_0, x_1, \cdots, x_n\}$ 为积分节点的数值积分公式为 $I_n(f) = \sum_{i=0}^{n} \alpha_i f(x_i)$.若 $I_n(f)$ 满足

$$E_n(x^k) = I(x^k) - I_n(x^k) = 0\ (1 \leqslant k \leqslant m) \quad 且 \quad E_n(x^{m+1}) \neq 0$$

则称 $I_n(f)$ 具有 $m$ 阶代数精度.

由此可知，当 $I_n(f)$ 具有 $m$ 阶代数精度时，对任意不高于 $m$ 次的多项式 $f(x)$ 都有 $I(f) = I_n(f)$.

### 8.2.1　插值型数值积分

以被积函数在 $[a, b]$ 上的点列 $(x_i, f(x_i))$ $(i = 0, 1, \cdots, n)$，构造拉格朗日插值多项式 $L_n(x)$，以 $\int_a^b L_n(x)\mathrm{d}x$ 近似 $\int_a^b f(x)\mathrm{d}x$，即

$$\int_a^b f(x)\mathrm{d}x \approx \int_a^b L_n(x)\mathrm{d}x = \int_a^b \sum_{i=0}^{n} l_i(x) f(x_i)\mathrm{d}x = \sum_{i=0}^{n}\left(\int_a^b l_i(x)\mathrm{d}x\right) f(x_i)$$

记 $\alpha_i = \int_a^b l_i(x)\mathrm{d}x$，则有

$$I_n(f) = \int_a^b L_n(x)\mathrm{d}x = \sum_{i=0}^{n} \alpha_i f(x_i)$$

数值积分误差，也就是对插值误差的积分

$$E_n(f) = \int_a^b R_n(x)\mathrm{d}x = \frac{1}{(n+1)!}\int_a^b f^{(n+1)}(\xi(x))\prod_{i=0}^{n}(x - x_i)\mathrm{d}x$$

或

$$E_n(f) = \int_a^b f[x_0, x_1, \cdots, x_n, x]\prod_{i=0}^{n}(x - x_i)\mathrm{d}x$$

对一般的函数，$E_n(f) \neq 0$.但若 $f(x)$ 是一个不高于 $n$ 次的多项式，则由 $f^{(n+1)}(x) = 0$，有 $E_n(f) = 0$，因此，$n$ 阶插值多项式的数值积分公式至少有 $n$ 阶代数精度.

**例 8.3**　建立 $[0,2]$ 上以节点 $x_0 = 0, x_1 = 0.5, x_2 = 2$ 的 $\int_a^b f(x)\mathrm{d}x$ 数值积分公式.

**解**　由 $\alpha_i = \int_a^b l_i(x)\mathrm{d}x$，得

$$\alpha_0 = \int_0^2 l_0(x)\mathrm{d}x = \int_0^2 \frac{(x-0.5)(x-2)}{(0-0.5)(0-2)}\mathrm{d}x = -\frac{1}{3}$$

$$\alpha_1 = \int_0^2 l_1(x)\mathrm{d}x = \int_0^2 \frac{(x-0)(x-2)}{(0.5-0)(0.5-2)}\mathrm{d}x = \frac{16}{9}$$

$$\alpha_2 = \int_0^2 l_2(x)\mathrm{d}x = \int_0^2 \frac{(x-0)(x-0.5)}{(2-0)(2-0.5)}\mathrm{d}x = \frac{5}{9}$$

从而得到数值积分公式

$$I_2(f) = \frac{1}{9}[-3f(0) + 16f(0.5) + 5f(2)]$$

### 8.2.2 牛顿-科茨积分

把积分区间$[a,b]$ $n$ 等分,记步长为 $h=\frac{b-a}{n}$,取等分点 $x_i=a+ih(i=0,1,\cdots,n)$为数值积分节点,构造拉格朗日插值多项式 $L_n(x)$,

$$\int_a^b f(x)\mathrm{d}x \approx \int_a^b L_n(x)\mathrm{d}x$$

得到的数值积分公式称为牛顿-科茨积分.牛顿-科茨积分的优点是积分系数与积分节点无直接关系,系数固定而易于计算.

**1. 梯形积分**

以$(a,f(a))$和$(b,f(b))$为插值节点构造线性函数 $L_1(x)$,

$$\int_a^b f(x)\mathrm{d}x \approx \int_a^b L_1(x)\mathrm{d}x = \int_a^b (l_0(x)f(x_0) + l_1(x)f(x_1))\mathrm{d}x$$

$$\alpha_0 = \int_a^b l_0(x)\mathrm{d}x = \int_a^b \frac{x-b}{a-b}\mathrm{d}x = \frac{1}{2}(b-a) = (b-a)C_0^{(1)}$$

$$\alpha_1 = \int_a^b l_1(x)\mathrm{d}x = \int_a^b \frac{x-a}{b-a}\mathrm{d}x = \frac{1}{2}(b-a) = (b-a)C_1^{(1)}$$

提取公因子 $b-a$ 后,得到牛顿-科茨积分的组合系数 $C_0^{(1)}=\frac{1}{2}$, $C_1^{(1)}=\frac{1}{2}$,它们已与积分区间没有任何关系了.

$$\int_a^b f(x)\mathrm{d}x \approx \frac{b-a}{2}(f(a)+f(b))$$

记

$$T(f) = \frac{b-a}{2}(f(a)+f(b)) \tag{8.7}$$

称 $T(f)$为梯形积分公式.

它的几何意义是用梯形面积近似积分的曲边面积(图 8.1).

怎样确定梯形积分公式的代数精度?

取 $f(x)=x$,

$$I(f) = \int_a^b x\mathrm{d}x = \frac{b-a}{2}(f(a)+f(b)) = \frac{b^2-a^2}{2} = T(f)$$

取 $f(x)=x^2$,

$$I(f) = \int_a^b x^2\mathrm{d}x \neq \frac{b-a}{2}(f(a)+f(b)) = T(f)$$

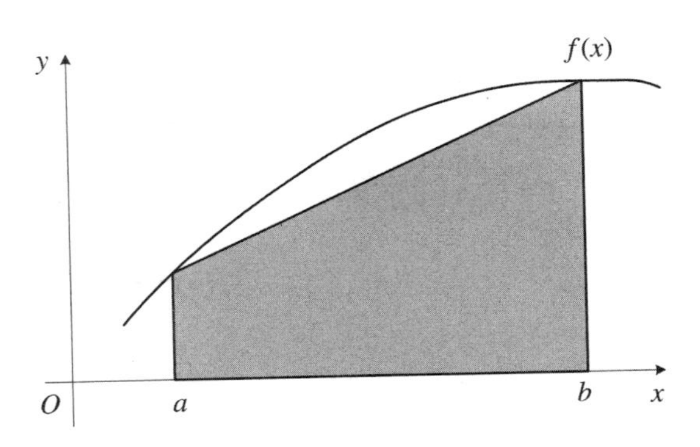


**图 8.1　梯形积分**

验证得到梯形积分公式具有一阶代数精度.由

$$f(x)=L_1(x)+\frac{f''(\xi)}{2!}(x-a)(x-b),\quad a\leqslant\xi\leqslant b$$

$$E_1(x)=\int_a^b\frac{f''(\xi)}{2!}(x-a)(x-b)\mathrm{d}x$$

又$(x-a)(x-b)$在$[a,b]$上不变号,由第二积分中值定理,得到梯形积分公式的截断误差

$$\begin{aligned}E_1(x)&=\frac{f''(\eta)}{2!}\int_a^b(x-a)(x-b)\mathrm{d}x\\&=-\frac{f''(\eta)}{12}(b-a)^3,\quad a\leqslant\eta\leqslant b\end{aligned}\tag{8.8}$$

**2. 辛普森(Simpson)积分**

对区间$[a,b]$做二等分,记$x_0=a,x_1=(a+b)/2,x_2=b$.以$(a,f(a))$,$((a+b)/2,f((a+b)/2))$和$(b,f(b))$为插值节点构造二次插值函数$L_2(x)$.那么

$$\int_a^bL_2(x)\mathrm{d}x=\int_a^b(l_0(x)f(x_0)+l_1(x)f(x_1)+l_2(x)f(x_2))\mathrm{d}x$$

$$\begin{aligned}\alpha_0&=\int_a^bl_0(x)\mathrm{d}x=\int_a^b\frac{\left(x-\frac{a+b}{2}\right)(x-b)}{\left(a-\frac{a+b}{2}\right)(a-b)}\mathrm{d}x\\&=\frac{1}{6}(b-a)=(b-a)C_0^{(2)}\end{aligned}$$

$$\alpha_1=\int_a^bl_1(x)\mathrm{d}x=\frac{4}{6}(b-a)=(b-a)C_1^{(2)}$$

$$\alpha_2=\int_a^bl_2(x)\mathrm{d}x=\frac{1}{6}(b-a)=(b-a)C_2^{(2)}$$

得到积分组合系数$C_0^{(2)}=\frac{1}{6},C_1^{(2)}=\frac{4}{6},C_2^{(2)}=\frac{1}{6}$,以及数值积分公式

$$\int_a^bf(x)\mathrm{d}x\approx I_2(f)=(b-a)\left(\frac{1}{6}f(a)+\frac{4}{6}f\left(\frac{a+b}{2}\right)+\frac{1}{6}f(b)\right)$$

记

$$S(f)=\frac{b-a}{6}\left(f(a)+4f\left(\frac{a+b}{2}\right)+f(b)\right)\tag{8.9}$$

称 $S(f)$为辛普森或抛物线积分公式.

它的几何意义是用过三点的抛物线面积近似代替积分的曲边面积(图 8.2). 分别将 $f(x)=1,x,x^2,x^3$ 代入 $I(f)$和 $S(f)$中,都有 $I(f)=S(f)$,表明辛普森公式对于次数不超过三次的多项式准确成立,$S(f)$具有三阶代数精度.

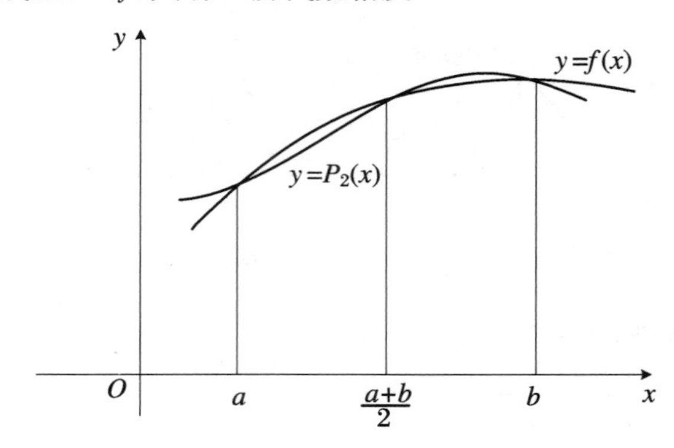


图 8.2 抛物线积分

关于牛顿-科茨积分误差,这里不加证明地给出如下结果:

(1) 若 $n$ 为奇数,$f\in C^{n+1}[a,b]$,则有

$$E_n(f)=\frac{f^{(n+1)}(\eta)}{(n+1)!}\int_a^b(x-x_0)(x-x_1)\cdots(x-x_n)\mathrm{d}x \tag{8.10}$$

即积分公式具有 $n$ 阶代数精度.

(2) 若 $n$ 为偶数,$f\in C^{n+2}[a,b]$,则有

$$E_n(f)=\frac{f^{(n+2)}(\eta)}{(n+2)!}\int_a^b x(x-x_0)(x-x_1)\cdots(x-x_n)\mathrm{d}x \tag{8.11}$$

即积分公式具有 $n+1$ 阶代数精度.

若 $f\in C^4[a,b]$,辛普森公式的误差为

$$\begin{aligned}E_2(f)&=\frac{f^{(4)}(\eta)}{4!}\int_a^b x(x-a)\left(x-\frac{a+b}{2}\right)(x-b)\mathrm{d}x\\&=-\frac{f^{(4)}(\eta)}{2\,880}(b-a)^5,\quad a\leqslant\eta\leqslant b\end{aligned} \tag{8.12}$$

辛普森公式具有三阶代数精度.

**3. 牛顿-科茨积分系数**

$n$ 等分区间$[a,b]$,取等分点为积分节点,$x_i=a+ih(i=0,1,\cdots,n)$,其中$h=\dfrac{b-a}{n}$. 以$(x_i,f(x_i))(i=0,1,\cdots,n)$为插值节点构造的插值函数为 $L_n(x)$,则

$$\begin{aligned}\int_a^b L_n(x)\mathrm{d}x&=\int_a^b\left(\sum_{i=0}^n l_i(x)f(x_i)\right)\mathrm{d}x\\&=\sum_{i=0}^n\left(\int_a^b l_i(x)\mathrm{d}x\right)f(x_i)=\sum_{i=0}^n\alpha_i f(x_i)\end{aligned}$$

其中

$$\alpha_i=\int_a^b l_i(x)\mathrm{d}x=\int_a^b\frac{(x-x_0)(x-x_1)\cdots(x-x_{i-1})(x-x_{i+1})\cdots(x-x_n)}{(x_i-x_0)(x_i-x_1)\cdots(x_i-x_{i-1})(x_i-x_{i+1})\cdots(x_i-x_n)}\mathrm{d}x$$

令 $x=a+th,x_i=a+ih$,代入 $\alpha_i$,得

$$
\begin{aligned}
\alpha_i &= \int_0^n \frac{t(t-1)\cdots(t-i+1)(t-i-1)\cdots(t-n)}{i!(n-i)!(-1)^{n-i}} h\mathrm{d}t \\
&= \frac{(b-a)}{n} \frac{(-1)^{n-i}}{i!(n-1)!} \int_0^n t(t-1)\cdots(t-i+1)(t-i-1)\cdots(t-n)\mathrm{d}t \\
&= (b-a)C_i^{(n)}
\end{aligned}
\tag{8.13}
$$

其中

$$
C_i^{(n)} = \frac{(-1)^{n-i}}{i!(n-i)!n} \int_0^n t(t-1)\cdots(t-i+1)(t-i-1)\cdots(t-n)\mathrm{d}t
$$

称 $C_i^{(n)}$ 为牛顿-科茨系数.可以看到在取等距节点时,积分系数 $C_i^{(n)}$ 与积分节点和积分区间无直接关系,只与插值点的总数有关,而不必对每一组插值节点都要计算一组相应的积分系数.而在例 8.3 中的积分系数是需要计算的,这就简化了数值积分公式.在公式(8.13)中取 $n=1$,$\alpha_i$ 为梯形积分系数;取 $n=2$,$\alpha_i$ 为辛普森积分系数.在表 8.2 中列出 $n$ 从 1 到 6 的牛顿-科茨积分系数.

**表 8.2**

| $n$ | $C_0^{(n)}$ | $C_1^{(n)}$ | $C_2^{(n)}$ | $C_3^{(n)}$ | $C_4^{(n)}$ | $C_5^{(n)}$ | $C_6^{(n)}$ |
|---|---|---|---|---|---|---|---|
| 1 | $\frac{1}{2}$ | $\frac{1}{2}$ | | | | | |
| 2 | $\frac{1}{6}$ | $\frac{4}{6}$ | $\frac{1}{6}$ | | | | |
| 3 | $\frac{1}{8}$ | $\frac{3}{8}$ | $\frac{3}{8}$ | $\frac{1}{8}$ | | | |
| 4 | $\frac{7}{90}$ | $\frac{16}{45}$ | $\frac{2}{15}$ | $\frac{16}{45}$ | $\frac{7}{90}$ | | |
| 5 | $\frac{19}{288}$ | $\frac{25}{96}$ | $\frac{25}{144}$ | $\frac{25}{144}$ | $\frac{25}{96}$ | $\frac{19}{288}$ | |
| 6 | $\frac{41}{840}$ | $\frac{9}{35}$ | $\frac{9}{280}$ | $\frac{34}{105}$ | $\frac{9}{280}$ | $\frac{9}{35}$ | $\frac{41}{840}$ |

**例 8.4**　设 $f(x) = \mathrm{e}^x \sin x$,图示 $\int_0^1 f(x)\mathrm{d}x \approx \int_0^1 L_n(x)\mathrm{d}x$ 的梯形积分和辛普森积分.

**解**　分别如图 8.3(a)和(b)所示.

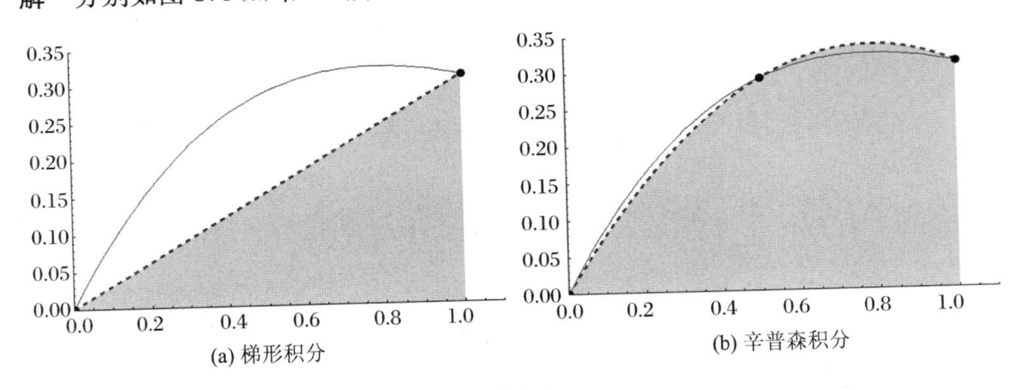


(a) 梯形积分　　(b) 辛普森积分

**图 8.3**

# 8.3 复化数值积分

由插值的龙格现象可知,高阶牛顿-科茨积分不能保证等距数值积分的收敛性,同时可证,高阶牛顿-科茨积分的计算是不稳定的(证明略).因此,实际计算中常用低阶复化梯形等积分公式.

## 8.3.1 复化梯形积分

把积分区间分割成若干小区间,在每个小区间$[x_i,x_{i+1}]$上用梯形积分公式,再将这些小区间上的数值积分累加起来,称为复化梯形公式.复化梯形公式用若干个小梯形面积的和逼近积分$\int_a^b f(x)\mathrm{d}x$,这比用一个大梯形公式效果显然更好,如图 8.4 所示.

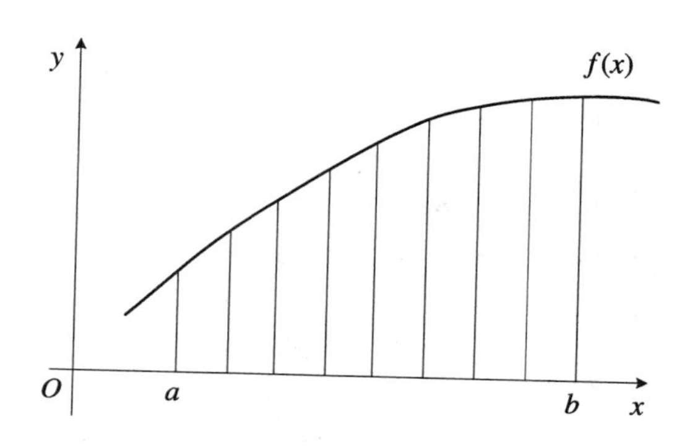


图 8.4 复化梯形积分

**1. 复化梯形积分计算公式**

对$[a,b]$做等距分割, $h=(b-a)/n$, $x_i=a+ih(i=0,1,\cdots,n)$,于是

$$I(f)=\int_a^b f(x)\mathrm{d}x=\sum_{i=0}^{n-1}\int_{x_i}^{x_{i+1}}f(x)\mathrm{d}x$$

在$[x_i,x_{i+1}]$上,

$$\int_{x_i}^{x_{i+1}}f(x)\mathrm{d}x=\frac{h}{2}(f(x_i)+f(x_{i+1}))-f''(\xi_i)\frac{h^3}{12}$$

则有

$$\begin{aligned}I(f)&=\sum_{i=0}^{n-1}\left(\frac{h}{2}(f(x_i)+f(x_{i+1}))-f''(\xi_i)\frac{h^3}{12}\right)\\&=h\left(\frac{1}{2}f(a)+\sum_{i=1}^{n-1}f(x_i)+\frac{1}{2}f(b)\right)-\sum_{i=0}^{n-1}f''(\xi_i)\frac{h^3}{12}\end{aligned}$$

记 $n$ 等分的复化梯形公式为$T_n(f)$或 $T(h)$,有

$$T_n(f)=h\left(\frac{1}{2}f(a)+\sum_{i=1}^{n-1}f(a+ih)+\frac{1}{2}f(b)\right)\tag{8.14}$$

**2. 复化梯形积分公式的截断误差**

由 $E_n(f) = I(f) - T_n(f) = -\frac{h^3}{12}\sum_{i=0}^{n-1} f''(\xi_i)$，根据均值定理，当 $f \in C^2[a,b]$ 时，存在 $\xi \in [a,b]$，使得 $\sum_{i=0}^{n-1} f''(\xi_i) = nf''(\xi)$，得到

$$
\begin{aligned}
E_n(f) &= -\frac{nh^3}{12}f''(\xi) = -\frac{h^2}{12}(b-a)f''(\xi) \\
&= -\frac{(b-a)^3}{12n^2}f''(\xi), \quad a \leqslant \xi \leqslant b
\end{aligned} \tag{8.15}
$$

复化梯形积分公式的截断误差按照 $h^2$ 或 $1/n^2$ 的速度下降. 事实上，可以证明，只要 $f(x)$ 在 $(a,b)$ 上有界且黎曼可积，当分点无限增多时，复化梯形积分公式就收敛到积分 $I(f) = \int_a^b f(x)\mathrm{d}x$.

记 $M_2 = \max\limits_{a \leqslant x \leqslant b} |f''(x)|$，则有

$$
|E_n(f)| \leqslant \frac{(b-a)^3}{12n^2}M_2 = O\left(\frac{1}{n^2}\right)
$$

对于任给的误差控制量 $\varepsilon > 0$，只要

$$
\frac{(b-a)^3}{12n^2}M_2 < \varepsilon \quad 或 \quad n \geqslant \left[\sqrt{\frac{(b-a)^3 M_2}{12\varepsilon}}\right] + 1
$$

就有 $|E_n(f)| < \varepsilon$，式中[ ]表示取最大整数.

### 8.3.2　复化辛普森(Simpson)积分

把积分区间分成 $2m$ 等份，记 $n = 2m$，其中 $n+1$ 是节点总数，$m$ 是积分子区间的总数. 记 $h = (b-a)/n$，$x_i = a + ih\,(i = 0,1,\cdots,n)$，在每个子区间 $[x_{2i}, x_{2i+2}]$ 上用辛普森数值积分公式计算，则得到复化辛普森积分公式，记为 $S_n(f)$.

**1. 复化辛普森积分计算公式**

由 $I(f) = \int_a^b f(x)\mathrm{d}x = \sum_{i=0}^{m-1}\int_{x_{2i}}^{x_{2i+2}} f(x)\mathrm{d}x$，得

$$
\int_{x_{2i}}^{x_{2i+2}} f(x)\mathrm{d}x = \frac{2h}{6}(f(x_{2i}) + 4f(x_{2i+1}) + f(x_{2i+2})) - \frac{(2h)^5}{2\,880}f^{(4)}(\zeta_i)
$$

称

$$
\begin{aligned}
S_n(f) &= \sum_{i=0}^{m-1}\frac{2h}{6}(f(x_{2i}) + 4f(x_{2i+1}) + f(x_{2i+2})) \\
&= \frac{h}{3}\left(f(a) + 4\sum_{i=0}^{m-1}f(x_{2i+1}) + 2\sum_{i=1}^{m-1}f(x_{2i}) + f(b)\right)
\end{aligned} \tag{8.16}
$$

为复化辛普森积分公式，它是 $f(x)$ 在 $[x_{2i}, x_{2i+2}]$ 上采用辛普森积分公式叠加而得的，下面用表 8.3 显示复化辛普森积分计算公式中节点与系数的关系，取 $n = 8$，在每个积分区间上提出因子 $2h/6$ 后，三个节点的系数分别是 1,4,1；将四个积分区间的系数按节点的位置累加，可以清楚地看到，首尾节点的系数是 1，奇数点的系数是 4，偶数点的系数是 2.

表 8.3

| $x_0$ | $x_1$ | $x_2$ | $x_3$ | $x_4$ | $x_5$ | $x_6$ | $x_7$ | $x_8$ |
|---|---|---|---|---|---|---|---|---|
| $f(x_0)$ | $f(x_1)$ | $f(x_2)$ | $f(x_3)$ | $f(x_4)$ | $f(x_5)$ | $f(x_6)$ | $f(x_7)$ | $f(x_8)$ |
| 1 | 4 | 1 | | | | | | |
| | | 1 | 4 | 1 | | | | |
| | | | | 1 | 4 | 1 | | |
| | | | | | | 1 | 4 | 1 |
| 1 | 4 | 2 | 4 | 2 | 4 | 2 | 4 | 1 |

**2. 复化辛普森积分公式的截断误差**

设 $f\in C^4[a,b]$，在 $[x_{2i},x_{2i+2}]$ 上的积分误差为

$$-\frac{(2h)^5}{2\,880}f^{(4)}(\xi_i),\quad x_{2i}\leqslant\zeta_i\leqslant x_{2i+2}$$

在 $[a,b]$ 上的截断误差为

$$\begin{aligned}I(f)-S_n(f)&=-\frac{(2h)^5}{2\,880}\sum_{i=0}^{m-1}f^{(4)}(\xi_i)=-\frac{(2h)^5m}{2\,880}f^{(4)}(\xi)\\&=\frac{-(b-a)^5}{2\,880m^4}f^{(4)}(\xi)=\frac{-(b-a)^5}{180n^4}f^{(4)}(\xi),\quad a\leqslant\xi\leqslant b\end{aligned}\tag{8.17}$$

与复化梯形积分公式类似，误差的截断误差按照 $h^4$ 或 $1/n^4$ 的速度下降，可以证明，只要 $f(x)$ 在 $(a,b)$ 上有界且黎曼可积，当分点无限增多时，复化辛普森积分公式就收敛到积分 $I(f)=\int_a^b f(x)\mathrm{d}x$.

记 $M_4=\max\limits_{a\leqslant x\leqslant b}|f^{(4)}(x)|$，则有 $|E_n(f)|\leqslant\frac{(b-a)^5}{180n^4}M_4=O\left(\frac{1}{n^4}\right)$. 对任给的误差控制量 $\varepsilon>0$，只要

$$\frac{(b-a)^5}{180n^4}M_4<\varepsilon\quad 或\quad n\geqslant\left[\sqrt[4]{\frac{(b-a)^5M_4}{180\varepsilon}}\right]+1$$

就有 $|E_n(f)|<\varepsilon$.

### 8.3.3 复化积分的自动控制误差方法

复化积分的误差公式表明，截断误差随分点 $n$ 的增大而减小. 对于给定的误差量 $\varepsilon$，用估计导函数的界的方法可计算出 $n$，用误差公式计算满足精度的分点数，像是在做一道计算导数 $|f^{(n)}(\xi)|$ 上界的微积分习题，常常无法用误差公式确定分点数 $n$. 在计算中常用误差的事后估计方法，即用 $|T_{2n}(f)-T_n(f)|$ 估计误差.

**1. $T_{2n}(f)$ 的计算公式**

对定积分 $\int_a^b f(x)\mathrm{d}x$，取分点 $n=2$，

$$T_2(f)=\frac{b-a}{2}\left(\frac{f(a)}{2}+\frac{f(b)}{2}+f(x_2)\right),\quad x_2=\frac{a+b}{2}$$

取分点 $n=4$,

$$T_4(f)=\frac{b-a}{4}\left(\frac{f(a)}{2}+\frac{f(b)}{2}+f(x_1)+f(x_2)+f(x_3)\right)$$

$$=\frac{T_2}{2}+\frac{b-a}{4}(f(x_1)+f(x_3))$$

其中 $x_1=\frac{1}{2}(a+x_2),x_3=\frac{1}{2}(x_2+b)$.

计算 $T_4(f)$时只要在 $T_2(f)$基础上计算新增分点 $f(x_1),f(x_3)$的值再做组合,如图 8.5 所示.

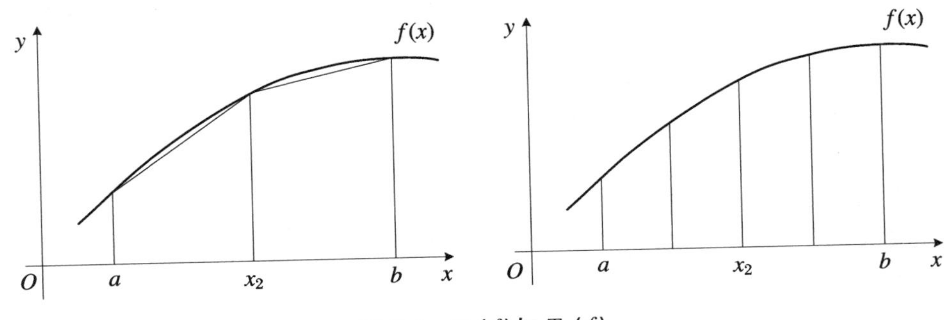


**图 8.5**　$T_2(f)$与 $T_4(f)$

一般地,每次对前一次的小区间分半,分点加密一倍,利用前一次分点上的函数值,只需计算新增分点函数值的和.

对$[a,b]$做$n$ 等分,设 $h_n=\frac{b-a}{n}$.

$$T_n(f)=h_n\left(\frac{1}{2}f(a)+\sum_{i=1}^{n-1}f(x_i)+\frac{1}{2}f(b)\right)$$

记$[x_i,x_{i+1}]$的中点为 $x_{i+1/2}$则

$$T_{2n}(f)=\frac{h_n}{2}\left(\frac{1}{2}f(a)+\sum_{i=1}^{n-1}f(x_i)+\sum_{i=0}^{n-1}f(x_{i+1/2})+\frac{1}{2}f(b)\right)$$

$$=\frac{h_n}{2}\left(\frac{1}{2}f(a)+\sum_{i=1}^{n-1}f(x_i)+\frac{1}{2}f(b)\right)+\frac{h_n}{2}\sum_{i=0}^{n-1}f(x_{i+1/2})$$

令

$$T_{2n}(f)=\frac{1}{2}(T_n(f)+H_n(f)),\quad H_n(f)=h_n\sum_{i=0}^{n-1}f(x_{i+1/2})\tag{8.18}$$

则

$$T_{2n}=\frac{T_n}{2}+h_{2n}\sum_{i=1}^{n}f(a+(2i-1)h_{2n})$$

其中 $h_{2n}=\frac{b-a}{2n}$.

类似地,可得积分节点为 $n,2n$ 的辛普森求积公式的关系式

$$S_{2n}(f)=\frac{1}{2}S_n(f)+\frac{1}{6}(4H_{2n}(f)-H_n(f))\tag{8.19}$$

**2.** $|T_{2n}(f)-T_n(f)|$ **与** $|I(f)-T_{2n}(f)|$

由误差公式

$$I(f) - T_n(f) = -\frac{b-a}{12}h^2 f''(\xi)$$

$$I(f) - T_{2n}(f) = -\frac{b-a}{12}\left(\frac{h}{2}\right)^2 f''(\eta)$$

又

$$f''(\xi) = \frac{1}{n}\sum_{i=0}^{n-1} f''(\xi_i), \quad f''(\eta) = \frac{1}{2n}\sum_{i=0}^{2n-1} f''(\eta_i)$$

分别为 $n$ 及 $2n$ 个点上的均值,可视 $f''(\xi) \approx f''(\eta)$,于是有

$$I(f) - T_n(f) \approx 4(I(f) - T_{2n}(f))$$

这表明 $T_n(f)$的误差大约是 $T_{2n}(f)$的误差的 4 倍,从而可得

$$I(f) - T_{2n}(f) \approx \frac{1}{3}(T_{2n}(f) - T_n(f)) \tag{8.20}$$

由此得到启发,对任给的误差控制量 $\varepsilon > 0$,若要 $|I(f) - T_{2n}(f)| < \varepsilon$,只需 $|T_{2n}(f) - T_n(f)| < 3\varepsilon$,用 $|T_{2n}(f) - T_n(f)|$ 作为精度控制的方法更简单直接.

**3. 自动控制误差的算法描述**

从数值积分的误差公式可以看到,截断误差随分点 $n$ 的增加而减少,控制计算的精度也就是确定分点数 $n$. 在计算中不用数值积分的误差公式确定分点数 $n$ 的理论模式,而用 $|T_{2n}(f) - T_n(f)| < \varepsilon$ 作为控制,通过增加分点自动满足精度的方法称为值积分公式的自动积分法. 即在计算中构造序列 $T_n, T_{2n}, T_{4n}, \cdots$,每次计算一个积分值 $T_{2m}$ 时都要计算与前一次的积分值 $T_m$ 的误差,直到 $|T_{2m} - T_m| < \varepsilon$ 时停止计算,并取 $I(f) \approx T_{2m}(f)$. 在自动控制误差算法中初始分点值不宜过小,以防止假收敛.

### 8.3.4 龙贝格(Romberg)积分

前面得到的 $T_n(f)$, $T_{2n}(f)$ 的关系式(8.20),将 $T_{2n}(f) - T_n(f)$作为 $T_{2n}(f)$的修正值补充到 $I(f)$,即

$$I(f) \approx T_{2n}(f) + \frac{1}{3}(T_{2n}(f) - T_n(f)) = \frac{4}{3}T_{2n} - \frac{1}{3}T_n = S_n \tag{8.21}$$

其结果是将梯形积分公式组合成辛普森积分公式. 截断误差由 $O(h^2)$提高到 $O(h^4)$. 这种方法称为外推算法. 外推算法在不增加计算量的前提下提高了误差的精度. 外推算法是计算方法中的一种常用方法. 不妨对 $S_{2n}(f)$, $S_n(f)$再做一次线性组合.

由

$$I(f) - S_{2n}(f) = -\frac{f^{(4)}(\xi)}{180}\left(\frac{h}{2}\right)^4(b-a) = d\left(\frac{h}{2}\right)^4$$

$$I(f) - S_n(f) = -\frac{f^{(4)}(\xi)}{180}h^4(b-a) = dh^4$$

得到

$$I(f) - S_{2n}(f) \approx \frac{1}{15}(S_{2n}(f) - S_n(f))$$

$$I(f) \approx S_{2n}(f) + \frac{1}{15}(S_{2n}(f) - S_n(f)) \tag{8.22}$$

复化辛普森积分公式组成复化科茨积分公式,其截断误差是 $O(h^6)$. 同理,对科茨积分公式

进行线性组合：

$$I(f)-C_n(f)=eh^6$$

$$I(f)-C_{2n}(f)=e\left(\frac{h}{2}\right)^6$$

得到具有 7 次代数精度和截断误差是 $O(h^8)$的龙贝格公式：

$$R_n(f)=C_{2n}(f)+\frac{1}{63}(C_{2n}(f)-C_n(f)) \tag{8.23}$$

还可以继续对 $R_n(f)$做外推计算.

为了便于在计算机上实现龙贝格算法，将$\{T_n,S_n,C_n,R_n,\cdots\}$统一用 $R_{k,j}$表示，行标 $k$ 表示分点数$n2^{k-1}$或步长 $h_k=h/2^{k-1}$，列标 $j$ 分别表示梯形、辛普森、科茨等积分.

龙贝格计算公式为

$$R_{k,j}=R_{k,j-1}+\frac{R_{k,j-1}-R_{k-1,j-1}}{4^{j-1}-1},\quad k=2,3,\cdots$$

对每一个 $k$，$j$ 从 2 做到 $k$，一直做到$|R_{k,k}-R_{k-1,k-1}|$小于给定控制精度.

龙贝格算法按表 8.4 中元素的行序进行运算，$R_{1,1}$，$R_{2,1}$，$R_{2,2}$，$\cdots$，在计算中第一列中 $R_{k,1}$可由 $R_{k-1,1}$经加密一倍后的复化梯形积分公式得到，其他列的元素可由它的左边和左上角元素由上述公式组合得到. 在存储空间中，每个元素只用到本行和上一行的元素. 对上面的算法进一步优化，对 $k$ 行可将计算定义在两行元素之间，令 $R_{k,j}$为$S_{1,j}$，$R_{k-1,j}$为$S_{0,j}$；在每计算一行元素后，再将 $S_{1,j}$置换为$S_{0,j}$$(j=1,2,\cdots,k)$.

**表 8.4**

| | | | | |
|---|---|---|---|---|
| $R_{1,1}$ | | | | |
| $R_{2,1}$ | $R_{2,2}$ | | | |
| $R_{3,1}$ | $R_{3,2}$ | $R_{3,3}$ | | |
| $\vdots$ | $\vdots$ | $\vdots$ | $\ddots$ | |
| $R_{m,1}$ | $R_{m,2}$ | $R_{m,3}$ | $\cdots$ | $R_{m,m}$ |

## 8.4　重积分计算简介

在微积分中，计算二重积分是通过累次积分进行计算的. 计算二重数值积分也是计算累次数值积分的过程. 为了简化问题，我们仅讨论矩形域上的二重积分. 有很多非矩形域上的二重积分可通过变换而转换到矩形域上. 考虑

$$\int_a^b\int_c^d f(x,y)\mathrm{d}x\mathrm{d}y \tag{8.24}$$

其中 $a,b,c,d$ 是常数，$f(x,y)$在 $D$ 上连续. 将二重积分化为累次积分：

$$\int_a^b\int_c^d f(x,y)\mathrm{d}x\mathrm{d}y=\int_a^b\left(\int_c^d f(x,y)\mathrm{d}y\right)\mathrm{d}x \tag{8.25}$$

或

$$\int_a^b \int_c^d f(x,y)\mathrm{d}x\mathrm{d}y = \int_c^d \left(\int_a^b f(x,y)\mathrm{d}x\right)\mathrm{d}y$$

对区间$[a,b]$和$[c,d]$分别选取正整数 $m$ 和 $n$，在 $x$ 轴和 $y$ 轴上分别有步长

$$h = \frac{b-a}{m}, \quad k = \frac{d-c}{n}$$

用复化梯形积分公式计算 $\int_c^d f(x,y)\mathrm{d}y$. 计算中将 $x$ 当作常数，有

$$\int_c^d f(x,y)\mathrm{d}y \approx k\left(\frac{1}{2}f(x,y_0) + \frac{1}{2}f(x,y_n) + \sum_{j=1}^{n-1} f(x,y_j)\right) \tag{8.26}$$

再将 $y$ 当作常数，在 $x$ 方向上计算式(8.26)中每一项的积分，有

$$\frac{1}{2}\int_a^b f(x,y_0)\mathrm{d}x \approx \frac{h}{2}\left(\frac{1}{2}f(x_0,y_0) + \frac{1}{2}f(x_m,y_0) + \sum_{i=1}^{m-1} f(x_i,y_0)\right)$$

$$\frac{1}{2}\int_a^b f(x,y_n)\mathrm{d}x \approx \frac{h}{2}\left(\frac{1}{2}f(x_0,y_n) + \frac{1}{2}f(x_m,y_n) + \sum_{i=1}^{m-1} f(x_i,y_n)\right)$$

$$\begin{aligned}
\int_a^b \sum_{j=1}^{n-1} f(x,y_j)\mathrm{d}x &= \sum_{j=1}^{n-1} \int_a^b f(x,y_j)\mathrm{d}x \\
&\approx h\sum_{j=1}^{n-1}\left(\frac{1}{2}f(x_0,y_j) + \frac{1}{2}f(x_m,y_j) + \sum_{i=1}^{m-1} f(x_i,y_j)\right) \\
&= h\sum_{j=1}^{n-1}\left(\frac{1}{2}f(x_0,y_j) + \frac{1}{2}f(x_m,y_j)\right) + h\sum_{j=1}^{n-1}\sum_{i=1}^{m-1} f(x_i,y_j)
\end{aligned}$$

则

$$\begin{aligned}
&\int_a^b \int_c^d f(x,y)\mathrm{d}x\mathrm{d}y \\
&\approx hk\Big(\frac{1}{4}(f(x_0,y_0) + f(x_m,y_0) + f(x_0,y_n) + f(x_m,y_n)) \\
&\quad + \frac{1}{2}\Big(\sum_{i=1}^{m-1} f(x_i,y_0) + \sum_{i=1}^{m-1} f(x_i,y_n) + \sum_{j=1}^{n-1} f(x_0,y_j) + \sum_{j=1}^{n-1} f(x_m,y_j)\Big) \\
&\quad + \sum_{i=1}^{m-1}\sum_{j=1}^{n-1} f(x_i,y_j)\Big) \\
&= hk\sum_{i=0}^{m}\sum_{j=0}^{n} c_{i,j} f(x_i,y_j)
\end{aligned}$$

积分区域的四个角点的系数是 1/4，四个边界的系数是 1/2，内部节点的系数是 1.

复化梯形积分公式的误差(余项)为

$$E(f) = -\frac{(d-c)(b-a)}{12}\left(h^2\frac{\partial^2 f(\eta,\mu)}{\partial x^2} + k^2\frac{\partial^2 f(\bar{\eta},\bar{\mu})}{\partial y^2}\right)$$

$$a \leqslant \eta, \bar{\eta} \leqslant b, \quad c \leqslant \mu, \bar{\mu} \leqslant d$$

**例 8.5** 用复化梯形积分公式计算二重积分

$$\int_0^1 \int_1^2 \sin(x^2 + y)\mathrm{d}x\mathrm{d}y$$

取 $h = k = 0.25$.

**解** $f(x,y)$的数值如表 8.5 所示.

$c_{ij}$ 的数值如表 8.6 所示.

**表 8.5**

| $x$ \ $y$ | 1.00 | 1.25 | 1.50 | 1.75 | 2.00 |
|---|---|---|---|---|---|
| 0.00 | 0.841 471 | 0.948 985 | 0.997 495 | 0.983 986 | 0.909 297 |
| 0.25 | 0.873 575 | 0.966 827 | 0.999 966 | 0.970 932 | 0.881 53 |
| 0.50 | 0.948 985 | 0.997 495 | 0.983 986 | 0.909 297 | 0.778 073 |
| 0.75 | 0.999 966 | 0.970 932 | 0.881 53 | 0.737 319 | 0.547 265 |
| 1.00 | 0.909 297 | 0.778 073 | 0.598 472 | 0.381 661 | 0.141 12 |

**表 8.6**

| $j$ \ $i$ | 0 | 1 | 2 | 3 | 4 |
|---|---|---|---|---|---|
| 0 | 1/4 | 1/2 | 1/2 | 1/2 | 1/4 |
| 1 | 1/2 | 1 | 1 | 1 | 1/2 |
| 2 | 1/2 | 1 | 1 | 1 | 1/2 |
| 3 | 1/2 | 1 | 1 | 1 | 1/2 |
| 4 | 1/4 | 1/2 | 1/2 | 1/2 | 1/4 |

$$
\begin{aligned}
&\int_0^1\int_1^2 \sin(x^2+y)\mathrm{d}x\mathrm{d}y \\
&= 0.25\times 0.25\Big(\frac{1}{4}(0.841\,471+0.909\,297+0.909\,297+0.141\,12) \\
&\quad +\frac{1}{2}(0.948\,985+0.997\,495+0.983\,986) \\
&\quad +\frac{1}{2}(0.778\,073+0.598\,472+0.381\,661) \\
&\quad +\frac{1}{2}(0.873\,575+0.948\,985+0.999\,966) \\
&\quad +\frac{1}{2}(0.881\,53+0.778\,073+0.547\,265) \\
&\quad +(0.966\,827+0.999\,966+0.970\,932+0.997\,495 \\
&\quad +0.983\,986+0.909\,297+0.970\,932+0.881\,53+0.737\,319)\Big) \\
&= 1.843\,75
\end{aligned}
$$

$\int_0^1\int_1^2 \sin(x^2+y)\mathrm{d}x\mathrm{d}y$ 的准确值是 1.833 333.

# 8.5* 高斯(Gauss)型积分简介

## 8.5.1 高斯积分

在 8.2 节中,$I(f)=\int_a^b f(x)\mathrm{d}x$ 关于积分等距节点$\{x_0,x_1,\cdots,x_n\}$的牛顿-科茨积分公式为 $I_n(f)=\sum_{i=0}^{n}\alpha_i f(x_i)$,具有 $n+1$ 个积分节点,它至少有 $n$ 阶代数精度.高斯积分是固定节点数目下代数精度最高的插值型数值积分公式.在$[-1,1]$上 $n$ 个积分节点的高斯积分公式为

$$G_n(f)=\sum_{i=1}^{n}\alpha_i^{(n)}f(x_i^{(n)})$$

其中$\{x_1^{(n)},x_2^{(n)},\cdots,x_n^{(n)}\}$为正交多项式 $P_n(x)$的 $n$ 个零点,而

$$\alpha_i^{(n)}=\int_{-1}^{1}\frac{(x-x_1^{(n)})\cdots(x-x_{i-1}^{(n)})(x-x_{i+1}^{(n)})\cdots(x-x_n^{(n)})}{(x_i^{(n)}-x_1^{(n)})\cdots(x_i^{(n)}-x_{i-1}^{(n)})(x_i^{(n)}-x_{i+1}^{(n)})\cdots(x_i^{(n)}-x_n^{(n)})}\mathrm{d}x$$

高斯积分是高效数值积分公式,同时它具有良好的性质,例如,其积分系数 $\alpha_i^{(n)}$ 均大于零,故其高阶公式有很好的稳定性.又如对于连续函数 $f(x)$,高斯积分序列$\{G_1(f),G_2(f),\cdots,G_n(f),\cdots\}$收敛于 $I(f)$,这是一般数值积分序列所不具备的.

对于一般区间的积分 $I(f)=\int_a^b f(x)\mathrm{d}x$,对区间做线性变换即可得到高斯积分 公式:

$$G_n(f)=\frac{b-a}{2}\sum_{i=1}^{n}\alpha_i^{(n)}f\left(\frac{(a+b)+(b-a)x_i^{(n)}}{2}\right)$$

**定理 8.1** $I(f)=\int_a^b f(x)\mathrm{d}x$ 关于积分节点$\{x_1,x_2,\cdots,x_n\}$的数值积分公式

$$I_n(f)=\sum_{i=1}^{n}\alpha_i f(x_i)$$

的代数精度不超过 $2n-1$ 阶.

**证明** 取 $2n$ 次多项式$f(x)=(x-x_1)^2(x-x_2)^2\cdots(x-x_n)^2$,则有

$$I(f)=\int_a^b f(x)\mathrm{d}x>0$$

而

$$I_n(f)=\sum_{i=1}^{n}\alpha_i f(x_i)=0$$

故数值积分公式 $I_n(f)$的代数精度不可能达到 $2n$ 阶.

## 8.5.2 高斯-勒让德(Gauss-Legendre)积分

$n$ 次多项式

$$\mathrm{L}_n(x) = \frac{1}{2^n n!} \frac{\mathrm{d}^n}{\mathrm{d}x^n}(x^2-1)^n$$

称为勒让德多项式，$\{\mathrm{L}_n(x)\}$为$[-1,1]$上的正交多项式系，即

$$(\mathrm{L}_n(x),\mathrm{L}_m(x)) = \int_{-1}^{1} \mathrm{L}_n(x)\mathrm{L}_m(x)\mathrm{d}x = 0, \quad m \neq n$$

$\mathrm{L}_n(x)$具有如下性质：

(1) $\mathrm{L}_n(x)$在$(-1,1)$上有 $n$ 个相异的实根$x_1^{(n)},x_2^{(n)},\cdots,x_n^{(n)}$；

(2) $\mathrm{L}_n(x)$在$[-1,1]$上正交于任何一个不高于 $n-1$ 次的多项式，即若 $P(x)$为一个不高于 $n-1$ 次的多项式，则

$$(\mathrm{L}_n(x),P(x)) = \int_{-1}^{1} \mathrm{L}_n(x)P(x)\mathrm{d}x = 0$$

对于 $I(f) = \int_a^b f(x)\mathrm{d}x$，由定理 8.1 知，具有 $n$ 个节点的数值积分公式的代数精度不超过 $2n-1$ 阶.若其数值积分节点$\{x_1,x_2,\cdots,x_n\}$可自由选取，那么其数值积分公式的代数精度是否能达到 $2n-1$ 阶?下面的定理给出了回答.

**定理 8.2** 对 $I(f) = \int_{-1}^{1} f(x)\mathrm{d}x$，若选取正交多项式 $\widetilde{L}_n(x)$ 的 $n$ 个零点$x_1^{(n)},x_2^{(n)},\cdots,x_n^{(n)}$为数值积分节点，则其数值积分公式

$$I_n(f) = \sum_{i=1}^{n} \alpha_i^{(n)} f(x_i^{(n)})$$

具有 $2n-1$ 阶代数精度.

**证明** 数值积分误差为

$$E_n(f) = \int_{-1}^{1} f[x_1^{(n)},x_2^{(n)},\cdots,x_n^{(n)},x](x-x_1^{(n)})(x-x_2^{(n)})\cdots(x-x_n^{(n)})\mathrm{d}x$$

若 $f(x)$为一个不高于 $2n-1$ 阶的多项式，由差商性质，$n$ 阶差商函数$f[x_1^{(n)},x_2^{(n)},\cdots,x_n^{(n)},x]$为一个不高于 $n-1$ 次的多项式，$(x-x_1^{(n)})(x-x_2^{(n)})\cdots(x-x_n^{(n)})$与正交多项式 $\widetilde{L}_n(x)$仅差一个常数，而 $\widetilde{L}_n(x)$在$[-1,1]$上正交于任何一个不高于 $n-1$ 次的多项式，即若 $P(x)$为一个不高于 $n-1$ 次的多项式，则

$$(\widetilde{L}_n(x),P(x)) = \int_{-1}^{1} \widetilde{L}_n(x)P(x)\mathrm{d}x = 0$$

所以

$$E_n(f) = 0$$

即对于任何一个不高于 $2n-1$ 次的多项式 $f(x)$，数值积分公式都是精确的.

**例 8.6** 构造形如 $\int_{-1}^{1} f(x)\mathrm{d}x \approx A_0 f(x_0) + A_1 f(x_1)$ 的两点公式，要求求积公式具有三阶代数精度.

**解** 方法 1 按代数精度的定义，代入 $f(x)=1,x,x^2,x^3$，有

$$\begin{cases} A_0 + A_1 = 2 \\ A_0 x_0 + A_1 x_1 = 0 \\ A_0 x_0^2 + A_1 x_1^2 = 2/3 \\ A_0 x_0^3 + A_1 x_1^3 = 0 \end{cases}$$

解出 $A_0=A_1=1, x_0=-\sqrt{3}/3, x_1=\sqrt{3}/3$.

方法 2　对 $1,x,x^2$ 做施密特正交化. 设 $P_0(x)=1$,则

$$P_1(x) = x - \frac{\int_{-1}^{1} x \cdot 1\mathrm{d}x}{\int_{-1}^{1} 1\mathrm{d}x} \cdot 1 = x$$

$$P_2(x) = x^2 - \frac{\int_{-1}^{1} x^2 \cdot 1\mathrm{d}x}{\int_{-1}^{1} 1\mathrm{d}x} \cdot 1 - \frac{\int_{-1}^{1} x^2 \cdot x\mathrm{d}x}{\int_{-1}^{1} x^2\mathrm{d}x} \cdot x = x^2 - \frac{1}{3}$$

易知 $x_0=-\sqrt{3}/3, x_1=\sqrt{3}/3$ 是 $P_2(x)$的两个根,将它们作为插值节点;

$$A_0 = \int_{-1}^{1} l_0(x)\mathrm{d}x = \int_{-1}^{1} \frac{x-x_1}{x_0-x_1}\mathrm{d}x = 1$$

$$A_1 = \int_{-1}^{1} l_1(x)\mathrm{d}x = \int_{-1}^{1} \frac{x-x_0}{x_1-x_0}\mathrm{d}x = 1$$

为相应的插值系数.

方法 1 不具备一般性,用方法 2 还可以构造高斯加权积分函数

$$\int_{-1}^{1} \rho(x)f(x)\mathrm{d}x \approx A_0 f(x_0) + A_1 f(x_1)$$

高斯积分的积分节点关于区间中点的分布是对称的,节点通常是无理数. 高斯积分的积分节点 $\{x_i^{(n)}\}$ 及积分系数 $\{\alpha_i^{(n)}\}$ 由表 8.7 给出.

**表 8.7**

| $n$ | $x_i^{(n)}$ | $\alpha_i^{(n)}$ | $n$ | $x_i^{(n)}$ | $\alpha_i^{(n)}$ |
|---|---|---|---|---|---|
| 1 | 0 | 2 | | ±0.661 209 386 5 | 0.360 761 573 0 |
| 2 | ±0.577 350 269 2 | 1 | | ±0.238 619 186 1 | 0.467 913 934 6 |
| 3 | ±0.774 596 669 2 | 0.555 555 555 6 | 7 | ±0.949 107 912 3 | 0.129 484 966 2 |
| | 0 | 0.888 888 888 9 | | ±0.741 531 185 6 | 0.279 705 391 5 |
| 4 | ±0.861 136 311 6 | 0.347 854 845 1 | | ±0.405 845 151 4 | 0.381 830 050 5 |
| | ±0.339 981 043 6 | 0.652 145 154 9 | | 0 | 0.417 959 183 7 |
| 5 | ±0.906 179 845 9 | 0.236 926 885 1 | 8 | ±0.960 289 856 5 | 0.101 228 536 3 |
| | ±0.538 469 310 1 | 0.478 628 670 5 | | ±0.796 666 477 4 | 0.222 381 034 5 |
| | 0 | 0.568 888 888 9 | | ±0.525 532 409 9 | 0.313 706 645 9 |
| 6 | ±0.183 434 642 5 | 0.171 324 492 4 | | ±0.183 434 642 5 | 0.362 683 783 4 |

**例 8.7**　应用两点高斯-勒让德积分公式计算

$$I = \int_{-1}^{1} x^2 \cos x\mathrm{d}x$$

**解**　查表有 $x_1^{(2)}=-0.577\,350\,3, x_2^{(2)}=0.577\,350\,3, \alpha_1^{(2)}=\alpha_2^{(2)}=1$,则

$$\begin{aligned} G_2(x^2\cos x) &= (-0.577\,350\,3)^2\cos(-0.577\,350\,3) + 0.577\,350\,3^2\cos 0.577\,350\,3 \\ &= 0.558\,608 \end{aligned}$$

# 附录 8　Mathematica 中的数值积分

(1) NIntegrate[f,{x,a,b}]　　计算定积分$\int_a^b f(x)dx$.

NIntegrate[f,{x,a,b},{y,c,d}]　计算定积分$\int_a^b dx\int_c^d f(x,y)dy$.

(2) NewtonCotesWeights[n,a,b]

给出区间[a, b]上,n 个点的牛顿-科茨积分节点和积分系数.

(3) GaussianQuadratureWeights[n,a,b]

给出区间[a, b]上,n 个点的高斯积分节点和积分系数.

**例 1**　计算$\int_0^1 \sin x^2 dx$.

```
In[1]:= NIntegrate[Sin[x^2],{x,0,1}]
Out[1]= 0.310268
```

**例 2**　分别取出[-2,9]上,5 个积分节点的牛顿-科茨积分和高斯积分的节点和积分系数.先调入程序包.

```
In[2]:= << NumericalDifferentialEquationAnalysis`
In[3]:= NewtonCotesWeights[5,- 2,9]
```

Out[3]= $\left\{\left\{-2,\frac{77}{90}\right\},\left\{\frac{3}{4},\frac{176}{45}\right\},\left\{\frac{7}{2},\frac{22}{15}\right\},\left\{\frac{25}{4},\frac{176}{45}\right\},\left\{9,\frac{77}{90}\right\}\right\}$

```
In[4]:= GaussianQuadratureWeights[5,- 2,9]
Out[4]= {{- 1.48399,1.3031},{0.538419,2.63246},{3.5,3.12889},{6.46158,2.63246},{8.48399,1.3031}}
```

# 习　题　8

1. 设函数 $f(x)$由表 8.8 给出.用向前差商公式计算 $f'(0.02)$,$f''(0.02)$,用向后差商公式计算 $f'(0.04)$.

**表 8.8**

| $x$ | 0.00 | 0.02 | 0.04 | 0.06 |
|---|---|---|---|---|
| $f(x)$ | 11.00 | 9.00 | 7.00 | 10.00 |

2. 写出下列两种矩形积分公式的余项:

(1) $\int_a^b f(x)\mathrm{d}x \approx f(a)(b-a)$；

(2) $\int_a^b f(x)\mathrm{d}x \approx f\left(\dfrac{a+b}{2}\right)(b-a)$.

3. 构造积分 $I(f) = \int_{-h}^{2h} f(x)\mathrm{d}x$ 的插值型数值积分公式：

$$I(f) = a_{-1}f(-h) + a_0 f(0) + a_1 f(2h)$$

4. 设函数由表 8.9 给出. 分别用复化梯形和复化辛普森积分公式计算 $\int_{0.6}^{1.8} f(x)\mathrm{d}x$.

**表 8.9**

| $x$ | 0.60 | 0.80 | 1.00 | 1.20 | 1.40 | 1.60 | 1.80 |
|---|---|---|---|---|---|---|---|
| $f(x)$ | 5.70 | 4.60 | 3.50 | 3.70 | 4.90 | 5.20 | 5.50 |

5. 设 $I(f) = \int_1^2 x^3 \sin x \mathrm{d}x$，取 $\varepsilon = 10^{-4}, h = 1$. 试用龙贝格积分公式计算积分直到 $|R_{k,k} - R_{k-1,k-1}| < \varepsilon$ 时停止，并做出龙贝格积分数值表.

6. 用具有三阶代数精度的高斯-勒让德积分公式计算数值积分：

$$\int_{-3}^{1} (x^5 + x)\mathrm{d}x$$

# 第9章 常微分方程数值解

在科学实验和社会活动中微分方程无处不在.例如卫星轨道的确定、银行利率连续复利利息计算和湖泊污染的治理速度,都可表示为微分方程.又如物体冷却过程的数学模型

$$\frac{\mathrm{d}u}{\mathrm{d}t}=-k(u-u_0)$$

它是含有自变量 $t$、未知函数 $u$ 以及一阶导数$\frac{\mathrm{d}u}{\mathrm{d}t}$的常微分方程.在微分方程中,我们称只有一个自变量的微分方程为常微分方程,有两个或两个以上的自变量的微分方程为偏微分方程.给定微分方程及其初始条件,称为**初值问题**;给定微分方程及其边界条件,称为**边值问题**.

本章主要讨论常微分方程的初值问题

$$\begin{cases}\dfrac{\mathrm{d}y}{\mathrm{d}x}=f(x,y), \\ y(a)=y_0,\end{cases} \quad a\leqslant x\leqslant b \tag{9.1}$$

或记 $y'(x)=f(x,y)$.在常微分方程中只有一些特殊形式的 $f(x,y)$,才能找到解析解 $y(x)$;对于大多数微分方程,只能计算出数值解.微分方程的数值解是解函数在离散点集上的近似值.

在计算中,约定 $y(x_n)$表示常微分方程准确解的值,$y_n$ 表示 $y(x_n)$ 的近似值.在本章中,约定在求解区间$[a,b]$上做 $m$ 等距分割的剖分,步长

$$h=\frac{b-a}{m},\quad x_n=x_{n-1}+h,\quad n=1,2,\cdots,m$$

常微分方程初值问题的数值解是求 $y(x)$在求解区间$[a,b]$上剖分点列 $x_n$ $(1\leqslant n\leqslant m)$的数值解 $y_n$.

## 9.1 欧拉(Euler)公式

### 9.1.1 基于数值微商的欧拉公式

用数值微商的方法,即用差商近似导数求解常微分方程.

**1. 用向前差商近似 $y'(x)$**

$y'(x)$在 $x=x_0$ 的向前差商为

$$y'(x_0)\approx\frac{y(x_1)-y(x_0)}{h}$$

又 $y'(x_0)=f(x_0,y(x_0))$，于是

$$\frac{y(x_1)-y(x_0)}{h}\approx f(x_0,y(x_0))$$

而 $y(x_1)$的近似值 $y_1$ 可由$(y_1-y_0)/h=f(x_0,y_0)$求得

$$y_1 = y_0 + hf(x_0,y_0)$$

类似地，由

$$y'(x_n)\approx\frac{y(x_{n+1})-y(x_n)}{h} \quad 和 \quad y'(x_n)=f(x_n,y(x_n))$$

得到计算 $y(x_{n+1})$的近似值 $y_{n+1}$的向前欧拉公式：

$$y_{n+1} = y_n + hf(x_n,y_n) \tag{9.2}$$

由 $y_n$ 直接算出 $y_{n+1}$值的计算格式称为显示格式，向前欧拉公式是单步的显式格式.

**2. 欧拉方法的几何意义**

以 $f(x_0,y_0)$为斜率，通过点$(x_0,y_0)$做一条直线，它与直线 $x=x_1$ 的交点就是 $y_1$. 依此类推，$y_{n+1}$是以 $f(x_n,y_n)$为斜率、过点$(x_n,y_n)$的直线与直线 $x=x_{n+1}$的交点. 也称欧拉方法为欧拉折线法，如图 9.1 所示.

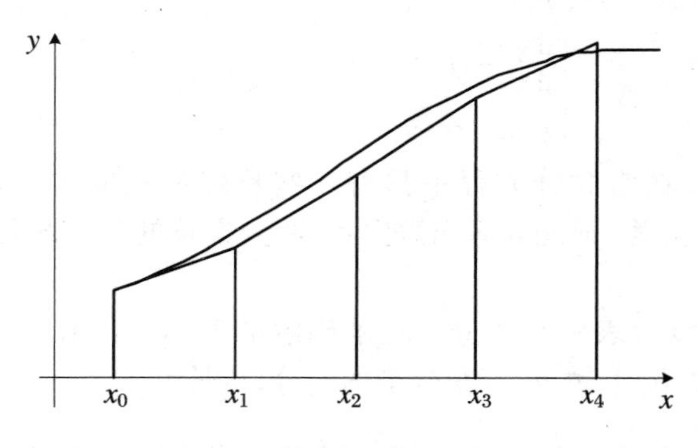


**图 9.1 欧拉折线法**

欧拉方法在 $x_n$ 的邻近用线性方程近似微分方程，欧拉方法精度低，效率不高，意义在于通过对欧拉方法的分析了解微分方程数值解的剖分和近似的步骤，以及收敛性和稳定性的基本概念.

**3. 用向后差商近似 $y'(x)$**

设 $y(x_n)=y_n$，$y'(x)$在 $x_{n+1}$的向后差商为

$$y'(x_{n+1})\approx\frac{y(x_{n+1})-y(x_n)}{h}$$

又 $y'(x_{n+1})=f(x_{n+1},y(x_{n+1}))$，联立得到计算公式：

$$y_{n+1} = y_n + hf(x_{n+1},y_{n+1}) \tag{9.3}$$

称公式(9.3)为向后欧拉公式. 它是单步的隐式格式. 通常 $f(x,y)$为 $y$ 的非线性函数. 因此式(9.3)是关于 $y_{n+1}$的非线性方程，式(9.3)亦称为隐式欧拉公式，需要通过迭代法求得

$y_{n+1}$. 其中，初始值 $y_{n+1}^{(0)}$ 可由向前欧拉公式提供.

最简单的皮卡(Picard)迭代格式为

$$\begin{cases} y_{n+1}^{(0)} = y_n + hf(x_n, y_n), \\ y_{n+1}^{(k+1)} = y_n + hf(x_{n+1}, y_{n+1}^{(k)}), \end{cases} \quad k = 0,1,\cdots$$

直到 $|y_{n+1}^{(k+1)} - y_{n+1}^{(k)}|$ 小于给定精度. 可以证明，当 $y(x)$ 满足利普希兹(Lipschitz)条件，$h$ 充分小时，以上迭代收敛.

计算中为了保证一定的精确度，并避免迭代过程中巨大的计算量，一般先用显式公式算出初始值，再用隐式公式进行一次修正，称该过程为预估-校正过程.

向后欧拉预估-校正计算公式为

$$\begin{cases} \bar{y}_{n+1} = y_n + hf(x_n, y_n) \\ y_{n+1} = y_n + hf(x_{n+1}, \bar{y}_{n+1}) \end{cases} \tag{9.4}$$

向后欧拉公式是隐式格式. 从算法结构上看，显式公式比隐式公式简单，从方法的稳定性和精度上看，多数情况下，隐式公式优于显式公式.

**4. 用中心差商近似 $y'(x)$**

联立 $y'(x)$ 在 $x_n$ 处的中心差商 $y'(x_n) \approx \dfrac{y(x_{n+1}) - y(x_{n-1})}{2h}$，以及 $y'(x_n) = f(x_n, y(x_n))$，得到近似计算公式：

$$y_{n+1} = y_{n-1} + 2hf(x_n, y_n) \tag{9.5}$$

公式(9.5)称为中心格式. 中心格式是不稳定的格式.

**例 9.1**　用数值积分的近似公式推导欧拉公式.

**解**　对常微分方程 $\dfrac{dy}{dx} = f(x, y)$ 两边在区间 $[x_n, x_{n+1}]$ 上积分，得

$$y(x_{n+1}) - y(x_n) = \int_{x_n}^{x_{n+1}} f(x, y)dx$$

即

$$y(x_{n+1}) = y(x_n) + \int_{x_n}^{x_{n+1}} f(x, y)dx = y(x_n) + \int_{x_n}^{x_{n+1}} y'(t)dt$$

(1) 用矩形积分公式计算 $\int_{x_n}^{x_{n+1}} y'(t)dt$. 取 $y'(t) \approx y'(x_n) = f(x_n, y(x_n))$，有

$$\int_{x_n}^{x_{n+1}} y'(t)dt \approx (x_{n+1} - x_n)y'(x_n) = hf(x_n, y(x_n))$$

得到向前欧拉公式 $y_{n+1} = y_n + hf(x_n, y_n)$.

(2) 若取 $y'(t) \approx y'(x_{n+1}) = f(x_{n+1}, y(x_{n+1}))$，则

$$\int_{x_n}^{x_{n+1}} y'(t)dt \approx (x_{n+1} - x_n)y'(x_{n+1}) = hf(x_{n+1}, y(x_{n+1}))$$

得到向后欧拉公式 $y_{n+1} = y_n + hf(x_{n+1}, y_{n+1})$.

(3) 若用梯形近似积分公式计算 $\int_{x_n}^{x_{n+1}} y'(t)dt$，则有

$$\begin{aligned} \int_{x_n}^{x_{n+1}} y'(t)dt &\approx \frac{1}{2}(x_{n+1} - x_n)(y'(x_{n+1}) + y'(x_n)) \\ &= \frac{h}{2}(f(x_n, y(x_n)) + f(x_{n+1}, y(x_{n+1}))) \end{aligned}$$

得到梯形公式：

$$y_{n+1} = y_n + \frac{h}{2}(f(x_n, y_n) + f(x_{n+1}, y_{n+1}))$$

梯形公式也是隐式格式.下面是梯形公式的预估-校正公式：

$$\begin{cases} \bar{y}_{n+1} = y_n + hf(x_n, y_n) \\ y_{n+1} = y_n + \frac{h}{2}(f(x_n, y_n) + f(x_{n+1}, \bar{y}_{n+1})) \end{cases} \tag{9.6}$$

式(9.6)也称为改进的欧拉公式,可合并写成

$$y_{n+1} = y_n + \frac{h}{2}(f(x_n, y_n) + f(x_{n+1}, y_n + hf(x_n, y_n)))$$

**例 9.2** 用预估-校正梯形公式解初值问题

$$\begin{cases} \frac{dy}{dx} = y^2, \\ y(0) = 1, \end{cases} \quad 0.0 \leqslant x \leqslant 0.4$$

**解** 由 $y_0 = 1, h = 0.1$,知

$$\begin{cases} \bar{y}_{n+1} = y_n + hy_n^2 \\ y_{n+1} = y_n + \frac{h}{2}(y_n^2 + \bar{y}_{n+1}^2) \end{cases}$$

该方程的精确解是 $y = \frac{1}{1-x}$,计算结果如表 9.1 所示.

**表 9.1**

| $n$ | $x_n$ | $y_n$ | $y(x_n)$ | $\lvert y_n - y(x_n)\rvert$ |
|---|---|---|---|---|
| 1 | 0.1 | 1.110 5 | 1.111 1 | 0.000 6 |
| 2 | 0.2 | 1.248 3 | 1.250 0 | 0.001 7 |
| 3 | 0.3 | 1.424 8 | 1.428 6 | 0.003 8 |
| 4 | 0.4 | 1.658 7 | 1.666 7 | 0.007 9 |

## 9.1.2* 欧拉公式的收敛性

### 1. 局部截断误差

对 $y(x_{n+1})$在 $x_n$ 处做泰勒展开：

$$\begin{aligned} y(x_{n+1}) &= y(x_n + h) \\ &= y(x_n) + hy'(x_n) + \frac{h^2}{2!}y''(\xi_n), \quad x_n \leqslant \xi_n \leqslant x_{n+1} \end{aligned} \tag{9.7}$$

欧拉公式 (9.2)是由以上展开式中截断$\frac{h^2}{2!}y''(\xi_n)$而得的,故称

$$T_{n+1} = \frac{h^2}{2!}y''(\xi_n) \tag{9.8}$$

为欧拉公式的(局部)截断误差.

若 $y(x)$ 为线性函数，则 $y''(x)\equiv 0$. 这时，局部截断误差为 0. 由欧拉公式得到的解为精确解，故欧拉公式是一阶方法.

**2. 整体截断误差和收敛性**

在计算 $y_{n+1}$ 的局部截断误差时，我们假定在 $x_n$ 处的 $y_n$ 值是准确的，即 $y(x_n)=y_n$. 实际上，从计算 $y_1$ 开始，每个 $y_n(n=1,2,\cdots,m)$ 都有截断误差，而 $y_n$ 的误差会扩散到 $y_{n+1}$ 中，将这些点的误差累计到计算 $y(x_{n+1})$ 中，称为整体截断误差. 它将影响到方法的收敛性，我们将估计这一误差.

由微分方程理论，为保证微分方程解的存在唯一性及稳定性. 通常 $f(x,y)$ 关于 $y$ 应满足利普希兹条件，即对任意 $y,\bar{y}$，存在 $L>0$，$f(x,y)$ 满足

$$|f(x,y)-f(x,\bar{y})|<L|y-\bar{y}|$$

式(9.7)与式(9.2)相减，得到

$$\begin{aligned} e_{n+1} &= y(x_{n+1})-y_{n+1} \\ &= y(x_n)-y_n+h(f(x_n,y(x_n))-f(x_n,y_n))+\frac{h^2}{2}y''(\xi_n) \end{aligned}$$

由式(9.8)，有

$$\begin{aligned} |e_{n+1}| &\leqslant |e_n|+h|f(x_n,y(x_n))-f(x_n,y_n)|+|T_{n+1}| \\ &\leqslant |e_n|+hL|e_n|+|T_{n+1}| \end{aligned}$$

记 $T=\max\limits_k|T_k|=O(h^2)$，则有

$$|e_{n+1}|\leqslant(1+Lh)|e_n|+T$$

继续做下去，有

$$\begin{aligned} |e_{n+1}| &\leqslant (1+Lh)((1+Lh)|e_{n-1}|+T)+T\leqslant\cdots \\ &\leqslant (1+Lh)^{n+1}|e_0|+T+(1+Lh)T+(1+Lh)^2T+\cdots+(1+Lh)^nT \\ &= (1+Lh)^{n+1}|e_0|+\frac{1-(1+Lh)^{n+1}}{1-(1+Lh)}T \\ &< (1+Lh)^{n+1}|e_0|+\frac{(1+Lh)^{n+1}}{Lh}T \\ &= (1+Lh)^{n+1}\left(|e_0|+\frac{T}{Lh}\right) \end{aligned}$$

对 $z>0$，由公式 $(1+z)^n\leqslant \mathrm{e}^{nz}$，最终可得

$$|e_{n+1}|\leqslant \mathrm{e}^{(n+1)Lh}\left(|e_0|+\frac{T}{Lh}\right)\leqslant \mathrm{e}^{L(b-a)}\left(|e_0|+\frac{T}{Lh}\right) \tag{9.9}$$

其中项 $\mathrm{e}^{L(b-a)}|e_0|$ 由原始误差引起，当初始值为精确值时，这一项的值是 0，$\mathrm{e}^{L(b-a)}\dfrac{T}{Lh}$ 仍由截断引起. 由于 $T=O(h^2)$，当 $h\to 0$ 时，$\mathrm{e}^{L(b-a)}\dfrac{T}{Lh}\to 0$，即欧拉公式是收敛的.

# 9.2 龙格-库塔(Runge-Kuta)方法

## 9.2.1 二阶龙格-库塔方法

常微分方程初值问题如下：

$$\begin{cases} y'(x) = f(x,y), \\ y(x_0) = y_0, \end{cases} \quad a \leqslant x \leqslant b$$

对 $y(x+h)$在 $x$ 点做泰勒展开：

$$\begin{aligned} y(x+h) &= y(x) + hy'(x) + \frac{h^2}{2!}y''(x) + \cdots + \frac{h^p}{p!}y^{(p)}(x) \\ &\quad + \frac{h^{(p+1)}}{(p+1)!}y^{(p+1)}(x+\theta h) \\ &= y(x) + hy'(x) + \frac{h^2}{2!}y''(x) + \cdots + \frac{h^p}{p!}y^{(p)}(x) + \widetilde{T} \end{aligned}$$

这里 $0 \leqslant \theta \leqslant 1$，$\widetilde{T} = O(h^{p+1})$.

当 $x = x_n$ 时，有

$$y(x_{n+1}) = y(x_n) + hy'(x_n) + \frac{h^2}{2!}y''(x_n) + \cdots + \frac{h^p}{p!}y^{(p)}(x) + \widetilde{T}_{n+1}$$

取 $p=1$，得

$$y(x_{n+1}) = y(x_n) + hy'(x_n) + \widetilde{T}_{n+1} = y(x_n) + hf(x_n, y(x_n)) + \widetilde{T}_{n+1}$$

截断 $\widetilde{T}_{n+1}$可得到 $y(x_{n+1})$的近似值 $y_{n+1}$的向前欧拉计算公式

$$y_{n+1} = y_n + hf(x_n, y_n)$$

若取 $p=2$，则

$$\begin{aligned} y(x_{n+1}) &= y(x_n) + hy'(x_n) + \frac{h^2}{2!}y''(x_n) + \widetilde{T} \\ &= y(x_n) + hf(x_n, y(x_n)) + \frac{h^2}{2!}(f_x(x_n, y(x_n)) \\ &\quad + f_y(x_n, y(x_n))f(x_n, y(x_n))) + \widetilde{T}_{n+1} \end{aligned} \tag{9.10}$$

或

$$\begin{aligned} y(x_{n+1}) &= y(x_n) + h\Big(f(x_n, y(x_n)) + \frac{h}{2!}(f_x(x_n, y(x_n)) \\ &\quad + f_y(x_n, y(x_n))f(x_n, y(x_n)))\Big) + \widetilde{T}_{n+1} \end{aligned}$$

截断 $\widetilde{T}_{n+1}$可得到 $y(x_{n+1})$的近似值 $y_{n+1}$的计算公式：

$$y_{n+1} = y_n + h\Big(f(x_n, y_n) + \frac{h}{2}(f_x(x_n, y_n) + f_y(x_n, y_n)f(x_n, y_n))\Big) \tag{9.11}$$

公式(9.11)为二阶方法，一般优于一阶的欧拉公式(9.2)，但是在计算 $y_{n+1}$时，需要计算在点

$(x_n, y_n)$处 $f_x, f_y$ 的值,因此,此法不便于计算.

龙格-库塔设想用 $f(x,y)$在点$(x_n, y(x_n))$和点

$$(x_n + ah, y(x_n) + bhf(x_n, y(x_n)))$$

的值的线性组合逼近式(9.10)的主体,用

$$c_1 f(x_n, y(x_n)) + c_2 f(x_n + ah, y(x_n) + bhf(x_n, y(x_n)) \tag{9.12}$$

逼近

$$f(x_n, y(x_n)) + \frac{h}{2}(f_x(x_n, y(x_n)) + f_y(x_n, y(x_n))f(x_n, y(x_n))) \tag{9.13}$$

然后对照式(9.10)可得到数值公式

$$y_{n+1} = y_n + h(c_1 f(x_n, y_n) + c_2 f(x_n + ah, y_n + bhf(x_n, y_n)))$$

更一般地写成

$$\begin{cases} y_{n+1} = y_n + h(c_1 k_1 + c_2 k_2) \\ k_1 = f(x_n, y_n) \\ k_2 = f(x_n + ah, y_n + bhk_1) \end{cases} \tag{9.14}$$

对式(9.12)在$(x_n, y(x_n))$点展开,得到

$$\begin{aligned} & c_1 f(x_n, y(x_n)) + c_2(f(x_n, y(x_n)) + ahf_x(x_n, y(x_n)) \\ & + bhf_y(x_n, y(x_n))f(x_n, y(x_n)) + O(h^2) \\ & = (c_1 + c_2)f(x_n, y(x_n)) + \frac{h}{2}(2c_2 a f_x(x_n, y(x_n)) \\ & + 2c_2 bhf_y(x_n, y(x_n))f(x_n, y(x_n)) + O(h^2) \end{aligned}$$

比较式(9.13),当 $c_1, c_2, a, b$ 满足

$$\begin{cases} c_1 + c_2 = 1 \\ 2c_2 a = 1 \\ 2c_2 b = 1 \end{cases} \tag{9.15}$$

时有二阶精度的逼近效果.

式(9.15)是四个未知数的三个方程,显然方程组有无数组解.若取

$$c_1 = \frac{1}{2}, \quad c_2 = \frac{1}{2}, \quad a = 1, \quad b = 1$$

则有二阶龙格-库塔公式:

$$\begin{cases} y_{n+1} = y_n + \frac{h}{2}(k_1 + k_2) \\ k_1 = f(x_n, y_n) \\ k_2 = f(x_n + h, y_n + hk_1) \end{cases} \tag{9.16}$$

若取 $c_1 = 0, c_2 = 1, a = 1/2, b = 1/2$,则得另一种形式的二阶龙格-库塔公式:

$$\begin{cases} y_{n+1} = y_n + hk_2 \\ k_1 = f(x_n, y_n) \\ k_2 = f\left(x_n + \frac{h}{2}, y_n + \frac{h}{2}k_1\right) \end{cases} \tag{9.17}$$

从公式建立过程中可看到,二阶龙格-库塔公式的局部截断误差仍为 $O(h^3)$,是二阶精度的计算公式.类似地,可建立高阶的龙格-库塔公式,同理可知四阶龙格-库塔公式的局部截断误差限为 $O(h^5)$,是四阶精度的计算公式.

### 9.2.2 三阶、四阶龙格-库塔公式

下面列出常用的三阶、四阶龙格-库塔计算公式.

三阶龙格-库塔公式：

$$\begin{cases} y_{n+1} = y_n + \dfrac{h}{6}(k_1 + 4k_2 + k_3) \\ k_1 = f(x_n, y_n) \\ k_2 = f\left(x_n + \dfrac{1}{2}h, y_n + \dfrac{1}{2}hk_1\right) \\ k_3 = f(x_n + h, y_n - hk_1 + 2hk_2) \end{cases} \tag{9.18}$$

$$\begin{cases} y_{n+1} = y_n + \dfrac{h}{9}(2k_1 + 3k_2 + 4k_3) \\ k_1 = f(x_n, y_n) \\ k_2 = f\left(x_n + \dfrac{1}{2}h, y_n + \dfrac{1}{2}hk_1\right) \\ k_3 = f\left(x_n + \dfrac{3}{4}h, y_n + \dfrac{3}{4}hk_2\right) \end{cases} \tag{9.19}$$

四阶龙格-库塔公式：

$$\begin{cases} y_{n+1} = y_n + \dfrac{h}{6}(k_1 + 2k_2 + 2k_3 + k_4) \\ k_1 = f(x_n, y_n) \\ k_2 = f\left(x_n + \dfrac{1}{2}h, y_n + \dfrac{1}{2}hk_1\right) \\ k_3 = f\left(x_n + \dfrac{1}{2}h, y_n + \dfrac{1}{2}hk_2\right) \\ k_4 = f(x_n + h, y_n + hk_3) \end{cases} \tag{9.20}$$

$$\begin{cases} y_{n+1} = y_n + \dfrac{h}{8}(k_1 + 3k_2 + 3k_3 + k_4) \\ k_1 = f(x_n, y_n) \\ k_2 = f\left(x_n + \dfrac{1}{3}h, y_n + \dfrac{1}{3}hk_1\right) \\ k_3 = f\left(x_n + \dfrac{2}{3}h, y_n + \dfrac{1}{3}hk_1 + hk_2\right) \\ k_4 = f(x_n + h, y_n + hk_1 - hk_2 + hk_3) \end{cases} \tag{9.21}$$

**例 9.3** 用四阶龙格-库塔公式(9.20)解初值问题

$$\begin{cases} \dfrac{\mathrm{d}y}{\mathrm{d}x} = y^2\cos x, \\ y(0) = 1, \end{cases} \quad 0 \leqslant x \leqslant 0.8$$

**解** 取步长 $h = 0.2$，计算公式为

$$
\begin{cases}
y_{n+1} = y_n + \dfrac{0.2}{6}(k_1 + 2k_2 + 2k_3 + k_4) \\
k_1 = y_n^2 \cos x_n \\
k_2 = (y_n + 0.1k_1)^2 \cos(x_n + 0.1) \\
k_3 = (y_n + 0.1k_2)^2 \cos(x_n + 0.1) \\
k_4 = (y_n + 0.2k_3)^2 \cos(x_n + 0.2)
\end{cases}
$$

计算结果列于表 9.2.

**表 9.2**

| $n$ | $x_n$ | $y_n$ | $y(x_n)$ | $\lvert y_n - y(x_n)\rvert$ |
|---|---|---|---|---|
| 1 | 0.2 | 1.247 89 | 1.247 92 | 0.000 03 |
| 2 | 0.4 | 1.637 62 | 1.637 78 | 0.000 17 |
| 3 | 0.6 | 2.296 18 | 2.296 96 | 0.000 79 |
| 4 | 0.8 | 3.533 89 | 3.538 02 | 0.004 13 |

### 9.2.3　常微分方程组

对常微分方程所用的欧拉方法、龙格-库塔方法等各种方法，都可以平行地应用到常微分方程组的数值解中.

常微分方程组：

$$
\begin{cases}
\dfrac{dy}{dx} = f(x, y, z), \\
\dfrac{dz}{dx} = g(x, y, z), \quad a \leqslant x \leqslant b \\
y(a) = y_0, \\
z(a) = z_0,
\end{cases}
\tag{9.22}
$$

欧拉公式：

$$
\begin{cases}
y_{n+1} = y_n + hf(x_n, y_n, z_n) \\
z_{n+1} = z_n + hg(x_n, y_n, z_n)
\end{cases}
\tag{9.23}
$$

预估-校正公式：

$$
\begin{aligned}
\begin{pmatrix} \bar{y}_{n+1} \\ \bar{z}_{n+1} \end{pmatrix} &= \begin{pmatrix} y_n \\ z_n \end{pmatrix} + h \begin{pmatrix} f(x_n, y_n, z_n) \\ g(x_n, y_n, z_n) \end{pmatrix} \\
\begin{pmatrix} y_{n+1} \\ z_{n+1} \end{pmatrix} &= \begin{pmatrix} y_n \\ z_n \end{pmatrix} + \frac{h}{2} \begin{pmatrix} f(x_n, y_n, z_n) \\ g(x_n, y_n, z_n) \end{pmatrix} + \begin{pmatrix} f(x_{n+1}, \bar{y}_{n+1}, \bar{z}_{n+1}) \\ g(x_{n+1}, \bar{y}_{n+1}, \bar{z}_{n+1}) \end{pmatrix}
\end{aligned}
\tag{9.24}
$$

四阶龙格-库塔公式：

$$
\boldsymbol{Y}_{n+1} = \boldsymbol{Y}_n + \frac{h}{6}(\boldsymbol{K}_1 + 2\boldsymbol{K}_2 + 2\boldsymbol{K}_3 + \boldsymbol{K}_4)
$$

$$\begin{pmatrix} y_{n+1} \\ z_{n+1} \end{pmatrix} = \begin{pmatrix} y_n \\ z_n \end{pmatrix} + \frac{h}{6}\begin{pmatrix} k_1^{(1)} \\ k_1^{(2)} \end{pmatrix} + 2\begin{pmatrix} k_2^{(1)} \\ k_2^{(2)} \end{pmatrix} + 2\begin{pmatrix} k_3^{(1)} \\ k_3^{(2)} \end{pmatrix} + \begin{pmatrix} k_4^{(1)} \\ k_4^{(2)} \end{pmatrix} \tag{9.25}$$

$$\boldsymbol{K}_1 = \begin{pmatrix} k_1^{(1)} \\ k_1^{(2)} \end{pmatrix} = \begin{pmatrix} f(x_n, y_n, z_n) \\ g(x_n, y_n, z_n) \end{pmatrix}$$

$$\boldsymbol{K}_2 = \begin{pmatrix} k_2^{(1)} \\ k_2^{(2)} \end{pmatrix} = \begin{pmatrix} f\left(x_n + \frac{h}{2}, y_n + \frac{h}{2}k_1^{(1)}, z_n + \frac{h}{2}k_1^{(2)}\right) \\ g\left(x_n + \frac{h}{2}, y_n + \frac{h}{2}k_1^{(1)}, z_n + \frac{h}{2}k_1^{(2)}\right) \end{pmatrix}$$

$$\boldsymbol{K}_3 = \begin{pmatrix} k_3^{(1)} \\ k_3^{(2)} \end{pmatrix} = \begin{pmatrix} f\left(x_n + \frac{h}{2}, y_n + \frac{h}{2}k_2^{(1)}, z_n + \frac{h}{2}k_2^{(2)}\right) \\ g\left(x_n + \frac{h}{2}, y_n + \frac{h}{2}k_2^{(1)}, z_n + \frac{h}{2}k_2^{(2)}\right) \end{pmatrix}$$

$$\boldsymbol{K}_4 = \begin{pmatrix} k_4^{(1)} \\ k_4^{(2)} \end{pmatrix} = \begin{pmatrix} f(x_n + h, y_n + hk_3^{(1)}, z_n + hk_3^{(2)}) \\ g(x_n + h, y_n + hk_3^{(2)}, z_n + hk_3^{(2)}) \end{pmatrix}$$

写成向量形式

$$\begin{cases} \dfrac{\mathrm{d}\boldsymbol{Y}}{\mathrm{d}x} = \boldsymbol{F}(x, y) \\ \boldsymbol{Y}(a) = \boldsymbol{\eta} \end{cases} \tag{9.26}$$

其中

$$\boldsymbol{Y}(x) = \begin{pmatrix} y_1(x) \\ y_2(x) \\ \vdots \\ y_m(x) \end{pmatrix}, \quad \boldsymbol{F}(x, y) = \begin{pmatrix} f_1(x, y_1, \cdots, y_m) \\ f_2(x, y_1, \cdots, y_m) \\ \vdots \\ f_m(x, y_1, \cdots, y_m) \end{pmatrix}, \quad \boldsymbol{\eta} = \begin{pmatrix} \eta_1 \\ \eta_2 \\ \vdots \\ \eta_m \end{pmatrix}$$

## 9.3* 线性多步法

常微分方程初值问题

$$\begin{cases} y'(x) = f(x, y), \\ y(a) = y(a), \end{cases} \quad a \leqslant x \leqslant b$$

与积分 $y(x) = y(x^*) + \int_{x^*}^{x} y'(t)\mathrm{d}t$ 等价. 在9.1节中,我们用一些简单的数值积分公式建立了欧拉和梯形等数值方法,下面给出一些更一般的用数值积分公式求解常微分方程初值问题的方法. 当积分节点包含 $x_{n+1}$ 时称为隐式公式,否则称为显式公式. 分别取 $x, x^*$ 为剖分点 $x_{n+1}, x_{n-p}$,有

$$y(x_{n+1}) = y(x_{n-p}) + \int_{x_{n-p}}^{x_{n+1}} y'(x)\mathrm{d}x \tag{9.27}$$

若用积分节点 $\{x_n, x_{n-1}, \cdots, x_{n-q}\}$ 构造插值多项式近似 $y'(x)$,则在区间 $[x_{n-p}, x_{n+1}]$ 上计算数值积分 $\int_{x_{n-p}}^{x_{n+1}} y(x)\mathrm{d}x$ 时为显式公式.

若以$\{x_{n+1},x_n,x_{n-1},\cdots,x_{n+1-q}\}$积分节点构造插值多项式近似 $y'(x)$，在区间$[x_{n-p},x_{n+1}]$上计算数值积分$\int_{x_{n-p}}^{x_{n+1}}y(x)\mathrm{d}x$ 时为隐式公式.

欧拉方法和龙格-库塔方法在计算 $y_{n+1}$时仅用到前一步 $y_n$ 的值，我们称这样的方法为单步法.在线性多步法公式中，有两个控制量 $p$ 和 $q$，$p$ 控制积分区间，$q$ 控制插值节点和插值多项式的次数.

特别取 $p=0$，有

$$y(x_{n+1}) = y(x_n) + \int_{x_n}^{x_{n+1}} y'(x)\mathrm{d}x$$

我们把 $p=0$ 的格式称为阿达姆斯(Adam's)公式.

**例 9.4**　构造 $p=0,q=1$ 的显示公式.

$$y(x_{n+1}) = y(x_n) + \int_{x_n}^{x_{n+1}}(l_0(x)y'(x_n) + l_1(x)y'(x_{n-1}) + R(x))\mathrm{d}x$$

$$\int_{x_n}^{x_{n-1}} l_0(x)\mathrm{d}x = \int_{x_n}^{x_{n+1}} \frac{x - x_{n-1}}{x_n - x_{n-1}}\mathrm{d}x = \frac{3}{2}h$$

$$\int_{x_n}^{x_{n-1}} l_1(x)\mathrm{d}x = \int_{x_n}^{x_{n+1}} \frac{x - x_n}{x_{n-1} - x_n}\mathrm{d}x = -\frac{1}{2}h$$

$$T_{n+1} = \int_{x_n}^{x_{n-1}} R(x)\mathrm{d}x = \int_{x_n}^{x_{n+1}} \frac{y^{(3)}(\eta)}{2}(x - x_n)(x - x_{n-1})\mathrm{d}x$$

$$= \frac{5}{12}y^{(3)}(\xi)h^3$$

即

$$y(x_{n+1}) = y(x_n) + \frac{h}{2}(3f(x_n,y(x_n)) - f(x_{n-1},y(x_{n-1}))) + T_{n+1}$$

截断 $T_{n+1}$可得到 $y(x_{n+1})$的近似值 $y_{n+1}$的计算公式：

$$y_{n+1} = y_n + \frac{h}{2}(3f(x_n,y_n) - f(x_{n-1},y_{n-1})) \tag{9.28}$$

上式称为二阶显式阿达姆斯公式.

类似可得三阶显式阿达姆斯公式：

$$y_{n+1} = y_n + \frac{h}{12}(23f(x_n,y_n) - 16f(x_{n-1},y_{n-1}) + 5f(x_{n-2},y_{n-2})) \tag{9.29}$$

四阶显式阿达姆斯公式：

$$y_{n+1} = y_n + \frac{h}{24}(55f(x_n,y_n) - 59f(x_{n-1},y_{n-1}) + 37f(x_{n-2},y_{n-2}) - 9f(x_{n-3},y_{n-3})) \tag{9.30}$$

若积分$\int_{x_n}^{x_{n+1}}y'(x)\mathrm{d}x$ 用关于积分节点$\{x_{n+1},x_n,\cdots,x_{n+1-q}\}$的数值积分近似，就可得到隐式的阿达姆斯公式.隐式格式需要通过迭代求解.

二阶隐式阿达姆斯公式(也称为梯形公式)：

$$y_{n+1} = y_n + \frac{h}{2}(f(x_n,y_n) + f(x_{n+1},y_{n+1})) \tag{9.31}$$

三阶隐式阿达姆斯公式：

$$y_{n+1} = y_n + \frac{h}{12}(5f(x_{n+1}, y_{n+1}) + 8f(x_n, y_n) - f(x_{n-1}, y_{n-1})) \tag{9.32}$$

四阶隐式阿达姆斯公式：

$$y_{n+1} = y_n + \frac{h}{24}(9f(x_{n+1}, y_{n+1}) + 19f(x_n, y_n) - 5f(x_{n-1}, y_{n-1}) + f(x_{n-2}, y_{n-2})) \tag{9.33}$$

**例 9.5** 构造 $p=2, q=2$ 的隐式公式.

**解** 以 $[x_{n-2}, x_{n+1}]$ 为积分区间，以 $(x_{n+1}, f(x_{n+1}))$，$(x_n, f(x_n))$，$(x_{n-1}, f(x_{n-1}))$ 为插值点构造拉格拉日插值多项式.

$$y_{n+1} = y_{n-2} + h(\beta_0 f(x_{n+1}, y_{n+1}) + \beta_1 f(x_n, y_n) + \beta_2 f(x_{n-1}, y_{n-1}))$$

则

$$\beta_0 h = \int_{x_{n-2}}^{x_{n+1}} \frac{(x - x_n)(x - x_{n-1})}{(x_{n+1} - x_n)(x_{n+1} - x_{n-1})} dx = \frac{3}{4}h$$

$$\beta_1 h = \int_{x_{n-2}}^{x_{n+1}} \frac{(x - x_{n+1})(x - x_{n-1})}{(x_n - x_{n+1})(x_n - x_{n-1})} dx = 0$$

$$\beta_2 h = \int_{x_{n-2}}^{x_{n+1}} \frac{(x - x_{n+1})(x - x_n)}{(x_{n-1} - x_{n+1})(x_{n+1} - x_n)} dx = \frac{9}{4}h$$

计算格式：

$$y_{n+1} = y_{n-2} + \frac{h}{4}(3f(x_{n+1}, y_{n+1}) + 9f(x_{n-1}, y_{n-1}))$$

截断误差：

$$hT_{n+1} = \frac{1}{6}\int_{x_{n-2}}^{x_{n+1}} y^{(4)}(\xi)(x - x_{n+1})(x - x_n)(x - x_{n-1}) dx$$

为了避免迭代，可用预估-校正公式，或用龙格-库塔公式计算 $y_1, y_2$：

$$\begin{cases} \bar{y}_{n+1} = y_{n-2} + \dfrac{h}{3}(7f(x_n, y_n) - 2f(x_{n-1}, y_{n-1}) + f(x_{n-2}, y_{n-2})) \\ y_{n+1} = y_{n-2} + \dfrac{h}{4}(3f(x_{n+1}, \bar{y}_{n+1}) + 9f(x_{n-1}, y_{n-1})) \end{cases}$$

## 9.4* 常微分方程的稳定性

用欧拉公式 $y_{n+1} = y_n + hf(x_n, y_n)$ 计算 $y_{n+1}$ 时，假设计算中的某一步有误差，而以后的计算是准确的，那么这一步的误差对以后的计算有何影响？如果随着计算的进程这一步的误差对以后的影响逐步消失，则称方法是绝对稳定的.如果这一步的误差在以后的计算中恶性放大，则称方法是不稳定的.还有其他的一些稳定性定义.在选用方法时，方法的绝对稳定性是最为重要的指标.不绝对稳定的方法是不能采用的.讨论绝对稳定性是把方法用到最为典型的稳定微分方程(9.34)上进行的.

$$\begin{cases} \dfrac{dy}{dx} = \lambda y, \\ y(a) = y_0, \end{cases} \quad a \leqslant x \leqslant b,\ \lambda \text{ 是复数},\ \mathrm{Re}(\lambda) < 0 \tag{9.34}$$

**例 9.6**　讨论欧拉方法的稳定性.

**解**　用向前欧拉方法计算式(9.34)的公式为 $y_{n+1} = y_n + \lambda h y_n$. 若 $y_n$ 有误差 $\rho_n$，记 $y_n^* = y_n + \rho_n$，那么 $y_{n+1}$ 就有误差 $\rho_{n+1}$，记为 $y_{n+1}^* = y_{n+1} + \rho_{n+1}$. $y_{n+1}^*$ 满足

$$y_{n+1}^* = y_n^* + \lambda h y_n^* \tag{9.35}$$

两式相减得到

$$\rho_{n+1} = \rho_n + \lambda h \rho = (1 + \lambda h)\rho_n$$

或

$$\left| \frac{\rho_{n+1}}{\rho_n} \right| = | 1 + \lambda h | \tag{9.36}$$

当 $|1 + \lambda h| \leqslant 1$，即 $\lambda h$ 落在如图 9.2 所示的单位圆内时，有

$$\left| \frac{\rho_{n+1}}{\rho_n} \right| < 1$$

这时误差逐次衰减，方法是绝对稳定的.

图 9.2 中的单位圆内部称为绝对稳定区域.

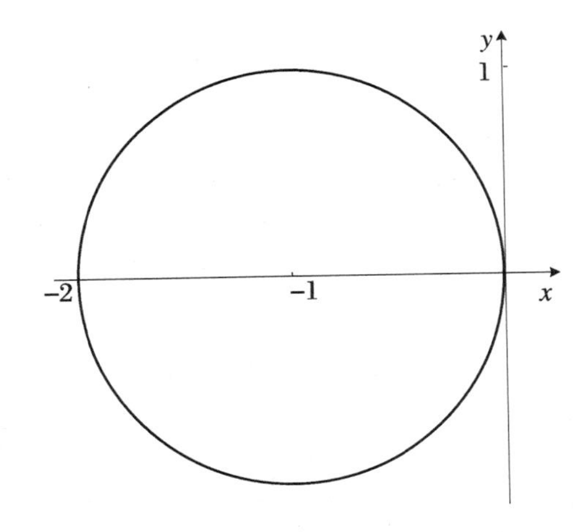


**图 9.2　欧拉方法的绝对稳定区域**

**例 9.7**　讨论向后欧拉方法的稳定性.

**解**　向后欧拉方法计算式(9.34)的公式为 $y_{n+1} = y_n + \lambda h y_{n+1}$. 误差方程为

$$y_{n+1} - y_{n+1}^* = y_n - y_n^* + \lambda h (y_{n+1} - y_{n+1}^*)$$

$$\rho_{n+1} = \rho_n + \lambda h \rho_{n+1}$$

计算相邻两步误差的比值：

$$\left| \frac{\rho_{n+1}}{\rho_n} \right| = \frac{1}{| 1 - \lambda h |}$$

当 $\mathrm{Re}(\lambda) < 0$ 时，恒有

$$\left| \frac{\rho_{n+1}}{\rho_n} \right| = \frac{1}{|1 - \lambda h|} < 1$$

故向后欧拉方法是绝对稳定的，且绝对稳定区域是左半平面. 一般地，若数值方法的绝对稳

定区域是左半平面，则称它是A稳定的，或无条件绝对稳定的.

**例 9.8** 讨论中心差分方法的稳定性.

**解** 中心差分的计算公式为 $y_{n+1}=y_{n-1}+2\lambda h y_n$，误差方程为

$$\rho_{n+1}=\rho_{n-1}+2\lambda h\rho_n \tag{9.37}$$

不失一般性，我们考虑由 $\rho_0,\rho_1$ 对以后 $\rho_n$ 的影响，差分方程(9.37)的特征方程为 $\xi^2-\lambda h\xi-1=0$，它的两个根为

$$\xi_1=\lambda h+\sqrt{1+(\lambda h)^2},\quad \xi_2=\lambda h-\sqrt{1+(\lambda h)^2}$$

由差分方程理论，$\rho_n$ 的一般解可由下式表达：

$$\rho_n=a\left(\lambda h+\sqrt{(1+\lambda h)^2}\right)^n+b\left(\lambda h-\sqrt{(1+\lambda h)^2}\right)^n \tag{9.38}$$

其中 $a,b$ 可由 $\rho_0,\rho_1$ 决定.

$$\lambda h-\sqrt{(1+\lambda h)^2}=\lambda h-1+O((\lambda h)^2)$$

由于 $\mathrm{Re}(\lambda h)<0$，故 $|\lambda h-1|>1$. $b(\lambda h-\sqrt{(1+\lambda h)^2})^n$ 会因 $n$ 增大而恶性发展，所以方法是不稳定的.

**例 9.9** 讨论龙格-库塔方法的稳定性.

**解** 以三阶龙格-库塔为例，应用 $\dfrac{\mathrm{d}y}{\mathrm{d}x}=\lambda y$ 到

$$\begin{cases}y_{n+1}=y_n+\dfrac{h}{6}(k_1+4k_2+k_3)\\ k_1=f(x_n,y_n)\\ k_2=f\left(x_n+\dfrac{1}{2}h,y_n+\dfrac{1}{2}hk_1\right)\\ k_3=f(x_n+h,y_n-hk_1+2hk_2)\end{cases}$$

得到

$$\begin{cases}y_{n+1}=y_n+\dfrac{h}{6}(k_1+4k_2+k_3)\\ k_1=\lambda y_n\\ k_2=\lambda\left(y_n+\dfrac{1}{2}\lambda h y_n\right)=\lambda\left(1+\dfrac{1}{2}\lambda h\right)y_n\\ k_3=\lambda(1+\lambda h+(\lambda h)^2)y_n\end{cases}$$

**注**

$$\begin{aligned}k_3&=\lambda\left(y_n-\lambda h y_n+2\lambda h\left(1+\frac{1}{2}\lambda h\right)y_n\right)\\&=\lambda(1+\lambda h+(\lambda h)^2)y_n\end{aligned}$$

$$y_{n+1}=y_n+\frac{\lambda h}{6}\left(1+4\left(1+\frac{1}{2}\lambda h\right)+(1+\lambda h+(\lambda h)^2)\right)y_n$$

$$y_{n+1}=\left(1+\lambda h+\frac{1}{2}(\lambda h)^2+\frac{1}{6}(\lambda h)^3\right)y_n$$

其特征方程为

$$\rho(\xi)=\xi-\left(1+\lambda h+\frac{1}{2}(\lambda h)^2+\frac{1}{6}(\lambda h)^3\right)$$

特征根为

$$\xi = 1 + \lambda h + \frac{1}{2}(\lambda h)^2 + \frac{1}{6}(\lambda h)^3$$

对于 $\mathrm{Re}(\lambda)<0$,存在 $h_0>0$,当 $h<h_0$ 时,特征根满足

$$|\xi(\lambda h)| = |1 + \lambda h + O(\lambda h)^2| < 1$$

因此,三阶龙格-库塔是绝对稳定格式(图 9.3).

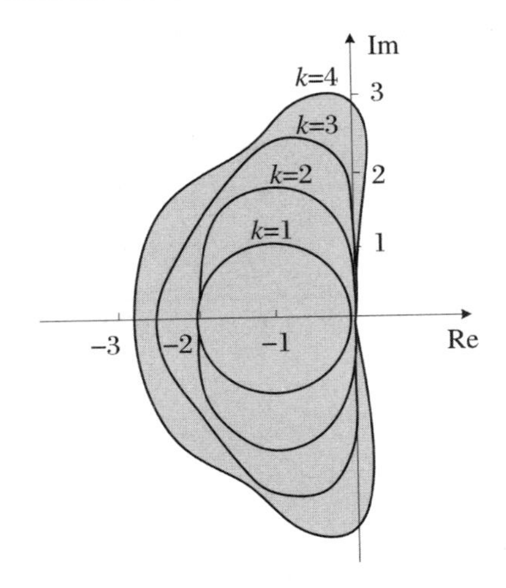


**图 9.3　龙格-库塔公式的稳定区域**

# 附录 9　用 Mathematica 求解常微分方程

(1) `NDSolve[eqn, y, {x, xmin, xmax}]`

求解常微分方程 eqn 关于函数 y(x) 在[xmin, xmax]范围内的数值解.

`NDSolve [{eqn1, eqn2,…}, {y1, y2,…}, {x, xmin, xmax}]`

求解常微分方程组{eqn1, eqn2,…}关于函数函数 y1(x), y2(x),…在[xmin, xmax]范围内的数值解.

(2) `NDSolve [eqns, y, {x, xmin, xmax}, {t, tmin, tmax}]`

求偏微分方程数值解.

**例**　画出常微分方程的解函数图像,计算 $y(12.2)$.

$$\begin{cases} y'(x) = y(x)\sin(x + y(x)), & 0 \leqslant x \leqslant 30 \\ y(a) = 1 \end{cases}$$

```
In[1]:= s=NDSolve[{y'[x]==y[x]Sin[x+ y[x]],y[0]==1},y,{x,0,30}]
Out[1]= {{y →InterpolatingFunction[{{0.,30.}},< > ]}}
In[2]:= Plot[Evaluate[y[t] /. s],{x,0,30},PlotRange→All]
```

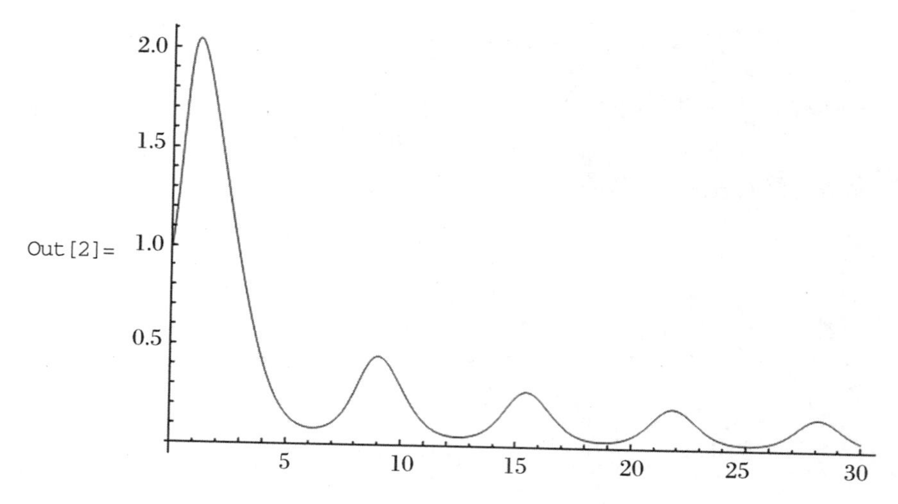


```
In[3]:= y[12,2]/.s
Out[3]= {0.0472743}
```

## 习 题 9

1. 用向前欧拉公式解初值问题(取 $h=0.1$):

$$\begin{cases}\dfrac{\mathrm{d}y}{\mathrm{d}x}=x+y^2, \\ y(0)=1,\end{cases} \quad 0.0\leqslant x\leqslant 0.5$$

2. 用向后欧拉公式解初值问题(取 $h=0.1$):

$$\begin{cases}\dfrac{\mathrm{d}y}{\mathrm{d}x}=x^2+y, \\ y(1.0)=1,\end{cases} \quad 1.0\leqslant x\leqslant 1.5$$

3. $p(t)$是关于时间 $t$(年)的人口数.若平均出生率 $b$ 为常数,平均死亡率与人口数量成正比,则人口生长率满足

$$\frac{\mathrm{d}p(t)}{\mathrm{d}t}=bp(t)-kp^2(t)$$

其中 $p(0)=50\,976, b=2.9\times10^{-2}, k=1.4\times10^{-7}$.用二阶龙格-库塔公式计算5年后的人口数.

4. 用四阶龙格-库塔公式解初值问题(取 $h=0.2$):

$$\begin{cases}\dfrac{\mathrm{d}y}{\mathrm{d}x}=\dfrac{x}{y}, \\ y(2.0)=1,\end{cases} \quad 2.0\leqslant x\leqslant 2.6$$

5. 用线性多步法解初值问题(取 $p=2,q=2$ 的显式格式,$h=0.2$):

$$\begin{cases}\dfrac{\mathrm{d}y}{\mathrm{d}x}=xy, \\ y(3.0)=1,\end{cases} \quad 3.0\leqslant x\leqslant 3.6$$

6. 一对物种称为 *A. fisheri* 和 *A. melinus*，其数量分别为 $u=u(t)$，$v=v(t)$，其中 *A. fisheri* 以吃 *A. melinus* 为生，预测 3 年后这一对物种的数量.（方法自选）

$$\begin{cases} \dfrac{\mathrm{d}u}{\mathrm{d}t} = 0.05u\left(1-\dfrac{u}{20}\right) - 0.002uv \\ \dfrac{\mathrm{d}v}{\mathrm{d}t} = 0.09v\left(1-\dfrac{v}{15}\right) - 0.15uv \\ u(0) = 0.193 \\ v(0) = 0.083 \end{cases}$$

# 第10章　迭　代　法

## 10.1　非线性方程求根

与线性方程相比，无论是理论还是近似计算，求解非线性方程都比求解线性方程复杂得多，例如高次方程 $7x^6 - x^3 + x - 1.5 = 0$，含有指数和余弦函数的超越方程 $e^x - \cos \pi x = 0$. 解非线性方程或非线性方程组也是数值计算中的一个主题. 一般地，我们用符号 $f(x)$ 表示方程左端的函数，方程的一般形式表示为 $f(x) = 0$，方程的解称为方程的根或函数的零点. 对于一般的非线性方程 $f(x) = 0$，计算方程的根既无一定章程可寻也无直接法可言.

通常，非线性方程的根不止一个，而任何一种方法一次只能算出一个实根或一对共轭复根. 因此，在求解非线性方程时，要给出初始值或求解范围.

### 10.1.1　二分法

二分法，或称对分法是求方程近似解的一种简单直观的方法. 通过对分求根区间构造迭代序列. 设函数 $f(x)$ 在 $[a, b]$ 上连续，且 $f(a)f(b) < 0$，则 $f(x)$ 在 $[a, b]$ 中至少有一个零点. 这是微积分中的介值定理，也是使用二分法的前提条件. 计算中通过对分区间，缩小区间范围的步骤搜索零点的位置.

**例 10.1**　用二分法求 $f(x) = x^3 - 7.7x^2 + 19.2x - 15.3$ 在区间 $[1,2]$ 中的根.

**解**　(1) $f(1) = -2.8$，$f(2) = 0.3$，由介值定理可得有根区间 $[a, b] = [1,2]$.

(2) $x_1 = (1+2)/2 = 1.5$，$f(1.5) = -0.45$，得有根区间 $[a, b] = [1.5,2]$.

(3) $x_2 = (1.5+2)/2 = 1.75$，$f(1.75) = 0.078\,125$，得有根区间 $[a, b] = [1.5, 1.75]$，一直做到 $|f(x_n)| < \varepsilon$（计算前给定的精度）或 $|a - b| < \varepsilon$ 时停止.

计算过程如图 10.1 所示，计算结果见表 10.1.

二分法的算法简单，然而，若 $f(x)$ 在 $[a, b]$ 上有几个零点，则只能算出其中一个零点. 另一方面，即使 $f(x)$ 在 $[a, b]$ 上有零点，也未必有 $f(a)f(b) < 0$，这就限制了二分法的使用范围. 二分法只能计算方程 $f(x) = 0$ 的实根.

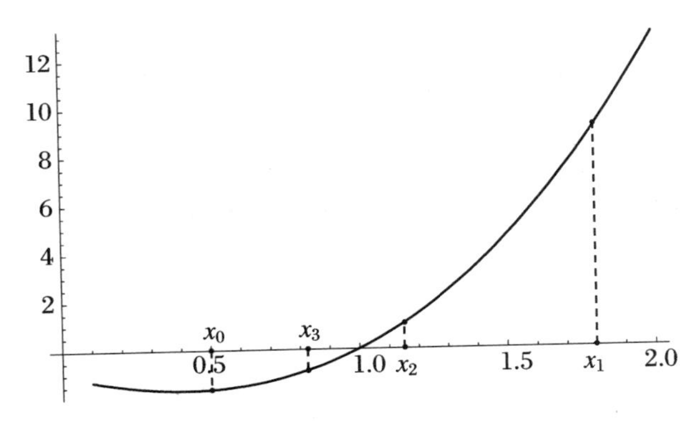


图 10.1 二分法图示

表 10.1

| $k$ | $x$ | $f(x)$ | 求解区间 | $\|x_k - x_{k-1}\|$ |
|---|---|---|---|---|
| 0 | 1 | −2.8 | | |
| 1 | 2 | 0.3 | [1, 2] | |
| 2 | 1.5 | −0.45 | [1.5,2] | 0.5 |
| 3 | 1.75 | 0.078 125 | [1.5,1.75] | 0.25 |
| 4 | 1.625 | −0.141 797 | [1.625,1.75] | 0.125 |
| 5 | 1.687 5 | −0.021 533 2 | [1.687 5,1.75] | 0.062 5 |
| 6 | 1.718 75 | 0.030 78 | [1.687 5,1.718 75] | 0.031 25 |
| 7 | 1.703 12 | 0.005 255 89 | [1.687 5,1.703 12] | 0.015 625 |

### 10.1.2 迭代法

对给定的方程 $f(x)=0$,将它转换成同解方程

$$x = \varphi(x)$$

构造迭代序列 $x_{k+1}=\varphi(x_k)(k=1,2,\cdots)$,$x_0$ 是给定的初始值.如果迭代序列收敛到 $\alpha$,则 $\lim\limits_{k\to\infty}x_{k+1}=\lim\limits_{k\to\infty}\varphi(x_k)=\alpha$,有 $\alpha=\varphi(\alpha)$,$\alpha$ 就是方程 $f(x)=0$ 的根.在计算中,当 $|x_{k+1}-x_k|$ 小于给定的精度控制量时,取 $\alpha=x_{k+1}$ 为方程的根.$\alpha$ 称为 $\varphi(\alpha)$ 的不动点.

例如,代数方程 $x^3-2x-5=0$ 的三种等价形式及其迭代格式如下:

(1) $x^3=2x+5$,$x=\sqrt[3]{2x+5}$;迭代格式:$x_{k+1}=\sqrt[3]{2x_k+5}$.

(2) $2x=x^3-5$;迭代格式:$x_{k+1}=\dfrac{x_k^3-5}{2}$.

(3) $x^3=2x+5$,$x=\dfrac{2x+5}{x^2}$;迭代格式:$x_{k+1}=\dfrac{2x_k+5}{x_k^2}$.

对于由方程 $f(x)=0$ 构造的各种迭代格式 $x_{k+1}=\varphi(x_k)$,怎样判断构造的迭代格式是否收敛?收敛是否与迭代的初值有关?

**定理 10.1** 如果 $\varphi(x)$ 满足:

(1) 当 $x\in[a,b]$时,$a\leqslant\varphi(x)\leqslant b$;

(2) $\varphi(x)$在$[a,b]$上可导,并且存在正数 $L<1$,使对任意的 $x\in[a,b]$,有

$$|\varphi'(x)|\leqslant L$$

则在$[a,b]$上有唯一的点 $x^*$ 满足 $x^*=\varphi(x^*)$,称 $x^*$ 为 $\varphi(x)$的不动点. 而且迭代格式 $x_{k+1}=\varphi(x_k)$ 对任意的初值 $x_0\in[a,b]$均收敛于 $\varphi(x)$的不动点 $x^*$,并有误差估计式

$$|x_k-x^*|\leqslant\frac{L^k}{1-L}|x_1-x_0| \tag{10.1}$$

**证明*** (1) 令 $\psi(x)=x-\varphi(x)$,则

$$\psi(a)=a-\varphi(a)\leqslant 0,\quad \psi(b)=b-\varphi(b)\geqslant 0$$

根据介值定理,存在 $a\leqslant x^*\leqslant b$,使得 $\psi(x^*)=x^*-\varphi(x^*)=0$,即 $x^*=\varphi(x^*)$.

另一方面,若另有 $x^{**}$ 满足 $x^{**}=\varphi(x^{**})$,则由

$$\begin{aligned}|x^*-x^{**}|&=|\varphi(x^*)-\varphi(x^{**})|=|\varphi'(\xi)(x^*-x^{**})|\\&\leqslant L|x^*-x^{**}|,\quad \xi\in[a,b]\end{aligned}$$

以及 $L<1$,得到 $x^*=x^{**}$.

(2) 当 $x_0\in[a,b]$时可用归纳法证明,迭代序列$\{x_k\}\subset[a,b]$.

由微分中值定理

$$x_{k+1}-x^*=\varphi(x_k)-\varphi(x^*)=\varphi'(\xi)(x_k-x^*),\quad \xi\in[a,b]$$

和$|\varphi'(x)|\leqslant L$,得

$$|x_{k+1}-x^*|\leqslant L|x_k-x^*|\leqslant L^2|x_{k-1}-x^*|\leqslant\cdots\leqslant L^{k+1}|x_0-x^*|$$

因为 $L<1$,故 $k\to\infty$ 时,$L^{k+1}\to 0$,$x_{k+1}\to x^*$,即迭代格式 $x_{k+1}=\varphi(x_k)$收敛.

(3) 误差估计:

$$|x_{k+1}-x_k|=|\varphi(x_k)-\varphi(x_{k-1})|\leqslant L|x_k-x_{k-1}|\leqslant\cdots\leqslant L^k|x_1-x_0| \tag{10.2}$$

设 $k$ 固定,对于任意的正整数 $p$,有

$$\begin{aligned}|x_{k+p}-x_k|&\leqslant|x_{k+p}-x_{k+p-1}|+|x_{k+p-1}-x_{k+p-2}|+\cdots+|x_{k+1}-x_k|\\&\leqslant(L^{k+p-1}+L^{k+p-2}+\cdots+L^k)|x_1-x_0|\\&\leqslant\frac{L^k}{1-L}|x_1-x_0|\end{aligned}$$

由 $p$ 的任意性及 $\lim\limits_{p\to\infty}x_{k+p}=x^*$,有

$$|x^*-x_k|\leqslant\frac{L^k}{1-L}|x_1-x_0|$$

要构造满足定理条件的等价形式一般是难于做到的. 事实上,设 $x^*$ 为 $f(x)$的零点. 若能构造等价形式 $x=\varphi(x)$,而$|\varphi'(x^*)|<1$,由 $\varphi'(x)$的连续性,一定存在 $x^*$ 的邻域$[x^*-\rho,x^*+\rho]$,在其上有$|\varphi'(x)|<L<1$. 这时,若初始值 $x_0\in[x^*-\rho,x^*+\rho]$,则迭代收敛. 由此构造收敛迭代格式,有两个要素:其一,等价形式 $x=\varphi(x)$应满足$|\varphi'(x^*)|<1$;其二,初始值必须取自 $x^*$ 的充分小邻域,这个邻域大小决定于函数 $f(x)$以及做出的等价形式 $x=\varphi(x)$.

**例 10.2** 求代数方程 $x^3-2x-5=0$ 在 $x_0=2$ 附近的实根.

**解** (1) 由题意知 $x^3=2x+5$,$x_{k+1}=\sqrt[3]{2x_k+5}$,

$$\varphi'(x)=\frac{1}{3}\frac{1}{(2x+5)^{2/3}},\quad |\varphi'(2)|=0.0077<1$$

所以构造的迭代序列收敛.取 $x_0=2$,则

$$x_1 = 2.080\,08,\quad x_2 = 2.092\,35,\quad x_3 = 2.094\,217$$

$$x_4 = 2.094\,494,\quad x_5 = 2.094\,543,\quad x_6 = 2.094\,550$$

准确解是 $x=2.094\,551\,481\,50$.

(2) 取迭代格式为 $x_{n+1}=\frac{x_n^3-5}{2}$,则 $\varphi_2(x)=\frac{x^3-5}{2}$,

$$|\varphi_2'(x)| = \left|\frac{3x^2}{2}\right|,\quad \varphi_2'(2) = 6 > 1$$

当 $x\in[1.5,2.5]$时,迭代格式 $x_{n+1}=\varphi_2(x_n)$ 不收敛.

$$x_1 = 1.5,\quad x_2 = -0.812\,5,\quad x_3 = -2.768\,19$$

$$x_4 = -13.106\,1,\quad x_5 = -1\,128.12$$

## 10.2 牛顿(Newton)迭代法和弦截法

### 10.2.1 牛顿迭代格式

对方程 $f(x)=0$ 可构造多种迭代格式 $x_{k+1}=\varphi(x_k)$,牛顿迭代法是局部线性化的一种迭代格式.它将非线性方程逐次线性化而形成迭代序列.

将 $f(x)=0$ 在初始值 $x_0$ 处做泰勒展开:

$$f(x) = f(x_0) + f'(x_0)(x - x_0) + \frac{f''(x_0)}{2!}(x - x_0)^2 + \cdots$$

取展开式的线性部分作为 $f(x)$的近似值,则有

$$f(x_0) + f'(x_0)(x - x_0) \approx 0$$

设 $f'(x_0)\neq 0$,则

$$x = x_0 - \frac{f(x_0)}{f'(x_0)}$$

令

$$x_1 = x_0 - \frac{f(x_0)}{f'(x_0)}$$

类似地,再将 $f(x)=0$ 在 $x_1$ 处做泰勒展开,取其线性部分得到 $x_2=x_1-\frac{f(x_1)}{f'(x_1)}$.一直做下去,得到牛顿迭代格式:

$$x_{k+1} = x_k - \frac{f(x_k)}{f'(x_k)},\quad k = 1,2,\cdots \tag{10.3}$$

牛顿迭代格式对应于 $f(x)=0$ 的等价方程是 $\varphi(x)=x-\frac{f(x)}{f'(x)}$,则

$$\varphi'(x) = \frac{f(x)f''(x)}{(f'(x))^2} \tag{10.4}$$

当 $\alpha$ 是 $f(x)$ 的单根时，$f(\alpha)=0$，$f'(\alpha)\neq 0$，则有 $|\varphi'(\alpha)|=0$. 只要初值 $x_0$ 充分接近 $\alpha$，牛顿迭代就收敛，牛顿迭代是二阶迭代方法. 可以证明，$\alpha$ 为 $f(x)$ 的 $p$ 重根时，迭代也收敛，但这已是一阶迭代，收敛因子为 $1-1/p$. 若这时取下面的迭代格式，它仍是二阶迭代：

$$x_{k+1} = x_k - p\frac{f(x_k)}{f'(x_k)}, \quad k = 1,2,\cdots \tag{10.5}$$

## 10.2.2 牛顿迭代法的几何意义

求 $f(x)$ 在 $x_0$ 点的切线方程，即以 $f'(x_0)$ 为斜率做过 $(x_0, f(x_0))$ 点的直线，

$$y - f(x_0) = f'(x_0)(x - x_0) \tag{10.6}$$

令 $y=0$，则得此切线与 $x$ 轴的交点 $x_1$，

$$x_1 = x_0 - \frac{f(x_0)}{f'(x_0)}$$

再做 $f(x)$ 在 $x_1$ 处的切线，得交点 $x_2$，逐步逼近方程的根 $\alpha$（图 10.2）.

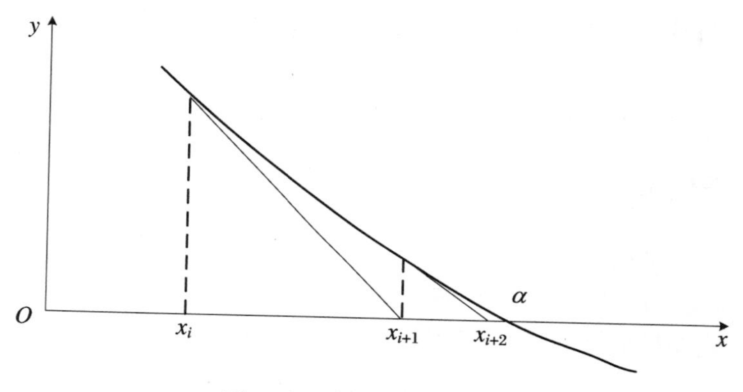


**图 10.2 牛顿切线法示意图**

在点 $x_i$ 的局部"以直代曲"是处理非线性问题的常用手法. 牛顿迭代法即在泰勒展开中，截取函数展开的线性部分替代 $f(x)$.

**例 10.3** 用牛顿迭代法求方程 $f(x)=x^3-7.7x^2+19.2x-15.3$ 在 $x_0=1$ 附近的根.

**解** 迭代格式为

$$\begin{aligned} x_{k+1} &= x_k - \frac{x_k^3 - 7.7x_k^2 + 19.2x_k - 15.3}{3x_k^2 - 15.4x_k + 19.2} \\ &= x_k - \frac{((x_k - 7.7)x_k + 19.2)x_k - 15.3}{(3x_k - 15.4)x_k + 19.2} \end{aligned}$$

计算结果列于表 10.2.

比较表 10.1 和表 10.2 中的数值，可以看到牛顿迭代法的收敛速度明显快于二分法.

牛顿迭代法也有局限性. 在牛顿迭代法中，选取适当的迭代初始值 $x_0$ 是求解的前提，局部线性化对初始值的依赖性较强. 当迭代的初始值 $x_0$ 在某根的附近时迭代才能收敛到这个根，有时会发生从一个根附近跳向另一个根附近的情况，尤其在导数 $f(x_0)$ 数值很小时，如图 10.3 所示.

表 10.2

| $k$ | $x_k$ | $f(x)$ |
|---|---|---|
| 0 | 1.00 | −2.8 |
| 1 | 1.411 76 | −0.727 071 |
| 2 | 1.624 24 | −0.145 493 |
| 3 | 1.692 3 | −0.013 168 2 |
| 4 | 1.699 91 | −0.000 151 5 |
| 5 | 1.7 | 0 |

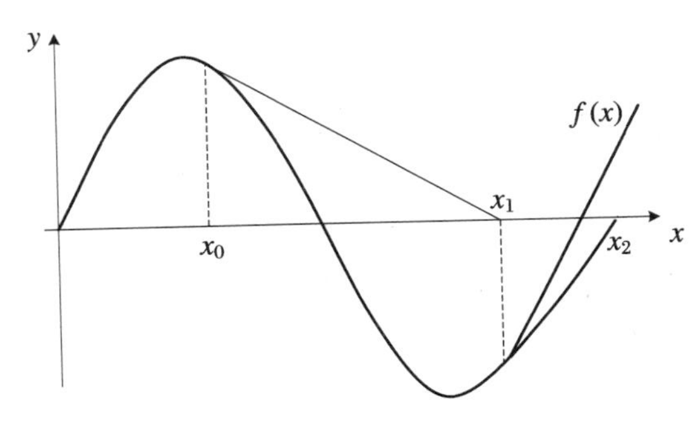


图 10.3 失效的牛顿迭代法

## 10.2.3 弦截法迭代格式

在牛顿迭代格式中,

$$x_{k+1}=x_k-\frac{f(x_k)}{f'(x_k)}$$

用差商 $f[x_{k-1},x_k]=\dfrac{f(x_k)-f(x_{k-1})}{x_k-x_{k-1}}$代替导数 $f'(x_k)$,给定两个初始值 $x_0$ 和 $x_1$,称迭代格式

$$x_{k+1}=x_k-\frac{f(x_k)(x_k-x_{k-1})}{f(x_k)-f(x_{k-1})},\quad k=1,2,\cdots \tag{10.7}$$

为弦截法.

用弦截法迭代求根,每次只需计算一次函数值,而用牛顿迭代法每次要计算一次函数值和一次导数值;牛顿迭代法由 $f(x_k)$和 $f'(x_k)$构造厄米插值计算 $x_{k+1}$,弦截法由 $f(x_{k-1})$和 $f(x_k)$构造牛顿插值计算 $x_{k+1}$;弦截法的收敛速度稍慢于牛顿迭代法.弦截法为 1.618 阶迭代方法.

## 10.2.4 弦截法的几何意义

做过$(x_0,f(x_0))$ 和$(x_1,f(x_1))$两点的一条直线(弦),该直线与 $x$ 轴的交点就是生成的迭代点$x_2$，再做过$(x_1,f(x_1))$和$(x_2,f(x_2))$两点的一条直线，$x_3$是该直线与$x$轴的交点，继续做下去，得到方程的根$\alpha$，如图10.4所示.

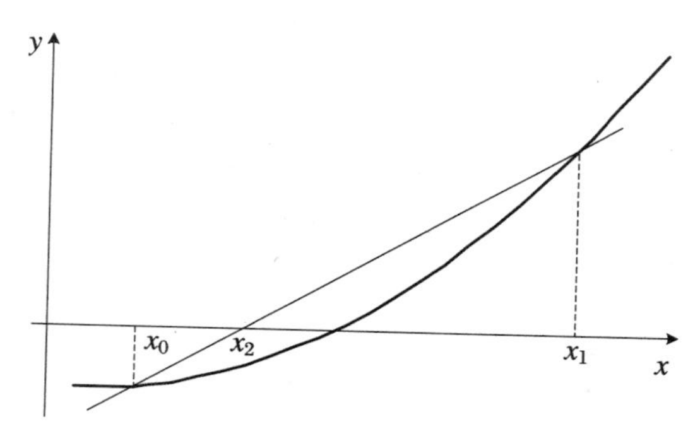


**图10.4　弦截法示意图**

**例10.4**　用弦截法求方程$f(x)=x^3-7.7x^2+19.2x-15.3$的根，取$x_0=1.5$，$x_1=4.0$.

**解**　迭代格式为

$$x_{k+1}=x_k-\frac{f(x_k)(x_k-x_{k-1})}{f(x_k)-f(x_{k-1})}$$

迭代过程如表10.3所示，$f(1.7)\approx 0$，$x=1.7$是方程的根.

**表10.3**

| $k$ | $x_k$ | $f(x)$ |
|---|---|---|
| 0 | 1.5 | −0.45 |
| 1 | 4 | 2.3 |
| 2 | 1.909 09 | 0.248 835 |
| 3 | 1.655 43 | −0.080 5692 |
| 4 | 1.71748 | 0.028 745 6 |
| 5 | 1.701 16 | 0.001 959 02 |
| 6 | 1.699 97 | −0.000 053 924 6 |
| 7 | 1.7 | $9.459\times10^{-8}$ |

## 10.3*　求解非线性方程组的牛顿方法

为了叙述简单，我们以解二阶非线性方程组为例，演示解题的方法和步骤，类似地可以得到解更高阶非线性方程组的方法和步骤.

设二元非线性方程组为$\begin{cases}f_1(x,y)=0\\f_2(x,y)=0\end{cases}$，其中$x,y$为自变量.将$f_1(x,y)$，$f_2(x,y)$在

$(x_0, y_0)$处做二元泰勒展开,并取其线性部分,得到近似方程组

$$\begin{cases} f_1(x_0,y_0) + (x - x_0)\dfrac{\partial f_1(x_0,y_0)}{\partial x} + (y - y_0)\dfrac{\partial f_1(x_0,y_0)}{\partial y} = 0 \\ f_2(x_0,y_0) + (x - x_0)\dfrac{\partial f_2(x_0,y_0)}{\partial x} + (y - y_0)\dfrac{\partial f_2(x_0,y_0)}{\partial y} = 0 \end{cases} \tag{10.8}$$

令 $x - x_0 = \Delta x, y - y_0 = \Delta y$,则

$$\begin{cases} \Delta x \dfrac{\partial f_1(x_0,y_0)}{\partial x} + \Delta y \dfrac{\partial f_1(x_0,y_0)}{\partial y} = - f_1(x_0,y_0) \\ \Delta x \dfrac{\partial f_2(x_0,y_0)}{\partial x} + \Delta y \dfrac{\partial f_2(x_0,y_0)}{\partial y} = - f_2(x_0,y_0) \end{cases} \tag{10.9}$$

如果

$$D(F(X^{(0)})) = J(x_0,y_0) = \begin{vmatrix} \dfrac{\partial f_1}{\partial x} & \dfrac{\partial f_1}{\partial y} \\ \dfrac{\partial f_2}{\partial x} & \dfrac{\partial f_2}{\partial y} \end{vmatrix}_{(x_0,y_0)} \neq 0$$

则解出 $\Delta x, \Delta y$,得

$$\boldsymbol{w}_1 = \begin{pmatrix} x_1 \\ y_1 \end{pmatrix} = \boldsymbol{w}_0 + \Delta \boldsymbol{w} = \begin{pmatrix} x_0 + \Delta x \\ y_0 + \Delta y \end{pmatrix}$$

在$(x_1, y_1)$处做泰勒展开,得到方程组

$$\begin{cases} \dfrac{\partial f_1(x_1,y_1)}{\partial x}(x - x_1) + \dfrac{\partial f_1(x_1,y_1)}{\partial y}(y - y_1) = - f_1(x_1,y_1) \\ \dfrac{\partial f_2(x_1,y_1)}{\partial x}(x - x_1) + \dfrac{\partial f_2(x_1,y_1)}{\partial y}(y - y_1) = - f_2(x_1,y_1) \end{cases}$$

解出 $\Delta x = x - x_1, \Delta y = y - y_1$,得 $\boldsymbol{w}_2 = \begin{pmatrix} x_1 + \Delta x \\ y_1 + \Delta x \end{pmatrix}$.继续做下去,每一次迭代都是解一个下列的方程组:

$$J(x_k,y_k)\begin{pmatrix} \Delta x \\ \Delta y \end{pmatrix} = - \begin{pmatrix} f_1(x_k,y_k) \\ f_2(x_k,y_k) \end{pmatrix} \tag{10.10}$$

$$\Delta x = x_{k+1} - x_k, \quad \Delta y = y_{k+1} - y_k$$

即

$$\boldsymbol{w}_{k+1} = \boldsymbol{w}_k + \Delta \boldsymbol{w}, \quad \begin{pmatrix} x_{k+1} \\ y_{k+1} \end{pmatrix} = \begin{pmatrix} x_k \\ y_k \end{pmatrix} + \begin{pmatrix} \Delta x \\ \Delta y \end{pmatrix} \tag{10.11}$$

直到 $\max(|\Delta x|, |\Delta y|) < \varepsilon$ 为止.

将方程组写成向量形式:

$$\boldsymbol{F}(\boldsymbol{X}) = \begin{pmatrix} f_1(x,y) \\ f_2(x,y) \end{pmatrix}$$

其中 $\boldsymbol{X} = (x, y)^{\mathrm{T}}$.计算公式为

$$\begin{cases} \boldsymbol{D}(\boldsymbol{F}(\boldsymbol{X}^{(k)}))\Delta \boldsymbol{X}^{(k)} = - \boldsymbol{F}(\boldsymbol{X}^{(k)}) \\ \boldsymbol{X}^{(k+1)} = \boldsymbol{X}^{(k)} + \Delta \boldsymbol{X}^{(k)} \end{cases}$$

给定 $\boldsymbol{X}^{(0)}$,直到 $\| \Delta \boldsymbol{X}^{(k)} \| < \varepsilon$ 停止.

**例 10.5** 求解非线性方程组

$$\begin{cases} f_1(x_1,x_2) = 4 - x_1^2 - x_2^2 = 0, \\ f_2(x_1,x_2) = 1 - e^{x_1} - x_2 = 0, \end{cases} \quad \boldsymbol{X}^{(0)} = \begin{pmatrix} 1 \\ -1.7 \end{pmatrix}$$

**解**

$$J(x_1,x_2) = \begin{bmatrix} \dfrac{\partial f_1}{\partial x_1} & \dfrac{\partial f_1}{\partial x_2} \\ \dfrac{\partial f_2}{\partial x_1} & \dfrac{\partial f_2}{\partial x_2} \end{bmatrix} = \begin{bmatrix} -2x_1 & -2x_2 \\ -e^{x_1} & -1 \end{bmatrix}$$

$$D(\boldsymbol{F}(\boldsymbol{X}^{(0)})) = \boldsymbol{J}(x_1,x_2) = \begin{pmatrix} -2 & 3.4 \\ -2.718\,28 & -1 \end{pmatrix}$$

$$\boldsymbol{F}(\boldsymbol{X}^{(0)}) = \begin{bmatrix} f_1(x_1,x_2) \\ f_2(x_1,x_2) \end{bmatrix} = \begin{pmatrix} 0.11 \\ -0.018\,28 \end{pmatrix}$$

$$\begin{cases} -2\Delta x_1 + 3.4\Delta x_2 = -0.11 \\ -2.718\,28\Delta x_1 - \Delta x_2 = 0.018\,28 \end{cases}$$

解方程得

$$\Delta\boldsymbol{X}^{(0)} = \begin{bmatrix} \Delta x_1 \\ \Delta x_2 \end{bmatrix} = \begin{pmatrix} 0.004\,256 \\ -0.029\,849 \end{pmatrix}$$

$$\boldsymbol{X}^{(1)} = \boldsymbol{X}^{(0)} + \Delta\boldsymbol{X}^{(0)} = \begin{pmatrix} 1 \\ -1.7 \end{pmatrix} + \begin{pmatrix} 0.004\,256 \\ -0.029\,849 \end{pmatrix} = \begin{pmatrix} 1.004\,256 \\ -1.729\,849 \end{pmatrix}$$

继续做下去,直到 $\max(|\Delta x_1|,|\Delta x_2|)<10^{-5}$时停止.

## 10.4 计算矩阵特征值的幂法和反幂法

### 10.4.1 幂法

在线性代数中,对于一个 $n$ 阶方阵 $\boldsymbol{A}$,若有数 $\lambda$ 及 $n$ 维非零向量 $\boldsymbol{v}$ 满足 $\boldsymbol{A}\boldsymbol{v}=\lambda\boldsymbol{v}$,则称 $\lambda$ 为 $\boldsymbol{A}$ 的特征值,$\boldsymbol{v}$ 为属于特征值 $\lambda$ 的特征向量. 在线性代数中,先计算矩阵 $\boldsymbol{A}$ 的特征多项式,即计算 $\det(\lambda\boldsymbol{I}-\boldsymbol{A})$的根,算出 $\boldsymbol{A}$ 的 $n$ 个特征值 $\lambda_i$ $(i=1,2,\cdots,n)$;然后解出线性方程组 $(\boldsymbol{A}-\lambda_i\boldsymbol{I})\boldsymbol{v}=\boldsymbol{0}$ 的非零解,得到属于 $\lambda_i$ 的特征向量. 由于求解高次多项式的根是件困难的事,上述方法一般无法解出阶数略大($n>4$)的矩阵特征值的精确解,在实际计算中按定义计算矩阵特征值是无效的.

在很多问题中,矩阵按模最大的特征值往往起重要的作用. 例如,矩阵的谱半径即矩阵按模最大的特征值,决定了迭代矩阵是否收敛. 因此,矩阵的按模最大的特征值比其余的特征值的地位更加重要. 幂法是计算按模最大特征值及相应的特征向量的数值方法.

简单地说,任取初始向量 $\boldsymbol{X}^{(0)}$,进行迭代计算

$$\boldsymbol{X}^{(k+1)} = \boldsymbol{A}\boldsymbol{X}^{(k)}, \quad k = 1,2,\cdots \tag{10.12}$$

得到迭代序列 $\{\boldsymbol{X}^{(k+1)}\}$,再分析 $\boldsymbol{X}^{(k+1)}$ 与 $\boldsymbol{X}^{(k)}$ 之间的关系,就可得到 $\boldsymbol{A}$ 的模最大的特征值

及特征向量的近似解.

**例 10.6** 设矩阵 $\boldsymbol{A}=\begin{pmatrix}0 & 1\\ 1 & 1\end{pmatrix}$. 用迭代序列 $\boldsymbol{X}^{(k+1)}=\boldsymbol{A}\boldsymbol{X}^{(k)}$ 计算 $\boldsymbol{A}$ 的最大特征值.

**解** 计算 $\boldsymbol{A}$ 的特征多项式,可得到 $\boldsymbol{A}$ 的特征值为 1.618 03 和 0.618 03.

取 $\boldsymbol{X}^{(0)}=\begin{pmatrix}1\\1\end{pmatrix}$,得到

$$\boldsymbol{X}^{(1)}=\boldsymbol{A}\boldsymbol{X}^{(0)}=\begin{pmatrix}1\\2\end{pmatrix},\quad \boldsymbol{X}^{(2)}=\boldsymbol{A}\boldsymbol{X}^{(1)}=\begin{pmatrix}2\\3\end{pmatrix}$$

$$\boldsymbol{X}^{(3)}=\boldsymbol{A}\boldsymbol{X}^{(2)}=\begin{pmatrix}3\\5\end{pmatrix},\quad \boldsymbol{X}^{(4)}=\begin{pmatrix}5\\8\end{pmatrix},\quad \boldsymbol{X}^{(5)}=\begin{pmatrix}8\\13\end{pmatrix},\quad \cdots$$

在表 10.4 中列出了迭代序列 $\boldsymbol{X}^{(0)},\boldsymbol{X}^{(1)},\cdots,\boldsymbol{X}^{(13)}$,以及 $x_1^{(k)}/x_1^{(k-1)}$ 和$x_2^{(k)}/x_2^{(k-1)}$ 的值.

**表 10.4**

| $k$ | $\boldsymbol{X}^{(k)}$ | | $x_2^{(k)}/x_2^{(k-1)}$ | $k$ | $\boldsymbol{X}^{(k)}$ | | $x_1^{(k)}/x_1^{(k-1)}$ | $x_2^{(k)}/x_2^{(k-1)}$ |
|---|---|---|---|---|---|---|---|---|
| 0 | 1 | 1 | | 8 | 34 | 55 | 1.619 05 | 1.617 65 |
| 1 | 1 | 2 | 2 | 9 | 55 | 89 | 1.617 65 | 1.618 18 |
| 2 | 2 | 3 | 1.5 | 10 | 89 | 144 | 1.618 18 | 1.617 98 |
| 3 | 3 | 5 | 1.666 67 | 11 | 144 | 233 | 1.617 98 | 1.618 06 |
| 4 | 5 | 8 | 1.6 | 12 | 233 | 377 | 1.618 06 | 1.618 03 |
| 5 | 8 | 13 | 1.625 | 13 | 377 | 610 | 1.618 03 | 1.618 04 |
| 6 | 13 | 21 | 1.615 38 | 14 | 610 | 987 | 1.618 03 | 1.618 04 |
| 7 | 21 | 34 | 1.619 05 | 15 | 987 | 1 597 | 1.618 03 | 1.618 03 |

观察前后两个向量对应分量的比值:

$$\frac{x_1^{(15)}}{x_1^{(14)}}=\frac{987}{610}=1.618\,03,\quad \frac{x_2^{(15)}}{x_2^{(14)}}=\frac{1\,597}{987}=1.618\,03$$

在本题中,可以看到当 $k$ 充分大时 $\boldsymbol{X}^{(k+1)}$ 与 $\boldsymbol{X}^{(k)}$ 对应元素的比值趋于最大特征值 1.618 03. 但是,并非对每个矩阵 $\boldsymbol{A}$ 都有这样的结果,这与矩阵特征值的分布有关.

在幂法中,假设矩阵 $\boldsymbol{A}$ 有特征值 $\lambda_i(i=1,2,\cdots,n)$,且 $|\lambda_1|\geqslant|\lambda_2|\geqslant|\lambda_3|\geqslant\cdots\geqslant|\lambda_n|$,并有 $n$ 个线性无关的特征向量 $\boldsymbol{v}_i$,即 $\boldsymbol{A}\boldsymbol{v}_i=\lambda_i\boldsymbol{v}_i$. 任取初始向量 $\boldsymbol{X}^{(0)}$,$\boldsymbol{X}^{(0)}$ 可表示成 $\boldsymbol{A}$ 的 $n$ 个线性无关的特征向量 $\boldsymbol{v}_i$ 的线性组合,

$$\boldsymbol{X}^{(0)}=\alpha_1\boldsymbol{v}_1+\alpha_2\boldsymbol{v}_2+\cdots+\alpha_n\boldsymbol{v}_n \tag{10.13}$$

那么 $\boldsymbol{X}^{(1)}=\boldsymbol{A}\boldsymbol{X}^{(0)}=\alpha_1\lambda_1\boldsymbol{v}_1+\alpha_2\lambda_2\boldsymbol{v}_2+\cdots+\alpha_n\lambda_n\boldsymbol{v}_n$.

一般地,有

$$\boldsymbol{X}^{(k)}=\boldsymbol{A}\boldsymbol{X}^{(k-1)}=\alpha_1\lambda_1^k\boldsymbol{v}_1+\alpha_2\lambda_2^k\boldsymbol{v}_2+\cdots+\alpha_n\lambda_n^k\boldsymbol{v}_n \tag{10.14}$$

$\boldsymbol{X}^{(k)}$ 的变化趋势与特征值的分布情况有关,幂法根据 $\boldsymbol{X}^{(k)}$ 的变化趋势计算矩阵按模最大的特征值. 下面讨论幂法中两种比较简单的情况.

(1) 按模最大的特征值只有一个,且是单实根.

设 $|\lambda_1|>|\lambda_2|\geqslant|\lambda_3|\geqslant\cdots\geqslant|\lambda_n|$,则

$$\boldsymbol{X}^{(k)}=\alpha_1\lambda_1^k\boldsymbol{v}_1+\alpha_2\lambda_2^k\boldsymbol{v}_2+\cdots+\alpha_n\lambda_n^k\boldsymbol{v}_n$$

$$= \lambda_1^k \left( \alpha_1 \boldsymbol{v}_1 + \alpha_2 \left(\frac{\lambda_2}{\lambda_1}\right)^k \boldsymbol{v}_2 + \cdots + \alpha_n \left(\frac{\lambda_n}{\lambda_1}\right)^k \boldsymbol{v}_n \right) \tag{10.15}$$

设 $\alpha_1 \neq 0$.由于 $|\lambda_i/\lambda_1| < 1(i=2,3,\cdots,n)$,对充分大的 $k$ 有 $|(\lambda_i/\lambda_1)^k| \ll 1(i=2,3,\cdots,n)$.故

$$\boldsymbol{X}^{(k)} \approx \lambda_1^k \alpha_1 \boldsymbol{v}_1$$

$$\boldsymbol{X}^{(k+1)} \approx \lambda_1^{k+1} \alpha_1 \boldsymbol{v}_1 = \lambda_1 \lambda_1^k \alpha_1 \boldsymbol{v}_1 = \lambda_1 \boldsymbol{X}^{(k)}$$

得到按模最大的特征值

$$\lambda_1 \approx x_i^{(k+1)}/x_i^{(k)}, \quad i = 1,2,\cdots,n \tag{10.16}$$

由 $\boldsymbol{AX}^{(k)} = \boldsymbol{X}^{(k+1)} = \lambda_1 \boldsymbol{X}^{(k)}$,相应的特征向量近似地为 $\boldsymbol{X}^{(k)}$. (10.17)

由式(10.15)可知,$\{x_i^{(k+1)}/x_i^{(k)}\}$收敛于 $\lambda_1$ 的速度取决于比值$|\lambda_2/\lambda_1|$的大小.

(2) 按模最大的特征值是相互反号的实根.

设 $\lambda_1 > 0$,且 $\lambda_1 = -\lambda_2$,即

$$|\lambda_1| = |\lambda_2| > |\lambda_3| \geqslant \cdots \geqslant |\lambda_n|$$

则有

$$\boldsymbol{X}^{(k)} = \lambda_1^k \left( \alpha_1 \boldsymbol{v}_1 + (-1)^k \alpha_2 \boldsymbol{v}_2 + \alpha_3 \left(\frac{\lambda_3}{\lambda_1}\right)^k \boldsymbol{v}_3 + \cdots + \alpha_n \left(\frac{\lambda_n}{\lambda_1}\right)^k \boldsymbol{v}_n \right) \tag{10.18}$$

当 $k$ 充分大时,有

$$\boldsymbol{X}^{(k)} \approx \lambda_1^k (\alpha_1 \boldsymbol{v}_1 + (-1)^k \alpha_2 \boldsymbol{v}_2)$$

$$\boldsymbol{X}^{(k+2)} \approx \lambda_1^{k+2} (\alpha_1 \boldsymbol{v}_1 + (-1)^{k+2} \alpha_2 \boldsymbol{v}_2) \approx \lambda_1^2 \boldsymbol{X}^{(k)} \tag{10.19}$$

$\boldsymbol{X}^{(k)}$呈现有规律的摆动,对充分大的 $k$,$\boldsymbol{X}^{(k)}$与 $\boldsymbol{X}^{(k+2)}$几乎相差一个常数因子 $\lambda_1^2$.所以

$$\lambda_1 = \sqrt{x_i^{(k+2)}/x_i^{(k)}}$$

由

$$\begin{cases} \boldsymbol{X}^{(k+1)} = \lambda_1^{k+1} (\alpha_1 \boldsymbol{v}_1 + (-1)^{k+1} \alpha_2 \boldsymbol{v}_2) \\ \boldsymbol{X}^{(k)} = \lambda_1^k (\alpha_1 \boldsymbol{v}_1 + (-1)^k \alpha_2 \boldsymbol{v}_2) \end{cases}$$

有

$$\begin{cases} \boldsymbol{X}^{(k+1)} + \lambda_1 \boldsymbol{X}^{(k)} \approx 2\lambda_1^{k+1} \alpha_1 \boldsymbol{v}_1 \\ \boldsymbol{X}^{(k+1)} - \lambda_1 \boldsymbol{X}^{(k)} \approx (-1)^{(k+1)} 2\lambda_1 \alpha_2 \boldsymbol{v}_2 \end{cases}$$

根据特征向量的性质得到相应的特征向量

$$\begin{cases} \boldsymbol{v}_1 = \boldsymbol{X}^{(k+1)} + \lambda_1 \boldsymbol{X}^{(k)} \\ \boldsymbol{v}_2 = \boldsymbol{X}^{(k+1)} - \lambda_1 \boldsymbol{X}^{(k)} \end{cases} \tag{10.20}$$

还有很多更复杂的情况,可参考有关书籍或选用其他方法.本节只讨论幂法计算的两种情况.在计算中,若 $x_i^{(k+1)}/x_i^{(k)}$ 的比值趋于一个稳定的值,则属于情况(1);如果 $x_i^{(k+1)}/x_i^{(k)}$ 不能趋于一个稳定的值,但是 $x_i^{(2k+2)}/x_i^{(2k)}$ 和$x_i^{(2k+1)}/x_i^{(2k-1)}$的比值分别趋于一个稳定的值,则属于情况(2).

**例 10.7** 计算矩阵 $\boldsymbol{A}$ 的按模最大的特征值和它的特征向量:

$$\boldsymbol{A} = \begin{pmatrix} 4 & -1 & 1 \\ 16 & -2 & -2 \\ 16 & -3 & -1 \end{pmatrix}$$

**解** 迭代过程如表 10.5 所示.

表 10.5

| $k$ | $x_1^{(k)}$ | $x_2^{(k)}$ | $x_3^{(k)}$ | $\sqrt{x_1^{(k)}/x_1^{(k-2)}}$ | $\sqrt{x_2^{(k)}/x_2^{(k-2)}}$ | $\sqrt{x_3^{(k)}/x_3^{(k-2)}}$ |
|---|---|---|---|---|---|---|
| 0 | 0.5 | 0.5 | 1.0 | | | |
| 1 | 2.5 | 5 | 5.5 | | | |
| 2 | 10.5 | 19 | 19.5 | 4.582 58 | 6.164 41 | 4.415 88 |
| 3 | 42.5 | 91 | 91.5 | 4.123 11 | 4.266 15 | 4.078 77 |
| 4 | 170.5 | 315 | 315.5 | 4.029 65 | 4.071 73 | 4.022 37 |
| 5 | 682.5 | 1 467 | 1 467.5 | 4.007 35 | 4.015 08 | 4.004 78 |
| 6 | 2 730.5 | 5051 | 5 051.5 | 4.001 83 | 4.004 36 | 4.001 39 |
| 7 | 10 922.5 | 23 483 | 23 483.5 | 4.000 46 | 4.000 94 | 4.000 3 |
| 8 | 43 690.5 | 80 827 | 80 827.5 | 4.000 11 | 4.000 27 | 4.000 09 |

$$\lambda_1 = 4.000,\quad \lambda_2 = -4.000$$
$$\boldsymbol{v}_1 = \boldsymbol{X}^{(8)} + 4\boldsymbol{X}^{(7)} = (87\,380.5, 174\,759, 174\,762)$$
$$\boldsymbol{v}_2 = \boldsymbol{X}^{(8)} - 4\boldsymbol{X}^{(7)} = (0.5, -13\,105, -15\,106.5)$$

## 10.4.2 幂法的规范运算

在幂法计算 $\boldsymbol{X}^{(k+1)} = \boldsymbol{A}\boldsymbol{X}^{(k)}$ 的过程中，当 $k$ 充分大时，若 $\boldsymbol{A}$ 的按模最大的特征值较大，$\boldsymbol{X}^{(k)}$ 的某些分量迅速增大，或许会超过计算机实数的值域（上溢）；而 $\boldsymbol{A}$ 的按模最大的特征值较小时，$\boldsymbol{X}^{(k)}$ 的分量迅速缩小，当 $k$ 充分大时，或许会被计算机当作零处理（下溢）．因此，分量过大或过小都不利于计算的精确度．在实际计算中，通常采用规范运算，即对 $\boldsymbol{X}^{(k)}$ 的每个元素除以 $\boldsymbol{X}^{(k)}$ 的无穷范数 $\|\boldsymbol{X}^{(k)}\|_\infty = \max\limits_{1\leqslant i\leqslant n}|x_i^{(k)}|$．

规范运算可按下面的公式进行：

$$\begin{cases}\boldsymbol{Y}^{(k)} = \boldsymbol{X}^{(k)}/\|\boldsymbol{X}^{(k)}\|_\infty \\ \boldsymbol{X}^{(k+1)} = \boldsymbol{A}\boldsymbol{Y}^{(k)}\end{cases},\quad k = 0,1,\cdots \tag{10.21}$$

规范化运算保证了 $\|\boldsymbol{Y}^{(k)}\| = 1$，即 $\boldsymbol{Y}^{(k)}$ 的按模最大分量的值保持为 1 或 −1．下面给出在规范运算中迭代序列的几种情况：

(1) 如果 $\{\boldsymbol{X}^{(k)}\}$ 收敛，则 $\boldsymbol{A}$ 的特征值的按模最大分量的值仅有一个，且 $\lambda_1 > 0$，对充分大的 $k$，模最大分量 $x_j^{(k)}$ 不变号，相应地，$|y_j^{(k)}| = 1$，$\lambda_1 \approx |x_j^{(k+1)}|$，即

$$\lambda_1 \approx \max_{1\leqslant i\leqslant n}|x_i^{(k+1)}| = |x_j^{(k+1)}| \tag{10.22}$$

相应的特征向量是 $\boldsymbol{v}_1 \approx \boldsymbol{Y}^{(k)}$．

(2) 如果 $\{\boldsymbol{X}^{(2k)}\}$，$\{\boldsymbol{X}^{(2k+1)}\}$ 分别收敛于相互反号的向量，则按模最大的特征值仅有一个，是单实根，且 $\lambda_1 < 0$，即对充分大的 $k$，若 $x_j^{(k)}$ 的符号交替变号，则 $\lambda_1$ 为负值．

$$\lambda_1 \approx -\max_{1\leqslant i\leqslant n}|x_i^{(k)}| = -|x_j^{(k)}| \tag{10.23}$$

相应的特征向量是 $\boldsymbol{v}_1 \approx \boldsymbol{Y}^{(k)}$．

(3) 如果$\{X^{(2k)}\}$,$\{X^{(2k+1)}\}$分别收敛于两个不同的向量(与(2)不同),则按模最大的特征值有两个,是相互反号的一对实根.这时,对充分大的$k$,再做一次非规范运算

$$X^{(k)} = AY^{(k-1)}, \quad X^{(k+1)} = AX^{(k)}$$

则

$$\lambda_1 \approx \sqrt{x_i^{(k+1)}/y_i^{(k-1)}}, \quad \lambda_2 = -\lambda_1 \tag{10.24}$$

而仍有

$$\begin{cases} v_1 = X^{(k+1)} + \lambda_1 X^{(k)} \\ v_2 = X^{(k+1)} - \lambda_1 X^{(k)} \end{cases}$$

如果$\{X^{(k)}\}$的趋势无一定的规律,则$A$的按模最大的特征值的情况更为复杂,需要另行处理.

**例 10.8** 用规范运算计算矩阵$A$的按模最大的特征值和它的特征向量:

$$A = \begin{pmatrix} 9 & -3 \\ 4 & 1 \end{pmatrix}$$

**解** 迭代过程如表 10.6 所示.

**表 10.6**

| $k$ | $Y^{(k)}$ | | $X^{(k+1)}$ | |
|---|---|---|---|---|
| 0 | 1 | 1 | 6 | 5 |
| 1 | 1 | 0.833 333 | 6.5 | 4.833 33 |
| 2 | 1 | 0.743 59 | 6.769 23 | 4.743 59 |
| 3 | 1 | 0.700 758 | 6.897 73 | 4.700 76 |
| 4 | 1 | 0.681 493 | 6.955 52 | 4.181 49 |
| 5 | 1 | 0.673 061 | 6.980 81 | 4.673 06 |
| 6 | 1 | 0.669 415 | 6.991 76 | 4.669 42 |
| 7 | 1 | 0.667 82 | 6.996 54 | 4.667 82 |
| 8 | 1 | 0.667161 | 6.998 52 | 4.667 16 |
| 9 | 1. | 0.666 879 | 6.999 36 | 4.666 88 |

从而得到按模最大的特征值$\lambda_1 \approx 6.999\,36$及其特征向量$v_1 = \begin{pmatrix} 1.0 \\ 0.666\,879 \end{pmatrix}$.

**例 10.9** 用规范运算计算矩阵$A$的绝对值最大的特征值和它的特征向量:

$$A = \begin{bmatrix} 4 & -1 & 1 \\ 16 & -2 & -2 \\ 16 & -3 & -1 \end{bmatrix}$$

**解** 迭代过程如表 10.7 所示.

表 10.7

| $k$ | $x_1^{(k)}$ | $x_2^{(k)}$ | $x_3^{(k)}$ | $y_1^{(k)}$ | $y_2^{(k)}$ | $y_3^{(k)}$ |
|---|---|---|---|---|---|---|
| 0 | 0.5 | 0.5 | 1 | 0.5 | 0.5 | 1 |
| 1 | 2.5 | 5 | 5.5 | 0.454 545 | 0.909 091 | 1 |
| 2 | 1.909 089 | 3.454 538 | 3.553 628 | 0.537 222 | 0.972 116 | 1 |
| 3 | 2.176 772 | 4.651 32 | 4.679 104 | 0.465 201 | 0.994 091 | 1 |
| 4 | 2.176 772 | 3.455 134 | 3.461 124 | 0.539 392 | 0.998 269 | 1 |
| 5 | 2.159 299 | 4.633 734 | 4.635 485 | 0.465 721 | 0.999 627 | 1 |
| 6 | 1.862 661 | 3.452 282 | 3.452 655 | 0.539 487 | 0.999 892 | 1 |
| 7 | 2.158 056 | 4.632 000 | 4.632 116 | 0.465 890 | 0.999 975 | 1 |
| 8 | 1.863 585 | 3.454 290 | 3.454 315 | 0.534 950 | 0.999 993 | 1 |
| 9 | 2.157 985 | 4.631 926 | 4.631 926 | 0.465 893 | 0.999 999 | 1 |
| 10 | 1.863 573 | 3.454 290 | 3.454 291 | 0.539 495 | 1 | 1 |
| 11 | 2.157 980 | 4.631 920 | 4.631 920 | 0.465 893 | 1 | 1 |
| 12 | 1.863 572 | 3.454 288 | 3.454 288 | | | |
| 13 | 7.454 288 | 16 | 16 | | | |

$$\lambda_1 = \sqrt{x_2^{(13)}/y_2^{(11)}} = 4,\quad \lambda_2 = -4$$

$$\boldsymbol{v}_1 = \boldsymbol{X}^{(13)} + \lambda_1 \boldsymbol{X}^{(12)} = (14.908\,576, 29.817\,152, 29.817\,152)$$

$$\boldsymbol{v}_2 = \boldsymbol{X}^{(13)} - \lambda_1 \boldsymbol{X}^{(12)} = (0, 2.182\,848, 2.182\,848)$$

### 10.4.3 反幂法

反幂法是计算矩阵绝对值最小的特征值以及相应的特征向量的数值方法.

设矩阵 $\boldsymbol{A}$ 可逆,$\lambda$ 和 $\boldsymbol{v}$ 分别为 $\boldsymbol{A}$ 的特征值以及相应的特征向量. 在 $\boldsymbol{A}\boldsymbol{v} = \lambda\boldsymbol{v}$ 两边同乘 $\boldsymbol{A}^{-1}$,得 $\boldsymbol{A}^{-1}\boldsymbol{v} = \dfrac{1}{\lambda}\boldsymbol{v}$ ,$\boldsymbol{A}$ 和 $\boldsymbol{A}^{-1}$ 的特征值互为倒数,而且 $\boldsymbol{v}$ 也是 $\boldsymbol{A}^{-1}$ 的特征值 $1/\lambda$ 的特征向量. $\boldsymbol{A}^{-1}$ 的按模最大的特征值正是 $\boldsymbol{A}$ 的按模最小的特征值的倒数,用幂法计算 $\boldsymbol{A}^{-1}$ 的按模最大的特征值而得到 $\boldsymbol{A}$ 的按模最小的特征值的方法,称为反幂法.

用幂法计算 $\boldsymbol{A}^{-1}$ 的按模最大的特征值仍可用规范方法.

任取 $\boldsymbol{X}^{(0)}$,规范迭代

$$\begin{cases} \boldsymbol{Y}^{(k)} = \boldsymbol{X}^{(k)} / \|\boldsymbol{X}^{(k)}\|_\infty \\ \boldsymbol{X}^{(k+1)} = \boldsymbol{A}^{-1}\boldsymbol{Y}^{(k)} \end{cases},\quad k = 0,1,\cdots$$

在计算中不是先算出 $\boldsymbol{A}^{-1}$,再做乘积 $\boldsymbol{A}^{-1}\boldsymbol{Y}^{(k)}$,而是解方程 $\boldsymbol{A}\boldsymbol{X}^{(k+1)} = \boldsymbol{Y}^{(k)}$,求得 $\boldsymbol{X}^{(k+1)}$. 由于需要反复求解,一般不用高斯消元法,而用直接分解法解方程. 将 $\boldsymbol{A}$ 分解为 $\boldsymbol{A} = \boldsymbol{L}\boldsymbol{U}$,记 $\boldsymbol{U}\boldsymbol{X}^{(k+1)} = \boldsymbol{Z}^{(k+1)}$,由 $\boldsymbol{L}\boldsymbol{Z}^{(k+1)} = \boldsymbol{Y}^{(k)}$ 解出 $\boldsymbol{Z}^{(k+1)}$,再由 $\boldsymbol{U}\boldsymbol{X}^{(k+1)} = \boldsymbol{Z}^{(k+1)}$ 解出 $\boldsymbol{X}^{(k+1)}$.

规范迭代计算公式为

$$\begin{cases} \boldsymbol{Y}^{(k)} = \boldsymbol{X}^{(k)} / \| \boldsymbol{X}^{(k)} \|_{\infty}, \\ \boldsymbol{A}\boldsymbol{X}^{(k+1)} = \boldsymbol{Y}^{(k)}, \end{cases} \quad k = 0,1,\cdots \tag{10.25}$$

**例 10.10** 用规范运算计算矩阵 $\boldsymbol{A}$ 的按模最小的特征值和它的特征向量：

$$\boldsymbol{A} = \begin{pmatrix} 9 & -3 \\ 4 & 1 \end{pmatrix}$$

**解** 计算结果列在表 10.8 中.

**表 10.8**

| $k$ | $\boldsymbol{Y}^{(k)}$ | | $\boldsymbol{X}^{(k+1)}$ | |
|---|---|---|---|---|
| 0 | 1 | 1 | 0.190 476 6 | 0.238 095 |
| 1 | 0.8 | 1 | 0.180 952 | 0.276 19 |
| 2 | 0.655 172 | 1 | 0.174 056 | 0.303 777 |
| 3 | 0.572 973 | 1 | 0.170 142 | 0.319 434 |
| 4 | 0.532 636 | 1 | 0.168 221 | 0.327 117 |
| 5 | 0.514 253 | 1 | 0.167 345 | 0.330 618 |
| 6 | 0.514 253 | 1 | 0.166 96 | 0.332 16 |
| 7 | 0.502 649 | 1 | 0.166 793 | 0.332 829 |
| 8 | 0.501 137 | 1 | 0.166 721 | 0.333 117 |

由表 10.8 可知 $\mu = 0.333\,117$ 为 $\boldsymbol{A}^{-1}$ 的按模最大的特征值，故 $\lambda_2 = 1/0.333\,117 = 3.001\,9$为 $\boldsymbol{A}$ 的按模最小的特征值，$\boldsymbol{v}_2 = (0.501\,137, 1)$为其近似的特征向量.

# 10.5* *QR* 方法简介

## 10.5.1 豪斯霍尔德(Householder)矩阵

若 $\boldsymbol{v} \in \boldsymbol{R}^n$，$\| \boldsymbol{v} \|_2 = 1$，则矩阵 $\boldsymbol{H} = \boldsymbol{I} - 2\boldsymbol{v}\boldsymbol{v}^{\mathrm{T}}$ 称为 **Householder 矩阵**. 它还满足：

(1) $\det(\boldsymbol{H}) = -1$；

(2) $\boldsymbol{H}$ 为对称的正交矩阵；

(3) 设 $\boldsymbol{x}, \boldsymbol{y}$ 为 $\mathbf{R}^n$ 中的向量，$\| \boldsymbol{x} \| = \| \boldsymbol{y} \|$，令

$$\boldsymbol{v} = \frac{\boldsymbol{y} - \boldsymbol{x}}{\| \boldsymbol{y} - \boldsymbol{x} \|}, \quad \boldsymbol{H} = \boldsymbol{I} - 2\boldsymbol{v}\boldsymbol{v}^{\mathrm{T}}$$

则有 $\boldsymbol{H}\boldsymbol{x} = \boldsymbol{y}$.

## 10.5.2 *QR* 分解

设 $\boldsymbol{A}$ 为 $n$ 阶实矩阵，存在正交阵 $\boldsymbol{Q}$、上三角矩阵 $\boldsymbol{R}$，使得 $\boldsymbol{A} = \boldsymbol{Q}\boldsymbol{R}$，称之为 $\boldsymbol{A}$ 的 $\boldsymbol{QR}$ 分

解，它可通过一系列 Householder 矩阵变换完成. 对 $\boldsymbol{A}$ 的列向量做施密特正交化也能得到 $\boldsymbol{A}$ 的 $QR$ 分解，但因其计算量大而不被采用.

设 $\boldsymbol{A}$ 为给定的 $n$ 阶实矩阵. 记 $\boldsymbol{A}_1=\boldsymbol{A}$，对 $\boldsymbol{A}_1$ 做 $QR$ 分解，

$$\boldsymbol{A}_1=\boldsymbol{Q}_1\boldsymbol{R}_1$$

这里 $\boldsymbol{Q}_1$ 为一系列 Householder 矩阵乘积，它仍为正交阵，$\boldsymbol{R}_1$ 为上三角矩阵. 记 $\boldsymbol{A}_2=\boldsymbol{R}_1\boldsymbol{Q}_1$，对 $\boldsymbol{A}_2$ 做 $QR$ 分解，$\boldsymbol{A}_2=\boldsymbol{Q}_2\boldsymbol{R}_2$. 记 $\boldsymbol{A}_3=\boldsymbol{R}_2\boldsymbol{Q}_2$. 若已有 $\boldsymbol{A}_k=\boldsymbol{Q}_k\boldsymbol{R}_k$，记 $\boldsymbol{A}_{k+1}=\boldsymbol{R}_k\boldsymbol{Q}_k$，如此可得到 $n$ 阶矩阵序列 $\{\boldsymbol{A}_k\}$，它们满足：

(1) $\{\boldsymbol{A}_k\}$ 为相似正交矩阵序列. 事实上，对 $\boldsymbol{A}_{k+1}$ 做正交相似变换：

$$\boldsymbol{Q}_k\boldsymbol{A}_{k+1}\boldsymbol{Q}_k^{\mathrm{T}}=\boldsymbol{Q}_k(\boldsymbol{R}_k\boldsymbol{Q}_k)\boldsymbol{Q}_k^{\mathrm{T}}=\boldsymbol{Q}_k\boldsymbol{R}_k=\boldsymbol{A}_k$$

即 $\boldsymbol{A}_{k+1}$ 正交相似于 $\boldsymbol{A}_k$.

(2) 记 $\boldsymbol{A}_k=(a_{ij}^{(k)})_{n\times n}$. 若 $\boldsymbol{A}$ 满足一定的条件，则有

$$a_{ij}^{(k)}\to 0,\quad k\to\infty,\quad 1\leqslant i<j\leqslant n$$
$$a_{ii}^{(k)}\to \lambda_i,\quad k\to\infty,\quad i=1,2,\cdots,n$$

这里 $\lambda_i$ 即为 $\boldsymbol{A}$ 的特征值，矩阵序列 $\{\boldsymbol{A}_k\}$ 的这种性质称为基本收敛.

利用矩阵的 $QR$ 分解，得到正交相似序列 $\{\boldsymbol{A}_k\}$，求得矩阵 $\boldsymbol{A}$ 的全部特征值的方法，称为 $QR$ 方法. $QR$ 分解过程比较繁复，而基本收敛的收敛条件及定理证明更具专业性，故这里不再给出，有兴趣的读者可以参考有关的书籍.

# 附录10 Mathematica 中的非线性方程求根和特征值计算

(1) `FindRoot[f,{x,x0}]`

计算非线性方程 f(x)=0 在 x0 附近的根.

(2) `FindRoot[f,{x,{x0,x1}}]`

以 x0 和 x1 为初始值用弦截法求解 f(x)= 0 的根.

**例1** 求解 $f(x)=\cos x+\sin x=0$ 在 $x=0$ 附近的根.

```
In[1]:= FindRoot[Sin[x]+ Cos[x],{x,0}]
Out[1]= {x→- 0.785398}
```

**例2** 求解 $\begin{cases}e^{x-2}=\sin(x/2)\\ y^2=x\end{cases}$ 在 $(x,y)=(0.5,0.5)$ 附近的根.

```
In[2]:= FindRoot[{Exp[x-2]==Sin[x]/2,y^2==x},
        {{x,0.5},{y,0.5}}]
Out[2]= {x→0.428419,y→0.654537}
```

(3) `Eigenvalues[A]`　　计算方阵 A 的全部特征值.

　　`Eigensystem[A,k]`　　列出 A 的第 k 个特征值.

(4) `Eigenvectors[A]`　　计算方阵 A 的特征向量.

(5) `Eigensystem[A]`　　列出方阵 A 的特征值列表和特征向量列表.

(6) QRDecomposition[A] 对方阵 A 做 QR 分解.

**例 3** 计算矩阵 $\boldsymbol{A}$ 的特征值.

```
In[3]:= A= {{2.,1,1},{1,2,1},{2,2,3}}
In[4]:= Eigenvalues[A]
Out[4]= {5.,1.,1.}
```

**例 4** 计算矩阵 $\boldsymbol{A}$ 的特征值和特征向量.

```
In[5]:= Eigensystem[A]
Out[5]= {{5.,1.,1.},{0.408248,0.408248,0.816497},
        {- 0.801784,0.267261,0.534522},
        {0.595389,- 0.781569,0.18618}}
```

# 习 题 10

1. 设 $f(x)=x^3+x^2-1$,误差控制量 $\varepsilon=10^{-3}$.用二分法求 $f(x)=0$ 在$[0,1]$中的根.

2. 用牛顿迭代法,计算:

(1) $\sqrt{19}$,取 $x_0=7$,误差控制量 $\varepsilon=10^{-2}$;

(2) $\sqrt[5]{9}$,取 $x_0=2$,误差控制量 $\varepsilon=10^{-3}$.

3. 设 $f(x)=x^3-3x-2$,取 $\varepsilon=10^{-3}$,$x_0=1$,$x_1=3$.用弦截法计算 $f(x)=0$ 的根.

4. 用牛顿迭代法求解非线性方程组:

$$\begin{cases} x^2+y^2-1=0 \\ x^3-y=0 \end{cases}$$

取 $\begin{pmatrix} x_0 \\ y_0 \end{pmatrix}=\begin{pmatrix} 0.8 \\ 0.6 \end{pmatrix}$,误差控制 $\max(|\Delta x|,|\Delta y|)<10^{-3}$.

5. 用幂法计算下列矩阵的按模最大的和按模最小的特征值和相应的特征向量:

(1) $\boldsymbol{A}=\begin{pmatrix} 7 & 3 \\ 3 & 1 \end{pmatrix}$;

(2) $\boldsymbol{C}=\begin{pmatrix} -4 & 4 & 1 \\ 0 & 1 & 0 \\ 0 & 0 & 1 \end{pmatrix}$.

# 第3篇

# 概率论与数理统计

# 第 11 章　统计数据的表示与处理

概率论与数理统计是从数量方面研究随机现象规律性的数学学科．在实际工作和科学实验中，我们常接触到许多数据，这些数据常常可以提供很多有用的信息，可以帮助人们发现存在的问题，认识事物发展变化的内在规律性，是进一步进行相关理论研究以及采取相应决策的主要依据．

然而，这些有用的信息并非一目了然，而是蕴藏在大量的似乎没有什么规律的杂乱的数据之中，我们必须经过一番去粗取精、去伪存真的数据科学整理和分析的工作，尽可能充分和正确地从中发现和提取出有用的信息来．

这一章主要介绍有关数据整理与表示的基本方法，使我们了解数据为什么要整理和如何整理；介绍如何应用统计软件包 Excel 来计算统计指标；此外，在本章中还介绍了数理统计中常常用到的一些基本概念与术语．

研究对象全体元素的某个数量标志的集合称为总体(population)，其中的一个个元素的数量标志叫个体(individual)，从总体中随机地抽出一部分元素的数量标志构成的集合叫简单随机样本，简称样本(sample)．样本中所含个体的数目 $n$ 称为样本的大小或样本容量．通常将样本容量 $n$ 大于 30 的样本叫作大样本，$n$ 不超过 30 的样本称为小样本．在实际操作中，最好不要刚好取 $n$ 为 30，以免获得的统计结论可能会产生人为的分歧．

例如，2020 年考进中国科学技术大学的全部硕士研究生的外语成绩这个数量标志就构成了一个总体，每个研究生的外语成绩是一个个体，所有年龄超过 30 周岁的专业硕士研究生的外语成绩构成了一个大样本，所有女硕士研究生的外语成绩也构成一个大样本，但新疆籍研究生的外语成绩构成了一个小样本．

## 11.1　平均指标与变动度指标

统计指标(statistics target)是反映总体或者样本状况数量特征的概念，常见的主要有平均指标与变动度指标两类．利用统计指标常常可以使我们做到凡事“心中有数”，讲话办事要尽可能地用数据说话．

### 11.1.1　平均指标及其计算

平均指标指测量总体或者样本的个体平均水平，或者称之为集中趋势的指标，这类指标主要有以下五个：

(1) 算术平均值(average)(简称均值).计算公式为

$$\bar{x} = \frac{1}{n}\sum_{i=1}^{n} x_i \tag{11.1}$$

Excel 函数为“average($x_1,x_2,\cdots,x_n$)”.

(2) 几何平均值(geometric mean).计算公式为

$$M_g = \sqrt[n]{x_1 x_2 \cdots x_n}, \quad x_i > 0 \tag{11.2}$$

Excel 函数为“geomean($x_1,x_2,\cdots,x_n$)”.

(3) 调和平均值(harmonic mean).计算公式为

$$M_h = \frac{n}{\sum_{i=1}^{n} 1/x_i}, \quad x_i > 0 \tag{11.3}$$

Excel 函数为“harmean($x_1,x_2,\cdots,x_n$)”.

可以证明,对于同一组正数 $x_1,x_2,\cdots,x_n$,有平均值不等式：

算术平均值 $\bar{x} \geqslant$ 几何平均值 $M_g \geqslant$ 调和平均值 $M_h$

即

$$\left(\frac{1}{n}\sum_{i=1}^{n}\frac{1}{x_i}\right)^{-1} \leqslant \sqrt[n]{\prod_{i=1}^{n} x_i} \leqslant \frac{1}{n}\sum_{i=1}^{n} x_i \tag{11.4}$$

当且仅当 $x_1 = x_2 = \cdots = x_n$时,上述不等式中的等号成立.

(4) 众数(mode)$M_0$.指一组数据中出现次数最多的数.Excel 函数为“mode($x_1,x_2,\cdots,x_n$)”.值得注意的是,并不是每一组数据都有众数.当一组数据中的数据都是单个时,这组数据便无众数.另外,当有两个以上的数据出现的次数都最多时,“mode($x_1$,$x_2,\cdots,x_n$)”展现的是第一个出现最多次数的数据.

(5) 中位数(median)$M_e$.指一组数据按大小依次重新排列后,处在最中间位置的一个数(或最中间位置的两个数的平均数).Excel 函数为“median($x_1,x_2,\cdots,x_n$)”.

在上述五个平均指标中,使用频率最高的是算术平均值,主要原因,一是它计算最简单,且计算时对数据没有特别的要求;二是它的代表性最高,它与被平均的各个数值产生的偏差总的来说是最小的(稍后将要证明这一点).也正是由于这两个原因,后面各章节中大量出现的样本均值或者总体均值这些概念时无一例外地都是指它们的算术平均值.另外,当总体或样本中的所有数据都等于正数 $a$ 时,上述五个平均指标也取相同的值 $a$.

**例 11.1** 设某市 2015 年四个季度的财政收入增长率分别为 9.08%,18.15%,7.05%,11.92%.试求出 2015 年该市财政收入四个季度的平均增长率 $R$.

**解** 设该市 2015 年初及四个季度末的财政收入分别为 $a_0,a_1,a_2,a_3,a_4$,则 $a_0(1+R)^4 = a_4$.

$$\begin{aligned} R &= \sqrt[4]{\frac{a_4}{a_0}} - 1 = \sqrt[4]{\frac{a_1}{a_0}\times\frac{a_2}{a_1}\times\frac{a_3}{a_2}\times\frac{a_4}{a_3}} - 1 \\ &= \sqrt[4]{(1+9.08\%)(1+18.15\%)(1+7.05\%)(1+11.92\%)} - 1 \\ &= \text{geomean}(1.0908,1.1815,1.0705,1.1192) - 1 = 11.47\% \end{aligned}$$

一般地,已知各期的增长率分别为 $r_1,r_2,\cdots,r_n$,则各期的平均增长率

$$\bar{r} = \sqrt[n]{(r_1+1)(r_2+1)\cdots(r_n+1)} - 1$$

**例 11.2**　老张早晨锻炼时，从山脚以 12 千米/小时的速度骑自行车到山顶，然后以 18 千米/小时的速度按原路返回. 求老张来回的平均速度 $v$.

**解**　不妨设从山脚到山顶的距离为 $s$ 千米，则

$$v=\frac{\text{来回的总路程}}{\text{来回的总时间}}=\frac{2s}{\frac{s}{12}+\frac{s}{18}}=\frac{1}{\frac{\frac{1}{12}+\frac{1}{18}}{2}}$$

$$=\text{harmean}(12,18)=14.4(\text{千米 / 小时})$$

上面的两个例子虽然简单，但是经常有人甚至包括一些高学历的人用错误的方法算出错误的结果.

如果数据 $x_i$ 有 $f_i$ 个($i=1,2,3,\cdots,n$)，计算平均指标就产生了加权平均数. 如算术平均数的计算公式变为

$$\bar{x}=\sum_{i=1}^{n}x_if_i\Big/\sum_{i=1}^{n}f_i=\text{“sumproduct(数据 x,数据 f)/sum(数据 f)”}$$

一般地，可定义非负实数 $w_1,w_2,\cdots,w_n$ 为“权重”，其中，数据 $x_i$ 的权重是 $w_i$($i=1,2,3,\cdots,n$). 此时

加权算术平均数定义为

$$\bar{x}=\sum_{i=1}^{n}w_ix_i\Big/\sum_{i=1}^{n}w_i \tag{11.5}$$

加权几何平均数定义为

$$M_{\text{gw}}=\sqrt[\sum_{i=1}^{n}w_i]{\prod_{i=1}^{n}x_i^{w_i}} \tag{11.6}$$

加权调和平均数定义为

$$M_{\text{hw}}=\left(\left(\sum_{i=1}^{n}w_i/x_i\right)\Big/\sum_{i=1}^{n}w_i\right)^{-1} \tag{11.7}$$

此时，有相应的加权形式的平均值不等式成立：

$$\left(\left(\sum_{i=1}^{n}w_i/x_i\right)\Big/\sum_{i=1}^{n}w_i\right)^{-1}\leqslant\sqrt[\sum_{i=1}^{n}w_i]{\prod_{i=1}^{n}x_i^{w_i}}\leqslant\sum_{i=1}^{n}w_ix_i\Big/\sum_{i=1}^{n}w_i \tag{11.8}$$

当所有的权重都相等时，式(11.8)就变成了式(11.4).

加权算术平均数在各种综合测评中获得了广泛的应用. 例如，在本科阶段每个学生都要计算的平均绩点(grade point average, GPA)，就是一个以第 $i$ 门课程的考试绩点 $x_i$ 作为计算的个体，以相应课程的学分作为权重 $w_i$ 的加权算术平均数：

$$GPA=\sum_{i=1}^{n}w_ix_i\Big/\sum_{i=1}^{n}w_i$$

再如许多单位的年终考核便是将考核的内容分成 $n$ 个部分，并且事先定好各个部分的权重，然后进行考核评分，通过加权算术平均值计算出每个职工的加权平均分，再进行各种排序计发每人的年终奖金.

在大多数文体比赛中，经常采用将最高分与最低分的权重取为 0、其他分数的权重均取为 1 的加权算术平均值来给选手综合打分，这是一种将平均数与中位数相结合的比较理想的平均指标计算方法，在一定程度上可以避免极端分数带来的不良影响.

值得注意的是，中位数这个平均指标在我国房价的计算和比较中正日益受到重视. 实际上，国际通行的平均房价统计方法并不是我国普遍采用的“算术平均法”，而是“中位数价格

法”.联合国、世界银行、国际货币基金组织等国际机构也都是用中位数房价作为房价指标.中位数价格法比算术平均法更能反映房地产市场的真实情况.这是因为中位数较平均数的优点是其不易受到极大数和极小数的影响,反映了一组数据的中等水平.也就是说,如果一段时间内,豪宅销售量比较大,平均房价很可能会直线飙升,但是中位数房价就不太容易受影响.毕竟购买豪宅是少数人的事情,我们更应该关注的是主流商品房的价格水平,而中位数房价更能够准确地反映与大多数人有直接关系的那些房子的价格.

在2019年底以来的抗击新冠肺炎(COVID-19)中,各国的有关研究论文与媒体,在描述感染人群的年龄与潜伏期时,普遍采用了中位数年龄、中位数潜伏期等中位数平均指标。

### 11.1.2 数据变动(变异)度指标

度量总体或样本个体间波动程度即离散程度的指标,主要有以下五种:

(1) 极差(range)

$$R = \max(x_1, x_2, \cdots, x_n) - \min(x_1, x_2, \cdots, x_n) \tag{11.9}$$

Excel 函数为“max(x1,x2,…,xn) − min(x1,x2,…,xn)”.

极差 $R$ 愈小则数据的波动程度也愈小.

(2) 方差(variance)

对于总体 $x_1, x_2, \cdots, x_N$,方差的计算公式为

$$\sigma^2 = \frac{1}{N}\sum_{i=1}^{N}(x_i - \mu)^2 \tag{11.10}$$

其中 $\mu = \sum_{i=1}^{N} x_i / N$ 是总体均值.Excel 函数为“varp(x1,x2,…,xN)”.

(3) 标准差(standard deviation)

对于总体 $x_1, x_2, \cdots, x_N$,标准差的计算公式为

$$\sigma = \sqrt{\frac{1}{N}\sum_{i=1}^{N}(x_i - \mu)^2} \tag{11.11}$$

其中 $\mu = \sum_{i=1}^{N} x_i / N$ 是总体均值. Excel 函数为“stdevp(x1,x2,…,xN)”.

注意:样本方差与样本标准差的计算公式略有不同.

对于样本 $x_1, x_2, \cdots, x_n (n \geqslant 2)$,方差的计算公式为

$$s^2 = \frac{1}{n-1}\sum_{i=1}^{n}(x_i - \bar{x})^2 \tag{11.12}$$

其中 $\bar{x} = \sum_{i=1}^{n} x_i / n$ 是样本均值.称

$$s = \sqrt{\frac{1}{n-1}\sum_{i=1}^{n}(x_i - \bar{x})^2} \tag{11.13}$$

为样本标准差.

样本方差 $s^2$ 的 Excel 函数为“var(x1,x2,…,xn)”,样本标准差 $s$ 的 Excel 函数为“stdev(x1,x2,…,xn)”.

样本方差 $s^2$ 的分母用 $n-1$ 而不是 $n$,是因为这样计算出来的样本方差是总体相应方差 $\sigma^2$ 的无偏估计,是一种性质很好的估计方法(后文将专门讨论这个问题).如果分母用 $n$,

则样本方差 $s^2$ 将始终是总体方差 $\sigma^2$ 的不足估计量.

方差或者标准差愈小,则数据的波动程度也愈小.由于标准差的计量单位与原始数据 $x_i$ 的计量单位相同,因此实际工作中,标准差比方差使用频率高.

不难证明,总体方差在 Excel 中的命令为

$$\text{“}\sigma^2 = (\mathrm{N}-1) * \mathrm{var}(\mathrm{x}_1, \mathrm{x}_2, \cdots, \mathrm{x}_n)/\mathrm{N}\text{”}$$

(4) 变异系数(coefficient of variation,CV)

$$样本变异系数\ CV = \frac{S}{\bar{x}} \times 100\%,\quad 总体变异系数\ CV = \frac{\sigma}{\mu} \times 100\% \tag{11.14}$$

变异系数愈小,则数据的波动程度愈小.方差或者标准差都只考虑了数据波动的绝对大小,没有考虑数据本身大小这个重要的因素,而变异系数则通过联系数据本身的大小进一步考虑了数据波动的相对大小,因此比单独使用标准差衡量数据的波动性更科学合理.

(5) 四分位差 $Q$(quartile deviation)

四分位差又称内距,也称四分间距(inter-quartile range),是指将总体或者样本的各个变量值按从小到大顺序排列,然后将此数列分成四等份,每个分点称为四分位数;所得 75% 位置上的 $Q_3$ 值与 25%位置上的 $Q_1$ 值的差的一半即四分位差.四分位差用公式表示为

$$Q = \frac{Q_3 - Q_1}{2} \tag{11.15}$$

四分位差反映了总体或者样本数据的中间 50%数据的离散程度.其数值越小,说明中间的数据越集中,即波动程度越小;数值越大,说明中间的数据越分散.与极差(最大值与最小值之差)相比,四分位差不受极值的影响.此外,由于中位数处于数据的中间位置,因此四分位差的大小在一定程度上也说明了中位数对一组数据的代表程度.四分位差在 Excel 中的函数为

$$\text{“Q} = \frac{\mathrm{Q}_3 - \mathrm{Q}_1}{2} = (\text{quartile(数据,3)} - \text{quartile(数据,1)})/2\text{”} \tag{11.16}$$

其中“$\mathrm{Q_i} = \mathrm{quartile}(\mathrm{x}_1, \mathrm{x}_2, \cdots, \mathrm{x}_n, \mathrm{i})$”($\mathrm{i}=0,1,2,3,4$)即是第 i 个四分位数.

事实上,$Q_4 - Q_0$ 就是极差 $R$,$Q_2$ 即是中位数 $M_e$.有的资料中也把 $Q_3 - Q_1$ 称为四分位极差.

## 11.2　统计指数的计算与认识

在日常生活和工作中,我们经常看到各种价格指数的统计数字.最熟悉的也许是股票价格指数.比如,2007 年 11 月 30 日上证综合指数(A 股)收盘数字为 4 871 点,3 月 23 日的为 3 074 点,2007 年 10 月中旬曾达到 6 124 点;深证成份指数(A 股)2007 年 11 月 30 日收盘数字为 15 637 点,3 月 23 日为 8 490 点;“沪深 300”为2 716点.(注:2006 年 3 月份上证综合指数在 1 300 点左右徘徊,深圳成份指数在3 400点上下波动.)

统计中的指数是一种用来测量事物发展变化的大小和方向的相对指标.所谓相对指标就是指两个有一定联系的总量指标的比值,而总量指标是指反映总体或者样本总规模的指

标.常见的指数有物价指数和物量指数两大类:物价指数用来反映、刻画商品物价的变动大小和变动方向,如我国每月定期发布的70个大中城市的房价指数;物量指数则用来反映商品的销量方面的变动大小和变动方向.

物价指数的计算方法主要有两种:一种称为拉氏(Laspeyre)物价指数,简称拉氏指数;另一种称为帕氏(Paasche)物价指数.

拉氏物价指数计算公式为

$$I_{\mathrm{L}} = \frac{\sum_{i=1}^{m} P_{ni}Q_{0i}}{\sum_{i=1}^{m} P_{0i}Q_{0i}} \times 100 \tag{11.17}$$

Excel函数为"sumprodut($\mathrm{P_{ni}}$的数据,$\mathrm{Q_{0i}}$的数据)/sumprodut($\mathrm{P_{0i}}$的数据,$\mathrm{Q_{0i}}$的数据) * 100".其中,$P_{0i}$与$Q_{0i}$分别表示$m$种代表商品中,第$i$种商品在基期的销售价格与销量,$P_{ni}$与$Q_{ni}$则分别表示$m$种代表商品中,第$i$种商品在报告期(也称计算期)的销售价格与销量,拉氏物价指数的分母是$m$种代表商品在基期的实际销售总额,分子是这$m$种代表商品在基期销售的但用报告期的价格进行计算的理论销售总额,两个不同时期由于商品销量没有变化仅是价格不同,如此可以反映销售总额的变动单纯是由商品的价格变动而产生的.当指数大于100时,表明报告期的物价总体而言高于基期的物价,并且超过100的部分愈多,表明物价上涨得愈快;若指数不超过100,表示报告期的物价综合起来看没有超过基期的.

帕氏物价指数计算公式为

$$I_{\mathrm{P}} = \frac{\sum_{i}^{m} P_{ni}Q_{ni}}{\sum_{i}^{m} P_{0i}Q_{ni}} \times 100 \tag{11.18}$$

Excel函数为"sumprodut($\mathrm{P_{ni}}$的数据,$\mathrm{Q_{ni}}$的数据)/sumprodut($\mathrm{P_{0i}}$的数据,$\mathrm{Q_{ni}}$的数据) * 100".帕氏物价指数的分子是$m$种代表商品在报告期的实际销售总额,分母是这$m$种代表商品在报告期销售的但用基期的价格进行计算的理论销售总额.这样做同样可以反映销售总额的变动单纯是由于商品的价格变动而引起的.

拉氏物价指数与帕氏物价指数能统一为个体物价指数$P_{ni}/P_{0i}(i=1,2,\cdots,m)$的加权平均指数:

$$I_{\mathrm{w}} = \frac{\sum_{i=1}^{m} \frac{P_{ni}}{P_{0i}} \times w_i}{\sum_{i=1}^{m} w_i} \times 100 \tag{11.19}$$

当取$w_i = P_{0i}Q_{0i} =$基期第$i$种商品的销售额时,$I_{\mathrm{w}}$就是拉氏物价指数$I_{\mathrm{L}}$;

当取$w_i = P_{0i}Q_{ni}$时,$I_{\mathrm{w}}$就是帕氏指数$I_{\mathrm{P}}$.因此,拉氏物价指数公式与帕氏物价指数公式实际上都是个体物价指数的加权平均指数的特例.

根据需要,当$w_i$取其他的权重时,还可以得到其他的物价指数计算公式.

在实际工作和生活中,除了常常需要考察商品的物价变动外,经常还要考察商品销售量的变动态势.这就产生了拉氏销售量指数与帕氏销售量指数.

拉氏销售量指数为

$$I_L = \frac{\sum_{i}^{n} Q_{ni} P_{0i}}{\sum_{i}^{n} Q_{0i} P_{0i}} \times 100 \tag{11.20}$$

帕氏销售量指数为

$$I_P = \frac{\sum_{i}^{n} Q_{ni} P_{ni}}{\sum_{i}^{n} Q_{0i} P_{ni}} \times 100 \tag{11.21}$$

拉氏销售量指数与帕氏销售量指数也能统一为个体销售量指数$\frac{Q_{ni}}{Q_{0i}}(i=1,2,\cdots,m)$的加权平均指数：

$$I_w = \frac{\sum_{i=1}^{m} \frac{Q_{ni}}{Q_{0i}} \times w_i}{\sum_{i=1}^{m} w_i} \times 100 \tag{11.22}$$

当取 $w_i = P_{0i}Q_{0i}$ = 基期第 $i$ 种商品的销售额时，$I_w$ 就是拉氏销售量指数 $I_L$；

当取 $w_i = P_{ni}Q_{0i}$ 时，$I_w$ 就是帕氏销售量指数 $I_P$. 因此，拉氏销售量指数公式与帕氏销售量指数公式实际上都是个体销售量指数的加权平均指数的特例.

当 $w_i$ 取其他的权重时，也可以得到其他的销售量指数公式.

指数按基期的不同取法，常见的有环比指数(报告期指标值与上一期指标值的比值)、同比指数(今年的某期指标值与去年同期指标值的比值)、定基指数(今年某期的指标值与历史上某年同期指标值的比值).

例如，据 2016 年 1 月 18 日中青网报道，2015 年 12 月份深圳市新建住宅价格指数分别如下：环比指数为 103.2，同比指数为 146.8，定基指数为 181.2. 也就是说，与 2015 年的 11 月份相比，全市房价总体上涨了 3.2%；与 2014 年的 12 月相比，全市房价的平均水平上涨了 46.8%；而与 2010 年这个基年的房价相比，平均房价上涨了 81.2%.

## 11.3　数据的分组与分组数据的图示法

通过对数据适当分组，可以看出数据的分布规律. 根据需要通常分成 5～12 组. 分组时可以用 Excel 函数“countif(数据范围，“条件”)”进行具体操作. 其中的“条件”应注意原始数据是精确到小数点后面几位的，函数“countif”意思就是有条件地进行数数.

例如，根据学校课程学分绩点的规定，现将某校信息学院 2014 级 206 个学生的线性代数成绩进行如下的分组：

| 成绩 | 频数 |
| --- | --- |
| 0～59 | 6 |
| 60～64 | 1 |
| 65～69 | 9 |
| 70～74 | 24 |
| 75～79 | 36 |
| 80～84 | 45 |
| 85～89 | 44 |
| 90～94 | 28 |
| 95～100 | 13 |

假定这 206 个学生的成绩位于 Excel 表格 D 列的第 4～209 行，则其中不及格的人数 6 是通过在 Excel 表格中利用命令"countif(D4:D209,"＜60")"得到的；95 分及以上的人数 13 是利用命令"countif(D4:D209,"＞=95")"得到的；≥90 分且≤94 分的人数 28 是利用命令"countif(D4:D209,"＜=94")-countif(D4:D209,"＜90")"得到的；其余类推，可获得上述的成绩分组表格.

当总体或者样本的数据个数不大时，命令 countif 的作用不大，但是当分组对象的数据达几千个甚至几万个时，利用命令 countif 进行分组非常方便、快捷、准确. 人工计数则容易出错.

利用 Excel 中的图表向导可以对分组数据进行各种图示，给人以一目了然的感觉. 常用的统计图形主要有柱形图、折线图、饼分图、平滑曲线图、三维柱形图、散点图、两轴折线图等等(图 11.1～图 11.7). 利用图表向导中的自定义功能，根据实际工作的需要，还可以做出各种各样的统计图形来.

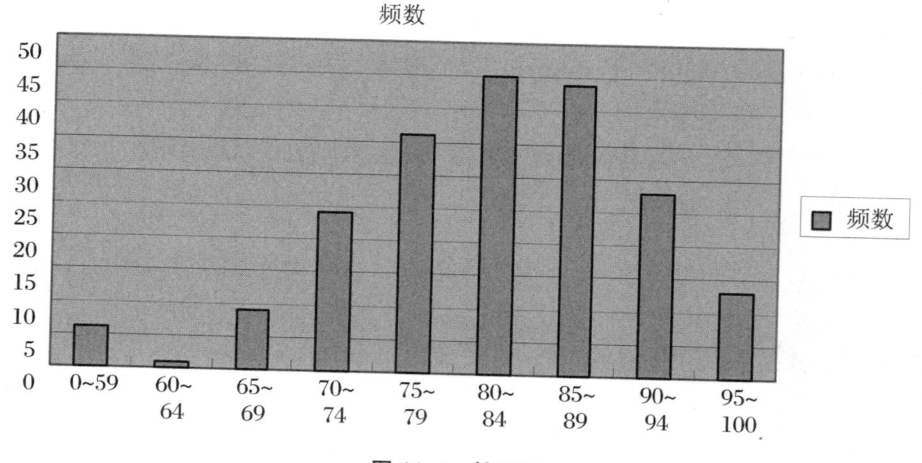


**图 11.1 柱形图**

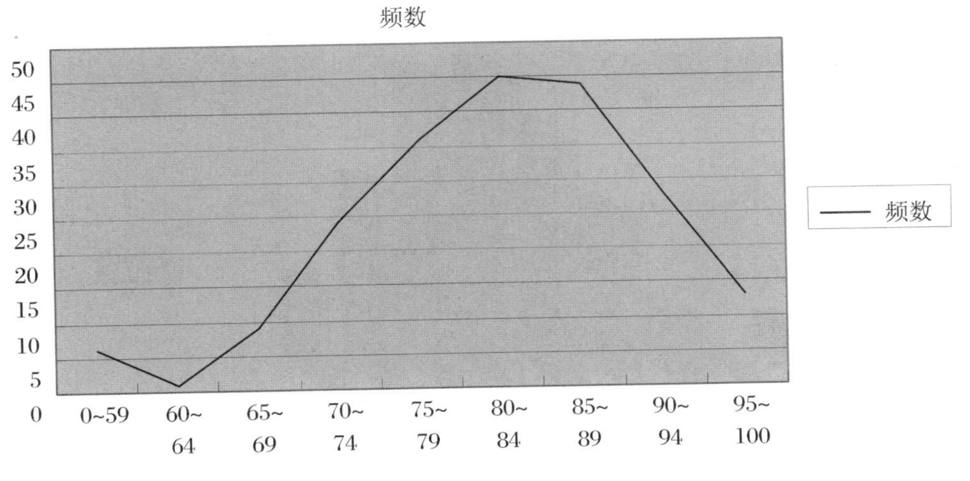


**图 11.2　折线图**

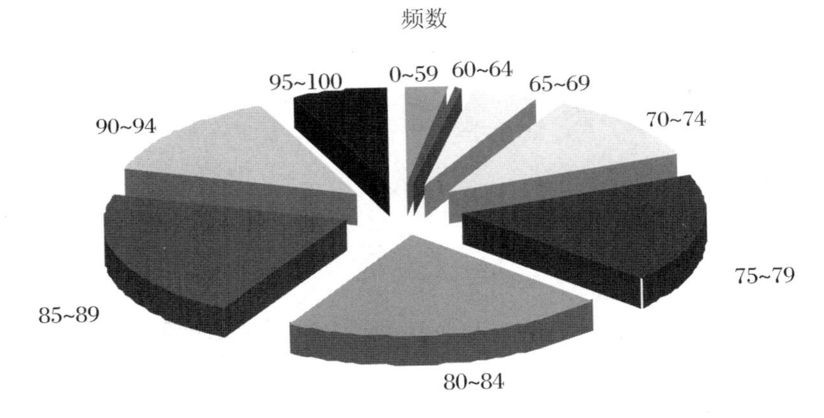


**图 11.3　饼分图**

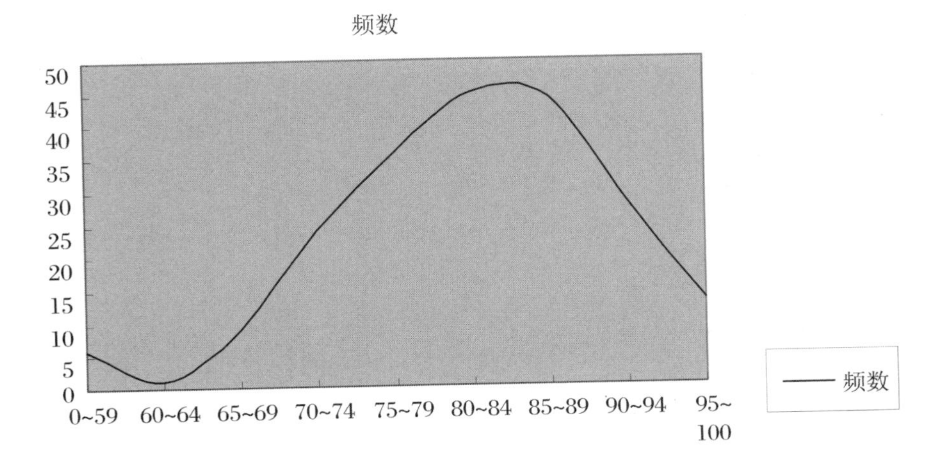


**图 11.4　平滑曲线图**

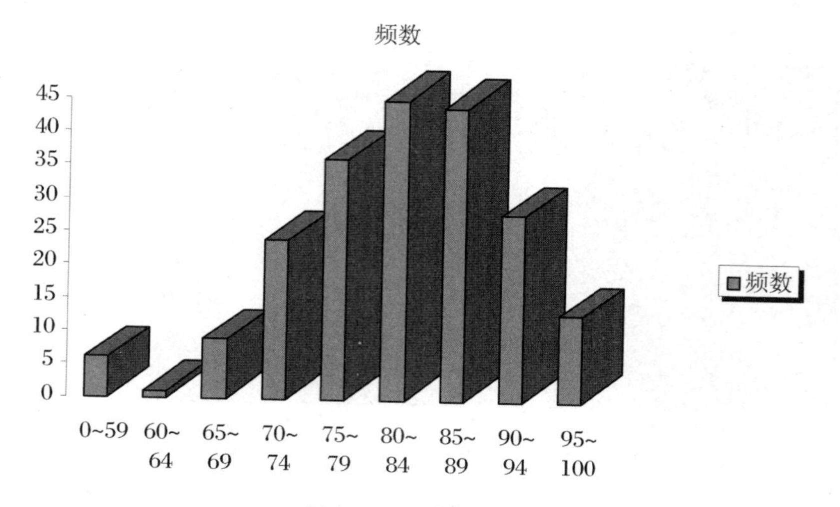


图 11.5 三维柱形图

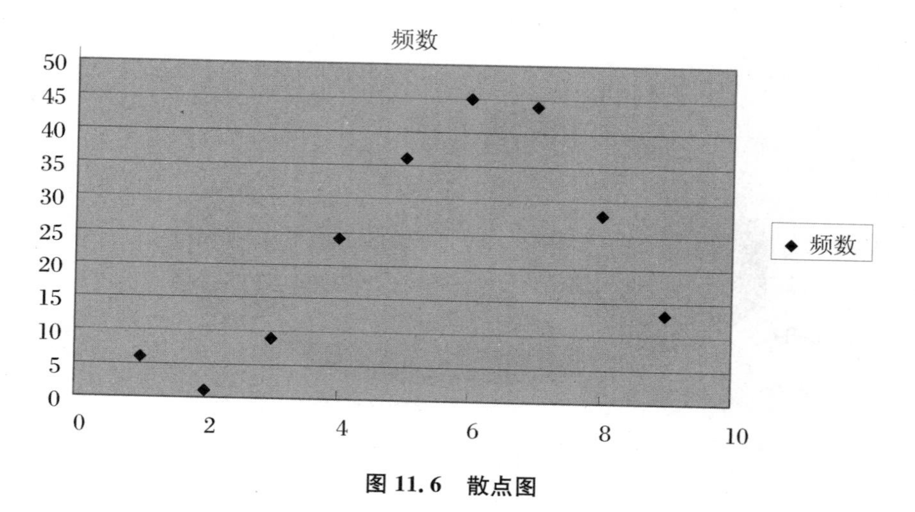


图 11.6 散点图

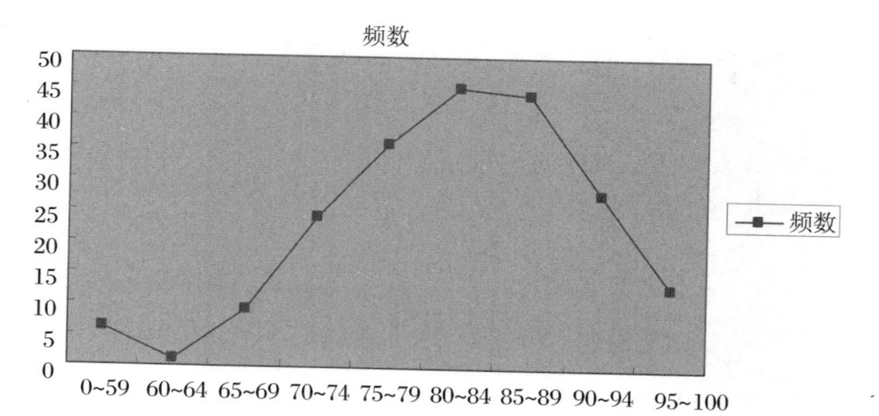


图 11.7 两轴折线图

## 11.4　数据的线性普涨和普降方法

**例 11.3**　如果由于考卷难度偏大，一个学院学生的某门课程的考试成绩普遍比较低（例如平均分小于 60 分），则可以用以下方法将成绩进行适当的“均匀的普涨”.

匀速（线性）普涨法：每个同学都按照同一个增长率 $a$（速度）进行成绩普涨，公式为

$$\text{新成绩 } y = \text{增长率 } a \times \text{老成绩 } x + k$$

其中 $k$ 是一个相对固定的常数.例如，若把 40 分当作 60 分，95 当作 100 分，则有

$$\begin{cases} 40a + k = 60 \\ 95a + k = 100 \end{cases}, \quad \text{即} \quad \begin{pmatrix} 40 & 1 \\ 95 & 1 \end{pmatrix}\begin{pmatrix} a \\ k \end{pmatrix} = \begin{pmatrix} 60 \\ 100 \end{pmatrix}$$

所以

$$\begin{pmatrix} a \\ k \end{pmatrix} = \begin{pmatrix} 40 & 1 \\ 95 & 1 \end{pmatrix}^{-1}\begin{pmatrix} 60 \\ 100 \end{pmatrix} = \text{min verse}\begin{pmatrix} 40 & 1 \\ 95 & 1 \end{pmatrix} * \begin{pmatrix} 60 \\ 100 \end{pmatrix} = \begin{pmatrix} 0.73 \\ 31 \end{pmatrix}$$

即全院学生这门课程的老成绩到新成绩的公式可以统一定为 $y = 0.73x + 31$.

同样也只需用这个公式计算出第一个学生的新成绩，其他学生的成绩都可以通过复制功能得到.

上面的 $a$ 与 $k$ 也可以通过消元法很方便地获得.

在有的情况下，需要将一批数据普降，如将药品的价格普降，将各级政府关于某个系列的审批费用普降，将中小学在义务教育阶段的各种收费普降，等等.同样可以用上面的均匀普涨法，只不过这时的增长率 $a$ 是一个负的值.

用线性方法把老的数据进行普涨或者普降，共同点就是增长率或者降低率对于所有人或者所有单位是一样的.从这一点来看，均匀普涨（普降）是一种比较公平的数据变动方法，容易被大多数人接受.

## 11.5　定量数据转化为定性数据的方法

命令 if（条件 a，“b”，“c”）表示：如果条件 a 成立，则有结果 b，否则是结果 c.

（1）如果将上述 206 个学生的线性代数成绩分成及格与不及格两类，可以用“if(D4>=59.5，“及格”，“不及格”)”来进行操作.其中，D4 是第一个学生的成绩，把第一个学生的原来的百分制成绩转换成等级化成绩后，利用 Excel 表格的复制功能可以得到所有 206 个学生的等级化成绩.

（2）如果要将全部成绩分成好、中、差三类（假定 85 分及以上的成绩是“好成绩”，60～84 分的是“中等成绩”，60 分以下属于“差成绩”）.然后利用命令“if(D4 >=85，“好”，if(D4 >=60，“中”，“差”))”来进行操作.其中，D4 是第一个学生的成绩，利用 Excel 表格的复制

功能可以得到所有 206 个学生的等级化成绩.

(3) 如果将全部成绩分成优、良、中、差四个等级,可以用命令“if(D4>=90,“优”,if(D4>=75,“良”,if(D4>=60,“中”,“差”)))”来进行操作;其中,D4 是第一个学生的成绩,并且假定 90 分及以上的是优秀,75～89 分的是良好,60～74 分的是中等,不及格的属于差成绩.

(4) 如果将全部成绩分成五个等级,则只要用命令 if 像上面那样嵌套四层即可;若分成六个等级,则只要用命令 if 嵌套五层即可.其余类推.

命令 if 最多可以嵌套七层,使用时应该注意命令 if 括号内的逗号、引号都必须在英文状态下进行,这其实也是一切 Excel 命令的括号内的所有符号必须遵循的法则.

最后,介绍数据处理的一个常用知识:将特定的数据添加颜色.

在 Excel 表格中选定数据范围→格式→条件格式→填写要填颜色的数据所满足的条件→格式→选定要添加的颜色→确定→确定.

# 习　题　11

1. 设有数据:

2,3,5,7,11,13,17,19,23,29,31,37,41,43,47,53,59,61,67,71,73,79,83,87,89,91,97

求它们的算术平均数 $\bar{a}$、几何平均数 $\bar{g}$、调和平均数 $\bar{h}$,并比较这三个平均数的大小.

2. 以下是某班 44 个同学的期末复变函数课程考试的卷面成绩:

| 序号 | 考试成绩 | 序号 | 考试成绩 |
|---|---|---|---|
| 1 | 68 | 15 | 94 |
| 2 | 95 | 16 | 45 |
| 3 | 72 | 17 | 36 |
| 4 | 48 | 18 | 76 |
| 5 | 76 | 19 | 46 |
| 6 | 94 | 20 | 84 |
| 7 | 54 | 21 | 89 |
| 8 | 89 | 22 | 89 |
| 9 | 80 | 23 | 84 |
| 10 | 68 | 24 | 57 |
| 11 | 76 | 25 | 94 |
| 12 | 61 | 26 | 64 |
| 13 | 11 | 27 | 64 |
| 14 | 70 | 28 | 88 |

续表

| 序号 | 考试成绩 | 序号 | 考试成绩 |
| --- | --- | --- | --- |
| 29 | 79 | 37 | 82 |
| 30 | 95 | 38 | 61 |
| 31 | 74 | 39 | 83 |
| 32 | 59 | 40 | 32 |
| 33 | 82 | 41 | 88 |
| 34 | 56 | 42 | 53 |
| 35 | 81 | 43 | 63 |
| 36 | 85 | 44 | 93 |

(1) 试将卷面考试成绩用开方乘 10 法与匀速(线性)普涨法分别进行普涨,其中,匀速普涨法中假定 45 分当作 60 分计,95 分当作 100 分计.

(2) 按 10 分一段将上述卷面成绩分成五组,并且用柱形图、折线图、彩色饼分图、黑白饼分图、散点图、平滑折线图、三维柱形图分别进行图示.

(3) 计算上述卷面考试分数的算术平均、几何平均、调和平均、众数、中位数、极差、方差、标准差、标准差系数、四分位数偏差,并计算优秀率与不及格率(假设 90 分及以上的是优秀).

(4) 假定 90 分及以上的是"优秀",80～89 分是"良好",70～79 分是"中等",60～69 分是"基本合格",60 分以下属于"较差成绩".试将上述全部卷面考试成绩分成优秀、良好、中等、基本合格、较差五个等级.

# 第 12 章　随机变量概率分布及其应用

随机变量(random variable)也是一种变量,在一定范围内,其任一个值都对应着一个随机事件,因此随机变量取某个值或者某些值是随机的,但是都有确定的概率.随机变量主要分成离散型与连续型两种.对于离散型随机变量,本书主要介绍两点分布、二项分布与泊松分布;对于连续型随机变量,本章主要介绍指数分布与正态分布.在第 13 章的抽样分布中,还将进一步介绍 $\chi^2$ 分布、$t$ 分布、$F$ 分布这三种连续型的随机变量.

## 12.1　两点分布、二项分布及其应用

### 12.1.1　两点分布

考虑只有两种可能结果的随机试验,我们可以把其中一种结果叫"成功",概率为 $p$,另一种结果叫"失败",概率为 $q$,$q=1-p$.并且人为地用($X=1$)表示"成功",用($X=0$)表示"失败"(当然也可以用别的数字表示这两个随机结果,但都不如用 0,1 来得更简单).此时,两点分布(two-point distribution)也称为 0-1 分布,可以用统一的数学表达式

$$P(X=k)=p^k(1-p)^{1-k},\quad k=0,1 \tag{12.1}$$

来刻画这种分布,记作 $X\sim B(1,p)$

易知,随机变量 $X$ 的期望值 $E(X)=p$,$X$ 的方差 $D(X)=pq\leqslant 1/4$.

0-1 分布可以用来刻画任意一个"是非总体".所谓是非总体,是指只有两类元素,一类称为"是",另一类称为"非"的总体.例如,中国科大的所有在校研究生依性别可以分成两类:男生和女生;依年龄不同可以分成 30 周岁及以上的和不到 30 岁的两类;根据学历分成硕士研究生和博士研究生两类;还可以分成在职的和全日制的两类、理科类与非理科类的两种、专业学位的和科学学位的两类、江苏籍的和非江苏籍的两类等等.

### 12.1.2　二项分布

若随机变量 $X$ 的取值是有限的或者可数的,则称 $X$ 是离散型随机变量.上面的两点分布就是一个离散型随机变量的例子.在众多的随机变量中,有两类非常重要的、使用频率很

高的离散型分布：一类称为二项分布(binomial distribution)，一类称为泊松分布(Poisson distribution).

**例 12.1**　将一颗色子掷 3 次，设 $A_i$ 表示第 $i$ 次出 5 点($i=1,2,3$)，$\overline{A_i}$是第 $i$ 次不出 5 点，$X$ 是其中出 5 点的次数，则($X=2$)的概率为

$$\begin{aligned}
P(X=2) &= P(A_1A_2\overline{A_3}+A_1\overline{A_2}A_3+\overline{A_1}A_2A_3) \\
&= P(A_1A_2\overline{A_3})+P(A_1\overline{A_2}A_3)+P(\overline{A_1}A_2A_3) \quad \text{(概率的加法原理)} \\
&= P(A_1)P(A_2)P(\overline{A_3})+P(A_1)P(\overline{A_2})P(A_3) \\
&\quad +P(\overline{A_1})P(A_2)P(A_3) \quad \text{(概率的乘法原理)} \\
&= \frac{1}{6}\cdot\frac{1}{6}\cdot\frac{5}{6}+\frac{1}{6}\cdot\frac{5}{6}\cdot\frac{1}{6}+\frac{5}{6}\cdot\frac{1}{6}\cdot\frac{1}{6} \\
&= 3\left(\frac{1}{6}\right)^2\frac{5}{6}=\mathrm{C}_3^2\left(\frac{1}{6}\right)^2\left(1-\frac{1}{6}\right)^{3-2}
\end{aligned}$$

假设在一次试验中随机事件 $A$ 发生的概率是 $p$，则在 $n$ 次独立重复的这个系列试验中，随机事件 $A$ 发生的次数 $X$ 是一个取值随机而定的随机变量.不难证明："随机事件 $A$ 恰好发生 $k$ 次"这个随机变量($X=k$)的概率为

$$P(X=k)=\mathrm{C}_n^kp^k(1-p)^{n-k},\quad k=0,1,2,\cdots,n \tag{12.2}$$

此时，称随机变量 $X$ 服从二项分布，记作 $X\sim B(n,p)$.

显然，当 $n=1$ 时，二项分布即是 0-1 分布，故 0-1 分布记作 $X\sim B(1,p)$.

可以证明，$X$ 的期望值 $E(X)=np$，$X$ 的方差 $D(X)=npq$，($q=1-p$).

在 Excel 函数中，二项分布 $P(X=k)=\mathrm{C}_n^kp^k(1-p)^{n-k}$ 由 binomdist(k,n,p,j)表示，其中，$j=0$ 或者 $j=1$. $j=0$ 表示求($X=k$)这单个随机事件的概率；$j=1$ 表示求($X\leqslant k$)这个复合随机事件的概率.即

$$P(X=k)=\mathrm{C}_n^kp^k(1-p)^{n-k}=\text{binomdist}(k,n,p,0) \tag{12.3}$$

$$P(X\leqslant k)=\sum_{m=0}^{k}\mathrm{C}_n^mp^m(1-p)^{n-m}=\text{binomdist}(k,n,p,1) \tag{12.4}$$

对于任意的不超过 $n$ 的非负整数 $m_1,m_2$，随机事件($m_1<X\leqslant m_2$)的概率

$$\begin{aligned}
P(m_1<X\leqslant m_2) &= P(X\leqslant m_2)-P(X\leqslant m_1) \\
&= \text{binomdist}(m_2,n,p,1)-\text{binomdist}(m_1,n,p,1)
\end{aligned}$$

事实上，单个随机事件($X=k$)，已经被包含在复合随机事件($X\leqslant k$)中，即

$$\begin{aligned}
&(X=k)=(X\leqslant k)-(X\leqslant k-1) \\
\Rightarrow\quad &P(X=k)=P(X\leqslant k)-P(X\leqslant K-1)
\end{aligned}$$

也即 binomdist(k,n,p,0) = binomdist(k,n,p,1) − binomdist(k−1,n,p,1) ($1\leqslant k\leqslant n$).

### 12.1.3　应用举例

**例 12.2**　某店有店员四个，据以往的经验，每个店员平均在一小时内只有 15 分钟要用到电子秤给顾客买的商品称重.问该店应配置几台电子秤才比较合理?

**解**　店员在上班时间的任一时刻要用秤的概率为 $p=15/60=1/4$，四人中同时要用电子秤的人数用 $X$ 表示，则 $X$ 服从参数为 $n=4,p=1/4$ 的二项分布.至多有两人同时要用秤的概率为

$$P(X \leqslant 2) = \text{binomdist}(2,4,1/4,1) \approx 0.95$$

从这个计算结果可知，在 100 个工作日中，平均而言有 95 个工作日的任一时刻该店使用电子秤的数量都不超过 2 台，因此该店只要配置 2 台电子秤就够了.

这种资源合理配置的思想和计算方法可以推广到任何部门的资源配置中去.

**例 12.3** 设有 80 台同类型设备相互独立地工作，出故障的概率均为 0.01，且一台设备出了故障可由一个维修工来处理. 现有两种配置维修工的方案：

（Ⅰ）由 4 人维护，每人只负责自己的那 20 台；

（Ⅱ）由 3 人共同维护 80 台.

试比较这两种方案，并指出哪种方案更科学合理.

**解** (1) 设 $X$ 是 20 台这种设备中同时出故障的台数，则 $X$ 服从参数为 $n=20, p=0.01$的二项分布. 每人负责的 20 台设备中，若出故障的台数大于或等于 2，则来不及进行维修. 因此在方案（Ⅰ）下设备坏了来不及维修的概率为

$$P(X \geqslant 2) = 1 - P(X \leqslant 1) = \sum_{k=0}^{1} C_{20}^{k}\, 0.01^{k} 0.99^{20-k}$$

$$= 1 - \text{binomdist}(1,20,0.01,1) = 1 - 0.983\,14 = 0.016\,86$$

(2) 设 $Y$ 是 80 台设备中同时出故障的台数，则 $Y$ 服从参数为 $n=80, p=0.01$的二项分布. 在方案（Ⅱ）下，80 台设备中出故障的台数大于或等于 4 时，则来不及进行维修. 因此在方案（Ⅱ）下设备坏了来不及维修的概率为

$$P(X \geqslant 4) = 1 - P(Y \leqslant 3) = 1 - \sum_{k=0}^{3} C_{30}^{k} 0.01^{k} 0.99^{80-k}$$

$$= 1 - \text{binomdist}(3,80,0.01,1) \approx 0.008\,7 < 0.016\,86$$

可见，在方案（Ⅱ）下总维修人数减少了，任务加重了，但是，工作效率却比方案（Ⅰ）显著提高了.

**例 12.4** 某电站供应一万户居民用电，假定用电高峰时每户用电的概率是 0.90.

(1) 试计算：用电高峰时用电居民在 9 030 户及以上的概率；

(2) 若每户每天用 10 度(kW·h)电，问电站每天至少要有多大的发电量，才能以 95%以上的把握保证正常供电？

**解** 设 $X$ 为这 10 000 户居民中同时用电的户数，则 $X \sim B(10\,000, 0.90)$.

(1) $P(X \geqslant 9\,030) = 1 - P(X \leqslant 9\,029)$

$$= 1 - \text{binomdist}(9\,029, 10\,000, 0.90, 1) = 0.162\,8.$$

假设电站每天发电量可供 $m$ 户居民用电，则 $P(X \leqslant m) \geqslant 0.95$，即

$$\text{binomdist}(m, 10\,000, 0.90, 1) \geqslant 0.95 \quad \Rightarrow \quad m \geqslant 9\,049$$

即电站每天只要发电 $10 \times 9\,050 = 90\,500$(度)，就可以有 95%以上的把握保证正常供电.

**例 12.5** GCT 的数学试卷由 25 道选择题组成，每小题给出的四个备选项中，只有一个是正确的. 如果由一个文盲来解答这份试卷，问：

(1) 他至少能够答对 13 道题的概率有多大？

(2) 如果规定答对 15 道题以上(含答对 15 道题)就算他及格，则他能够及格的概率有多大？

(3) 他能够答对 10～20 道题(含答对 10 道题与 20 道题)的概率有多大？

设 $X$ 是他能够答对的题数，则 $X \sim B(25, 1/4)$.

(1) $P(X \geqslant 13)=1-P(X \leqslant 12)=1-\text{binomdist}(12,25,1/4,1)$

$$=0.00337=\frac{337}{100000};$$

(2) $P(X \geqslant 15)=1-P(X \leqslant 14)=1-\text{binomdist}(14,25,1/4,1)$

$$=0.000215=\frac{22}{100000};$$

(3) $P(10 \leqslant X \leqslant 20)=P(X \leqslant 20)-P(X \leqslant 9)$

$$=\text{binomdist}(20,25,1/4,1)-\text{binomdist}(9,25,1/4,1)$$

$$=0.071328=\frac{71328}{1000000}.$$

可以证明,在二项分布中,当 $n$ 很大、$p$ 很小时可以用下节介绍的泊松分布来近似.

## 12.2　泊松(Poisson)分布及其应用

设随机变量 $X$ 取值的范围是 $0,1,2,3,\cdots$,并且

$$P(X=k)=\frac{e^{-\lambda}\lambda^{k}}{k!},\quad k=0,1,2,\cdots \tag{12.5}$$

其中 $\lambda>0$ 是 $X$ 的期望值,可以通过样本的观察统计得到,$k!=k\cdot(k-1)\cdots3\cdot2\cdot1$,$e\approx2.718$.此时称 $X$ 服从参数为 $\lambda$ 的泊松分布,记作 $X\sim P(\lambda)$.

泊松分布常常用来描述稀有事件发生的次数,例如,一个城市的消防部门在每年的 2 月上旬一天 24 小时内接到火警的电话次数,一个国家在 100 年内发生战争的次数,一份报纸在第 4 版中出现印刷错误的个数,某匹布每平方米中出现的瑕疵个数,某批水稻种子中出现其他杂种的个数,一部小说的每一章中出现虚词的次数,北京市某名儿童在一年中感冒的次数,某市煤矿在一年中发生矿难的次数,等等,都服从或者近似服从泊松分布.

可以通过 Excel 命令“poisson(k,λ,0)”来计算 $P(X=k)=\dfrac{e^{-\lambda}\lambda^{k}}{k!}$,用“poisson(k,λ,1)”来计算

$$P(X\leqslant k)=P(X=0)+P(X=1)+\cdots+P(X=k)$$

容易证明:若 $X$ 服从参数为 $\lambda$ 的泊松分布,则 $X$ 的期望值与 $X$ 的方差都等于 $\lambda$.

事实上,

$$E(X)=\sum_{k=0}^{\infty}(X=k)P(X=k)=\sum_{k=0}^{\infty}k\frac{e^{-\lambda}\lambda^{k}}{k!}$$

$$=\lambda e^{-\lambda}\sum_{k=1}^{\infty}\frac{\lambda^{k-1}}{(k-1)!}=\lambda e^{-\lambda}e^{\lambda}=\lambda$$

$$D(X)=E(X^{2})-(E(X))^{2}=\sum_{k=0}^{\infty}(X=k^{2})P(X=k)-\lambda^{2}$$

$$=\sum_{k=0}^{\infty}k^{2}\frac{e^{-\lambda}\lambda^{k}}{k!}-\lambda^{2}=\lambda e^{-\lambda}\sum_{k=1}^{\infty}(k-1+1)\frac{\lambda^{k-1}}{(k-1)!}-\lambda^{2}$$

$$= \lambda^2 e^{-\lambda} \sum_{k=2}^{\infty} \frac{\lambda^{k-2}}{(k-2)!} + \lambda e^{-\lambda} \sum_{k=1}^{\infty} \frac{\lambda^{k-1}}{(k-1)!} - \lambda^2$$

$$= \lambda^2 e^{-\lambda} e^{\lambda} + \lambda e^{-\lambda} e^{\lambda} - \lambda^2 = \lambda$$

**例 12.6** 已知某商店 A 型号的电视机每周销量 $X$ 服从泊松分布.由该商店的销售记录可知,平均每周可以售出 20 台这种型号的电视机.试求:

(1) 这个商店某周恰好售出 24 台 A 型号电视机的概率;

(2) 该商店一周售出 A 型号电视机的数量在 15 台到 23 台(含 15 和 23)之间的概率.

**解** (1) 已知每周销量 $X$ 服从$\lambda=20$ 的泊松分布,要求 $P(X=24)$,

$$P(X=24) = \frac{e^{-20} \times 20^{24}}{24!} = \text{poisson}(24,20,0) = 5.57\%$$

(2) 即求 $P(15 \leqslant X \leqslant 23)$的概率:

$$P(15 \leqslant X \leqslant 23) = P(X \leqslant 23) - P(X \leqslant 14)$$
$$= \text{poisson}(23,20,1) - \text{poisson}(14,20,1) = 68.26\%$$

即对这个商店而言,每 100 周中,平均大约有 68 周 A 型号电视机销量在 15 台到 23 台之间.

**例 12.7** 可以证明,单位时间内通过某交叉路口的汽车数 $X$ 服从泊松分布.任何城市的任何地方,任何时间段都如此,区别仅仅是 $X$ 的期望值$\lambda$ 可能有不同的取值.假设 B 城市的某个交叉路口在单位时间内没有汽车通过的概率是 $e^{-8}$,求单位时间内,

(1) B 城市的这个路口恰好有 12 辆汽车通过的概率;

(2) B 城市通过这个路口的汽车至少有 15 辆的概率.

**解** 已知 $P(X=0)=\dfrac{e^{-\lambda} \times \lambda^0}{0!}=e^{-8}$,解得 $\lambda=8$.

(1) $P(X=12)=\dfrac{e^{-8} \times 8^{12}}{12!}=\text{poisson}(12,8,0)=4.81\%$.

(2) $P(X \geqslant 15)=1-P(X \leqslant 14)=1-\text{poisson}(14,8,1)=1.73\%$.

注:这里所谓的单位时间可以是 1 分钟、1 刻钟,也可以是 5 分钟、10 分钟、1 小时等等.

当二项分布中的 $n$ 充分大时,二项分布就以泊松分布为极限.因此,当 $n$ 较大且 $p$ 较小时(通常要求 $n>10$ 且 $np \leqslant 5$),二项分布的有关计算也可转化为 $\lambda \approx np$ 的泊松分布来做近似计算,并且 $n$ 愈大近似的效果也愈好.

**例 12.8** 假设某加工企业产品的次品率为 0.001.现从该企业的产品中任意抽取 5 000 个,试求:

(1) 次品恰好有 3 个的概率;

(2) 次品不少于 8 个而不大于 30 个的概率;

(3) 正品至少有 4 930 个的概率.

**解** 设 $X$ 是这 5 000 个产品中的次品数,则 $X$ 服从 $n=5\,000$, $p=0.01$ 的二项分布.如果用二项分布求解,则

(1) $P(X=3)=\text{binomdist}(3,5\,000,0.001,0)=14.036\,0\%$.

(2) $P(8 \leqslant X \leqslant 30)=P(X \leqslant 30)-P(X \leqslant 7)$

$=\text{binomdist}(30,5\,000,0.001,1)-\text{binomdist}(7,5\,000,0.001,1)$

$=13.326\,7\%$.

(3) 所求概率 $P$(正品至少有 4 930 个) $=P$(次品不超过 70 个) $=P(X \leqslant 70)=$ $\text{binomdist}(70,5\,000,0.001,1)=99.716\,4\%$.

由于此处 $n=5\ 000$ 相当大，$np\leqslant 5$，因此可以用泊松分布来近似计算以上概率. $\lambda\approx np=5\ 000\times 0.001=5$.

(1) $P(X=3)\approx$poisson(3,5,0) = 14.037 4%；

(2) 所求的是

$$P(8\leqslant X\leqslant 30)=P(X\leqslant 30)-P(X\leqslant 7)$$
$$\approx \text{poisson}(30,5,1)-\text{poisson}(7,5,1)=13.337\ 2\%$$

(3) 所求概率为

$$P(\text{正品至少有 4 930 个})=P(\text{次品不超过 70 个})=P(X\leqslant 70)$$
$$\approx \text{poisson}(70,5,1)=99.999\ 9\%$$

以上三个近似计算的结果表明，当二项分布的参数 $n$ 很大时，用泊松分布做二项分布的近似，效果很好，近似的精度很高.

在大数定律和中心极限定理中，二项分布还可以用正态分布来做近似分布，当 $n$ 很大时，近似效果同样相当好.

## 12.3　正态分布及其应用

正态分布是自然界和人类社会现象中最常见的一种分布. 粗略地说，正态分布是一种中间大、两头小，并且两头关于中间对称的连续型分布. 所谓的连续型分布就是随机变量的取值可以充满某个区间的分布. 例如，一大群同龄人的身高、体重、腰围、肩宽、胸围、腿长、手长等指标都呈现出中间大、两头小的分布，即居于中间状态的比例最大，特大或特小的都只占少数，并且特大与特小的所占比例差不多. 部队的后勤部门大批量生产的军服、军帽、军鞋等，就是按照同一年龄段的人的各种指标都是遵从正态分布这个内在的普遍规律组织生产的. 而大批量制造的同一产品，其质量、长度、容积、厚度、高度等指标也是呈现出中间大、两头小的分布. 可以这样说，在正常条件下，一切同类事物的连续型指标如长度、质量、体积等都呈现这种状态. 因此，正态分布又称常态分布.

### 12.3.1　正态分布的概率密度函数 $f(x)$ 与分布函数 $F(x)$

若连续型随机变量 $X$ 的概率密度为

$$f(x)=\frac{1}{\sqrt{2\pi}\sigma}e^{-(x-\mu)^2/(2\sigma^2)},\quad \mu,\sigma(>0)\text{ 为常数}$$

则称 $X$ 服从参数为 $\mu,\sigma^2$ 的正态分布(normal distribution)，记为

$$X\sim N(\mu,\sigma^2)\tag{12.6}$$

一般的正态分布的分布函数为

$$F(x)=\int_{-\infty}^{x}\frac{1}{\sqrt{2\pi}\sigma}e^{-(t-\mu)^2/(2\sigma^2)}\mathrm{d}t\tag{12.7}$$

正态分布的密度函数的性质与图形如图 12.1 所示.

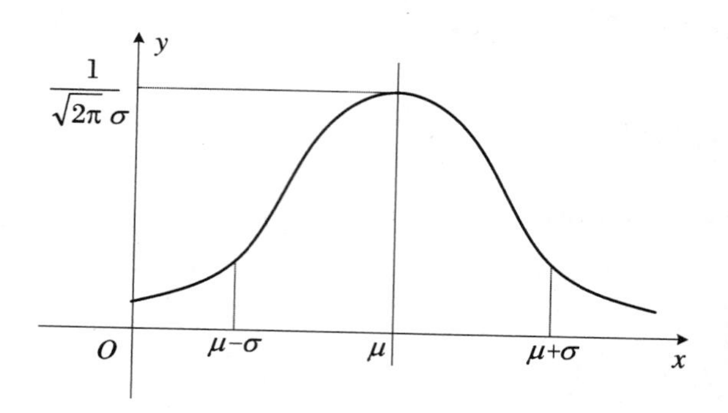


图 12.1

(1) 对称性:关于 $x=\mu$ 对称.

(2) 单调性:在$(-\infty,\mu)$中上升,在$(\mu,+\infty)$中下降.

(3) 拐点:$\left(\mu\pm\sigma,\frac{1}{\sqrt{2\pi}\sigma}e^{-1/2}\right)$;$f_{\max}(\mu)=\frac{1}{\sqrt{2\pi}\sigma}$.

$\mu,\sigma$ 对密度曲线的影响如图 12.2 和图 12.3 所示.

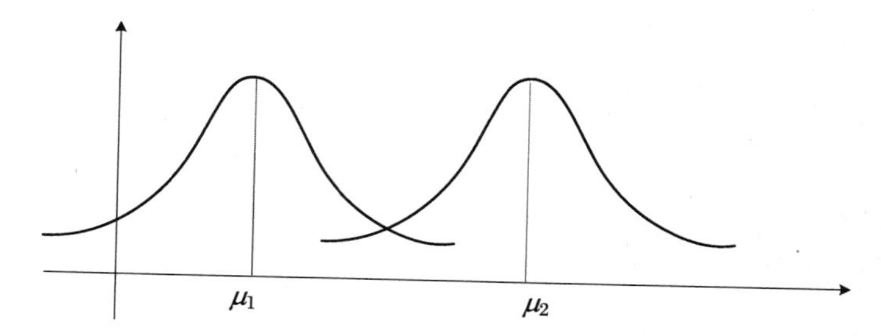


**图 12.2 σ 相同,μ 不同**

图形相似,位置平移

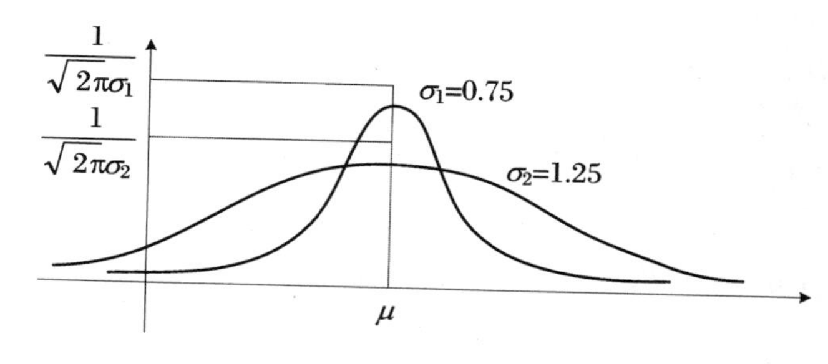


**图 12.3 σ 不同,μ 相同**

$\sigma$ 越小,图形越陡,$\sigma$ 越大,图形越平缓

下面讨论标准正态分布(standard normal distribution).

取 $\mu=0,\sigma=1$,则 $N(0,1)$分布称为标准正态分布.其密度函数为

$$\varphi(x)=\frac{1}{\sqrt{2\pi}}e^{-x^2/2}$$

分布函数为

$$\Phi(x)=\int_{-\infty}^{x}\frac{1}{\sqrt{2\pi}}e^{-t^2/2}dt$$

设 $X\sim N(\mu,\sigma^2)$，$\Phi(x)$为标准正态分布函数，则

$$P(a<x<b)=\Phi\left(\frac{b-\mu}{\sigma}\right)-\Phi\left(\frac{a-\mu}{\sigma}\right)$$

$$P(X<b)=\Phi\left(\frac{b-\mu}{\sigma}\right)$$

$$P(X>a)=1-\Phi\left(\frac{a-\mu}{\sigma}\right)$$

注：标准正态分布的分布函数 $\Phi(x)$具有性质：$\Phi(-x)=1-\Phi(x)(\forall x\in\mathbf{R})$.

### 12.3.2　标准正态分布的概率计算与分位点

$\Phi(x)$可以用 Excel 函数 normsdist(x)来进行计算，即

$$\text{normsdist(x)}=\Phi(x)=P(X\leqslant x)=\int_{-\infty}^{x}\frac{1}{\sqrt{2\pi}}e^{-t^2/2}dt \tag{12.8}$$

例如

$$\text{normsdist}(0)=\int_{-\infty}^{0}\frac{1}{\sqrt{2\pi}}e^{-t^2/2}dt=P(X\leqslant 0)=0.5$$

$$\begin{aligned}P(-1.64\leqslant X\leqslant 1.64)&=P(X\leqslant 1.64)-P(X<-1.64)\\&=\Phi(1.64)-\Phi(-1.64)\\&=\Phi(1.64)-(1-\Phi(1.64))=2\Phi(1.64)-1\\&=2*\text{normsdist}(1.64)-1=90\%\end{aligned}$$

同理

$$\begin{aligned}P(-1.96\leqslant X\leqslant 1.96)&=P(-1.96<X<1.96)=2\Phi(1.96)-1\\&=2*\text{normsdist}(1.96)-1=95\%\\P(-2.58\leqslant X\leqslant 2.58)&=P(-2.58<X<2.58)=2\Phi(2.58)-1\\&=2*\text{normsdist}(2.58)-1=99\%\end{aligned}$$

$$P(-1\leqslant X\leqslant 1)=P(-1<X<1)=2*\text{normsdist}(1)-1=68.27\%$$

$$P(-2\leqslant X\leqslant 2)=P(-2<X<2)=2*\text{normsdist}(2)-1=95.45\%$$

$$P(-3\leqslant X\leqslant 3)=P(-3<X<3)=2*\text{normsdist}(3)-1=99.73\%$$

若 $X\sim N(0,1)$，并且已知 $P(X>c)=\alpha\Rightarrow 1-\Phi(c)=\alpha\Rightarrow\Phi(c)=1-\alpha\Rightarrow c=\Phi^{-1}(1-\alpha)=$ normsinv$(1-\alpha)$，称此 $c$ 值是标准正态分布的上$\alpha$ 分位点，记作 $Z_\alpha$. 例如，如果 $\alpha=0.05$，则 $c=$ normsinv$(1-0.05)=1.64$；如果 $\alpha=0.01$，则 $c=$ normsinv$(1-0.01)=2.33$. 即标准正态分布的上 0.05 分位点是 $Z_{0.05}=1.64$，上 0.01 分位点是 $Z_{0.01}=2.33$.

此处，Excel 函数 normsinv$(\alpha)$ 是指已知概率值 $\Phi(x)=\alpha$，要反过来求 $x$ 的值. 由于 $\Phi'(x)=\frac{1}{\sqrt{2\pi}}e^{-x^2/2}>0$，因此 $\Phi(x)$是严格的单调递增函数，它必有反函数且反函数也是严格的单调递增函数. 即从 $\Phi(x)=\alpha$ 能得出概率$\alpha$ 愈大，$x$ 也愈大，反之亦然. 这一点在“假设检验”一章的单侧假设检验中要用到.

### 12.3.3 正态分布的标准化及应用举例

对于任何服从一般的正态分布(即非标准正态分布)连续型随机变量 $X$，$X\sim N(\mu,\sigma^2)$，只要做一个变换：$Z=(X-\mu)/\sigma$，则随机变量 $Z$ 服从标准正态分布，即 $Z\sim N(0,1)$. 这样，就把各种不同形态的正态分布转化成一个统一的、固定形态的标准正态分布. 然后通过 Excel 函数 normsdist(x)，或者通过查标准正态分布表，就可以求出正态随机变量 $X$ 落在任一区间的概率.

**例 12.9** 某学校的一次录取考试中，准备在参加考试的 1 000 人中录取 100 人，这1 000 个考生的考试分数接近正态分布. 如果只知道全体考生的平均分数为 78，标准差为 8，按照从高到低的原则录取，问录取分数线应如何确定?

**解** 用 $X$ 表示学生的考分，则 $X$ 服从正态分布 $N(78,8^2)$. 假定录取分数是 $a$，则 $P(X\geqslant a)=100/1\,000=0.1$，即 $1-P(X<a)=0.1$，所以

$$P(X<a)=0.9 \ \Rightarrow\ \Phi\left(\frac{a-78}{8}\right)=0.9$$

$$\Rightarrow\ \frac{a-78}{8}=\Phi^{-1}(0.9)=\text{normsinv}(0.9)=1.28$$

$$\Rightarrow\ a=1.28\times 8+78=88.24$$

即该次考试的录取分数应该确定为 88.24 分.

这个例子的计算方法和录取分数的确定思想，在考生人数较多的绝大多数考试中都可以进行参考. 事实上，无论高考还是考研，都是在分析了全体考生的平均分、标准差，再考虑当年的录取人数以及假定考分服从正态分布的条件下，像例 12.9 那样划定最后的录取分数. 这样的操作程序可以公开接受群众的监督，以便达到公开、公平、公正的目的.

在实际问题中，无论是自然现象还是社会经济现象，在大量观察的前提下，所有的随机变量的算术平均值都具有稳定性，且观察的数量愈多平均值就愈稳定. 如人的平均寿命、平均身高、平均胸围、平均腰围以及各种生理指标，消防设备的平均价格与平均使用寿命，消防部门职工的平均收入与平均消费水平等都具有这样的特征. 这就是所谓的大数定律，这些平均数皆以正态分布的形式稳定下来. 换言之，无论原来的随机变量是离散型的还是连续型的，通过算术平均，并且 $n$ 充分大，就有

$$\bar{x}=\frac{x_1+x_2+\cdots+x_n}{n}\sim N(\mu,\sigma^2) \quad 或 \quad x_1+x_2+\cdots+x_n\sim N(n\mu,n^2\sigma^2)$$

这就是第 13 章中的“中心极限定理”.

所谓“大量观察”通常是指观察的个体数量大于 30，即抽取的样本是大样本.

利用这个原理可以证明：若 $X\sim B(n,p)$，并且 $n>30$，则 $X$ 近似服从正态分布 $N(np,npq)$. 也就是说，二项分布不仅可以用离散型的泊松分布来近似，还可以用连续型的正态分布来作为近似分布.

**例 12.10** 已知一个复杂的系统由 100 个相互独立的元件组成，在系统运行期间每个元件损坏的概率皆为 0.1. 又知使系统正常运行，至少必须有 85 个元件同时工作. 求这个系统正常运行的概率.

**解** 设 $X$ 是这 100 个元件中同时损坏的个数，则 $X$ 严格服从二项分布 $B(100,0.1)$，近似服从正态分布 $N(100\times 0.1,100\times 0.1\times 0.9)=N(10,9)$.

如果按照二项分布计算，则

$$P(X\leqslant 15)=\text{binomdist}(15,100,0.1,1)=96.01\%$$

如果按照正态近似来计算，则

$$P(X\leqslant 15)=\Phi\left(\frac{15-10}{3}\right)=95.22\%$$

**例 12.11** 某保险公司接受了 10 000 份电动自行车的保险业务，每辆车每年的保费为 120 元.假定这种车的年丢失率为 0.058，并且规定，若车子丢失，则可获得 2 000 元的赔偿.对于此项业务，试求：

(1) 保险公司亏损的概率；

(2) 保险公司一年获得的利润不少于 40 000 元的概率.

**解** 设 $X$ 是此 10 000 辆电动自行车中一年内丢失的辆数，则 $X$ 严格服从二项分布 $B(10\,000,0.058)$，近似服从正态分布

$$N(10\,000\times 0.058,10\,000\times 0.058\times 0.942)=N(580,546.36)$$

如果按照二项分布计算，则

(1) $P(\text{保险公司亏损})=P(X\geqslant 601)=1-P(X\leqslant 600)$

$=1-\text{binomdist}(600,10\,000,0.058,1)=18.98\%$；

(2) $P(\text{保险公司利润不小于 40 000 元})=P(X\leqslant 580)=\text{binomdist}(580,10\,000,0.058,1)=51.10\%$.

如果按照正态分布近似来计算，则

(1) $P(X\geqslant 601)=1-P(X\leqslant 600)=1-\Phi\left(\dfrac{600-580}{\sqrt{546.36}}\right)$

$=1-\text{normsdist}(0.86)=19.49\%$；

(2) $P(X\leqslant 580)=\Phi\left(\dfrac{580-580}{\sqrt{59.64}}\right)=\text{normsdist}(0)=50.00\%$.

在概率论与数理统计中，正态分布可以说是最重要的一种分布.在下一章的抽样分布中，数理统计中经常使用的 $\chi^2$ 分布、$t$ 分布、$F$ 分布都与正态分布有关.

## 12.4 指 数 分 布

指数分布(exponential distribution)是一种连续型概率分布，可以用来表示独立随机事件发生的时间间隔，比如旅客进机场的时间间隔、所有的服务机构中顾客相继出现在服务等候大厅的时间间隔等等.

许多电子产品的寿命分布一般服从指数分布.有的系统寿命分布也可用指数分布来近似.它在可靠性研究中是最常用的一种分布形式.指数分布是伽马分布和威布尔分布的特殊情况，产品的失效是偶然失效时，其寿命服从指数分布.

指数分布可以看作威布尔分布中的形状系数等于 1 的特殊分布，指数分布的失效率是与时间 $t$ 无关的常数，所以分布函数简单.

服从指数分布的随机变量 $X$ 的概率密度函数公式为

$$f(x)=\begin{cases}\lambda e^{-\lambda x}, & x\geqslant 0\\ 0, & x<0\end{cases} \tag{12.9}$$

其中 $\lambda>0$ 是分布的一个参数,常称为率参数(rate parameter),即每单位时间内发生某事件的次数.

指数分布 $X$ 的累积分布函数为

$$F(x;\lambda)=\begin{cases}1-\lambda e^{-\lambda x}, & x\geqslant 0\\ 0, & x<0\end{cases} \tag{12.10}$$

期望值:$E(X)=\lambda^{-1}$.

比方说,如果你平均每小时接到 4 次电话,即 $\lambda=4$,那么你预期等待每一次电话的时间是 1/4 小时.

方差:$D(X)=\mathrm{Var}(X)=\lambda^{-2}$.

若随机变量 $X$ 服从参数为 $\lambda$ 的指数分布,则记为 $X\sim Exp(\lambda)$.

在 Excel 函数中,指数分布的密度函数 $f(x)$ 可以用函数"expondist(x,λ,0)"进行计算,而累积分布函数 $F(x,\lambda)$ 则用"expondist(x,λ,1)"进行计算.

服从指数分布的随机变量有一个重要特征,就是无记忆性(memoryless property),又称遗失记忆性.这表示如果一个随机变量 $X$ 呈指数分布,则当 $s,t\geqslant 0$ 时,必有

$$P(X>s+t\mid X>t)=P(X>s)$$

假设 $T$ 是某一元件的寿命,则 $T$ 的分布可以看作指数分布.已知元件使用了 $t$ 小时,它总共使用至少 $s+t$ 小时的条件概率,与从开始使用时算起它使用至少 $s$ 小时的概率相等.

指数分布应用广泛,在日本的工业标准和美国的军用标准中,半导体器件的抽验方案都是采用指数分布;在电子元器件的可靠性研究中,通常用于描述对发生的缺陷数或系统故障数的测量结果.此外,指数分布还用来描述大型复杂系统(如计算机)的平均故障间隔时间(MTBF)的失效分布.但是,由于指数分布具有缺乏"记忆"的特性,因而限制了它在机械可靠性研究中的应用,所谓缺乏"记忆",是指某种产品或零件经过一段时间 $t_0$ 的工作后,仍然如同新的产品一样,不影响以后的工作寿命值,或者说,经过一段时间 $t_0$ 的工作之后,该产品的寿命分布与原来还未工作时的寿命分布相同,显然,指数分布的这种特性与机械零件的疲劳、磨损、腐蚀等损伤过程的实际情况是完全矛盾的,它违背了产品损伤累积和老化这一过程.所以,指数分布不能作为机械零件功能参数的分布形式.

指数分布虽然不能作为机械零件功能参数的分布规律,但是,它可以近似地作为高可靠性的复杂部件、机器或系统的失效分布模型,特别是在部件或机器的整机试验中得到了广泛的应用.

**例 12.12** 在自动化生产线上,某工序平均每分钟装配 4 件产品.已知这种产品下线的时间间隔 $X$ 服从指数分布,试求:

(1) 任意两件产品时间间隔不超过 30 秒的概率;

(2) 第 3 件与第 4 件产品的下线间隔超过 45 秒的概率.

**解** (1) 已知 $X$ 服从 $\lambda=4$ 的指数分布,即 $X\sim Exp(4)$,要求

$$P(X\leqslant 30/60)=\text{expondist}(0.5,4,1)=86.47\%$$

(2) 要求 $P(X>45/60)=1-P(X\leqslant 3/4)=1-\text{expondist}(3/4,4,1)=4.98\%$.

# 习　题　12

1. 某网吧有同样型号的计算机 280 台,出故障的概率皆为 0.02.为了确保机器坏了能够及时得到修理,至少需要配置多少维修人员,才能以 90%以上把握保证不至于维修人员不够而影响工作?

2. 某办公楼安装有 20 个同类型的供热水设备,调查表明在任意时刻 $t$ 每个设备使用的概率均为 0.2.问在同一时刻,

(1) 恰有 3 个设备被使用的概率是多少?

(2) 至少有 3 个设备被使用的概率是多少?

(3) 至多有 3 个设备被使用的概率是多少?

(4) 至少有 1 个设备被使用的概率是多少?

(5) 被使用的设备有 5～9 个的概率是多少?

3. 设随机变量 $X\sim N(0,4^2)$.试求:

(1) $P(X\leqslant 0)$;(2) $P(X>10)$;(3) $P(|X-10|<4)$;(4) $P(|X|<12)$.

4. 设随机变量 $X\sim N(3,2^2)$.

(1) 问 $a$ 为何值时,有 $P(|X-a|>a)=0.1$? (2) 求 $P(|X|>2)$.

5. 设某批工件的长度 $X\sim N(10,0.02^2)$.按规定,长度在[9.95,10.05]范围内的工件为合格品.今从这批工件中任取 3 个,试求恰好有 2 个合格品的概率.

6. 已知随机变量 $X\sim N(160,\sigma^2)$,且 $P(120<X<200)=0.8$.试求 $\sigma$ 的值.

7. 设公共汽车车门的高度 $h$ 是按男子与车门顶碰头的机会在 1%以下来设计的.若已知男子的身高(单位:厘米)$X\sim N(170,6^2)$,试问:车门的高度 $h$ 应如何设计?

8. 设某地区参加高考的 8 000 名考生的成绩 $X$ 服从正态分布 $N(410,11^2)$.若要录取 5 200 名考生,应如何确定分数线?

9. 设某班级的考试成绩(单位:分)$X\sim N(72,\sigma^2)$,且已知 $P(X\geqslant 96)=0.02$.试求 $P(60\leqslant X\leqslant 84)$.

10. 设某校某专业招收研究生 20 名,其中前 10 名免费,又设报考人数为 1 000 人,考试满分为 500 分,考试后知此专业考试总平均成绩为 $\mu=300$ 分,分数线定为 350 分.某人得 360 分,有没有可能被录取为免费生?

11. 计算成绩统计表的总评成绩,其中作业占 20%,测验占 20%,期末成绩占 60%.

12. 将第 11 题计算得到的总评成绩中的 90 分及以上的分数用红色表示.

13. 在一个繁忙的十字路口,每天有大量的机动车通过.假设机动车在一天的某个时间段出事故的概率为 0.000 2,已知在某天的该段时间内有 3 600 辆机动车通过这个十字路口.问在这个时段这个地方出事故的次数不小于 3 的概率是多少? 出事故的次数在 10 次到 20 次之间(含 10 次和 20 次)的概率是多少?

14. 某消防大队在长度为 $t$ 的时间间隔内收到紧急呼救的次数 $X$ 服从参数为 $t/2$ 的泊松分布,而与时间间隔的起点无关(时间单位:小时).

(1) 求某天中午 12 时到下午 3 时没有收到紧急呼救的概率;

(2) 求某天中午 12 时到下午 5 时至少收到 1 次紧急呼救的概率;

(3) 求某天上午 9 时到下午 3 时收到紧急呼救次数在 4 次到 10 次(含)之间的概率;

15. 假设 $X$ 服从泊松分布，其分布律为

$$P(X = k) = \frac{e^{-\lambda}\lambda^k}{k!}, \quad k = 0,1,2,\cdots$$

问当参数 $k$ 取何值时，概率 $P(X=k)$ 最大？

16. 假设顾客在某银行的窗口等待服务的时间 $X$（单位：分钟）服从指数分布，其概率分布密度为

$$f(x) = \begin{cases} \frac{1}{15}e^{-x/15}, & x > 0 \\ 0, & x \leqslant 0 \end{cases}$$

某顾客在窗口等待服务，若超过 25 分钟，他就离开，此人一个月要到银行 5 次. 以 $Y$ 表示一个月内他未等到服务而离开的次数.

(1) 写出 $Y$ 的分布律；

(2) 求 $P(Y>1)$.

17. 抽样检验产品质量时，若发现次品多于 10 个，则拒绝接收该批产品，设某批产品的次品率为 10%，则应至少抽取多少个产品，才能保证拒绝该批次产品的概率为 0.9？

18. 某企业准备通过考试招聘 300 名职工，其中正式工 280 人，临时工 20 人. 已知报考的人数为 1 657 人，考试满分是 400 分. 考试后得知，考试的平均成绩 $\mu = 166$ 分，360 分以上的高分考生有 31 人. 某考生得 256 分，问他能否被录取？能否聘为正式工？

# 第 13 章　抽样分布与中心极限定理

## 13.1　总体与随机样本

如果从容量为 $N$ 的有限总体中每次抽取容量为 $n$ 的样本，那么一共可以得到 $C_N^n$ 个样本（所有可能的样本个数）. 对抽样所得到的每一个样本可以计算一个平均数，全部可能的样本都被抽取后可以得到 $C_N^n$ 个平均数. 如果将抽样所得到的所有可能的样本平均数集合起来便构成一个新的总体，平均数就成为这个新总体的变量. 由平均数构成的新总体的分布，称为样本平均数的抽样分布. 像样本平均数这种随样本变化而变化的样本指标称为统计量. 统计量是样本的函数，不同的样本得到的该统计量的值是不一样的，由此得到这个统计量的分布，称为该统计量的抽样分布.

研究样本均值 $\bar{x}$ 的分布，可以对相应总体的均值 $\mu$ 的取值范围进行统计推断.

类似的抽样分布还有标准差、方差、极差、中位数、百分比等统计量的抽样分布.

## 13.2　数理统计中的四大分布

抽样分布中，正态分布是出现最多的分布，除此以外，还有三类常见的分布，它们分别是 $\chi^2$ 分布、$t$ 分布和 $F$ 分布. 这四种常见的分布统称为数理统计中的“四大分布”. 正态分布前面已经做过介绍，下面介绍另外三种分布.

### 13.2.1　$\chi^2$（卡方）分布

设 $X_1, X_2, \cdots, X_n$ 的取值相互独立，并且皆服从标准正态分布，令 $X = X_1^2 + X_2^2 + \cdots + X_n^2$，则称 $X$ 服从自由度（degrees freedom，指独立变化的变量个数）为 $n$ 的 $\chi^2$ 分布（chi-square distribution），记作 $X \sim \chi^2(n)$.

$\chi^2$ 分布在独立性统计检验中很有用. 如吸烟与患肺癌之间是否有必然的联系？生男生女是否与遗传有密切的关系？火灾发生的次数是否与装修材料有必然的联系？这些统计检验都要用到 $\chi^2$ 分布.

$\chi^2$ 分布是由正态分布构造而成的一种新的分布，当自由度 $n$ 充分大时，$\chi^2$ 分布近似于正态分布.

自由度为 $n$ 的 $\chi^2$ 分布的概率密度函数 $f(x)$ 为

$$f(x)=\begin{cases}\dfrac{1}{2^{n/2}\Gamma(n/2)}x^{n/2-1}\mathrm{e}^{-x/2}, & x>0\\ 0, & \text{其他}\end{cases}$$

其对应图像如图 13.1 所示.

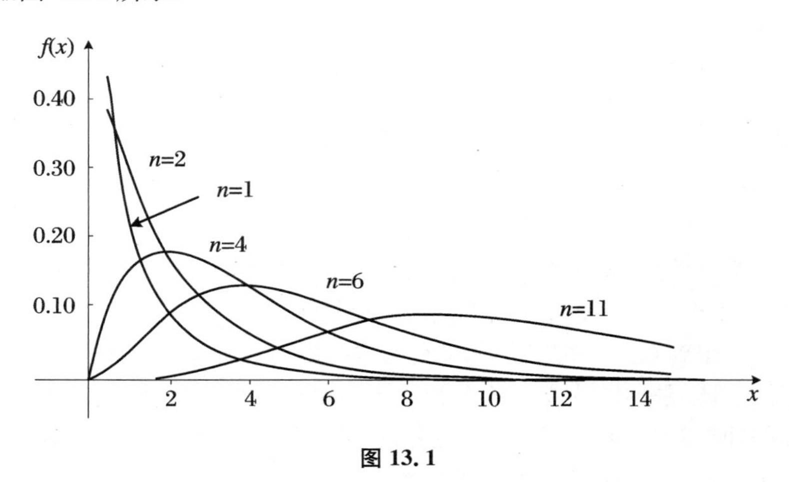


**图 13.1**

$\chi^2$ 分布的均值为自由度 $n$，即 $E(X)=n$. $\chi^2$ 分布的方差是自由度的 2 倍，即

$$E(X)=n,\quad D(X)=2n \tag{13.1}$$

$\chi^2$ 分布的主要性质如下：

(1) $\chi^2$ 分布的图像主要在第一象限内，卡方值都是正值，呈正偏态(右偏态). 随着参数 $n$ 的增大，$\chi^2$ 分布趋近于正态分布；$\chi^2$ 分布密度曲线下的面积是 1.

(2) 从 $\chi^2$ 分布的均值与方差可以看出，随着自由度 $n$ 的增大，$\chi^2$ 分布向正无穷方向延伸(因为均值 $n$ 越来越大)，分布曲线也越来越低、越阔(因为方差 $2n$ 越来越大).

(3) 不同的自由度决定不同的 $\chi^2$ 分布，自由度越小，分布越偏斜.

(4) 若 $X,Y$ 是相互独立的分别服从自由度为 $m,n$ 的 $\chi^2$ 分布，则 $X+Y$ 服从自由度为 $m+n$ 的 $\chi^2$ 分布；$X-Y$ 服从自由度为 $m-n(m>n)$ 的 $\chi^2$ 分布.

若 $X\sim\chi^2(n)$，则概率 $P(X>a)$ 可以用 Excel 函数“chidist(a,n)”进行计算. 例如，设 $X\sim\chi^2(25)$，则

$$P(X>10)=\text{chidist}(10,25)=99.67\%$$

$$P(X>40)=\text{chidist}(40,25)=2.92\%$$

$$P(X\leqslant 40)=1-P(X>40)=1-0.0292=97.08\%$$

$$\begin{aligned}P(10\leqslant X\leqslant 28)&=P(X>10)-P(X>28)\\&=\text{chidist}(10,25)-\text{chidist}(28,25)=68.88\%\end{aligned}$$

若已知 $P(X>c)=0.05$，则 $c=\text{chiinv}(0.05,25)=37.65$. 此时，数字 37.65 称为 $\chi^2$ 分布的上 0.05 分位点，记作 $\chi^2_{0.05}(25)=37.65$.

### 13.2.2　$t$ 分布

在概率论和统计学中，$t$ 分布（Student's $t$-distribution）经常应用于对呈正态分布的总体的均值进行估计. 它是对两个样本均值差异进行显著性测试的学生 $t$ 检验的基础. $t$ 检验改进了原有的以正态分布为基础的 $Z$ 检验，$Z$ 检验只能用于大样本，用于小样本时会产生很大的误差. 而 $t$ 检验不论样本数量大小皆可应用. 在样本数量大（超过 30）时，可以用 $Z$ 检验代替 $t$ 检验，但在小样本情况下需改用 $t$ 检验.

当总体的标准差是未知的，却需要估计总体均值时，我们可以运用 $t$ 分布.

$t$ 分布是由英国统计学家威廉・戈塞特（William Gossett）于 1908 年首先发表的，当时他还在都柏林的健力士酿酒厂工作. 由于某些原因论文不能用他本人的名字发表，所以论文使用了学生（Student）这一笔名. 之后 $t$ 检验以及相关理论经由罗纳德・艾尔默・费希尔（Ronald Aylmer Fisher）的工作发扬光大，而正是罗纳德・费希尔将此分布称为 $t$ 分布.

设 $X$ 服从标准正态分布，$Y$ 服从自由度为 $n$ 的 $\chi^2$ 分布，并且 $X,Y$ 相互独立. 令 $T=\dfrac{X}{\sqrt{Y/n}}$，则称随机变量 $T$ 服从自由度是 $n$ 的 $t$ 分布，记作 $T\sim t(n)$.

$t$ 分布的概率密度曲线与标准正态分布的概率密度曲线大体相同，都关于 $y$ 轴对称，中间大，两头小. 假设随机变量 $X\sim t(n)$，则 $P(X\geqslant a)=P(X>a)$ 的 Excel 函数为 “tdist(a,n,1)”，称之为单尾概率；$P(|X|>a)=P(X<-a)+P(X>a)$ 的 Excel 函数为 “tdist(a,n,2)”，称之为双尾概率. 例如，设 $X\sim t(60)$，则

$$
\begin{aligned}
P(X>0) &= \text{tdist}(0,60,1) = 0.5\\
P(X>1.5) &= \text{tdist}(1.5,60,1) = 6.94\%\\
P(|X|>1.5) &= P(X<-1.5)+P(X>1.5)\\
&= \text{tdist}(1.5,60,2) = 2\times 0.0694 = 13.88\%
\end{aligned}
$$

反之，若已知 $X\sim t(n)$，并且 $P(|X|>c)=\alpha\ (0<\alpha<1$，为已知数$)$，则 $c=\text{tinv}(\alpha,n)$；若 $P(X>c)=\alpha$，则 $c=\text{tinv}(2\alpha,n)$. 称这个 $c$ 值为 $t$ 分布的上 $\alpha$ 分位点，记作 $t_\alpha(n)$. 例如，设 $X\sim t(23)$，$P(|X|>c)=0.01$，则

$$c=\text{tinv}(0.01,23)=2.8073$$

若 $P(X>c)=0.01$，则 $c=\text{tinv}(0.02,23)=2.4999$. 即此 $t$ 分布的上 0.01 分位点是 $t_{0.01}(23)=2.4999$.

$t$ 分布概率密度曲线有如下两个特点：

(1) 以 0 为中心，左右对称的单峰分布.

(2) $t$ 分布是一簇曲线，其形态变化与 $n$（确切地说与自由度 $n$）的大小有关. 自由度 $n$ 越小，$t$ 分布曲线越低平；自由度 $n$ 越大，$t$ 分布曲线越接近标准正态分布（$u$ 分布）曲线，$t$ 分布的概率密度函数 $f(x)$ 为

$$f(x)=\frac{\Gamma((n+1)/2)}{\sqrt{\pi n}\,\Gamma(n/2)}\left(1+\frac{x^2}{n}\right)^{-(n+1)/2}$$

其对应图像如图 13.2 所示.

对应于每一个自由度 $n$，就有一条 $t$ 分布曲线，每条曲线都有其曲线下统计量 $t$ 的分布规律，手工计算比较复杂，但是使用上面介绍的 Excel 函数进行有关计算却很方便.

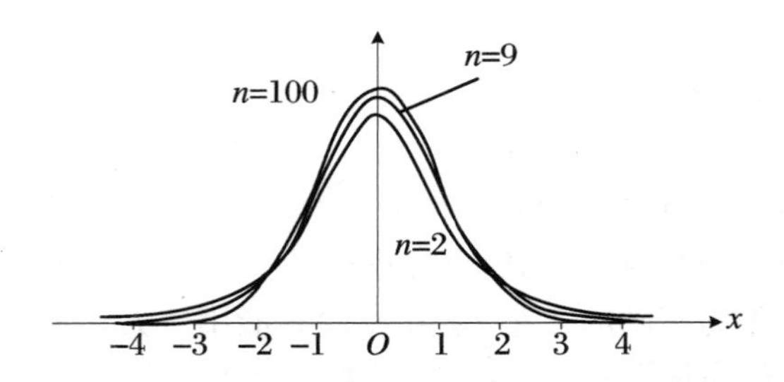


图 13.2 $t$ 分布概率密度分布曲线

假设随机变量 $X\sim t(n)$，则可以证明：$X$ 的期望值与方差分别为

$$E(X)=0,\quad D(X)=\frac{n}{n-2},\quad n>2$$

$t$ 分布在置信区间估计、显著性检验等问题的计算中发挥着重要的作用.

### 13.2.3 F 分布

$F$ 分布（$F$-distribution）是 1924 年英国统计学家费希尔（Fisher）提出的，并以其姓氏的第一个字母命名.设 $X$ 服从自由度为 $m$ 的 $\chi^2$ 分布，$Y$ 服从自由度为 $n$ 的 $\chi^2$ 分布，并且 $X$，$Y$ 相互独立.令 $T=\dfrac{X/m}{Y/n}$，则称随机变量 $T$ 服从第一自由度是 $m$、第二自由度是 $n$ 的 $F$ 分布，记作 $T\sim F(m,n)$.

$F$ 分布的概率密度曲线与 $\chi^2$ 分布的概率密度曲线类似.

若 $X\sim F(m,n)$，则 $P(X\geqslant a)=P(X>a)$ 可以用 Excel 函数"fdist(a,m,n)"进行计算.

若已知 $P(X>c)=\alpha(0<\alpha<1,\alpha$ 为已知数)，则 $c$ 值可以用 Excel 函数"finv(α,m,n)"进行计算.称此时的 $c$ 值是 $F$ 分布的上 $\alpha$ 分位点，记作 $F_\alpha(m,n)$.例如，设 $T\sim F(35,47)$，则

$$P(T>2)=\text{fdist}(2,35,47)=0.0135$$
$$P(T>3.9)=\text{fdist}(3.9,35,47)=9.2956\times10^{-6}$$

若已知 $P(T>c)=0.05$，则

$$c=\text{finv}(0.05,35,47)=1.6719$$

即 $F_{0.05}(35,47)=1.6719$ 是这个 $F$ 分布的上 0.05 分位点.

设随机变量 $X\sim F(n_1,n_2)$，则 $X$ 的概率密度函数为

$$f(x)=\begin{cases}\dfrac{\Gamma((n_1+n_2)/2)(n_1/n_2)^{n_1/2}x^{n_1/2-1}}{\Gamma(n_1/2)\Gamma(n_2/2)(1+(n_1x/n_2))^{(n_1+n_2)/2}}, & x>0\\ 0, & \text{其他}\end{cases}$$

其对应的曲线如图 13.3 所示.

假设随机变量 $X\sim F(m,n)$，则 $X$ 的期望值与方差分别为

$$E(X)=\frac{n}{n-2},\quad D(X)=\frac{2n^2(m+n-2)}{m(n-2)^2(n-4)},\quad n>4 \tag{13.2}$$

此外，容易证明：

(1) 若 $X\sim F(m,n)$，则 $1/X\sim F(n,m)$；

(2) 若 $X \sim F(1,n)$，$Y \sim t(n)$，则 $X = Y^2$.

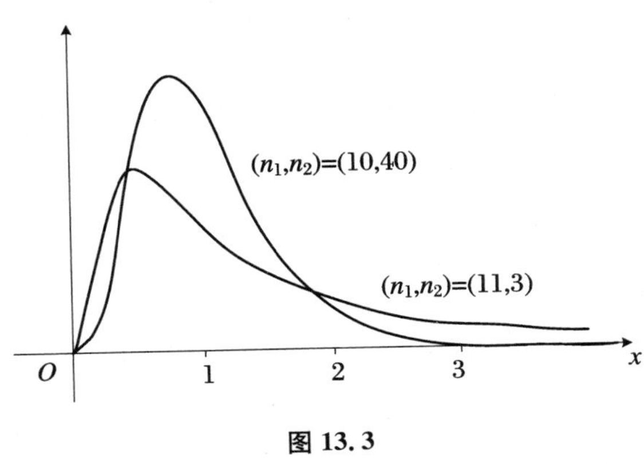


图 13.3

## 13.3　抽样分布中的常用公式

设 $X$ 是具有分布函数 $F(x)$ 的随机变量. 若 $X_1, X_2, \cdots, X_n$ 是具有同一分布函数 $F(x)$ 的相互独立的随机变量，则称 $X_1, X_2, \cdots, X_n$ 为取自总体 $X$ 的一个随机样本（简称样本），$x_1, x_2, \cdots, x_n$ 为 $X_1, X_2, \cdots, X_n$ 的一组观测值，联合分布函数为

$$F(x_1, x_2, \cdots, x_n) = F(x_1)F(x_2)\cdots F(x_n) = \prod_{i=1}^{n} F(x_i) \tag{13.3}$$

常用的抽样分布公式如下：

(1) $\bar{x}$ 的分布：设 $x_1, x_2, \cdots, x_n$ 是取自总体 $N(\mu, \sigma^2)$ 的一个样本，$\bar{x}$ 是样本均值，则

$$\bar{x} \sim N\left(\mu, \frac{\sigma^2}{n}\right), \quad \frac{\bar{x} - \mu}{\sigma / \sqrt{n}} \sim N(0,1) \tag{13.4}$$

(2) 设 $x_1, x_2, \cdots, x_n$ 是取自总体 $N(\mu, \sigma^2)$ 的样本，$\bar{x}$ 和 $s^2$ 分别为样本均值和样本方差，则

$$\frac{(n-1)s^2}{\sigma^2} \sim \chi^2(n-1) \tag{13.5}$$

(3) 设 $x_1, x_2, \cdots, x_n$ 是取自正态总体 $N(\mu, \sigma^2)$ 的样本，$\bar{x}$ 和 $s^2$ 分别为样本均值和样本方差，则 $\bar{x}$ 与 $s^2$ 独立，并且

$$\frac{\bar{x} - \mu}{s / \sqrt{n}} \sim t(n-1) \tag{13.6}$$

(4) 设 $x_1, x_2, \cdots, x_{n_1}$ 和 $y_1, y_2, \cdots, y_{n_2}$ 分别是来自正态总体 $N(\mu_1, \sigma^2)$ 和 $N(\mu_2, \sigma^2)$ 的样本，并且两个总体相互独立，$\bar{x}$ 和 $\bar{y}$ 分别为两个正态总体的样本均值，$S_1^2$ 和 $S_2^2$ 分别为两个正态总体的样本方差，则

$$\frac{(\bar{x} - \bar{y}) - (\mu_1 - \mu_2)}{S_w \sqrt{\frac{1}{n_1} + \frac{1}{n_2}}} \sim t(n_1 + n_2 - 2) \tag{13.7}$$

其中

$$S_w^2 = \frac{(n_1-1)S_1^2+(n_2-1)S_2^2}{n_1+n_2-2} \tag{13.8}$$

(5) 设 $x_1, x_2, \cdots, x_{n_1}$ 和 $y_1, y_2, \cdots, y_{n_2}$ 分别是取自两个独立正态总体 $N(\mu_1, \sigma_1^2)$ 和 $N(\mu_2, \sigma_2^2)$ 的样本，$\bar{x}, \bar{y}, S_1^2$ 和 $S_2^2$ 的含义同上，则

$$X = \frac{S_1^2/\sigma_1^2}{S_2^2/\sigma_2^2} \sim F(n_1-1, n_2-1) \tag{13.9}$$

特别地，当 $\sigma_1^2 = \sigma_2^2$ 时，

$$X = \frac{S_1^2}{S_2^2} \sim F(n_1-1, n_2-1) \tag{13.10}$$

**例 13.1** 设 $X_1, X_2, \cdots, X_n$ 是取自总体 $X$ 的一个样本.在下列三种情况下，分别求出 $E(\bar{X}), D(\bar{X}), E(S^2)$：

(1) $X \sim B(1, p)$； (2) $X \sim Exp(\lambda)$； (3) $X \sim P(\lambda)$.

**分析** 利用常用分布的期望、方差，以及 $\bar{X}, S^2$ 的定义和期望、方差的性质，即可求解.

**解** (1) 由于 $X \sim B(1, p)$，所以 $E(X) = p, D(X) = p(1-p)$.从而有

$$E(\bar{X}) = E(X) = p$$

$$D(\bar{X}) = \frac{D(X)}{n} = \frac{p(1-p)}{n}$$

$$E(S^2) = D(X) = p(1-p)$$

(2) 由于 $X \sim Exp(\lambda), E(X) = \lambda, D(X) = \lambda^2$，所以

$$E(\bar{X}) = E(X) = \lambda$$

$$D(\bar{X}) = \frac{D(X)}{n} = \frac{\lambda^2}{n}$$

$$E(S^2) = D(X) = \lambda^2$$

(3) 由于 $X \sim P(\lambda), E(X) = \lambda = D(X)$，所以

$$E(\bar{X}) = E(X) = \lambda$$

$$D(\bar{X}) = \frac{D(X)}{n} = \frac{\lambda}{n}$$

$$E(S^2) = D(X) = \lambda$$

**例 13.2** 从正态总体 $N(7.6, 4)$ 中抽取容量为 $n$ 的样本.若要求样本的均值落在区间 $(5.6, 9.6)$ 内的概率不小于 0.95，问 $n$ 至少为多大?

**分析** 因为样本均值 $\bar{X} \sim N(7.6, 4/n)$，将概率 $P(5.6 < \bar{X} < 9.6)$ 做标准正态变形即可求得 $n$.

**解** 因为 $\bar{X} \sim N(7.6, 4/n)$，所以

$$P(5.6 < \bar{X} < 9.6) = P\left(\frac{5.6-7.6}{\sqrt{4/n}} < \frac{\bar{X}-7.6}{\sqrt{4/n}} < \frac{9.6-7.6}{\sqrt{4/n}}\right) \geqslant 0.95$$

即

$$P(-\sqrt{n} < (\bar{X}-7.6)/\sqrt{n/4} < \sqrt{n}) \geqslant 0.95$$

亦即

$$2\Phi(\sqrt{n})-1\geqslant 0.95,\quad \Phi(\sqrt{n})\geqslant 0.975$$

可得$\sqrt{n}\geqslant\Phi^{-1}(0.975)=\text{normsinv}(0.975)\approx 1.96$，从而 $n\geqslant 3.84$，所以样本量 $n$ 至少为 4.

**例 13.3**　从正态总体 $N(100,4)$ 中抽取两个独立样本，样本均值分别为 $\bar{X}$，$\bar{Y}$，样本容量分别为 15，20. 试求 $P(|\bar{X}-\bar{Y}|>0.2)$.

**分析**　先求出 $\bar{X}-\bar{Y}$ 的分布，再利用 $P(|\bar{X}-\bar{Y}|>0.2)$ 做标准正态分布变形，即可求出对应概率.

**解**　由于 $\bar{X}\sim N(100,4/15)$，$\bar{Y}\sim N(100,4/20)$，且 $\bar{X}$ 与 $\bar{Y}$ 独立，所以

$$\bar{X}-\bar{Y}\sim N\left(0,\frac{4}{15}+\frac{4}{20}\right)\quad 即\quad \bar{X}-\bar{Y}\sim N\left(0,\frac{7}{15}\right)$$

于是

$$\begin{aligned}P(|\bar{X}-\bar{Y}|>0.2)&=P\left(\frac{|\bar{X}-\bar{Y}|}{\sqrt{7/15}}>\frac{0.2}{\sqrt{7/15}}\right)\\&=2\left(1-\Phi\left(\frac{0.2}{\sqrt{7/15}}\right)\right)\\&=2(1-\Phi(0.29))=0.7718\end{aligned}$$

其中 $\Phi(0.29)=\text{normsdist}(0.29)=0.6141$.

**例 13.4**　从正态总体 $N(\mu,\sigma^2)$ 中抽取容量为 20 的样本 $x_1,x_2,\cdots,x_{20}$. 试求概率

$$P\left(10\sigma^2\leqslant\sum_{i=1}^{20}(x_i-\mu)^2\leqslant 30\sigma^2\right)$$

**解**　由于

$$\frac{x_i-\mu}{\sigma}\sim N(0,1),\quad \frac{\sum_{i=1}^{20}(x_i-\mu)^2}{\sigma^2}\sim\chi^2(20)$$

所以

$$\begin{aligned}&P\left(10\sigma^2\leqslant\sum_{i=1}^{20}(x_i-\mu)^2\leqslant 30\sigma^2\right)\\&=P\left(10\leqslant\frac{1}{\sigma^2}\sum_{i=1}^{20}(x_i-\mu)^2\leqslant 30\right)\\&=P(10\leqslant\chi^2\leqslant 30)=P(\chi^2>10)-P(\chi^2>30)\\&=\text{chidist}(10,20)-\text{chidist}(30,20)\\&=0.9682-0.0698=89.84\%\end{aligned}$$

**例 13.5**　设 $x_1,x_2,\cdots,x_{16}$ 是取自正态总体 $N(\mu,\sigma^2)$ 的随机样本. 已知样本均值与样本方差分别为 $\bar{x}=9$，$s^2=5.32$，试求 $P(|\bar{x}-\mu|<0.6)$.

**解**　由于 $T=\dfrac{\bar{x}-\mu}{s/\sqrt{n}}\sim t(n-1)$，因此可以通过恒等变形得

$$\begin{aligned}P(|\bar{x}-\mu|<0.6)&=P\left(\frac{4|\bar{x}-\mu|}{S}<\frac{4\times 0.6}{\sqrt{5.32}}\right)=P(|T|<1.0405)\\&=1-P(|T|\geqslant 1.0405)\\&=1-\text{tdist}(1.0405,15,2)=68.54\%\end{aligned}$$

**例 13.6** 设 $x_1,x_2$是取自正态总体 $N(0,\sigma^2)$的样本.证明:随机变量 $Y=\left(\frac{x_1+x_2}{x_1-x_2}\right)^2\sim F(1,1)$.

**解** 由于 $x_1+x_2\sim N(0,2\sigma^2)$,$x_1-x_2\sim N(0,2\sigma^2)$,因此

$$\left(\frac{x_1+x_2}{\sqrt{2}\sigma}\right)^2\sim\chi^2(1),\quad\left(\frac{x_1-x_2}{\sqrt{2}\sigma}\right)^2\sim\chi^2(1)$$

由于协方差 $\mathrm{Cov}(x_1+x_2,x_1-x_2)=D(x_1)-D(x_2)=0$,且 $x_1+x_2$ 与 $x_1-x_2$ 服从二元正态分布,可知 $x_1+x_2$,$x_1-x_2$ 相互独立.

综上,有

$$Y=\left(\frac{x_1+x_2}{x_1-x_2}\right)^2=\frac{((x_1+x_2)/\sqrt{2}\sigma)^2}{((x_1-x_2)/\sqrt{2}\sigma)^2}\sim F(1,1)$$

**例 13.7** 设 $x_1,x_2,x_3,\cdots,x_n,x_{n+1}$ 是取自 $N(\mu,\sigma^2)$ 的样本. $\bar{x}_n=\frac{1}{n}\sum_{i=1}^{n}x_i$ 和 $S_n^2=\frac{1}{n-1}\sum_{i=1}^{n}(x_i-\bar{x}_n)^2$ 为前 $n$ 个数据的样本均值与样本方差. 试求常数 $c$,使 $t_c=c\frac{X_{n+1}-\bar{X}_n}{s_n}$ 服从 $t$ 分布,并指出分布的自由度.

**分析** 先求出 $x_{n+1}-\bar{x}_n$ 所服从的正态分布,再由$\frac{(n-1)S_n^2}{\sigma^2}\sim\chi^2(n-1)$,最后由 $t$ 分布定义可求解.

**解** 因为

$$X_{n+1}\sim N(\mu,\sigma^2),\quad\bar{X}_n\sim N\left(\mu,\frac{\sigma^2}{n}\right),\quad X_{n+1}-\bar{X}_n\sim N\left(0,\sigma^2+\frac{\sigma^2}{n}\right)$$

所以

$$t=\frac{(X_{n+1}-\bar{X}_n)/\sqrt{\frac{n+1}{n}}}{s_n}=\frac{(X_{n+1}-\bar{X}_n)/\sqrt{\frac{n+1}{n}\cdot\sigma^2}}{\sqrt{\frac{(n-1)s_n^2}{\sigma^2(n-1)}}}\sim t(n-1)$$

即 $c=\sqrt{\frac{n}{n+1}}$时,

$$t_c=c\frac{X_{n+1}-\bar{X}_n}{s_n}\sim t(n-1)$$

自由度为 $n-1$.

**例 13.8** 设 $X_1,X_2,\cdots,X_{16}$是取自 $N(8,4)$的样本.求下列概率:

(1) $P(\max(X_1,X_2,\cdots,X_{16})>10)$;

(2) $P(\min(X_1,X_2,\cdots,X_{16})>5)$.

**分析** 利用 $F_{\max}(z)=(F(z))^n$,$F_{\min}(z)=1-(1-F(z))^n$ 以及标准化正态分布,即可求解.

**解**

$$\begin{aligned}P(\max(X_1,X_2,\cdots,X_{16})>10)&=1-P(\max(X_1,X_2,\cdots,X_{16})\leqslant 10)\\&=1-(P(X_1\leqslant 10))^{16}=1-\left(\Phi\left(\frac{10-8}{2}\right)\right)^{16}\end{aligned}$$

$$=1-0.8431^{16}=0.9370$$

$$P(\min(X_1,X_2,\cdots,X_{16})>5)=P(X_1>5)^{16}=\left(1-\Phi\left(\frac{5-8}{2}\right)\right)^{16}$$

$$=(\Phi(1.5))^{16}=0.3308$$

其中,利用 Excel 函数 Power(a,n) = $a^n$,可知$(\Phi(1.5))^{16}$ = power(normsdist(1.5),16) = 0.3308.

**例 13.9** 设从总体 $N(\mu,\sigma^2)$中抽取容量为 16 的样本,这里 $\mu,\sigma^2$ 已知.

(1) 求 $P(S^2/\sigma^2\leqslant 2.041)$,$S^2$ 为样本方差;

(2) 求 $D(S^2)$.

**分析** 因为$\frac{(n-1)S^2}{\sigma^2}\sim\chi^2(n-1)$,这里的 $n$ 已知,故可求解(1).利用$\frac{(n-1)S^2}{\sigma^2}\sim\chi^2(n-1)$及 $\chi^2$ 分布方差即可求(2).

**解** (1) 因为$\frac{(16-1)S^2}{\sigma^2}\sim\chi^2(15)$,所以

$$P(S^2/\sigma^2\leqslant 2.041)=P(15S^2/\sigma^2\leqslant 15\times 2.041)=1-P(15S^2/\sigma^2>30.615)$$
$$=1-P(\chi^2(15)>30.615)=1-0.01=0.99$$

(2) 因为

$$\frac{(n-1)S^2}{\sigma^2}\sim\chi^2(n-1),\quad D\left(\frac{(n-1)S^2}{\sigma^2}\right)=2(n-1)$$

即

$$(n-1)^2D(S^2)/\sigma^4=2(n-1),\quad D(S^2)=\frac{2\sigma^4}{n-1}$$

故 $D(S^2)=2\sigma^4/15$.

## 13.4 大数定律与中心极限定理

### 13.4.1 大数定律

概率论与数理统计史上第一个极限定理是由伯努利(Bernoulli)提出来的,后人称之为"大数定律"(law of large numbers).它是讨论随机变量序列的算术平均值向随机变量各数学期望的算术平均值收敛的定律.

大数定律,是一种描述当试验次数很大时所呈现的概率性质的定律.但是注意到,大数定律并不是经验规律,而是在一些附加条件下经严格证明了的定理,它是一种自然规律,因而通常不叫定理而叫"定律".而我们说的大数定律通常是经数学家证明并以数学家名字命名的大数定律,如伯努利大数定律.

在随机事件的大量重复出现时,往往呈现几乎必然的规律,这个规律就是大数定律.通俗地说,这个定理就是,在试验条件不变的情况下,重复试验多次,随机事件的频率近似于它

的概率.比如,我们向上抛一枚硬币,硬币落下后哪一面朝上本来是偶然的,但当我们上抛硬币的次数足够多后,如达到上万次甚至几十万几百万次以后,我们就会发现,硬币每一面向上的次数约占总次数的二分之一.偶然中包含着某种必然.

大数定律分为弱大数定律和强大数定律.

伯努利是第一个研究这一问题的数学家,他于1713年首先提出后人称为“大数定律”的极限定理.后来泊松、切比雪夫、马尔科夫、格涅坚科等众多的数学家在这方面都有重大成就,弱大数定律的研究已经趋于完善,最好的结果属于格涅坚科,他找到了弱大数定律成立的充要条件,而且没有任何独立性或同分布的要求.在20世纪初,博雷尔引入测度论的方法之后,将伯努利大数定律推广到强大数定律,开创了强大数定律的研究,之后工作最有成就的属于柯尔莫哥洛夫,他不但完成了概率的公理化,还找到了独立同分布下的强大数定律的充要条件.如今,对强大数定律的研究仍然是难题,数学家们在向着不独立随机变量序列服从强大数定律的条件努力.

大数定律有若干种表现形式.这里仅介绍常用的三个重要定律.

(1) 切比雪夫(Chebyshev)大数定律

设 $X_1,X_2,\cdots,X_n,\cdots$ 是一列相互独立的(或者两两不相关)随机变量,它们分别存在期望 $E(X_k)$ 和方差 $D(X_k)$.若存在常数 $C$,使得 $D(X_k)\leqslant C(k=1,2,3,\cdots)$,则对任意小的正数 $\varepsilon$,满足公式一:

$$\lim_{n\to\infty}P\left(\left|\frac{1}{n}\sum_{k=1}^{n}X_k-\frac{1}{n}\sum_{k=1}^{n}E(X_k)\right|<\varepsilon\right)=1 \tag{13.11}$$

将该公式应用于抽样调查,就会有如下结论:随着样本容量 $n$ 的增加,样本平均数将接近于总体平均数,从而为统计推断中依据样本平均数估计总体平均数提供了理论依据.

特别需要注意的是,切比雪夫大数定律并未要求 $X_1,X_2,\cdots,X_n,\cdots$ 同分布,相对而言,比后面介绍的伯努利大数定律和辛钦大数定律更具一般性.

(2) 伯努利大数定律

设 $\mu_n$ 是 $n$ 次独立试验中事件 $A$ 发生的次数,且事件 $A$ 在每次试验中发生的概率为 $p$,则对任意小的正数 $\varepsilon$,有公式二:

$$\lim_{n\to\infty}P\left(\left|\frac{\mu_n}{n}-p\right|<\varepsilon\right)=1 \tag{13.12}$$

该定律是切比雪夫大数定律的特例.其含义是,当 $n$ 足够大时,事件 $A$ 出现的频率 $\mu_n/n$ 将几乎接近于其发生的概率 $p$,此即频率的稳定性.对于任何事物,经过细心的大量的观察,我们都可以发现某些现象发生的频率稳定于概率.

例如,在重复投掷一枚硬币的随机试验中,观测投掷了 $n$ 次硬币中出现正面的次数.对不同的 $n$ 次试验,出现正面的频率(出现正面次数与 $n$ 之比)可能不同,但当试验的次数 $n$ 越来越大时,出现正面的频率将大体上逐渐接近于1/2.又如称量某一物体的质量,假如衡器不存在系统偏差,由于衡器的精度等各种因素的影响,对同一物体重复称量多次,可能得到多个不同的质量数值,但它们的算术平均值一般来说将随称量次数的增加而逐渐接近于物体的真实质量.

在抽样调查中,用样本百分数去估计总体百分数,其理论依据即在于此.

(3) 辛钦(Khinchin)大数定律

设$\{X_i,i\geqslant1\}$为独立同分布的随机变量序列,若 $X_i$ 的数学期望存在,设为 $\mu$,则对任意

的 $\varepsilon>0$，有公式三：

$$\lim_{n\to\infty} P\left(\left|\frac{1}{n}\sum_{k=1}^{n} X_i - \mu\right| < \varepsilon\right) = 1 \tag{13.13}$$

对于一般人来说，大数定律的非严格表述是这样的：设 $X_1, X_2, \cdots, X_n$ 是独立同分布的随机变量序列，均值为 $\mu$，$S_n = X_1 + X_2 + \cdots + X_n$，则 $S_n/n$ 收敛到 $\mu$.

对于“弱大数定律”，上述收敛是指依概率(in probability)收敛；对于“强大数定律”，上述收敛是指几乎必然收敛(almost surely/with probability one).

大数定律，通俗一点来讲，就是样本数量很大的时候，样本均值和真实均值充分接近.这一结论与中心极限定理一起，成为现代概率论、统计学、理论科学和社会科学的基石.(有趣的是，虽然大数定律的表述和证明都依赖现代数学知识，但其结论最早出现在微积分出现之前.而且在生活中，即使没有微积分的知识也可以应用.例如，没有学过微积分的学生也可以轻松利用 Excel 或计算器计算样本均值等统计量，从而应用于社会科学.)

最早的大数定律的表述可以追溯到 1500 年左右的意大利数学家 Cardano.1713 年，著名数学家伯努利正式提出并证明了最初的大数定律.不过当时现代概率论还没有建立起来，测度论、实分析的工具还没有出现，因此当时的大数定律是以“独立事件的概率”作为对象的.后来，历代数学家如泊松(“大数定律”的名字来自于他)、切比雪夫、马尔科夫、辛钦(“强大数定律”的名字来自于他)、博雷尔、Cantelli 等都对大数定律的发展做出了贡献.直到 1930 年，现代概率论的奠基人、数学大师柯尔莫哥洛夫才真正证明了最后的强大数定律.

下面均假设 $X_1, X_2, \cdots, X_n$ 是独立同分布的随机变量序列，数学期望为 $\mu$.独立同分布随机变量和的大数定律常见的表现形式有以下几种：

(a) 带方差的弱大数定律：若 $E(X^2)$小于无穷，则 $S_n/n-\mu$ 依概率收敛到 0.

用切比雪夫不等式即可得到.这个证明是切比雪夫给出的.

(b) 带均值的弱大数定律：若 $\mu$ 存在，$S_n/n-\mu$ 依概率收敛到 0.

证明方法：用泰勒公式展开特征函数，证明其收敛到常数，得到依分布收敛，然后再用依分布收敛到常数等价于依概率收敛.

此外，还有很多不同的大数定律，如不同分布的、不独立的序列等.定律也不一定是关于随机变量的，也可以是关于随机函数的，甚至随机集合的，等等.以数学家命名的也有辛钦大数定律(不独立序列的强大数定律)、切比雪夫大数定律、泊松大数定律(不同概率的随机事件序列的大数定律)、伯努利大数定律(随机事件的大数定律)、柯尔莫哥洛夫大数定律……

从最开始的自然界观察到大数定律的存在，到最后证明最终形式，历时数百年，现代概率论也在这个过程中建立起来.因此它们在几百年间早就被广泛使用，对于一般的社会科学问题、统计问题等已经足够用了.

总之，大数定律包含概率论的核心知识.大数定律的早期证法尽管表述模糊，原意也充满调侃，但并不是真如《孔乙己》里“回字四种写法”所暗示的那样迂腐或毫无价值.作为概率或统计专业的研究生，弄懂这些定律表述的区别和证明方法的区别和联系，了解前代数学家的工作，对于深刻理解现代概率论是很有好处的.当然，任何人也不应去死记硬背这些证法，只要能理解、弄清其中的微妙即可.

几乎处处收敛与依概率收敛不同.生活例子：开始上课了，慢慢地大家都安静下来，这是几乎处处收敛；绝大多数同学都安静下来，但每一个人都在不同的时间不安静，这是依概率收敛.

大数法则又称“大数定律”或“平均法则”.人们在长期的实践中发现,在随机现象的大量重复中往往出现几乎必然的规律,即大数法则.此法则的意义是:风险单位数量愈多,实际损失的结果会愈接近从无限单位数量得出的预期损失可能的结果.据此,保险公司就可以比较精确地预测危险,合理地厘定保险费率,使在保险期限内收取的保险费和损失赔偿及其他费用开支相平衡.大数法则是近代保险业赖以建立的数理基础.保险公司正是利用在个别情形下存在的不确定性将在大数中消失的这种规则性,来分析承保标的发生损失的相对稳定性.按照大数法则,保险公司承保的每类标的数目必须足够大,否则,缺少一定的数量基础,就不能产生所需要的数量规律.但是,任何一家保险公司都有它的局限性,即承保的具有同一风险性质的单位是有限的,这就需要通过再保险来扩大风险单位及风险分散面.

由于随机变量序列收敛常数有多种不同的形式,按其收敛为依概率收敛、以概率 1 收敛或均方收敛,分别有弱大数定律、强大数定律和均方大数定律.

大数定律揭示了大量随机变量的平均结果,但没有涉及随机变量的分布问题.而中心极限定理说明的是在一定条件下,大量独立随机变量的平均数是以正态分布为极限的.

中心极限定理是概率论中最著名的结果之一.它提出,大量的独立随机变量之和具有近似于正态的分布.因此,它不仅提供了计算独立随机变量之和的近似概率的简单方法,而且有助于解释为什么有很多自然群体的经验频率呈现出钟形(即正态)曲线这一事实,所以中心极限定理这个结论使正态分布在数理统计中具有很重要的地位,也使正态分布有了广泛的应用.

### 13.4.2 中心极限定理的表现形式

中心极限定理(central limit theorem)是概率论与数理统计中讨论随机变量序列部分和分布渐近趋于正态分布的一类定理.这组定理是数理统计学的理论基础,它指出了大量随机变量积累分布函数逐点收敛到正态分布的积累分布函数的条件与结论.

它是概率论与数理统计中最重要的一类定理,有广泛的实际应用背景.在自然界与生产中,一些现象受到许多相互独立的随机因素的影响,如果每个因素所产生的影响都很微小,总的影响可以看作是服从正态分布的.中心极限定理就是从数学上证明了这一现象.最早的中心极限定理讨论 $n$ 重伯努利试验中,事件 $A$ 出现的次数渐近于正态分布的问题.1716 年前后,棣莫弗(De Movire)对 $n$ 重伯努利试验中每次试验事件 $A$ 出现的概率为 1/2 的情况进行了讨论,随后,拉普拉斯(Laplace)和李雅普诺夫(Lyapunov)等进行了推广和改进.自莱维(Levy)在 1919~1925 年系统地建立了特征函数理论起,中心极限定理的研究得到了很快的发展,先后产生了普遍极限定理和局部极限定理等.极限定理是概率论的重要内容,也是数理统计学的基石之一,其理论成果也比较完美.长期以来,对于极限定理的研究所形成的概率论分析方法,影响着概率论的发展.同时,新的极限理论问题也在实际中不断产生.

设随机变量序列 $X_1,X_2,\cdots,X_n,\cdots$ 相互独立,且均具有相同的数学期望与方差,即 $E(X_k)=\mu,D(X_k)=\sigma^2$.令 $Y_n=X_1+X_2+\cdots+X_n$,当 $n\to+\infty$ 时,若

$$Z_n=\frac{Y_n-E(Y_n)}{\sqrt{D(Y_n)}}=\frac{Y_n-n\mu}{\sqrt{n}\sigma}\to N(0,1) \tag{13.14}$$

则称随机变量 $Z_n$ 为随机变量序列 $X_1,X_2,\cdots,X_n$ 的**规范和**.

**中心极限定理** 设从均值为 $\mu$、方差为 $\sigma^2$(有限)的任意一个总体中抽取样本量为 $n$ 的

样本.当 $n$ 充分大时,样本均值的抽样分布近似服从均值为 $\mu$、方差为 $\sigma^2/n$ 的正态分布.

**林德伯格-莱维(Lindburg-Levy)定理**　即独立同分布随机变量序列的中心极限定理.它表明,独立同分布且数学期望和方差有限的随机变量序列的规范和以标准正态分布为极限.

设随机变量 $X_1,X_2,\cdots,X_n,\cdots$ 相互独立,服从同一分布,且数学期望和方差分别为 $E(X_k)=\mu,D(X_k)=\sigma^2>0(k=1,2,\cdots)$,则随机变量之和的规范变量即规范和的分布函数 $F_n(x)$,对于任意 $x$,满足 $\lim F_n(x)=\Phi(x)(n\to\infty)$,其中 $\Phi(x)$是标准正态分布的分布函数.

**棣莫弗-拉普拉斯(De Movire-Laplace)定理**　即服从二项分布的随机变量序列的中心极限定理.它指出,参数为 $n$ 和 $p$ 的二项分布以 $np$ 为均值、$np(1-p)$为方差的正态分布为极限.

中心极限定理有着有趣的历史.这个定理的第一版由法国数学家棣莫弗发现,他在 1733 年发表的卓越论文中使用正态分布去估计大量抛掷硬币出现正面次数的分布.这个超越时代的成果差点被历史遗忘,所幸著名法国数学家拉普拉斯在 1812 年发表的巨著 *Théorie Analytique des Probabilités* 中拯救了这个默默无名的理论.拉普拉斯扩展了棣莫弗的理论,指出二项分布可用正态分布逼近.但同棣莫弗一样,拉普拉斯的发现在当时并未引起很大反响.直到 19 世纪末中心极限定理的重要性才被世人所知.1901 年,俄国数学家李雅普诺夫用更普通的随机变量定义中心极限定理并在数学上进行了精确的证明.如今,中心极限定理被认为是(非正式地)概率论中的首席定理.

中心极限定理也有若干种表现形式,这里仅介绍其中四个常用定理:

**1. 辛钦(Khinchine)中心极限定理**

设随机变量 $X_1,X_2,\cdots,X_n$ 相互独立,服从同一分布且有有限的数学期望 $a$ 和方差$\sigma^2$,则随机变量 $\bar{X}=\frac{1}{n}\sum_{i=1}^{n}X_i$,在 $n$ 无限增大时,服从参数为 $a$ 和$\sigma^2/n$ 的正态分布,即 $n\to\infty$ 时,

$$\bar{X}\to N\left(a,\frac{\sigma^2}{n}\right)$$

将该定理应用到抽样调查,就有这样一个结论:如果抽样总体的数学期望 $a$ 和方差$\sigma^2$是有限的,无论总体服从什么分布,从中抽取容量为 $n$ 的样本时,只要 $n$ 足够大,其样本平均数的分布就趋于数学期望为 $a$、方差为 $\sigma^2/n$ 的正态分布.

**2. 棣莫弗-拉普拉斯中心极限定理**

设 $\mu_n$是 $n$ 次独立试验中事件 $A$ 发生的次数,事件 $A$ 在每次试验中发生的概率为 $p$,则当 $n$ 无限大时,频率 $\mu_n/n$ 趋于服从参数为 $p,p(1-p)/n$ 的正态分布,即

$$\frac{\mu_n}{n}\to N\left(p,\frac{p(1-p)}{n}\right)\tag{13.15}$$

该定理是辛钦中心极限定理的特例.在抽样调查中,不论总体服从什么分布,只要 $n$ 充分大,那么频率就近似服从正态分布.

**3. 李雅普诺夫中心极限定理**

设 $X_1,X_2,\cdots,X_n,\cdots$是一个相互独立的随机变量序列,它们具有有限的数学期望和方差:$a_k=E(X_k),b_k^2=D(X_k)(k=1,2,\cdots)$.

记 $B_n^2=\sum_{k=1}^{n}b_k^2$.若能选择一个正数 $\delta$,使 $n\to\infty$ 时,$\frac{1}{B_n^{2+\delta}}\sum_{k=1}^{n}E\mid X_k-a_k\mid^{2+\delta}\to 0$,则

对任意的 $x$，有

$$P\left(\frac{1}{B_n}\sum_{k=1}^{n}(X_k - a_k) < x\right) \to \frac{1}{\sqrt{2\pi}}\int_{-\infty}^{x} e^{-t^2/2} dt \tag{13.16}$$

该定理的含义是：如果一个量是由大量相互独立的随机因素影响所造成的，而每一个因素在总影响中所起的作用不很大，则这个量服从或近似服从正态分布.

李雅普诺夫中心极限定理有着广泛的应用. 由这个定理可知，同性别同年龄段的一大群人的身高、体重、胸围、腰围、头围、脚长、腿长等外在的生理指标，红白细胞数、脉搏指标、血压指标、甘油三酯、胆固醇等各种内在的生理指标，以及心理测试中设定的各种心理指标都服从正态分布. 医生经常会根据病人的各相关指标的综合分布情况，推断出病人的病情程度. 而制衣企业和鞋帽制作企业则根据人的生理指标服从正态分布的原则来组织加工各种尺寸的衣、帽、鞋等产品. 比如，成人女鞋以 37 码(即 23.5 厘米)为正态分布的中心，所以生产成人女鞋以 37 码为主(可以占 75%以上)，36 码与 38 码所占的比重次之.

**4. 林德伯格定理**

设 $X_1, X_2, \cdots, X_n, \cdots$ 是一个相互独立的随机变量序列，它们具有有限的数学期望和方差，满足林德伯格条件，则当 $n \to \infty$ 时，对任意的 $x$，有

$$P\left(\frac{1}{B_n}\sum_{k=1}^{n}(X_k - a_k) < x\right) \to \frac{1}{\sqrt{2\pi}}\int_{-\infty}^{x} e^{-t^2/2} dt \tag{13.17}$$

## 13.5 中心极限定理的应用

**例 13.10**(学生打开水拥挤问题) 某大学的新校区有学生 5 000 人，只有一个开水间. 由于每天打水的人较多，经常出现同学排长队打水的现象. 因此校学生会特向后勤部门提议增设打开水的水龙头. 后勤部门派专人经过多次实地考察后，发现每个学生在傍晚一般有 1%的时间要占用一个水龙头，现有水龙头 45 个. 现在后勤部门遇到的问题是：

(1) 未增设水龙头前，学生因为打开水而发生拥挤的概率是多少？

(2) 开水房至少应安装多少个水龙头，才能以 95%以上的概率保证不拥挤？

(3) 若条件中的每个学生占用时间由 1%提高到 1.5%，其余的条件不变，则上述(1)，(2)两问题结果如何？

**解** (1) 设同一时刻，5 000 名学生中占用水龙头的人数为 $X$，则 $X \sim B(5\,000, 0.01)$，学生打开水拥挤的概率是

$$\begin{aligned} P(X > 45) &= 1 - P(X \leqslant 45) \\ &= 1 - \text{binomdist}(45, 5\,000, 0.01, 1) = 73.43\% \end{aligned}$$

从 $n = 5\,000, p = 0.01, q = 0.99$，以及棣莫弗-拉普拉斯中心极限定理知，随机变量 $X$ 近似服从正态分布 $N(np,\ npq) = N(50, 49.50)$，即 $E(X) = np = 50, \sigma(X) = \sqrt{49.5} = 7.04$. 故拥挤的概率也可用正态分布来近似计算：

$$P(X > 45) = 1 - P(0 \leqslant X \leqslant 45)$$

$$= 1 - \left(\text{normsdist}\left(\frac{45-50}{7.04}\right) - \text{normsdist}\left(\frac{0-50}{7.04}\right)\right)$$
$$= 1 - 0.2388 + 0 = 76.12\%$$

(2) 设安装 $m$ 个水龙头可以够用，则 $P(0 \leqslant X \leqslant m) \geqslant 0.95$，即 $\Phi\left(\frac{m-50}{7.04}\right) - \Phi\left(\frac{0-50}{7.04}\right) \geqslant 0.95$，也即

$$\Phi\left(\frac{m-50}{7.04}\right) \geqslant 0.95 \quad \Rightarrow \quad \frac{m-50}{7.04} \geqslant \Phi^{-1}(0.95) = \text{normsinv}(0.95) \approx 1.645$$

算得 $m \geqslant 61.58$.

因此，只要在开水间安装 62 个水龙头，就能以 95%以上的概率保证不拥挤.

(3) 先考虑问题(1). 设同一时刻，5 000 名学生中占用水龙头的人数为 $X$，则 $X \sim B(5000, 0.015)$. 已知 $n = 5\,000$，$p = 0.015$，$q = 0.985$，$np = 75$，$\sqrt{npq} = 8.60$，则拥挤的概率为

$$P(X > 45) \approx 1 - \Phi\left(\frac{45-75}{8.60}\right) = 1 - \Phi(-3.49) = 0.9997585$$

再考虑问题(2). 欲求 $m$，使得 $P(X \leqslant m) \geqslant 0.95$，即 $\Phi\left(\frac{m-75}{8.60}\right) \geqslant 0.95$，所以

$$\frac{m-75}{8.60} \geqslant \Phi^{-1}(0.95) = \text{normsinv}(0.95) \approx 1.645$$

解得 $m \geqslant 1.645 \times 8.60 + 75 \approx 89.15$. 故需在开水间安装 90 个水龙头，才能有 95%的概率保证学生打开水时不拥挤.

中心极限定理以严格的数学形式阐明了在大样本条件下，不论总体的分布如何，样本的均值总是近似地服从正态分布. 如果一个随机变量能够分解为独立同分布的随机变量序列之和，则可以直接利用中心极限定理解决. 总之，恰当地使用中心极限定理解决实际问题有着极其重要的意义.

**例 13.11**　样本均值 $\bar{X}$ 的抽样分布.

如果原有总体是正态分布，那么，无论样本容量的大小，样本均值的抽样分布都服从正态分布；如果原有总体的分布不是正态分布，随着样本容量 $n$ 的增大(通常要求 $n > 30$)，不论原来的总体是否服从正态分布，根据中心极限定理，样本均值的抽样分布都将趋于正态分布.

**例 13.12**　样本百分比 $p$ 的抽样分布.

样本百分比指样本中具有某种特征的单位所占的百分比. 样本百分比的抽样分布就是所有样本百分比的可能取值形成的概率分布. 例如，某高校大学生参加英语四级考试的人数为 6 000，为了估计这 6 000 人中男生所占的百分比，从中抽取 500 人组成样本进行观察. 若逐一抽取全部可能的样本，并计算出每个样本的男生比例，则全部可能的样本百分比的概率分布，即为样本比例的抽样分布. 可见，样本比例也是一个随机变量.

(1) 样本百分比抽样分布的特征

在大样本情况下，样本百分比的抽样分布的特征可概括如下：

无论是重复抽样还是非重复抽样，样本百分比 $P_s$ 的数学期望总是等于总体百分比 $P$，即 $E(P_s) = P$.

而样本百分比 $P_s$ 的方差,在重复抽样条件下为

$$\sigma_p^2 = \frac{P_s(1-P_s)}{n}$$

在不重复抽样条件下为

$$\sigma_p^2 = \frac{P_s(1-P_s)}{n}\frac{N-n}{N-1}$$

其中 $n,N$ 分别是样本和总体的容量.

(2) 样本百分比抽样分布的形式

当样本容量 $n$ 足够大时,一般当 $nP_s$ 与 $n(1-P_s)$都不小于5时,依中心极限定理,样本百分比的抽样分布也近似为正态分布.

如果要对两个总体有关参数的差异进行估计,就要研究来自这两个总体的所有可能样本相应统计量差异的抽样分布.

**例 13.13** 两个样本均值差异的抽样分布.

若从总体 $X_1$和总体 $X_2$中分别抽取容量为 $n_1$和 $n_2$的独立样本,则由两个样本均值的差$\overline{x_1}-\overline{x_2}$的所有可能取值形成的概率分布称为两个样本均值差异的抽样分布.

设总体 $X_1$和总体 $X_2$的均值分别为 $\mu_1$和 $\mu_2$,标准差分别为 $\sigma_1$和 $\sigma_2$,则两个样本均值的差$\overline{x_1}-\overline{x_2}$的抽样分布可概括为以下两种情况:

(1) 若总体 $X_1 \sim N(\mu_1,\sigma_1^2)$,总体 $X_2 \sim N(\mu_2,\sigma_2^2)$,则

$$\overline{x_1}-\overline{x_2} \sim n\left(\mu_1-\mu_2,\frac{\sigma_1^2}{n}+\frac{\sigma_2^2}{n}\right)$$

(2) 若两个总体不都是正态总体,当两个样本容量 $n_1$和 $n_2$都足够大时,依据中心极限定理,$\overline{x_1}$和$\overline{x_2}$分别近似服从正态分布,则有近似分布:

$$\overline{x_1}-\overline{x_2} \sim N\left(\mu_1-\mu_2,\frac{\sigma_1^2}{n}+\frac{\sigma_2^2}{n}\right)$$

**例 13.14** 两个样本百分比之差的抽样分布.

若从总体 $X_1$和总体 $X_2$中分别抽取容量为 $n_1$和 $n_2$的两个独立样本,则由两个样本百分比的差 $\hat{p}_1-\hat{p}_2$的所有可能取值形成的概率分布,称为两个样本百分比之差的抽样分布.

设两个总体的百分比分别为 $P_1,P_2$,当两个样本容量 $n_1$和 $n_2$都足够大时,根据中心极限定理,样本百分比 $\hat{p}_1,\hat{p}_2$ 分别近似服从正态分布,于是有近似分布

$$\hat{p}_1-\hat{p}_2 \sim N\left(P_1-P_2,\frac{P_1(1-P_1)}{n_1}+\frac{P_2(1-P_2)}{n_2}\right)$$

# 习 题 13

**填空题**

1. 设随机变量 $X$ 和 $Y$ 独立都服从正态分布$N(0,3^2)$,而 $x_1,x_2,\cdots,x_9$ 和 $y_1,y_2,\cdots,y_9$ 分别是取自总体 $X$ 和 $Y$ 的样本,则统计量

$$\mu = \frac{x_1 + x_2 + \cdots + x_9}{\sqrt{y_1^2 + y_2^2 + \cdots + y_9^2}}$$

服从________分布,自由度为________.

2. 设 $x_1, x_2, x_3, x_4$ 是来取正态总体 $N(0,2^2)$ 的样本,

$$x = a(x_1 - 2x_2)^2 + b(3x_3 - 4x_4)^2$$

则当 $a=$________,$b=$________时,统计量 $x$ 服从 $\chi^2$ 分布,自由度为________.

3. 设总体 $X$ 服从正态分布 $N(0,2^2)$,而 $x_1, x_2, \cdots, x_{15}$ 是取自总体 $X$ 的样本,则统计量

$$y = \frac{x_1^2 + x_2^2 + \cdots + x_{10}^2}{2(x_{11}^2 + x_{12}^2 + \cdots + x_{15}^2)}$$

服从________分布,自由度为________.

**选择题**

1. 设 $X_2, X_2, \cdots, X_n$ 是来自正态总体 $N(\mu,\sigma^2)$ 的样本,$\bar{X}$ 是样本均值,

$$S_1^2 = \frac{1}{n-1}\sum_{i=1}^{n}(x_i - \bar{x})^2,\quad S_2^2 = \frac{1}{n}\sum_{i=1}^{n}(x_i - \bar{x})^2$$

$$S_3^2 = \frac{1}{n-1}\sum_{i=1}^{n}(x_i - \mu)^2,\quad S_4^2 = \frac{1}{n-1}\sum_{i=1}^{n}(x_i - \mu)^2$$

则服从自由度为 $n-1$ 的 $t$ 分布的随机变量是(　　).

A. $t = \dfrac{\bar{X}-\mu}{S_1/\sqrt{n-1}}$　　B. $t = \dfrac{\bar{X}-\mu}{S_2/\sqrt{n-1}}$　　C. $t = \dfrac{\bar{X}-\mu}{S_3/\sqrt{n}}$　　D. $t = \dfrac{\bar{X}-\mu}{S_4/\sqrt{n}}$

2. 设总体 $X$ 服从正态分布 $N(\mu,\sigma^2)$,其中 $\mu$ 已知,$\sigma^2$ 未知,$X_1, X_2, X_3$ 是 $N(\mu,\sigma^2)$ 的样本,则下列表达式中不是统计量的是(　　).

A. $X_1 + X_2 + X_3$　　B. $\min(X_1, X_2, X_3)$　　C. $\sum_{I=1}^{3}\dfrac{X_i^2}{\sigma^2}$　　D. $X_1 + 2\mu$

**解答题**

1. 设 $X_1, X_2, \cdots, X_9$ 是取自正态总体 $X$ 的样本,

$$Y_1 = \frac{1}{6}(X_1 + X_2 + \cdots + X_6),\quad Y_2 = \frac{1}{3}(X_7 + X_8 + X_9)$$

$$S^2 = \frac{1}{2}\sum_{i=7}^{9}(X_i - Y_2)^2,\quad Z = \frac{\sqrt{2}(Y_1 - Y_2)}{S}$$

证明:统计量 $Z$ 服从自由度为 2 的 $t$ 分布.

2. 设 $X_1, X_2, \cdots, X_{2n}(n \geqslant 2)$ 为正态总体 $X \sim N(\mu,\sigma^2)$ 的样本,样本均值 $\bar{X} = \dfrac{1}{2n}\sum_{i=1}^{2n}X_i$.求统计量 $Y = \sum_{i=1}^{n}(X_i + X_{n+i} - 2\bar{X})^2$ 的数学期望.(提示:令 $Y_i = X_i + X_{n+i}$,并利用 $E(S_y^2) = D(y)$.)

3. 从正态总体 $N(52, 6.3^2)$ 中随机抽取容量为 36 的一个样本.

(1) 求样本均值 $\bar{x}$ 的分布;

(2) 求 $\bar{x}$ 落在 50.8 到 53.8 之间的概率.

4. 从正态总体 $N(12,4)$ 中随机抽取容量为 5 的一个样本 $x_1, x_2, x_3, x_4, x_5$.

(1) 求概率 $P(|\bar{x} - 12| > 1)$;

(2) 求概率 $P(\max(x_1, x_2, x_3, x_4, x_5) > 15)$;

(3) 求概率 $P(\min(x_1, x_2, x_3, x_4, x_5) < 10)$.

5. 一保险公司多年的统计资料表明,在索赔户中被盗的索赔户占 20%.以 $X$ 表示在任意调查的 120 个索赔户中被盗索赔户的总数,求 $P(25 < X < 45)$.

6. 设某公司有 200 名员工参加一种资格证书考试,按往年经验,该考试通过率为 0.8.试计算这

200 名员工至少有 150 名考试通过的概率.

7. 设某批产品的次品率为 0.005. 试求在 10 000 件产品中次品不多于 70 件的概率.

8. 已知男孩的出生率为 51.5%. 试求 10 000 个出生的婴儿中男孩多于女孩的概率.

9. 设有 1 000 名旅客每天需同时从甲地出发到乙地,每名旅客乘汽车的概率均为 1/2. 若能够保证一年(365 天)中 355 天汽车上都有足够的座位,则汽车应设多少个座位?

10. 设某宿舍有学生 500 人,每人在傍晚大约有 10% 的时间要占用一个水龙头. 若每人需要水龙头是相互独立的,问:该宿舍至少需要安装多少个水龙头,才能以 95% 以上的概率保证用水需要?

11. 设总体 $X \sim N(\mu, 6)$,从中抽取容量为 25 的样本. 求样本方差 $S^2$ 小于 9.1 的概率.

12. 求下列上 $\alpha$ 分位点的值:

$$t_{0.05}(6), t_{0.10}(10); \quad \chi^2_{0.05}(13), \chi^2_{0.025}(8); \quad F_{0.05}(5,10), F_{0.95}(10,5)$$

13. 设 $X_1, X_2, \cdots, X_{10}$ 为取自总体 $N(0, 0.3^2)$ 的样本. 求 $P\left(\sum_{i=1}^{10} X_i^2 > 1.44\right)$.

14. 设总体 $X \sim N(12, 2^2)$,今从中抽取容量为 5 的样本 $X_1, X_2, X_3, X_4, X_5$.

(1) 求样本均值 $\bar{X}$ 大于 13 的概率;

(2) 求 $E(\bar{X})$, $D(\bar{X})$ 及 $E(S_5^2)$;

(3) 如果 1,0,3,1,2 是样本的一个观测值,求它的样本均值和方差.

# 第 14 章　参数估计

## 14.1　参数的点估计与应用

参数是总体分布数量规律性的特征值，一般用 $\theta_i$ 表示，比如正态分布总体$N(\mu,\sigma^2)$中的均值 $\mu$ 与方差$\sigma^2$ 就是总体的参数，正态总体的分布位置与形态的数量特征就取决于这两个参数. $\theta_i$ 可以是单个的参数，也可以是参数构成的向量. 在实际问题中，$\theta_i$ 通常是未知的，因此需要通过抽样，从样本数据提供的有关总体信息对参数加以推断，比如用样本均值 $\bar{x}$ 与方差$s^2$ 分别去估计总体的均值 $\mu$ 与方差$\sigma^2$. 样本均值 $\bar{x}$ 与方差 $s^2$ 都是样本的函数，总体参数 $\theta_i$ 的样本估计量一般用$\hat{\theta}(x_1,x_2,\cdots,x_n)$来表示. 如果用 $\hat{\theta}(x_1,x_2,\cdots,x_n)$直接替代 $\theta_i$，称之为参数的点估计；如果以 $\hat{\theta}(x_1,x_2,\cdots,x_n)$为中心，构建一个区间对总体参数 $\theta_i$ 做出带有某种可靠性的估计，则称之为参数的区间估计.

由于参数的区间估计是在点估计的基础上进一步产生的，下面先介绍参数的点估计方法.

点估计法主要有矩估计法与极大似然估计法，此外还有贝叶斯估计法和最小二乘估计法.

**1. 矩估计法**

矩估计法是由样本观测值估计总体参数的一种常用方法.

参数估计时，一个直观的思想是用样本均值作为总体均值的估计，用样本方差作为总体方差的估计，等等. 由于均值与方差在统计学中统称为矩，总体均值与总体方差属于总体矩，样本均值与样本方差属于样本矩. 矩估计法即以样本矩作为相应总体矩的估计，或以样本矩的函数作为相应总体矩的同样函数的估计.

因此上面的做法可用如下两句话概括：

(1) 用样本矩去估计相应的总体矩；

(2) 用样本矩的函数去估计相应总体矩的同样函数.

这样获得未知参数的点估计的方法称为矩法估计，简称矩法.

矩估计法简单而实用，所获得的估计量通常(尽管不总是如此)也有较好的性质. 但是应该注意到矩估计法不一定总是最有效的，而且有时估计也不唯一.

若 $X$ 为连续型随机变量，设它的概率密度函数为 $f(x;\theta_i)$. 若 $X$ 为离散型随机变量，设它的概率分布律为 $P(X=x)=p(x;\theta_i)$，其中 $\theta_i$ 是待估计的总体参数. 假设总体的前 $k$ 阶矩 $u_m=E(X^m)(m=1,2,\cdots,k)$存在，通常它们是 $\theta_i$ 的函数. 设 $x_1,x_2,\cdots,x_n$ 是总体$X$的一个样本.由大数定律可知,样本矩 $A_m=\frac{1}{n}\sum_{i=1}^{n}x_i^m$ 依概率收敛于 $u_m$,并且样本矩的连续函数 $g(A_m)$ 也依概率收敛于总体矩 $u_m$ 的相应函数 $g(u_m)$.因此,在实际问题中,有充分的理由用样本矩 $A_m$ 去替代总体矩 $u_m$,即

$$u_m=A_m,\quad m=1,2,\cdots,k \tag{14.1}$$

最常见的有

$$\mu=\bar{x},\quad \sigma=S,\quad \text{总体百分比 } P=\text{样本百分比 } P_s \tag{14.2}$$

**例 14.1** 设总体 $X$ 的均值为 $\mu$,方差 $\sigma^2$ 都存在但未知,设 $x_1,x_2,\cdots,x_n$ 是总体 $X$ 的一个样本.试分别求 $\mu,\sigma^2$ 以及变异系数 $\sigma/\mu$ 的矩估计.

**解** 由

$$\begin{cases}u_1=E(X)=\mu\\ u_2=E(X^2)=D(X)+(E(X))^2=\sigma^2+\mu^2\end{cases}$$

及点估计原理 $\begin{cases}u_1=A_1,\\ u_2=A_2,\end{cases}$ 可得

$$\begin{cases}\mu=A_1\\ \sigma^2+\mu^2=A_2\end{cases}$$

解此方程组可得 $\mu,\sigma^2$ 的矩估计分别为

$$\hat{\mu}=A_1=\bar{x}$$

$$\hat{\sigma}^2=A_2-A_1^2=\frac{1}{n}\sum_{i=1}^{n}x_i^2-\bar{x}^2=\sum_{i=1}^{n}\frac{(x_i-\bar{x})^2}{n} \tag{14.3}$$

$$\text{变异系数}\frac{\sigma}{\mu}\text{的矩估计}=\frac{1}{\bar{x}}\sqrt{\sum_{i=1}^{n}(x_i-\bar{x})^2/n},\quad \bar{x}\neq 0$$

这个估计结果告诉我们,无论什么样的总体,只要它的均值与方差都存在,那么均值与方差的矩估计量的表达式不会因为总体分布的不同而不同.例如,设正态总体 $X\sim N(\mu,\sigma^2)$,其中 $\mu,\sigma^2$ 都未知,则它们的矩估计量分别是

$$\hat{\mu}=\bar{x}$$

$$\hat{\sigma}^2=\sum_{i=1}^{n}(x_i-\bar{x})^2/n=\frac{n-1}{n}s^2$$

### 2. 最大似然估计法

最大似然估计法(maximum likelihood estimate,MLE)是求估计的另一种方法.它最早由高斯提出,后来又由英国遗传学家及统计学家罗纳德·费希尔在 1912 年的文章中重新提出,这个方法的一些性质也得到了证明.最大似然估计这一名称也是费希尔起的.这是一种目前仍然得到广泛应用的方法.它是建立在最大似然原理基础上的一个统计方法,最大似然原理的直观想法是:一个随机试验有若干个可能的结果 $A,B,C,\cdots$.若在一次试验中,结果 $A$ 出现,则一般认为试验条件对 $A$ 出现最有利,即 $A$ 出现的概率最大.即在众多的可能结果中,已经出现的那个结果应该就是可能性最大的结果.比如,一个布袋中同时装有黑球与红球,但不知哪种球多一点,现从袋中任意摸一个球,结果是黑球,我们有理由认为这个袋中的黑球更多一点."似然"是对 likelihood 的一种较为贴近文言文的翻译,"似然"用现代的中文来说即"可能性".故而,若称之为"最大可能性估计"则更加通俗易懂.

假设总体 $X$ 是离散型的，其分布律的形式已知，为 $P(X=x)=f(x,\theta)$，其中，$\theta\in\Theta$，$x_1,x_2,\cdots,x_n$ 是从总体 $X$ 中抽取的样本，则 $x_1,x_2,\cdots,x_n$ 相互独立且联合分布的概率为 $\prod_{i=1}^{n}f(x_i,\theta)$，这是样本 $x_1,x_2,\cdots,x_n$ 以及未知参数 $\theta$ 的函数，记作 $L(x_1,x_2,\cdots,x_n,\theta)$. 即

$$L(x_1,x_2,\cdots,x_n,\theta)=\prod_{i=1}^{n}f(x_i,\theta) \tag{14.4}$$

称之为未知参数 $\theta$ 的似然函数. 似然函数值的大小意味着该样本值出现的可能性的大小，既然已经得到了样本值 $x_1,x_2,\cdots,x_n$，那么它出现的可能性应该是较大的，即似然函数的值也应该是比较大的，最大似然估计就是选择使 $L(x_1,x_2,\cdots,x_n,\theta)$ 达到最大值的那个 $\hat{\theta}$ 作为真实的 $\theta$ 估计值，即

$$L(x_1,x_2,\cdots,x_n,\hat{\theta})=\max_{\theta\in\Theta}L(x_1,x_2,\cdots,x_n,\theta) \tag{14.5}$$

设总体 $X$ 为连续型的，其概率密度函数为 $f(x,\theta)(\theta\in\Theta)$，$x_1,x_2,\cdots,x_n$ 为从该总体中抽出的样本. 同离散型总体一样，这时的似然函数也为

$$L(x_1,x_2,\cdots,x_n,\theta)=\prod_{i=1}^{n}f(x_i,\theta) \tag{14.6}$$

若似然函数 $L(x_1,x_2,\cdots,x_n,\theta)$ 是 $\theta$ 的可微函数，并且在 $\hat{\theta}$ 处取得最大值，则由费马(Fermat)定理知，应有下面的似然方程：

$$\left.\frac{\partial L}{\partial\theta}\right|_{\theta=\hat{\theta}}=0 \tag{14.7}$$

不过应注意这仅是似然函数 $L$ 在 $\hat{\theta}$ 处取得最大值的必要条件，而不是充分条件. 另外，由于函数 $\ln L(x_1,x_2,\cdots,x_n,\theta)$ 与函数 $L(x_1,x_2,\cdots,x_n,\theta)$ 同时达到最大值，而在许多情况下，求 $\ln L(x_1,x_2,\cdots,x_n,\theta)$ 的最大值点比较简单，因此，似然方程或方程组经常改写为

$$\left.\frac{\partial\ln L(x_1,\cdots,x_n,\theta)}{\partial\theta}\right|_{\theta=\hat{\theta}}=0 \tag{14.8}$$

为了进一步判断上面求出的驻点是否为 $L(x_1,x_2,\cdots,x_n,\theta)$ 的最大值点，可用 $L(x_1,x_2,\cdots,x_n,\theta)$ 的二阶导数在驻点处的正负号来做最后的判断. 如果在驻点处的二阶导数为负数，那么所求值即是所求的最大值.

还要指出，若函数 $L(x_1,x_2,\cdots,x_n,\theta)$ 关于 $\theta$ 的导数不存在，我们就无法得到似然方程组，这时就必须用其他的方法来求最大似然估计值，例如，用有界函数的增减性去求 $L(x_1,x_2,\cdots,x_n,\theta)$ 的最大值点.

求最大似然函数估计值的一般步骤如下：

(1) 写出似然函数；

(2) 对似然函数取对数，并整理；

(3) 求导数；

(4) 解似然方程.

对于最大似然估计方法的应用，需要结合特定的环境，因为它需要我们提供样本的已知模型，进而来估算参数，例如在模式识别中，我们可以规定目标符合正态分布模型.

**例 14.2**　设总体 $X$ 服从 0-1 分布，即 $X\sim B(1,p)$，其中 $p$ 是未知参数，$x_1,x_2,\cdots,x_n$ 是取自该总体的一个样本. 求参数 $p$ 的最大似然估计.

**解**　(1) 似然函数为

$$L(x_1,x_2,\cdots,x_n,p)=\prod_{i=1}^{n}f(x_i,p)=\prod_{i=1}^{n}p^{x_i}(1-p)^{1-x_i}$$
$$=p^{\sum_{i=1}^{n}x_i}(1-p)^{n-\sum_{i=1}^{n}x_i}$$

(2) $\ln L(x_1,x_2,\cdots,x_n,p)=\sum_{i=1}^{n}x_i\ln p+\left(n-\sum_{i=1}^{n}x_i\right)\ln(1-p)$.

(3) 令$\dfrac{\mathrm{d}\ln L}{\mathrm{d}p}=0$,则似然方程为

$$\frac{\sum_{i=1}^{n}x_i}{p}-\frac{n-\sum_{i=1}^{n}x_i}{1-p}=0$$

(4) 解得

$$\hat{p}=\frac{1}{n}\sum_{i=1}^{n}x_i=\bar{x}$$

即是非总体的百分比 $P$ 的最大似然估计为样本均值$\bar{x}$.

**例 14.3** 设总体 $X$ 服从正态分布,即 $X\sim N(\mu,\sigma^2)$,其中 $\mu,\sigma^2$ 都是未知参数.

此时,也可以称$(\mu,\sigma^2)$是未知的参数向量,$x_1,x_2,\cdots,x_n$ 是取自该总体的一个样本.试求参数 $\mu,\sigma^2$ 的最大似然估计.

**解** (1) 似然函数为

$$L(x_1,x_2,\cdots,x_n,\mu,\sigma^2)=\prod_{i=1}^{n}f(x_i,\mu,\sigma^2)$$
$$=\prod_{i=1}^{n}\frac{1}{\sqrt{2\pi\sigma^2}}\exp\left(-\frac{1}{2\sigma^2}(x_i-\mu)^2\right)$$
$$=\left(\frac{1}{\sqrt{2\pi\sigma^2}}\right)^n\exp\left(-\frac{1}{2\sigma^2}\sum_{i=1}^{n}(x_i-\mu)^2\right)$$

(2) $\ln L(x_1,x_2,\cdots,x_n,\mu,\sigma^2)=-\dfrac{n}{2}\ln 2\pi-\dfrac{n}{2}\ln\sigma^2-\dfrac{1}{2\sigma^2}\sum_{i=1}^{n}(x_i-\mu)^2$.

(3) 令$\dfrac{\partial\ln L}{\partial\mu}=0,\dfrac{\partial\ln L}{\partial\sigma^2}=0$,得似然方程组

$$\begin{cases}\dfrac{1}{\sigma^2}\left(\sum_{i=1}^{n}x_i-n\mu\right)=0\\ -\dfrac{n}{2\sigma^2}+\dfrac{1}{2(\sigma^2)^2}\sum_{i=1}^{n}(x_i-\mu)^2=0\end{cases}$$

(4) 解得

$$\hat{\mu}=\frac{1}{n}\sum_{i=1}^{n}x_i=\bar{x},\quad \hat{\sigma}^2=\sum_{i=1}^{n}\frac{(x_i-\bar{x})^2}{n}=\frac{n-1}{n}s^2$$

由例 14.3 知,正态分布总体的两个未知参数的最大似然估计值与它们的矩估计值完全相同.不过,这只是一种巧合,并非所有的未知参数的矩估计与最大似然估计都相同.

此外,还可以证明,若 $\hat{\theta}$ 是未知参数 $\theta$ 的最大似然估计值,而 $\theta$ 的函数 $g(\theta)(\theta\in\Theta)$ 具有单值的反函数,则 $g(\hat{\theta})$ 是 $g(\theta)$ 的最大似然估计值.

## 14.2　估计量的评价标准

假设样本统计量 $\hat{\theta}$ 是总体未知参数 $\theta$ 的估计量，对同一个未知参数 $\theta$，用不同的估计方法通常能得到不同的估计量，那么到底哪个估计量更好一点呢？用什么标准来衡量一个参数估计量的优劣呢？

显然，均方误差 $E(\hat{\theta}-\theta)^2$ 愈小，则估计量 $\hat{\theta}$ 与真实参数 $\theta$ 之间的偏差平均来看也愈小，$\hat{\theta}$ 对 $\theta$ 的代表性也就愈好. 因此，我们可以用均方误差 $E(\hat{\theta}-\theta)^2$ 的大小来衡量一个估计量的优劣. 易知

$$\begin{aligned} E(\hat{\theta}-\theta)^2 &= E((\hat{\theta}-E(\hat{\theta}))+(E(\hat{\theta})-\theta))^2 \\ &= E(\hat{\theta}-E(\hat{\theta}))^2+E((E(\hat{\theta})-\theta)^2) \\ &= D(\hat{\theta})+(E(\hat{\theta})-\theta)^2 \end{aligned}$$

式中 $D(\hat{\theta})$ 是估计量 $\hat{\theta}$ 本身的方差，它反映了该估计量的精度，$D(\hat{\theta})$ 愈小，这个估计量就愈好；而 $(E(\hat{\theta})-\theta)^2$ 这个量表示的是 $\hat{\theta}$ 的期望值 $E(\hat{\theta})$ 与真实参数 $\theta$ 之间的差别大小，这个量愈小，表示估计量 $\hat{\theta}$ 愈好. 这个量的最小值是 0，如果能达到，应该是最理想的. 这就引出了下面三个具体的估计量评价标准：

(1) 设 $\hat{\theta}$ 是总体未知参数 $\theta$ 的一个估计量，且 $E(\hat{\theta})=\theta$，则称 $\hat{\theta}$ 是 $\theta$ 的一个无偏估计量.

在科学技术中，$E(\hat{\theta})-\theta$ 称为用 $\hat{\theta}$ 去估计 $\theta$ 而产生的系统误差. 无偏估计的实际意义就是这种估计没有系统误差. 不过应该注意，无偏估计是指总的来看、平均来看这种估计无系统误差. 具体到某一次估计，还是可能有误差的.

(2) 设 $\hat{\theta}_1$，$\hat{\theta}_2$ 都是总体未知参数 $\theta$ 的无偏估计量，且 $D(\hat{\theta}_1)<D(\hat{\theta}_2)$，则称 $\hat{\theta}_1$ 是比 $\hat{\theta}_2$ 更有效的 $\theta$ 估计量.

(3) 前面提到的未知参数 $\theta$ 的估计量 $\hat{\theta}$ 都是样本的函数，一般记作 $\hat{\theta}(x_1,x_2,\cdots,x_n)$，对任意的正数 $\varepsilon$，若有

$$\lim_{n\to\infty}P(|\hat{\theta}(x_1,x_2,\cdots,x_n)-\theta|<\varepsilon)=1 \tag{14.9}$$

即当样本容量 $n$ 无限增大时，估计量 $\hat{\theta}(x_1,x_2,\cdots,x_n)$ 依概率收敛于被估计的参数 $\theta$，则称 $\hat{\theta}(x_1,x_2,\cdots,x_n)$ 是 $\theta$ 的一致估计量.

除了上述的无偏性、有效性、一致性这三个基本的评价标准外，还有稳健性、完全性、充分性等其他的估计量评价标准. 限于篇幅，不在此做进一步的讨论. 下面来看几个例子.

**例 14.4**　设总体 $X$ 的 $k$ 阶矩 $u_k=E(X^k)$ 存在但未知，$x_1,x_2,\cdots,x_n$ 是取自总体 $X$ 的一个随机样本. 证明：无论总体 $X$ 服从何种分布，$k$ 阶样本矩 $A_k=\sum\limits_{i=1}^{n}\dfrac{x_i^k}{n}\ (k=1,2,\cdots)$ 都是总体 $k$ 阶矩 $u_k$ 的无偏估计量.

**证明** 由于 $x_1,x_2,\cdots,x_n$ 是取自总体 $X$ 的一个随机样本，因此 $x_1,x_2,\cdots,x_n$ 独立同分布，即有 $E(x_i^k)=E(X^k)(i=1,2,\cdots,n)$，从而

$$E(A_k)=\sum_{i=1}^{n}E(x_i^k)/n=nE(X^k)/n=E(X^k)=u_k$$

即 $k$ 阶样本矩 $A_k=\sum_{i=1}^{n}\frac{x_i^k}{n}(k=1,2,\cdots)$ 是 $k$ 阶总体矩 $u_k$ 的无偏估计量.

上述证明过程中没有涉及总体 $X$ 的分布类型问题.因此，无论 $X$ 服从哪一种分布，结论都正确.特别地，无论何种分布，样本均值 $\bar{X}$ 都是该总体均值 $\mu$ 的无偏估计量.

**例 14.5** 设总体 $X$ 的均值 $\mu$、方差 $\sigma^2$ 都存在但未知，$x_1,x_2,\cdots,x_n$ 是总体 $X$ 的一个样本，则

(1) $\sigma^2$ 的矩估计量 $\hat{\sigma}^2=\sum_{i=1}^{n}\frac{(x_i-\bar{x})^2}{n}$ 是总体未知方差 $\sigma^2$ 的有偏估计量；

(2) 样本方差 $s^2=\sum_{i=1}^{n}\frac{(x_i-\bar{x})^2}{n-1}$ 则是 $\sigma^2$ 的无偏估计量.

**证明** (1) 由于 $\hat{\sigma}^2=\sum_{i=1}^{n}\frac{x_i^2}{n}-\bar{x}^2=A_2-\bar{x}^2$，而

$$E(A_2)=u_2=\sigma^2+\mu^2,\quad E(\bar{x}^2)=D(\bar{x})+E^2(\bar{x})=\frac{\sigma^2}{n}+\mu^2$$

故

$$E(\hat{\sigma}^2)=E(A_2)-E(\bar{x}^2)=\sigma^2-\frac{\sigma^2}{n}=\frac{n-1}{n}\sigma^2\neq\sigma^2$$

即 $\hat{\sigma}^2=\sum_{i=1}^{n}\frac{(x_i-\bar{x})^2}{n}$ 不是 $\sigma^2$ 的无偏估计量，换言之，它是有偏估计量.

(2) 由于样本方差 $s^2=\frac{n}{n-1}\hat{\sigma}^2$，所以

$$E(s^2)=\frac{n}{n-1}E(\hat{\sigma}^2)=\frac{n}{n-1}\frac{n-1}{n}\sigma^2=\sigma^2$$

即样本方差 $s^2=\sum_{i=1}^{n}\frac{(x_i-\bar{x})^2}{n-1}$ 是总体方差 $\sigma^2$ 的无偏估计量.正是由于这个原因，样本方差的分母通常是取自由度 $n-1$，而不取样本容量 $n$.

**例 14.6** 假设总体 $X$ 服从参数为 $\lambda$ 的指数分布，$\lambda$ 未知，$x_1,x_2,\cdots,x_n$ 是取自总体 $X$ 的一个样本.证明：

(1) 样本均值 $\bar{x}$，以及 $x_1,\frac{x_2+x_3}{2}$ 都是 $\lambda$ 的无偏估计量；

(2) 当 $n>2$ 时，用 $\bar{x}$ 去估计 $\lambda$ 比用 $x_1$ 和 $\frac{x_2+x_3}{2}$ 去估计 $\lambda$ 更有效；

(3) $\bar{x}$ 是未知参数 $\lambda$ 的一致估计量.

**证明** (1) 由 $X\sim Exp(\lambda)$，知总体 $X$ 的均值 $\mu$ 和方差 $\sigma^2$ 分别为 $\lambda$ 和 $\lambda^2$，而

$$E(\bar{x})=\mu=\lambda,\quad E(x_1)=E(X)=\mu=\lambda$$

$$E\left(\frac{x_2+x_3}{2}\right)=\frac{1}{2}(E(X)+E(X))=\frac{2\lambda}{2}=\lambda$$

因此，样本均值 $\bar{x}$，以及 $x_1,\frac{x_2+x_3}{2}$ 都是 $\lambda$ 的无偏估计量.

(2) 当 $n>2$ 时,因为样本均值 $\bar{x}$,以及 $x_1,\frac{x_2+x_3}{2}$都是 $\lambda$ 的无偏估计量,并且

$$D(\bar{x})=\frac{\sigma^2}{n}=\frac{\lambda^2}{n}<D\left(\frac{x_2+x_3}{2}\right)=\frac{\lambda^2+\lambda^2}{4}=\frac{\lambda^2}{2}<D(x_1)=\lambda^2$$

根据估计量有效性的定义,当 $n>2$ 时,用 $\bar{x}$ 去估计 $\lambda$ 比用 $x_1$ 和$\frac{x_2+x_3}{2}$去估计 $\lambda$ 更有效.

事实上,不难证明,对于任意的 $n$ 个正数 $c_1,c_2,\cdots,c_n$,只要满足 $c_1+c_2+\cdots+c_n=1$,则加权平均数统计量 $c_1x_1+c_2x_2+\cdots+c_nx_n$ 就是总体均值 $\lambda$ 的无偏估计量,并且总有 $D(c_1x_1+c_2x_2+\cdots+c_nx_n)\geqslant D(\bar{x})$成立.也就是说,在 $x_1,x_2,\cdots,x_n$ 的所有加权平均数构成的、关于对总体均值 $\lambda$ 的无偏统计量中,样本均值 $\bar{x}$ 的方差是最小的,因而是最有效的.

(3) 由于总体 $X$ 的均值存在,记为 $\lambda$,,而 $x_1,x_2,\cdots,x_n,\cdots$独立同分布,且$E(x_i)=E(X)=\lambda(i=1,2,\cdots)$,由辛钦大数定律可知,对任意的 $\varepsilon>0$,都有

$$\lim_{n\to\infty}P(|\bar{x}-\lambda|<\varepsilon)=1$$

由一致估计量的定义可知,样本均值是总体均值 $\lambda$ 的一致估计量.

进一步分析不难发现,对于总体均值与方差都存在但未知的总体,样本均值 $\bar{x}$ 既是总体均值$\mu$ 的无偏估计量,同时还是 $\mu$ 的一致估计量和有效估计量.

## 14.3 参数的区间估计与应用

区间估计(interval estimator)是依据抽取的样本,根据一定的可信度与精确度的要求,构造出适当的区间,作为总体分布的未知参数或参数的函数的真值所在范围的估计.例如,人们常说的有百分之多少的把握保证某值在某个范围内,即是区间估计的最简单的应用.1934 年波兰统计学家奈曼(Neyman)创立了一种严格的区间估计理论.求置信区间常用的有三种方法:① 利用已知的抽样分布;② 利用区间估计与假设检验的联系;③ 利用大样本理论.

下面讨论单个正态总体均值 $\mu$ 的区间估计.

**1. 总体方差 $\sigma^2$ 已知**

设 $x_1,x_2,\cdots,x_n$ 是取自总体$X$ 的一个随机样本.由于样本均值 $\bar{x}\sim N(\mu,\sigma^2/n)$,因此

$$\frac{\bar{x}-\mu}{\sigma/\sqrt{n}}\sim N(0,1) \tag{14.10}$$

于是有

$$P\left(\left|\frac{\bar{x}-\mu}{\sigma/\sqrt{n}}\right|\leqslant z_{\alpha/2}\right)=1-\alpha,\quad 0<\alpha<1 \tag{14.11}$$

其中 $z_{\alpha/2}$是标准正态分布的上 $\alpha/2$ 分位点;概率值 $1-\alpha$ 称为“置信度”或者“可靠度”.由式(14.11)可得

$$P\left(\bar{x}-\frac{\sigma}{\sqrt{n}}z_{\alpha/2}\leqslant\mu\leqslant\bar{x}+\frac{\sigma}{\sqrt{n}}z_{\alpha/2}\right)=1-\alpha \tag{14.12}$$

区间$\left[\bar{x}-\frac{\sigma}{\sqrt{n}}z_{\alpha/2},\bar{x}+\frac{\sigma}{\sqrt{n}}z_{\alpha/2}\right]$称为总体均值$\mu$的置信区间；$\bar{x}-\frac{\sigma}{\sqrt{n}}z_{\alpha/2}$称为$\mu$的置信下限；$\bar{x}+\frac{\sigma}{\sqrt{n}}z_{\alpha/2}$称为$\mu$的置信上限.这种估计方法称为总体均值$\mu$的双侧估计.

令$d=\frac{\sigma}{\sqrt{n}}z_{\alpha/2}$，称数值$d$为估计的精确度，简称精度.$d$愈小，参数估计的精度就愈高.它的Excel函数为“confidence(α,σ,n)”.

从精度$d$的表达式可知，精度$d$与总体标准差$\sigma$的大小成正比，$\sigma$愈大，总体数据的离散程度愈高，相应的样本数据的离散程度也就愈高，用$\bar{x}$去估计$\mu$的精度也就愈低；$d$与样本容量$n$的平方根的大小成反比，$n$愈大，样本代表总体的代表性愈高，用$\bar{x}$去估计$\mu$的精度也就愈高.$d$与可靠度$\alpha$的大小也密切相关，可靠度$1-\alpha$愈大，标准正态分布的上$\alpha/2$分位点$z_{\alpha/2}$就愈大，区间估计的精度$d$就愈低.也就是说，未知参数的区间估计过程中，当样本容量$n$确定后，估计的精度与估计的可靠度是一对矛盾的要求，随着估计精度的提高，估计的可靠度只能不断下降；随着可靠度的提高，估计的精度就不断下降.要想同时提高估计的精度与可靠度，只能增大样本容量$n$.然而在实际问题中，增加样本容量涉及工作成本、完成任务的时间等问题，不一定能达到理想的程度.

总体均值$\mu$的置信度为$1-\alpha$的置信区间也可以简记为$\bar{x}\pm d$.

**例 14.7** 某大学有25 000名在校本科生，这25 000名学生在今年10月份的消费额形成一个正态总体$X\sim N(\mu,\ \sigma^2)$.已知$\sigma=120$(元)，从总体$X$中随机抽取60名学生的消费额：$x_1,x_2,\cdots,x_{60}$.已知$\bar{x}=\frac{x_1+x_2+\cdots+x_{60}}{60}=850$(元)，样本标准差$s=130$(元).由$\bar{x}\sim N\left(\mu,\frac{\sigma^2}{60}\right)$标准化：$\frac{\bar{x}-\mu}{\sigma/\sqrt{60}}\sim N(0,1)$.对于给定的置信度$1-\alpha$，有

$$P\left(\left|\frac{\bar{x}-\mu}{\sigma/\sqrt{60}}\right|\leqslant z_{\alpha/2}\right)=1-\alpha$$

$$\Leftrightarrow\quad P\left(\bar{x}-\frac{120}{\sqrt{60}}z_{\alpha/2}\leqslant\mu\leqslant\bar{x}+\frac{120}{\sqrt{60}}z_{\alpha/2}\right)=1-\alpha$$

若给定置信度为$1-\alpha=0.95$，则

$$d=\frac{120}{\sqrt{60}}z_{\alpha/2}=\text{confidence}(0.05,120,60)(\text{元})$$
$$=30.37(\text{元})$$

即我们有95%的把握认为：25 000名学生今年10月份的消费额在$850\pm30.37$(元)范围，即总体均值$\mu$的95%的双侧置信区间为[819.63,880.37](元).

**2. 总体方差$\sigma^2$未知**

此时，根据参数的点估计思想，可以考虑用样本方差$s^2$来代替总体方差.由抽样分布的知识知：无论是大样本还是小样本，都有

$$\frac{\bar{x}-\mu}{s/\sqrt{n}}\sim t(n-1)\tag{14.13}$$

对于给定的置信度$1-\alpha$，有

$$P\left(\left|\frac{\bar{x}-\mu}{s/\sqrt{n}}\right| \leqslant t_{\alpha/2}(n-1)\right)=1-\alpha \tag{14.14}$$

$$\Leftrightarrow \quad P\left(\bar{x}-\frac{s}{\sqrt{n}} t_{\alpha/2}(n-1) \leqslant \mu \leqslant \bar{x}+\frac{s}{\sqrt{n}} t_{\alpha/2}(n-1)\right)=1-\alpha \tag{14.15}$$

其中区间估计的精度 $d=t_{\alpha/2}(n-1)\cdot\frac{s}{\sqrt{n}}$，其Excel函数为“tinv(α, n－1) * s/power(n, 1/2)”.

**例14.8**　已知金属铅的密度测量值服从正态分布，但总体方差未知. 现测量了16次，获得样本数据：$\bar{x}=2.705$，$s=0.029$. 若给定置信度为95%，试求铅的密度均值的置信区间.

**解**　设 $X$ 是铅的密度测量值，则 $X\sim N(\mu,\sigma^2)$，并且 $\sigma^2$ 未知，要求总体均值 $\mu$ 的置信区间. 由已知条件得 $n=16$，$\bar{x}=2.705$，$s=0.029$，$\alpha=0.05$，

$$d=t_{\alpha/2}(n-1)\cdot\frac{s}{\sqrt{n}}=t_{0.05/2}(15)\cdot\frac{0.029}{\sqrt{16}}$$

$$=\text{tinv}(0.05,15)*0.029/\text{power}(16,1/2)=0.0155$$

于是，铅的密度平均值 $\mu$ 的95%的双侧置信区间为 $[\bar{x}-d,\bar{x}+d]$，即 $[2.705-0.0155,\ 2.705+0.0155]$，也即 $[2.6895, 2.7205]$.

如果不知道总体是否服从正态分布，当样本容量 $n>30$ 时，由中心极限定理可知，样本均值 $\bar{x}$ 都可以看作是服从或者近似服从正态分布的.

**3. 单个总体百分比 $P$ 的区间估计**

总体百分比 $P$ 的区间估计必须在大样本条件下进行，因为样本百分比 $P_s$ 就是样本中具有某种属性的个体的样本均值 $\bar{x}$. 依据中心极限定理，在大样本条件下，$P_s$ 近似服从正态分布：$P_s=\bar{x}\sim N\left(P,\frac{P_s(1-P_s)}{n}\right)$. 其中总体方差 $\sigma^2=P(1-P)$ 未知，在大样本条件下可用样本方差 $P_s(1-P_s)$ 取代. 由于

$$\frac{P_s-P}{\sqrt{P_s(1-P_s)}/\sqrt{n}}\sim N(0,1) \tag{14.16}$$

于是有

$$P\left(\left|\frac{P_s-P}{\sqrt{P_s(1-P_s)}/\sqrt{n}}\right| \leqslant z_{\alpha/2}\right)=1-\alpha,\quad 0<\alpha<1 \tag{14.17}$$

由此可得总体百分比的 $(1-\alpha)\times 100\%$ 的双侧置信区间 $[P_s-d, P_s+d]$，其中

$$d=z_{\alpha/2}\frac{\sqrt{P_s(1-P_s)}}{\sqrt{n}},\quad n>50 \tag{14.18}$$

估计精度 $d$ 的Excel函数为

$$\text{confidence}(\alpha,\text{power}(P_s*(1-P_s),1/2),n) \tag{14.19}$$

**例14.9**　在例14.7中，假设随机调查了300个本科生手机入网情况，结果发现其中有144人是移动网. 试求全体本科生25 000人中手机是移动网的百分比 $P$ 的99%的置信区间.

**解**　这是总体百分比 $P$ 的大样本估计，$n=300$，样本百分比 $P_s=\frac{144}{300}=48\%$，$\alpha=0.01$，

$$d = z_{0.01/2}\frac{\sqrt{0.48\times 0.52}}{\sqrt{300}}$$
$$= \text{confidence}(0.01,\text{power}(0.48*0.52,1/2),300)$$
$$= 7.43\%$$

即 25 000 名在校本科生中手机是移动网的百分比的 99%的置信区间为

$$[48\%-7.43\%,48\%+7.43\%]=[40.57\%,55.43\%]$$

若抽查的 300 名学生中手机是移动网的有 210 人，则 $P_s=\frac{210}{300}=70\%$，此时，精度 $d=$ confidence(0.01,power(0.7 * 0.3,1/2),300)≈6.82%，25 000 名本科生手机是移动网的百分比的 99%的置信区间是 70%±6.82%.

**4. 单个正态总体 $X$ 的方差 $\sigma^2$ 的区间估计**

假设 $x_1,x_2,\cdots,x_n$ 是取自总体 $X\sim N(\mu,\sigma^2)$ 的随机样本，样本方差为 $s^2$. 由抽样分布的知识可知：统计量 $\frac{(n-1)s^2}{\sigma^2}\sim\chi^2(n-1)$. 从而对给定的置信度 $1-\alpha$，有

$$P\left(\chi^2_{1-\alpha/2}(n-1)\leqslant\frac{(n-1)s^2}{\sigma^2}\leqslant\chi^2_{\alpha/2}(n-1)\right)=1-\alpha \tag{14.20}$$

即

$$P\left(\frac{(n-1)s^2}{\chi^2_{\alpha/2}(n-1)}\leqslant\sigma^2\leqslant\frac{(n-1)s^2}{\chi^2_{1-\alpha/2}(n-1)}\right)=1-\alpha \tag{14.21}$$

也即正态总体方差 $\sigma^2$ 的置信度为 $100(1-\alpha)\%$ 的双侧置信区间是

$$\left[\frac{(n-1)s^2}{\chi^2_{\alpha/2}(n-1)},\frac{(n-1)s^2}{\chi^2_{1-\alpha/2}(n-1)}\right] \tag{14.22}$$

从式(14.22)还可以得到总体标准差 $\sigma$ 的 $100(1-\alpha)\%$ 的双侧置信区间：

$$\left[\left(\frac{(n-1)s^2}{\chi^2_{\alpha/2}(n-1)}\right)^{1/2},\left(\frac{(n-1)s^2}{\chi^2_{1-\alpha/2}(n-1)}\right)^{1/2}\right] \tag{14.23}$$

**例 14.10** 求例 14.8 的总体方差 $\sigma^2$ 的点估计和置信度为 90%的区间估计.

**解** (1) 因为样本方差 $s^2$ 是总体方差 $\sigma^2$ 的无偏估计，因此总体方差 $\sigma^2$ 的点估计为 $s^2=0.029^2=0.000\,841$.

(2) 由于 $\alpha=0.10,n=16$，所以

$$\chi^2_{\alpha/2}(n-1)=\chi^2_{0.05}(15)=\text{chiinv}(0.05,15)=25.00$$
$$\chi^2_{1-\alpha/2}(n-1)=\chi^2_{0.95}(15)=\text{chiinv}(0.95,15)=7.26$$

于是，总体方差 $\sigma^2$ 的置信度为 90%的区间估计为

$$\left[\frac{15\times 0.000\,841}{25},\frac{15\times 0.000\,841}{7.26}\right]$$

即[0.000 504 6,0.001 737 6].

**5. 两个正态总体 $N(\mu_1,\sigma_1^2)$，$N(\mu_2,\sigma_2^2)$ 的均值差 $\mu_1-\mu_2$ 的估计**

在实际工作中，我们经常遇到这样的问题：已知某个指标服从正态分布，但是由于原料因素、设备更新、人员更换、环境变化等，分布总体的均值或者方差有了某些程度的改变. 这时我们需要知道这种改变有多大. 如果总体参数发生了显著的变化，有些计划和方案就必须进行调整. 这就需要对两个总体进行均值差或者方差之比的估计.

设 $X\sim N(\mu_1,\sigma_1^2)$，$Y\sim N(\mu_2,\sigma_2^2)$ 且 $x_1,x_2,\cdots,x_n$ 与 $y_1,y_2,\cdots,y_m$ 分别是取自总体

$X, Y$ 的两个独立的随机样本，$\bar{x}, s_1^2$ 分别是样本 $x_1, x_2, \cdots, x_n$ 的均值与方差，$\bar{y}, s_2^2$ 分别是样本 $y_1, y_2, \cdots, y_m$ 的均值与方差.

若总体方差 $\sigma_1^2, \sigma_2^2$ 已知，对于给定的置信度 $1-\alpha$，由于 $\bar{x}, \bar{y}$ 分别是 $\mu_1, \mu_2$ 的无偏估计，可知 $\bar{x}-\bar{y}$ 也是 $\mu_1-\mu_2$ 的无偏估计. 由 $\bar{x}, \bar{y}$ 的独立性可得 $\bar{x}-\bar{y} \sim N\left(\mu_1-\mu_2, \frac{\sigma_1^2}{n}+\frac{\sigma_2^2}{m}\right)$，标准化后就有

$$\frac{(\bar{x}-\bar{y})-(\mu_1-\mu_2)}{\sqrt{\sigma_1^2/n+\sigma_2^2/m}} \sim N(0,1) \tag{14.24}$$

由此可得均值差 $\mu_1-\mu_2$ 的 $100(1-\alpha)\%$ 的双侧置信区间为 $[(\bar{x}-\bar{y})-d, (\bar{x}-\bar{y})+d]$，其中

$$d = z_{\alpha/2}\sqrt{\frac{\sigma_1^2}{n}+\frac{\sigma_2^2}{m}} \tag{14.25}$$

而 $d = z_{\alpha/2}\sqrt{\frac{\sigma_1^2}{n}+\frac{\sigma_2^2}{m}}$ 的 Excel 函数如下：

$$\text{normsinv}(1-\alpha/2) * \text{power}(\sigma_1^2/\text{n}+\sigma_2^2/\text{m}, 1/2) \tag{14.26}$$

若总体方差 $\sigma_1^2, \sigma_2^2$ 均未知，但已知 $\sigma_1 = \alpha_2 = \sigma$，则从抽样分布知识可知

$$\frac{(\bar{x}-\bar{y})-(\mu_1-\mu_2)}{S_w\sqrt{\frac{1}{n}+\frac{1}{m}}} \sim t(n+m-2) \tag{14.27}$$

其中 $S_w = \sqrt{\frac{(n-1)S_1^2+(m-1)S_2^2}{n+m-2}}$，$S_w^2$ 称为 $S_1^2, S_2^2$ 的加权综合方差. $S_w$ 的 Excel 函数为

$$\text{power}(((\text{n}-1)*\text{S}_1^2+(\text{m}-1)*\text{S}_2^2)/(\text{n}+\text{m}-2), 1/2) \tag{14.28}$$

此时可得均值差 $\mu_1-\mu_2$ 的 $100(1-\alpha)\%$ 区间估计为 $[(\bar{x}-\bar{y})-d, (\bar{x}-\bar{y})+d]$，其中

$$d = t_{\alpha/2}(n+m-2)S_w\sqrt{\frac{1}{n}+\frac{1}{m}} \tag{14.29}$$

而 $d = t_{\alpha/2}(n+m-2)S_w\sqrt{\frac{1}{n}+\frac{1}{m}}$ 的 Excel 函数如下：

$$\text{tinv}(\alpha, \text{n}+\text{m}-2) * \text{S}_\text{w} * \text{power}(1/\text{n}+1/\text{m}, 1/2) \tag{14.30}$$

若总体方差 $\sigma_1^2, \sigma_2^2$ 均未知，但 $n>30, m>30$，则无论总体是否为正态总体，由中心极限定理可知，两总体均值差 $\mu_1-\mu_2$ 的 $100(1-\alpha)\%$ 的区间估计皆可用以下方法进行估计：$[(\bar{x}-\bar{y})-d, (\bar{x}-\bar{y})+d]$，其中

$$d = z_{\alpha/2}\sqrt{\frac{s_1^2}{n}+\frac{s_2^2}{m}} \tag{14.31}$$

公式(14.31)只能在两个样本都是大样本的情况下才能使用，而公式(14.30)则对大、小样本都能使用.

**例 14.11**　从某大学在校的女本科生与男本科生中各随机抽取 80 名同学，调查每个月的生活消费额，得样本数据如下：$\bar{x}=780, s_1=110, \bar{y}=660, s_2=105$(单位：元). 试以 95% 的可靠性估计该校在校女生的月平均消费额与男生的月平均消费额之差的置信区间.

**解**　虽然两总体未知，但由于 $n=m=80>30$，都是大样本，故可以用公式(14.31)进行区间估计. $\alpha=0.05$，$z_{\alpha/2}=z_{0.05/2}=\text{nomsinv}\left(1-\frac{0.05}{2}\right)=1.96$，

$$d = z_{\alpha/2}\sqrt{\frac{s_1^2}{n}+\frac{s_2^2}{m}}$$

$$= \text{normsinv}\left(1-\frac{0.05}{2}\right) * \text{power(power(110,2)/80 + power(105,2)/80,1/2)}$$

$$= 33.32(\text{元})$$

因此,该校在校女生的月平均消费额 $\mu_1$ 与男生的月平均消费额 $\mu_2$ 之差 $\mu_1-\mu_2$ 的可靠性为95%的置信区间是

$$[(\bar{x}-\bar{y})-d,\ (\bar{x}-\bar{y})+d] = [(780-660)-33.32,(780-660)+33.32]$$
$$= [86.68,153.32]$$

**例 14.12** 为了估计磷肥对某种农作物增产的作用,选择了 20 亩土壤条件大致相同的土地,其中 10 亩不施磷肥,另外 10 亩施磷肥.结果不施磷肥的亩产分别为 560,590,560,570,580,570,600,550,570,550(千克);施磷肥的亩产分别为 620,570,650,600,630,580,570,600,600,580(千克).假设不论是否施磷肥,该作物的亩产量都服从正态分布,并且方差相同.试以 90%的置信度做出两种施肥措施平均亩产之差的置信区间.

**解** 已知 $n=m=10<30$,且可计算出不施肥的平均亩产与样本方差分别为 $\bar{x}=570,s_1^2=266.67$;施肥的平均亩产与样本方差分别为 $\bar{y}=600,s_1^2=711.11$.并且 $t_{\alpha/2}(n+m-2)=t_{0.10/2}(18)=\text{tinv}(0.10,18)=1.73$,样本综合方差为

$$s_w^2 = \frac{(n-1)s_1^2+(m-1)s_2^2}{n+m-2}$$
$$= \frac{9\times 266.67+9\times 711.11}{18} = \frac{8\,800}{18} = 488.89$$

$$d = t_{\alpha/2}(n+m-2)s_w\sqrt{\frac{1}{n}+\frac{1}{m}}$$
$$= \text{tinv}(\alpha,\text{n}+\text{m}-2) * \text{power}(\text{S}_\text{w}^2,1/2) * \text{power}(1/\text{n}+1/\text{m},1/2)$$
$$= 1.73 * \text{power}(488.89,1/2) * \text{power}(1/10+1/10,1/2) = 17.15$$

置信度为 90%的两种不同施肥措施对应的平均亩产之差 $\mu_2-\mu_1$ 的置信区间为

$$[(\bar{y}-\bar{x})-d,\ (\bar{y}-\bar{x})+d] = [(600-570)-17.15,(600-570)+17.15]$$
$$= [12.85,47.15].$$

置信下限 12.85 是正数,我们有 90%的把握认为,对于这种作物而言,施磷肥比不施磷肥平均亩产至少多 12.85 千克,施磷肥比不施磷肥对于作物的产量有着显著的影响.

**6. 双正态总体方差之比的估计**

设总体 $X\sim N(\mu_1,\sigma_1^2)$,总体 $Y\sim N(\mu_2,\sigma_2^2)$,且 $X$ 与 $Y$ 独立.$\mu_1,\mu_2,\sigma_1,\sigma_2$ 均未知.从总体 $X$ 中抽取样本 $x_1,x_2,\cdots,x_n$,样本方差为 $s_1^2$;从总体 $Y$ 中抽取样本 $y_1,y_2,\cdots,y_m$,样本方差为 $s_2^2$.我们要对总体方差之比 $\sigma_1^2/\sigma_2^2$ 做出区间估计,要求置信度为 $1-\alpha$.

因为

$$\frac{(n-1)s_1^2}{\sigma_1^2}\sim\chi^2(n-1),\quad \frac{(m-1)s_2^2}{\sigma_2^2}\sim\chi^2(m-1)$$

并且 $s_1^2$ 与 $s_2^2$ 相互独立,所以

$$\frac{s_1^2}{\sigma_1^2}\Big/\frac{s_2^2}{\sigma_2^2} = \frac{\frac{(n-1)s_1^2}{\sigma_1^2}\Big/(n-1)}{\frac{(m-1)s_2^2}{\sigma_2^2}\Big/(m-1)}\sim F(n-1,m-1) \tag{14.32}$$

对于给定的置信度 $1-\alpha$，由此可得

$$P\left(F_{1-\alpha/2}(n-1,m-1) < \frac{s_1^2}{\sigma_1^2}\Big/\frac{s_2^2}{\sigma_2^2} < F_{\alpha/2}(n-1,m-1)\right) = 1-\alpha \qquad (14.33)$$

即

$$P\left(\frac{s_1^2}{s_2^2}\frac{1}{F_{\alpha/2}(n-1,m-1)} \leqslant \frac{\sigma_1^2}{\sigma_2^2} \leqslant \frac{s_1^2}{s_2^2}\frac{1}{F_{1-\alpha/2}(n-1,m-1)}\right) = 1-\alpha \qquad (14.34)$$

于是，得到了总体方差之比 $\sigma_1^2/\sigma_2^2$ 的置信度为 $100(1-\alpha)\%$ 的区间估计为

$$\left[\frac{s_1^2}{s_2^2}\frac{1}{F_{\alpha/2}(n-1,m-1)}, \frac{s_1^2}{s_2^2}\frac{1}{F_{1-\alpha/2}(n-1,m-1)}\right] \qquad (14.35)$$

**例 14.13**　有两种不同型号的电阻器，其电阻分别服从 $N(\mu_1,\sigma_1^2)$，$N(\mu_2,\sigma_2^2)$，各自的均值、方差皆未知，依次从这两个总体中独立地抽取样本容量为 $n=25$，$m=15$ 的两个样本，测得电阻值的样本方差分别是 $s_1^2=6.38$，$s_2^2=5.15$. 试求这两个总体方差之比 $\sigma_1^2/\sigma_2^2$ 的置信度为 90% 的区间估计.

**解**　由题意知 $\alpha=0.10$，$n-1=24$，$m-1=14$，

$$F_{0.10/2}(24,14) = \text{finv}(0.05,24,14) = 2.35$$

$$F_{1-0.10/2}(24,14) = F_{0.95}(24,14) = \text{finv}(0.95,24,14) = 0.47$$

又由于 $\frac{s_1^2}{s_2^2}=\frac{6.38}{5.15}\approx 1.24$，因此，总体方差之比 $\frac{\sigma_1^2}{\sigma_2^2}$ 的置信度为 90% 的区间估计为

$$\left[\frac{s_1^2}{s_2^2}\frac{1}{F_{\alpha/2}(n-1,m-1)}, \frac{s_1^2}{s_2^2}\frac{1}{F_{1-\alpha/2}(n-1,m-1)}\right]$$

$$= [1.24/2.35, 1.24/0.47] = [0.53, 2.64]$$

这个置信区间包含了数 1，因此可以认为两个总体的方差无显著的差异. 如果这个置信区间的下限大于 1，则可认为 $\sigma_1^2$ 显著地大于 $\sigma_2^2$. 在后面的显著性检验中，我们还要专门讨论这类问题.

**7. 两个是非总体百分比之差的区间估计**

设总体 $X$ 的百分比为 $P_1$，总体 $Y$ 的百分比为 $P_2$，并且 $P_1$，$P_2$ 皆未知. 对于给定的置信度 $1-\alpha$，现在要对百分比之差 $P_1-P_2$ 做出区间估计.

从总体 $X$ 中抽取一个容量为 $n$ 的大样本，设样本百分比是 $P_{1s}$，从总体 $Y$ 中抽取一个容量为 $m$ 的大样本，样本百分比是 $P_{2s}$，假定两个样本是独立抽取的，则依照抽样分布的知识及中心极限定理，样本百分比之差近似服从正态分布，具体而言，

$$P_{1s}-P_{2s} \sim N\left(P_1-P_2, \frac{P_1(1-P_1)}{n}+\frac{P_2(1-P_2)}{m}\right) \qquad (14.36)$$

总体方差 $P_1(1-P_1)$，$P_2(1-P_2)$ 未知，可以用样本 $P_{1s}(1-P_{1s})$，$P_{2s}(1-P_{2s})$ 代替. 于是可得两个是非总体百分比之差 $P_1-P_2$ 的区间估计为

$$[(P_{1s}-P_{2s})-d, (P_{1s}-P_{2s})+d] \qquad (14.37)$$

其中

$$d = z_{\alpha/2}\sqrt{\frac{P_{1s}(1-P_{1s})}{n}+\frac{P_{2s}(1-P_{2s})}{m}}$$

置信度是 $100(1-\alpha)\%$.

**例 14.14**　对两个偏远的甲乡与乙乡的农村家庭是否拥有彩色电视机的调查结果如下：

甲乡：随机抽取的 300 户中有 234 户拥有了彩电；

乙乡:随机抽取的 150 户中有 135 户拥有了彩电.

给定置信度为 95%,试求这两个乡农户家庭中拥有彩电的百分比之差的区间估计.

**解** $n=300>30$, $P_{1s}=234/300=0.78$; $m=150>30$, $P_{2s}=135/150=0.90$; $P_{2s}-P_{1s}=0.90-0.78=0.12=12\%$. 估计精度

$$\begin{aligned}d &= z_{\alpha/2}\sqrt{\frac{P_{1s}(1-P_{1s})}{n}+\frac{P_{2s}(1-P_{2s})}{m}} \\ &= \text{normsinv}(0.975)*\text{power}((0.78*0.22/300+0.9*0.1/150),1/2) \\ &= 6.71\%\end{aligned}$$

这两个乡农户家庭中拥有彩电的百分比之差 $P_1-P_2$ 的区间估计为

$$[12\%-6.71\%, 12\%+6.71\%]=[5.29\%, 18.71\%]$$

这个置信区间不含有 0,可以认为乙乡镇农户中拥有彩电的百分比显著高于甲乡镇的百分比,至少有 95%的把握持这种观点.

## 14.4 单侧置信区间估计

上面讨论的问题都是既有未知参数的置信下限,又有置信上限.但是在有些实际问题中,我们经常只关心某个未知参数的置信下限或者置信上限.例如,对于设备、元件而言,平均寿命长是大众所期望的,我们关心的是这种设备或者元件的平均寿命至少有多少,即只关心寿命的下限;在考虑产品的废品率时,我们时常只关心它的上限达到多少;设计水库的大坝时,考虑的是水位最高能达到多高;冬天出差时,我们关心的是目的地的最低气温有多低……这就引出了单侧置信区间的概念.

对于给定的 $\alpha(0<\alpha<1)$,若由样本 $x_1,x_2,\cdots,x_n$ 确定的统计量 $\hat{\theta}=\theta(x_1,x_2,\cdots,x_n)$ 满足

$$P(\theta>\hat{\theta})=1-\alpha \tag{14.38}$$

则称随机区间$[\hat{\theta},+\infty)$是总体未知参数 $\theta$ 的置信度为 $1-\alpha$ 的单侧置信区间,$\hat{\theta}$ 称为单侧置信下限.

同样,对于给定的 $\alpha(0<\alpha<1)$,若由样本 $x_1,x_2,\cdots,x_n$ 确定的统计量 $\tilde{\theta}=\theta(x_1,x_2,\cdots,x_n)$满足

$$P(\theta<\tilde{\theta})=1-\alpha \tag{14.39}$$

则称随机区间$(-\infty,\tilde{\theta}]$是总体未知参数 $\theta$ 的置信度为 $1-\alpha$ 的单侧置信区间,$\tilde{\theta}$ 称为单侧置信上限.

**例 14.15** 假设总体 $X\sim N(\mu,\sigma^2)$,$\mu$ 与 $\sigma^2$ 皆未知,样本 $x_1,x_2,\cdots,x_n$ 是从 $X$ 中随机抽取的.

由抽样分布知识,可得$\dfrac{\bar{x}-\mu}{s/\sqrt{n}}\sim t(n-1)$.由于

$$P\left(\frac{\bar{x}-\mu}{s/\sqrt{n}} \leqslant t_{\alpha}(n-1)\right)=1-\alpha \Leftrightarrow P\left(\mu \geqslant \bar{x}-\frac{s}{\sqrt{n}} t_{\alpha}(n-1)\right)=1-\alpha \tag{14.40}$$

于是我们得到了正态总体均值的一个单侧置信区间：

$$\left[\bar{x}-\frac{s}{\sqrt{n}} t_{\alpha}(n-1),+\infty\right) \tag{14.41}$$

同理,可得正态总体均值的另一个单侧置信区间：

$$\left(-\infty, \bar{x}+\frac{s}{\sqrt{n}} t_{\alpha}(n-1)\right] \tag{14.42}$$

这里

$$\hat{\theta}=\bar{x}-\frac{s}{\sqrt{n}} t_{\alpha}(n-1), \quad \tilde{\theta}=\bar{x}+\frac{s}{\sqrt{n}} t_{\alpha}(n-1)$$

分别是正态总体均值 $\mu$ 的置信度为 $1-\alpha$ 的置信下限与置信上限.

在大样本条件下,正态总体均值 $\mu$ 的置信度为 $1-\alpha$ 的置信下限与置信上限也可以用公式得出：

$$\hat{\theta}=\bar{x}-\frac{s}{\sqrt{n}} z_{\alpha}, \quad \tilde{\theta}=\bar{x}+\frac{s}{\sqrt{n}} z_{\alpha} \tag{14.43}$$

而从抽样分布$\frac{(n-1) s^{2}}{\sigma^{2}} \sim \chi^{2}(n-1)$,又可得到

$$P\left(\frac{(n-1) s^{2}}{\sigma^{2}} \geqslant \chi_{1-\alpha}^{2}(n-1)\right)=1-\alpha \Leftrightarrow P\left(\sigma^{2} \leqslant \frac{(n-1) s^{2}}{\chi_{1-\alpha}^{2}(n-1)}\right)=1-\alpha \tag{14.44}$$

于是得到了正态总体方差 $\sigma^2$ 的一个置信度为 $1-\alpha$ 的单侧置信区间：

$$\left[0, \frac{(n-1) s^{2}}{\chi_{1-\alpha}^{2}(n-1)}\right] \tag{14.45}$$

同理,还可得到正态总体方差 $\sigma^2$ 的一个置信度为 $1-\alpha$ 的单侧置信区间：

$$\left[\frac{(n-1) s^{2}}{\chi_{\alpha}^{2}(n-1)},+\infty\right) \tag{14.46}$$

$\frac{(n-1) s^{2}}{\chi_{1-\alpha}^{2}(n-1)}$与$\frac{(n-1) s^{2}}{\chi_{\alpha}^{2}(n-1)}$分别是正态总体方差 $\sigma^2$ 的置信度为 $1-\alpha$ 的置信上限与置信下限.

**例 14.16** 从一批灯泡中随机抽取 5 个做使用寿命试验,测得寿命(单位:小时)如下：1 050,1 100,1 120,1 250,1 280.假设灯泡的使用寿命服从正态分布,求：

(1) 这批灯泡使用寿命平均值 $\mu$ 的置信度为95%的单侧置信下限；

(2) 这批灯泡使用寿命的总体标准差 $\sigma$ 的置信度为95%的单侧置信上限.

**解** (1) $n=5, \alpha=0.05, \bar{x}=1\,160, s^{2}=9\,950$,

$$t_{\alpha}(n-1)=t_{0.05}(4)=\operatorname{tinv}(2 * 0.05,4)=2.131\,8$$

由公式(14.41)可知,这批灯泡使用寿命的平均值 $\mu$ 的置信度为 95%的单侧置信下限为

$$\bar{x}-\frac{s}{\sqrt{n}} t_{\alpha}(n-1)=1\,160-\frac{\sqrt{9\,950}}{\sqrt{5}} \times 2.131\,8=1\,064.90$$

(2) 由式(14.44)得

$$P\left(\sigma^{2} \leqslant \frac{(n-1) s^{2}}{\chi_{1-\alpha}^{2}(n-1)}\right)=1-\alpha$$

可知这批灯泡使用寿命的总体方差 $\sigma$ 的置信度为95%的单侧置信上限为

$$\left(\frac{(n-1)s^2}{\chi^2_{1-\alpha}(n-1)}\right)^{\frac{1}{2}} = \left(\frac{4\times 9\,950}{\chi^2_{0.95}(4)}\right)^{\frac{1}{2}}$$

$$= \text{power}(4*9950/\text{chiinv}(0.95,4),0.5)$$

$$= 236.64$$

# 习　题　14

1. 对某一零件的长度进行5次独立测量,得数据(单位:厘米)如下:

11.2, 10.8, 10.9, 11.3, 10.9

已知测量无系统误差,且测量长度服从正态分布 $N(\mu,4)$. 求该零件长度的置信度为95%的置信区间. 如果总体方差 $\sigma^2$ 未知,置信区间是多少?

2. 设测量铝的密度16次,测得 $\bar{x}=2.705$ 克/厘米$^3$, $s=0.029$ 克/厘米$^3$. 已知测量值 $X$ 服从正态分布,且测量无系统偏差. 试求铝的密度的置信度为0.95的置信区间.

3. 对某型号飞机的飞行速度进行15次试验,测得最大飞行速度(单位:米/秒)如下:

422.2, 417.2, 425.6, 420.3, 425.8, 423.1, 418.7, 428.2

438.3, 434.0, 412.3, 431.5, 413.5, 441.3, 423.0

根据经验,最大飞行速度服从正态分布. 试求飞机速度的均值的置信区间(置信度为95%).

4. 在一批货物的容量为100的样本中,经检验发现有16件次品,则这批货物次品率的置信度为0.95的置信区间是多少?

5. 从一批电子管中抽取100只,得到电子管的平均使用寿命为1 000小时,标准差为40小时. 试求该批电子管平均使用寿命的置信区间(置信度为95%).

6. 设某种清漆的9个样品的干燥时间(单位:小时)分别为

6.0, 5.7, 5.8, 6.5, 7.0, 6.3, 5.6, 6.1, 5.0

若干燥时间总体服从正态分布 $N(\mu,\sigma^2)$,试就以下两种情况求 $\mu$ 的置信度为0.95的置信区间与单侧置信上限:

(1) 由以往经验知 $\sigma=0.6$(小时);

(2) $\sigma$ 未知.

7. 设某车间生产的螺杆直径服从正态分布 $N(\mu,\sigma^2)$. 今随机地从中抽取5支测得直径(单位:毫米)如下:

22.3, 21.5, 20.0, 21.8, 21.4

(1) 当 $\sigma=0.3$ 时,求 $\mu$ 的置信度为0.95的置信区间;

(2) 当 $\sigma$ 未知时,求 $\mu$ 的置信度为0.95的置信区间;

(3) 当 $\sigma$ 未知时,求 $\mu$ 的置信度为0.95的单侧置信上限和单侧置信下限.

# 第15章　假设检验及其应用

## 15.1　假设检验的基本原理与步骤

统计推断的另一类重要的问题是假设检验问题.假设检验(hypothesis testing)是数理统计学中根据一定假设条件由样本推断总体的一种方法.具体做法是:根据问题的需要对所研究的总体做某种假设,记作 $H_0$;选取合适的统计量,这个统计量的选取要使得在假设 $H_0$ 成立时,其分布为已知的;由实测的样本,计算出统计量的值,并根据预先给定的显著性水平进行检验,做出拒绝或接受假设 $H_0$ 的判断.常用的假设检验方法有 $u$ 检验法、$t$ 检验法、$\chi^2$ 检验法(卡方检验法)、$F$ 检验法、秩和检验法等.

假设检验是一种基本的统计推断形式,也是数理统计学的一个重要的分支,用来判断样本与样本、样本与总体的差异是由抽样误差引起还是本质差别造成的统计推断方法.最初是由英国统计学家皮尔逊(K. Pearson)在20世纪初系统地提出来的.显著性检验是假设检验中最常用的一种.其基本原理是先对总体的特征做出某种假设,然后通过抽样研究的统计推理,对此假设应该被拒绝还是接受做出推断.

假设检验的基本思想是小概率事件的反证法思想.小概率事件思想是指小概率事件(如概率 $P<0.01$ 或 $P<0.05$)在一次试验中基本上不会发生.反证法思想是先提出假设(检验假设 $H_0$),再用适当的统计方法确定假设成立的可能性大小.如可能性小,则有理由认为假设不成立.

在进行统计推断时,如果总体分布形式是已知的,只是其中的参数未知,则统计推断问题就归结为推断总体参数问题.例如在产品质量检测中,通过随机抽取的样本不合格率推断出全部产品的不合格率,这是一个参数估计问题;如果要以一定的可靠度估计总体不合格率的取值范围,就是前面介绍过的区间估计问题.如果要以一定的概率判断这一大批产品是否合格,这就是一个假设检验问题.这两个问题对同一个实例用的是同一个样本、同一个统计量、同一种分布,因此可以从前面已知的区间估计问题转换为假设检验问题.同时也可以由假设检验问题转换为区间估计问题.这种相互的转换性形成了区间估计与假设检验的对偶性.下节将用一个具体的例子来说明这种对偶性.

# 15.2 正态总体均值的假设检验

## 15.2.1 单个正态总体均值的假设检验

**例 15.1** 根据以往的测试数据，可知某种电子元件的使用寿命服从正态分布 $N(\mu_0,\sigma^2)$，其中 $\sigma^2$ 已知.经过对该产品进行技术改造后，为了考察技术改造后产品使用寿命的情况，从该总体 $X$ 中抽取随机样本 $x_1,x_2,\cdots,x_n$，$\bar{x}$ 是样本均值.假如总体方差 $\sigma^2$ 没有变化，则$\dfrac{\bar{x}-\mu}{\sigma/\sqrt{n}}$服从标准正态分布$N(0,1)$，于是可考虑对总体均值 $\mu$ 进行两类统计推断：

如果要对技术改造后的产品平均使用寿命 $\mu$ 进行统计推断，对于给定的置信度 $1-\alpha$，可以对总体均值 $\mu$ 做出如下的区间估计：

$$P\left(\left|\frac{\bar{x}-\mu}{\sigma/\sqrt{n}}\right|\leqslant z_{\alpha/2}\right)=1-\alpha$$

$$\Leftrightarrow\quad P\left(\bar{x}-\frac{\sigma}{\sqrt{n}}z_{\alpha/2}\leqslant\mu\leqslant\bar{x}+\frac{\sigma}{\sqrt{n}}z_{\alpha/2}\right)=1-\alpha \tag{15.1}$$

如果要问技术改造后的平均使用寿命与原来的相比是否有了显著的差异，则可以用以下的方法进行统计推断.

(1) 建立原假设 $H_0:\mu=\mu_0$ 和备择假设 $H_1:\mu\neq\mu_0$.用原假设 $H_0$ 来表示元件在技术改造前、后的平均使用寿命无显著差异；用备择假设 $H_1$ 来表示元件在技术改造前、后的平均使用寿命有了显著的差异.其中的可靠度$(1-\alpha)$是事先给定的，统计中将 $\alpha$ 称为显著水平.

(2) 抽取随机样本 $x_1,x_2,\cdots,x_n$，在 $H_0:\mu=\mu_0$ 成立的条件下，由式(15.1)可得

$$P\left(\left|\frac{\bar{x}-\mu_0}{\sigma/\sqrt{n}}\right|\leqslant z_{\alpha/2}\right)=1-\alpha$$

$$\Leftrightarrow\quad P\left(\mu_0-\frac{\sigma}{\sqrt{n}}z_{\alpha/2}\leqslant\bar{x}\leqslant\mu_0+\frac{\sigma}{\sqrt{n}}z_{\alpha/2}\right)=1-\alpha \tag{15.2}$$

即在 $H_0:\mu=\mu_0$ 成立的条件下，有 $1-\alpha$ 的把握认为：样本均值 $\bar{x}$ 应该落在区间

$$\left[\mu_0-\frac{\sigma}{\sqrt{n}}z_{\alpha/2},\ \mu_0+\frac{\sigma}{\sqrt{n}}z_{\alpha/2}\right]=[\mu_0-d,\ \mu_0+d],\quad d=\frac{\sigma}{\sqrt{n}}z_{\alpha/2} \tag{15.3}$$

在假设检验中，我们称区间$\left[\mu_0-\dfrac{\sigma}{\sqrt{n}}z_{\alpha/2},\ \mu_0+\dfrac{\sigma}{\sqrt{n}}z_{\alpha/2}\right]$为原假设 $H_0:\mu=\mu_0$ 的接受域；而接受域的余集

$$\left(-\infty,\mu_0-\frac{\sigma}{\sqrt{n}}z_{\alpha/2}\right)\cup\left(\mu_0+\frac{\sigma}{\sqrt{n}}z_{\alpha/2},+\infty\right) \tag{15.4}$$

为原假设 $H_0:\mu=\mu_0$ 的拒绝域.

(3) 如果样本均值 $\bar{x}$ 落在拒绝域中，表明在一次试验中概率仅为 $\alpha$ 的小概率事件竟然发生了，而在 $H_0:\mu=\mu_0$ 成立的条件下小概率事件通常在一次试验中是不会发生的，由逻辑

上反证法的思想，我们有充分的理由去怀疑原假设 $H_0:\mu=\mu_0$ 是否真的成立，进而拒绝原假设 $H_0:\mu=\mu_0$，接受与它对立的备择假设 $H_1:\mu\neq\mu_0$.

上述的整个检验过程称为 $u$ 检验.

由 $P\left(\left|\frac{\bar{x}-\mu_0}{\sigma/\sqrt{n}}\right|\leqslant z_{\alpha/2}\right)=1-\alpha$ 可知，上述 $u$ 检验过程也可以等价地转变为以下三步：

(1) 根据实际问题的需要，提出原假设 $H_0:\mu=\mu_0$ 和备择假设 $H_1:\mu\neq\mu_0$；

(2) 抽取样本，获得样本数据 $\bar{x},s^2,n$，并且根据需要和可能，事先给定检验的可靠度 $1-\alpha$；

(3) 在原假设 $H_0:\mu=\mu_0$ 成立的条件下，$|\bar{x}-\mu_0|$ 一般不会超过标准 $z_{\alpha/2}\frac{\sigma}{\sqrt{n}}$.

一旦 $|\bar{x}-\mu_0|>d=z_{\alpha/2}\frac{\sigma}{\sqrt{n}}$，表明概率仅为 $\alpha$ 的小概率事件发生了，我们就有理由拒绝原假设 $H_0:\mu=\mu_0$. 换句话说，在总体方差已知时，参数估计中的精度 $d=z_{\alpha/2}\frac{\sigma}{\sqrt{n}}$ 可以作为假设检验的一个标准，在原假设 $H_0:\mu=\mu_0$ 成立的条件下 $|\bar{x}-\mu_0|$ 不超标是常态，超标表明反常的事情发生了，有理由拒绝原假设 $H_0:\mu=\mu_0$，接受备择假设 $H_1:\mu\neq\mu_0$.

**例 15.2**　某食品加工厂用自动装罐机来装罐头食品，每罐的标准质量为 500 克. 为了检测某台装罐机是否处于正常运转状态，从它生产的一批罐头中随机地抽取 10 罐称重，它们的质量(单位：克)分别是

495，510，505，498，503，492，502，512，497，506

假设每罐的质量 $X$ 服从正态分布 $N(500,36)$，对给定的显著水平 $\alpha=0.05$，试问这台装罐机是否处于正常工作状态?

**解**　(1) 建立原假设 $H_0:\mu=\mu_0=500$ 和备择假设 $H_1:\mu\neq\mu_0=500$.

(2) 从随机样本获得数据：$\bar{x}=502$，$n=10$. 此外，$\alpha=0.05$，$\sigma=6$. 由此构造接受域

$$\left[\mu_0-\frac{\sigma}{\sqrt{n}}z_{\alpha/2},\ \mu_0+\frac{\sigma}{\sqrt{n}}z_{\alpha/2}\right]=[500-d,\ 500+d],$$

$$d=\frac{\sigma}{\sqrt{n}}z_{\alpha/2}=\frac{6}{\sqrt{10}}z_{0.05/2}=\text{cofidence}(0.05,6,10)=3.72$$

即接受域为[496.28,503.72].

(3) 现在，抽样结果表明：$\bar{x}=502\in[496.28,503.72]$，即应该接受原假设 $H_0:\mu=\mu_0=500$. 换句话说，我们有 95%的把握认为，装罐机目前仍然处于正常工作状态中.

若抽查的结果是 $\bar{x}=505$(克)，则因 505 落在拒绝域 $(-\infty,496.28)\cup(503.72,+\infty)$ 中，而在原假设 $H_0:\mu=\mu_0=500$ 成立的条件下，$\bar{x}$ 落入拒绝域的概率仅有 5%，这种小概率事件竟然在一次观察中发生了，故我们有理由拒绝原假设 $H_0:\mu=\mu_0=500$，而接受备择假设 $H_1:\mu\neq\mu_0=500$，即认为机器已经不处于正常工作状态了.

在大样本条件下，无论总体是否服从正态分布，$\frac{\bar{x}-\mu}{\sigma/\sqrt{n}}$ 都近似服从标准正态分布，再用样本标准差 $s$ 代替总体标准差 $\sigma$，在原假设 $H_0:\mu=\mu_0$ 成立的条件下，由中心极限定理可知

$$P\left(\left|\frac{\bar{x}-\mu_0}{s/\sqrt{n}}\right|\leqslant z_{\alpha/2}\right)=1-\alpha \tag{15.5}$$

近似地成立.因此,只要将上述假设检验第三步的检验标准改成 $d = z_{\alpha/2}\frac{s}{\sqrt{n}}$ 即可.

**例 15.3** 某企业生产了一大批灯泡,从中抽取了 76 个进行使用寿命这个指标的随机检查,获得样本数据如下:样本均值 $\bar{x} = 1\,900$(小时),样本标准差 $s = 490$(小时),能否认为整批灯泡的平均使用寿命为 2 000 小时?(显著水平分别取 $\alpha = 0.10, 0.05$.)

**解** (1) 建立原假设 $H_0: \mu = \mu_0 = 2\,000$(小时)和备择假设 $H_1: \mu \neq \mu_0 = 2\,000$(小时).

(2) 已知样本数据:$\bar{x} = 1\,900$(小时),$s = 490$(小时),$n = 76 > 30$,为大样本.此外,$\alpha = 0.10$.由此可构造拒绝域:

$$|\bar{x} - \mu_0| > d = \frac{s}{\sqrt{n}} z_{\alpha/2} = \frac{490}{\sqrt{76}} z_{0.10/2}$$

$$= \text{confidence}(0.10, 490, 76) = 92.45$$

(3) 抽样结果表明

$$|\bar{x} - \mu_0| = |1\,900 - 2\,000| = 100 > d = 92.45$$

因此应该拒绝原假设 $H_0: \mu = \mu_0 = 2\,000$ 小时,即我们有 90% 的把握推断:不能认为整批灯泡的平均使用寿命是 2 000 小时.

当显著水平 $\alpha = 0.05$ 时,由于检验标准

$$d = \frac{s}{\sqrt{n}} z_{\alpha/2} = \frac{490}{\sqrt{76}} z_{0.05/2} = \text{confidence}(0.05, 490, 76) = 110.16$$

而 $|\bar{x} - \mu_0| = |1\,900 - 2\,000| = 100 < d = 110.16$,因此在显著水平 $\alpha = 0.05$ 的条件下,应该接受原假 $H_0: \mu = \mu_0 = 2\,000$(小时),即认为整批灯泡的平均使用寿命是 2 000 小时.

上述的检验结果应该这样理解:我们有 90% 的把握去否定原假设 $H_0: \mu = \mu_0 = 2\,000$(小时),但还没有 95% 的把握否定原假设 $H_0: \mu = \mu_0 = 2\,000$(小时).

**例 15.4** 设某种零件的长度 $X$ 服从正态分布,现在从这批零件中随机抽取 6 个进行长度指标的检查,测得的样本数据(单位:毫米)如下:

32.56, 29.66, 31.64, 30.08, 31.87, 31.03

当显著水平分别取 $\alpha = 0.05$, $\alpha = 0.01$ 时,能否认为这批零件的平均长度是 32.50 毫米?

**解** 这是总体方差未知且是小样本的检验问题.根据抽样分布公式

$$P\left(\left|\frac{\bar{x} - \mu_0}{s/\sqrt{n}}\right| \leqslant t_{\alpha/2}(n-1)\right) = 1 - \alpha \tag{15.6}$$

可以构造如下拒绝域:

$$|\bar{x} - \mu_0| > d = \frac{s}{\sqrt{n}} t_{\alpha/2}(n-1) = \text{s} * \text{tinv}(\alpha, \text{n} - 1)/\text{power}(\text{n}, 0.5) \tag{15.7}$$

(1) 建立原假设 $H_0: \mu = \mu_0 = 32.50$ 和备择假设 $H_1: \mu \neq \mu_0 = 32.50$.

(2) 通过计算,可以获得样本数据:$\bar{x} = 31.14$(毫米),$s = 1.11$(毫米),$n = 6$.此外,$\alpha = 0.05$.由此可构造拒绝域:

$$|\bar{x} - \mu_0| > d = \frac{s}{\sqrt{n}} t_{\alpha/2}(n-1)$$

$$= 1.11 * \text{tinv}(0.05, 5)/\text{power}(6, 0.5) = 1.16$$

(3) 抽样结果表明:$|\bar{x} - \mu_0| = |31.14 - 32.50| = 1.36 > d = 1.16$.因此应该拒绝原假

设 $H_0:\mu=\mu_0=32.50$(毫米)，接受备择假设 $H_1:\mu\neq\mu_0=32.50$(毫米)．即我们有 95%的把握认为:整批零件的平均长度不是 32.50 毫米．

当 $\alpha=0.01$ 时，由于检验标准

$$d=\frac{s}{\sqrt{n}}t_{\alpha/2}(n-1)=\frac{1.11}{\sqrt{6}}t_{0.01/2}(5)$$
$$=1.11*\mathrm{tinv}(0.01,5)/\mathrm{power}(6,0.5)=1.83$$

而 $|\bar{x}-\mu_0|=|31.14-32.50|=1.36<d=1.83$．因此在显著水平 $\alpha=0.01$ 下，还没有理由拒绝原假设 $H_0:\mu=\mu_0=32.50$(毫米)．检验的结论是接受原假设，即整批零件的平均长度是 32.50 毫米．

### 15.2.2　两个正态总体均值差的假设检验

设 $X\sim N(\mu_1,\sigma_1^2)$，$Y\sim N(\mu_2,\sigma_2^2)$ 且 $x_1,x_2,\cdots,x_n$ 与 $y_1,y_2,\cdots,y_m$ 分别是取自总体 $X,Y$ 的两个独立的随机样本．$\bar{x},s_1^2$ 分别是样本 $x_1,x_2,\cdots,x_n$ 的均值与方差；$\bar{y},s_2^2$ 分别是样本 $y_1,y_2,\cdots,y_m$ 的均值与方差．

(1) 建立原假设 $H_0:\mu_1=\mu_2$ 和备择假设 $H_1:\mu_1\neq\mu_2$．

在原假设 $H_0:\mu_1=\mu_2$ 为真时，由 $\bar{x},\bar{y}$ 的独立性可得

$$\bar{x}-\bar{y}\sim N\left(\mu_1-\mu_2,\frac{\sigma_1^2}{n}+\frac{\sigma_2^2}{m}\right)=N\left(0,\frac{\sigma_1^2}{n}+\frac{\sigma_2^2}{m}\right)$$

标准化后就有

$$\frac{\bar{x}-\bar{y}}{\sqrt{\frac{\sigma_1^2}{n}+\frac{\sigma_2^2}{m}}}\sim N(0,1)$$

由此可得

$$P\left(\left|\frac{\bar{x}-\bar{y}}{\sqrt{\sigma_1^2/n+\sigma_2^2/m}}\right|\leqslant z_{\alpha/2}\right)=1-\alpha$$
$$\Leftrightarrow\quad P\left(-\sqrt{\frac{\sigma_1^2}{n}+\frac{\sigma_2^2}{m}}z_{\alpha/2}\leqslant\bar{x}-\bar{y}\leqslant\sqrt{\frac{\sigma_1^2}{n}+\frac{\sigma_2^2}{m}}z_{\alpha/2}\right)=1-\alpha \tag{15.8}$$

由此可知，原假设 $H_0:\mu_1=\mu_2$ 的拒绝域为

$$|\bar{x}-\bar{y}|>\sqrt{\frac{\sigma_1^2}{n}+\frac{\sigma_2^2}{m}}z_{\alpha/2} \tag{15.9}$$

做单边检验 $H_0:\mu_1\leqslant\mu_2\leftrightarrow H_1:\mu_1>\mu_2$ 时，拒绝域改为

$$\bar{x}-\bar{y}>\sqrt{\frac{\sigma_1^2}{n}+\frac{\sigma_2^2}{m}}z_{\alpha} \tag{15.10}$$

(2) 若总体方差 $\sigma_1^2,\sigma_2^2$均未知，但已知 $\sigma_1=\alpha_2=\sigma$，在原假设 $H_0:\mu_1=\mu_2$ 为真时，可知

$$\frac{\bar{x}-\bar{y}}{S_w\sqrt{\frac{1}{n}+\frac{1}{m}}}\sim t(n+m-2) \tag{15.11}$$

其中

$$S_w=\sqrt{\frac{(n-1)S_1^2+(m-1)S_2^2}{n+m-2}}$$

由此可知,原假设 $H_0:\mu_1=\mu_2$ 的拒绝域为

$$|\bar{x}-\bar{y}|>t_{\alpha/2}(n+m-2)S_w\sqrt{\frac{1}{n}+\frac{1}{m}} \tag{15.12}$$

做单边检验 $H_0:\mu_1\leqslant\mu_2\leftrightarrow H_1:\mu_1>\mu_2$ 时,拒绝域改为

$$\bar{x}-\bar{y}>t_{\alpha}(n+m-2)S_w\sqrt{\frac{1}{n}+\frac{1}{m}} \tag{15.13}$$

在大样本条件下,式(15.12)、式(15.13)可分别为

$$|\bar{x}-\bar{y}|>z_{\alpha/2}S_w\sqrt{\frac{1}{n}+\frac{1}{m}} \tag{15.14}$$

$$\bar{x}-\bar{y}>z_{\alpha}S_w\sqrt{\frac{1}{n}+\frac{1}{m}} \tag{15.15}$$

值得指出的是,式(15.14)、式(15.15)只有在两个样本都是大样本的情况下才能使用,而式(15.12)、式(15.13)则对大、小样本都能使用.

**例 15.5** 现有两种不同的热处理方法对金属材料做抗拉强度试验,得到数据(单位:千克/厘米$^2$)如下:

方法 1:31,34,29,26,32,35,38,34,30,29,32,31;

方法 2:26,24,28,29,30,29,32,26,31,29,32,28.

假设两种热处理加工的金属材料抗拉强度都服从正态分布,并且方差相等.

分别给定显著水平 $\alpha=0.1,0.05,0.01$,问两种热处理加工的金属材料的抗拉强度有无显著差异?

**解** 这是双正态总体均值差的双边 $t$ 检验.

(1) 建立原假设 $H_0:\mu_1=\mu_2$ 和备择假设 $H_1:\mu_1\neq\mu_2$.

(2) 设方法 1 和方法 2 的样本均值分别为 $\bar{x},\bar{y}$,样本方差分别为 $s_1^2,s_2^2$,$n=m=12$. 经过计算可知

$$\bar{x}=31.75,\quad \bar{y}=28.67,\quad (n-1)s_1^2=112.25,\quad (m-1)s_2^2=66.64.$$

当 $\alpha=0.10$ 时,双边 $t$ 检验对应的检验标准为

$$\begin{aligned} d &= t_{\alpha/2}(n+m-2)S_w\sqrt{\frac{1}{n}+\frac{1}{m}} \\ &= t_{0.1/2}(22)\sqrt{\frac{112.25+66.64}{22}}\sqrt{\frac{1}{12}+\frac{1}{12}} \\ &= \text{tinv}(0.1,22)*\text{power}((112.25+66.64)/22,0.5)*\text{power}(2/12,0.5) \\ &= 1.999 \end{aligned}$$

(3) 由于 $|\bar{x}-\bar{y}|=|31.75-28.67|=3.08>d=1.999$,所以样本统计量落入了拒绝域中,因此,在 $\alpha=0.10$ 的显著水平下,认为两种热处理加工的金属材料抗拉强度有显著的差异.

当 $\alpha=0.05,0.01$ 时,对应的检验标准分别为 $d=2.4143,3.2814$. 由于

$$|\bar{x}-\bar{y}|=3.08>d=2.4143,\quad |\bar{x}-\bar{y}|=3.08<d=3.2814$$

因此分别有 90%和 95%的把握断言,两种热处理加工的金属材料抗拉强度有着显著的差异,但还没有 99%的把握断言这两种热处理加工的金属材料的抗拉强度有着显著的差异. 换言之,在 $\alpha=0.01$ 的显著水平下,我们应该接受原假设 $H_0:\mu_1=\mu_2$,即认为两种不同的处理

加工的材料在抗拉强度上并无显著差异.

## 15.3　单边(侧)假设检验问题

由于假设检验与参数估计具有对偶关系,上面讨论的是由参数的双侧估计对应的假设检验的双边检验,即原假设的拒绝域都位于数轴的左右两边.那么,由参数的单侧置信区间的建立原理可以很方便地得到对应的假设检验中的单侧检验方法.

对于总体方差 $\sigma^2$ 已知的正态总体 $N(\mu,\sigma^2)$,原假设与备择假设分别是 $H_0:\mu\leqslant\mu_0$ 和 $H_1:\mu>\mu_0$.当显著水平为 $\alpha$ 时,在原假设 $H_0:\mu\leqslant\mu_0$ 成立的条件下,由公式 $P\left(\frac{\bar{x}-\mu_0}{\sigma/\sqrt{n}}\leqslant z_\alpha\right)=1-\alpha$.这时原假设的拒绝域为

$$\bar{x}>\mu_0+\frac{\sigma}{\sqrt{n}}z_\alpha=\mu_0+d$$

其中

$$d=\frac{\sigma}{\sqrt{n}}z_\alpha=\text{confidence}(2\alpha,\sigma,\text{n})\tag{15.16}$$

即样本均值 $\bar{x}$ 如果落在区间 $\left(\mu_0+\frac{\sigma}{\sqrt{n}}z_\alpha,+\infty\right)$ 中,则拒绝原假设.如果总体方差未知,其他的条件相同,则上面的单侧检验问题的检验标准 $d$ 应改成

$$d=\frac{s}{\sqrt{n}}t_\alpha(n-1)=\text{s}*\text{tinv}(2\alpha,\text{n}-1)/\text{power}(\text{n},0.5)\tag{15.17}$$

即若样本均值 $\bar{x}$ 落入区间 $\left(\mu_0+\frac{s}{\sqrt{n}}t_\alpha(n-1),+\infty\right)$ 中,则拒绝原假设.

如果原假设与备择假设分别是 $H_0:\mu\geqslant\mu_0$ 和 $H_1:\mu<\mu_0$,则由公式 $P\left(\frac{\bar{x}-\mu_0}{\sigma/\sqrt{n}}\geqslant-z_\alpha\right)=1-\alpha$ 可知,原假设的拒绝域为

$$\bar{x}<\mu_0-\frac{\sigma}{\sqrt{n}}z_\alpha\quad\text{(总体方差已知时)}\tag{15.18}$$

或者

$$\bar{x}<\mu_0-\frac{s}{\sqrt{n}}t_\alpha(n-1)\quad\text{(总体方差未知时)}\tag{15.19}$$

**例 15.6**　已知某企业有一批援外产品,共有 10 万件,须经过检验后方可出口.按规定的标准,次品率不得超过 5%.现从中随机抽查了 80 件,发现有 6 件次品.问这批产品是否可以出口援外?(显著水平 $\alpha=0.01$.)

**解**　这是一个非正态总体的大样本单边检验问题.用$(X=1)$表示抽到次品,用$(X=0)$表示抽到正品,则总体服从两点分布,故 $P(X=k)=p^k(1-p)^{1-k}(k=0,1)$,其中 $p$ 是次品率.此题就是一个是非总体的单侧假设检验问题.

(1) 建立原假设 $H_0:p\leqslant p_0=5\%$ 和备择假设 $H_1:p>p_0=5\%$.

(2) 抽取样本,获得样本数据:$n=80>30$,样本百分比 $p_s=6/80=7.5\%$,$\alpha=0.01$.原假设的拒绝域为

$$\left[p_0+\frac{\sqrt{p_0(1-p_0)}}{\sqrt{n}}z_\alpha,+\infty\right) \tag{15.20}$$

其中

$$d=\frac{\sqrt{p_0(1-p_0)}}{\sqrt{n}}z_\alpha=\frac{\sqrt{0.05\times0.95}}{\sqrt{80}}z_{0.01}$$

$$=\text{confidence}(0.02,\text{power}(0.05\times0.95,0.5),80)=5.67\%$$

即原假设的拒绝域为$(5\%+5.67\%,+\infty)=(10.67\%,+\infty)$.

(3) 因为样本百分比 $p_s=6/80=7.5\%$没有落入拒绝域中,所以我们有 99%的把握认为,这批援外产品符合出口标准,可以装箱发货.

如果在抽查的 80 件中出现了 10 件次品,则因为 $p_s=10/80=12.5\%$落入了原假设的拒绝域$(10.67\%,+\infty)$之中,则应该拒绝原假设,即产品质量没有达标,不能出口.

如果规定次品率不得超过 2%,显著水平为 0.1,则由于此时的检验标准 $d=2.01\%$,对应的原假设的拒绝域为$(2\%+2.01\%,+\infty)=(4.01\%,+\infty)$,样本百分比 $p_s=6/80=7.5\%$落入了拒绝域$(4.01\%,+\infty)$中,因此有 90%的把握拒绝原假设 $H_0:p\leqslant p_0=2\%$,即产品的质量未达到规定的标准.

## 15.4 正态总体方差的假设检验

### 15.4.1 单个正态总体方差的 $\chi^2$ 检验

由总体方差 $\sigma^2$ 的区间估计方法可得总体方差 $\sigma^2$ 的假设检验法.

假设 $x_1,x_2,\cdots,x_n$ 是取自总体 $X\sim N(\mu,\sigma^2)$ 的随机样本,样本方差为 $s^2$,统计量 $\frac{(n-1)s^2}{\sigma^2}\sim\chi^2(n-1)$.从而对给定的检验显著水平 $\alpha$,在原假设 $H_0:\sigma^2=\sigma_0^2$ 成立的条件下,有

$$P\left(\chi^2_{1-\alpha/2}(n-1)\leqslant\frac{(n-1)s^2}{\sigma_0^2}\leqslant\chi^2_{\alpha/2}(n-1)\right)=1-\alpha \tag{15.21}$$

从而可得拒绝域为

$$\frac{(n-1)s^2}{\sigma_0^2}>\chi^2_{\alpha/2}(n-1)\quad\text{或}\quad\frac{(n-1)s^2}{\sigma_0^2}<\chi^2_{1-\alpha/2}(n-1) \tag{15.22}$$

上述假设检验的方法称为 $\chi^2$ 检验法.

**例 15.7** 某企业生产 A 型号电池,其寿命长期以来服从方差为 $\sigma^2=5\,000$(小时$^2$)的正态分布.现有这样一批电池,从它的生产情况来看,寿命的波动性有所改变.现随机抽取 26 个进行寿命波动性检测,结果测得样本方差 $s^2=9\,150$(小时$^2$).试就显著水平 $\alpha=0.10$,0.05,0.01 分别回答这批电池的寿命波动性是否比以往有显著的变化.

**解** 这是单个正态总体方差的双边检验,分下面三步进行:

(1) 建立原假设 $H_0: \sigma^2 = \sigma_0^2 = 5\,000 \leftrightarrow$ 备择假设 $H_1: \sigma^2 \neq \sigma_0^2 = 5\,000$.

(2) 选择统计量 $\frac{(n-1)s^2}{\sigma^2}$，在原假设 $H_0: \sigma^2 = \sigma_0^2 = 5\,000$ 为真的条件下，$\frac{(n-1)s^2}{\sigma_0^2} \sim \chi^2(n-1)$. 当 $\alpha = 0.10$ 时，对应的拒绝域为

$$\frac{(n-1)s^2}{\sigma_0^2} > \chi^2_{0.10/2}(25) = \text{chiinv}(0.05, 25) = 37.65$$

或者

$$\frac{(n-1)s^2}{\sigma_0^2} < \chi^2_{1-0.10/2}(25) = \text{chiinv}(0.95, 25) = 14.61$$

现在，$\frac{(n-1)s^2}{\sigma_0^2} = \frac{25 \times 9\,150}{5\,000} = 45.75 > 37.65$. 因此，在显著水平 $\alpha = 0.10$ 下应该拒绝原假设 $H_0$. 也就是说，有 90% 的把握认为，新生产的这批电池的寿命的波动性较以往有了显著的变化.

当 $\alpha = 0.05, 0.01$ 时，分别有

$$\frac{(n-1)s^2}{\sigma_0^2} = \frac{25 \times 9\,150}{5\,000} = 45.75 > \chi^2_{0.05/2}(25) = \text{chiinv}(0.025, 25) = 40.65$$

$$\frac{(n-1)s^2}{\sigma_0^2} = \frac{25 \times 9\,150}{5\,000} = 45.75 < \chi^2_{0.01/2}(25) = \text{chiinv}(0.005, 25) = 46.93$$

即有 95% 的把握认为，新生产的这批电池的寿命的波动性较以往有了显著的变化，但还没有 99% 的把握这样认为. 换句话说，样本数据并没有提供以 99% 的把握否定原假设的数据保证. 在显著水平 $\alpha = 0.01$ 下，我们只能接受原假设，即认为电池寿命的波动性和以往相比，并没有显著的差异.

### 15.4.2　双正态总体方差齐性的 $F$ 检验

对于两个正态总体的均值差的 $t$ 检验，前提条件是两个正态总体的方差相等，然而两个正态总体的方差是否确实相等应该通过检验才能确定. 这就是下面的正态总体的方差比检验法.

设总体 $X \sim N(\mu_1, \sigma_1^2)$，$Y \sim N(\mu_2, \sigma_2^2)$，$\mu_1, \mu_2, \sigma_1, \sigma_2$ 均未知. 从总体 $X$ 中抽取样本 $x_1, x_2, \cdots, x_n$，样本方差为 $s_1^2$；从总体 $Y$ 中抽取样本 $y_1, y_2, \cdots, y_m$，样本方差为 $s_2^2$. 在给定显著水平为 $\alpha$ 时，我们要对 $H_0: \sigma_1^2 = \sigma_2^2 \leftrightarrow H_1: \sigma_1^2 \neq \sigma_2^2$ 做出检验. 由于

$$\frac{(n-1)s_1^2}{\sigma_1^2} \sim \chi^2(n-1), \quad \frac{(m-1)s_2^2}{\sigma_2^2} \sim \chi^2(m-1)$$

并且 $s_1^2$ 与 $s_2^2$ 相互独立，所以

$$\frac{s_1^2}{\sigma_1^2} \bigg/ \frac{s_2^2}{\sigma_2^2} = \frac{\frac{(n-1)s_1^2}{\sigma_1^2} \Big/ (n-1)}{\frac{(m-1)s_2^2}{\sigma_2^2} \Big/ (m-1)} = \frac{s_1^2 \cdot \sigma_2^2}{s_2^2 \cdot \sigma_1^2} \sim F(n-1, m-1) \tag{15.23}$$

在原假设成立的条件下，有

$$P\left(F_{1-\alpha/2}(n-1, m-1) \leqslant \frac{s_1^2}{s_2^2} \leqslant F_{\alpha/2}(n-1, m-1)\right) = 1 - \alpha \tag{15.24}$$

由此可得,显著水平为 $\alpha$ 时方差齐性双边检验的接受域为

$$[F_{1-\alpha/2}(n-1,m-1),F_{\alpha/2}(n-1,m-1)] \tag{15.25}$$

拒绝域为

$$(-\infty,F_{1-\alpha/2}(n-1,m-1))\cup(F_{\alpha/2}(n-1,m-1),+\infty) \tag{15.26}$$

**例 15.8** 现有两台车床加工同一种轴承,从它们生产的轴承中分别随机抽取若干根,测得直径(单位:毫米)如下:

甲机床:20.5,19.8,19.7,20.4,20.1,20.0,19.0,19.9;

乙机床:19.7,20.8,20.5,19.8,19.4,20.6,19.2.

假设两台机床加工的轴承直径都服从正态分布.试比较这两台机床加工的精度有无显著差异.(分别取 $\alpha=0.1$, 0.01.)

**解** 这是双正态总体的方差齐性双边假设检验.

(1) $H_0:\sigma_1^2=\sigma_2^2\leftrightarrow H_1:\sigma_1^2\neq\sigma_2^2$.

(2) 由样本资料可得 $n=8,\bar{x}=19.93,s_1^2=0.216,m=7,\bar{y}=20.00,s_2^2=0.397$,统计量

$$F=\frac{s_1^2}{s_2^2}=\frac{0.216}{0.397}=0.5441$$

当 $\alpha=0.10$ 时,

$$\begin{aligned}F_{1-\alpha/2}(n-1,m-1)&=F_{1-0.1/2}(7,6)=F_{0.95}(7,6)\\&=\text{finv}(0.95,7,6)=0.2587\\F_{\alpha/2}(n-1,m-1)&=F_{0.1/2}(7,6)=F_{0.05}(7,6)\\&=\text{finv}(0.05,7,6)=4.2067\end{aligned}$$

接受域为[0.26,4.21].统计量 $F=s_1^2/s_2^2=0.5441$,落在接受域中,故我们有 90%的把握断言,两台机床的加工精度并无显著差异.

当 $\alpha=0.01$ 时,

$$\begin{aligned}F_{1-\alpha/2}(n-1,m-1)&=F_{1-0.01/2}(7,6)=F_{0.995}(7,6)\\&=\text{finv}(0.995,7,6)=0.1092\\F_{\alpha/2}(n-1,m-1)&=F_{0.01/2}(7,6)=F_{0.005}(7,6)\\&=\text{finv}(0.005,7,6)=10.7859\end{aligned}$$

接受域为[0.11,10.79].统计量 $F=s_1^2/s_2^2=0.5441$ 仍然落在接受域中,即有 99%的把握认为,两台机床的加工精度并无显著差异.

**注** 对于三个及三个以上的正态总体的方差齐性检验,可以用巴特勒(Bartlett)检验法进行显著性检验.

## 15.5 假设检验中值得注意的几个问题

### 15.5.1 单边假设检验中原假设与备择假设的确定原则问题

例如,某民办大学招生与就业办公室宣称他们学校的本科生就业率至少达到了 90%.记

者随机抽查了该校今年已经毕业的 90 名本科生的就业情况，发现其中 62 人已经就业．问该校招生与就业办公室关于就业率的说法是否正确？（$\alpha=0.05$.）

这时，如何确定原假设与备择假设？从排列组合的角度来说，共有以下几种组合：

(a) $H_0: p \leqslant 90\% \leftrightarrow H_1: p > 90\%$；

(b) $H_0: p \geqslant 90\% \leftrightarrow H_1: p < 90\%$；

(c) $H_0: p = 90\% \leftrightarrow H_1: p < 90\%$；

(d) $H_0: p < 90\% \leftrightarrow H_1: p \geqslant 90\%$；

(e) $H_0: p > 90\% \leftrightarrow H_1: p \leqslant 90\%$；

(f) $H_0: p = 90\% \leftrightarrow H_1: p \neq 90\%$；

(g) $H_0: p = 90\% \leftrightarrow H_1: p > 90\%$.

从原假设与备择假设必须是对立事件这个原则来说，上面的(c)和(g)两种组合都不正确．原假设通常是用来表示经过长期的实践被认为是正确的，在现在的新情况下，希望通过检验表明它仍然是正确的，因此原假设不应该轻易被否定．换句话说，从保护原假设的角度来看，经过长期的实践被认为是正确的应该放在原假设的位置上，与它对立的假设放在备择假设的位置；另外，检验者希望得到的结果应放在备择假设的位置上．这是因为一旦拒绝了原假设，就有了充分的理由接受备择假设．而接受原假设则是被动的，接受原假设通常解释为：从目前的样本数据来看，还没有充分的理由拒绝它，因此只能接受它．为了使你希望的结果能够有充分的理由被大家接受，应该将它放在备择假设的位置．还有，原假设是统计假设检验的出发点，所以原假设中必须含有等号，否则检验的统计量将无法取值．比如上面的组合(e)，原假设中 $p>90\%$ 的数有无数个，到底取哪一个呢？而如果原假设中有等号，如组合(b)，那么在统计量的计算中，$p$ 值可以取到最小值 90%．当 $p$ 值取最小值 90%时，如果原假设被拒绝，那么当 $p$ 值取大于 90%的值时原假设必定被拒绝．这一点可以从“标准正态分布的分布函数 $\Phi(x)$ 是严格单调递增的”获得证明．

在上述就业率的问题中，因为样本就业率 $p_s=62/90=68.89\%$ 比招生就业办说的 90%明显低，因此，记者希望得到的结果应该是该校的毕业生就业率实际上不到 90%．另外，由于原假设中必须含有等号，因此以上七种组合中，正确的组合只有(b)．初学者经常将组合(d)当作正确的，但是它确实是一个错误的组合．该问题的正确解法如下：

(1) 建立原假设与备择假设：$H_0: p \geqslant 90\% = p_0 \leftrightarrow H_1: p < 90\%$.

(2) 随机取样，获得样本数据：$n=90>30$，$p_s=62/90=68.89\%$．由显著水平 $\alpha=0.05$，可以计算得到检验的拒绝域为 $p_s - p_0 < -z_\alpha \dfrac{\sqrt{p_0(1-p_0)}}{\sqrt{n}}$．在原假设成立的条件下，有

$$
\begin{aligned}
z_\alpha \frac{\sqrt{p_0(1-p_0)}}{\sqrt{n}} &= z_{0.05} \frac{\sqrt{0.90(1-0.90)}}{\sqrt{90}} \\
&= \text{confidence}(2*0.05,\text{power}(0.9*0.1,0.5),90) \\
&= 5.20\%
\end{aligned}
$$

(3) 因为 $p_s - p_0 = 68.89\% - 90\% = -21.11\% < -5.20\%$，所以拒绝原假设，接受备择假设．即有 95%的把握认为，该校的本科毕业生就业率不到 90%．换言之，有 95%的把握认为该校招生就业办的说法不正确．

在这个问题中，该校的毕业生就业率 90%都得不到认可，就更谈不上认可就业率在 90%以上了．

### 15.5.2 两类错误问题

当我们对一个统计假设进行检验时，总是希望做到，若 $H_0$ 为真就接受它，若 $H_0$ 为假就拒绝它.但是由于检验结果是根据样本数据做出的，有可能由于抽样产生的误差而对统计假设做出错误的推断.如果 $H_0$ 为真，但通过抽查却做出了否定 $H_0$ 的判断，这类错误称为“弃真”错误；当 $H_0$ 实际上是伪的，但由于抽样产生的误差却接受了 $H_0$，这类错误称为“纳伪”错误.常常称“弃真”错误为第一类错误，而称“纳伪”错误为第二类错误.

在确定检验法则时，应该尽可能地使犯两类错误的概率都比较小.但是当样本容量 $n$ 固定时，若减少犯第一类错误的概率，就会增加犯第二类错误的概率；同样，若减少犯第二类错误的概率，就会增加犯第一类错误的概率.这就如同企业招工，如果招工规则定得很严，肯定会减少犯“纳伪”错误的概率，但同时也提高了犯“弃真”错误的概率；如果招工规则定得比较宽，虽然减少了犯“弃真”错误的概率，但同时又提高了犯“纳伪”错误的概率.在给定了样本容量的前提下，大家在多年的实践中已经形成了一种共识，那就是要重点控制犯“弃真”错误的概率，使它不超过数值 $\alpha$.主要原因是 $H_0$ 通常为经过长期的实践认为是正确的事物，“弃真”即否定它必须慎重.因此，在统计假设检验中，事先给定显著水平 $\alpha$，就是事先给定允许犯第一类错误的概率上限.

以 $H_0:\mu=\mu_0 \leftrightarrow H_1:\mu\neq\mu_0$ 为例.如果以显著水平 $\alpha=0.05$ 拒绝了 $H_0$，则称现在的总体均值 $\mu$ 与原来的均值 $\mu_0$ 相比有了显著的改变，具体检验时常常用“ * ”表示；如果以显著水平 $\alpha=0.01$ 拒绝了 $H_0$，则称现在的总体均值 $\mu$ 与原来的均值 $\mu_0$ 相比有了极显著的改变，用“ ** ”表示；如果在显著水平 $\alpha=0.001$ 下拒绝了 $H_0$，则称现在的总体均值 $\mu$ 与原来的均值 $\mu_0$ 相比有了非常显著的改变，用“ *** ”表示.

上面介绍的各种检验方法都是在总体分布形式已知的条件下进行的.如果总体的分布形式未知，则首先应该根据样本数据把总体的分布形式确定下来.这就产生了下面的分布形式拟合的 $\chi^2$ 检验.用来检测实验数据与理论分布之间拟合的程度如何，故此时又称为拟合优度检验(test of goodness of fit).拟合优度检验是一类重要的显著性检验.

拟合优度的 $\chi^2$ 检验法最初是由英国著名的统计学家皮尔逊(K. Pearson)在 1900 年提出的，具体的步骤如下：

(1) 建立原假设与备择假设：

$$H_0:\text{总体 } X \text{ 的分布函数为} F(x)=F_0(x) \quad \leftrightarrow \quad H_1:F(x)\neq F_0(x)$$

这里 $F_0(x)$是已知的分布函数，用得较多的有正态分布、指数分布等.如果总体 $X$ 是离散型的，$F_0(x)$就用 $X$ 的分布律$P(x=t_i)=p_i(i=1,2,\cdots)$代替，如二项分布、泊松分布等.

在用 $\chi^2$ 检验法检验原假设 $H_0$时，如果分布函数 $F(x)$只是形式已知但其中的参数未知，则先要用极大似然估计法估计未知参数再做检验.例如，已知 $F_0(x)$为正态分布 $N(\mu,\sigma^2)$，但 $\mu,\sigma^2$ 都未知，这时可用 $\bar{x},s^2$ 分别去估计它们.

$\chi^2$ 检验法的基本思想可以概括如下：将随机试验可能结果的全体 $\Omega$ 分成$k$ 个互不相容的事件$A_1,A_2,\cdots,A_k$，在原假设成立的条件下，可以计算理论概率：$p_i=P(A_i)(i=1,2,\cdots,k)$.在 $n$ 次试验中，事件 $A_i$出现的频率$f_i/n$ 与概率$p_i$ 通常是有差异的，但总的来说，若 $H_0$ 为真，则这种差异不应该太大，基于这种想法，皮尔逊选定

$$\chi^2=\sum_{i=1}^{k}\frac{(f_i-np_i)^2}{np_i}=\sum_{i=1}^{k}\frac{(O_i-E_i)^2}{E_i}$$

（$O_i$ 为实际频数，$E_i$ 为理论频数）作为检验的统计量，并证明了下面的定理：

**定理**　若试验次数 $n$ 充分大，那么在原假设成立的条件下，无论总体 $X$ 服从何种分布，统计量 $\chi^2=\sum_{i=1}^{k}\frac{(f_i-np_i)^2}{np_i}=\sum_{i=1}^{k}\frac{(O_i-E_i)^2}{E_i}$ 总是近似服从自由度为 $k-r-1$ 的 $\chi^2$ 分布. 其中 $r$ 是总体 $X$ 中需要估计的参数个数.

(2) 计算皮尔逊的 $\chi^2$ 统计量：

$$\chi^2=\sum_{i=1}^{k}\frac{(f_i-np_i)^2}{np_i}=\sum_{i=1}^{k}\frac{(O_i-E_i)^2}{E_i}\tag{15.27}$$

(3) 在原假设 $H_0$ 成立的条件下，对于事先给定的显著水平 $\alpha$，若 $\chi^2>\chi^2_\alpha(k-r-1)$，则拒绝 $H_0$，否则就接受 $H_0$.

在实际应用中，通常要求 $n>50$，并且每个 $np_i$ 都不小于 5，否则应适当合并 $A_i$，以满足这个要求.

限于篇幅，关于拟合优度的 $\chi^2$ 检验法在此不再赘述，有兴趣的读者可阅读参考天津大学概率统计教研室编写的教材《应用概率统计》的“非参数假设检验”一节.

# 习　题　15

1. 从一批砖中随机抽测 6 块，得抗断强度（单位：千克力/厘米$^2$）如下：

$$32.56,\ 29.66,\ 31.64,\ 30.00,\ 31.87,\ 31.03$$

已知砖的抗断强度 $X\sim N(\mu,\sigma^2)$，且已知 $\sigma^2=1.1^2$. 问：能否认为这批砖的抗断强度是32.50千克力/厘米$^2$？（这里所谓抗断强度实际上是指这批砖的抗断强度值的均值. $\alpha=0.01$.）

2. 设某厂生产某种零件，其尺寸服从正态分布. 今从该厂生产的一批零件中抽取 6 个样品，测得尺寸数据（单位：毫米）如下：

$$52.56,\ 49.66,\ 51.64,\ 50.00,\ 51.87,\ 51{,}03$$

在显著性水平 $\alpha=0.05$ 下，这批零件的平均尺寸是否为 52.50 毫米？

3. 设用某种仪器间接测量硬度，重复测量 5 次，所得数据是 175，173，178，174，176，而用别的精确方法测量硬度为 179（可看作硬度的真值）. 若测量的硬度服从正态分布，问：此种仪器测量的硬度是否显著降低？（$\alpha=0.05$.）

4. 设某厂生产的一种钢索的断裂强度服从正态分布 $N(\mu,\sigma^2)$，其中 $\sigma=40$（千克/厘米$^2$）. 现从一批这种钢索中抽取 9 个样品，测得断裂强度平均值 $\bar{x}$，它比正常生产时的均值 $\mu$ 大 20（千克/厘米$^2$）. 若总体方差不变，问：在显著性水平 $\alpha=0.01$ 下，能否认为这批钢索的质量有显著提高？

5. 某食品厂用自动装罐机装罐头食品，每罐标准质量为 500 克. 每隔一定时间需要检验机器工作的情况. 现抽得 10 罐，测得其质量（单位：克）如下：

$$495,\ 510,\ 505,\ 498,\ 503,\ 492,\ 502,\ 512,\ 497,\ 506$$

假定每罐质量 $X$ 服从正态分布 $N(\mu,\sigma^2)$，试问：机器工作是否正常？（$\alpha=0.02$.）

6. 从某批灯泡中抽取 50 只，得到一组使用寿命数据，并计算得样本均值 $\bar{x}=1\,900$（小时），样本标准差 $s=490$（小时）. 在显著性水平 $\alpha=0.1$ 下，检验整批灯泡的平均使用寿命是否为 2 000 小时.

7. 从某地区随机地选取男、女各 100 名，以估计男、女平均身高之差. 设测量并计算得男子身高的样本均值为 1.71 米，样本标准差为 0.035 米，女子身高的样本均值为 1.67 米，样本标准差为 0.038 米. 试求男、女身高均值之差的置信度为 0.95 的置信区间.

8. 研究两种固体燃料火箭推进器的燃烧率. 设两者都服从正态分布，并且已知燃烧率的标准差均近似地为 0.05(厘米/秒). 取样本容量为 $n_1 = n_2 = 20$，得燃烧率的样本均值分别为 $\bar{x}_1 = 18$(厘米/秒)，$\bar{x}_2 = 24$(厘米/秒). 求两种燃烧率总体均值差 $\mu_1 - \mu_2$ 的置信度为 0.99 的置信区间.

9. 在漂白工艺中要考虑温度对针织品断裂强力的影响. 设在 70 ℃与 80 ℃下分别重复做了 8 次试验，测得断裂强力的数据(单位：千克)如下：

70 ℃：20.5，18.8，19.8，20.9，21.5，19.5，21.0，21.2；

80 ℃：17.7，20.3，20.0，18.8，19.0，20.1，20.2，19.1.

问：在显著性水平 $\alpha = 0.05$ 下，70 ℃下的断裂强力与 80 ℃下的断裂强力有无显著差异？

10. 在上题的条件下，能否认为 70 ℃下的断裂强力比 80 ℃下的断裂强力显著增大？

# 第16章　回归分析及其应用

## 16.1　回归分析的基本概念与思想

变量之间的关系大体上可以分成两类:一类是变量与变量之间有着完全确定的数量关系,即函数关系;另一类是变量与变量之间关系密切,但其中的一个或几个不能被其他的变量唯一确定,但是从平均的角度来看、从大量观测来看,它们又有着明确的因果关系.如人的身高 $y$ 与他的脚长 $x$ 的关系、一个家庭的月支出 $y$ 与这个家庭的月收入 $x$ 的关系、子女的平均身高 $y$ 与他们父母的平均身高 $x$ 的关系等等,都属于这种关系.统计上,将这种关系称为相关关系.

回归分析(regression analysis)是确定两个或两个以上具有相关关系的变量间相互依赖的定量关系的一种统计分析方法.回归分析用实际观测数据来建立变量间的这种依赖关系,以分析数据内在规律,并可用于预报、控制等问题,运用十分广泛.

回归分析按照自变量的多少,可分为简单回归分析和多重回归分析;按照自变量和因变量之间的关系类型,可分为线性回归分析和非线性回归分析.如果在回归分析中,只包括一个自变量和一个因变量,且两者的关系可用一条直线近似表示,这种回归分析称为一元线性回归分析.如果回归分析中包括两个或两个以上的自变量,且因变量和自变量之间是线性关系,则称为多元线性回归分析.

## 16.2　一元线性回归及其应用

最简单的回归模型是只考虑一个自变量和一个因变量,且它们大体上具有线性关系.这叫一元线性回归,即模型为 $y = b_0 + b_1 x + \varepsilon$,这里 $x$ 是自变量,$y$ 是因变量,$\varepsilon$ 是随机变量.通常假定它服从均值为0、方差为 $\sigma^2$ 的正态分布,并且 $\sigma^2$ 与 $x$ 的取值无关.这样的回归模型就叫作正态线性模型.对于一般的情形,它有 $k$ 个自变量和1个因变量,因变量的值可以分解为两部分:一部分是由于自变量的影响,即表示为自变量的函数,其中函数形式已知,但含一些未知参数;另一部分是由于其他未被考虑的因素和随机性的影响,即随机误差.当函数形式为未知参数的线性函数时,称之为线性回归分析模型;当函数形式为未知参数的非线性函数时，称之为非线性回归分析模型.当自变量的个数大于1时，称之为多元回归模型；当因变量个数大于1时，称之为多重回归模型.

回归分析的主要内容如下：

(1) 从一组数据出发，确定某些变量之间的定量关系式，即建立数学模型并估计其中的未知参数.估计参数的常用方法是最小二乘法.

(2) 对这些关系式的可信程度进行检验.

(3) 在许多自变量共同影响着一个因变量的关系中，判断哪些自变量的影响是显著的，哪些自变量的影响是不显著的，将影响显著的自变量放入模型中，而剔除影响不显著的变量，通常用逐步回归、向前回归和向后回归等方法.

(4) 利用所求的关系式对某一生产过程进行预测或控制.回归分析的应用是非常广泛的，各种统计软件使得各种回归方法计算变得十分方便.在本章中我们主要介绍Excel中的统计软件在回归分析中的应用.

在回归分析中，把变量分为两类：一类是因变量，它们通常是实际问题中人们所关心的一类指标，通常用 $y$ 表示；而影响因变量取值的另一类变量称为自变量，用 $x$ 来表示.

回归分析研究的主要问题如下：

(1) 确定 $y$ 与 $x$ 间的统计定量关系表达式，这种统计定量表达式称为回归方程；

(2) 对求得的回归方程的可信度进行检验；

(3) 判断自变量 $x$ 对因变量 $y$ 有无影响；

(4) 利用所求得的回归方程进行预测和控制.

统计中的相关分析研究的是现象之间是否相关、相关的方向和密切程度，一般不区别自变量和因变量.而回归分析则要分析现象之间相关的具体形式，确定其因果关系，并用数学模型来表现其具体关系.比如说，从相关分析中我们可以得知“商品价格 $x$”和“商品销售量 $y$”这两个变量密切相关，但是这两个变量之间到底是哪个变量受哪个变量的影响，影响程度如何，则需要通过回归分析方法来确定.

一般来说，回归分析通过规定因变量和自变量来确定变量之间的因果关系，建立回归模型，并根据实测数据来求解模型的各个参数，然后评价回归模型是否能够很好地拟合实测数据；如果能够很好地拟合，则可以根据自变量做进一步预测.

例如，为了研究家庭月收入 $x$(元)与月支出 $y$(元)这两个变量之间的因果关系，随机抽查了12户家庭的收支情况，数据(单位:元)如表16.1所示.

**表16.1**

| 月收入 $x$(元) | 6 100 | 4 900 | 8 700 | 8 900 | 12 500 | 15 500 | 10 100 | 9 500 | 7 800 | 5 600 | 8 400 | 7 000 |
|---|---|---|---|---|---|---|---|---|---|---|---|---|
| 月支出 $y$(元) | 5 500 | 4 500 | 6 000 | 7 500 | 9 600 | 13 000 | 9 000 | 8 500 | 6 600 | 4 900 | 6 500 | 5 500 |

利用Excel中的图表向导可做出散点图16.1与折线图16.2.

以上数据的散点图与折线图都表明，家庭月支出 $y$(元)与家庭月收入 $x$(元)之间大体上呈直线关系，因此可以建立下面的线性模型：

$$y = \beta_0 + \beta_1 x + \varepsilon, \quad \varepsilon \sim N(0,\sigma^2) \tag{16.1}$$

式中 $\beta_0$ 和 $\beta_1$ 为待定的参数，$\varepsilon$ 为随机误差项.

一般地，如果已经掌握了变量 $x,y$ 的 $n$ 组观测值 $(x_1,y_1),(x_2,y_2),\cdots,(x_n,y_n)$，我们

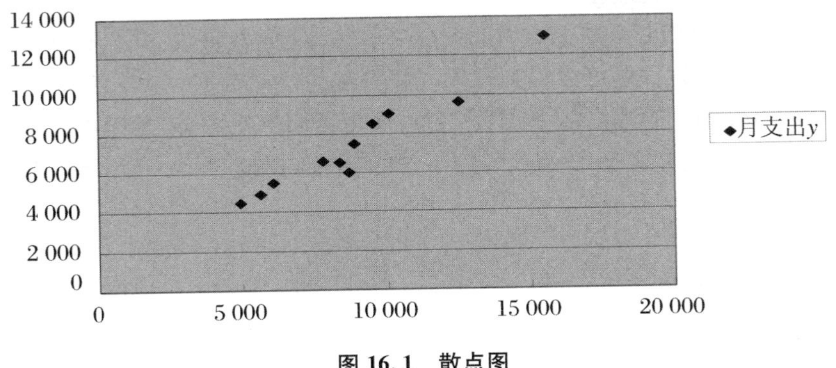


**图 16.1　散点图**

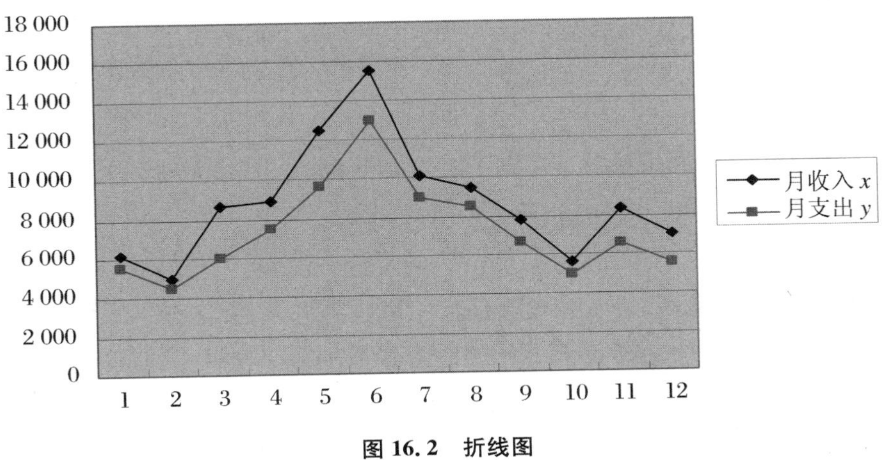


**图 16.2　折线图**

希望用直线 $\hat{y} = b_0 + b_1 x$ 来代表变量 $y$ 与变量 $x$ 之间的关系,并且该直线与上述的 $n$ 个已知点的距离之和最小,即

$$\sum_{i=1}^{n}(y_i - \hat{y}_i)^2 = \sum_{i=1}^{n}(y_i - b_0 - b_1 x_i)^2 \triangleq Q(b_0, b_1) = \text{最小值}$$

利用微积分求多元函数的极值的方法可知:从正规方程组

$$\begin{cases} \dfrac{\partial Q}{\partial b_0} = 0 \\ \dfrac{\partial Q}{\partial b_1} = 0 \end{cases} \tag{16.2}$$

可解出函数 $Q(b_0, b_1)$的极小值点,同时也可得 $Q(b_0, b_1)$的最小值点$(b_0, b_1)$为

$$\begin{cases} b_0 = \bar{y} - b_1 \bar{x} \\ b_1 = \dfrac{\sum\limits_{i=1}^{n}(x_i - \bar{x})(y_i - \bar{y})}{\sum\limits_{i=1}^{n}(x_i - \bar{x})(x_i - \bar{x})} \end{cases} \tag{16.3}$$

这种确定回归系数 $b_0, b_1$ 的方法称为最小二乘法. 对应的回归直线 $\hat{y} = b_0 + b_1 x$ 称为拟合 $n$ 个观测值$(x_1, y_1)$,$(x_2, y_2)$,…,$(x_n, y_n)$的最佳直线. 其中,$\hat{y}$表示自变量 $x$ 取定后,

对应的一组 $y$ 值的平均值(期望值).

利用 Excel 的线性回归分析命令"linest(y 的数据,x 的数据,1,1)",可以很方便地获得回归系数 $b_0$,$b_1$ 的值,并且还可以得到其他一些有用的统计数据.

首先,利用"linest(y 的数据,x 的数据,1,1)",可得回归系数 $\beta_1$ 的最小二乘估计值 $b_1 = 0.79$. 再以 $b_1$ 为起点,选择"五行两列",按下功能键 $F_2$,再按"Ctrl + Shift + 回车键"后会出现表 16.2.

**表 16.2**

| | |
|---|---|
| $b_1$(0.792675) | $b_0$(322.4231) |
| $s_{b_1}$(0.029979) | $s_{b_0}$(552.0629) |
| $R^2$(0.945847) | $\hat{\sigma}$(593.4235) |
| F 值(174.6625) | 自由度 df(10) |
| 回归平方和 SSR(61507652) | 误差平方和 SSE(3521515) |

此输出表告诉我们,利用最小二乘估计法,可以得到 $\beta_0$,$\beta_1$ 的最小二乘估计值分别为 $\hat{\beta}_0 = b_0 = 322.42$,$\hat{\beta}_1 = b_1 = 0.79$,即有线性回归方程式

$$\hat{y} = b_0 + b_1 x = 322.42 + 0.79x \tag{16.4}$$

其中 $b_0$ 为回归直线的截距,表示在没有任何家庭收入的条件时,最基本的家庭月支出为 322.42 元;$b_1$ 为回归系数,表示家庭收入 $x$(元)每增加 1(元)时,家庭支出 $y$(元)则相应地增加0.79(元);$\hat{y}$ 表示当家庭月收入为 $x$(元)时,这样的月收入家庭的平均月支出.

用直线来代表上述散点图,理论上可以做出无数条直线,在这些直线中,回归方程式(16.2)和所有散点的距离的总和是最小的.从方差最小这个意义上来说,回归方程式(16.2)是代表散点图的所有直线中最佳的一条.

回归方程式(16.2)是否可用于实际预测,取决于对回归方程式的检验和对预测误差 $\hat{\sigma}$ 的计算.回归方程只有通过各种检验,且预测误差较小,才能将回归方程作为预测模型进行预测或者用于控制.

对回归方程式(16.2)的假设检验法主要有 $F$ 检验法、$t$ 检验法以及线性相关 $r$ 检验法.

这几种检验法都是建立在因变量 $y$ 的总方差的分解式的基础上的.

$$\begin{aligned} s_{yy} = SST &= \sum_{i=1}^{n}(y_i - \bar{y})^2 \\ &= \sum_{i=1}^{n}(y_i - \hat{y}_i)^2 + \sum_{i=1}^{n}(\hat{y}_i - \bar{y})^2 = SSE + SSU \end{aligned} \tag{16.5}$$

这里

$$SSE = \sum_{i=1}^{n}(y_i - \hat{y}_i)^2 = \sum_{i=1}^{n}(y_i - b_0 - b_1 x_i)^2 = Q(b_0, b_1) \tag{16.6}$$

称之为误差平方和,

$$SSU = \sum_{i=1}^{n}(\hat{y}_i - \bar{y})^2 \tag{16.7}$$

称之为回归平方和.其中

$$SSU = \sum_{i=1}^{n}(\hat{y}_i - \bar{y})^2 = \sum_{i=1}^{n}((b_0 + b_1 x_i) - (b_0 + b_1 \bar{x}))^2$$

$$= b_1^2 \sum_{i=1}^{n}(x_i - \bar{x})^2 \tag{16.8}$$

即 $SSU$ 这部分是由自变量 $x_i$ 的离散性所产生的，$SSE$ 则是随机误差等除去自变量 $x$ 以外的其他因素产生的变动. 如果回归平方和 $SSU$ 在总平方和 $s_{yy}$ 中所占的比例

$$R^2 = \frac{SSU}{SST} \tag{16.9}$$

相对而言比较大，则有理由认为变量 $x$ 对于变量 $y$ 有着显著的影响作用. 这里的相对比例 $R^2$ 统计上称为判定系数或相关指数.

不难证明，当 $\varepsilon \sim N(0,\sigma^2)$ 时，有

$$F = \frac{SSU/1}{SSE/(n-2)} \sim F(1, n-2) \tag{16.10}$$

由 $t$ 分布的定义可知

$$T = \sqrt{\frac{SSU/1}{SSE/(n-2)}} \sim t(n-2) \tag{16.11}$$

$F$ 检验法的过程如下（显著水平 $\alpha = 0.05$）：

(1) 建立原假设 $H_0: \beta_1 = 0 \leftrightarrow H_1: \beta_1 \neq 0$.

(2) 在表 16.2 第 4 行中，已知

$$F = \frac{SSU/1}{SSE/(n-2)} = \frac{61\,507\,652/1}{3\,521\,515/10} \approx 174.662\,5$$

而

$$F_\alpha(1, n-2) = F_{0.05}(1,10) = \text{finv}(0.05,1,10)$$
$$= 4.96 < F = 174.662\,5$$

(3) 拒绝 $H_0: \beta_1 = 0$，接受 $H_1: \beta_1 \neq 0$. 即有 95% 的把握认为家庭月支出 $y$ 与家庭月收入 $x$ 之间有着显著的直线关系. 统计上常常称之为回归显著.

表 16.2 中的判定系数 $R^2$ 显然满足：$0 \leqslant R^2 \leqslant 1$. $R^2$ 愈靠近 1，表明变量 $x$ 对变量 $y$ 的线性影响愈大. 本例中，$R^2 = 0.945\,8 = 94.58\%$，表明在影响变量月支出 $y$ 的所有因素中，因素 $x$ 即月收入在其中所占比例为 94.58%，而其余的影响因素合并起来所占的比例仅为 5.42%. 从这个角度看，回归方程式(16.2)也是一个效果很好的经验方程式.

指标 $r = \pm\sqrt{R^2} = \pm\sqrt{SSU/SST}$，称为变量 $y$ 与变量 $x$ 之间的线性相关系数. 显然，$-1 \leqslant r \leqslant 1$. 当 $r = 1$ 时，称 $y$ 与 $x$ 完全正线性相关；当 $r = -1$ 时，称 $y$ 与 $x$ 完全负线性相关；当 $0 < r < 1$ 时，称 $y$ 与 $x$ 呈正线性相关；当 $-1 < r < 0$ 时，称 $y$ 与 $x$ 呈负线性相关.

显然，$|r|$ 愈大，回归方程式(16.2)的效果也愈好.

本例中，$r = \sqrt{0.945\,847} \approx 97.23\%$，表明家庭月支出 $y$(元)与家庭月收入 $x$(元)之间具有高度的正线性相关关系.

从几个不同的角度看，回归方程式(16.2)都是一个比较好的方程式. 因此可以考虑用它来进行预测和控制.

预测有点预测和区间预测两种. 比如，要对家庭月收入为 $x_0 = 8\,800$(元)的家庭的月支出 $y$(元)进行预测，则点预测值是指

$$\hat{y}(x_0) = \hat{y}_0 = \hat{y}(8\,800) = 322.42 + 0.79 \times 8\,800 = 7\,274.42(\text{元}) \tag{16.12}$$

区间预测有两种：一种是月收入为 8 800 元的这类家庭的平均月支出的预测区间；另一种是月收入为 8 800 元的某个家庭的月支出的预测区间.

可以证明，月收入为 $x_0$(元)的这类家庭，平均月支出 $y$(元)的置信度为 $1-\alpha$ 的预测区间为

$$(b_0 + b_1 x_0) \pm d = [\hat{y}_0 - d, \hat{y}_0 + d] \tag{16.13}$$

其中

$$d = t_{\alpha/2}(n-2)\hat{\sigma}\sqrt{\frac{1}{n} + \frac{(x_0 - \bar{x})^2}{\sum_{i=1}^{n}(x_i - \bar{x})^2}} \tag{16.14}$$

称之为预测精度.

而月收入为 $x_0$(元)的某个家庭的月支出 $y$(元)的置信度为 $1-\alpha$ 的预测区间为

$$(b_0 + b_1 x_0) \pm d = [\hat{y}_0 - d, \hat{y}_0 + d] \tag{16.15}$$

其中

$$d = t_{\alpha/2}(n-2)\hat{\sigma}\sqrt{1 + \frac{1}{n} + \frac{(x_0 - \bar{x})^2}{\sum_{i=1}^{n}(x_i - \bar{x})^2}} \tag{16.16}$$

为相应的预测精度. 其中，式(16.14)、式(16.16)中的

$$\hat{\sigma} = \sqrt{SSE/(n-2)} \tag{16.17}$$

称为剩余标准误差，即 5 行 2 列输出表中第 3 行第 2 个数值 593.423 5，也即

$$\hat{\sigma} = \sqrt{SSE/(n-2)} = 593.423\,5$$

如果取 $\alpha = 0.10$，则月收入为 8 800 元的这类家庭的平均月支出的置信度为 90% 的预测区间为 $7\,274.42 \pm d$. 其中

$$\begin{aligned} d &= t_{\alpha/2}(n-2)\hat{\sigma}\sqrt{\frac{1}{n} + \frac{(x_0 - \bar{x})^2}{\sum_{i=1}^{n}(x_i - \bar{x})^2}} \\ &= \text{tinv}(0.1,10) * 593.42 \\ &\quad * \text{power}\left(1/12 + \frac{\text{power}(8\,800 - \text{average}(\text{x 的范围}),2)}{(\text{n}-1) * \text{Var}\cdot\text{s}(\text{x 所在的 Excel 表格范围})}, 1/2\right) \\ &= 1\,032.41(\text{元}) \end{aligned}$$

即预测区间为[7 274.42 − 1 032.41, 7 274.42 + 1 032.41] = [6 242.01, 8 306.83]，置信度是 90%.

当取 $\alpha = 0.10$ 时，月收入为 8 800 元的某个家庭月支出的置信度为 90% 的预测区间为 $7\,274.42 \pm d$. 其中

$$\begin{aligned} d &= t_{\alpha/2}(n-2)\hat{\sigma}\sqrt{1 + \frac{1}{n} + \frac{(x_0 - \bar{x})^2}{\sum_{i=1}^{n}(x_i - \bar{x})^2}} \\ &= \text{tinv}(0.1,10) * 593.42 \\ &\quad * \text{power}\left(1 + 1/12 + \frac{\text{power}(8\,800 - \text{average}(\text{x 的范围}),2)}{(\text{n}-1) * \text{Var}\cdot\text{s}(\text{x 所在的 Excel 表格范围})}, 1/2\right) \\ &= 1\,490.87(\text{元}) \end{aligned}$$

即置信度是 90% 的预测区间为

$$[7\,274.42-1\,490.87, 7\,274.42+1\,490.87]=[5\,783.55, 8\,765.29]$$

从式(16.14)、式(16.16)能看出，影响预测精度 $d$ 的因素有置信度 $1-\alpha$、样本容量 $n$、自变量的取值 $x_0$ 以及剩余标准差 $\hat{\sigma}$. 当 $n$, $x_0$, $\hat{\sigma}$ 固定时，预测置信度 $1-\alpha$ 愈高，则分位点 $t_{\alpha/2}(n-2)$ 的值愈大，$d$ 也就愈大，预测精度就愈低，预测效果愈差. 因此，在回归预测中，预测置信度与预测精度是一对矛盾的要求，一个提高了，另一个就势必降低. 当 $1-\alpha$, $n$ 以及 $\hat{\sigma}$ 固定时，自变量的取值 $x_0$ 与自变量的平均值 $\bar{x}$ 愈靠近，则预测的精度 $d$ 愈高，预测的效果就愈好. 因此，在实际预测中，自变量 $x_0$ 不要取得离平均值 $\bar{x}$ 太远，否则预测效果将很不理想.

显然，当样本容量 $n$ 很大且 $|x_0-\bar{x}|$ 比较小时，

$$\sqrt{1+\frac{1}{n}+\frac{(x_0-\bar{x})^2}{\sum_{i=1}^{n}(x_i-\bar{x})^2}}\approx 1, \quad t_{\alpha/2}(n-2)\approx z_{\alpha/2} \tag{16.18}$$

预测区间式(16.15)可化简为

$$(b_0+b_1x_0)\pm d=[\hat{y}_0-z_{\alpha/2}\hat{\sigma}, \hat{y}_0+z_{\alpha/2}\hat{\sigma}] \tag{16.19}$$

特别地，当 $\alpha=0.05$ 时，$z_{\alpha/2}=1.96$. 此时，预测区间式(16.15)进一步化简为

$$(b_0+b_1x_0)\pm d=[\hat{y}_0-1.96\hat{\sigma}, \hat{y}_0+1.96\hat{\sigma}]$$

并且，预测的置信度为 95%.

## 16.3　可线性化的一元非线性回归

在实际问题中，两个变量之间除了线性关系或者近似线性关系外，还经常碰到明显是非线性关系的问题. 研究这种类变量之间呈何种曲线关系的问题就是一元非线性回归问题. 解决非线性回归问题的关键就是想办法将它们线性化，即通过变量之间的变换将非线性模型化成线性模型.

表 16.3 中的数据是 1957 年美国旧轿车价格的调查资料，$x$ 表示轿车的使用年数，$y$ 表示对应的平均价格(美元).

**表 16.3**

| $x$ | 1 | 2 | 3 | 4 | 5 | 6 | 7 | 8 | 9 | 10 | 11 | 12 |
|---|---|---|---|---|---|---|---|---|---|---|---|---|
| $y$ | 2 651 | 1 943 | 1 494 | 1 087 | 901 | 765 | 605 | 538 | 484 | 290 | 226 | 210 |

做出表 16.3 的散点图，如图 16.3 所示。

显然，变量 $y$ 与变量 $x$ 之间大体上呈指数曲线的关系，即 $y$ 与 $x$ 近似表达式为

$$y=a\mathrm{e}^{bx} \tag{16.20}$$

其中 $a$, $b$ 为待定参数，并且 $a>0$. 式(16.20)两边取自然对数，即得

$$\ln y=\ln a+bx$$

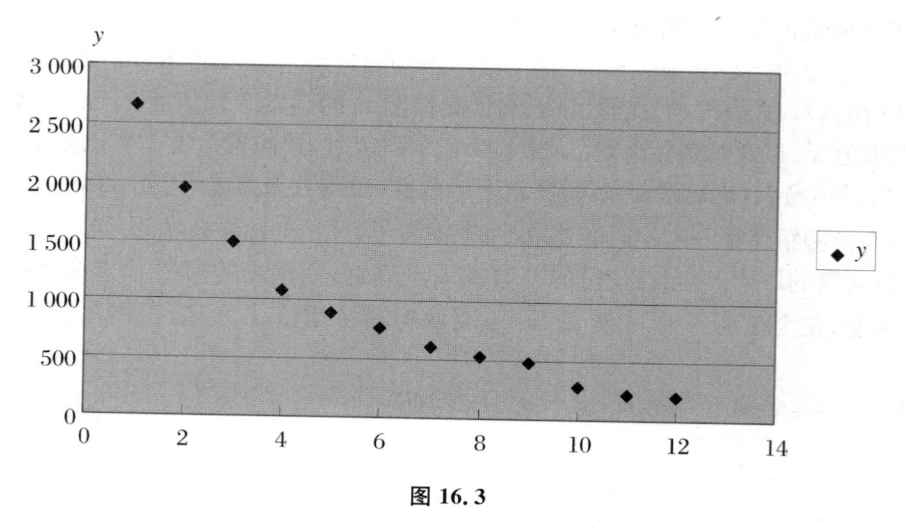


图 16.3

如果令 $\ln y = z, \ln a = c$，则指数曲线模型化成了一元线性模型：

$$z = c + bx$$

表 16.3 中的数据可化成表 16.4 中的数据.

表 16.4

| $x$ | 1 | 2 | 3 | 4 | 5 | 6 | 7 | 8 | 9 | 10 | 11 | 12 |
|---|---|---|---|---|---|---|---|---|---|---|---|---|
| $z$ | 7.88 | 7.57 | 7.31 | 6.99 | 6.80 | 6.64 | 6.41 | 6.29 | 6.18 | 5.67 | 5.42 | 5.35 |

在 Excel 表格中做变量代换，只要将第一个数据 2 651 取对数，其余的只需要复制即可.

表 16.4 对应的图形如图 16.4 所示. 显然，变量 $z$ 与变量 $x$ 之间的关系基本上是线性关系.

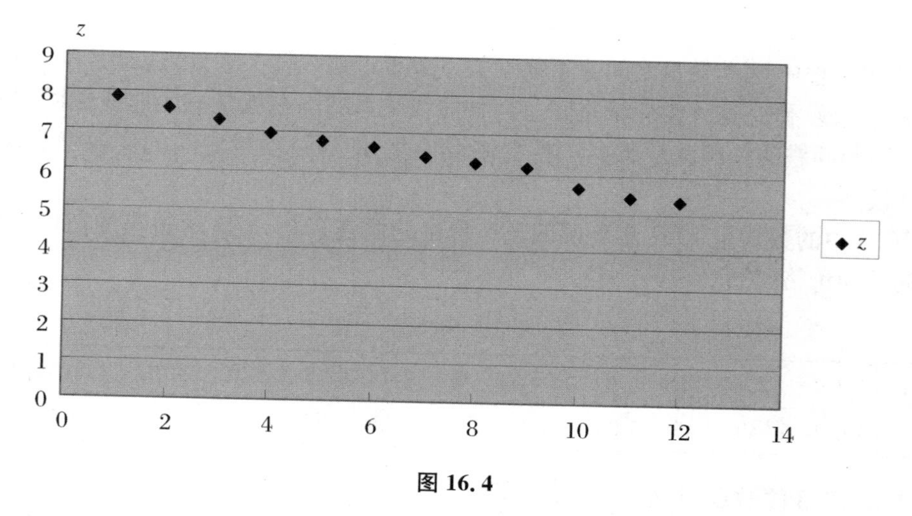


图 16.4

再对变量 $z$ 与 $x$ 做普通的线性回归，由 linest(z,x,1,1)，可得相应的“5 行 2 列”输出表如下：

| | |
|---|---|
| −0.22572 | 8.009797 |
| 0.008343 | 0.061406 |
| 0.986522 | 0.099773 |
| 731.9246 | 10 |
| 7.285998 | 0.099546 |

这个输出表中判定系数 $R^2=0.986\,5$.我们得知,虽然影响变量 $z$ 的因素很多,但是时间因素 $x$ 在其中占 98.65%.

若选取显著水平 $\alpha=0.01$,对线性模型进行 $F$ 检验,则原假设与备择假设分别为

$$H_0: b=0,\quad H_1: b\neq 0$$

$F$ 检验的标准为

$$d=F_{0.01}(1,12-2)=F_{0.01}(1,10)=\text{finv}(0.01,1,10)=10.04$$

而输出表中的 $F$ 值 731.92 远大于这个临界值 $d$,因此应该拒绝原假设 $H_0$ 而接受备择假设 $H_1$,即有99%的把握认为回归系数 $b$ 显著不为零,即变量 $z$ 与变量 $x$ 之间有着显著的线性关系.换句话说,变量 $y$ 与变量 $x$ 之间有着显著的指数关系.

通过上述表格,我们得到 $c=8.01,b=-0.23$,即 $a=e^c=e^{8.01}=3\,010$. 因此,所求的指数回归模型为

$$y=3\,010e^{-0.23x}$$

除了上面的指数模型外,常见的可线性化的一元非线性模型还有:

(1) 对数模型

$$y=a+b\ln x$$

取 $z=\ln x$,可化为线性模型:$y=a+bz$;

(2) 双曲线模型(Ⅰ)

$$y=\frac{1}{a+bx}$$

取 $z=1/y$,可化为线性模型:$z=a+bx$;

(3) 双曲线模型(Ⅱ)

$$y=\frac{x}{a+bx}$$

取 $z=1/y,u=1/x$,可化为线性模型:$z=b+au$;

(4) 双曲线模型(Ⅲ)

$$y=\frac{a+bx}{x}$$

取 $t=1/x$,可化为线性模型:$y=b+at$;

(5) 幂函数型

$$y=ax^b$$

两边取对数,得 $\ln y=\ln a+b\ln x$.

利用线性回归的最小二乘法或者 Excel 软件包求出参数 $a,b$,并进一步进行有关的统计检验、预测等等.

抛物线模型 $y=ax^2+bx+c(a\neq0)$也是常见的一元非线性模型.可令 $x^2=u_1,x=u_2$,则抛物线模型变成了线性模型:

$$y = au_1 + bu_2 + c$$

不过,这是有两个自变量的线性模型,称之为二元线性模型.

一般地,对于一元 $n(n\geqslant2)$次多项式模型

$$y = a_0x^n + a_1x^{n-1} + \cdots + a_{n-1}x + a_n, \quad a_0 \neq 0$$

若令 $x^n=u_1,x^{n-1}=u_2,\cdots,x=u_n$,则一元 $n$ 次多项式非线性模型即可化成如下的线性模型:

$$y = a_0u_1 + a_1u_2 + \cdots + a_{n-1}u_n + a_n$$

这个模型称为 $n$ 元线性回归模型.多元线性回归模型是下一节要讨论的内容.

## 16.4 多元线性回归及其应用

在我们研究的随机数学模型中,当影响结果(因变量)的主要因素(自变量)至少有两个时,就称之为多元回归模型.在多元回归模型中,比较常见的是如下的 $p$ 元线性回归模型:

$$y = \beta_0 + \beta_1x_1 + \beta_2x_2 + \cdots + \beta_px_p + \varepsilon, \quad \varepsilon \sim N(0,\sigma^2), \quad p \geqslant 2 \tag{16.21}$$

其中 $\beta_0,\beta_1,\cdots,\beta_p$ 是待估计的回归系数.假设已知变量 $x_1,x_2,\cdots,x_n,y$ 的 $n$ 组观测值:$(x_{11},x_{21},\cdots,x_{p1},y_1),(x_{12},x_{22},\cdots,x_{p2},y_2),\cdots,(x_{1n},x_{2n},\cdots x_{pn},y_n)$,则 $p$ 元线性回归方程

$$\hat{y} = b_0 + b_1x_1 + b_2x_2 + \cdots + b_px_p$$

的系数同样可以用最小二乘法得到.由

$$\sum_{i=1}^{n}(y_i - \hat{y}_i)^2 = \sum_{i=1}^{n}(y_i - b_0 - b_1x_{1i} - b_2x_{2i} - \cdots - b_px_{pi})^2$$

$$\triangleq Q(b_0,b_1,b_2,\cdots,b_p) = \text{最小值}$$

利用微积分求多元函数的极值的方法可知:从正规方程组

$$\frac{\partial Q}{\partial b_j} = 0, \quad j = 0,1,2,\cdots,p \tag{16.22}$$

再利用矩阵的方法可推出函数 $Q(b_0,b_1,b_2,\cdots,b_p)$的极小值点,同时也是 $Q(b_0,b_1,b_2,\cdots,b_p)$的最小值点的向量 $\hat{\boldsymbol{b}}=(b_0,b_1,b_2,\cdots,b_p)^{\mathrm{T}}$,为

$$\hat{\boldsymbol{b}} = (\boldsymbol{X}^{\mathrm{T}}\boldsymbol{X})^{-1}\boldsymbol{X}^{\mathrm{T}}\boldsymbol{Y} \tag{16.23}$$

其中 $\boldsymbol{X},\boldsymbol{Y}$ 都是已知的矩阵,并且

$$\boldsymbol{X}^{\mathrm{T}} = \begin{pmatrix} 1 & 1 & \cdots & 1 \\ x_{11} & x_{21} & \cdots & x_{n1} \\ \vdots & \vdots & & \vdots \\ x_{1p} & x_{2p} & \cdots & x_{np} \end{pmatrix}, \quad \boldsymbol{Y} = \begin{pmatrix} y_1 \\ y_2 \\ \vdots \\ y_n \end{pmatrix} \tag{16.24}$$

统计中常常将矩阵 $\boldsymbol{X}$ 称为信息矩阵.

同样,利用 Excel 中的函数"linest(y 值的范围,所有 x 值的范围,1,1)"不仅可以方便地

求出所有的回归系数向量 $\hat{\boldsymbol{b}}=(b_0,b_1,b_2,\cdots,b_p)^{\mathrm{T}}$，还可以得到其他的统计检验和统计预测所需要的有关数据.

选用函数"linest(y 值的范围，所有 x 值的范围，1，1)"后按"回车键"，首先得到估计值 $b_p$，以它为起点，选取"5 行 p+1 列"，按功能键 F2，再按"Ctrl+Shift+回车键"，则获得类似于表 16.2 的统计结果.

**例 16.1**　某化工厂为研究硝化率 $y(\%)$ 与硝化温度 $x_1(℃)$、硝化液中硝酸浓度 $x_2(\%)$ 之间的相关关系，做了 10 次试验，获得的数据如表 16.5 所示.

**表 16.5**

| $x_1$ | 16.5 | 19.7 | 15.5 | 21.4 | 20.8 | 16.6 | 23.1 | 14.5 | 21.3 | 16.4 |
|---|---|---|---|---|---|---|---|---|---|---|
| $x_2$ | 93.4 | 90.8 | 86.7 | 83.5 | 92.1 | 94.9 | 89.6 | 88.1 | 87.3 | 83.4 |
| $y$ | 90.92 | 91.13 | 87.95 | 88.57 | 90.44 | 89.97 | 91.03 | 88.03 | 89.93 | 85.58 |

(1) 试求回归方程 $\hat{y}=b_0+b_1x_1+b_2x_2$；

(2) 分别指出回归系数 $b_1,b_2$ 的具体含义；

(3) 指出判定系数的大小，并说明其具体意义；

(4) 检验线性回归方程的显著性；($\alpha=0.05$.)

(5) 求当 $x_1=23.5,x_2=95.6$ 时硝化率 $y(\%)$ 的预测值.

**解**　将此组调查数据输入 Excel 表格.

由函数"LINEST(y 的范围，$x_1$，$x_2$的范围，1，1)"，可得表 16.6.

**表 16.6**

| | | |
|---|---|---|
| 0.355 985<br>$b_2$ | 0.333 977<br>$b_1$ | 51.474 13<br>$b_0$ |
| 0.063 48<br>$S_{b_2}$ | 0.082 802<br>$S_{b_1}$ | 5.947 958<br>$S_{b_0}$ |
| 0.865 763<br>$R^2$ | 0.744 297<br>$\hat{\sigma}$ | #N/A |
| 22.573 26<br>F 值 | 7<br>第二自由度 | #N/A |
| 25.010 2<br>回归平方和 SSU | 3.877 849<br>剩余平方和 SSE | #N/A |

(1) 由表 16.6 可求得 $b_0=51.47,b_1=0.33,b_2=0.36$，于是所求的二元线性回归方程为

$$\hat{y}=51.47+0.33x_1+0.36x_2$$

这个回归方程在几何中表示三维空间的一个平面，因此也称之为回归平面.

(2) $b_1=0.33$ 表示，在硝化液中硝酸浓度 $x_2(\%)$ 保持不变的条件下，硝化温度 $x_1(℃)$ 每变动 1 ℃，硝化率 $y(\%)$ 将相应地变动 0.33%；$b_2=0.36$ 表示，在硝化温度 $x_1(℃)$ 保持不变的前提下，硝酸浓度 $x_2(\%)$ 每变动一个百分点，硝化率 $y(\%)$ 则会相应地变动 0.36%.

(3) 判定系数 $R^2=0.87$ 的具体意义为，影响指标硝化率 $y(\%)$ 的众多因素中，影响因素硝化温度 $x_1$、硝酸浓度 $x_2$ 在其中占有 87%的比例.

(4) 对线性回归方程做 $F$ 显著性检验. 由表 16.6，可知 $F=22.57$，这里 $\alpha=0.05$. 由此求得

$$d = F_{\alpha}(2,n-3) = \text{finv}(\alpha,2,\text{n}-3)$$
$$= \text{finv}(0.05,2,7) = 4.74 < F = 22.57$$

即有 95%的把握认为，变量 $y$ 与变量 $x_1$，$x_2$ 之间确实有着显著的线性关系，即回归方程 $\hat{y}=51.47+0.33x_1+0.36x_2$ 经过统计检验后是一个合格的"统计产品"，可用于预测或者控制.

(5) 预测：将 $x_1=23.5$，$x_2=95.6$，代入回归方程 $\hat{y}=51.47+0.33x_1+0.36x_2$，可得点预测值为

$$\hat{y} = 51.47 + 0.33 \times 23.5 + 0.36 \times 95.6 = 93.64\%$$

给定置信度 $1-\alpha$，也可以算出相应的预测值区间，不过要比一元线性回归的计算麻烦一些，需要用到比较多的矩阵知识，有兴趣的同学可参考华东师范大学茆诗松等编写的《回归分析及其试验设计》等教材.

**例 16.2** 20 世纪 90 年代某市办公楼拆迁评估值的有关统计数据如表 16.7 所示.

**表 16.7**

| 底层面积 $x_1$ | 办公室的个数 $x_2$ | 入口个数 $x_3$ | 办公楼的使用年数 $x_4$ | 办公楼价值的评估值 $y$ |
|---|---|---|---|---|
| 2 310 | 2 | 2 | 20 | 142 000 |
| 2 333 | 2 | 2 | 12 | 144 000 |
| 2 356 | 3 | 1.5 | 33 | 151 000 |
| 2 379 | 3 | 2 | 43 | 150 000 |
| 2 402 | 2 | 3 | 53 | 139 000 |
| 2 425 | 4 | 2 | 23 | 169 000 |
| 2 448 | 2 | 1.5 | 99 | 126 000 |
| 2 471 | 2 | 2 | 34 | 142 900 |
| 2 494 | 3 | 3 | 23 | 163 000 |
| 2 517 | 4 | 4 | 55 | 169 000 |
| 2 540 | 2 | 3 | 22 | 149 000 |

根据以往的经验以及其他国家或地区的类似情况，假设办公楼价值的评估值 $y$ 与底层面积 $x_1$、办公室个数 $x_2$、办公楼的入口个数 $x_3$ 以及办公楼的使用时间 $x_4$(年)之间存在着近似的线性关系：

$$y = \beta_0 + \beta_1 x_1 + \beta_2 x_2 + \beta_3 x_3 + \beta_4 x_4 + \varepsilon, \quad \varepsilon \sim N(0,\sigma^2)$$

(1) 试求回归方程；

(2) 指出判定系数的大小，并说明其具体意义；

(3) 检验线性回归方程的显著性.($\alpha=0.05$.)

**解**　(1) 将上述统计数据输入 Excel 表格中，再由函数"linest(y 的范围，所有自变量的范围，1，1)"，即可得到 5 行 5 列的统计结果输出表，如表 16.8 所示，表中的数据意义与表 16.6 中的数据的意义基本相同.

**表 16.8**

| | | | | |
|---|---|---|---|---|
| −234.2371645 | 2553.21066 | 12529.76817 | 27.64138737 | 52318 |
| 13.26801148 | 530.6691519 | 400.0668382 | 5.429374042 | 12237 |
| 0.996747993 | 970.5784629 | | | |
| 459.7536742 | 6 | | | |
| 1732393319 | 5652135.316 | | | |

由表 16.8 的第一行，可知所求的线性回归方程为

$$\hat{y} = 52\,318 + 27.64x_1 + 12\,529.77x_2 + 2\,553.21x_3 - 234.24x_4$$

这个方程在五维空间中表示一个超平面，因此这个回归方程也可以称为回归超平面.

(2) 由表 16.8 可知判定系数 $R^2 = 99.67\%$，即尽管影响办公楼价值的评估值的因素很多，但是我们选定的上述四个因素在其中占有 99.67%的比例. 这也从一个侧面说明这个回归方程模拟观测数据的效果还是相当不错的.

(3) 对线性回归方程进行统计检验. 一般采用 $F$ 检验，原假设与备择假设分别是

$$H_0: b_1, b_2, b_3, b_4 \text{ 全为零}, \quad H_1: b_1, b_2, b_3, b_4 \text{ 不全为零}$$

$F$ 检验的临界值中有两个自由度：第一个自由度 $f_1$ 是自变量的个数 $p$，此处是 $f_1 = p = 4$；第二个自由度是 $f_2 = n - p - 1$. 因此，$F$ 检验的临界值为

$$F_\alpha(4, n-4-1) = F_{0.05}(4, 11-5) = F_{0.05}(4,6)$$
$$= \text{finv}(0.05, 4, 6) = 4.53$$

从表 16.8 可知，$F$ 值为 459.75，远大于临界值 4.53，因此有 95%的把握拒绝原假设"$H_0: b_1, b_2, b_3, b_4$ 全为零"，即有 95%的把握认为线性回归方程的回归效果显著.

最后我们指出在回归分析中应该注意的几个问题：

(1) 影响因变量 $y$ 的因素往往有很多，如果将各种因素都在回归模型中获得反映，回归模型就会变得异常复杂. 因此，在具体选择回归数学模型时，应将那些对 $y$ 有着显著影响的并且数据不难获得的少量几个因素安排在模型之中，把那些对 $y$ 有影响但不显著的因素剔除，这一过程可以通过"逐步回归"来实现，具体操作可参考相关图书.

(2) 要注意安排在模型中的影响因素即自变量之间不能有显著的相互交叉作用(统计中称之为"互作"). 如果自变量之间存在"互作"，就很难分辨各个自变量分别对因变量 $y$ 的"独立贡献".

(3) 应用回归分析时应确定变量之间是否确实存在内在的因果关系. 如果变量之间不存在内在的因果关系，对这些变量应用回归分析就可能会得出荒谬的结果.

(4) 应避免回归预测的任意外推. 以一元线性回归预测为例，若自变量的取值 $x_0$ 与观测值的期望值 $\bar{x}$ 之间的偏差 $|x_0 - \bar{x}|$ 愈大，相应的

$$d = t_{\alpha/2}(n-2)\hat{\sigma}\sqrt{1 + \frac{1}{n} + \frac{(x_0 - \bar{x})^2}{\sum_{i=1}^{n}(x_i - \bar{x})^2}}$$

的值也愈大，即预测精度愈低，最后导致预测效果愈差. 因此对于一次优质的预测，偏差 $|x_0-\bar{x}|$ 不能太大也是一个重要的前提条件.

# 附录 11 Mathematica 中的概率统计命令

## 有关常见分布的命令

| | |
|---|---|
| `PDF[dist,x]` | 给出关于在 x 处的符号分布 dist 的概率密度函数. |
| `NormalDistribution[m,s]` | 表示一个平均数为 $\mu$、标准方差为 $\sigma$ 的正态分布. |
| `ChiDistribution[n]` | 表示一个具有 n 自由度的 $\chi^2$ 分布. |
| `StudentTDistribution[n]` | 表示具有 n 自由度的学生 t 分布. |
| `FratioDistribution[n,m]` | 表示分子自由度为 n 和分母自由度为 m 的 F 分布. |

**例 1** 正态分布 $N(a,b^2)$ 的概率密度函数.

```
In[1]:= PDF[NormalDistribution[a,b],x]
```

Out[1]= $\dfrac{e^{-\frac{(-a+x)^2}{2b^2}}}{b\sqrt{2\pi}}$

**例 2** 在区间[－5,5]上画出标准正态分布 $N(0,1)$ 的概率密度函数的图像.

```
In[2]:= Plot[PDF[NormalDistribution[],x],{x,- 5,5}]
```

Out[2]=

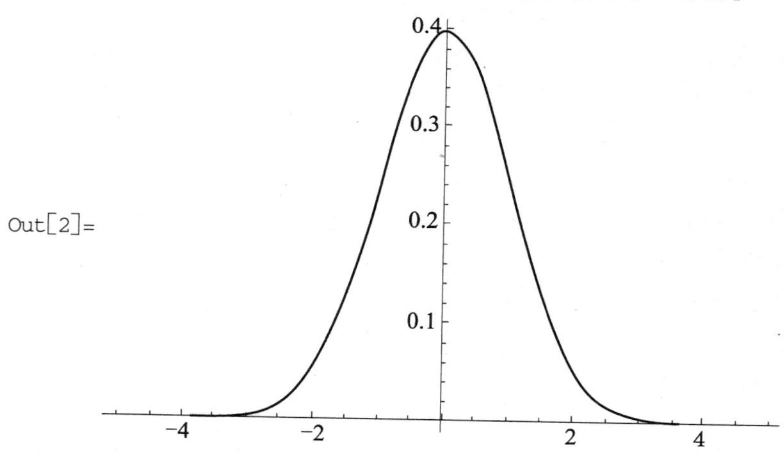


**例 3** $\chi^2$ 分布的概率密度函数.

```
In[3]:= PDF[ChiDistribution[n],x]
```

Out[3]= $\dfrac{2^{1-\frac{n}{2}} e^{\frac{-x^2}{2}} x^{-1+n}}{\text{Gamma}\left[\frac{n}{2}\right]}$

**例 4** 在区间[0,5] 上画出 $\chi^2(1)$ 的密度函数.

```
In[4]:= Plot[PDF[ChiDistribution[1],x],{x,0,5}]
```

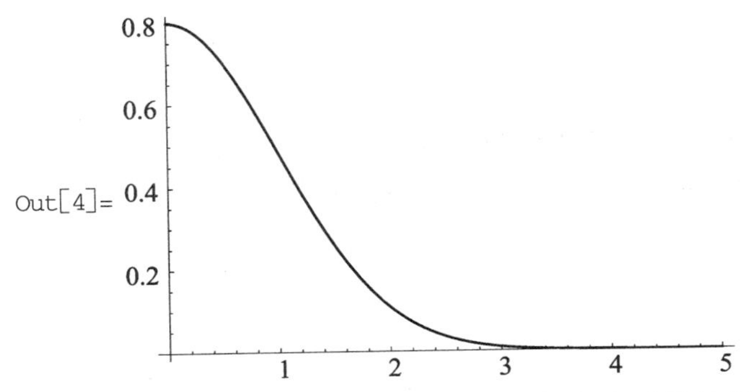


**例 5**　在区间[0,5]上画出 $\chi^2(2)$的概率密度函数的图像.

```
In[5]:= Plot[PDF[ChiDistribution[2],x],{x,0,5}]
```

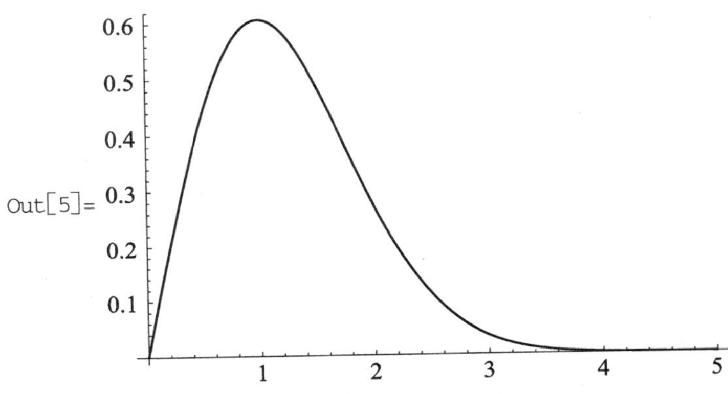


**例 6**　$t(n)$分布的概率密度函数.

```
In[6]:= PDF[StudentTDistribution[n],x]
```

Out[6]= $\dfrac{\left(\dfrac{n}{n+x^2}\right)^{\frac{1+n}{2}}}{\sqrt{n}\mathrm{Beta}\left[\dfrac{n}{2},\dfrac{1}{2}\right]}$

**例 7**　在区间[－5,5]上画出标准正态分布的概率密度函数的图像.

```
In[7]:= Plot[PDF[StudentTDistribution[1],x],{x,- 5,5}]
```

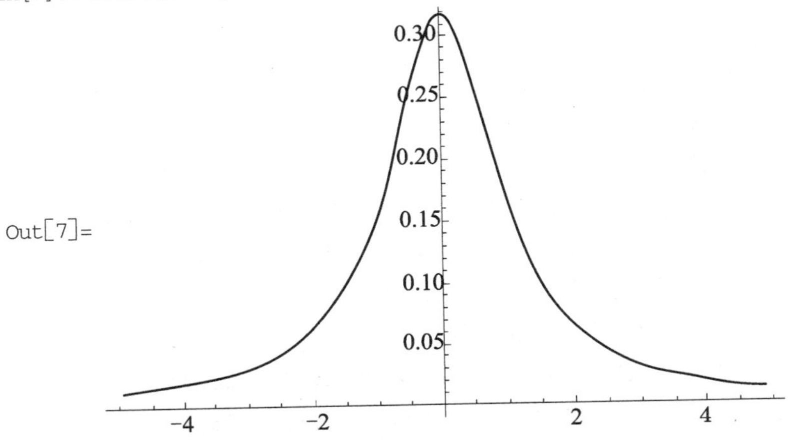


**例 8**　$F(m,n)$分布的概率密度函数.

```
In[8]:= PDF[FRatioDistribution[n,m],x]
```

Out[8]= $\dfrac{m^{m/2}n^{m/2}x^{-1+\frac{n}{2}}(m+nx)^{\frac{1}{2}(-m-n)}}{\text{Beta}\left[\frac{n}{2},\frac{m}{2}\right]}$

**例 9** 在区间[0,5]上画出 $F(5,9)$的概率密度函数的图像.

```
In[9]:= Plot[PDF[FRatioDistribution[5,9],x],{x,0,5}]
```

Out[9]=

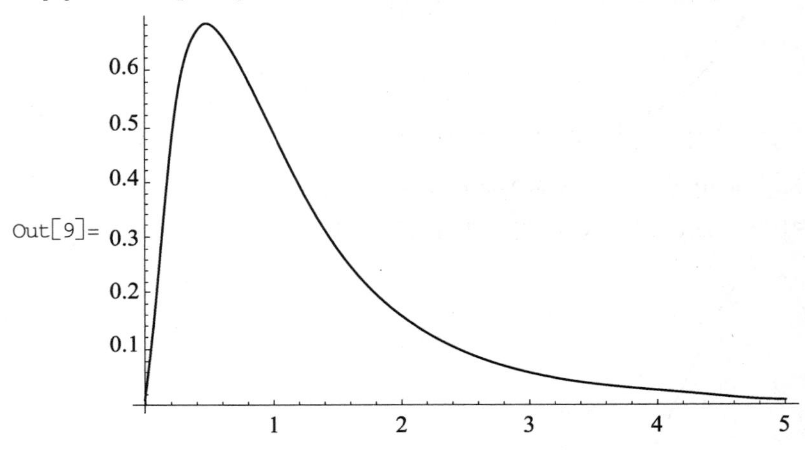


## 有关区间估计的命令

1. 单个正态总体的区间估计

**例 10** 已知某炼铁厂的铁水含碳量在正常情况下服从正态分布,现测得四炉铁水,其含碳量分别是

4.28, 4.40, 4.42, 4.36

(1) 在方差等于 $0.12^2$的情况下,求铁水平均含碳量的双侧 95% 的置信区间.

```
In[10]:= Needs["HypothesisTesting`"]                    (*调用此程序包*)
         data= {4.28,4.40,4.42,4.36};
MeanCI[data,KnownVariance→0.12^2]               (*方差已知时均值的区间估计*)
Out[12]= {4.2474,4.4826}
```

(2) 在方差未知的情况下,求铁水平均含碳量的双侧 90%的置信区间.

```
In[13]:= data= {4.28,4.40,4.42,4.36};
MeanCI[data,ConfidenceLevel→0.90]               (*方差未知时均值的区间估计*)
Out[14]= {4.29215,4.43785}
```

**例 11** 从某自动机床加工的同类产品中随机抽取 16 件,测得它们的长度(厘米)为

12.15, 12.12, 12.01, 12.28, 12.09, 12.16, 12.03, 12.01
12.06, 12.13, 12.07, 12.11, 12.08, 12.01, 12.03, 12.06

假设产品的长度服从正态分布,求方差的双侧 95%的置信区间.

```
In[15]:= data1= {12.15,12.12,12.01,12.28,12.09,12.16, 12.03,
         12.01,12.06,12.13,12.07,12.11,12.08,12.01,12.03,12.06};
         VarianceCI[data1]                               (*方差比的区间估计*)
Out[16]= {0.00276844,0.0121524}
```

## 有关假设检验问题的命令

**例 12**　设有甲、乙两种零件,乙种零件比甲种零件制造简单且造价低.现从这两种零件中随机地各抽取 5 件,经过测试得到抗压强度值（单位:$10^5$帕）如下:

甲种零件:88,87,92,90,91;

乙种零件:89,89,90,84,88.

假设这两种零件的抗压强度都服从正态分布,且它们的方差相等.问在显著性水平 $\alpha=0.05$ 下,能否用乙种零件替代甲种零件?

```
In[17]:= Clear[data1,data2]
In[18]:= Needs["HypothesisTesting`"]          (*需要首先调用此程序包*)
In[19]:= data1= {88,87,92,90,91}; data2= {89,89,90,84,88};
 MeanDifferenceTest[data1,data2,0,SignificanceLevel→0.05,
 FullReport- > True]                             (*均值差的假设检验*)
Out[21]= {FullReport→{{MeanDiff, TestStat, Distribution},
        {1.6, 1.14286, StudentTDistribution[19208/2437]} },
        OneSidedPValue → 0. 143311, Fail to reject null hypothesis at
        significance level→0.05}
```

**例 13**　甲、乙两台机床生产同一型号的滚珠,从它们生产的产品中分别抽取 8 个与 9 个,测得直径（单位:毫米）的数据如下:

甲机床:15.0,14.5,15.2,15.5,14.8,15.1,15.2,14.8;

乙机床:15.2,15.0,14.8,15.2,15.0,15.0,15.1,14.8,14.8.

假设滚珠的直径服从正态分布,问两台机床生产的滚珠的直径是否服从同一分布?（$\alpha=0.05$.）

```
In[22]:= Clear[data1,data2]
In[23]:= Needs["HypothesisTesting`"]
         data1= {15.0,14.5,15.2,15.5,14.8,15.1,15.2,14.8};
         data2= {15.2,15.0,14.8,15.2,15.0,15.0,15.1,14.8,14.8};
In[26]:= VarianceRatioTest[data1,data2,1,TwoSided→True,
         SignificanceLevel→0.05,FullReport→True]
                                                 (*方差比的假设检验*)
Out[26]= {FullReport→{{Ratio, TestStat, Distribution},
         {3.65881, 3.65881, FRatioDistribution[7,8]}},
         TwoSidedPValue→ 0. 0891917, Fail to reject null hypothesis at
         significance level→0.05}
In[27]:= MeanDifferenceTest[data1,data2,0,TwoSided→True,
         SignificanceLevel→0.05,FullReport→True]
                                                 (*均值差的假设检验*)
Out[27]= {FullReport→{{MeanDiff, TestStat, Distribution},
```

```
{0.0236111, 0.1938, StudentTDistribution[10.2833]}},
TwoSidedPValue → 0. 850108, Fail to reject null hypothesis at
significance level→0.05}
```

## 有关回归分析的命令

**例 14** 在硝酸钠的溶解度试验中，测得在不同温度 $x$（单位：℃）下，硝酸钠溶解于水中的溶解度 $y$(%)的数据如下：

| 温度 | 0 | 4 | 10 | 15 | 21 | 29 | 36 | 51 | 68 |
|---|---|---|---|---|---|---|---|---|---|
| 溶解度 | 66.7 | 71.0 | 76.3 | 80.6 | 85.7 | 92.9 | 99.4 | 113.6 | 125.1 |

求 $y$ 与 $x$ 之间的经验回归函数.

```
In[28]:= data5= {{0,66.7},{4,71.0},{10,76.3},{15,80.6},{21,85.7},
         {29,92.9},{36,99.4},{51,113.6},{68,125.1}};
In[29]:= lab= LinearModelFit[data5,x,x]      (*用 data5 构造线性拟合函数*)
Out[29]= FittedModel[67.5078  0.87964x]
In[30]:= Show[ListPlot[data5],Plot[lab[x],{x,0,70}],Frame→True]
```

Out[30]=

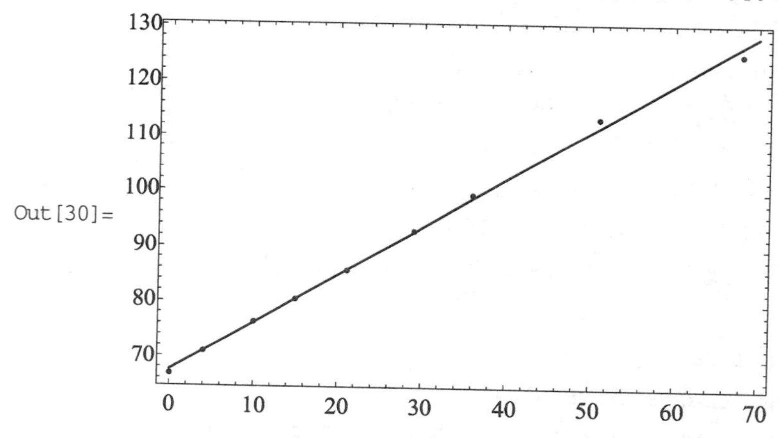


# 习　题　16

1. 冷轧带钢卷的发蓝捆带的材料为 BD 钢，含碳量为 $c=0.14\%$. 合格的发蓝捆带要求抗拉强度 $\sigma_b \geqslant 80$（千克力/毫米$^2$）. 现对生产的 BD 钢发蓝捆带的 9 个样品做测试，得实测数据如下：

累积压下率 $\varepsilon$(%)：20，31.3，41.4，50.5，58，61.6，65.8，67.8，71.7；

$\sigma_b$（千克力/毫米$^2$）：58.82，64.87，69.29，75.15，78.08，80.31，82.08，81.87，84.6.

(1) 求抗拉强度 $\sigma_b$ 关于累积压下率 $\varepsilon$ 的线性回归方程；

(2) 对线性回归方程的显著性进行检验；

(3) 求当累积压下率为 45 时 $\sigma_b$ 的预测区间.（$\alpha=0.01$.）

2. 设某个国家每人年能量消耗量和每人年生产总值的数据如表 16.9 所示.

**表 16.9**

| 每人年生产总值 $x$(美元) | 600 | 2 700 | 2 900 | 4 200 | 3 100 | 5 400 | 8 600 | 10 300 |
|---|---|---|---|---|---|---|---|---|
| 每人年能量消耗量 $Y$(折合成标准煤)(千克) | 1 000 | 700 | 1 400 | 2 000 | 2 500 | 2 700 | 2 500 | 4 000 |

(1) 求 $Y$ 关于 $x$ 的线性回归方程;

(2) 对线性回归方程做显著性检验;

(3) 每人年生产总值为 3 000 美元时,预测每人年能量消耗量和置信区间($\alpha=0.05$).

3. 在彩色显影中,形成染料的光学密度 $Y$ 与析出银的光学密度 $x$ 有密切关系.现测得 11 组数据如表 16.10 所示.

**表 16.10**

| $x$ | 0.05 | 0.06 | 0.07 | 0.10 | 0.14 | 0.20 | 0.25 | 0.31 | 0.38 | 0.43 | 0.47 |
|---|---|---|---|---|---|---|---|---|---|---|---|
| $Y$ | 0.10 | 0.14 | 0.23 | 0.37 | 0.59 | 0.79 | 1.00 | 1.12 | 1.19 | 1.25 | 1.29 |

试求 $Y=Ae^{Bx}$ 型的经验方程.

4. 设测得混凝土的抗压强度 $x$ 与抗剪强度 $Y$ 的数据如表 16.11 所示.

**表 16.11**

| $x$(千克力/厘米$^2$) | 141 | 152 | 168 | 182 | 195 | 204 | 223 | 254 | 277 |
|---|---|---|---|---|---|---|---|---|---|
| $Y$(千克力/厘米$^2$) | 23.1 | 24.2 | 27.2 | 27.8 | 28.7 | 31.4 | 32.5 | 34.8 | 36.2 |

据有关文献知,$Y$ 与 $x$ 的相关关系属于幂函数型.试求 $Y$ 关于 $x$ 的回归方程.

5. 某水泥厂生产的某种水泥在凝固时放出的热量 $Y$(单位:卡/克)(1 卡 = 4.18 焦)与水泥中 $3CaO\cdot Al_2O_3$ 成分 $x_1$(单位:%)和 $3CaO\cdot SiO_2$ 成分 $x_2$(%)有关.设所得试验数据如表 16.12 所示.

**表 16.12**

| $x_1$ | 7 | 1 | 11 | 11 | 7 | 11 | 3 | 1 | 2 | 21 | 10 |
|---|---|---|---|---|---|---|---|---|---|---|---|
| $x_2$ | 26 | 29 | 56 | 31 | 52 | 55 | 71 | 31 | 54 | 47 | 68 |
| $Y$ | 78.5 | 74.3 | 104.3 | 87.6 | 95.9 | 109.2 | 102.7 | 72.5 | 93.1 | 115.9 | 109.4 |

根据经验,$Y$ 关于 $x_1,x_2$ 具有二元线性回归关系:

$$Y=b_0+b_1x_1+b_2x_2+\varepsilon,\quad \varepsilon\sim N(0,\sigma^2)$$

(1) 求 $b_0,b_1,b_2$ 的最小二乘估计,写出经验回归平面方程;

(2) 检验线性回归是否显著.($\alpha=0.05$.)

6. 某化工厂为研究硝化速率 $Y$(%)与硝化温度 $x_1$(单位:℃)、硝化液中硝酸浓度 $x_2$(%)之间的相关关系,做了 10 次试验,所得数据如表 16.13 所示.

**表 16.13**

| $x_1$ | 17.5 | 19.5 | 15.8 | 21.5 | 20.9 | 16.8 | 23.5 | 14.8 | 21.8 | 16.7 |
|---|---|---|---|---|---|---|---|---|---|---|
| $x_2$ | 92.4 | 91.8 | 87.7 | 84.5 | 94.1 | 95.9 | 89.8 | 88.6 | 86.3 | 85.4 |
| $Y$ | 91.92 | 92.13 | 86.95 | 87.57 | 89.44 | 89.87 | 92.03 | 88.28 | 88.93 | 86.58 |

(1) 试求 $Y$ 关于$x_1$,$x_2$的线性回归方程;

(2) 检验回归方程线性关系的显著性;($\alpha=0.01$.)

(3) 求 $x_1=22.5$,$x_2=90$ 时 $Y$ 的预测值.

# 参 考 答 案

## 习题 1

1. (1) $\sum\limits_{1\leqslant i\leqslant m}\sum\limits_{1\leqslant i\leqslant n}a_{ij}x_iy_j$.

(2) $\begin{pmatrix}\cos k\theta & \sin k\theta\\ -\sin k\theta & \cos k\theta\end{pmatrix}$. 注：利用原旋转矩阵的几何意义，或者用归纳法.

2. $\mathrm{tr}(\boldsymbol{AB}-\boldsymbol{BA})=0$，但 $\mathrm{tr}(\boldsymbol{I}_n)=n$.

3. (1) $\begin{pmatrix}\frac{3}{5} & -\frac{2}{5} & \frac{1}{5}\\ -\frac{1}{5} & \frac{4}{5} & -\frac{2}{5}\\ -\frac{1}{5} & -\frac{1}{5} & \frac{3}{5}\end{pmatrix}$.

(2) $\begin{pmatrix}0 & 0 & \cdots & 0 & 0 & \frac{1}{b_n}\\ \frac{1}{b_1} & 0 & \cdots & 0 & 0 & 0\\ 0 & \frac{1}{b_2} & \cdots & 0 & 0 & 0\\ \vdots & \vdots & & \vdots & \vdots & \vdots\\ 0 & 0 & \cdots & \frac{1}{b_{n-2}} & 0 & 0\\ 0 & 0 & \cdots & 0 & \frac{1}{b_{n-1}} & 0\end{pmatrix}$.

方法一：利用 $\begin{pmatrix}\boldsymbol{0} & \boldsymbol{A}_2\\ \boldsymbol{A}_1 & \boldsymbol{0}\end{pmatrix}^{-1}=\begin{pmatrix}\boldsymbol{0} & \boldsymbol{A}_1^{-1}\\ \boldsymbol{A}_2^{-1} & 0\end{pmatrix}$.

方法二：利用求逆的初等变换法：

$$\begin{pmatrix} & \boldsymbol{B}_{n-1} & \boldsymbol{I}_{n-1} & \\ b_n & & & 1\end{pmatrix}\rightarrow\begin{pmatrix} & \boldsymbol{I}_{n-1} & \boldsymbol{B}_{n-1}^{-1} & \\ 1 & & & \frac{1}{b_n}\end{pmatrix}\rightarrow\begin{pmatrix}1 & & & \frac{1}{b_n}\\ & \boldsymbol{I}_{n-1} & \boldsymbol{B}_{n-1}^{-1} & \end{pmatrix}$$

4. $\begin{pmatrix}\frac{1}{2} & \frac{1}{2} & \frac{1}{2}\\ \frac{1}{2} & 1 & \frac{1}{2}\\ \frac{1}{2} & \frac{1}{2} & \frac{3}{2}\end{pmatrix}$. 提示：利用 $\boldsymbol{AA}^*=|\boldsymbol{A}|\boldsymbol{I}_n$，$|\boldsymbol{A}|=\dfrac{1}{|\boldsymbol{A}^{-1}|}$.

5. $\begin{pmatrix} 0 & 0 & 0 & \frac{1}{2}\cdot\sqrt[3]{3} \\ 0 & 0 & \frac{2}{3}\cdot\sqrt[3]{3} & 0 \\ 0 & \sqrt[3]{3} & 0 & 0 \\ 2\cdot\sqrt[3]{3} & 0 & 0 & 0 \end{pmatrix}$.

6. (1) 利用伴随矩阵的定义和行列式的展开性质.

(2) 利用 $\boldsymbol{AA}^* = |\boldsymbol{A}|\boldsymbol{I}_n$,两边取行列式;同时注意讨论$|\boldsymbol{A}|=0$的情况.

7. 利用定义.

8. 交换 $\boldsymbol{A}$ 的第一行与第二行得到$\boldsymbol{B}$,由此知 $\boldsymbol{B}=\boldsymbol{S}_{12}\cdot\boldsymbol{A}$.于是

$$|\boldsymbol{BA}^*| = |\boldsymbol{B}||\boldsymbol{A}^*| = |\boldsymbol{S}_{12}||\boldsymbol{A}||\boldsymbol{A}|^{3-1} = -1\cdot 3\cdot 3^2 = -27$$

9. $\det(\boldsymbol{A}+\boldsymbol{B}^{-1}) = |\boldsymbol{AB}+\boldsymbol{I}_3||\boldsymbol{B}^{-1}| = \frac{1}{2}|\boldsymbol{AB}+\boldsymbol{I}_3|$.而由$|\boldsymbol{A}^{-1}+\boldsymbol{B}|=2=|\boldsymbol{A}^{-1}||\boldsymbol{AB}+\boldsymbol{I}_3|$ $=\frac{1}{3}|\boldsymbol{AB}+\boldsymbol{I}_3|$,知$|\boldsymbol{AB}+\boldsymbol{I}_3|=6$.故 $\det(\boldsymbol{A}+\boldsymbol{B}^{-1})=3$.

10. $-\frac{1}{3}$.提示:$\boldsymbol{A}^* = |\boldsymbol{A}|\cdot\boldsymbol{A}^{-1}=3\boldsymbol{A}^{-1}$.

11. (1)(方法 1)由于

$$\boldsymbol{B}=(\boldsymbol{\beta}_1+2\boldsymbol{\beta}_2,3\boldsymbol{\beta}_2+4\boldsymbol{\beta}_3,\boldsymbol{\beta}_3)=(\boldsymbol{\beta}_1,\boldsymbol{\beta}_2,\boldsymbol{\beta}_3)\begin{pmatrix}1&0&0\\2&3&0\\0&4&1\end{pmatrix}$$

所以

$$|\boldsymbol{B}| = |\boldsymbol{A}|\left|\begin{pmatrix}1&0&0\\2&3&0\\0&4&1\end{pmatrix}\right| = 5\cdot 3 = 15$$

(方法 2)利用行列式的多重线性性进行计算:

$$\begin{aligned}\det(\boldsymbol{B}) &= \det(\boldsymbol{\beta}_1+2\boldsymbol{\beta}_2,3\boldsymbol{\beta}_2+4\boldsymbol{\beta}_3,\boldsymbol{\beta}_3) = \det(\boldsymbol{\beta}_1+2\boldsymbol{\beta}_2,3\boldsymbol{\beta}_2,\boldsymbol{\beta}_3)\\ &= 3\det(\boldsymbol{\beta}_1+2\boldsymbol{\beta}_2,\boldsymbol{\beta}_2,\boldsymbol{\beta}_3) = 3\det(\boldsymbol{\beta}_1,\boldsymbol{\beta}_2,\boldsymbol{\beta}_3) = 3\cdot 5 = 15\end{aligned}$$

(2) 24.

(3) $(-1)^{mn}ab$.提示:通过行交换,将 $\boldsymbol{B}$ 的行依次往上移到$\boldsymbol{A}$ 的上面(每行需要移动 $m$ 次),变成准对角阵$\begin{pmatrix}\boldsymbol{B}&\boldsymbol{0}\\\boldsymbol{0}&\boldsymbol{A}\end{pmatrix}$.

12. 参见例 1.13.

13. $\boldsymbol{A}^n = (\lambda\boldsymbol{I}_3+\boldsymbol{N}_3)^n = \sum\limits_{0\leqslant i\leqslant n} \mathrm{C}_n^i\lambda^i\cdot\boldsymbol{N}^{n-i} = \lambda^n\boldsymbol{I}_3 + \mathrm{C}_n^{n-1}\lambda^{n-1}\boldsymbol{N}_3 + \mathrm{C}_n^{n-2}\lambda^{n-2}\boldsymbol{N}_3^2$ $=\begin{pmatrix}\lambda^n & n\lambda^{n-1} & \frac{n(n-1)}{2}\lambda^{n-2}\\ 0 & \lambda^n & n\lambda^{n-1}\\ 0&0&\lambda^n\end{pmatrix}$.

14. $\boldsymbol{A}^{100}=(\boldsymbol{PQ})(\boldsymbol{PQ})\cdots(\boldsymbol{PQ})=\boldsymbol{P}(\boldsymbol{QP})(\boldsymbol{QP})\cdots(\boldsymbol{QP})\boldsymbol{Q}=2^{99}\boldsymbol{PQ}=2^{99}\begin{pmatrix}2&-1&2\\4&-2&4\\2&-1&2\end{pmatrix}$.

15. 注意到 $A^2-9I_3=(A+3I)\cdot(A-3I)$，并利用矩阵乘法结合律知，原式 $=A-3I_3$
$$=\begin{pmatrix}-3&0&1\\0&-1&0\\0&0&-2\end{pmatrix}.$$

16. 初等变换不改变矩阵的可逆性. $Q=\begin{pmatrix}A&\alpha\\\alpha^{\mathrm T}&b\end{pmatrix}$可逆$\Leftrightarrow\begin{pmatrix}I_n&A^{-1}\alpha\\\alpha^{\mathrm T}&b\end{pmatrix}$可逆$\Leftrightarrow$
$\begin{pmatrix}I_n&A^{-1}\alpha\\0^{\mathrm T}&-\alpha^{\mathrm T}A^{-1}\alpha+b\end{pmatrix}$可逆$\Leftrightarrow$最后所得矩阵的行列式不为 0，即 $-\alpha^{\mathrm T}A^{-1}\alpha+b\neq0$.

## 习题 2

1. (1) 线性无关，秩为 3.

(2) 线性相关，秩为 2.

2. $(\beta_1,\beta_2,\beta_3)=(\alpha_1,\alpha_2,\alpha_3)\begin{pmatrix}1&1&1\\0&1&1\\0&0&1\end{pmatrix}=(\alpha_1,\alpha_2,\alpha_3)M$，且 $M$ 可逆. 故两向量组可以相互表示，于是 $\beta_1,\beta_2,\beta_3$ 线性无关.

3. $\begin{pmatrix}1&-1&1&-1\\1&-1&-1&1\\1&1&1&1\\1&1&-1&-1\end{pmatrix}$.

4. (1) $\begin{pmatrix}-1&1&0&0\\0&-1&1&0\\0&0&-1&1\\1&1&1&0\end{pmatrix}$.

(2) 由于
$$A=(\beta_1,\beta_2,\beta_3,\beta_4)\begin{pmatrix}1\\-2\\3\\0\end{pmatrix}=(\alpha_1,\alpha_2,\alpha_3,\alpha_4)\begin{pmatrix}-1&1&0&0\\0&-1&1&0\\0&0&-1&1\\1&1&1&0\end{pmatrix}\begin{pmatrix}1\\-2\\3\\0\end{pmatrix}$$
$$=(\alpha_1,\alpha_2,\alpha_3,\alpha_4)\begin{pmatrix}-3\\5\\-3\\2\end{pmatrix}$$
故在基 $\alpha_1,\alpha_2,\alpha_3,\alpha_4$ 下的坐标为$(-3,5,-3,2)^{\mathrm T}$.

5. $\begin{pmatrix}x_1\\x_2\\x_3\\x_4\end{pmatrix}=t\cdot\begin{pmatrix}-1\\2\\1\\0\end{pmatrix}+\begin{pmatrix}1\\2\\0\\0\end{pmatrix}$，其中 $t$ 是任意实数.

6. (1) 当 $a=1,b=3$ 时，方程组有解.

(2) 对应齐次方程组的基础解系为

$$\begin{pmatrix}1\\-2\\1\\0\\0\end{pmatrix},\quad\begin{pmatrix}1\\-2\\0\\1\\0\end{pmatrix},\quad\begin{pmatrix}5\\-6\\0\\0\\1\end{pmatrix}$$

(3) 当 $a=1,b=3$ 时,方程组有解.

令$(x_3,x_4,x_5)=(0,0,0)$,可得一特解$(-2,3,0,0,0)^{\mathrm{T}}$. 故非齐次方程组的通解为

$$\begin{pmatrix}x_1\\x_2\\x_3\\x_4\\x_5\end{pmatrix}=t_1\begin{pmatrix}1\\-2\\1\\0\\0\end{pmatrix}+t_2\begin{pmatrix}1\\-2\\0\\1\\0\end{pmatrix}+t_3\begin{pmatrix}5\\-6\\0\\0\\1\end{pmatrix}+\begin{pmatrix}-2\\3\\0\\0\\0\end{pmatrix},\quad t_i\in\mathbf{R},\quad i=1,2,3$$

7. 若$\boldsymbol{\beta},\boldsymbol{\eta}_1,\boldsymbol{\eta}_2,\cdots,\boldsymbol{\eta}_{n-r}$线性相关,则存在一组不全为零的数 $c,d_1,d_2,\cdots,d_{n-r}$,使得

$$c\boldsymbol{\beta}+d_1\boldsymbol{\eta}_1+d_2\boldsymbol{\eta}_2+\cdots+d_{n-r}\boldsymbol{\eta}_{n-r}=\mathbf{0}$$

两边同乘 $\boldsymbol{A}$,得 $c\boldsymbol{A\beta}=\mathbf{0}$.

(a) 若 $c\neq0$,则由 $c\boldsymbol{A\beta}=\mathbf{0}$,知 $\mathbf{0}=\boldsymbol{A\beta}=\boldsymbol{b}\neq\mathbf{0}$,矛盾.

(b) 若 $c=0$,则 $d_1,d_2,\cdots,d_{n-r}$不全为零,且 $d_1\boldsymbol{\eta}_1+d_2\boldsymbol{\eta}_2+\cdots+d_{n-r}\boldsymbol{\eta}_{n-r}=\mathbf{0}$. 这与 $\boldsymbol{\eta}_1,\boldsymbol{\eta}_2,\cdots,\boldsymbol{\eta}_{n-r}$为基础解系矛盾.

故 $\boldsymbol{\beta},\boldsymbol{\eta}_1,\boldsymbol{\eta}_2,\cdots,\boldsymbol{\eta}_{n-r}$线性无关.

8. 齐次方程组 $\boldsymbol{A}^{\mathrm{T}}\boldsymbol{Ax}=\mathbf{0}$ 与 $\boldsymbol{Ax}=\mathbf{0}$同解:$\boldsymbol{Ax}=\mathbf{0}$的解显然都是 $\boldsymbol{A}^{\mathrm{T}}\boldsymbol{Ax}=\mathbf{0}$的解;反之,若 $\boldsymbol{A}^{\mathrm{T}}\boldsymbol{Ax}=\mathbf{0}$,则 $\boldsymbol{x}^{\mathrm{T}}\boldsymbol{A}^{\mathrm{T}}\boldsymbol{Ax}=\mathbf{0}=(\boldsymbol{Ax})^{\mathrm{T}}(\boldsymbol{Ax})=0$,进而有 $\boldsymbol{Ax}=\mathbf{0}$.

于是两方程组对应解空间的维数相等,进而可得两者的系数矩阵的秩相等.

9. 采用反证法:若向量组 $\boldsymbol{\eta},\boldsymbol{A\eta},\cdots,\boldsymbol{A}^{k-1}\boldsymbol{\eta}$ 线性相关,则存在一组不全为零的数 $c_0,c_1,\cdots,c_{k-1}$,使得

$$c_0\boldsymbol{\eta}+c_1\boldsymbol{A\eta}+\cdots+c_{k-1}\boldsymbol{A}^{k-1}\boldsymbol{\eta}=\mathbf{0}$$

两边同时左乘 $\boldsymbol{A}^{k-1}$,利用 $\boldsymbol{A}^k\boldsymbol{\eta}=\mathbf{0}$ 和 $\boldsymbol{A}^{k-1}\boldsymbol{\eta}\neq\mathbf{0}$,得 $c_0=0$. 代入后在等式两边左乘 $\boldsymbol{A}^{k-2}$,得 $c_1=0$. 以此类推,可得 $c_2,c_3,\cdots,c_{k-1}$均为零,与假设矛盾. 故向量组 $\boldsymbol{\eta},\boldsymbol{A\eta},\cdots,\boldsymbol{A}^{k-1}\boldsymbol{\eta}$ 线性无关.

## 习题 3

1. (1) 不是;(2) 是;(3) 是.

2. (1) $\begin{pmatrix}\cos\varphi & -\sin\varphi\\ \sin\varphi & \cos\varphi\end{pmatrix}$;(2) $\begin{pmatrix}1&0&0\\0&1&0\\0&0&0\end{pmatrix}$;(3) $\begin{pmatrix}0&1&0\\1&0&0\\0&0&1\end{pmatrix}$.

3. 在自然基下的矩阵为

$$\begin{pmatrix}-1&-1&2\\1&-3&3\\-1&-5&5\end{pmatrix}$$

在基 $\boldsymbol{\alpha}_1,\boldsymbol{\alpha}_2,\boldsymbol{\alpha}_3$ 下的矩阵为

$$\begin{pmatrix}2&0&-2\\1&-1&1\\2&1&0\end{pmatrix}$$

4. (1) $\pm a\mathrm{i}$;(2) $\cos\theta\pm\mathrm{i}\sin\theta$;(3) 5,$-1$,$-1$.

5. $\boldsymbol{A}$ 的特征值 5,$-1$,$-1$ 对应的特征向量分别为

$$(\boldsymbol{\alpha}_1,\boldsymbol{\alpha}_2,\boldsymbol{\alpha}_3)=\begin{pmatrix}1&-1&-1\\1&0&1\\1&1&0\end{pmatrix}$$

于是

$$\boldsymbol{A}(\boldsymbol{\alpha}_1,\boldsymbol{\alpha}_2,\boldsymbol{\alpha}_3)=(\boldsymbol{\alpha}_1,\boldsymbol{\alpha}_2,\boldsymbol{\alpha}_3)\begin{pmatrix}1&-1&-1\\1&0&1\\1&1&0\end{pmatrix}$$

进而

$$\boldsymbol{A}=\begin{pmatrix}1&-1&-1\\1&0&1\\1&1&0\end{pmatrix}\begin{pmatrix}5&0&0\\0&-1&0\\0&0&-1\end{pmatrix}^{100}\begin{pmatrix}1&-1&-1\\1&0&1\\1&1&0\end{pmatrix}^{-1}$$

$$=\frac{1}{3}\cdot\begin{pmatrix}5^{100}+2&5^{100}-1&5^{100}-1\\5^{100}-1&5^{100}+2&5^{100}-1\\5^{100}-1&5^{100}-1&5^{100}+2\end{pmatrix}$$

6*. 设 $\boldsymbol{A}$ 的 $n$ 个互异特征值 $\lambda_1,\lambda_2,\cdots,\lambda_n$ 所对应的特征向量分别为 $\boldsymbol{\alpha}_1,\boldsymbol{\alpha}_2,\cdots,\boldsymbol{\alpha}_n$,且 $\boldsymbol{P}=(\boldsymbol{\alpha}_1,\boldsymbol{\alpha}_2,\cdots,\boldsymbol{\alpha}_n)$,则 $\boldsymbol{P}$ 可逆(不同特征值的特征向量组线性无关). 由 $\boldsymbol{A}=\boldsymbol{P}\mathrm{diag}(\lambda_1,\lambda_2,\cdots,\lambda_n)\boldsymbol{P}^{-1}$,代入 $\boldsymbol{AB}=\boldsymbol{BA}$,知

$$\mathrm{diag}(\lambda_1,\lambda_2,\cdots,\lambda_n)\boldsymbol{P}^{-1}\boldsymbol{BP}=\boldsymbol{P}^{-1}\boldsymbol{BP}\mathrm{diag}(\lambda_1,\lambda_2,\cdots,\lambda_n)$$

设 $\boldsymbol{C}=\boldsymbol{P}^{-1}\boldsymbol{BP}=(c_{ij})$,比较上式左、右两边矩阵的$(i,j)$位置元素,得 $\lambda_i c_{ij}=c_{ij}\lambda_j$,对任意 $i,j$ 成立. 当 $i\neq j$ 时,由于 $\lambda_i\neq\lambda_j$,只能有 $c_{ij}=0$,故 $\boldsymbol{C}$ 为对角阵,即 $\boldsymbol{B}$ 通过相似变换 $\boldsymbol{P}^{-1}\boldsymbol{BP}$ 相似于对角阵 $\boldsymbol{C}$.

7*. 方法 1:由 $\boldsymbol{A}^2=k\boldsymbol{A}(k\neq0)$,以及

$$\begin{pmatrix}\boldsymbol{A}-k\boldsymbol{I}&\boldsymbol{0}\\\boldsymbol{0}&\boldsymbol{A}\end{pmatrix}\to\begin{pmatrix}\boldsymbol{A}-k\boldsymbol{I}&\boldsymbol{A}\\0&\boldsymbol{A}\end{pmatrix}\to\begin{pmatrix}-k\boldsymbol{I}&\boldsymbol{A}\\-\boldsymbol{A}&\boldsymbol{A}\end{pmatrix}\to\begin{pmatrix}-k\boldsymbol{I}&\boldsymbol{A}\\\boldsymbol{0}&\boldsymbol{A}-\dfrac{1}{k}\boldsymbol{A}^2\end{pmatrix}$$

$$\to\begin{pmatrix}-k\boldsymbol{I}&\boldsymbol{A}\\\boldsymbol{0}&\boldsymbol{0}\end{pmatrix}\to\begin{pmatrix}-k\boldsymbol{I}&\boldsymbol{0}\\\boldsymbol{0}&\boldsymbol{0}\end{pmatrix}\quad(\to\text{表示相抵})$$

知 $\mathrm{rank}(\boldsymbol{A}-k\boldsymbol{A})+\mathrm{rank}(\boldsymbol{A})=\mathrm{rank}\begin{pmatrix}\boldsymbol{A}-k\boldsymbol{I}&0\\0&\boldsymbol{A}\end{pmatrix}=n$. $\boldsymbol{A}$ 的特征值必满足 $\lambda^2=k\lambda$,故只能为 $k$ 或 0. 特征值 $k$ 对应的线性无关的特征向量的个数为齐次线性方程组 $(\boldsymbol{A}-\lambda\boldsymbol{I})x=\boldsymbol{0}$ 的解空间的维数,即 $n-\mathrm{rank}(\boldsymbol{A}-\lambda\boldsymbol{I})$;同理,特征值 0 对应的线性无关的特征向量的个数为 $n-\mathrm{rank}(\boldsymbol{A})$. 故 $\boldsymbol{A}$ 共有 $n-\mathrm{rank}(\boldsymbol{A}-\lambda\boldsymbol{I})+n-\mathrm{rank}(\boldsymbol{A})=2n-n=n$ 个线性无关的特征向量. 故 $\boldsymbol{A}$ 可相似对角化.

方法 2:设 $\boldsymbol{A}=\boldsymbol{P}^{-1}\boldsymbol{JP}$,其中 $\boldsymbol{J}=\mathrm{diag}(\boldsymbol{J}_1,\boldsymbol{J}_2,\cdots,\boldsymbol{J}_s)$为 $\boldsymbol{A}$ 的若尔当标准形. 则由 $\boldsymbol{A}^2=k\boldsymbol{A}$ 可得 $\boldsymbol{J}_i^2=k\boldsymbol{J}_i(1\leqslant i\leqslant s)$. 于是,每个 $\boldsymbol{J}_i$ 只能为一阶的(且对角线上的元素,即 $\boldsymbol{A}$ 的特征值,只能为 0 或 $k$). 于是 $\boldsymbol{J}$ 为对角阵,$\boldsymbol{A}$ 可相似对角化.

8. $\boldsymbol{A}$ 的若尔当标准形 $\boldsymbol{J}$ 是与 $\boldsymbol{A}$ 相似的上三角阵. 求得 $\boldsymbol{A}$ 的特征值为 2(三重). 故 $\boldsymbol{J}$ 为

$$\begin{pmatrix}2&&\\&2&\\&&2\end{pmatrix},\begin{pmatrix}2&1&\\&2&\\&&2\end{pmatrix}\text{或}\begin{pmatrix}2&1&\\&2&1\\&&2\end{pmatrix}$$

而

$$2I_3 - A = \begin{pmatrix} 0 & -1 & 0 \\ 1 & 1 & -1 \\ 1 & 0 & -1 \end{pmatrix}$$

其秩为 2，且等于 $2I_3 - J$ 的秩(设 $A = P^{-1}JP$，则 $2I_3 - A = P^{-1}(2I_3 - J)P$，即 $2I_3 - A$ 与 $2I_3 - J$ 相似，故有相同的秩). 故 $J$ 只能是

$$J = \begin{pmatrix} 2 & 1 & 0 \\ 0 & 2 & 1 \\ 0 & 0 & 2 \end{pmatrix}$$

注：与 $A$ 相似的上三角阵不是唯一的，也可以先计算 $A$ 的特征向量 $\alpha_1$，然后将其扩充为 $\mathbf{R}^3$ 的基 $\alpha_1, \alpha_2, \alpha_3$. 令 $P = (\alpha_1, \alpha_2, \alpha_3)$，则

$$P^{-1}AP = \begin{pmatrix} 2 & * & * \\ 0 & * & * \\ 0 & * & * \end{pmatrix}$$

再考虑右下角的二阶方阵的特征向量，可参考例 3 构造 $Q$，将 $P^{-1}AP$ 相似于上三角阵.

## 习题 4

1. 设存在一组数 $c_i(1 \leqslant i \leqslant m)$，使得 $c_1\alpha_1 + c_2\alpha_2 + \cdots + c_m\alpha_m = \mathbf{0}$，只需证所有的 $c_i$ 全为 0. 等式两边同时与 $\alpha_i$ 做内积，由内积线性性和向量组 $\alpha_i(1 \leqslant i \leqslant m)$ 的正交性，得 $c_i(\alpha_i, \alpha_i) = 0$，且由 $\alpha_i \neq \mathbf{0}$，知 $c_i = 0(\forall i)$.

2. (1) $\beta_1 = (0,0,1), \beta_2 = (1,0,0), \beta_3 = (0,1,0)$.

(2) $\beta_1 = \frac{\sqrt{2}}{2}(1,0,1), \beta_2 = \frac{\sqrt{3}}{3}(-1,1,1), \beta_3 = \frac{\sqrt{6}}{6}(1,2,-1)$.

3. 由于

$$\begin{aligned} QQ^{\mathrm{T}} &= (I - 2\alpha\alpha^{\mathrm{T}})(I - 2\alpha\alpha^{\mathrm{T}})^{\mathrm{T}} = (I - 2\alpha\alpha^{\mathrm{T}})(I - 2\alpha\alpha^{\mathrm{T}}) \\ &= I - 4\alpha\alpha^{\mathrm{T}} + 4\alpha(\alpha^{\mathrm{T}}\alpha)\alpha^{\mathrm{T}} = I - 4\alpha\alpha^{\mathrm{T}} + 4\alpha\alpha^{\mathrm{T}} = I \end{aligned}$$

故 $Q$ 为正交方阵.

当 $\alpha = \frac{1}{\sqrt{3}}(1,1,1)^{\mathrm{T}}$ 时，

$$Q = \frac{1}{3}\begin{pmatrix} 1 & -2 & -2 \\ -2 & 1 & -2 \\ -2 & -2 & 1 \end{pmatrix}$$

4. 对称阵 $A$ 的全部特征值都是实数. 设 $\lambda$ 为其中任意一个特征值，$\alpha$ 为对应的一个特征向量. 取 $x = \alpha$，得 $0 = x^{\mathrm{T}}Ax = \lambda x^{\mathrm{T}}x = \lambda |x|^2$. 由于 $x$ 非零(特征向量的要求)，故只能 $\lambda = 0$，即 $A$ 只有特征值 0. 又任意对称阵能实相似于对角阵，对角线上的元素即为所有特征值，故 $A$ 与零方阵相似，于是 $A = \mathbf{0}$.

5. (1) $Q$ 所对应的方阵为

$$\begin{pmatrix} 0 & 1 & -1 \\ 1 & 0 & -1 \\ -1 & -1 & 0 \end{pmatrix}$$

其特征值为 $-1$(二重)和 2. 特征值 $-1$ 对应的特征向量为 $\boldsymbol{\alpha}_1=(1,0,1)^{\mathrm{T}}$,$\boldsymbol{\alpha}_2=(-1,1,0)^{\mathrm{T}}$;进行施密特正交化,得

$$\boldsymbol{\beta}_1=\frac{1}{\sqrt{2}}(1,0,1)^{\mathrm{T}},\quad \boldsymbol{\beta}_2=\frac{1}{\sqrt{6}}(-1,2,1)^{\mathrm{T}}$$

特征值 2 所对应的特征向量为 $\boldsymbol{\alpha}_3=(-1,-1,1)^{\mathrm{T}}$,由单位化得 $\boldsymbol{\beta}_3=\frac{1}{\sqrt{3}}(-1,-1,1)^{\mathrm{T}}$. 故取

$$\boldsymbol{P}=(\boldsymbol{\beta}_1,\boldsymbol{\beta}_2,\boldsymbol{\beta}_3)=\begin{pmatrix}\frac{1}{\sqrt{2}} & -\frac{1}{\sqrt{6}} & -\frac{1}{\sqrt{3}}\\ 0 & \frac{2}{\sqrt{6}} & -\frac{1}{\sqrt{3}}\\ \frac{1}{\sqrt{2}} & \frac{1}{\sqrt{6}} & \frac{1}{\sqrt{3}}\end{pmatrix}$$

即可.

(2) 同上,

$$\boldsymbol{Q}=\frac{1}{\sqrt{2}}\begin{pmatrix}0 & 1 & 0 & -1\\ 0 & 1 & 0 & 1\\ -1 & 0 & 1 & 0\\ 1 & 0 & 1 & 0\end{pmatrix}$$

注:由于特征向量的排序选择不一样,答案可以不是唯一的.

6. 取

$$\begin{cases}x_1=y_1-y_2\\ x_2=\frac{2}{3}y_2\\ x_3=y_3\end{cases}$$

即

$$\boldsymbol{x}=\boldsymbol{P}\boldsymbol{y}=\begin{pmatrix}1 & -1 & 0\\ 0 & \frac{2}{3} & 0\\ 0 & 0 & 1\end{pmatrix}\begin{pmatrix}y_1\\ y_2\\ y_3\end{pmatrix}$$

可将原二次型化为标准形 $Q(y_1,y_2,y_3)=y_1^2-y_2^2-y_3^2$.

注:标准形并不是唯一的(规范形为唯一的).

7. 取

$$\boldsymbol{x}=\boldsymbol{P}\boldsymbol{y}=\begin{pmatrix}1 & 1 & 0\\ -\frac{1}{2} & \frac{1}{2} & 0\\ 1 & 1 & 1\end{pmatrix}\begin{pmatrix}y_1\\ y_2\\ y_3\end{pmatrix}$$

可将原二次型化为标准形 $Q(y_1,y_2,y_3)=2y_1^2-\frac{1}{2}y_2^2-2y_3^2$. $\boldsymbol{P}$ 的选法不唯一.

8. (1) $Q$ 所对应的矩阵为

$$\boldsymbol{A}=\begin{pmatrix}1 & 1 & -1\\ 1 & 0 & -1\\ -1 & -1 & 3\end{pmatrix}$$

$Q$ 正定$\Leftrightarrow \boldsymbol{A}$ 的各阶顺序主子式为正值，而 $\boldsymbol{A}$ 的二阶顺序主子式为 $\begin{vmatrix}1 & 1\\ 1 & 0\end{vmatrix} = -1<0$，故 $\boldsymbol{A}$ 非正定.

(2) 由于 $Q$ 所对应的矩阵的各阶顺序主子式均为正值，故 $Q$ 正定.

## 习题 5

1. (1) $\|\boldsymbol{X}\|_1=9$，$\|\boldsymbol{X}\|_2=\sqrt{1+9+25}=\sqrt{35}$，$\|\boldsymbol{X}\|_\infty=5$.

(2) $\|\boldsymbol{X}\|_1=|u|+|v|+|w|$，$\|\boldsymbol{X}\|_2=\sqrt{u^2+v^2+w^2}$，$\|\boldsymbol{X}\|_\infty=\max(|u|,|v|,|w|)$.

(3) $\|\boldsymbol{X}\|_1=6+|v|$，$\|\boldsymbol{X}\|_2=\sqrt{v^2+26}$，$\|\boldsymbol{X}\|_\infty=\max(|v|,5)$.

2. (1) $\|\boldsymbol{A}\|_1=\max(|u|+|s|,|v|+|t|)$，$\|\boldsymbol{A}\|_\infty=\max(|u|+|v|,|s|+|t|)$.

(2) $\|\boldsymbol{A}\|_1=1.0$，$\|\boldsymbol{A}\|_\infty=1.0$.

3. (1) $\|\boldsymbol{A}\|_2=9$. (2) $\|\boldsymbol{A}\|_2=9$.

4. (1) 是. (2) 否.

5. (1) 是. (2) 否.

6. (1) $\rho(\boldsymbol{A})=5$，$\mathrm{Cond}_1(\boldsymbol{A})=7$，$\mathrm{Cond}_2(\boldsymbol{A})=3+2\sqrt{2}$，$\mathrm{Cond}_\infty(\boldsymbol{A})=7$.

(2) $\rho(\boldsymbol{A})=2$，$\mathrm{Cond}_1(\boldsymbol{A})=3$，$\mathrm{Cond}_2(\boldsymbol{A})=2$，$\mathrm{Cond}_\infty(\boldsymbol{A})=3$.

## 习题 6

2. 系数矩阵

$$\boldsymbol{A}=\begin{pmatrix}2 & 1 & 1\\ 1 & 3 & 2\\ 1 & 2 & 2\end{pmatrix}$$

有 Doolittle 分解

$$\boldsymbol{A}=\boldsymbol{L}\cdot\boldsymbol{U}=\begin{pmatrix}1 & 0 & 0\\ \frac{1}{2} & 1 & 0\\ \frac{1}{2} & \frac{3}{5} & 1\end{pmatrix}\cdot\begin{pmatrix}2 & 1 & 1\\ 0 & \frac{5}{2} & \frac{3}{2}\\ 0 & 0 & \frac{3}{5}\end{pmatrix}$$

解 $\boldsymbol{L}\boldsymbol{y}=(12,20,15)^{\mathrm{T}}$，得 $\boldsymbol{y}=(12,14,3/5)^{\mathrm{T}}$；

再解 $\boldsymbol{U}\boldsymbol{x}=\boldsymbol{y}$，得 $\boldsymbol{x}=(3,5,1)^{\mathrm{T}}$.

3. (1) 系数矩阵有 Courant 分解：

$$\boldsymbol{A}=\boldsymbol{L}\cdot\boldsymbol{U}=\begin{pmatrix}2 & 0 & 0\\ 1 & 1 & 0\\ 2 & -2 & -1\end{pmatrix}\begin{pmatrix}1 & 2 & \frac{5}{2}\\ 0 & 1 & -\frac{3}{2}\\ 0 & 0 & 1\end{pmatrix}$$

解 $\boldsymbol{L}\boldsymbol{y}=(3,-2,9)^{\mathrm{T}}$，得 $\boldsymbol{y}=(3/2,-7/2,1)^{\mathrm{T}}$；

再解 $\boldsymbol{U}\boldsymbol{x}=\boldsymbol{y}$，得 $\boldsymbol{x}=(3,-2,1)^{\mathrm{T}}$.

(2) 利用(1)中的 Courant 分解，解 $\boldsymbol{L}\boldsymbol{y}=(11,10,3)^{\mathrm{T}}$，得 $\boldsymbol{y}=(11/2,9/2,-1)^{\mathrm{T}}$；

再解 $\boldsymbol{U}\boldsymbol{x}=\boldsymbol{y}$，得 $\boldsymbol{x}=(2,3,-1)^{\mathrm{T}}$.

4. (1) $\begin{cases} x_1^{(k+1)}=\dfrac{1}{2}x_2^{(k)}-\dfrac{1}{2}x_3^{(k)}-\dfrac{1}{2}, \\ x_2^{(k+1)}=-x_1^{(k)}-3x_3^{(k)}, \\ x_3^{(k+1)}=-\dfrac{3}{5}x_1^{(k)}-\dfrac{3}{5}x_2^{(k)}+\dfrac{4}{5}. \end{cases}$

(2) $\begin{bmatrix} 0 & \dfrac{1}{2} & -\dfrac{1}{2} \\ -1 & 0 & -3 \\ -\dfrac{3}{5} & -\dfrac{3}{5} & 0 \end{bmatrix}$.

(3) 由于上述迭代矩阵的特征值的最大模长$\dfrac{1}{2}+\dfrac{\sqrt{85}}{10}>1$，故迭代发散.

(4) $\boldsymbol{x}_1=(-1/2,0,4/5)^{\mathrm{T}}$，$\boldsymbol{x}_2=(-9/10,-19/10,11/10)^{\mathrm{T}}$.

5. (1) $\begin{cases} x_1^{(k+1)}=0.4x_2^{(k)}+0.2x_3^{(k)}+3, \\ x_2^{(k+1)}=-0.2x_1^{(k+1)}+0.2x_3^{(k)}+4, \\ x_3^{(k+1)}=-0.1x_1^{(k+1)}-0.2x_2^{(k+1)}+3. \end{cases}$

(2) $\begin{bmatrix} 0 & 0.4 & 0.2 \\ 0 & -0.08 & 0.16 \\ 0 & -0.024 & -0.052 \end{bmatrix}$.

(3) 由于迭代矩阵的$\infty$范数$0.6<1$，故谱半径也小于1，从而迭代收敛.

(4) $\boldsymbol{x}^{(1)}=(3,3.4,2.02)^{\mathrm{T}}$，$\boldsymbol{x}^{(2)}=(4.764\,0,3.451\,2,1.833\,4)^{\mathrm{T}}$.

6. (1) 对系数矩阵 $\boldsymbol{A}$，其 Jacobi 迭代矩阵为

$$\boldsymbol{M}_{\mathrm{J1}}=\begin{bmatrix} 0 & -2 & 2 \\ -1 & 0 & -1 \\ -2 & -2 & 0 \end{bmatrix}$$

其所有特征值为0，故谱半径$0<1$，从而 Jacobi 迭代收敛. 对应的 Gauss-Seidel 迭代矩阵为

$$\boldsymbol{M}_{\mathrm{S1}}=\begin{bmatrix} 0 & -2 & 2 \\ 0 & 2 & -3 \\ 0 & 0 & 2 \end{bmatrix}$$

其特征值为0,2,2，故谱半径$2>1$，从而 Gauss-Seidel 迭代发散.

(2) 对系数矩阵 $\boldsymbol{B}$，其 Jacobi 迭代矩阵为

$$\boldsymbol{M}_{\mathrm{J2}}=\begin{bmatrix} 0 & \dfrac{1}{2} & -\dfrac{1}{2} \\ -1 & 0 & -1 \\ \dfrac{1}{2} & \dfrac{1}{2} & 0 \end{bmatrix}$$

其特征值为$0,\pm\dfrac{\sqrt{5}}{2}\mathrm{i}$，故谱半径为$\dfrac{\sqrt{5}}{2}>1$，从而 Jacobi 迭代发散. 对应的 Gauss-Seidel 迭代矩阵为

$$\boldsymbol{M}_{\mathrm{S2}}=\begin{bmatrix} 0 & \dfrac{1}{2} & -\dfrac{1}{2} \\ 0 & -\dfrac{1}{2} & -\dfrac{1}{2} \\ 0 & 0 & -\dfrac{1}{2} \end{bmatrix}$$

其特征值为 $0,-\frac{1}{2},-\frac{1}{2}$,故谱半径为$\frac{1}{2}<1$,从而 Gauss-Seidel 迭代收敛.

## 习题 7

1. (1) $L_3(x)=-x\left(x-\frac{1}{2}\right)(x-1)-(x+1)\left(x-\frac{1}{2}\right)(x-1)+(x+1)x\left(x-\frac{1}{2}\right)$

$$=-x^3+\frac{5}{2}x^2-\frac{1}{2}.$$

(2) $L_2(x)=-\frac{1}{6}x(x-2)(x-3)-\left(\frac{1}{6}x+\frac{1}{6}\right)x(x-3)+\left(\frac{1}{4}x+\frac{1}{4}\right)x(x-2)$

$$=-\frac{1}{12}x^3+\frac{11}{12}x^2-x.$$

以上多项式可以不化简.

2. 用 Lagrange 方法插值,所得插值多项式为

$$L_2(x)=\frac{9}{760}(x-100)(x-121)-\frac{10}{399}(x-81)(x-121)+\frac{11}{840}(x-81)(x-100)$$

近似值为 $\sqrt{105}\approx f(105)\approx 10.248\,1$. 误差限为

$$|R_2(x)|=\left|\frac{\sqrt{x}^{(3)}}{6}\right|_{x=\xi}|(x-81)(x-100)(x-121)|$$

$$\leqslant\left|\frac{1}{6}(\sqrt{x})^{(3)}\right|_{x=81}(105-81)(105-100)(121-105)\approx 0.002\,0$$

真实误差约为 0.001 2.

3. 差商表为

$$\begin{pmatrix}3.0 & 0 & 0 & 0\\ 5.0 & 0.666\,7 & 0 & 0\\ 7.005\,0 & 2.005\,0 & 0.334\,6 & 0\\ 9.010\,0 & 2.005\,0 & 0.0 & -0.066\,9\end{pmatrix}$$

$f(1.2)\approx 3.665\,8$.

4. 由差分的定义,得 $f[2^0,2^1]=\frac{f(2)-f(1)}{2-1}=-2\,089$. 由公式

$$f[x_0,x_1,\cdots,x_n]=\frac{f^{(n)}(\xi)}{n!}$$

知 $f[2^0,2^1,2^2,\cdots,2^7]=\frac{f^{(7)}(\xi)}{7!}=\frac{7!}{7!}=1$, $f[2^0,2^1,2^2,\cdots,2^8]=\frac{f^{(8)}(\xi)}{8!}=0$.

5. $N_3(x)=5+5(x-3)+(x-3)(x-5)=x^2-3x+5$.

插值余项为$\frac{f^{(3)}(\xi)}{6}(x-3)(x-5)^2$, $f(3.7)\approx 7.59$.

6. 令

$$\begin{cases}A=\dfrac{\dfrac{f(3)-f(1)}{2}-(f(1)-f(0))}{3}\\[2ex] B=\dfrac{f'(3)-\dfrac{f(3)-f(1)}{2}}{2}\end{cases}$$

插值多项式为

$$f(0)+(f(1)-f(0))x+Ax(x-1)+\frac{B-A}{3}x(x-1)(x-3)$$

插值余项为$\frac{f^{(4)}(\xi)}{4!}x(x-1)(x-3)^2$.

7.

$$\begin{cases} S_0(x)=2.6136x^3+1.2272x^2-0.3864x+3.0 \\ S_1(x)=0.1586x^3+1.2278x^2-0.3864x+3.0 \\ S_2(x)=1.6364x^3-3.2048x^2+4.046x+1.5224 \end{cases}$$

8. 一次拟合：$2.0751x+2.0715, R_2=0.1476$;

二次拟合：$0.47212x^2+2.2045x+1.9074, R_2=0.0266$.

9. $3.5000+1.2000x^2$.

10. $1.9981e^{1.0005x}$.

11. (1) $\begin{pmatrix}2.3646\\1.3646\end{pmatrix}$. (2) $\begin{pmatrix}3.4586\\1.7983\end{pmatrix}$.

## 习题 8

1. 用向前差商计算：

$$f'(0.02)\approx\frac{f(0.04)-f(0.02)}{0.04-0.02}=-100$$

$$f'(0.04)\approx\frac{f(0.06)-f(0.04)}{0.04-0.02}=150$$

$$f''(0.02)\approx\frac{f'(0.04)-f'(0.02)}{0.04-0.02}=12500$$

用向后差商计算：

$$f'(0.04)\approx\frac{f(0.04)-f(0.02)}{0.04-0.02}=-100$$

2. 利用 $f(x)$分别在 $a$ 和 $\frac{a+b}{2}$ 的 Taylor 展开，以及第二积分中值定理.

(1) $\frac{f'(\eta)}{2}(b-a)^2$. (2) $\frac{f''(\eta)}{24}(b-a)^3$.

3.

$$\begin{cases} a_{-1}=\int_{-h}^{2h}l_0(x)\mathrm{d}x=\int_{-h}^{2h}\frac{x(x-2h)}{3h^2}\mathrm{d}x=0 \\ a_0=\int_{-h}^{2h}l_1(x)\mathrm{d}x=\int_{-h}^{2h}\frac{(x+h)(x-2h)}{-2h^2}\mathrm{d}x=\frac{9}{4}h \\ a_1=\int_{-h}^{2h}l_2(x)\mathrm{d}x=\int_{-h}^{2h}\frac{x(x+h)}{6h^2}\mathrm{d}x=\frac{3}{4}h \end{cases}$$

4. 复化梯形：

$$T_6=\frac{0.2}{2}(5.7+5.5+2(4.6+3.5+3.7+4.9+5.2))=5.50$$

复化 Simpson：

$$S_6=\frac{0.2}{3}(5.7+5.5+2(3.5+4.9)+4(4.6+3.7+5.2))=5.47$$

5.

$$\begin{pmatrix} 4.05792520 & & & \\ 3.71223539 & 3.59700545 & & \\ 3.63787651 & 3.61309022 & 3.61416254 & \\ 3.61999651 & 3.61403651 & 3.61409959 & 3.61409859 \end{pmatrix}$$

积分近似值为3.614 098 59.

6. 应为两点高斯插值.

$$I(f) = \int_{-3}^{1}(x^5 + x)\mathrm{d}x \xlongequal{x=-1+2t} \int_{-1}^{1}(64t^5 - 160t^4 + 160t^3 - 80t^2 + 24t - 4)\mathrm{d}x$$

设 $g(t)=64t^5-160t^4+160t^3-80t^2+24t-4$,则

$$I(f) \approx g\left(-\frac{\sqrt{3}}{3}\right) + g\left(\frac{\sqrt{3}}{3}\right) \approx -96.8889$$

也可由代数精度的定义直接计算积分节点与系数.

## 习题 9

1. 向前 Euler 公式为 $y_{n+1}=y_n+hf(x_n,y_n)$. 代入 $f(x,y)=x+y^2$,得

$$(y_0,y_1,y_2,y_3,y_4,y_5)=(1,\ 1.1,\ 1.231,\ 1.4025,\ 1.6292,\ 1.9347)$$

其中 $y_i \approx y(i \cdot 0.1)(0 \leqslant i \leqslant 5)$.

2. 向后 Euler 公式为 $y_{n+1}=y_n+hf(x_{n+1},y_{n+1})$.代入 $f(x,y)=x^2+y$,得

$$(y_0,y_1,y_2,y_3,y_4,y_5)=(1,\ 1.2456,\ 1.5440,\ 1.9033,\ 2.3326,\ 2.8418)$$

其中 $y_i \approx y(1+i \cdot 0.1)(0 \leqslant i \leqslant 5)$.

3. 用公式(9.16)中的二阶龙格-库塔公式

$$\begin{cases} y_{n+1} = y_n + \dfrac{h}{2}(k_1 + k_2) \\ k_1 = f(x_n, y_n) \\ k_2 = f(x_n + h, y_n + hk_1) \end{cases}$$

进行计算,得

$$(y_0,y_1,y_2,y_3,y_4,y_5)=(50976, 52099, 53238, 54393, 55564, 56751)$$

其中 $y_i \approx y(i)(0 \leqslant i \leqslant 5)$.

4. 按公式(9.20)中的四阶龙格-库塔公式进行计算,得

$$(y_0,y_1,y_2,y_3,y_4,y_5)=(1.0,\ 1.6614,\ 1.9391,\ 2.2000,\ 55564,\ 56751)$$

其中 $y_i \approx y(2+i \cdot h)(0 \leqslant i \leqslant 3)$.

5. 取 $p=2$, $q=2$ 的显式差分格式,以$[x_{n-2},x_{n+1}]$做积分区间,$\{x_n,x_{n-1},x_{n-2}\}$为积分节点.差分格式应为

$$y_{n+1} = y_{n-2} + (\alpha_0 f(x_n, y_n) + \alpha_1 f(x_{n-1}, y_{n-1}) + \alpha_2 f(x_{n-2}, y_{n-2}))$$

其中

$$\alpha_0 = \int_{x_{n-2}}^{x_{n+1}} \frac{(x - x_{n-1})(x - x_{n-2})}{(x_n - x_{n-1})(x_n - x_{n-2})}\mathrm{d}x = \frac{9}{4}h$$

$$\alpha_1 = \int_{x_{n-2}}^{x_{n+1}} \frac{(x - x_n)(x - x_{n-2})}{(x_{n-1} - x_n)(x_{n-1} - x_{n-2})}\mathrm{d}x = 0$$

$$\alpha_2 = \int_{x_{n-2}}^{x_{n+1}} \frac{(x - x_n)(x - x_{n-1})}{(x_{n-2} - x_n)(x_{n-2} - x_{n-1})}\mathrm{d}x = \frac{3}{4}h$$

此为三步格式，需要三个初始值．已知 $y_0=1$，可用公式(9.20)中的四阶龙格-库塔公式计算，$y_1=1.8581$，$y_2=3.5928$(也可由其他方法计算 $y_1,y_2$)．进而代入上式，得

$$y_3 = y_0 + \frac{9}{4}\cdot 0.2\cdot(x_2\cdot y_2)+\frac{3}{4}\cdot 0.2\cdot(x_0\cdot y_0) = 6.9470$$

其中 $y_i\approx y(3+0.2\cdot i)(0\leqslant i\leqslant 3)$．

6．按公式(9.25)中的四阶龙格-库塔公式进行计算．得

$$\boldsymbol{Y}_1=\begin{pmatrix}0.2028\\0.08818\end{pmatrix},\quad \boldsymbol{Y}_2=\begin{pmatrix}0.2130\\0.0934\end{pmatrix},\quad \boldsymbol{Y}_3=\begin{pmatrix}0.2238\\0.0989\end{pmatrix}$$

$\boldsymbol{Y}_3$ 即为三年后这一对物种的数量．

## 习题 10

1．具体过程如下：

| $k$ | $x$ | $f(x)$ | 求解区间 | 区间长度 |
|---|---|---|---|---|
| 0 | 1 | 1.0 | [0,1] | 0.001 000 |
| 1 | 0.500 000 | −0.625 000 | [0.500 000,1.0] | 0.500 000 |
| 2 | 0.750 000 | −0.015 625 | [0.750 000,1.0] | 0.250 000 |
| 3 | 0.875 000 | 0.435 547 | [0.750 000,0.875 000] | 0.125 000 |
| 4 | 0.812 500 | 0.196 533 | [0.750 000,0.812 500] | 0.062 500 |
| 5 | 0.781 250 | 0.087 189 | [0.750 000,0.781 250] | 0.031 250 |
| 6 | 0.765 625 | 0.034 977 | [0.750 000,0.765 625] | 0.015 625 |
| 7 | 0.757 813 | 0.009 476 | [0.750 000,0.757 813] | 0.007 813 |
| 8 | 0.753 906 | −0.003 124 | [0.753 906,0.757 813] | 0.003 906 |
| 9 | 0.755 859 | 0.003 164 | [0.753 906,0.755 859] | 0.001 953 |

故方程的近似根为 $x\approx 0.755859$．

2．(1) $\sqrt{19}$为 $x^2-19=0$ 的根，构造的 Newton 迭代格式为 $x_{k+1}=x_k-\dfrac{x_k^2-19}{2x_k}$，迭代数据如下：

| $k$ | $x_k$ | $f(x_k)$ |
|---|---|---|
| 0 | 7 | 30.0 |
| 1 | 4.857 143 | 4.591 837 |
| 2 | 4.384 454 | 0.223 435 |
| 3 | 4.358 973 | 0.000 649 |
| 4 | 4.358 899 | 0.0 |

故 $\sqrt{19}\approx 4.358899$．

(2) 类似(1)，迭代数据如下：

| $k$ | $x_k$ | $f(x_k)$ |
|---|---|---|
| 0 | 2 | 23.0 |
| 1 | 1.712 500 | 5.728 309 |
| 2 | 1.579 291 | 0.824 502 |
| 3 | 1.552 783 | 0.027 217 |
| 4 | 1.551 847 | 0.000 033 |

故 $\sqrt[5]{9}\approx1.551\,847$.

3. 迭代过程如下：

| $k$ | $x_k$ | $f(x_k)$ |
|---|---|---|
| 0 | 1 | −4.0 |
| 1 | 3 | 16.0 |
| 2 | 1.400 000 | −3.456 000 |
| 3 | 1.684 211 | −2.275 259 |
| 4 | 2.231 877 | 2.421 963 |
| 5 | 1.949 491 | −0.439 399 |
| 6 | 1.992 855 | −0.063 995 |
| 7 | 2.000 248 | 0.002 230 |
| 8 | 1.999 999 | −0.000 011 |

故近似根为 $x\approx1.999\,999$.

4. 迭代过程如下：

| $k$ | $x_k$ | $\Vert\Delta x_k\Vert_\infty$ |
|---|---|---|
| 0 | $\begin{bmatrix}0.800\,000\\0.600\,000\end{bmatrix}$ | — |
| 1 | $\begin{bmatrix}0.827\,049\\0.563\,934\end{bmatrix}$ | 0.027 049 |
| 2 | $\begin{bmatrix}0.826\,032\\0.563\,624\end{bmatrix}$ | 0.000 311 |

故近似解为 $\boldsymbol{x}\approx(0.826\,032,0.563\,624)^{\mathrm{T}}$.

5. (1) 取初始向量 $\boldsymbol{X}^{(0)}=(1,1)^{\mathrm{T}}$，按规范幂法计算得

| $k$ | $Y_1^{(k)}$ | $Y_2^{(k)}$ | $x_1^{(k+1)}$ | $x_2^{(k+1)}$ |
|---|---|---|---|---|
| 0 | 1 | 1 | 10 | 4 |
| 1 | 1.0 | 0.400 000 | 8.200 000 | 3.400 000 |
| 2 | 1.0 | 0.414 634 | 8.243 902 | 3.414 634 |
| 3 | 1.0 | 0.414 201 | 8.242 604 | 3.414 201 |
| 4 | 1.0 | 0.414 214 | 8.242 642 | 3.414 214 |
| 5 | 1.0 | 0.414 214 | 8.242 641 | 3.414 214 |

故 $\boldsymbol{A}$ 的模最大特征值有一个且为正值，即 8.242 641，对应的特征向量为 $(1.0,0.414\,214)^{\mathrm{T}}$.

类似地，取初始向量 $\boldsymbol{X}^{(0)}=(1,1)^{\mathrm{T}}$ 计算 $\boldsymbol{A}$ 的模最小特征值，得

| $k$ | $Y_1^{(k)}$ | $Y_2^{(k)}$ | $x_1^{(k+1)}$ | $x_2^{(k+1)}$ |
|---|---|---|---|---|
| 0 | 1 | 1 | 1 | −2 |
| 1 | 0.500 000 | −1.0 | −1.750 000 | 4.250 000 |
| 2 | −0.411 765 | 1.0 | 1.705 882 | −4.117 647 |
| 3 | 0.414 286 | −1.0 | −1.707 143 | 4.121 429 |
| 4 | −0.414 211 | 1.0 | 1.707 106 | −4.121 317 |
| 5 | 0.414 214 | −1.0 | −1.707 107 | 4.121 320 |

故 $\boldsymbol{A}$ 的模最大特征值有一个且为负值，即为 $(-4.121\,320)^{-1}=-0.242\,641$，对应的特征向量为 $(0.414\,214,-1.0)^{\mathrm{T}}$.

(2) 取初始向量 $\boldsymbol{X}^{(0)}=(0,0,1)^{\mathrm{T}}$（注意不能取 $(1,1,1)^{\mathrm{T}}$ 或 $(1,0,0)^{\mathrm{T}}$，因为它们刚好是特征向量，此时向量序列体现的规律不适合幂法的算法），按规范幂法计算得

| $k$ | $Y_1^{(k)}$ | $Y_2^{(k)}$ | $Y_3^{(k)}$ | $X_1^{(k+1)}$ | $X_2^{(k+1)}$ | $X_3^{(k+1)}$ |
|---|---|---|---|---|---|---|
| 0 | 0 | 0 | 1 | 1 | 0 | 1 |
| 1 | 1.0 | 0.0 | 1.0 | −3.0 | 0.0 | 1.0 |
| 2 | −1.0 | 0.0 | 0.333 333 | 4.333 333 | 0.0 | 0.333 333 |
| 3 | 1.0 | 0.0 | 0.076 923 | −3.923 077 | 0.0 | 0.076 923 |
| 4 | −1.0 | 0.0 | 0.019 608 | 4.019 608 | 0.0 | 0.019 608 |
| 5 | 1.0 | 0.0 | 0.004 878 | −3.995 122 | 0.0 | 0.004 878 |

故 $\boldsymbol{A}$ 的模最大特征值有一个且为负值，即为 $-3.995\,122$，对应的特征向量为

$$(1.0,0.0,0.004\,878)^{\mathrm{T}}$$

类似地，取初始向量为 $\boldsymbol{X}^{(0)}=(0,0,1)^{\mathrm{T}}$ 计算 $\boldsymbol{A}$ 的模最小特征值，得

| $k$ | $Y_1^{(k)}$ | $Y_2^{(k)}$ | $Y_3^{(k)}$ | $X_1^{(k+1)}$ | $X_2^{(k+1)}$ | $X_3^{(k+1)}$ |
|---|---|---|---|---|---|---|
| 0 | 0 | 0 | 1.0 | 0.25 | 0.0 | 1.0 |
| 1 | 0.25 | 0.0 | 1.0 | 0.187 500 | 0.0 | 1.0 |
| 2 | 0.187 500 | 0.0 | 1.0 | 0.203 125 | 0.0 | 1.0 |
| 3 | 0.203 125 | 0.0 | 1.0 | 0.199 219 | 0.0 | 1.0 |
| 4 | 0.199 219 | 0.0 | 1.0 | 0.200 195 | 0.0 | 1.0 |
| 5 | 0.200 195 | 0.0 | 1.0 | 0.199 951 | 0.0 | 1.0 |

故 $\boldsymbol{A}$ 的模最小特征值有一个为正值，即 $1.000\,000^{-1}=1.0$，对应的特征向量为

$$(0.200\,195,0.000\,000,1.000\,000)^{\mathrm{T}}$$

注：此题中 $\boldsymbol{A}$ 的模最小特征值事实上为重根 1，但幂法的迭代序列仍然体现与只有一个模最大特征值且大于 0 时相同的规律．依据不同的初始向量，可以得到不同的特征向量．

## 习题 11

1. 算术平均数 $\bar{a}=45.85$，几何平均数 $\bar{g}=30.99$，调和平均数 $\bar{h}=14.79$．$\bar{a}>\bar{g}>\bar{h}$．

2. (1) 开方乘 10 法：

| 序号 | 考试成绩 | 序号 | 考试成绩 |
|---|---|---|---|
| 1 | 82.462 112 51 | 23 | 91.651 513 9 |
| 2 | 97.467 943 45 | 24 | 75.498 344 35 |
| 3 | 84.852 813 74 | 25 | 96.953 597 15 |
| 4 | 69.282 032 3 | 26 | 80 |
| 5 | 87.177 978 87 | 27 | 80 |
| 6 | 96.953 597 15 | 28 | 93.808 315 2 |
| 7 | 73.484 692 28 | 29 | 88.881 944 17 |
| 8 | 94.339 811 32 | 30 | 97.467 943 45 |
| 9 | 89.442 719 1 | 31 | 86.023 252 67 |
| 10 | 82.462 112 51 | 32 | 76.811 457 48 |
| 11 | 87.177 978 87 | 33 | 90.553 851 38 |
| 12 | 78.102 496 76 | 34 | 74.833 147 74 |
| 13 | 33.166 247 9 | 35 | 90 |
| 14 | 83.666 002 65 | 36 | 92.195 444 57 |
| 15 | 96.953 597 15 | 37 | 90.553 851 38 |
| 16 | 67.082 039 32 | 38 | 78.102 496 76 |
| 17 | 60 | 39 | 91.104 335 79 |
| 18 | 87.177 978 87 | 40 | 56.568 542 49 |
| 19 | 67.823 299 83 | 41 | 93.808 315 2 |
| 20 | 91.651 513 9 | 42 | 72.801 098 89 |
| 21 | 94.339 811 32 | 43 | 79.372 539 33 |
| 22 | 94.339 811 32 | 44 | 96.436 507 61 |

匀速(线性)普涨法：

| 序号 | 考试成绩 | 序号 | 考试成绩 |
|---|---|---|---|
| 1 | 78.4 | 23 | 91.2 |
| 2 | 100 | 24 | 69.6 |
| 3 | 81.6 | 25 | 99.2 |
| 4 | 62.4 | 26 | 75.2 |
| 5 | 84.8 | 27 | 75.2 |
| 6 | 99.2 | 28 | 94.4 |
| 7 | 67.2 | 29 | 87.2 |
| 8 | 95.2 | 30 | 100 |
| 9 | 88 | 31 | 83.2 |
| 10 | 78.4 | 32 | 71.2 |
| 11 | 84.8 | 33 | 89.6 |
| 12 | 72.8 | 34 | 68.8 |
| 13 | 32.8 | 35 | 88.8 |
| 14 | 80 | 36 | 92 |

续表

| 序号 | 考试成绩 | 序号 | 考试成绩 |
|---|---|---|---|
| 15 | 99.2 | 37 | 89.6 |
| 16 | 60 | 38 | 72.8 |
| 17 | 52.8 | 39 | 90.4 |
| 18 | 84.8 | 40 | 49.6 |
| 19 | 60.8 | 41 | 94.4 |
| 20 | 91.2 | 42 | 66.4 |
| 21 | 95.2 | 43 | 74.4 |
| 22 | 95.2 | 44 | 98.4 |

(3) 算术平均数=71.318 181 82,几何平均数=67.563 933 63,调和平均数=60.721 184 63,众数=76,中位数=76,极差=84,方差=366.361 522 2,标准差=18.921 816 09,标准差系数=标准差/算术平均值=0.265 315 458,四分位数偏差=12.625,优秀率=13.6%,不及格率=25%.

(4) 具体分级如下:

| 序号 | 考试成绩 | 等级 | 序号 | 考试成绩 | 等级 |
|---|---|---|---|---|---|
| 1 | 68 | 基本合格 | 23 | 84 | 良好 |
| 2 | 95 | 优秀 | 24 | 57 | 较差 |
| 3 | 72 | 中等 | 25 | 94 | 优秀 |
| 4 | 48 | 较差 | 26 | 64 | 基本合格 |
| 5 | 76 | 中等 | 27 | 64 | 基本合格 |
| 6 | 94 | 优秀 | 28 | 88 | 良好 |
| 7 | 54 | 较差 | 29 | 79 | 中等 |
| 8 | 89 | 良好 | 30 | 95 | 优秀 |
| 9 | 80 | 良好 | 31 | 74 | 中等 |
| 10 | 68 | 基本合格 | 32 | 59 | 较差 |
| 11 | 76 | 中等 | 33 | 82 | 良好 |
| 12 | 61 | 基本合格 | 34 | 56 | 较差 |
| 13 | 11 | 较差 | 35 | 81 | 良好 |
| 14 | 70 | 中等 | 36 | 85 | 良好 |
| 15 | 94 | 优秀 | 37 | 82 | 良好 |
| 16 | 45 | 较差 | 38 | 61 | 基本合格 |
| 17 | 36 | 较差 | 39 | 83 | 良好 |
| 18 | 76 | 中等 | 40 | 32 | 较差 |
| 19 | 46 | 较差 | 41 | 88 | 良好 |
| 20 | 84 | 良好 | 42 | 53 | 较差 |
| 21 | 89 | 良好 | 43 | 63 | 基本合格 |
| 22 | 89 | 良好 | 44 | 93 | 优秀 |

## 习题 12

1. 至少应该配置 9 名维修人员. 在不等式 binomdist(a,280,0.02,1)>=0.9 中不断尝试 a 值即可解得,也可以用正态分布近似.

2. (1) 0.205 3;(2) 0.793 9;(3) 0.411 4;(4) 0.988 5;(5) 0.367 8.

3. (1) 0.5;(2) 0.006 2;(3) 0.067;(4) 0.997 3.

4. (1) 3.335 8;(2) 0.697 7.

5. 首先算出产品是合格品的概率:P=2 * normsdist(5/2)-1=0.987 6.

再算出任取 3 个中恰好有 2 个合格品的概率:binordist(2,3,0.987 6,0)=0.036 28.

6. 31.212 2.

7. 至少在 173.958 1 厘米以上.

8. 分数线定在 405.761 5.

9. 先算标准差:(96-72)/normsinv(0.98)=11.685 9.

再算出所求的概率:2 * normsdist(12/11.6859)-1=0.695 5.

10. 标准差为 24.35;分数在 360 分以上的概率为 0.006 869.所以该学生成绩在千分之七以内,当然在千分之十以内,理论上应该被录取为免费生.

13. 可以用两种方法.二项分布法:

1-binomdist(2,3600,0.0002,1)=0.036 60

binomdist(20,3600,0.0002,1)-binomdist(9,3600,0.0002,1)=5.314E-09

泊松分布近似法:

1-poisson(2,3600 * 0.0002,1)=0.036 62

poisson(20,3600 * 0.0002,1)-poisson(9,3600 * 0.0002,1)=5.372E-09

14. (1)0.223 1;(2)0.917 9;(3)0.352 5.

15. 从 $P(X=k-1)\leqslant P(X=k)\leqslant P(X=k+1)$可以解得:当 $k=[\lambda]$或者$[\lambda]-1$ 时,$P(X=k)$最大.

16. 此人在 25 分钟之内得到服务的概率为 expondist(25,1/15,1)=0.811 1.

(1) $Y$ 的分布律如下:

| $Y$ | 0 | 1 | 3 | 4 | 5 |
|---|---|---|---|---|---|
| $P$ | 0.351 1 | 0.408 8 | 0.044 3 | 0.005 2 | 0.000 2 |

(2) $P(X>1)=1-P(X=0)=1-0.351 1=0.648 9$.

17. 从 $P(X>10)=0.9$ 得到 $P(X\leqslant 10)=0.1$,即 binomdist(10,n,0.1,1)=0.1,解得 $n=150$.所以至少需要抽 150 个产品.

18. 标准差=(360-166)/normsdist(1-31/1657)=93.21;

$P(X\geqslant 256)$=1-normsdist((256-166)/93.21)=0.167 1<280/1 657=0.168 9.

从考试成绩来看,该考生可以被录取,并且可以聘为正式工.

## 习题 13

**填空题**

1. $t$ 分布；9.
2. 1/20;1/100；2.
3. $F$ 分布；10(第一自由度),5(第二自由度).

**选择题**

1. C.
2. C.

**解答题**

2. $E(Y)=(n-1)E(Sy^2)=(n-1)D(y)=2(n-1)$ · 总体方差.
3. (1) $N(52,6.3\times6.3/36)$;(2) 0.830 2.
4. (1) 0.263 6;(2) 0.830 2;(3) 0.578 4.
5. 可用三种方法求解.二项分布计算法：

$$P(X\leqslant 44)-P(X\leqslant 25)=\text{binomdist}(44,120,0.2,1)-\text{binomdist}(25,120,0.2,1)=0.358\,6$$

正态分布近似法：

$$P(X\leqslant 44)-P(X\leqslant 25)=\text{normsdist}((44-24)/\text{power}(120*0.2*0.8,0.5))-\text{normsdist}((25-24)/\text{power}(120*0.2*0.8,0.5))=0.409\,7$$

泊松分布近似法：

$$P(X\leqslant 44)-P(X\leqslant 25)=\text{poisson}(44,120*0.2,1)-\text{poisson}(25,120*0.2,1)=0.368\,0$$

6. 可用三种方法求解.二项分布计算法：

$$1-P(X\leqslant 149)=1-\text{binomdist}(149,200,0.8,1)=0.965\,5$$

正态分布近似法：

$$1-P(X\leqslant 149)=1-\text{normsdist}((149-160)/\text{power}(200*0.2*0.8,0.5))=0.974\,1$$

泊松分布近似法：

$$1-P(X\leqslant 149)=1-\text{poisson}(149,200*0.8,1)=0.795\,6$$

7. 可用三种方法求解.二项分布计算法：

$$P(X\leqslant 70)=\text{binomdist}(70,10000,0.005,1)=0.997\,1$$

正态分布近似法：

$$P(X\leqslant 70)=\text{normsdist}((70-50)/\text{power}(50*0.995,0.5))=0.997\,7$$

泊松分布近似法：

$$P(X\leqslant 70)=\text{poisson}(70,50,1)=0.997\,0$$

8. 可用三种方法求解.二项分布计算法：

$$1-P(X\leqslant 5000)=1-\text{binomdist}(5000,10000,0.51,1)=0.976\,7$$

正态分布近似法

$$1-P(X\leqslant 5\,000)=1-\text{normsdist}((5000-5150)/\text{power}(2497.75,0.5))$$

$$= 0.9987$$

泊松分布近似法：

$$1 - P(X \leqslant 5000) = 1 - \text{poisson}(5000,5150,1) = 0.9817$$

9. 可用三种方法求解.二项分布计算法：

$$P(X \leqslant k) \geqslant 355/365 = 0.9726, \quad \text{binomdist}(k,1000,0.5,1) >= 0.9726 \quad \Rightarrow \quad k = 530$$

正态分布近似法：

$$P(X \leqslant k) = \text{normsdist}((\text{k} - 500)/\text{power}(250,0.5)) >= 0.9726 \quad \Rightarrow \quad k = 531$$

泊松分布近似法：

$$P(X \leqslant k) = \text{poisson}(\text{k},500,1) >= 0.9726 \quad \Rightarrow \quad k = 543$$

10. 可用三种方法求解.二项分布计算法：

$$P(X \leqslant k) \geqslant 0.95, \quad \text{binomdist}(\text{k},500,0.1,1) >= 0.95 \quad \Rightarrow \quad k = 61$$

正态分布近似法：

$$P(X \leqslant k) = \text{normsdist}((\text{k} - 50)/\text{power}(45,0.5)) >= 0.95 \quad \Rightarrow \quad k = 62$$

泊松分布近似法：

$$P(X \leqslant k) = \text{poisson}(\text{k},50,1) >= 0.95 \quad \Rightarrow \quad k = 62$$

11. 0.9498.

12. 1.9432,1.3722;22.3620,17.5345;3.3258,0.3007.

13. 0.0669.

14. (1) 0.1318;(2) 12,0.8,4;(3) 1.4,1.3.

## 习题 14

1.

$$\begin{aligned}&[11.02 - \text{confidence}(0.05,2,5),11.02 + \text{confidence}(0.05,2,5)]\\&= [11.02 - 1.75,11.02 + 1.75] = [9.27,12.77]\end{aligned}$$

这是总体方差已知是 4 时的置信区间.

$$\begin{aligned}&[11.02 - \text{tinv}(0.05,4) * \text{s}/\text{power}(5,0.5),11.02 + \text{tinv}(0.05,4) * \text{s}/\text{power}(5,0.5)]\\&= [11.02 - 0.27,11.02 + 0.27]\\&= [10.75,12.29]\end{aligned}$$

这是总体方差未知时的置信区间.

2.

$$\begin{aligned}&[2.705 - \text{tinv}(0.05,15) * 0.029/4,2.705 + \text{tinv}(0.05,15) * 0.029/4]\\&= [2.075 - 0.015,2.075 + 0.015] = [2.735,2.090]\end{aligned}$$

3.

$$\begin{aligned}&[425 - \text{tinv}(0.05,14) * 8.488/\text{power}(15,0.5),425 + \text{tinv}(0.05,14) * 8.488/\text{power}(15,0.5)]\\&= [425 - 4.700,425 + 4.700] = [420.30,429.70]\end{aligned}$$

4.

$$\begin{aligned}&[0.16 - \text{confidence}(0.05,\text{POWER}(0.16 * 0.84,0.5),100),0.16\\&+ \text{confidence}(0.05,\text{POWER}(0.16 * 0.84,0.5),100)]\\&= [0.16 - 0.0719,0.16 + 0.0719] = [0.0881,0.2319]\end{aligned}$$

5. 可采用两种方法.大样本近似算法：

$$[1000-\text{confidence}(0.05,40,100),\quad 1000+\text{confidence}(0.05,40,100)]$$
$$=[1\,000-7.840,1\,000+7.840]$$
$$=[992.16,1\,007.84]$$

精确算法：

$$[1000-\text{tinv}(0.05,99)*40/10,\quad 1000+\text{tinv}(0.05,99)*40/10]$$
$$=[1\,000-7.933\,7,1\,000+7.937]$$
$$=[992.06,1\,007.94]$$

6.（1）

$$[6-\text{confidence}(0.05,0.6,9),6+\text{confidence}(0.05,0.6,9)=[6-0.392,6+0.392]$$
$$=[5.61,6.39]$$

单侧置信上限：

$$6+\text{confidence}(2*0.05,0.6,9)=6+0.329=6.33$$

（2）

$$[6-\text{tinv}(0.05,8)*0.5745/3,6+\text{tinv}((0.05,8)*0.5745/3=[6-0.442,6+0.442]$$
$$=[5.56,6.44]$$

单侧置信上限：

$$6+\text{TINV}(2*0.05,8)*0.5745/3=6+0.356=6.36$$

7.（1）

$$[21.4-\text{confidence}(0.05,0.3,5),21.4+\text{confidence}(0.05,0.3,5)$$
$$=[21.4-0.263,21.4+0.263]$$
$$=[21.14,21.66]$$

（2）

$$[21.4-\text{tinv}(0.05,4)*0.857/\text{power}(5,0.5),21.4+\text{tinv}(0.05,4)*0.857/\text{power}(5,0.5)$$
$$=[21.4-1.064,21.4+1.064]$$
$$=[20.34,22.46]$$

（3）置信上限：$21.4+\text{tinv}(0.05*2,4)*0.857/\text{power}(5,0.5)=21.4+0.817=22.22$；

置信下限：$21.4-\text{tinv}(0.05*2,4)*0.875/\text{power}(5,0.5)=21.4-0.817=20.58$.

## 习题 15

1. 这是总体标准差已知的双侧 $u$ 检验. 接受域：

$$[32.5-\text{confidence}(0.01,1.1,6),32.5+\text{confidence}(0.01,1.1,6)$$
$$=[31.3433,33.6567]$$

样本平均值为 31.126 7，落在接受域之外. 所以拒绝原假设，即有 99%的把握认为这批砖的抗断强度不是 32.50 千克力/厘米$^2$.

2. 这是总体标准差未知的双侧 $t$ 检验. 接受域：

$$[52.50-\text{tinv}(0.05,5)*s/\text{power}(6,0.5),52.50+\text{tinv}(0.05,5)*s/\text{power}(6,0.5)$$
$$=[51.322,53.678]$$

样本平均值为 51.127，落在接受域之外，所以拒绝原假设，即有 95%的把握认为这批零件的平均尺寸不是 52.50 毫米.

3. 这是总体标准差未知的单侧 $t$ 检验. 接受域：

$$[179 - \text{tinv}(0.05 * 2,4) * \text{s/power}(5,0.5), +\infty) = [177.166, +\infty)$$

样本平均值为 175.2,落在接受域之外,所以拒绝原假设,即有 95%的把握认为这批仪器的平均硬度显著降低了.

4. 这是总体标准差已知的双侧 $u$ 检验. 国际标准 d = confidence(0.01,40,9) = 34.344 4. 已知样本平均值与总体平均值之差大于 20. 因为 20<34.344 4,故接受原假设,即从目前的数据来看,还没有 99%的把握断定这批钢索的质量有了显著的提高.

5. 这是总体标准差未知的双侧 $t$ 检验. 接受域:

$$[500 - \text{tinv}(0.02,9) * \text{s/power}(10,0.5), 500 + \text{tinv}(0.02,9) * \text{s/power}(10,0.5)$$
$$= [500 - 5.797\,5, 500 + 5.797\,5] = [494.202\,5, 505.797\,5]$$

样本平均值为 520,落在接受域的内部,所以接受原假设,即罐头的平均质量仍然是 500 克,因此,有 98%的把握认为该机器目前仍然处于正常工作的状态.

6. 这是总体标准差未知的双侧 $t$ 检验. 接受域:

$$[2000 - \text{tinv}(0.1,49) * \text{s/power}(50,0.5), 2000 + \text{tinv}(0.1,49) * \text{s/power}(50,0.5)$$
$$= [2\,000 - 116.179\,0, 2\,000 + 116.179\,0]$$
$$= [1\,883.821, 2\,116.179]$$

样本平均值为 1 900,落在接受域的内部,故接受原假设,即有 90%的把握断言,整批灯泡的平均使用寿命仍然是 2000 小时.

7. 这是大样本条件下两总体平均值之差的估计. 利用式(14.31),可得所求的男、女平均身高的置信区间为

$$[(1.71 - 1.67) - d, (1.71 - 1.67) + d] = [0.04 - 0.008\,5, 0.04 + 0.008\,5] = [0.031\,5, 0.048\,5]$$

这里

$$d = \text{normsinv}(0.95) * \text{power}(\text{power}(0.035,2)/100 + \text{power}(0.038,2)/100), 0.5)$$
$$= 0.008\,5$$

8. 这是小样本条件下两总体平均值之差的估计. 利用式(14.25),可得所求置信区间为

$$[(24 - 18) - d, (24 - 18) + d] = [6 - 0.036\,78, 6 + 0.0367\,8] = [5.963\,2, 6.036\,8]$$

这里

$$d = \text{normsinv}(0.99) * 0.05 * \text{power}(1/20 + 1/20, 0.5) = 0.036\,78$$

9. 这是总体标准差未知的双侧 $t$ 检验. 接受域:

$$[0 - \text{tinv}(0.05,14) * \text{s}/2), 0 + \text{tinv}(0.05,14) * \text{s}/2] = [-0.496\,4, 0.496\,4]$$

样本平均值差为 21.2 − 19.1 = 2.10,落在接受域之外,故拒绝原假设,即有 95%的把握断言,不同温度条件下的断裂强力有着显著的差异.

10. 这是总体标准差未知的单侧 $t$ 检验. 接受原假设的国际标准

$$d = \text{tinv}(0.05 * 2,14) * \text{s}/2) = 0.407\,7$$

样本平均值差为 21.2 − 19.1 = 2.10 > $d$,故拒绝原假设,即有 95%的把握断言,70 ℃下的断裂强力比 80 ℃下的断裂强力显著增大.

## 习题 16

1. (1) 根据已知条件及函数 linest,做出如下的 5 行 2 列统计表:

| | |
|---|---|
| 0.496379045 | 49.19055211 |
| 0.011772464 | 0.64324819 |
| 0.996078075 | 0.591374922 |
| 1777.837826 | 7 |
| 621.7530855 | 2.448070086 |

所求的线性回归方程为 $\sigma_b = 0.496\,4\varepsilon + 49.19$.

(2) 对回归显著性可进行如下的 $F$ 检验:因为

$$\text{finv}(0.05,1,7) = 5.591\,4 < 1\,777.837\,826$$

所以线性回归方程回归显著.

(3) 所求的置信度为99%的预测区间为

$$[0.4964 \times 45 + 49.19 - d, 0.4964 * 45 + 49.19 + d]$$

其中 $d$ 按照式(16.16)计算:

$d =$ tinv(0.01,7) * 0.5914 * power(1 + 1/9 + power(45

 − average(变量 ε 所在的 Excel 表格范围),2)/(8 * var.s(变量 ε 所在的 Excel 表格范围)),1/2)

 = 2.19

故预测区间为[71.528 − 2.19, 71.528 + 2.19] = [69.338, 73.718].

2. (1) 根据已知条件及函数 linest,做出如下的5行2列统计表:

| | |
|---|---|
| 0.278 698 505 | 783.149 563 7 |
| 0.070 732 372 | 397.393 826 6 |
| 0.721 254 925 | 608.113 311 3 |
| 15.525 043 99 | 6 |
| 5 741 189.204 | 2 218 810.796 |

所求的线性回归方程为 $Y = 0.278\,7x + 783.149\,6$.

(2) 对回归显著性可进行如下的 $F$ 检验:因为

$$\text{finv}(0.05,1,6) = 5.987\,4 < 15.525\,0$$

所以线性回归方程回归显著.

(3) 所求的预测点的预测值为 $0.278\,7 \times 3\,000 + 783.15 = 1\,619.25$(千克).所求的置信度为95%的预测区间为

$$[1619.25 - d, 1619.25 + d]$$

其中 $d$ 按照式(16.16)计算:

$d =$ tinv(0.05,6) * 608.11 * power(1 + 1/8 + power(3000

 − average(变量 x 所在的 Excel 表格范围),2)

 /(7 * var.s(变量 x 所在的 Excel 表格范围)),1/2)

 = 1606.24

故预测区间为

$$[1\,619.25 - 1\,606.24,\ 1\,619.25 + 1\,606.24] = [13.01,\ 3\,235.49]$$

3. 由原始数据和 Excel 函数可得 $z = \ln Y$ 对应的值依次为 −2.302 585 093, −1.966 112 856, −1.469 675 97, −0.994 252 273, −0.527 632 742, −0.235 722 334,0,0.113 328 685,0.173 953 307,

0.223 143 551,0.254 642 218. 由此可得

| | |
|---|---|
| 5.290320044 | −1.795009165 |
| 0.9620351 | 0.257717041 |
| 0.770642312 | 0.470566511 |
| 30.24001881 | 9 |
| 6.696133282 | 1.99289557 |

由 $\ln A=-1.7950$,可得 $A=\exp(-1.795\,0)=0.166\,1, B=5.290\,3$. 所求指数型经验方程为

$$Y=0.166\,1\mathrm{e}^{5.290\,3x}$$

4. 由原始数据可得

| $x$ | 141 | 152 | 168 | 182 | 195 | 204 | 223 | 254 | 277 |
|---|---|---|---|---|---|---|---|---|---|
| $Y$ | 23.1 | 24.2 | 27.2 | 27.8 | 28.7 | 31.4 | 32.5 | 34.8 | 36.2 |
| $v=\ln x$ | 4.948 759 89 | 5.023 880 521 | 5.123 963 979 | 5.204 006 687 | 5.272 999 559 | 5.318 119 994 | 5.407 171 771 | 5.537 334 267 | 5.624 017 506 |
| $u=\ln Y$ | 3.139 832 618 | 3.186 352 633 | 3.303 216 973 | 3.325 036 021 | 3.356 897 123 | 3.446 807 893 | 3.481 240 089 | 3.549 617 387 | 3.589 059 119 |

由此可得

| | |
|---|---|
| 0.678099989 | −0.200526442 |
| 0.039038403 | 0.206031053 |
| 0.977325696 | 0.024913921 |
| 301.719507 | 7 |
| 0.187278347 | 0.004344924 |

所以 $u=0.678\,1v-0.200\,5, b=0.678\,1, \ln a=-0.200\,5, a=\mathrm{e}^{-0.200\,5}=0.818\,3$,所求的幂函数型回归方程为 $Y=0.818\,3x^{0.678\,1}$.

5. 由原始数据可得

| | | |
|---|---|---|
| 0.663864044 | 1.519477839 | 51.79081317 |
| 0.046854379 | 0.123530705 | 2.38149998 |
| 0.980937298 | 2.319336392 | #N/A |
| 205.8338384 | 8 | #N/A |
| 2214.492702 | 43.03457039 | #N/A |

(1) $b_0, b_1, b_2$ 的最小二乘估计值分别是 51.790 8, 1.519 5, 0.663 9. 经验回归平面方程是 $Y=51.790\,8+1.519\,5x_1+0.663\,9x_2$.

(2) 因为 $d=\mathrm{finv}(0.05,2,8)=4.459\,0<205.833\,8=F$,所以线性回归显著.

6. 由原始数据可得

| | | |
|---|---|---|
| 0.366393245 | 0.319803563 | 50.48495428 |
| 0.133257599 | 0.172862076 | 12.68444227 |
| 0.591113168 | 1.52306275 | ＃N/A |
| 5.059825664 | 7 | ＃N/A |
| 23.47475901 | 16.23804099 | ＃N/A |

(1) 所求的线性回归方程是 $Y=50.4850+0.3198x_1+0.3664x_2$.

(2) 因为 $d=\mathrm{finv}(0.01,2,7)=3.2574<5.0598=F$,所以线性回归显著.

(3) 当 $x_1=22.5,x_2=90$ 时,$Y=50.4850+0.3198\times 22.5+0.3664\times 90=90.6565$.

# 参 考 文 献


[1] 吴孟达.高等工程数学[M].长沙:国防科技大学出版社,2004.
[2] 姚仰新,罗家洪,庄楚强.高等工程数学[M].广州:华南理工大学出版社,2007.
[3] 于寅.高等工程数学[M].武汉:华中科技大学出版社,2010.
[4] 陈发来,陈效群,李思敏,等.线性代数与解析几何[M].北京:高等教育出版社,2013.
[5] 陈祖墀,李思敏,汪琥庭,等.微积分学导论:上册;下册[M].合肥:中国科学技术大学出版社,2011.
[6] 丘维声.简明线性代数[M].北京:北京大学出版社,2004.
[7] 俞正光,李永乐,詹汉生.线性代数与解析几何[M].北京:清华大学出版社,2006.
[8] 孟道骥.线性代数与解析几何[M].北京:科学出版社,2005.
[9] 冯康,等.数值计算方法[M].北京:国防工业出版社,1978.
[10] 石钟慈.第三种科学方法:计算机时代的科学计算[M].北京:清华大学出版社,2000.
[11] 徐翠薇.计算方法引论[M].北京:高等教育出版社,2010.
[12] 徐树方.矩阵计算的理论与方法[M].北京:北京大学出版社,2010.
[13] 盛骤,谢式千,潘承毅.概率论与数理统计[M].4版.北京:高等教育出版社,2010.
[14] 肖筱南.新编概率论与数理统计[M].北京:北京大学出版社,2004.
[15] 陈希孺.概率论与数理统计[M].合肥:中国科学技术大学出版社,2004.
[16] 张韵华,王新茂.Mathematica 7 实用教程[M].2版.合肥:中国科学技术大学出版社,2014.
[17] 张韵华,王新茂,陈效群,等.数值计算方法与算法[M].4版.北京:科学出版社,2022.